普通高等教育"十一五"国家级规划教材
面向21世纪课程教材

Textbook Series for 21st Century

作物化学控制原理与技术

（第2版）

段留生　田晓莉　主编

中国农业大学出版社
·北京·

内容简介

作物化学控制原理与技术是作物学与植物生理学、化学等学科相互渗透的新兴交叉学科。本书以中国农业大学多年教学内容和体系为基础，吸收了国内外相关学科的最新研究成果编写而成，系统阐述了作物化学控制的理论基础、技术原理、植物生长调节剂、成熟技术和应用潜力，特别注重了理论与实践的结合。全书共分为植物信号系统和植物激素、植物生长发育的激素调控、植物生长调节剂、作物化学控制的技术原理、主要农作物化学控制技术、作物化学控制技术应用潜力和趋势等6章。

本书为面向21世纪课程教材和普通高等教育"十一五"国家级规划教材，可用作高等农林院校、师范院校、综合性大学本科生、研究生教材，也可供相关教学、科研人员参考使用。

图书在版编目(CIP)数据

作物化学控制原理与技术/段留生，田晓莉主编.—2版.—北京：中国农业大学出版社，2011.6(2020.8重印)

ISBN 978-7-5655-0306-1

Ⅰ.①作…　Ⅱ.①段…　②田…　Ⅲ.①作物-植物生长调节剂-研究　Ⅳ.S482.8

中国版本图书馆CIP数据核字(2011)第100230号

书　名　作物化学控制原理与技术(第2版)
作　者　段留生　田晓莉　主编

策划编辑　王笃利　　　　责任编辑　尹　静
封面设计　郑　川　　　　责任校对　王晓凤　陈　莹
出版发行　中国农业大学出版社
社　址　北京市海淀区圆明园西路2号　　　　邮政编码　100193
电　话　发行部010-62731190,2620　　　　读者服务部010-62732336
　　　　编辑部010-62732617,2618　　　　出　版　部010-62733440
网　址　http://www.cau.edu.cn/caup　　　　E-mail　cbsszs@cau.edu.cn
经　销　新华书店
印　刷　北京鑫丰华彩印有限公司
版　次　2011年6月第2版　　2020年8月第3次印刷
规　格　787×1 092　16开本　23.75印张　588千字
定　价　46.00元

图书如有质量问题本社发行部负责调换

编 审 人 员

主　编　段留生(中国农业大学)
田晓莉(中国农业大学)

副主编　李召虎(中国农业大学)
王保民(中国农业大学)

编写者　(按姓氏拼音顺序排列)
陈德华(扬州大学农学院)
段留生(中国农业大学)
郭平毅(山西农业大学)
李　玲(华南师范大学)
李召虎(中国农业大学)
谭伟明(中国农业大学)
陶　波(东北农业大学)
田晓莉(中国农业大学)
王保民(中国农业大学)
王华芳(北京林业大学)
王铭伦(莱阳农学院)
夏　凯(南京农业大学)
杨青华(河南农业大学)
杨文钰(四川农业大学)
曾晓春(江西农业大学)
翟丙年(西北农林科技大学)
张明才(中国农业大学)
郑殿锋(黑龙江八一农垦大学)

主　审　韩碧文教授(中国农业大学)
何钟佩教授(中国农业大学)

第 2 版前言

《作物化学控制原理与技术》2005 年出版以来，被全国高等农林院校、师范院校、综合性大学广泛用作本科生、研究生教材，并得到良好评价。本教材 2008 年荣获全国高等农业院校优秀教材奖。

近年来植物激素信号系统和调控的研究不断深入，一些新的植物生长物质得到开发和应用，国家的植物生长调节剂相关管理政策也有一定调整。为反映这些新的成果，保证教材内容的先进性，我们决定再版此书，并被列为普通高等教育"十一五"国家级规划教材。

在本次修订时，仍以原书章节为基础，吸纳了学科领域的新进展、新技术、新成果，考虑到行业管理政策的变化，主要在如下几个方面进行了修订：①增补了植物激素与植物生长发育调控方面的基础理论研究新进展。②补充了新近研发和进入应用的植物生长调节剂，删减了部分已限制使用或应用不多的植物生长调节剂。③根据国家对农药登记管理的新政策，更新了植物生长调节剂研发和管理的相关内容。④根据农业需求变化和应用技术的研究新进展，对作物化控技术部分进行了适当调整。

本书修订版仍然是集体智慧的结晶，除原书作者外，中国农业大学的张明才、谭伟明博士在内容核对、补充等方面做了大量工作。感谢中国农业大学出版社领导、编辑和工作人员对本书再版提供的大力支持，感谢周繁、李茂营、李芳军、高伟、张燕、段鹏飞等研究生在资料收集、文稿整理和校对等方面付出的辛苦劳动。

由于时间较紧，编者水平有限，修订不全、不当之处在所难免，欢迎广大师生批评指正。

编者

2011 年 5 月

第1版前言

作物化学控制是一门近年新兴的交叉性学科，该学科始于20世纪30年代生长素的发现。目前该学科理论和技术在农业生产中已广泛应用，经济和社会效益巨大。中国农业大学（前北京农业大学）1985年开始在全国农业院校中首次开设该课程，目前在我国其他农业、林业、生物类专业院校和综合性院校的相关专业，已普遍开设类似课程。

由于这种新兴和交叉领域的特点，该课程的相关知识分散在相关学科教材和研究专著中，目前国内外还没有系统成熟的教材，在教学内容和体系上都没有统一，因而组织编写一部系统的、高质量的作物化学控制原理与技术教材是教学的迫切需要，也是我们从事相关教学教师的多年愿望。本教材作为"高等教育面向21世纪教学内容与课程体系改革与实践"的成果之一，是在中国农业大学等相关院校多年教学实践基础上，根据教学情况发展和教改成果，对原教学大纲、体系、内容和表现方法做了修订，吸收融合了国内外相关新成果和新进展，并充分联系我国生产实际，组织了全国目前开设相关课程的十几所主要高校中从事该课程教学的一线教师编写的。

编者根据本学科新兴、交叉和应用性强的特点，力求体现以下几点：

(1)构建完善系统的知识内容和体系，由微观到宏观，脉络清楚，结构完整。

(2)内容新颖，理实并重。围绕基本知识和理论，跟踪国内外最新研究进展，反映本学科领域基本理论和最新科技成就。在应用技术方面，结合我国农业生产中的问题和难题，补充大量大田作物整株水平研究的结果，分别介绍农作物、园艺作物、特殊用途作物、林木等植物上的应用技术。

(3)形式灵活，便于教学。针对该课程涉及的学科和知识点多、内容新、实用性强的特点，在内容安排和写作上力求理论原则清楚易懂，技术方法准确实用，研究进展简明有条理。每章附有复习思考题，提高学生利用所学知识解决实际问题的能力。讨论题建议在引导学生查阅资料的基础上，进行课堂专题讨论或完成书面报告。每章后附有参考文献，供课外学习和参考。

考虑到本课程的多学科交叉特点，以及使用该教材学生专业基础的多样性，在本教材编写时，以要求学生掌握的本学科基本知识和技术为主体，兼顾介绍分子生物学等新技术应用于本学科的新进展，以开拓学生视野。建议教师根据本专业情况和基础，在教学时有所选择。如对植物类专业，本书第一章和第二章关于植物激素及其对生长发育调控的内容如果在植物生理学课程中已讲授，则可以减少该部分的学时安排。作物化控研究和实验方法也是本学科教学体系中重要的部分，该部分将作为与本教材配套的实验技术指导《作物化学控制研究技术》出版，在本教材中不再赘述。

本书是中国农业大学作物化学控制研究中心多年教学的成果结晶，也是全国从事该课程教学的一线教师协作的结果。编写过程中一直得到何钟佩教授、韩碧文教授的关心和鼓励，并在百忙中抽时间审阅文稿。美国加州大学Riverside校区的Carol Lovatt教授，美国植物生长物质协会现任主席加州大学Davies校区的Louise Fergusion教授等曾给予写作建议和相关新信息。中国农业大学农学与生物技术学院的研究生章家长、谢备涛、汪宝卿、曲华建、张志梅、王华磊、谢志霞、姜临建、周高峰、林喆等在资料收集、图表加工、文稿整理和校对等方面做了大量辛苦工作。中国农业大学出版社的编辑和工作人员对本书的出版付出了大量劳动。编者在此一并表示衷心感谢。

该书可作为高等农林院校、师范院校、综合性大学本科生、研究生教材，也可供教学、科研和农业技术推广人员参考使用。

由于时间仓促，失误之处在所难免，希望广大师生批评指正，以便再版时修正。

编者

2004年10月

目　录

绪　论 …… (1)
第一节　作物化学控制的相关概念 …… (1)
第二节　作物化学控制学科的特点和意义 …… (1)
一、学科特点 …… (1)
二、意义 …… (2)
第三节　作物化学控制学科的任务和知识体系 …… (3)
第四节　国内外化学控制技术应用的主要进展 …… (4)
一、跟踪国外研究和探索实验阶段 …… (4)
二、开拓植物生长调节剂应用领域阶段 …… (4)
三、大田作物化控技术开发和成功推广阶段 …… (5)
四、我国作物化学控制理论的发展 …… (6)
第一章　植物信号系统和植物激素 …… (9)
第一节　植物信号系统 …… (9)
一、结构信号 …… (9)
二、化学信号 …… (11)
三、物理信号 …… (11)
第二节　植物激素和生长物质的种类 …… (12)
第三节　植物激素分布、合成、代谢、运输、生理功能和作用机理 …… (14)
一、生长素类 …… (14)
二、细胞分裂素类 …… (29)
三、赤霉素 …… (38)
四、脱落酸 …… (49)
五、乙烯 …… (60)
六、油菜素内酯 …… (70)
第四节　其他内源植物生长物质 …… (74)
一、茉莉酸类 …… (74)
二、多胺 …… (77)
三、水杨酸 …… (77)
四、寡糖素 …… (78)
五、系统素 …… (79)
第二章　植物生长发育的激素调控 …… (82)
第一节　植物物质代谢的调控 …… (82)
一、同化物合成和代谢的调控 …… (82)
二、源库关系的调控 …… (86)
三、矿质元素吸收和运输的调控 …… (88)
四、水分代谢的调控 …… (91)

五、次生物质代谢的调控……(93)
第二节 植物生长发育的激素调控……(94)
一、主要器官建成和发育的调控……(94)
二、休眠与萌发的调控……(105)
三、营养生长的调控……(110)
四、性别分化和育性的调控……(112)
五、成熟的调控……(117)
六、衰老的调控……(122)
七、脱落的调控……(126)
八、逆境反应和抗性的调控……(129)
第三节 整株水平上多种激素的控制类型……(133)
一、激素间的相互作用……(133)
二、生长相关性及激素调控……(138)
三、整株水平多种激素调控模式……(147)
四、植物间的他感作用……(148)
第三章 植物生长调节剂……(151)
第一节 植物生长调节剂基本知识……(151)
一、植物生长调节剂分类……(151)
二、植物生长调节剂命名……(156)
三、植物生长调节剂剂型……(157)
四、植物生长调节剂相关管理政策……(158)
五、植物生长调节剂的研发策略和程序……(163)
第二节 主要植物生长调节剂理化性质和功用……(164)
一、植物生长促进剂……(164)
二、植物生长延缓剂……(177)
三、植物生长抑制剂……(183)
四、其他……(188)
五、植物生长调节剂的理化性质与应用……(190)
第三节 植物生长调节剂的配合使用和复合制剂……(192)
一、混合使用……(192)
二、先后使用……(195)
第四节 植物生长调节剂的施用途径和方法……(196)
第五节 植物生长调节剂的药害和防止……(197)
一、药害产生的原因……(197)
二、防止药害的主要措施……(197)
第四章 作物化学控制的技术原理……(199)
第一节 植物生长调节剂的吸收、运输和代谢……(199)
一、植物生长调节剂的吸收……(199)
二、植物生长调节剂的运输……(204)

三、植物生长调节剂在植物体内的代谢 ……………………………………………………… (205)
第二节　植物生长调节剂的作用原理……………………………………………………… (207)
一、赤霉素(GA)生物合成的化学控制……………………………………………………… (207)
二、乙烯(ETH)生物合成的调控 ……………………………………………………… (209)
三、生长素(IAA)运输的化学控制 ……………………………………………………… (210)
四、酚类物质对生长素(IAA)代谢的调节 ……………………………………………… (211)
五、乙烯(ETH)与受体结合的化学控制 ……………………………………………… (213)
第三节　植物生长调节剂作用的特点和影响因素……………………………………… (214)
一、植物生长调节剂作用的几个特点 ………………………………………………… (214)
二、植物生长调节剂效果的影响因素 ………………………………………………… (216)
第四节　植物生长调节剂两类效应划分………………………………………………… (219)
一、基本效应 ……………………………………………………………………………… (220)
二、复合效应 ……………………………………………………………………………… (220)
第五节　作物化学控制技术的完整内容和评价体系…………………………………… (220)
一、完整目标 ……………………………………………………………………………… (220)
二、完善内容 ……………………………………………………………………………… (221)
三、评价体系 ……………………………………………………………………………… (221)
第六节　作物化学控制技术的发展策略和三种应用模式……………………………… (228)
一、对症应用 ……………………………………………………………………………… (228)
二、定向诱导和系统化学控制 ………………………………………………………… (228)
三、双重调控和化学控制栽培工程 …………………………………………………… (229)
第五章　主要农作物的化学控制技术……………………………………………………… (232)
第一节　粮食作物化学控制技术……………………………………………………… (232)
一、水稻化学控制技术 ………………………………………………………………… (232)
二、小麦化学控制技术 ………………………………………………………………… (242)
三、玉米化学控制技术………………………………………………………………… (258)
四、大豆化学控制技术 ………………………………………………………………… (262)
第二节　经济作物化学控制技术……………………………………………………… (263)
一、棉花化学控制技术 ………………………………………………………………… (264)
二、麻类、芦苇化学控制技术…………………………………………………………… (279)
三、烟草化学控制技术 ………………………………………………………………… (280)
四、油料作物化学控制技术 …………………………………………………………… (282)
五、甘蔗、甜菜化学控制技术…………………………………………………………… (286)
六、茶树化学控制技术 ………………………………………………………………… (286)
七、桑树化学控制技术 ………………………………………………………………… (288)
第三节　果树化学控制技术…………………………………………………………… (289)
一、仁果类果树的化学控制技术 ……………………………………………………… (289)
二、浆果类果树的化学控制技术 ……………………………………………………… (295)
三、核果类果树的化学控制技术 ……………………………………………………… (299)

四、荔果类果树的化学控制技术 …………………………………………………… (302)
五、聚复果类果树的化学控制技术 ………………………………………………… (303)
六、柑果类果树的化学控制技术 …………………………………………………… (304)
第四节 蔬菜化学控制技术………………………………………………………… (305)
一、瓜类化学控制技术 ……………………………………………………………… (306)
二、茄果类化学控制技术 …………………………………………………………… (311)
三、根菜类化学控制技术 …………………………………………………………… (315)
四、绿叶菜类化学控制技术 ………………………………………………………… (316)
五、白菜类化学控制技术 …………………………………………………………… (317)
六、葱蒜类化学控制技术 …………………………………………………………… (319)
七、薯芋类化学控制技术 …………………………………………………………… (320)
第五节 林草花卉化学控制技术…………………………………………………… (322)
一、林木化学控制技术 ……………………………………………………………… (322)
二、花卉化学控制技术 ……………………………………………………………… (325)
三、草坪化学控制技术 ……………………………………………………………… (333)
第六节 中药材植物化学控制技术………………………………………………… (334)
第七节 藻类、食用菌化学控制技术 ……………………………………………… (335)
一、藻类化学控制技术 ……………………………………………………………… (335)
二、食用菌化学控制技术 …………………………………………………………… (336)
第六章 作物化学控制技术的潜力和发展趋势………………………………… (341)
第一节 作物化学控制技术的应用潜力…………………………………………… (341)
第二节 作物化学控制技术发展方向与趋势……………………………………… (347)
英中文名词对照(按英文字母顺序排列)…………………………………………… (351)

绪 论

第一节 作物化学控制的相关概念

作物化学控制技术(crop chemical control/regulation/manipulation),是指以应用植物生长调节物质为手段,通过改变植物内源激素系统,调节作物生长发育,使其朝着人们预期的方向和程度发生变化的技术。早期多被称为“植物生长调节剂在农业上的应用”,1965 年日本的山田登在其著作《作物生长发育的化学控制》中已使用“化学控制”一词,国内由北京农业大学 20 世纪 70 年代末最早提出“作物化学控制”的概念,并创立和完善了相关理论。

阐述和理解作物化学控制的含义,涉及植物激素、植物生长调节物质等基本概念。

植物激素(plant hormone 或 phytohormone):植物体内代谢产生的、能运输到其他部位起作用的、很低浓度就有明显调节生长发育效应的化学物质。

植物生长调节剂(plant growth regulator):人工合成的,低浓度即可影响植物内源激素合成、运输、代谢及作用,调节植物生长发育的化学物质。包括人工合成和提取的天然植物激素,如吲哚乙酸(IAA)、赤霉酸(GA_3)等;人工合成的天然植物激素的类似物,如萘乙酸(NAA)、吲哚丁酸(IBA)、6-苄氨基嘌呤(6-BA)等;人工合成的与天然植物激素的结构不同,但具有调节活性的物质,如缩节安(DPC)、矮壮素(CCC)、氯丁唑(PP333,多效唑)、乙烯利等。

植物生长物质(plant growth substance):泛指对植物生长发育有调控作用的内源的和人工合成的化学物质。

作物化学信息调控(crop control based on chemical information):基于作物受化学信息控制的思想和理论,通过使用植物生长调节剂、环境诱导等手段,在改变作物化学信息系统基础上实现对作物的人工控制。

第二节 作物化学控制学科的特点和意义

一、学科特点

1. 作物化学控制是理论与实践有机结合的学科 作物化学控制的理论基础是 20 世纪生物学研究揭示的植物生长发育受激素等信息控制这一重大成果,目标是解决农业生产中的问题,提高生产力,一直是理论和实践有机结合、相互促进的典型。在 70 多年的时间内,6 大类植物激素的结构、生物合成、代谢、生理效应、信号转导和作用机理,植物调节剂创制、筛选、评价等理论迅速稳步发展,已形成较完善的理论体系。植物生长调节剂和激素调控理论在农业生产上的应用更是广泛多样,有很多成功的范例。如赤霉素在杂交稻制种上的应用、甲哌鎓在棉花上的应用、乙烯抑制剂在果品保鲜上的应用等,都引起作物生产和产业的重大技术革新,取得巨大的经济和社会效益。理论的进展为技术应用提供了基础、指导和保证,而实践应用又验证、丰富和完善了理论,而且不断发现和提出新的理论问题。

2. 作物化学控制是应用性学科　在作物化学控制学科发展的早期是应用推动了理论的发展。生长素一经发现,在对其机理和相关理论的掌握几乎完全是空白的情况下,就开始应用于农业、工业,甚至军事。赤霉素发现不久,就在啤酒工业中用于促进大麦发芽和糖化,提高品质和效率。生长素在促进生根、延衰保鲜等方面的应用也有力推动了基础理论研究。在学科发端到体系健全的今天,实践应用性一直是作物化学控制发展的核心和推动力。学科的应用有两个主要方向:一是在农业上,控制作物生长发育,解决生产问题,提高生产力和种植效益;二是在化工或农药加工上,植物生长调节剂产品的生产和销售,已经成为农用化学品应用最广、效益最高、增长最快的类别之一。每一个新调节剂化合物和产品的问世,都意味着新的商业机会、巨大的利润潜力,甚至产业的突破性革新。

3. 作物化学控制是一门交叉学科　从作物化学控制的概念,就可以看出该学科是一门交叉学科,宏观看是生物学、信息学、化学、农业的交叉领域。因为作物化学控制的基础是植物生长发育的调控,属生物学范畴。激素是植物信号物质,其产生、代谢、运输、作用,都是信息学的范畴;而作物化学控制的手段是应用植物生长调节剂,它们主要是通过化学合成的。激素等信号物质鉴定、合成代谢等研究离开化学也是不可能的。

作物化学控制学科涉及生物类(植物学、植物生理学、生物化学、免疫化学、分子生物学)、化学类(有机化学、分析化学、农药学等)、农艺类(作物栽培、育种、植保、营养、园艺等)、环境类(环境生态学等)、医学类(毒理学等)、经济学等多个学科,并不断被分子生物学、分子生态学、分子信息学等新兴和前沿学科的思想、理论和技术所渗透和充实,相关新学科的技术和理论突破都可能诱发本学科的飞跃式发展。

4. 作物化学控制是一门新兴的前沿学科　1928年第一个植物激素即生长素的发现是本学科的开端,至今仅70多年的发展历史,与植物生理学、作物栽培学等相比,无疑是一门新兴学科。该学科理论研究和技术研究,从一开始就一直结合当时最先进、最前沿的技术,新学科新技术的发展都在本学科被快速吸收和利用。例如,近年随着生物技术的发展,突变体和转基因技术已经被普遍应用于激素代谢和作用机理的研究,更新了人们的认识。较早成功生产应用的转基因植物中转ACC合成酶反义基因耐储存番茄和转*ipt*抗衰老烟草等都是本学科与前沿生物技术成功结合的结果。基因芯片技术也已开始应用于激素诱导基因表达机理研究和活性物质的高通量快速筛选。分子设计和生物合理设计已成为新型调节剂创制的主要手段。高分子材料和纳米技术也开始被用于调节剂的加工来提高产品利用率和效果。这些例子都说明作物化学控制的目标、理论、技术和方法等都处于科学发展的前沿,在多数国家,都被列为与基因工程同等重要的、重点发展的高新技术。

二、意义

1. 作物化学控制是作物生产管理技术的新观念　作物生产是作物、环境与人为措施综合作用的结果。常规作物管理技术概括起来有3类:①遗传育种改变基因型;②改善环境,耕作、株行配置、肥、水、病虫草害防治、地膜覆盖、保护地栽培等;③强制措施,整枝、镇压、断根、疏花疏果、打顶、剥皮等。以改善环境为目标的常规栽培技术在逆境适应性、效果稳定性、可操作性、劳动效率、资源利用率、经济效益等方面有很多局限。

作物化学控制技术是通过调控植物内部化学信息系统,改变生长发育过程,发挥良种潜能。它与常规栽培技术有本质区别，常规栽培技术是着眼于改变作物生长环境，最大限度满足作物需求，重在“外”；而作物化学控制技术是改变植物生长发育和生理活性，增强作物对环境适应性和资源利用能力，重在“内”。

2. 作物化学控制为作物生产提供了高效、安全的实用技术　作物化学控制技术虽然原理复杂，但使用技术简便，用量少，见效快，效益高，便于推广应用，多对环境和产品安全。在生产上可以代替某些常规栽培技术的作用，如防止小麦倒伏，常规措施要选用矮秆品种、返青期镇压或深耕断根、控制返青肥水等，操作起来费事费工，效果也不稳定，而应用植物生长延缓剂在起身期只要喷施一次，就可有效防止倒伏。化学控制技术还可起到常规技术难以达到的效果，如诱导单性结实、控制性别分化、化学杀雄等。

3. 作物化学控制是提高作物生产力的重要新技术资源　从目前的应用和发展趋势看，作物化学控制技术的应用潜力远未充分发挥，很多尚处于开拓阶段。如逆境一直是限制作物良种潜力发挥和增产增收的症结，而大田生长条件下有些逆境难以控制或控制成本太高，如温度逆境、水分逆境、空气污染等。已发现有些植物生长物质(脱落酸、水杨酸、茉莉酸甲酯等)在诱导抗逆性方面有良好效应和应用潜力。再如小麦等作物品质不稳定是影响加工效益的因素，已发现品质形成过程中某些关键酶、功能蛋白和基因受激素调控，化学控制技术的应用无疑比常规栽培技术要简便高效。作物化学控制技术在形成无籽果实、改变果形、促进着色、辅助收获等常规技术难以解决的生产问题上，也有巨大的应用潜力。这一技术资源的充分挖掘和扩大应用，对提高作物生产力意义重大。

4. 作物化学控制是未来农业发展的主导技术之一　化学控制技术可以活化、简化常规栽培技术体系，提高其效益和安全性，而化学控制全态修饰的植物对环境、物质和能量产生的需求发生变化，也需要常规栽培管理技术发生相应的变革。生物技术(育种)、常规栽培和作物化学控制三者有机融合，形成作物化学控制栽培工程，可以从基因型、基因表达和环境多方面作用，是克服目前生产问题限制，提高作物生产力和效益，充分利用生物、环境等自然资源的发展方向，被很多科学家认为是未来作物生产的核心或主导新技术之一。

第三节　作物化学控制学科的任务和知识体系

作物化学控制学科的任务主要是：揭示植物激素等信号物质的产生、代谢、运输和作用规律，及其在植物生长发育过程中的调控作用和作用机理；研究植物生长调节剂创制、筛选、应用和评价的理论和技术原理；创建植物生长调节剂应用及与其他作物生产管理技术有机结合的技术体系，提高作物生产力和效益；探索与新兴和前沿技术结合的有学科特色的研究技术体系。

本课程主要目的和任务，是使学生对作物化学控制的基本概念、基本原理和基本原则有全面系统的了解，掌握主要作物化学控制实用技术和植物生长调节剂室内外研究、评价方法和管理体系，了解该学科历史、现状和发展趋势，深刻认识作物化学控制技术是实现定向诱导作物生长发育及促进现代种植业技术发展的重要技术资源。

该学科的知识体系包括：植物信号系统的组成、植物激素的合成、代谢、效能和作用机理；植物生长发育的信息调控；植物生长调节剂合成、筛选和开发；植物生长调节剂农艺评价；植物生长调节剂毒理学和环境安全性评价；作物化学控制技术原理和开发平台；主要作物化学控制技术;化学信息栽培工程新理论;现代研究方法;植物生长调节剂生产和应用管理体系等。

第四节 国内外化学控制技术应用的主要进展

1928年,国际上发现第一个植物激素——生长素后,用人工合成的生长素类似物吲哚乙酸、吲哚丁酸、萘乙酸等促进扦插生根,可以说是作物化学控制技术的发端。随着其他植物激素的发现和证实,如1938年薮田和住木发现赤霉素,1955年Skoog等发现激动素(细胞分裂素),1963年Addicott等、Wareing等发现脱落酸,20世纪60年代证明乙烯是植物激素,开始合成研制了多种植物生长调节剂。此后植物激素和植物生长调节剂的研究及在农业上的应用异常活跃,发展迅速,取得了巨大的成效。

我国在这方面也进展很快,特别是在大田作物上的应用技术有多项处于世界领先地位。我国作物化控技术的发展可以概分为以下几个阶段。

一、跟踪国外研究和探索实验阶段

我国植物生长调节剂应用研究起步并不晚,生长素发现和用于促进扦插生根不久,殷宏章等(1937),黄昌贤等(1938)即开始进行生长素促进桐树扦插生根和促进无籽果实的研究。20世纪40年代末,美国发现2,4-二氯苯氧乙酸(2,4-D)不仅促进生长,还可用做除草,开创了植物生长调节剂应用的新局面,后逐渐发展分化为杂草化学防除学科。国内娄成后等进行了2,4-D的合成和应用研究。虽然当时仅限于跟踪国外研究的实验,基本未在生产中应用,但是这些早期的工作为以后植物生长调节剂的深入研究和广泛应用奠定了良好的基础,是非常可贵的。

二、开拓植物生长调节剂应用领域阶段

20世纪50年代调节剂的应用主要以果树、蔬菜为主,以后研究和生产应用的范围逐渐扩大。马来酰肼(MH,青鲜素)是第一个得到广泛应用的植物生长抑制剂,1949年从国外引进并开始用于防止洋葱、马铃薯等贮藏期间发芽。除引进外,国内一些单位也进行了吲哚乙酸(IAA)、2,4-D、萘乙酸(NAA)等调节剂的试制,并用于防止番茄、苹果落花落果、大白菜贮藏脱帮等(李曙轩,1952,1954)。2,4,5-三氯苯氧乙酸(2,4,5-T)也被试验用做防倒剂。我国应用二甲四氯(2M-4X)、2,4-D等进行化学除草是国际上较早的。早期生长素类用做除草剂的成功,极大促进该方向的研究和应用,推动杂草化学防除发展成完善的学科体系,而在作物的化学控制方面,进展则相对缓慢。

20世纪60年代,一些新植物生长调节剂的研制推动了其在生产上的应用,这一时期的研究成果,收录在罗士韦编著的《植物激素》论文集中(1963)。1938年赤霉素被发现后,其多种效应引发了国外大量的研究和应用。从50年代末传入中国到70年代初,在中国曾出现全国范围内推广应用赤霉素(GA,920)的热潮,使调节剂的应用扩大到大田作物。其中有很多成功的方面,如在水稻杂交育种中解决了父母本花期不遇、包茎影响授粉和制种产量等问题,至今每年应用面积为70万hm^2左右。用于促进葡萄果实膨大、促进叶菜生长、打破休眠、促进水稻抽穗等也很有成效。但是有的方面过分夸大了应用效果,影响了其应用技术的健康发展,其中有很多教训值得吸取。随着赤霉素的研究,还发现了一些新的植物生长抑制剂和延缓剂,开

拓了植物生长调节剂应用范围。植物生长延缓剂2-氯乙基三甲基氯化铵(氯代氯化胆碱、矮壮素、CCC)1960年问世后不久,中国科学院上海植物生理研究所用于棉花控制徒长、减少蕾铃脱落和增产(1964);用于小麦防止倒伏(管康林等,1966)在生产上得到一定面积的推广应用,至今在欧洲仍是重要的小麦防倒剂。同时国内还开展了桃树化学疏花疏果(沈隽等,1965)、比久(B_9)控制苹果枝梢生长(沈阳化工研究院)等方面的研究。

三、大田作物化控技术开发和成功推广阶段

20世纪70年代以后,植物生长调节剂进入大田作物生产应用,在经济有效地解决生产难题中显示了常规技术无法替代的作用,得到迅速推广,取得了巨大的经济效益和社会效益,其中有多项成果达到国际先进水平。

1968年美国专利局公开了一种乙烯释放剂——乙烯利,20世纪70年代在中国科学院上海植物生理研究所等单位研究推动下,用于水稻催熟(浙江农业科学院),调控瓠瓜性别(浙江农业大学),促进橡胶树泌胶(华南农垦总局),梨、柑、香蕉等多种果实催熟,柿子脱涩(上海植生所),促进菠萝开花等,在生产中都得到应用。其中推广面积较大的是促进橡胶树泌胶和棉铃成熟。用于橡胶树药效可维持2个月,成倍促进流胶量,减轻割胶的劳动强度,效益显著,但后来发现使用不当会影响橡胶树的流胶寿命。70年代初上海植物生理研究所开始研究乙烯利促进棉铃成熟的生理作用。北京农业大学针对棉花晚熟严重的问题,于1973年开始应用乙烯利促进晚期棉铃早熟的研究,通过在河北省多点试验示范,取得了棉花应用乙烯利催熟的良好效果,并提出了完善的应用技术,1978年开始组织在全国主要棉区示范推广。1979年和1982年分别获农牧业技术改进二等奖和全国农业科学技术推广奖,迄今每年应用面积为15万~20万hm^2。该技术是大面积应用调节剂主动控制作物生长发育的成功范例,更是一次作物管理观念更新的尝试。

20世纪70年代,西德BASF公司推出了新植物生长延缓剂N,N-二甲基哌啶鎓氯化物(pix,mepiquate choloride),诱发了世界范围内棉花等作物生产的革命。1980年北京农业大学开始在我国用更经济的新方法合成了该调节剂(缩节安,调节啶,甲哌鎓,DPC),并成功解决了棉花徒长问题,增产、增效、改善品质的效果显著。1981年开始组织了全国性的应用示范协作推广,每年召开棉花化控技术协作交流会。1984年推广面积达93万hm^2,当年获得农业部技术改进一等奖,1985年获国家科技进步三等奖。1986年以来,随其机理研究的深入和技术内容的不断更新,连续被列为国家重点科技推广成果。90年代以来每年推广面积约占总植棉面积的70%以上,被列为新中国成立后棉花栽培领域三大技术变革之首。

1979年英国ICI公司推出了多效唑,1984年国内江苏农药研究所等单位研制成功,1985年中国农业科学院水稻研究所等组织了全国性的多效唑应用研究协作组,开始研究多效唑控制连作晚稻秧苗徒长的技术和机理,被列为“八五”科技成果推广重点项目,1993年应用面积达700多万hm^2。中国农业科学院油料研究所和水稻研究所,针对移栽油菜“高脚苗”、倒伏和越冬死苗问题,开展应用多效唑培育油菜壮苗及抗寒性机理与技术研究,1993年应用面积达120万hm^2。江苏农业科学院等研究推广多效唑防止水稻倒伏和增产技术,北京农业大学和中国农业科学院果树研究所等应用多效唑对桃树和苹果控梢保果技术,华南师范大学等应用多效唑控制花生徒长技术等也有一定面积的推广应用。

但是研究发现,多效唑的应用存在残留和残效问题,在小麦等旱地作物上更为突出。近年

来,不少单位通过开发活性更高的烯效唑等延缓剂和复混剂,研制多效唑的替代产品。其中中国农业大学农作物化学控制研究中心 1991 年开始研制的 20%甲·多微乳剂(麦业丰)是较成功的例子,不但克服了多效唑应用的缺陷,而且定向控制基部节间伸长,使穗下节间保持适宜长度,株高不降低,抗逆防倒增产效果稳定,1999 年累积推广面积达 100 万 hm^2。

三十烷醇(TRIA)是 1975 年美国发现的 C-30 长链脂肪醇,1978 年厦门大学引进并开始在多种作物上进行实验,发现有促进多种作物生长和增产的效应。1983 年国家农牧渔业部组织全国联合试验,结果表明在水稻、玉米、大豆等作物上无稳定的增产效果(吴光南,1984)。后发现 TRIA 的效果受其纯度、剂型、环境条件影响很大。福建农科院等坚持不懈地研究,研制了 TA 乳粉新剂型,提高了应用效果,特别是成功地开拓了在海带、紫菜等海藻类上应用的新领域,取得了巨大的经济和社会效益,1994 年获得农业部科技进步一等奖。

油菜素甾醇类物质(BR)1970 年发现以来,其在农业上的应用引起国际上的广泛重视,上海植物生理研究所、北京农业大学、华中农业大学等单位也与日本合作进行了大量系统的研究,证明 BR 在多种植物上都有促进生长、提高抗逆性、减轻农药药害等效果。但天然 BR 提取成本较高,限制了生产应用。近年来随 BR 人工合成和天然 BR 提取工艺的改进,其性能和成本等更适于大田作物应用。国内云南大学等单位正组织全国性推广应用。CPPU 等的开发也填补了细胞分裂素类商品的空白,在促进果实发育和营养生长等方面显示巨大的应用潜力。中国科学院成都生物所利用微生物发酵生产脱落酸(诱抗素、SABA)成功,解决了天然脱落酸成本高的问题,使生产应用成为可能。

这一阶段,作物化学控制技术的研究和推广在我国得到高度重视,在调节剂作用机理和化学控制理论方面也取得大量可喜进展。1985 年经农业部正式批准,全国唯一的、专门从事作物化学控制研究、教学和推广的"北京农业大学农作物化学控制研究室"(1998 年已更名为中国农业大学农作物化学控制研究中心)成立,并制订了"发展化控学科,培养专业人才,服务经济建设"的发展方向。全国各地从事相关研究的机构和人员逐年增加。国内成立了"植物生长物质学会"(后转为"植物生理学会植物生长物质专业委员会")和"中国农业技术推广协会作物化控专业委员会",分别多次举办全国性学术会议和交流,并组织调节剂推广应用协作组,有力地推动了作物化学控制技术的发展。

四、我国作物化学控制理论的发展

20 世纪 90 年代以后,随着调节剂的广泛应用和深入研究,作物生产条件改善、生产目标提高、品种更新和高新技术的引入,以及生产管理技术变革等因素对作物化学控制技术提出了新的要求,作物化学控制技术需要有更深入的研究和发展。突出表现在以下几个方面:①对技术的环境和农产品安全性的要求提高。②作物化学控制技术与其他技术有机融合,组装成集约化的技术体系。③改善产品品质和增加植物抵御逆境灾害的能力成为化学控制技术的重要目标。④充分降低技术风险,要求对化学控制技术的作用机理做更深入和详尽的研究。

我国作物化学控制研究和应用的发展速度、推广范围、面积和取得的效益都是十分显著的,有些领域居国际领先地位。我国植物生理学家和农学家立足本国农业实情、理论联系实际,创造性地应用植物生长调节剂,并与传统的作物生产技术融合,形成了有中国特色的作物化学控制技术体系。其中一个重要原因是作物化学控制理论体系的不断创新和完善,推动了实践的不断发展。

植物激素的发现为调节植物生长发育提供了可能，引起人们的极大兴趣和期望，但在调节剂应用的起步阶段基本上是针对生产问题，注重其生理效应，可以称为“对症”应用，但有的生产效果并不稳定。经大量科学实验和总结应用经验，由起初重视对单个器官和个体的控制，转向着眼于整株和群体水平上的效果。北京农业大学作物化学控制研究室在深入研究并总结前人经验的基础上提出，一项成功的化控技术应有完整的目标：良好的生理效应、稳定的理想的生产效果、显著的经济效益、安全的环境生态效应（即对生物、环境和农产品高度安全），为调节剂在生产中应用提供了科学的评价标准。

北京农业大学（1984）首次提出调节剂两类效应的区分，对正确认识调节剂的应用效果，指导生产科学应用提供了理论基础。一是基本效应或直接效应，取决于药剂特点，二是药剂与环境、植物状况、环境、栽培条件等因素相加后的复合效应或间接效应。要达到理想的生产效果，不仅要选用合适的药剂和使用方法，同时还要通过考虑当地生产情况，与改变环境的技术结合，实现对作物的定量定向诱导。该理论在应用缩节安控制棉花株型等化学控制技术的发展方面起了重要作用。

作物生产是作物生长发育与环境、栽培措施结合的合理过程，不同的发育阶段理想目标不同，有必要采取不同的化控措施。20 世纪 80 年代末，北京农业大学又提出定向诱导的“作物系统化学控制”新模式，即按照高产的要求，根据作物生长发育程序，在作物整个生长季节期间，采用一系列必要的植物生长调节剂，在调节内源激素系统和基因表达的基础上，对植物整个生长发育过程进行定向定量诱导，并且配合必要的传统栽培技术的革新，从而实现丰产优质。在棉花化学控制多年研究的基础上，首先创建了以应用缩节安为主的棉花系统化学控制技术体系，并在国内主要棉区大面积推广。北京农业大学和国内其他单位在水稻、小麦、果树等作物上也作了类似的探索。

以往植物生长调节剂的应用，并不改变传统栽培技术的格局，而引进系统化学控制技术后，经化学控制技术诱导或修饰的作物，无论从个体还是群体的结构和功能都发生了一定变化，对物质、能量和环境的需求也与原有体系不同，要求固有的栽培技术相应地变革。在此基础上创建了一种作物化学控制技术与常规栽培技术革新有机融合的新技术体系——“作物化学控制栽培工程”。即通过对作物内部信息系统和外部环境的“双重调控”，更有效地控制作物的生长发育过程，为农业高产高效和优质提供了极大可能，并使作物栽培过程接近于有目标设计、可控制生产流程的工业工程。其最大特点是同时考虑了内部和外部因素，有应急和预防双重效果，对环境变化和栽培技术失当的应变弹性大，并且对化控栽培工程构建原理、方法等做了大量研究。如应用缩节安系统化控配合增加密度、提早施肥、简化整枝等栽培技术革新，建立了棉花作物化控栽培工程，在棉花安全优质高产生产中发挥了重要作用，在小麦上也取得了可喜进展。

目前我国植物生长调节剂在大田作物上的研究和应用成效卓著，特别是针对我国国情和农业问题，建立的棉花缩节安系统化控技术、应用 GA 的杂交水稻高效制种技术、连晚稻应用调节剂壮秧技术、BR 和 ABA 的工业化发酵生产等，推广应用的规模、普及程度和产生的巨大效益，是任何其他国家无法比拟的。面向新的世纪，世界高科技竞争异常激烈，我国如何在作物化学控制这一高技术领域保持领先地位，并在基础研究和新产品创制等方面赶超发达国家，需要相关学科科研、技术人员和生产者的共同努力。

参考文献

[1] 韩碧文,邵莉楣,陈虎保. 植物生长物质. 北京:科学出版社,1987.

[2] 何钟佩,田晓莉,段留生. 作物激素生理及化学控制. 北京:中国农业大学出版社,1997.

[3] 李丕明,何钟佩,奚惠达. 作物化学控制栽培工程的建立与发展. 北京农业大学学报,1991,17(增刊),1-4.

[4] 李曙轩. 植物生长调节剂与农业生产. 北京:科学出版社,1989.

[5] 潘瑞炽,李玲. 植物生长发育的化学控制. 2版. 广州:广东高等教育出版社,1999.

[6] 王熹,俞美玉,陶龙兴,等. 作物化控原理. 北京:中国农业科技出版社,1997.

[7] Purohit S S. Hormonal regulation of plant growth and development. ,The Netherlands and Agro Botanical Publishers,1985.

[8] Kefeli V I,Kalevitch M V,Borsari. B. Natural growth inhibitors and phytohormones in plants and environment. Dordrecht/Boston/London:Kluwer Academic Publishers,2003.

复习思考题

1. 什么是作物化学控制技术?
2. 作物化学控制学科有哪些特点?
3. 作物化学控制学科研究内容和知识体系包括哪些?
4. 我国作物化学控制技术应用和理论方面有哪些成就?
5. 作物化控技术与施肥、灌溉、病虫害防治等传统栽培技术有何本质不同?

讨论题

1. 就你从各种途径了解到的一种作物化学控制技术,查阅文献并且讨论,列出它的优点和存在的问题。
2. 以你了解和学习过的某个学科,如植物生理学、植物营养学等,讨论作物化学控制作为一个新学科发展的合理性和面临的挑战。

第一章　植物信号系统和植物激素

第一节　植物信号系统

生命的奥秘是人类有史以来多年探索的问题。著名生物学家贝时璋院士认为生命“无非是自然界三个量(物质、能量、信息)综合运动的表现,三个量有组织、秩序的活动是生命的基础”。著名物理学家薛定谔也明确指出“生命的基本问题是信息问题”。

信息(information)与物质、能量一样属于基本概念,无法用更基本的概念加以定义,与消息、情报同义,总“与不确定性的消除联系在一起”。而信号(signal)是信息的物质体现形式及物理过程。

与其他生命一样,生活在多变的环境中的植物有机体及各组成部分,须不断地感受、接受各种外界环境和其他部分的各种信号,并做出适当的反应以维持生命活动的进行。这种植物体内存在的传递环境变化、调节控制物质代谢、能量代谢、生物反应和生长发育等信号的物质系统及转导过程,称为植物信号系统(plant signal system)。植物体内主要信号系统见表1-1,除物理信号(电信号、水势等)、化学信号(激素、Ca^{2+}-CAM 等)外,广义的细胞信号还应包括大分子结构信号。

表 1-1　植物内主要的信号系统

信号种类和功能	信　号
胞间信号	化学信号:植物激素、钙-钙调素、水杨酸、壳梭孢菌素、寡聚半乳糖、乙酰胆碱等 物理信号:电信号
膜上信号转换机制	激素受体、光敏素、激发子受体、G 蛋白或类似物
胞内信号	Ca^{2+}-CAM、肌醇三磷酸/甘油二酯(IP_3/DG)、甘油二酯/依赖钙与磷脂的蛋白激酶(DG/PKC)
蛋白质可逆磷酸化	蛋白磷酸化酶/蛋白磷酸酶(PK/PP)

一、结构信号

生物大分子(蛋白质、核酸、多糖、糖蛋白、糖脂等)的结构信号,包含在决定大分子三维外形的亚基结构顺序信息之中。亚基的结构顺序靠强大的共价键保持长期稳定;而大分子外形主要靠非共价弱键(氢键、离子键、范德华力和疏水键)维持相对稳定,而且在分子内或分子间识别(molecular recognition)上起重要作用。

以生物大分子结构信号为基础的分子识别在细胞中有独特的功能。当结构信号在细胞内部交流时,大分子识别负责细胞成分的组装,决定细胞的基本结构和基本的代谢形式,指导着细胞代谢及其调节(如酶的催化反应及变构调节)。在细胞间交流时,大分子识别决定同种细胞的粘连(adhesion)、聚集(aggregation)及性细胞的融合等。而核酸的结构信号是亲代细胞向子代细胞间传递遗传信息,并决定子代生长发育的最基本模式。

(一)蛋白质　蛋白质结构信号主要表现为形状和构象。蛋白质即便经低温和热处理,也可逆转而自发形成原来的构象,说明其形状、构象信息决定于蛋白质氨基酸序列本身。基于蛋白质结构信号的分子识别在代谢的生化反应(如酶的催化反应及调节)中起重要作用。在分子识别时,形状、构象的信息是由非共价弱键表达的,两个分子如酶蛋白与底物或调节因子间的识别与结合,必须靠分子表面精确配合而形成大量非共价键。

生物细胞的形态发生过程,从大分子水平来看,是一个从一般不可见大分子组装到可见生物结构,即超分子结构(supermolecular units)如酶复合物、生物膜、病毒、细胞器等的过程。以蛋白质为主的大分子自我组装起着重要作用。处于蛋白质和细胞器之间的超分子结构,几乎都含有以非共价键联合的多肽亚基,这些超分子结构亚基许多可自我组装,无需外界指导,其组装的信息主要存在于蛋白质自身结构中。如血红蛋白有α、β两种共4个亚基,在亚基溶液中始终是组装成$\alpha2\beta2$形式,而不会组装成$\alpha4$、$\beta4$、$\alpha\beta3$或$\alpha3\beta$等形式;即便存在其他不同种蛋白质亚基或不同物种血红蛋白亚基,它们也不会交换成杂种,说明α、β亚基形状和空间结构有精确的互补性,保证了专一的组装。烟草花叶病毒(TMV)颗粒分子质量40 000 ku,长300 nm,由2 200条相同肽链及一条RNA分子组成,也能进行自我组装,其中包括了蛋白质和RNA亚基装配。1955年H. Fraenkel-Conrat和R. C. Wlliams就发现TMV颗粒经去垢剂处理解离为多肽链与RNA后,只要简单混合在一起就可以重新组装成有感染能力的TMV。

最近还发现微管、鞭毛、肌动球蛋白、多酶复合体、核糖体、膜系统及其结合的运输系统形成过程中都存在自我装配现象。但不是所有细胞结构都可以自我装配,因为有些复杂结构装配是在酶助或模板指导下完成的。

(二)多糖及糖蛋白、糖脂类　细胞表面糖被(glycocalyx)结构可能在细胞识别(cell recognition)中起重要作用。其中动物细胞直接相互作用和识别的一个典型例子是所谓"接触抑制"。正常细胞组织培养时,如生长在固体表面(如玻璃)的细胞开始可以自由分裂、增长,当长成单细胞层相互接触后,细胞分裂即受到抑制。这种抑制显然不是由于某种信号物质远距离扩散造成的,而是接触后传递了某种信息。癌细胞增殖时失去接触抑制,因而生长堆积成数层细胞。

这种识别信号可能存在于细胞质膜外表面的糖被结构之中。糖被结构由糖蛋白与糖脂组成,即由寡糖链与膜蛋白和膜脂相连而成,有时还包括吸附在表面的糖蛋白。这些寡糖链虽很短,常不到15个单糖残基,但往往具分支,其末端多为唾液酸残基,从而形成表面净负电荷。糖被结构可用一些染料如钌红(rutheniun red)来显示。糖被结构信息可能与接触抑制有关的间接证据有:正常细胞被致癌病毒(如polyoma或SV49)感染后转化为癌细胞,用钌红染色发现其表面糖被增加,细胞电泳迁移率也增加,这可能与糖被寡糖链终端唾液酸残基增加有关。当用分解唾液酸的酶——神经氨酸糖苷酶(neurominidase)处理后,糖被染色及电泳迁移率都减少了。植物体中也有多糖、糖蛋白和糖脂,研究也证明寡聚糖具有生长调节活性,但关于其作为信号的作用和转导机制尚在研究中。

(三)核酸　DNA中的线性核苷酸序列携带着遗传信息。每一个DNA分子含有两条互补的核苷酸链,通过G-C,A-T碱基对的氢键而相互匹配。DNA的复制就是遗传信息复制,它是通过一条新的互补键聚合于一条母链上实现的。DNA复制在细胞周期中的S期里完成,通过细胞有丝分裂及减数分裂传递给子代细胞。遗传信息在子代细胞的表达涉及DNA中线性核苷酸序列转译成为蛋白质中线性氨基酸序列。此时细胞核内DNA的一个有限片段先被拷贝成mRNA,然后转移传递到细胞质的核糖体大型复合体上;用于蛋白质合成的氨基酸与一族小tRNA分子相连,每个tRNA通过互补碱基配对相互作用以识别mRNA的三联核苷酸密码,从而将特定氨基酸连接到延伸的多肽链上,最后翻译为蛋白质。以上过程就是遗传结构信息通过RNA转换为蛋白质结构的信息流,它是控制调节生物体生长发育、新陈代谢的最基本的信息流。可见该过程已不仅仅包含简单的分子识别(如碱基配对),实际上已形成了一个完整的遗传信号传递系统。

生物大分子结构包含信息,但不能说它们都是信号分子,因为其中许多只是结构物质,并不专是信号功能。狭义的细胞信号是指后述的物理化学信号,在化学信号分子中除上述大分子物质外,也有许多小分子物质。对于大分子信号,结构信息往往正是其信号功能的基础。

二、化学信号

生物体内有许多化学物质,它们的主要作用既非营养,又非能量物质,也不是结构成分,其主要功能是在细胞间和细胞内传递信息。它们可以分为:

1. 细胞间通讯的信号分子　动物和人体中主要有内分泌激素、神经递质与神经肽、局部化学介导因子(如旁分泌激素、神经生长因子)、抗体与淋巴因子等。植物中主要是植物激素等生物活性物质。

2. 细胞内通讯的信号分子　这方面近二三十年研究进展迅速,一般认为环腺苷酸(cAMP)、环鸟苷酸(cGMP)、钙离子(Ca^{2+})、肌醇三磷酸(IP_3)及甘油二酯(DG)等为胞内信使,也有人认为质子(H^+)、花生四烯酸等也是细胞内通讯的化学信号分子。

胞间通讯的化学信号与胞内通讯化学信号在功能上是密切合作的。多细胞生物体受到刺激后,常先产生胞间化学信号,到达细胞表面或胞内受体部位后,通过胞内信号将信息传递到胞内的特定效应部位而起作用,从而完成整个通讯过程。因此胞间信号分子又称第一信使,胞内信号分子又称第二信使。

生物体的个体发育,既受到遗传基因的调节控制,又受到环境因子的影响,因此我们也可以将细胞信号分为遗传基因信号系统及环境刺激-细胞耦联反应信号系统两大类。前者属于分子遗传学的范畴,后者是近年来细胞生物学前沿研究领域并取得巨大进展的部分。图1-1显示了多细胞生物环境刺激-细胞耦联反应过程中的主要化学信号通路。

三、物理信号

电场、磁场、光、声、辐射等物理因素是可以影响生物生长发育的重要外界环境因子,但目前已知其中电、光、磁场等也可以在生物体内器官、组织、细胞中或其间起信号作用。

电信号是生物体内最重要的物理信号。它主要指细胞膜静息电位改变时所引起动作电位的定向传播,它在外界刺激-细胞反应耦联中起重要作用。正常细胞一般都处于极化状态,细胞静息电位在$-100\sim-50$ mV之间,内负外正。给予一个刺激时,会产生动作电位变化(包括去极化、超射、复极化、超极化的过程),膜上刺激点局部电流的变化产生的刺激足以使邻近膜的静息区达到临界点去极化,因此邻近区也产生动作电位。以此膜区被依次去极化而形成动作电位定向的传播。目前已了解,静息电位与动作电位的产生是由于离子浓度差别和各种离子通道(ion channel)交互开闭造成的,如Na^+、K^+-ATP酶(钠钾泵)。电信号完成信号传

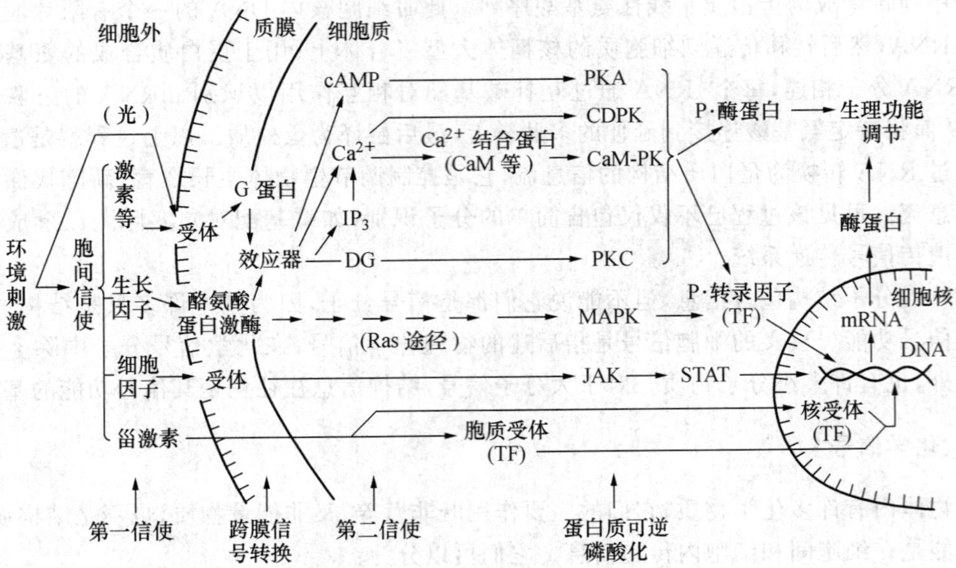

IP_3:三磷酸肌醇;DG:二酰甘油;PKA:依赖 cAMP 的蛋白激酶;PKC:依赖 Ca^{2+} 与磷脂的蛋白激酶;CaM·PK:依赖 Ca^{2+}·CaM 的蛋白激酶;CDPK:依赖 Ca^{2+} 的蛋白激酶;MAPK:有丝分裂原蛋白激酶;JAK:另一种蛋白激酶;TF:转录因子

图 1-1　细胞信号转导主要途径模式图(孙大业等,1999)

递过程是人和动物神经细胞的主要特点,在植物细胞中也可发生。

除细胞膜上动作电位外,目前已在动物和植物中都发现,两个相隔一定距离的细胞,当其中之一给以电刺激,可在另一个细胞产生电响应,这种高阻抗电信号传播现象可能与电场效应有关。此外,相隔离的两个细胞间还发现存在光通讯现象:用一片玻璃片的两面培养细胞,发现其中一面细胞生长受另一面细胞的影响,将其挡光后,相互影响便不存在。这些物理信号传播现象的本质都有待深入研究。

第二节　植物激素和生长物质的种类

植物是一个多细胞组成的复杂有机体,要维持正常协调的生长发育状态、适应外界环境,各细胞、组织和器官之间必须进行及时有效的信息交流。担负这种信息交流任务的化学信使之一就是植物激素(plant hormone)。

植物激素的发现可追溯到 1758 年,德国植物学家 Duhamel Du Monceau 发现,如果对木本植物的茎进行环割处理,环割伤口的上端树皮会膨大并有许多新根发生。Julius Sachs (1860)提出了植物体内存在特异器官形成素(organ-forming substances)假说来解释这些现象,认为“根形成素”在叶片中形成,并沿着茎干向下运输,最后聚集在环割伤口处,刺激新根的发生。这里假设的“器官形成素”就是某种意义上的植物激素。

发现第一个植物激素——生长素的实验是查尔斯·达尔文(Charles Darwin)父子开始进行的。达尔文发现燕麦胚芽鞘有向光性弯曲生长的现象,进一步观察表明,胚芽鞘在顶端被切除或者被遮挡的情况下不发生向光性弯曲生长,同时胚芽鞘的向光性弯曲生长是发生在顶端以下的整体性生长(图 1-2)。据此推论只有胚芽鞘顶端可以接受单侧光信号,并且产生一种生长刺激物向下传导到胚芽鞘生长区发挥作用，导致胚芽鞘的向光性弯曲生长。之后，数位科学工作者验证并发展了胚芽鞘向光性生长的实验。1910 年，Boysen-Jensen 证明胚芽鞘顶端产生的信号可以透过琼脂传递，证明了这种信号是一种化学物质；1918 年，Paal 观察到，如果把切下的胚芽鞘顶端偏向一侧放置，在黑暗条件下也会导致胚芽鞘的弯曲生长（图 1-2）。通过这些实验，他们认为胚芽鞘顶端产生了一种化学物质，刺激胚芽鞘背光面的组织生长快于向光面的组织生长，这种不均衡的生长就导致了胚芽鞘的向光弯曲现象。这种化学物质被命名为植物激素（phytohormone）。植物激素的发现是植物生理学发展的一个里程碑，揭开了作物化学控制的序幕。

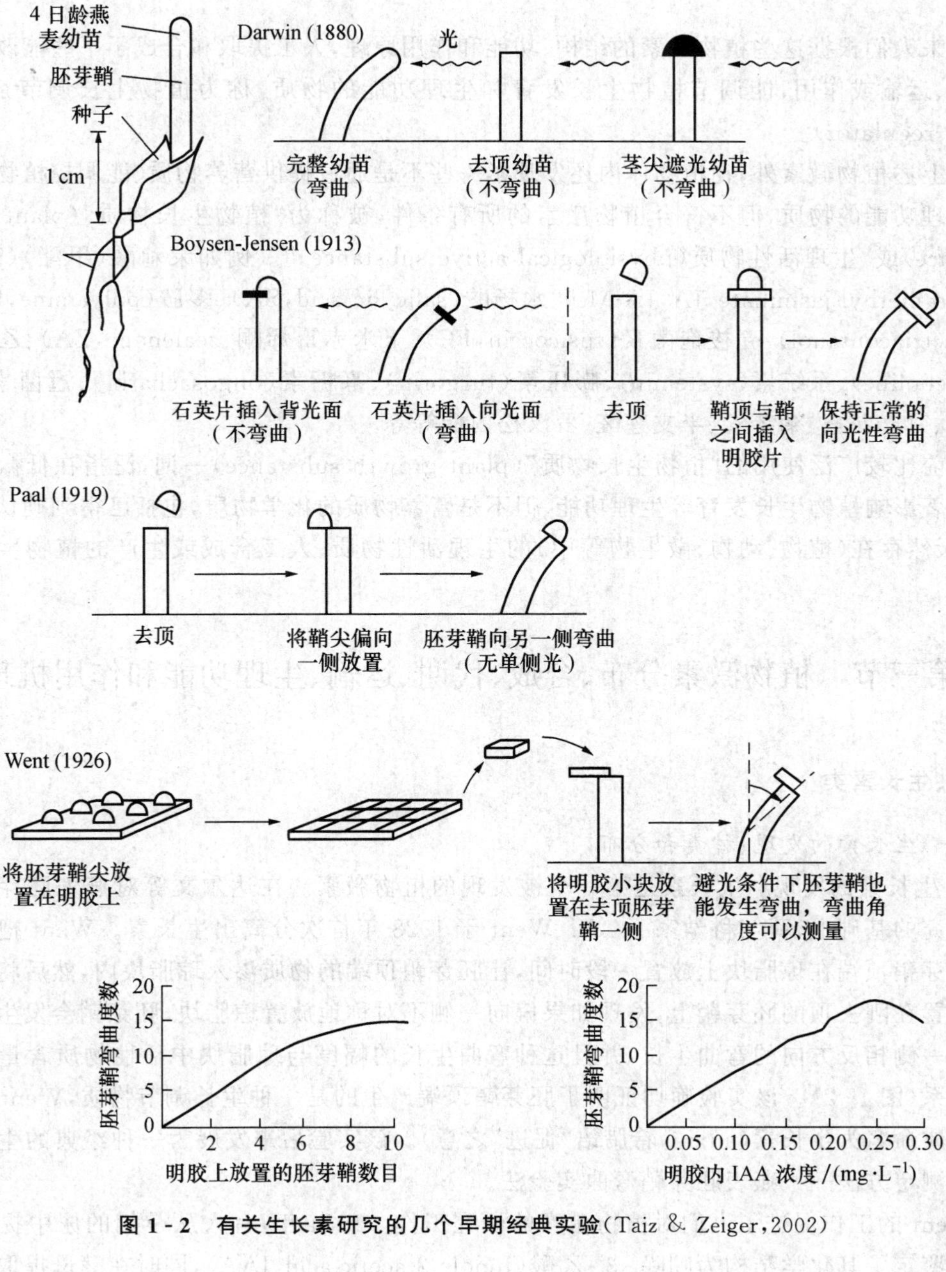

图 1-2　有关生长素研究的几个早期经典实验（Taiz & Zeiger，2002）

根据国际植物生长物质学会的定义,植物激素是指植物内源产生的有机化合物,在极低浓度的条件下,对植物的生理过程发生显著的影响。另外,最早定义激素的 Starling 认为激素应该满足以下 3 个条件:①激素应该在特定的器官或组织内合成;②激素通过运输系统运输到特定的靶组织(target tissue);③激素诱导产生的生理调节作用的强度与其浓度相关。

迄今有充足证据并被公认为植物激素的有 6 类:生长素(auxin,IAA)、细胞分裂素(cytokinin,CTK)、赤霉素(gibberellin,GA)、脱落酸(abscisic acid,ABA)、乙烯(ethylene,ETH)、油菜素内酯(brasinosteroloid,BR)。其中 BR 是在 1998 年第 16 届国际植物生长物质学会(International Plant Growth Substance Association,IPGSA)会议上被新确认的甾类植物激素。

后来人们根据这些植物激素的结构、功能和作用原理,人工提取和合成了一些能改变激素的合成、运输或作用,能调节植物生长发育和生理功能的物质,称为植物生长调节剂(plant growth regulator)。

除上述植物激素外,在植物体内还发现了一些不是通过提供营养物质、能调控植物生长发育和生理功能的物质,但不符合植物激素的所有条件,被称为"植物生长物质"(plant growth substance)或"生理活性物质(physiological active substance)"。例如茉莉酸(甲酯)(jasminic acid and methyl jasminate,JA,JA-Me)、水杨酸(salicylic acid,SA)、多胺(polyamine,PA)、三十烷醇(triacontanol)、壳梭孢菌素(fusicoccin,FC)、玉米赤霉烯酮(zealenone,ZA)、乙酰胆碱(acetylcholine)、系统素(systemin)、膨压素(turgorin)、寡糖素(oligosacharin)、冠菌素(coronatine)、月光花素、菊芋素、半支莲醛、罗汉松内酯等等。

目前比较广泛使用的"植物生长物质"(plant growth substance)一词,泛指在低微浓度下可以显著影响植物生长发育等生理功能,但不是营养物质的化学物质,包括已得到确认的植物激素、天然存在(植物、动物、微生物等中)的生理活性物质、人工合成或生产的植物生长调节剂等。

第三节　植物激素分布、合成、代谢、运输、生理功能和作用机理

一、生长素类

(一)生长素的发现、种类和分布

1. 生长素的发现　生长素是第一个被发现的植物激素。在达尔文等对燕麦胚芽鞘弯曲生长研究的基础上,荷兰科学家 F. W. Went 于 1928 年首次分离出生长素。Went 把切下的燕麦胚芽鞘顶端在琼脂块上放置一段时间,让胚芽鞘顶端的物质渗入琼脂块内,然后将这些琼脂块放置在刚去顶的胚芽鞘上,发现如果偏向一侧不对称地放置琼脂块,胚芽鞘会发生向放置琼脂块一侧相反方向的弯曲生长,并且这种弯曲生长的幅度与琼脂块中活性物质含量呈正相关的关系(图 1-2)。该实验确切证明了胚芽鞘顶端产生的是一种生长调节物质,Went 将这种活性物质命名为生长素(auxin,希腊语"促进"之意)。该实验后来发展为一种经典的生长素定量生物测定方法——燕表胚芽鞘弯曲实验法。

Went 的工作促进了人们对植物激素的研究工作。1934 年,有人从孕妇的尿中提纯了生长素并鉴定了其化学结构为吲哚-3-乙酸(Indole-3-acetic acid,IAA),同时在酵母提取物和根

霉(*Rhizopus suinus*)培养物中也提纯了 IAA。1946 年从未成熟玉米胚中提纯了 IAA。此后大量实验证明 IAA 是植物体内主要的且广泛存在的生长素。

2. 生长素的结构和种类　除了 IAA,植物体内还发现其他多种内源的生长素活性物质(图 1-3),如吲哚-3-乙醇、吲哚-3-乙醛、吲哚-3-乙腈、吲哚-3-丁酸(IBA,玉米叶片和种子中)、4-氯吲哚-3-乙酸(4-chloroIAA,莴苣种子中)等吲哚类衍生物,苯乙酸(PAA,Leuba 等,1990)等芳香酸类物质。其中一些是 IAA 生物合成的前体或代谢中间产物,在体内通过转变成 IAA 表现生长素活性。IBA、4-chloroIAA 和 PAA 是近年来才被证实的植物内源生长素,它们在体内是直接作用还是通过转化为 IAA 才表现生长素活性的,目前还不清楚。

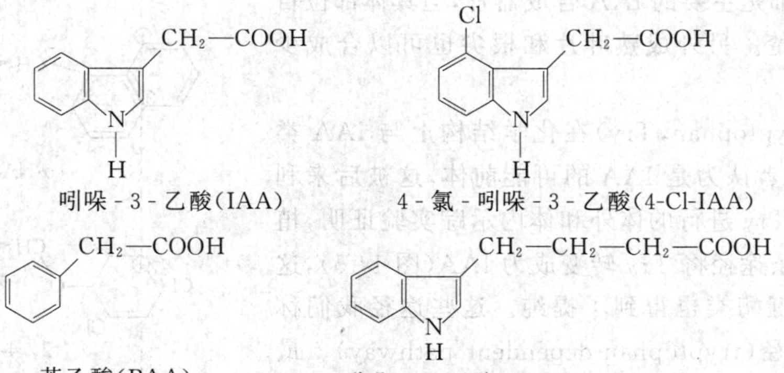

吲哚-3-乙酸(IAA)　4-氯-吲哚-3-乙酸(4-Cl-IAA)

苯乙酸(PAA)　吲哚-3-丁酸(IBA)

图 1-3　几种天然存在的生长素分子结构

从化学结构上看,具有生长素生物活性的化合物的分子结构特征有如下三点:①具有一个芳香环;②具有一个羧基侧链;③芳香环和羧基侧链之间有一个芳香环或氧原子间隔。根据这些结构特点,人们合成了一系列具有 IAA 生物活性的化合物(图 1-4),如 2,4-二氯苯氧乙酸(2,4-D),α-萘乙酸(NAA)等,并在研究和生产中进行了大量的应用。通过合成 IAA 与 IAA 受体结合实验获得的数据进一步揭示了 IAA 类化合物结构特征的化学和生物学本质。在中性 pH 条件下,IAA 类化合物的酸性侧链上带有很强的负电性,而在距离该羧基侧链约 0.5 nm的芳香环上具有一个弱的正电区域。这种相距 0.5 nm 的正负电区域结构特征可能就是具有 IAA 生物活性结构的化学本质所在。最近,有人利用生长素结合蛋白(ABPI,一种可能的生长素受体)和各种合成的 IAA 化合物进行的结合实验表明,IAA 和受体结合必须的结构特征有三点:一个平面的芳香环结构,这是 IAA 和受体结合的平台;一个羧基结合位点;以及一个疏水侧链将上述两个结合基团隔离并维持固定的距离。这个实验揭示了 IAA 结构特征的生物化学本质。

3. 生长素的分布　IAA 在植物细胞内的存在部位主要是细胞质和叶绿体。瑞典科学家 Sandberg 等系统研究了 IAA 在野生型和转基因烟草细胞内的分布,发现野生型烟草细胞中大约 1/3 的 IAA 存在于叶绿体中,其他在细胞质中,而 IAA 结合物只存在于细胞质中。在导入根瘤农杆菌 IAA 合成基因的转基因烟草细胞中,发现 IAA 生物合成的中间产物只存在于细胞质中。据此推测细胞中 IAA 的两个分布部位具有不同的意义:IAA 在细胞质中进行从头生物合成(*de novo* biosynthesis)、结合物合成和非脱羧降解反应等;在叶绿体中 IAA 受到保护而不受代谢的影响,但其浓度受细胞质中 IAA 浓度的平衡调节。

在植株各种器官中都有IAA分布，主要集中在生长旺盛部位，如正在生长的茎尖和根尖、正在展开的叶片、胚、幼嫩的果实和种子、禾谷类居间分生组织等，衰老器官或组织中一般IAA水平较低。寄生或与植物共生的微生物也可产生IAA并影响寄主生长，如豆科根瘤形成就与根瘤菌产生的IAA有关。

(二)生长素的生物合成和代谢

1. 生长素的生物合成　生长素的生物合成部位都是细胞快速分裂的组织，例如茎尖分生组织、幼嫩叶片、发育中的果实都是主要的IAA合成器官，但具体部位目前尚不完全清楚。另外成熟叶片和根尖也可以合成少量IAA。

色氨酸(tryptophan，Try)在化学结构上与IAA类似，被早期研究者认为是IAA的可能前体，这被后来利用同位素标记Try进行的体外和体内示踪实验证明，植物可以通过多条途径将Try转变成为IAA(图1-5)，这些途径中的关键酶类也得到了提纯。这些途径我们称为Try依赖途径(tryptophan-dependent pathway)。最近的研究表明，植物还可以通过一些非Try依赖途径(tryptophan-independent pathway)合成IAA。这种IAA合成途径的多样化对保证植物体内IAA稳定和调控生长发育有重要作用。

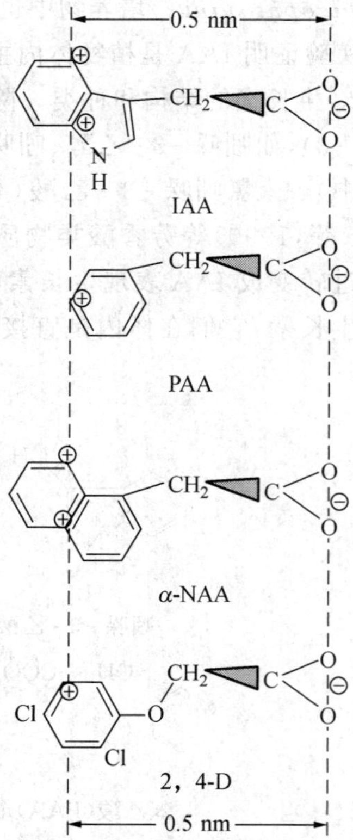

其中α-NAA和2,4-D是人工合成的生长素类似物。在解离状态下，侧链羧基上带负电荷，环上带正电荷，两者之间都具有0.5 nm的间隔。

图1-4　生长素及其分子结构特征

(Taiz & Zeiger，2002)

(1)吲哚-3-丙酮酸途径　吲哚-3-丙酮酸途径(IPA pathway)可能是IAA生物合成中Try依赖途径中的主要类型。该途径首先经过脱氨反应生成吲哚-3-丙酮酸(IPA)，然后IPA经过脱羧反应生成吲哚-3-乙醛，吲哚-3-乙醛经过一个脱氧酶的催化被氧化成为IAA。

(2)色胺途径　色胺途径(TAM pathway)和IPA途径类似，只是脱氨和脱羧反应的顺序不同，另外参与反应的酶类也不同。IPA途径和TAM途径都是高等植物中IAA生物合成的主要途径。在同一类植物中很少同时存在这两条途径，但是有证据表明在番茄中同时存在IPA途径和TAM途径。

(3)吲哚乙腈途径　吲哚乙腈途径(IAN pathway)中，Try首先被转化为吲哚-3-乙醛肟，再转化为吲哚-3-乙腈，最后通过一种腈水解酶(nitrilase)将IAN转化为IAA。在研究过的21科植物中，只有十字花科、禾本科和芭蕉科有IAN途径。拟南芥中编码腈水解酶的4种基因(*NIT*1～*NIT*4)目前已被克隆，如果将*NIT*2基因导入烟草，获得的转基因植物可以将IAN分解为IAA。

(4)吲哚-3-乙酰胺途径　吲哚-3-乙酰胺途径(IAM pathway)存在于各种病原菌中，如萨氏假单胞菌(*Pseudomonas savastanoi*)和根癌农杆菌(*Agrobacterium tume faciens*)，这些病菌产生的IAA常常会引起其寄主的形态变化。该途径有Try单加氧酶和IAM水解酶两个

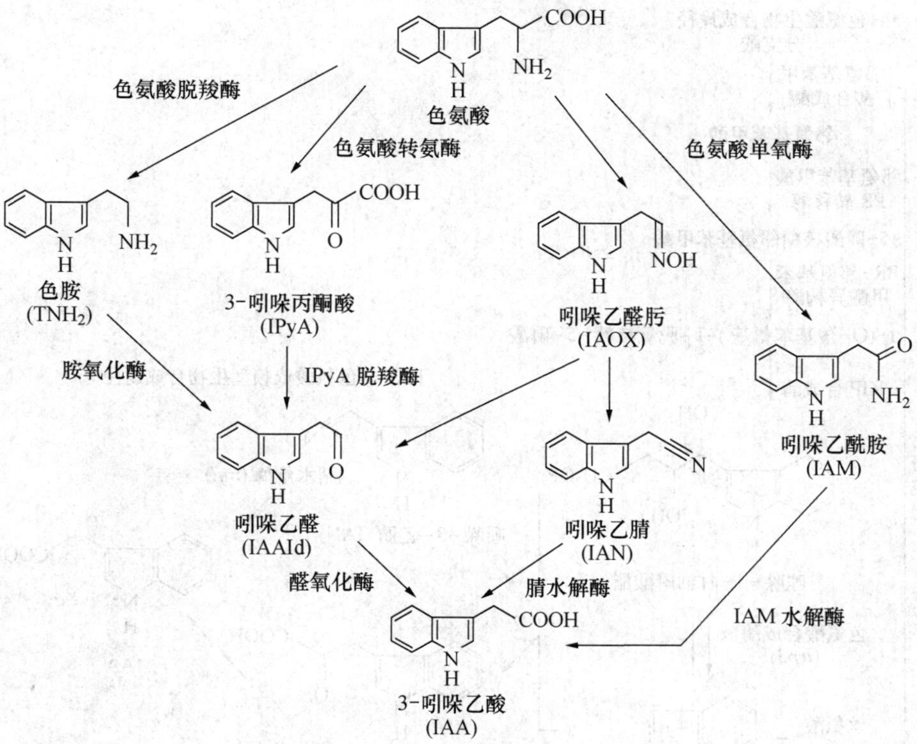

图 1-5　IAA 的色氨酸依赖合成途径(Koshiba Tomokazu,1998)

关键酶。

(5)非色氨酸依赖型合成途径　一种橙色果皮的玉米突变体(*orp*)是完全的 Try 营养缺陷型,需要添加外源 Try 才能存活。但是不论是 *orp* 突变体还是野生型的幼苗都不能将 Try 转变为 IAA,即使给突变体幼苗饲喂足够 Try 的情况下也是如此。相反的是在 *orp* 突变体内 IAA 含量却比野生型高 50 倍。显然 IAA 生物合成是通过非 Try 依赖型,而且在某些条件下可能是唯一的合成途径。IAA 生物合成非 Try 依赖途径的大致轮廓如图 1-6 所示。

利用拟南芥 Try 营养缺陷型突变体和同位素示踪标记进行的大量实验证明,IAA 生物合成两类途径的分歧点是吲哚或者是吲哚的前体物吲哚-3-甘油磷酸酯。吲哚-3-乙腈(IAN)和吲哚-3-丙酮酸(IPA)可以不经过色氨酸而独立合成,并且这两种化合物是以吲哚或吲哚-3-甘油磷酸酯为前体的 IAA 生物合成途径的中间产物。

IAA 生物合成非 Try 依赖途径的发现,极大更新了人们对 IAA 生物合成的认识。但是目前还不清楚各种 IAA 生物合成途径的相互关系和相对重要性。试验发现,在豆科植物幼苗中主要存在着 Try 依赖途径,在悬浮培养的胡萝卜细胞中也以 Try 依赖途径为主,但是从含 2,4-D 诱导胚胎发生培养基上转移到继代培养基上后,细胞内 IAA 合成就转为非 Try 依赖途径,该结果暗示 IAA 生物合成途径可能与细胞发育状态有关。

(6)吲哚-3-丁酸(IBA)的生物合成　IBA 是一种主要的市售人工合成生长素,常用做生根剂的主要成分。现在已知 IBA 天然存在于多种植物中,如玉米、豌豆和拟南芥中都有发现。与 IAA 类似,植物体内 IBA 也有游离态和结合态两种存在形式,外源 IBA 会在植物体内迅速转变为结合态。在玉米和拟南芥中,IBA 是通过 IAA 侧链延长合成的,该反应与脂肪链的延

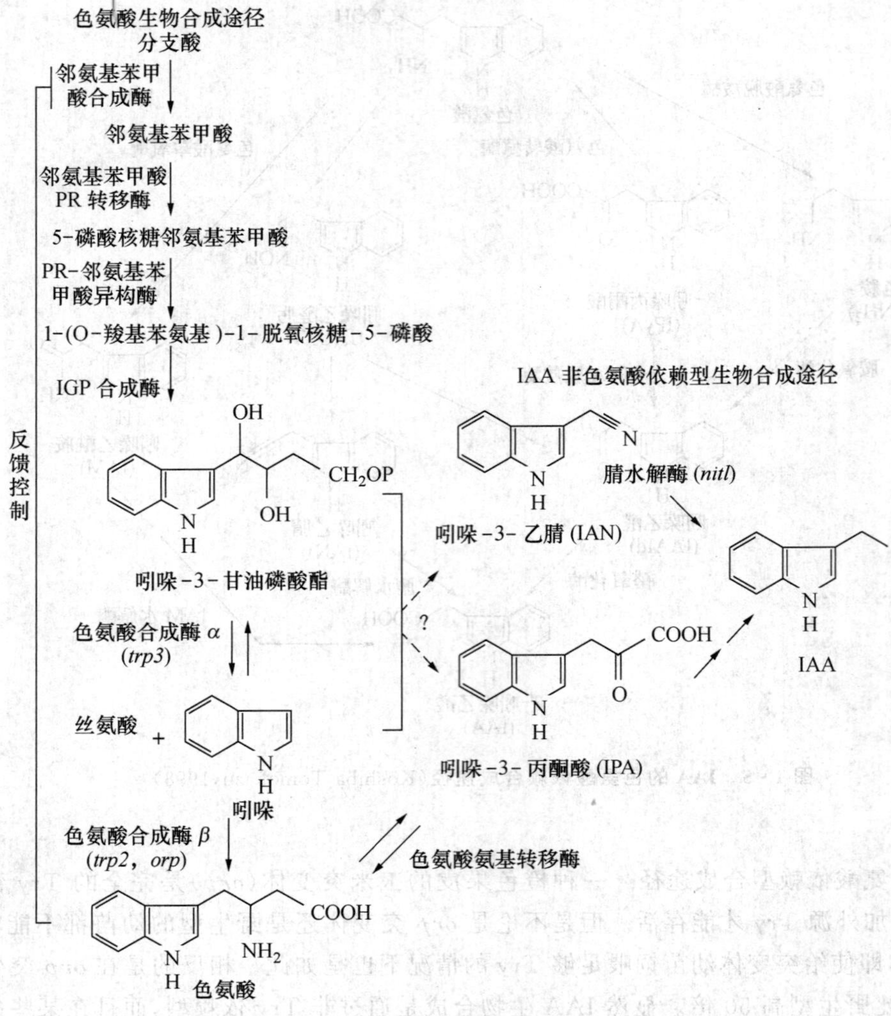

突变体以斜体字表示,该途径从色氨酸合成途径的分歧点可能是IGP或者是吲哚,IAN和IPA是该途径的两个中间产物

图1-6 生长素非色氨酸依赖型生物合成途径(Bartel,1997)

长反应完全一致。例如,从玉米中纯化出的IBA合成酶需要CoA、ATP作为辅助因子。在植物体中IBA也可逆转为IAA,故目前还不清楚IBA是直接发挥IAA作用,还是通过转化为IAA而表现活性。

2. 生长素的代谢　生长素的代谢对维持植物细胞内IAA平衡、调节特定的生理活动有着重要的意义,主要包括IAA结合物的形成和水解、IAA的降解。

(1)生长素结合物　游离态是生长素的活性形式,但植物体内绝大多数的生长素是以共价键结合物形式(结合态)存在的,一般认为这些结合物都是非活性的。IAA与小分子结合的例子有:与葡萄糖和肌醇的酯类结合物、与天冬氨酸等的氨基结合物(IAA-N-aspartate,图1-7);IAA与高分子结合的例子有:IAA-葡聚糖(7～50个葡萄糖单位结合1个IAA分子),IAA-糖蛋白结合物(禾谷类种子中)。

IAA结合物的形成受相应酶的催化。其中研究最多的是玉米中催化IAA-葡萄糖苷形成

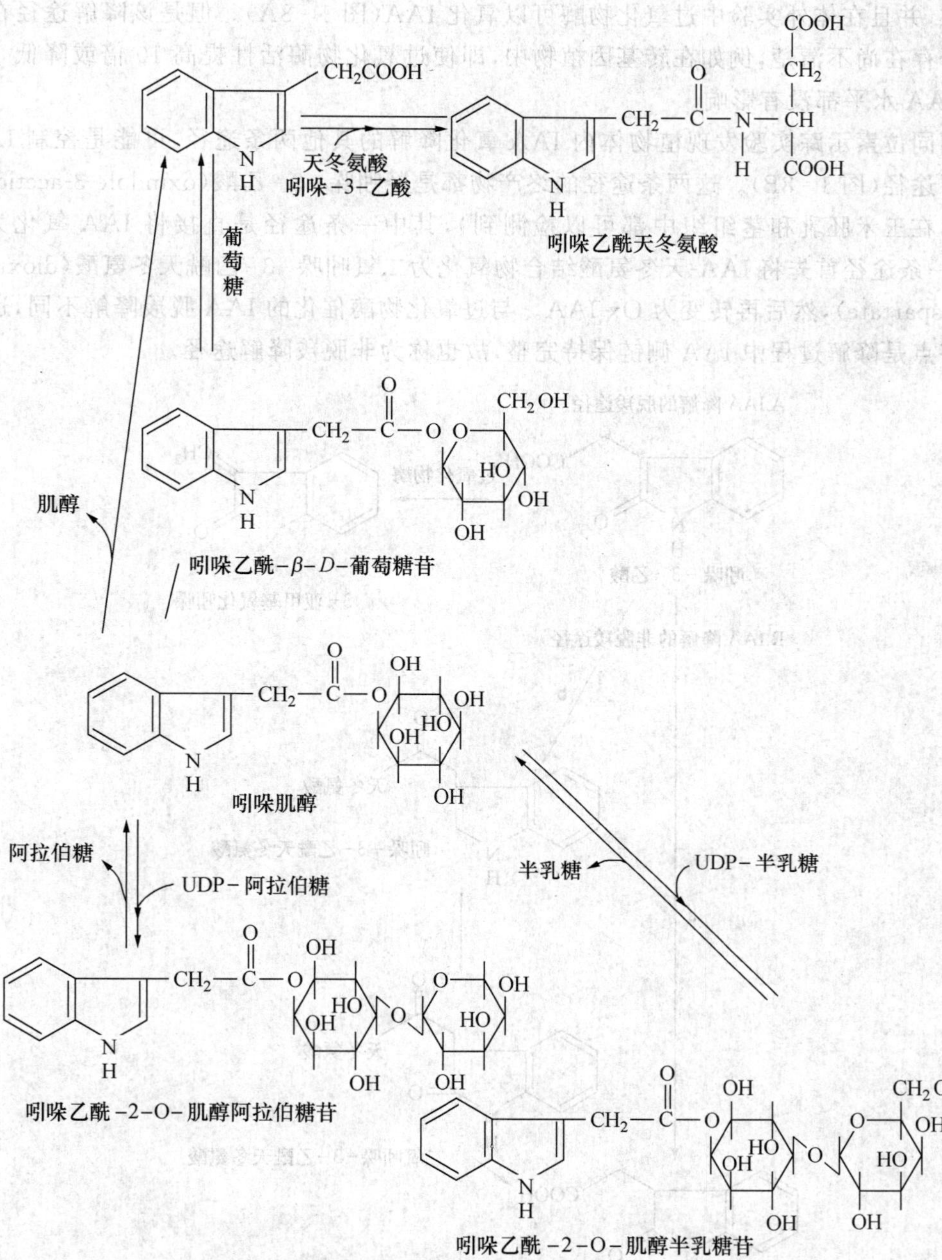

图 1-7　生长素(IAA)结合物的代谢途径(Taiz & Zeiger,2002)

的酶——5′-二磷酸葡萄糖:吲哚-3-乙酰葡萄糖基转移酶,编码该酶的基因已经得到了克隆。

IAA 结合物有重要的生理意义,其形成和降解可以调节植物组织内源 IAA 的水平。例如在玉米种子萌发过程中,胚芽鞘顶端的游离 IAA 很大一部分是由从胚乳经韧皮部运输来的 IAA-肌醇水解产生。一些环境因子也会通过影响 IAA 结合物的形成和降解,来调节植物细胞内的游离 IAA 水平。IAA 结合物还有储存、运输和抗氧化降解的功能。

(2)生长素的降解　IAA 的生物降解也是多途径的,主要有酶解和光解两种类型。

①酶解　过去曾经认为过氧化物酶是催化 IAA 氧化降解的主要酶类,因为该酶在植物中

广泛存在,并且在体外实验中过氧化物酶可以氧化IAA(图1-8A)。但是该降解途径在植物体内是否存在尚不清楚,例如在转基因植物中,即使过氧化物酶活性提高10倍或降低10倍,对内源IAA水平都没有影响。

利用同位素示踪实验发现植物体内IAA氧化降解的其他两条途径,可能是控制IAA降解的主要途径(图1-8B)。这两条途径的终产物都是羟吲哚-3-乙酸(oxindole-3-acetic acid, Ox-IAA,在玉米胚乳和茎组织中都可以检测到),其中一条途径是直接将IAA氧化为Ox-IAA,另一条途径首先将IAA-天冬氨酸结合物氧化为二氧吲哚-3-乙酰天冬氨酸(dioxindole-3-acetylaspartate),然后再转变为Ox-IAA。与过氧化物酶催化的IAA脱羧降解不同,这两种途径的特点是降解过程中IAA侧链保持完整,故也称为非脱羧降解途径。

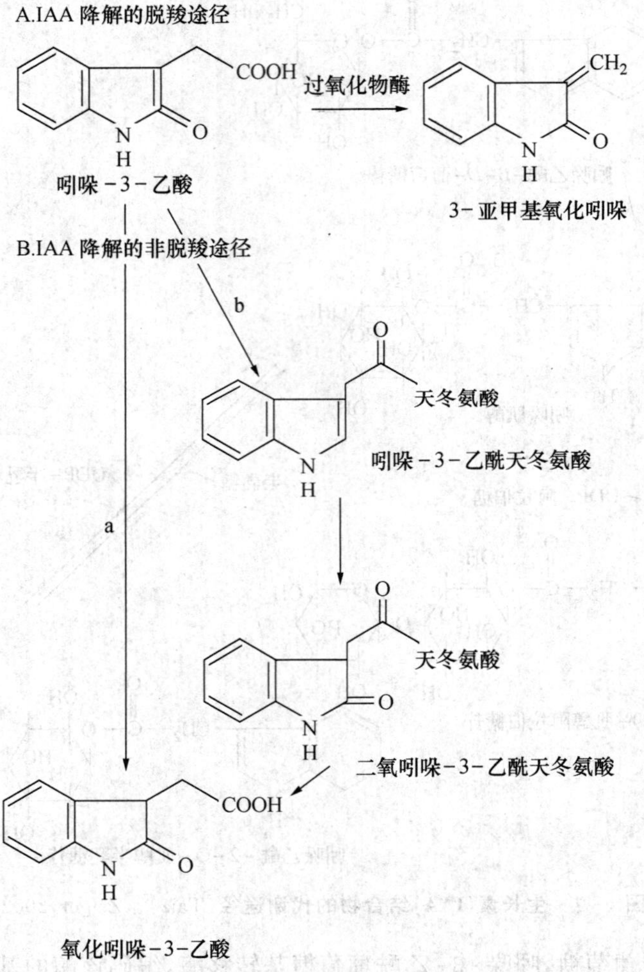

a,b为常见的两条非脱羧途径

图1-8　IAA的生物降解途径(Taiz & Zeiger,2002)

②光解　IAA的水溶液如果暴露在光下可以发生光解反应,而且这种光解反应可以被一些植物色素如核黄素促进。在植物体内可以检测到IAA的光解产物,但是IAA光解的具体过程及生理意义尚不清楚。

(三)生长素的运输　IAA在不同的器官和组织中表现为极性运输和非极性运输。

1. 生长素的极性运输 在50多年前利用燕麦胚芽鞘进行的实验已经发现IAA主要是从顶端向茎基部运输，即向基运输(basipetally transport)。这种单一方向的运输模式称为极性运输(polar transport)。生长素是唯一具有极性运输性质的植物激素。

(1)茎中向基运输 因为茎尖是植物体IAA的主要合成部位，所以向基极性运输使植物沿着茎干和根系形成一个上高下低的IAA浓度梯度，进而影响着许多生理过程，如茎伸长生长、顶端优势、不定根发生和叶片脱落等。

确认了IAA的极性运输的经典实验是"供体-受体琼脂块法"(donor-receiver agar block method)(图1-9)。无论胚芽鞘或植物茎节切段放置方向如何，IAA都是从形态学上端向形态学下端运输(向基运输)，不受重力的影响。不同植物或组织中参与IAA运输的细胞可能不同，例如在燕麦胚芽鞘中主要是非维管束组织的细胞，而在双子叶植物茎中，主要是维管束薄壁细胞。

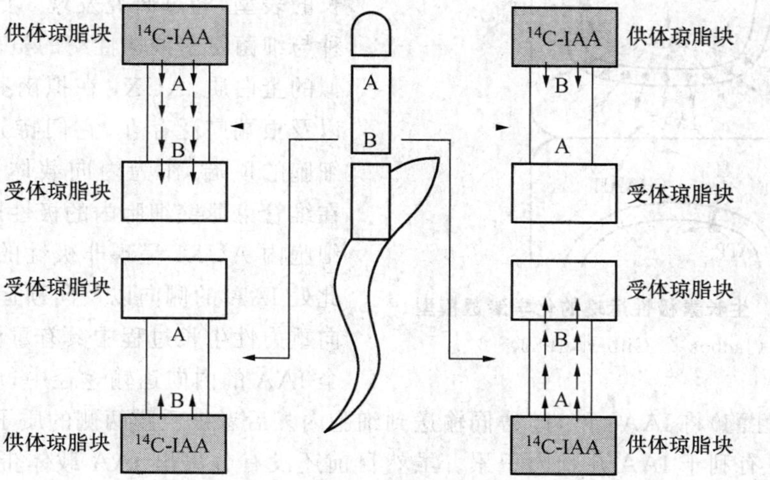

图1-9 燕麦胚芽鞘切段中生长素的极性运输(武维华等，2008)

IAA极性运输速度大约是1 cm/h，比通过细胞膜的单纯扩散快约10倍，但是比韧皮部的运输速度慢100倍。IAA的极性运输对分子结构具有选择性，即只有活性内源或合成IAA有极性运输性质，而一些无活性的IAA类似物或IAA的代谢物不表现极性运输，这表明可能有存在于质膜上的、能特异识别活性或非活性IAA及其类似物的载体蛋白参与IAA的极性运输。

IAA极性运输是一个需能过程，缺氧和呼吸抑制剂会阻碍其运输。三碘苯甲酸(2,3,5-triiodobenzoic acid，TIBA)、萘基邻氨甲酰苯甲酸(naphthyphthalamic acid，NPA)、α(β-氯苯氧)异丁酸(PCLB)、2,4,6-三氯苯氧乙酸(2,4,6-T)等也能抑制IAA的极性运输。

供体琼脂块含有^{14}C-IAA，无论切段放置方向如何，IAA只能从形态学上端(A)向形态学下端(B)运输。

IAA的极性运输是采取"细胞-细胞壁空间-细胞"的形式，即一个细胞中的IAA透过质膜流出到细胞壁，然后再通过质膜流入下一个细胞内。关于IAA极性运输的机制，一般用化学渗透模型解释(图1-10)。概括地讲，细胞壁空间内的IAA通过扩散或在流入载体的协助下从细胞的顶端流入，又在流出载体的协助下，从细胞基端流到细胞壁空间，这个过程反复进行，就形成了IAA的极性运输。

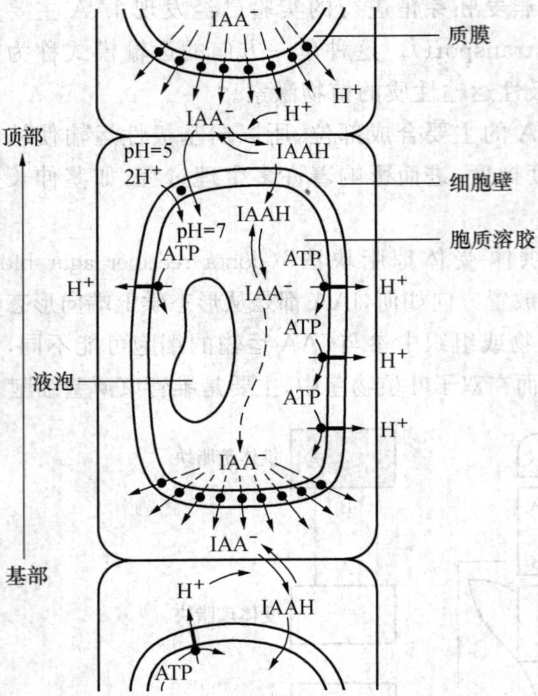

图 1-10　生长素极性运输的化学渗透模型

(Jacbos & Gilbert,1983)

首先,IAA 从细胞壁通过质膜流入细胞可能有两种机制。一是通过磷脂双层膜的被动扩散和质子势驱动的协同运输。由于质膜在 H^+-ATPase 作用下,细胞壁维持酸性(pH 5 左右),近半数 IAA(IAA $pK_a=4.75$)的侧链羧基处于一种非解离状态,表现较强的亲脂性,容易以 IAAH 形式扩散进入透过细胞质。二是通过由载体 AUX1 介导的主动运输。在拟南芥中,发现了一种称为 *aux*1 的突变体,表现为 IAA 不敏感和无向地性生长的表型,经过研究发现 AUX1 基因编码一种与细菌氨基酸透性酶的氨基酸序列非常类似的蛋白质,AUX1 在拟南芥等植物的叶片以及根端广泛存在,它们特异地存在于薄壁细胞的顶端,作为内向载体蛋白,协助 IAA 在维管束薄壁细胞内的极性运输。但在根冠细胞内 AUX1 呈现非极性的分布,从而导致此处 IAA 的侧向以及向顶运输,这在根系的向重力性生长过程中具有重要的意义。在这个 IAA 的内向运输途径中,质膜上的特异载体 AUX1(透性酶)将 IAA^- 和 H^+ 协同输送到细胞内。后者被质膜两侧的质子势差推动,比前者单纯扩散更有利于 IAA 在胞内积累。虽然目前还没有分离出 IAA 载体蛋白,但是在拟南芥突变体 *aux*1 中,发现 *AUX*1 基因编码一种与氨基酸透性酶(permease)序列近似的蛋白质,AUX1 载体蛋白可能就是 IAA 吸收载体蛋白。

其次,细胞内 IAA 在化学势的推动下借助于细胞基端的载体蛋白流出细胞。细胞质为中性或弱碱性(pH 约 7.2),IAA 主要以 IAA^- 的形式存在,不容易通过简单扩散透过质膜,因而在细胞质内发生积累。IAA 通过只存在于细胞基端的 IAA 流出载体(auxin efflux carrier)流出细胞,这是 IAA 化学渗透极性运输模型的关键。Jacobs 和 Gilbert(1983)利用抗 NPA 结合蛋白的单克隆抗体进行的免疫组织化学实验,证明 IAA 流出载体定位在豌豆茎维管束鞘薄壁细胞的基端。

(2)根中的向顶运输　在植物根中 IAA 也表现极性运输性质,但与茎中情况相反,是由根基部向根尖方向运输,即向顶运输(acropetally transport)。这可能与根系中的 IAA 主要来源于地上部分,而根发生和生长需要大量 IAA 有关。

2. 生长素在韧皮部的非极性运输　在成熟叶片中合成的 IAA 大部分是通过韧皮部进行非极性运输的,和其他韧皮部运输的物质一样,可以沿植物茎干向上或向下运输。大部分 IAA 结合物的运输也是通过韧皮部进行的,例如萌发的玉米种子中 IAA 结合物就是通过韧皮部从胚乳运输到胚芽鞘顶端的。IAA 的沿韧皮部的长距离运输可能对形成层活动及侧根的发生具有调控意义。

（四）生长素的生理功能

1. 促进细胞伸长生长

(1)促进离体茎段的伸长生长　IAA 的主要生理功能之一是调节茎节细胞的伸长生长，正是对燕麦胚芽鞘上这一典型生理现象的研究，导致了生长素这一重大发现。利用这种效应也建立了一系列生长素的生物测定(bioassay)方法，广泛应用于植物激素的研究中。如燕麦胚芽鞘切段法、豌豆茎切段法等。图 1-11 所示的是生长素浓度和燕麦胚芽鞘切段伸长的关系曲线，随着生长素浓度的升高，其促进茎节伸长生长就越快，直到一个最适浓度为止。对于一般双子叶植物茎段，该浓度为 $10^{-6}\sim10^{-5}$ mol/L。超过最适浓度，IAA 促进伸长的作用会下降；高到一定浓度反而抑制伸长生长，这是因为过高的 IAA 浓度会诱导乙烯生成，而乙烯抑制细胞伸长生长。当有蔗糖(sucrose)存在时，IAA 促进伸长生长可以维持 20 h 以上，主要是由于蔗糖被细胞吸收后降低溶质势，促进细胞吸水和维持膨压。KCl 可以替代蔗糖作用。图 1-11 左上角的小图表示 IAA 的促进伸长作用有大约 15 min 的迟滞期。

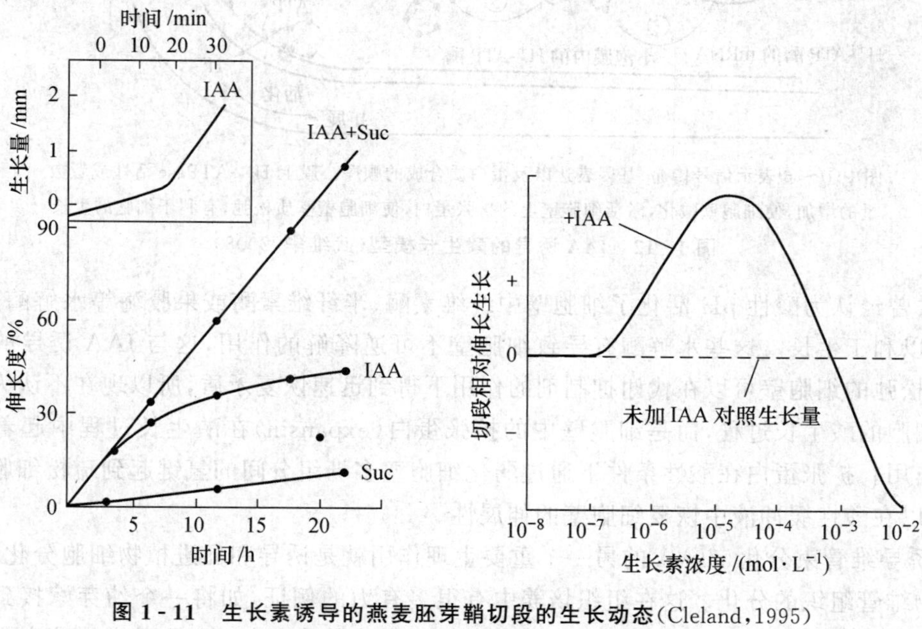

图 1-11　生长素诱导的燕麦胚芽鞘切段的生长动态(Cleland,1995)

IAA 促进细胞和茎段伸长的现象，只在离体条件下表现明显，而对联体茎或胚芽鞘的伸长并不一定表现促进作用，可能是因为完整植株内源 IAA 浓度足以支持茎或胚芽鞘进行最大限度的伸长生长。而离体条件下，茎尖和胚芽鞘顶尖等 IAA 供应源被除去，而且实验中由于缓冲液浸泡，切段中的内源 IAA 也大量被除去，外源 IAA 的效果表现明显。

(2)生长素促进细胞伸长生长的酸生长理论　IAA 促进细胞伸长生长的效应是非常迅速的，同时伴随细胞壁的酸化。IAA 诱导细胞壁酸化与促进生长的迟滞期一样，都是 10～15 min；在中性缓冲液中，细胞壁酸化受到抑制，即使含有 IAA，细胞伸长生长也会受到抑制；相反，无 IAA 的酸性缓冲液可以促进细胞伸长生长。根据这些实验结果，有人提出了 IAA 促进细胞伸长生长的酸生长理论(acid growth theory)模型，近年来的研究对该假说进行了补充和修正(见图 1-12)。一个假说认为：IAA 诱导细胞内的第二信使系统，直接活化质膜上已存在的 H^+-ATPese；另外一个假说认为，IAA 诱导的第二信使系统启动编码 H^+-ATPese 的基因表达，合成新的 H^+-ATPase。

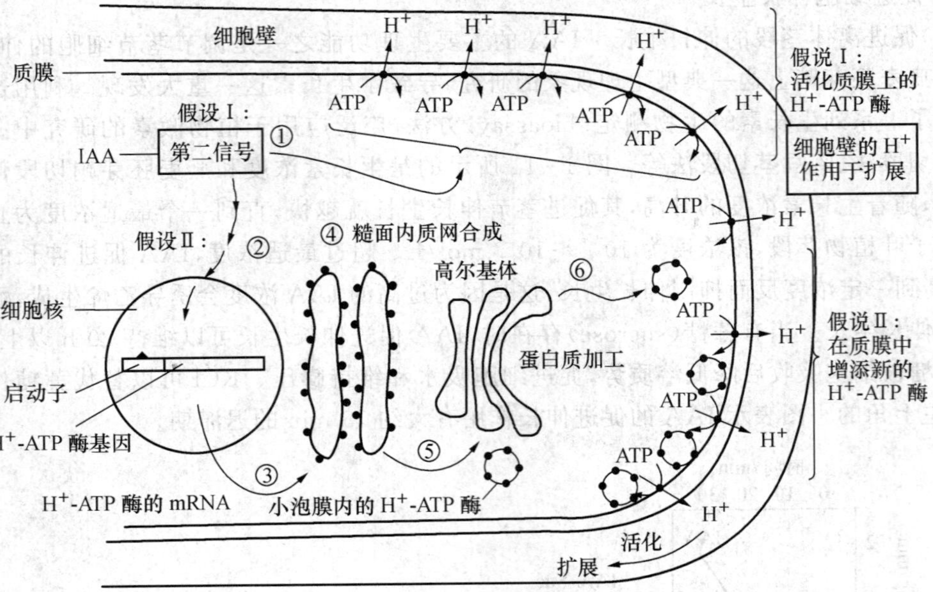

图中①～⑥表示信号传递、基因表达以及蛋白质合成的顺序。膜上 H^+-ATPase 活性或者数量的增加，使细胞壁酸化，激活细胞壁上的扩张蛋白，使细胞壁基质松弛，有利于细胞的生长

图 1-12　IAA 诱导的酸生长模型(武维华，2008)

过去曾经认为酸性 pH 活化了细胞壁中纤维素酶、半纤维素酶或果胶酶等水解酶，使细胞壁松弛，以利于生长。这些水解酶有导致细胞壁不可逆降解的作用，这与 IAA 诱导的酸生长过程中，松弛的细胞壁可以在代谢抑制剂的作用下得到迅速恢复矛盾，所以现在不认为有水解酶参与细胞的酸生长过程，而是细胞壁中的扩张蛋白(expansin)在酸生长过程中起着疏松细胞壁的作用。扩张蛋白在酸性条件下通过弱化细胞壁多糖组分间的氢键起到疏松细胞壁的作用，并可以在酸性缓冲液中恢复细胞壁的伸展性。

2. 诱导维管束分化　IAA 的另一个重要生理作用就是诱导和促进植物细胞分化，尤其是促进植物维管组织的分化。这在组织培养中有很多有力的例证，如将一个幼芽嫁接到一块愈伤组织上，培养一段时间后，嫁接幼芽的下边会分化出维管束组织，这是因为幼芽产生并分泌 IAA 到愈伤组织内。如果把嫁接的幼芽换成含 IAA 的琼脂块，也会观察到同样的现象。

植物幼叶或幼芽内产生的 IAA 控制着维管束的分化。在幼芽或幼叶下面的维管束分化是从上向下(向基，basipetal)极性进行的，春天木本树木萌动的幼芽对形成层的活化也是从上向下进行的，新一轮的木质部和韧皮部生长是从幼嫩枝条开始，逐渐向根部推进的。这是因为，茎维管束再生也受 IAA 的控制。如果在茎上切一个楔形缺口，将维管束切断，那么伤口内侧的薄壁细胞就会重新分化成为维管束，恢复上下维管束的连接。其中木质部和韧皮部的分化都受 IAA 的控制。如果将伤口上部的叶片去掉，断绝 IAA 来源，就会抑制维管束的分化；由于 IAA 向基极性运输，所以去掉伤口下部的叶片，不影响维管束的再生；若外施 IAA，会发现维管束分化的量和再生速度与 IAA 供应量呈显著平行关系。

将根癌农杆菌中的 IAA 合成基因导入矮牵牛内，会导致植株内的木质部导管数量显著增多，但是导管长度会变短；相反，如果把一种细菌内编码 IAA 结合物合成酶的基因导入番茄内，则导致植株内木质部导管数目的减少，但是单个导管分子的长度增加了。这表明 IAA 不仅调节木质部导管分化的数量，而且还影响导管分子的长度。

3. 促进侧根和不定根发生 IAA 也促进根系的伸长生长，但是最适浓度要很低，稍高会抑制根系的伸长，可能原因是 IAA 诱导乙烯的产生，乙烯抑制了根系生长。有实验证实，如果特异地抑制根系中的乙烯合成，很低浓度的 IAA（$10^{-10}\sim10^{-9}$ mol/L）可以促进根系的生长，但是即使在这种情况下，稍高一些浓度的 IAA（10^{-6} mol/L）仍然会抑制根系的生长。根系生长需要 IAA 极低，可能是因为根尖生长区距离茎尖等 IAA 合成部位最远，根系对 IAA 更敏感。

高浓度 IAA（$>10^{-8}$ mol/L）促进植物侧根（lateral root）和不定根（adventitious root）发生。侧根一般在伸长区和根毛区上端发生，由中柱鞘的某些细胞分化而成，IAA 可以诱导这些细胞分裂，促进侧根原基和侧根形成。IAA 在侧根形成中的作用分为两步，首先是 IAA 极性运输到中柱鞘细胞并在其中积累到一定浓度，诱导这些细胞开始分裂；然后 IAA 刺激并维持细胞持续分裂、生长和分化，最后形成侧根。如果去掉植株幼芽或幼叶，会大幅度减少侧根发生，可能与 IAA 供应减少有关。

不定根可以从根、茎、叶片、愈伤组织等多种器官上发生，这些组织中的成熟细胞会脱分化重新恢复分裂，形成不定根原基，最后形成不定根。IAA 促进不定根发生的性质在园艺和农业生产上应用非常广泛。植物的无性营养体繁殖主要靠插条繁殖，植物插条或叶片在水培或湿润的土壤培养条件下，可以从切口附近长出不定根。这是因为叶片或幼芽形成的 IAA 从上向下极性运输，最后积累在插条的切口附近，从而刺激不定根的发生。如果利用 IAA 处理插条切口，会大幅度促进不定根的形成速度和数量。

4. 调节开花和性别分化

（1）生长素与花芽诱导 生长素强烈促进凤梨属（*Bromeliaceae*）植物开花，在生产中利用喷施生长素刺激菠萝开花，同时控制成熟时间。但是在许多植物上，目前 IAA 与花芽诱导和发育之间的关系不是十分明确，多表现低浓度促进而高浓度抑制开花，这种抑制可能是一种通过乙烯的次级反应。

研究发现，IAA 的极性运输抑制剂 NPA 可以导致拟南芥花芽分化和发育的异常，与 NPA 处理植株相似表现型（花发育异常，如没有花柱，雌蕊内没有胚珠，甚至在某些情形下不能形成花芽）的拟南芥突变体 *pin*1-1，花茎中的 IAA 极性运输受到严重抑制，仅有野生型的 90%，说明 IAA 与花的形成和发育有密切关系。

（2）生长素和性别控制 花芽一旦形成，IAA 在花的发育以及性别决定方面可能担负重要角色，特别对雌雄异株和雌雄同株异花植物。IAA 一般增加雌株和雌花，如用 IAA 处理的黄瓜，雌花初现节位和雌花都增加。三碘苯甲酸（TIBA）等 IAA 运输抑制剂则促进雄花增加。葫芦等植物的花在发育早期都是两性的，发育后期其中一种性别的器官退化，形成单性花，早期 IAA 处理可以使其发育成为雌性花。也有人认为 IAA 对性别的控制通过乙烯而起作用的。

5. 调节坐果和果实发育 在正常情况下，坐果（即子房开始发育）必须在成功授粉和受精后才能进行。这是因为花粉和胚乳细胞中大量产生 IAA，刺激子房发育形成果实。果实发育初期的 IAA 来源主要依赖胚乳细胞，在果实发育后期，IAA 的主要来源是胚。同时人们发现花粉中含有大量的 IAA，花粉的提取物可以刺激未授粉的茄科（Solanaceous）植物的坐果。这种不通过授粉就能坐果的现象称为单性结实(parthenocarpy)。因为单性结实会产生无籽果实,所以在生产中具有重要的应用价值。例如生产中经常使用IAA类物质处理茄科植物(如番茄、辣椒)、葫芦科植物(黄瓜、南瓜等)以及柑橘等,促进坐果和生产无籽果实。

关于IAA与果实发育的经典实验是1950年J. P. Nitsch利用草莓进行的。草莓的种子是一种瘦果,附生在膨大的花萼上。Nitsch发现去掉草莓的种子会抑制果实的膨大,利用IAA处理又会恢复果实的正常生长,这是因为种子是促进果实膨大的IAA供应源。

另外,IAA还被用来控制果实的脱落。根据应用时间和应用浓度的不同,IAA既可以促进坐果早期果实的脱落,也可以防止未成熟果实的脱落。利用IAA处理促进坐果早期果实的脱落在生产上是一种化学疏果技术,用来防止坐果过密,有利于剩下的果实发育成大果;利用IAA处理防止未成熟果实的脱落,可以保证果实正常成熟,增加产量。

在IAA对植物花和果实发育影响的研究中,发现在很多情况下,IAA的许多生理作用与IAA诱导产生乙烯有关,特别是高浓度IAA产生的抑制作用,多数是乙烯的效应。反过来乙烯的许多生理效应可以由IAA产生。

6. 控制顶端优势　顶端优势是指主茎顶端对侧枝侧芽萌发和生长的抑制作用,植物整体形态很大程度上是受顶端优势控制的。玉米等强顶端优势植物,只有一条主茎,很少或没有侧枝发生;而顶端优势很弱的灌木,分枝很多甚至呈丛生状。

早期的研究表明,茎顶端优势主要是由IAA控制的(图1-13)。主要是茎尖合成的IAA向下运输,在侧芽积累,抑制了侧芽的发育。在根的顶端优势中,正好与根系相反,IAA是侧根诱导和发生的关键因子。

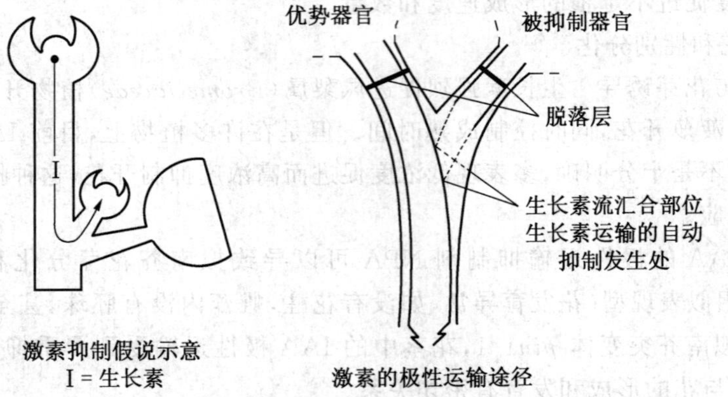

图1-13　生长素控制茎顶端优势模式图(李春俭,1995)

实验发现CTK具有诱导侧芽生长的生理效应。可能是IAA和CTK的平衡在起主导作用,这在以后的章节中将深入讨论。

(五)生长素的作用机理　研究植物激素作用的分子机理,就是探讨从激素与受体结合开始到生理效应发生为止的信号传递链,以及该传递链上每个环节的分子组成和反应模式,涉及激素受体、细胞内激素信号传递、调控的基因表达等。

1. 生长素结合蛋白ABP1　受体的基本定义包括:①和激素配体特异性结合;②和激素配体的结合具有饱和性;③诱导特定的生理效应。根据IAA结合蛋白(auxin binding-protein, ABP)的存在位置被命名为ABP1(存在于内质网)、ABP2(存在于质膜)、ABP3(存在于液泡膜)。根据目前已有研究,绝大部分的IAA结合活性都与内质网有关,而且一些IAA类似物的生物活性与其在内质网上的结合活性大致呈正相关。所以 ABP1 被认为最有可能是 IAA 受体。

从内质网上提纯的 ABP1,分子质量为 22 ku,是一个亲水性的糖蛋白,在体内以二聚体形式存在。编码 ABP1 的基因在多种植物上得到了克隆,例如玉米具有 5 个 ABP1 基因,拟南芥有 1 个 ABP1 基因。ABP1 基因编码的 ABP1 蛋白具有一个内质网滞留蛋白所特有的信号序列 KDEL,说明 ABP1 是在内质网上合成并保留在内质网膜内腔。

但是大量的证据表明,细胞质膜上也存在 IAA 结合蛋白。例如,利用 5-氨基萘乙酸(5-aminonaphthalene-1-acetic acid)和 5-叠氮氨基萘乙酸(5-azidonaphthalen-1-acetic acid)蛋白质结合物可以诱导豌豆上胚轴切段的伸长生长,尽管这两种 IAA 类似物的蛋白质结合物不能透过质膜,但是在实验中仍然能表现出 IAA 的生物活性,这说明 IAA 的作用位点存在于细胞质膜上;免疫组织化学定位实验表明,玉米胚芽鞘原生质体内大约有 2%的内质网 ABP1 蛋白被分泌到细胞质膜表面。这些被转运到质膜表面上的 ABP1 足以介导 IAA 及其类似物在细胞质膜上的作用。

ABP1 作为 IAA 受体,与 IAA 诱导的生理效应是密切相关的。例如 IAA 处理烟草叶肉细胞原生质体可以在 1～2 min 内导致质膜的超极化(hyperpolarization),如果事先用抗 ABP1 抗体和原生质体一起温育,结果会抑制 IAA 诱导的质膜超极化,这说明质膜上的 ABP1 参与了 IAA 诱导质膜超极化的生理过程。

2. 生长素信号传递途径　下面以 IAA 在细胞分裂中的作用来考察 IAA 的信号传递途径。已知 IAA 和 CTK 都是完成细胞周期所必需的,如果培养的烟草细胞缺乏 IAA 供应,其细胞分裂会被阻抑在 G1 或 G2 期,而停止分裂;加入 IAA 后,细胞分裂就会得到恢复。IAA 刺激 CDC2(cell division cycle 2,一种 CDK(cyclin-dependent protein kinase)即周期素依赖蛋白激酶)的合成,CDC2 和其调节亚基 cyclin 共同作用,调节细胞周期从 G1 到 S 期以及从 G2 到 M 期的转变。

在动物细胞分裂过程中,分裂素原激活的蛋白激酶级联反应链是诱导细胞合成 CDK、促进分裂的信号传递途径。目前有实验证明植物中存在 MAPK(mitogen-activated protein kinase,分裂素原激活蛋白激酶)及 MAPKK(mitogen-activated protein kinase kinase),例如拟南芥中发现两种 MAPK 基因,烟草培养细胞中也发现了类似 MAPK 和 MAPKK 的蛋白激酶,而且在细胞分裂过程中这两种激酶的活性受 IAA 的诱导和促进。这些发现证明在刺激 CDK 合成、调节植物细胞分裂的过程中,IAA 的信号传递可能与 MAP 激酶信号传递系统有关。

细胞分裂调控过程中的另外一个 IAA 信号传递途径可能如图 1-14 所示。在这个途径中起重要作用的一个酶是磷脂酶 A2(phospholipase A2,PLA2)。在动物细胞中,PLA2 参与两条脂类的代谢途径,类花生酸途径和茉莉酸途径,前者合成前列腺素(prostaglandin),活化腺苷单磷酸环化酶,促进第二信使 cAMP 的合成,诱导细胞分裂从 G1 期进入 S 期;在茉莉酸途径中 PLA2 分解磷脂酰胆碱形成溶血磷脂酰胆碱(lysophosphatidylcholine),活化质膜上的蛋白激酶,进而活化其他下游蛋白,例如溶血磷脂酰胆碱可以活化燕麦质膜囊泡中的 H^+-ATPase。

IAA 处理植物细胞可以在几分钟内将 PAL2 的活性提高 70%,而且用各种 IAA 类物质处理都有类似结果,并且对 PAL2 活性的促进幅度与该 IAA 类物质的生长促进活性成正比。

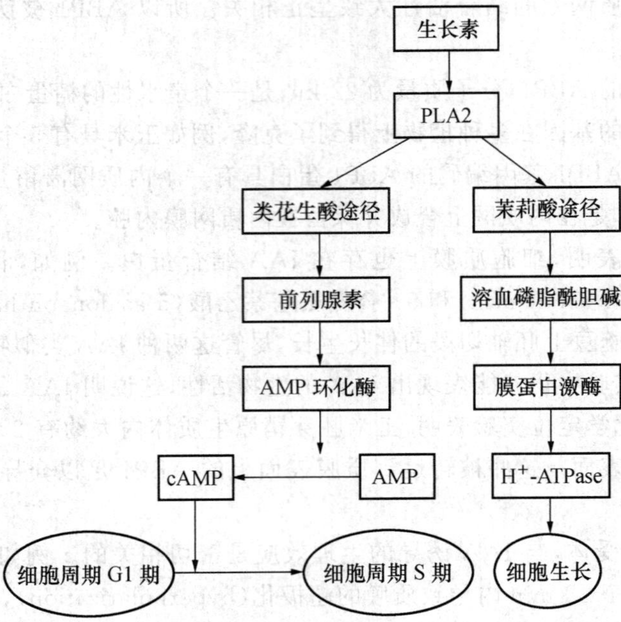

图 1-14　细胞分裂调控过程中一种可能的 IAA 信号传递途径(武维华,2008)

和动物细胞中一样,IAA 刺激合成的 PAL2 参与细胞分裂的调控。有实验证明,在烟草细胞分裂周期的 S 期和 G1 期有一个短暂的 cAMP 水平高峰,而且用一种能抑制动物前列腺素合成的药物"消炎痛"处理能抑制 cAMP 高峰的形成,并阻碍细胞分裂。在烟草和拟南芥中也已发现与酵母 AMP 环化酶基因相似的基因。这些实验事实表明植物细胞内可能存在这样一条 IAA 的信号传递途径:IAA 增加 PAL2 活性,PAL2 参与植物体内的类花生酸途径,合成前列腺素,进而刺激前列腺素依赖的腺甘单磷酸环化酶活性增加,形成 cAMP 高峰,诱导植物细胞的分裂。当然,这条途径的最后确认还需要很多工作。IAA 信号传递途径的研究还表明,IP_3、Ca^{2+} 以及胞质 pH 等因子都与 IAA 的信号转导有关系。

3. 生长素早期反应基因和晚期反应基因　由于 IAA 刺激细胞质子分泌以及促进细胞生长的迟滞期只有 10～15 min,早期的研究者猜测在这么短的时间内难以有基因转录和蛋白质合成的参与,所以认为 IAA 对生长的刺激是直接与质膜作用的结果。随着分子生物学研究技术的发展,人们已经可以有效地检测细胞内 mRNA 的快速和细微的变化,发现 IAA 可以在 2～5 min 内诱导细胞内特异 mRNA 转录及相应蛋白质的合成,涉及特异基因表达。

(1)生长素诱导的基因　IAA 和受体结合后,经过一系列信号传递途径,最终活化一些转录因子(transcription factor),这些转录因子进入核内后可以控制特定基因的表达。IAA 诱导基因根据转录因子的不同可分为两类:早期基因(early gene)或称初始反应基因(primary response gene)和晚期基因(late gene)或称次级反应基因(secondary response gene)。

早期基因是受一些细胞内已有转录因子促进的基因,即 IAA 诱导早期基因的表达所需的所有蛋白组分在激素处理时在细胞内都存在,所以,早期基因的表达不能被蛋白质合成抑制剂如放线菌酮所抑制,而且 IAA 诱导早期基因表达所需的时间也非常短,最快可在几分钟内完成。目前发现 IAA 诱导的早期基因可分为 5 大类:*Aux/IAA* 基因家族、*SAUR* 基因家族、*GH3* 基因家族、类 *GST* 基因族和 ACC 合成酶基因家族。这些早期基因的功能有 3 种:①编码合成晚期基因的转录因子，②合成细胞间通讯信号分子；③参与逆境适应反应。

晚期基因参与IAA诱导的长期效应，如维管分化等；与早期基因不同，晚期基因的表达因为需要新蛋白质的合成，所以可以被蛋白质合成抑制剂所抑制。

(2)生长素诱导早期基因表达的机制 上述早期基因被诱导表达，必须具有能被IAA活化的启动子，也就是说，这些基因启动子上具有一些能与IAA活化的转录因子直接结合或间接结合的区域，称为IAA响应元件(anxin-responsive element，AuxRE)。下面我们以*GH3*早期基因家族为例，来讨论一下IAA诱导早期基因表达的机制。

为了研究*GH3*基因启动子上的IAA响应元件的存在和作用性质，研究者将这些启动子与一些报告基因(如荧光素酶基因、细菌葡萄糖苷酶基因或绿色荧光蛋白基因)整合在一起，利用删除分析实验鉴定启动子上的AuxRE。实验发现，*GH3*基因的AuxRE常常几个组合在一起构成IAA响应域(auxin response domain，AuxRD)，其特征是含有TGTCTC保守序列。例如大豆*GH3*基因就含有三个独立作用的AuxRD。AuxRD是启动子响应IAA诱导必需的，但还必须在其上游一个可变的组成型元件(variable constitutlve element)的协助下才能响应IAA的诱导，该元件的表达不受IAA的诱导，是独立的组成型表达。因此，每个完整的IAA响应区域应该由两个AuxRE和一个相邻的可变组成型元件组成(图1-15)。

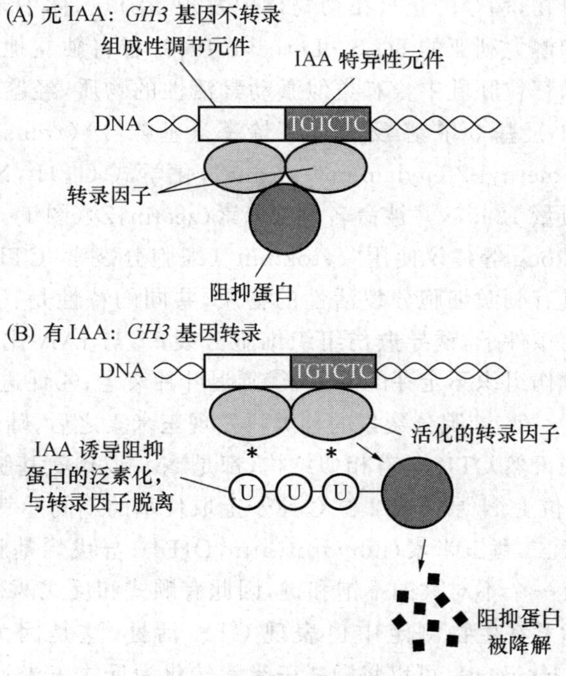

图1-15 生长素诱导早期基因*GH3*转录活性的作用模型(Taiz & Zeiger 2002)

图1-15是假设的IAA诱导*GH3*早期基因表达机制的模式图。*GH3*基因启动子上的转录因子被抑制蛋白所抑制，IAA诱导阻抑蛋白的泛素化(ubiquitination)，促进阻抑蛋白的降解，释放转录因子的活性，启动*GH3*基因的表达。该机制的设想基于以下两个实验事实。其一，IAA诱导的早期基因表达不受蛋白质合成抑制剂放线菌酮的抑制，反而受其显著促进，这起因于放线菌酮促进转录和稳定mRNA的作用。一般认为，蛋白合成抑制剂促进型的基因是受短寿命抑制子蛋白(short-lived repressor protein)抑制的基因，所以IAA诱导基因可能是受短寿命抑制子负调控的基因。其二，拟南芥的IAA不敏感型突变体中的AXR1基因编码的是一种核蛋白泛素化反应的活化蛋白，所以IAA可能促进抑制子蛋白的泛素化，使其降解，从而解除转录因子的抑制。

二、细胞分裂素类

(一)细胞分裂素的发现、种类和分布

1. 细胞分裂素的发现 在20世纪40～50年代，植物组织培养被广泛地用来研究细胞分裂和分化。美国著名植物生理学家F. Skoog等(1948)研究促进组织培养中细胞分裂物质时，

发现有IAA存在时,植物维管组织、腺嘌呤、椰乳和酵母提取液都有促进细胞分裂的作用。1955年,Miller在加热灭菌过的鲱鱼精子DNA提取物中发现了一种具有促进细胞分裂活性的小分子化合物,他们将其命名为激动素(kinetin,KT)(图1-16),1956年他们提取、纯化并鉴定激动素是一种腺嘌呤衍生物——6-呋喃氨基腺嘌呤(N^6-furfurylaminopurine),分子式$C_{10}H_9N_5O$,相对分子质量215.2,后得到人工合成品。实验证明KT可以促进不含维管束组织的烟草茎髓部外植体在含有IAA的培养基上分裂增殖。

激动素不是天然存在的,而是DNA加热降解后生成的副产物,迄今为止只在动物体中发现,在植物体中未发现。Miller和澳大利亚的D. S. Letham(1963)各自独立地证明在未熟玉米籽粒胚乳中含有类似激动素活性的物质,经鉴定其结构为6-(4-羟基-3甲基-反式-2-丁烯基氨基嘌呤)(trans-6-(4-hydroxy-3-methyl-2-enylamino)-purine),化学式$C_{10}H_{13}N_5O$,相对分子质量129.7,并被命名为玉米素(zeatin,Z)(图1-17)。1965年,Skoog等建议使用"cytokinin"(细胞分裂素,CTK)命名植物中具有刺激细胞分裂活性的物质,共同的特性是:①在IAA存在的条件下,诱导愈伤组织细胞分裂;②与IAA比例适当时促进愈伤组织不定芽的发生;③延迟叶片衰老;④促进双子叶植物幼苗子叶的扩大。

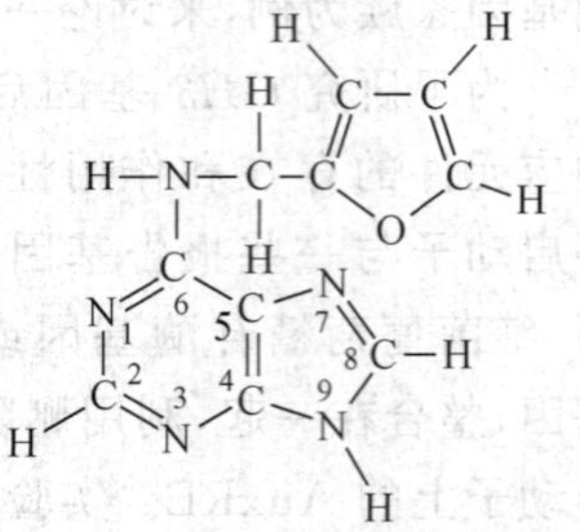
激动素

图1-16　激动素的分子结构

2. 细胞分裂素的种类　发现玉米素之后,陆续分离纯化了其他天然CTK(图1-17)。这些天然CTK具有相似结构,都是N-6-取代氨基腺嘌呤,不同CTK间的差异在于腺嘌呤6位、9位上N原子或2位C原子上取代基的不同。其中游离态是主要的活性形式,常见的有玉米素、二氢玉米素(dihydrozeatin,DHZ)、异戊烯基腺嘌呤(isopentenyl adenine)等。玉米素侧链有一个不对称的不饱和键,因此有顺式和反式两种构型。天然玉米素都是反式的,但是顺式玉米素在生物测定中也表现CTK活性,这是因为植物体内存在一种玉米素异构酶(zeatin isomerase),可以将顺式玉米素转化为反式玉米素。多数植物中CTK以反式玉米素为主,兼有少量的二氢玉米素和异戊烯基腺嘌呤。

CTK在植物体内还以结合态形式存在,主要有3类:①嘌呤环9位N原子上结合核糖基团的核糖核苷(riboside)形式;②核糖基团被一磷酸酯化的核糖酸(ribotide)形式;③一个糖基结合在嘌呤环上的7位或9位的N原子,或者结合在玉米素和二氢玉米素侧链的氧原子上形成的配糖体形式(glycoside)。如玉米素核苷(ZR)、二氢玉米素核苷(DHZR)、异戊烯基腺苷(iPA)、甲硫基玉米素、甲硫基异戊烯基腺苷等(图1-17),它们一般结合在tRNA上,为非活性形式,必须解离为游离态才具有生物活性。

基于CTK结构与活性的关系,人工合成了6-苄基腺嘌呤(6-benzyl adenine,6-BA)、四氢呋喃苄基腺嘌呤(多氯苯甲酸,tetrahydropyranyl benzyladenine,PBA)等CTK,二苯脲及其衍生物虽不是腺嘌呤衍生物,但也有相当强的CTK活性(图1-18A)。同时人们也发现了一些CTK的拮抗剂(cytokinin antagonist),如3-甲基-(3-甲基丙基氨基)吡唑[4,3-D]嘧啶(图1-18B),推测是通过竞争性结合CTK受体而阻断CTK活性。其抑制作用可被过量CTK恢复。

3. 细胞分裂素的分布　CTK以游离态或结合在tRNA分子中的形式广泛存在于细菌、真菌、酵母、植物和动物中。在高等植物中CTK主要存在于可进行细胞分裂的部位,如茎尖、

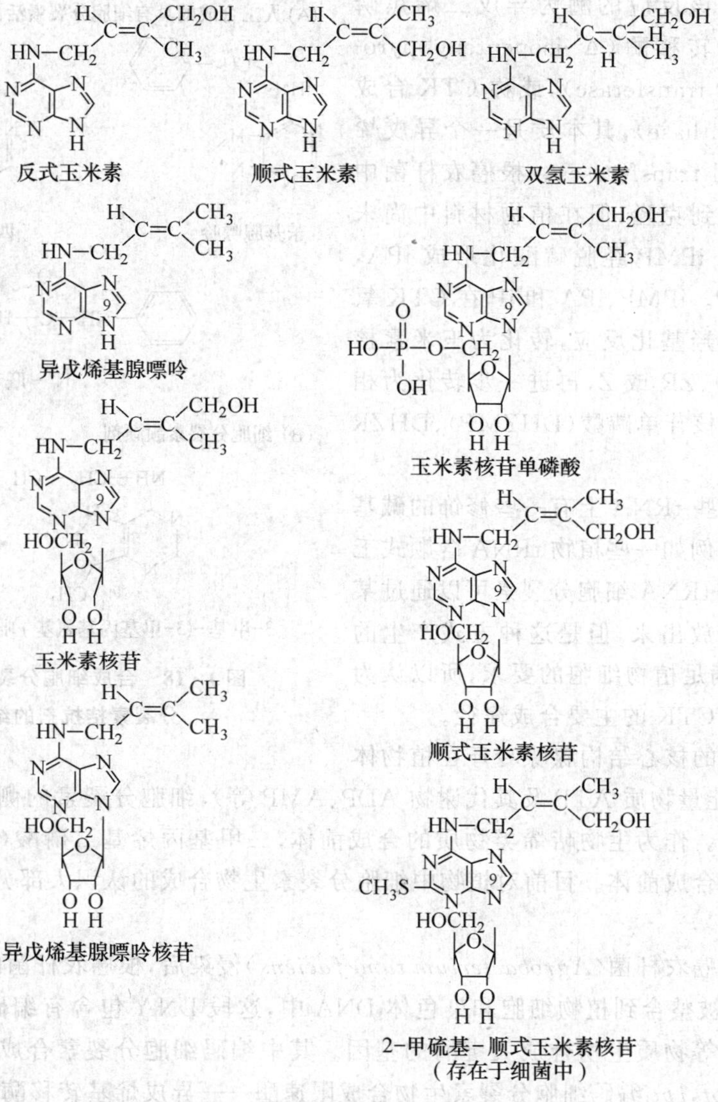

图 1-17　几种天然细胞分裂素的分子结构

根尖、未成熟的种子、萌发的种子和生长中的果实。在木质部导管液中有丰富的 CTK 存在。结合态的 CTK 可以在种子和叶片中大量积累，甚至在衰老叶片中也有大量的玉米素核苷。

（二）细胞分裂素的生物合成和代谢

1. 细胞分裂素的生物合成　一般认为 CTK 的主要合成部位是根尖，再经导管运输到地上器官起作用，干旱等影响根系活性的环境胁迫可以减少根系内 CTK 的合成。实验表明根尖不是 CTKs 的唯一合成部位，在茎顶端、正在发育的叶片、幼嫩种子的胚乳、萌发的种子和发育中的果实、冠瘿组织等器官或组织内也有少量合成。

植物 CTK 的合成途径有从头合成（*de novo*）途径和 tRNA 途径，其中前者是主要的。一般认为 CTKs 来自腺苷或腺嘌呤，腺嘌呤环在植物体内是大量存在的（如 ATP、AMP 等），推测主要的合成途径如图 1-19 所示。首先异戊二烯焦磷酸（Δ^2-isopentenyl pyrophosphate，Δ^2-iPP，或称二甲基丙烯焦磷酸酯，DMAPP）和 5′-AMP 经过缩合反应形成异戊烯基腺嘌呤单磷酸(iPMP),催化该反应的酶为异戊二烯焦磷酸:腺苷单磷酸转移酶(Δ^2-isopentenyl-pyrophosphate:AMP transferase),或称CTK合成酶(cytokinin synthase),其本质是一个异戊烯基转移酶(prenyl transferase)。根癌农杆菌中该酶的基因已得到克隆,但在植物材料中尚未得到提纯。然后iPMP经脱磷酸化形成iPA,再脱核糖形成iP。iPMP、iPA和iP在CTK氧化酶作用下进行羟基化反应,转化为玉米素核苷单磷酸(ZMP)、ZR或Z,再进一步转化为相应的二氢玉米素核苷单磷酸(DHZMP)、DHZR和DHZ。

生物体内某些tRNA上有一些修饰的碱基具有CTK活性,例如一些植物tRNA含顺式玉米素碱基。虽然tRNA细胞分裂素可以通过某种方式的降解释放出来,但是这种方式产生的CTK似乎不能满足植物细胞的要求,所以认为tRNA途径不是CTK的主要合成途径。

(A) 人工合成的具有细胞分裂素活性的化合物

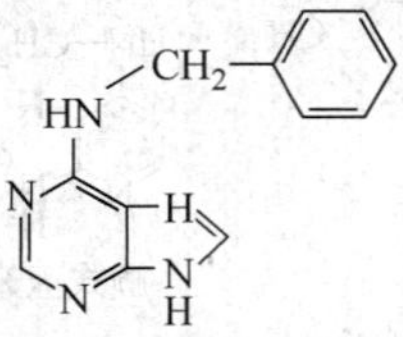

苄基腺嘌呤

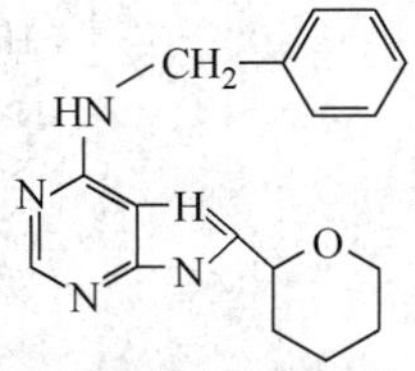

四氢呋喃苄基腺嘌呤

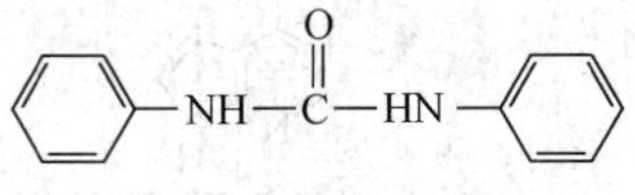

N′, N′-联苯脲

(B) 细胞分裂素颉颃剂

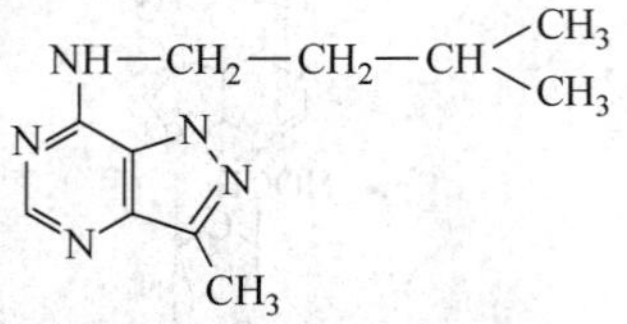

3-甲基-(3-甲基丙基氨基)吡唑[4, 3-D]嘧啶

图1-18　合成细胞分裂素及细胞分裂素拮抗剂的结构

细胞分裂素的核心结构腺嘌呤环在植物体内大量存在(如能量物质ATP及其代谢物ADP、AMP等),细胞分裂素的侧链结构与异戊二烯结构单位相似。作为生物萜烯类物质的合成前体,二甲基丙烯基二磷酸(DMAPP)也是细胞分裂素侧链的合成前体。目前对植物中细胞分裂素生物合成的认识大部分来源于对根癌农杆菌的研究。

当植物被根癌农杆菌(*Agrobacterium tumefaciens*)侵染后,根癌农杆菌的Ti质粒上的一段T-DNA就会被整合到植物细胞和染色体DNA中,这段DNA包含有编码生长素、细胞分裂素以及罂粟碱等物质生物合成关键酶的基因。其中编码细胞分裂素合成酶的基因命名为*tmr*,后来成为*ipt*,*ipt*编码细胞分裂素生物合成限速酶——异戊烯基转移酶(prenyl transferase,IPT)。后来从多种植物组织的粗体物中叶检测到IPT酶活性。拟南芥中编码的IPT酶的基因家族有9个成员,命名为*AtIPT*1~*AtIPT*9,其结构和功能与腺苷酸异戊烯基转移酶相似。不同*AtIPT*基因的表达模式不完全相同,呈现不同的组织特异性,表明细胞分裂素可能在植物体不同组织或部位合成。

2. 细胞分裂素的代谢　CTK的代谢包括结合态的合成和水解(图1-19),以及CTK的降解。

游离CTK可以转化为相应的核苷和葡糖苷,还可与氨基酸结合,如丙氨酸(Ala)可以在β-9-CTK丙氨酸转移酶的催化下结合到嘌呤环9位碳原子上形成[9Ala]Z。植物中的葡糖苷酶可以水解CTK葡糖苷结合物,如玉米种子萌发初期生长发育所需的游离CTK就是依靠CTK葡糖苷水解释放的。植物组织中含有CTK氧化酶(cytokinin oxidase),可以将Z、ZR或iPA降解为腺嘌呤及其他衍生物失活,是调节体内CTK活性的重要途径,该酶的活性可被高浓度CTK所诱导。结合态CTKs在生物测定实验中表现活性,主要是因为易于转化为游离

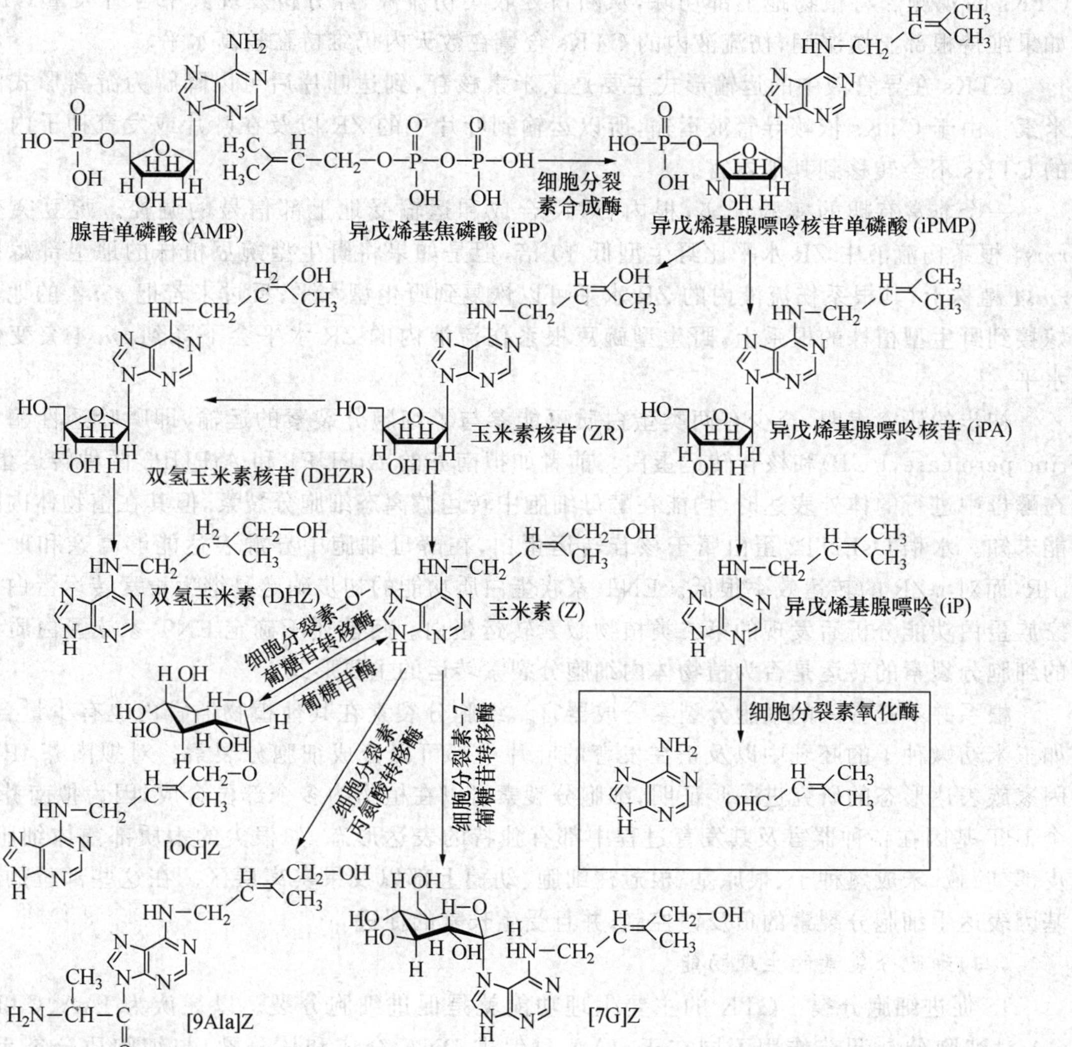

图 1-19　CTK 的生物合成途径、CTK 结合物的形成以及 CTK 的氧化降解(Taiz & Zeiger, 2002)

配基或可以水解释放出游离 CTK。对于一些合成的 CTK,如 6-苄氨基嘌呤(6-BA)也只是游离配基有生物活性,而其结合物没有生物活性。

植物组织中含有细胞分裂素氧化酶(cytokinin oxidase, CKX),可以将玉米素、玉米素核苷或异戊烯基嘌呤核苷降解为腺嘌呤及其他衍生物。但细胞分裂素的 O-葡萄糖苷、双氢玉米素及其结合物能够抵抗细胞分裂素氧化酶的降解。细胞分裂素氧化酶使细胞分裂素失活是调节体内细胞分裂素活性的重要途径,该酶的活性可以被高浓度的细胞分裂素所诱导。细胞分裂素氧化酶基因在玉米以及水稻等植物中已被克隆。例如,水稻的 *Gnla* 基因编码水稻幼穗中的细胞分裂素氧化酶 OsCKX2。该基因的变异会导致 CKX 活性的下降,提高籽粒内细胞分裂素水平,从而促进籽粒发育、增加穗粒数。

(三)细胞分裂素的运输　CTKs 主要合成部位在根尖分生组织,而在所有地上器官都有重要生理作用,一般认为这种运输是通过导管进行的。最有力的证据是对植物伤流液内

CTKs 的观测。将植物地上部切除,从断口处收集伤流液,经分析发现其中含有大量 CTKs。如果维持根部土壤湿润,伤流液内的 CTKs 含量在数天内仍维持在较高水平。

CTKs 在导管液中的运输形式主要是玉米素核苷,到达叶片后可以降解为游离形式的玉米素。由于 CTKs 依赖导管液运输,所以运输到叶片中的 ZR 以及在叶片或发育种子内合成的 CTKs 不会转移到其他器官。

一个非常有趣的实验证实,根内 CTK 合成和运输受地上部信号的调控。豌豆突变体 *rms*4 根系伤流液中 ZR 水平比野生型低 40 倍,但是如果将野生型豌豆植株的地上部嫁接到 *rms*4 植株上,其根系伤流液内的 ZR 水平可以恢复到野生型水平;反过来若把 *rms*4 的地上部嫁接到野生型植株的根系上,野生型豌豆根系伤流液内的 ZR 水平会下降到 *rms*4 突变体的水平。

初步的研究表明,至少有两类蛋白质可能参与了细胞分裂素的运输,即嘌呤透性酶(purine permease,PUP)和核苷转运蛋白。前者如拟南芥的 AtPUP1 和 AtPUP2 两种转运蛋白,在酵母中进行的体外表达时,均能在酵母细胞中转运游离态细胞分裂素,但其在植物体内的功能未知。水稻 OsENT2 蛋白属于核苷转运蛋白,在酵母细胞中异源表达能够高亲和地转运 iPR,而对 t-ZR 的转运效率很低。ENT 家族蛋白质功能的初步确定是继生长素转运蛋白 PIN 家族蛋白功能分析后发现的第二类植物激素转运蛋白。目前还不确定 ENT 家族蛋白质参与的细胞分裂素的转运是否为植物体内细胞分裂素转运的主要形式。

根系并不是唯一的细胞分裂素合成器官。细胞分裂素在其他植物器官内也有少量合成,如玉米幼嫩种子的胚乳中以及正在发育的叶片中都可以合成细胞分裂素。对拟南芥 IPT 基因家族表达形态的研究进一步证明,细胞分裂素可以在植物的多个部位合成,因为拟南芥的 7 个 IPT 基因在各种器官及其发育过程中都有独特的表达形态,如根尖的木质部前体细胞、韧皮部、叶腋、未成熟种子、根原基、根冠柱细胞、幼穗上部以及果实离层区。在这些部位的 IPT 基因表达手细胞分裂素的负反馈控制,并且受生长素的促进。

(四)细胞分裂素的生理功能

1. 促进细胞分裂　CTK 的主要生理功能就是促进细胞分裂。以往认为 IAA、CTK 和 GA 对细胞分裂调节作用不同在于:IAA 只促进 DNA 合成和核分裂,与细胞质分裂无关;CTK 主要对细胞质分裂起作用,故需与 IAA 配合才能促进细胞分裂;GA 主要是缩短 G1 期和 S 期的时间,加速细胞分裂。

细胞分裂周期的调节是由周期素依赖的蛋白激酶(cyclin-dependent protein kinese,CDK)及其调节亚基周期素(cyclin)共同进行的,植物细胞中一种主要的 CDK 蛋白质称为 CDC2(cell division cycle),*cdc*2 基因表达受 IAA 的诱导和调节。在豌豆根组织中,IAA 处理10 min 后就可以诱导 *cdc*2 mRNA 的表达,但在烟草髓组培中 IAA 可诱导高水平的 CDK,但没有酶活性,也不足以诱导细胞分裂。

在拟南芥中,CTK 促进 G1 型周期素——α3 周期素(α3-cyclin)基因的表达,蔗糖刺激另一种 G1 型周期素——α2 周期素。在 IAA、CTK 和蔗糖共同作用下,使静止状态的外植体细胞内形成 CDK-G1 型周期素复合体,CDK 被激活,启动细胞分裂从 G1 期进入 S 期。CTK 还通过增加以 CDK 为底物的磷脂酶活性,通过脱磷酸化将 CDK 上起抑制作用的磷酸基团除去,活化 CDK-周期素复合体激酶活性,使其进一步磷酸化下游蛋白,诱导细胞的有丝分裂。目前对 CTK 如何在转录水平调节 α3-周期素和 CDK 磷酸酶活性尚在研究中。

2. 促进细胞扩大　CTK 显著促进一些双子叶植物如菜豆、黄瓜、芥菜、向日葵和萝卜等的子叶或叶圆片扩大，主要是细胞体积增大而非细胞数目增多。该效应常用做 CTK 生物测定的特异方法，因为 IAA 只促进细胞纵向伸长，而 GA 对子叶扩大没有显著效应。

子叶在光照下比黑暗下扩大生长速度要快得多，CTK 对光照和黑暗下的子叶生长都有促进作用。CTK 促进细胞生长与 IAA 促进细胞伸长类似，也是因为通过增加细胞壁的伸展性，不同的是 CTK 诱导的细胞壁松弛过程并不伴随质子分泌和细胞壁酸化。目前对这种独特作用的机理了解甚少。

CTK 促进子叶或叶片细胞扩大，但却抑制茎和根细胞的伸长生长。例如能促进子叶扩大的外源 CTK 浓度处理会抑制幼苗上胚轴伸长，而且在转 *ipt* 植物和 CTK 过量的突变体中，茎和根的生长都受到抑制。诸多用上胚轴或茎节切段、避免茎尖内源 IAA 干扰的实验也支持这一点。有证据表明 CTK 抑制茎伸长生长与诱导乙烯产生有关，与 IAA 抑制根伸长情况类似。

在细胞分裂周期中，生长素和细胞分裂素是重要的调节因素，它们通过对周期素(cyclin)依赖的蛋白激酶(cyclin-dependent protein kinase，CDK)活性的调节来调节细胞周期。

CDK 必须和周期素结合才能发挥激酶活性，调节细胞分裂周期。植物细胞中一种主要的 CDK 蛋白质成为 CDC2(cell division cycle)，CDC2 基因表达受生长素的诱导和调节。在豌豆根组织中，生长素处理 10 min 后可以诱导 CDC2 mRNA 的表达，烟草髓部外植体在含有生长素的培养基培养可以诱导高水平的 CDK，但生长素诱导的 CDK 没有酶活性，而且仅有高水平的 CDK 也不足以诱导细胞分裂。在拟南芥中，细胞分裂素促进 $\alpha3$ - 周期素($\alpha3$-cyclin)基因的表达，$\alpha3$ - 周期素是一种 G1 型周期素。另外，组织培养的外植体一般需要碳源供应，蔗糖可以刺激拟南芥外植体表达另外一种 G1 型周期素——$\alpha2$ - 周期素。这样，一个处于静止状态的植物外植体，如烟草髓部外植体，在生长素、细胞分裂素和蔗糖的共同作用下，使细胞内形成 CDK-G1 型周期素复合体，CDK 变为具有活性的激酶，启动细胞分裂从 G1 期进入 S 期。

除了诱导 $\alpha3$ - 周期素产生之外，细胞分裂素还可以通过控制磷脂酶的活性来调节 CDC2 激酶活性，从而影响细胞周期。如果将培养烟草细胞的培养基中的细胞分裂素撤除，会使细胞的分裂停止在细胞周期的 G2 期，如果此时再用细胞分裂素处理会使 G2 期的细胞重新进入细胞周期进行有丝分裂。已经知道细胞分裂素诱导细胞有丝分裂是通过增加 CDK - 周期素复合体的活性实现的，但在上述实验过程中，细胞内的 CDK - 周期素复合体的总量没有发生变化，只是 CDK - 周期素复合体的磷酸化程度有所变化。所以，细胞分裂素增加了 CDK 为底物的磷酸酶活性，通过脱磷酸化将 CDK 上起抑制作用的磷酸基团除去，活化 CDK - 周期素复合体的控制和调节。

3. 促进芽的分化　早在 1957 年 Skoog 和 Miller 等人就发现，烟草髓组织培养过程中，愈伤组织根和芽的分化受培养基中 IAA 和 CTK 比例的控制：较高的 IAA/KT 可以刺激生根，相反较高的 KT/IAA 可以刺激芽的发生，通过调整两者比例，可诱导愈伤组织再生完整植株。适中的 IAA/KT 可以维持愈伤组织的生长而不发生分化。

利用转基因技术和冠瘿瘤组织的实验也证实上述结论。将农杆菌 Ti 质粒上的 T-DNA 进行各种诱变，转化植物观察诱发冠瘿瘤生长情况，发现一些特定位点的突变会导致“畸态瘤”(teratomas)的产生。当 T-DNA 上的 *tmr* 位点发生变异时，畸态瘤会产生大量的根须；当 T-DNA 上的 *tms* 位点发生变异时，畸态瘤会产生大量的枝条。进一步分析表明，多枝突变体 *tms* 中与 IAA 生物合成有关的两个基因发生了变异，导致体内具有相对于 IAA 较高水平的 CTK；而多根突变体 *tmr* 中与玉米素合成有关的 *ipt* 基因发生了变异，导致体内具有相对于

CTK较高水平的IAA。该实验结果为IAA/CTK控制植物形态建成提供了新的有力证据。

4. 促进侧芽发育,消除顶端优势　植物茎的顶端优势主要是由IAA控制的,但是实验发现CTK具有诱导侧芽生长的生理效应。例如用CTK直接处理侧芽会刺激芽的细胞分裂和生长,CTK过量产生的突变体常常有顶端优势抑制的表型,例如野生型烟草具有很强的顶端优势,而CTK过量则突变体上的侧枝生长茂盛,几乎可以与主茎相当。这些现象表明,CTK是削弱或打破顶端优势的激素。如果考虑到CTK是根源激素,这种现象就比较容易理解了。CTK的合成水平直接反映根系活力水平,高水平的CTK表示植物根系活力旺盛,可以支持更多的枝条生长,正所谓的"根深叶茂"。

5. 延缓叶片衰老　叶片衰老是植物的一种程序老化(programmed aging)过程,其中叶绿素、RNA、脂肪和蛋白质会逐渐降解,即使给叶片供应营养也不能避免。在大豆上,叶片衰老是由种子成熟诱导的,称为单次结实性衰老(monocarpic senescence);如果将发育中的种子除去,可以延迟叶片衰老。实验证明,大豆种子对叶片衰老的控制,是通过抑制根系CTK向叶片的运输来实现的。用CTK处理可以延迟叶片衰老,在离体叶片上局部涂抹CTK,周围其他组织开始衰老时,处理部分仍能维持绿色。在联体情况下效果更为显著,用CTK处理植株上的一个叶片,那么即使其他叶片发黄脱落,处理的叶片仍然会保持绿色。

CTK能延缓或抑制衰老过程中叶片结构破坏、生理紊乱和功能衰退,如延缓叶绿素和蛋白质降解,稳定多聚核糖体,抑制DNA酶、RNA酶、蛋白酶和一些水解酶活性,改善活性氧代谢,维持生物膜的完整性。近年的诸多研究表明,CTK在转录和翻译水平诱导衰老特异基因的表达,可能是延缓衰老的本质原因。

将拟南芥半胱氨酸蛋白酶基因启动子(由衰老控制)和*ipt*基因整合后导入烟草,转基因株在正常状态下CTK水平与野生型植株相同,在叶片开始衰老时*ipt*基因开始启动表达,在叶片中产生较高水平的CTK,结果显著地延迟了叶片衰老。目前已把*ipt*成功转入棉花、番茄等多种植物,均表现叶片衰老延缓的特性,充分证明CTK是叶片衰老的关键调节因子。

用同位素标记实验证明,CTK可以调动同化物和矿质营养向处理器官和组织运转并积累,营养成分在整株间的分配也与CTK分布和运输流有关,CTK可能是作为一种导引同化物移动的重要信号,诱导营养物向其移动,维持或改变植物源库关系。

(五)细胞分裂素作用机理

1. 细胞分裂素的受体　已知的CTK受体可以分为两大类型,一类是细胞质受体(cytosolic receptor),另一类是质膜受体。下面分别介绍关于这两类受体的经典研究。

Kulaeva等从大麦幼苗胚芽鞘内提纯出一种67 ku的蛋白质,与玉米素具有高度的亲和性和特异性,所以称为玉米素结合蛋白(zeatin-binding protein,ZBP)。ZBP-玉米素结合物可以促进RNA聚合酶Ⅰ(RNA polymerase Ⅰ)和RNA聚合酶Ⅱ活性,同时提高了核糖体RNA和蛋白质编码基因的转录。但是ZBP对多种基因普遍都有提高转录活性的作用,看来CTK诱导特异基因的表达可能还存在着其他途径。

日本大阪大学的Tatsuo Kakimoto利用一种称为"激活标签"(activation tagging)的基因工程技术筛选在无CTK培养基上也能变绿、分裂增殖和产生不定芽的拟南芥愈伤组织突变体。在筛选了5万个经过"激活标记"的愈伤组织样品后,获得了6种满足上述条件的突变体,其中4种被T-DNA标记的基因是相同的基因,被命名为*CKI*1(cytokinin independent 1)。*CKI*1基因编码一种与*ETR*1基因编码的乙烯受体非常类似的蛋白质,其蛋白氨基酸序列完全符合目前发现的受体二元调节系统模型，其中含有一个组氨酸激酶结构域。由于 ETR1 蛋白已经确定是乙烯受体，CKI1 蛋白与 ETR1 蛋白的这种类似性，说明 CKI1 蛋白极有可能是 CTK 的受体。研究还表明，与 ZBP 不同的是，CKI1 分布在质膜上，所以 CKI1 不可能像 ZBP 一样直接影响基因的转录过程，而是通过激发一系列的信号传递系统来诱导其生理反应的。

2. 细胞分裂素诱导基因　对 CTK 处理和不处理的组织分别构建 cDNA 文库，通过差示杂交或差减杂交法（differential or subtractive hybridization）可确定 CTK 诱导基因的存在。CTK 处理可在 4 h 内使大豆悬浮培养细胞中 20 种不同 mRNA 增加 2～20 倍；其中一个称为 *CIM*1 的 mRNA 可以被 8～10 mol/L 的 6-苄氨基嘌呤诱导增加 20 倍。研究发现这些 CTK 诱导基因中，*CIM*1 编码一种类似花粉过敏原的蛋白质，还有另外两种 mRNA 编码核糖体蛋白。这些基因的诱导不受蛋白合成抑制剂放线菌酮的抑制，所以是 CTK 的初期反应基因（早期基因）。

一个最典型的 CTK 诱导基因是硝酸还原酶基因。硝酸还原酶是植物氮同化代谢过程中重要的酶，黄化幼苗见光后从异养状态变为自养状态时，核基因编码的硝酸还原酶、叶绿体基因编码的亚硝酸还原酶，以及其他氮同化代谢所需的酶类都会被光所诱导。CTK 可以取代光照条件诱导黄化大麦叶片产生硝酸还原酶，同时伴随着硝酸还原酶 mRNA 水平的增加，因为转录抑制剂和翻译抑制剂都会阻碍 CTK 对硝酸还原酶的诱导，所以可以推论 CTK 是通过对转录过程的控制诱导硝酸还原酶合成的。

有资料表明 CTK 还可以在转录后水平（post-transcriptional step）对基因表达进行调控。例如用 CTK 处理遮光条件下生长的浮萍（*Lemna gibba*），可以使 Rubisco 小亚基 mRNA 和集光蛋白系统Ⅱ中的叶绿素结合蛋白（LHCB）mRNA 水平升高 5 倍，但是对转录活性的提高却只有 50%，所以 CTK 有可能是通过抑制 mRNA 降解增加细胞内 mRNA 水平的。

3. 细胞分裂素的信号传递途径　在植物激素信号传递途径的研究中，大量应用的植物材料是激素反应缺陷的突变体，CTK 信号传递途径的研究也不例外。但是 CTK 信号传递途径研究的进展相对其他激素较慢。

在足以引起野生型植株变态反应的激素浓度下仍能正常生长的突变体植株，被称为激素反应缺陷突变体（或称激素不敏感突变体）。有人筛选了 5 种拟南芥 CTK 反应缺陷突变体，这 5 种突变体的变异都发生在同一个基因上，即 *CKR*1（cytokinin resistant1）基因。*ckr*1 突变体对 CTK 不敏感，例如用 CTK 处理暗条件下培养的野生型拟南芥黄化幼苗，会抑制根和上胚轴的伸长生长，但是 CTK 处理 *ckr*1 突变体不表现上述抑制效果。有趣的是 *ckr*1 突变体同时也是乙烯不敏感突变体，能够抵抗乙烯处理对拟南芥黄化幼苗的根和上胚轴伸长生长的抑制作用。进一步分析发现，*CKR*1 基因是乙烯反应基因 *EIN*2 基因的等位基因，前面已经提到 CTK 受体蛋白与乙烯受体蛋白类似的事实，表明 CTK 和乙烯可能有类似的信号转导途径，至少它们信号转导途径中的某些环节是共享的。

另一个拟南芥突变体 *cyr*1（cytokinin response 1）的变异可能也发生在 CTK 信号传递链上。和上述的 *ckr*1 突变体类似，CTK 对 *cyr*1 根系生长抑制活性比对野生型的抑制活性低 10 倍。但是与 *ckr*1 不同的是，*cyr*1 不是乙烯或其他激素的不敏感突变体，而且 *ckr*1 突变体除了对 CTK 不敏感之外，其他表型几乎与野生型相同；而 *cyr*1 突变体如果不培养在含外源 CTK 的基质上，就会表现严重的发育畸形。这说明 *CYR*1 基因可能编码一种 CTK 信号传递链上一种重要的蛋白质，影响 CTK 调节的多种生理功能。

与其他激素的信号传递途径的情况类似，Ca^{2+}作为第二信使也是CTK信号传递途径的重要组分。例如在苔藓植物葫芦藓(*Funaria hygrometrica*)芽分化的研究中，CTK大幅度增加丝状细胞(可以分化为芽)内的Ca^{2+}浓度，同时促进芽的分化；如果在无Ca^{2+}的基质上，芽的分化会受到抑制；钙离子载体A23187处理可以代替CTK促进芽的分化。CTK可以调节质膜上的钙离子通道对钙离子的通透性，利用显微注射和激光共聚焦显微镜观察发现CTK处理可以在10 min内诱导紫苜蓿根毛细胞的质膜发生超极化，并伴随着胞质钙离子浓度的快速增加。这些实验结果充分说明在CTK信号传递途径中，Ca^{2+}是非常重要的信使，它可能与细胞内的钙调素一起发挥生理调节作用。

三、赤霉素

赤霉素(gibberellin，GA)作为植物激素的地位是在20世纪50年代确立的，到目前为止，在微生物和高等植物中已经发现的赤霉素类物质有136种。赤霉素的典型生理作用就是显著地促进植物茎节的伸长生长，并在从种子萌发到开花结果等植物的各种生理活动中扮演重要的角色。

(一)赤霉素的发现、结构及其分类

1. 赤霉素的发现　1935年日本科学家薮田研究水稻“恶苗病”时，从病原菌赤霉菌(*Gibberella kujikuroi*)中分离到促进生长的化学物质，称为赤霉素(gibberellin，GA)，1938年薮田和住木又从赤霉菌培养物过滤液中分离纯化两种活性物质，命名为赤霉素A和赤霉素B(gibberellin A，gibberellin B)。1955年对赤霉素A纯化，分离出3种赤霉素，命名为GA_1，GA_2，GA_3。1958年Jake MacMillan首次从高等植物(未成熟菜豆种子)中提纯赤霉素GA_1。

随着微生物和高等植物中越来越多的GA类化合物被鉴定，它们被命名为GAx，其中x是数字序号，按发现的顺序命名。迄今已经有GA_1～GA_{118}共118种赤霉素类物质得到了结构鉴定。尽管发现的赤霉素数量巨大，但是研究表明，植物中只有少数几种赤霉素具有生物活性，其他都是活性赤霉素生物合成中间产物或者是代谢产物，不具备直接生物活性。

2. 赤霉素的结构和种类　赤霉素是一类双萜酸化合物，种类繁多但有一个基本的骨架结构——赤霉烷(ent-gibberellane)。GA的结构由四个环，碳原子编号顺序见图1-20。A，B，C，D四个环对GA的活性都是必要的。根据碳原子数量，赤霉素可分为2类：一部分具有赤霉烷所有的20个碳原子，称为C20-GA；另一部分在代谢反应中失去了20位的C，只有19个碳原子骨架，称为C19。目前发现的赤霉素中，C19型的多于C20型的，赤霉素19位C上的羧基与10位碳形成一个内酯桥，以这两种基本结构为基础，通过C20氧化状态、环上羟基数目、位置和手性的不同，形成了赤霉素分子结构的多样性。

活性赤霉素一般具有如下结构特征(图1-20)：①7位碳原子上均为羧基；②C19-GA的相对生物活性高于C20-GA；③3β-羟基、3β,13-二羟基或1,2不饱和键是赤霉素具有最高生物活性的特征，如GA_1、GA_4、GA_3、GA_7、GA_{32}等；④具有2β-羟基的赤霉素不具备生物活性，实际上2β-羟基的引入是植物使GA非活化的调节机制，例如GA_{29}。

3. 赤霉素的分布　赤霉素广泛分布在高等植物中，藻类、真菌、细菌中也都发现有赤霉素存在。在植物各器官中都有赤霉素，在幼嫩组织、快速伸长生长部位和发育着的果实、种子中含量较高，一般生殖器官的GA水平比营养器官高。豌豆幼苗中，幼芽、幼叶和上部茎节内GA含量最高。同一器官和组织中常有多种GA，如南瓜和菜豆种子中都已发现20种以上的赤霉素。

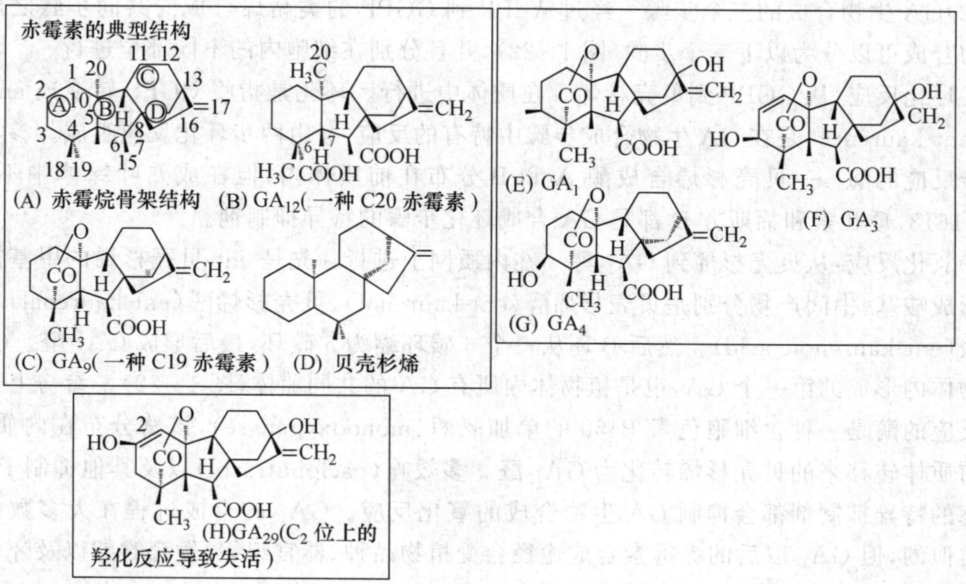

图 1-20 赤霉素的化学结构

(二)赤霉素的生物合成和代谢 发育中的种子和果实是植物 GA 合成最活跃的器官,成熟种子中的活性 GA 水平几乎为零,但是成熟种子中含有大量的 GA_{12} 醛,可能在种子萌发过程中作为 GA 的前体。伸长中的茎端和根部也是较重要的合成部位。虽然 GA 在根系分泌物和根提取液中存在,但是目前尚没有确切证据说明根系可以合成 GA,但根部对 GA 有转化作用。植物体内的赤霉素生物合成及其代谢的研究,应用了一些重要的研究技术,如南瓜种子的非细胞体系、同位素示踪技术、气质联用分析技术等。特别是豌豆、玉米、水稻及拟南芥的有关突变体的分析,对了解赤霉素生物合成过程的关键酶及其相关基因有重要的作用。

1. 赤霉素的生物合成途径

(1)赤霉素生物合成的前体 GA 生物合成与其他萜烯类化合物合成途径相似,以前认为类萜烯生物合成的直接前体是甲瓦龙酸(甲羟戊酸,mevalonic acid,MVA),但是最近发现存在着两条类萜烯的合成途径:MVA 依赖型和非 MVA 依赖型。前者存在于细胞质中,主要参与甾类化合物的生物合成;后者存在于叶绿体中,主要参与胡萝卜素及其类似物的生物合成。因为 GA 主要是在前质体中合成的,所以 GA 生物合成中 iPP 可能不是由 MVA 衍生而来的,而是由 3-磷酸甘油酸和丙酮酸衍生而来的。无论 iPP 来源如何,类萜烯的后继合成步骤在细胞质和质体中都是相同的,即由 iPP 生成 10 碳的牻牛儿基焦磷酸(granyl pyrophosphate,GPP),然后是 15 碳的法尼基焦磷酸(farnesyl pyrophosphate,FPP),最后生成 20 碳的牻牛儿基牻牛儿基焦磷酸(geranylgeranyl pyrophosphate,GGPP)(图 1-21)。

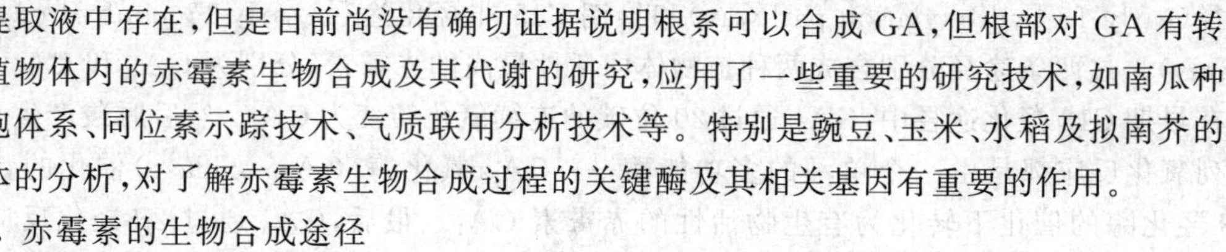

图 1-21 前体物 GGPP 的合成(武维华,2003)

(2)GA 生物合成的三个步骤　经过从 iPP 到 GGPP 的类萜烯合成的共同步骤之后,GA 的生物合成可以分为以下三个步骤(图 1-22),并且分别在细胞内的不同部位进行。

①环化反应:从 GGPP 到贝壳杉烯　在质体中进行。环化是指将 GGPP 转变成 ent-贝壳杉烯(ent-kaurene),是在 GA 生物合成步骤中特有的反应,又由两步环化反应组成。参与催化这两步反应的酶——贝壳杉烯合成酶 A 和 B 分布在前质体内,但在成熟叶绿体中不存在。AMO-1618、矮壮素和福斯方 D 都是 GA 合成环化步骤的特异抑制剂。

②氧化反应:从贝壳杉烯到 GA_{12}醛　在内质网上进行。先是 ent-贝壳杉烯的甲基被连续氧化形成羧基,中间产物分别是贝壳杉烯醇(ent-kaurenol)、贝壳杉烯醛(ent-kaurenal)和贝壳杉烯酸(ent-kaurenoic acid)。然后 B 环从一个 6 碳环缩为 5 碳环,最后形成 GA_{12}醛。GA_{12}醛是植物体内形成的第一个 GA,也是植物体内所有 GA 的共同前体(图 1-22)。参与上述系列氧化反应的酶是一种含细胞色素 P450 的单加氧酶(monooxygenase),该酶分布在内质网上,将由前质体转移来的贝壳杉烯转化为 GA_{12}醛。多效唑(paclobutrazol)以及其他抑制 P450 单加氧酶的特异抑制剂都会抑制 GA 生物合成的氧化反应。GA_{12}的合成过程在大多数植物中都是类似的,但 GA_{12}以后的赤霉素合成途径会受植物品种、器官组织、发育时期以及环境条件的影响而有所不同。

③转化:由 GA_{12}醛到其他赤霉素　在细胞质中进行,有因植物种类而异的多条途径,但基本的顺序是 C-20 逐渐氧化,以丧失 CO_2 的方式转变为 C19-GA。其中的第一步反应有两个方向:一是 GA_{12}醛第 7 位醛基氧化形成 GA_{12};二是 GA_{12}醛的 13 位碳进行羟化反应,形成 GA_{52}醛(图 1-22)。根据 C13 羟化反应的有无,可以将 GA 生物合成的转化步骤分为早期 C13 羟化途径(early-13 hydroxylation pathway)和早期 C13 非羟化途径(early-13 nonhydroxylation pathway)。这两条途径分别合成两种植物体内活性最高的赤霉素,分别为 GA_1 和 GA_4。

在早期 C13 羟化途径中,GA_{53}通过 20 位碳的连续氧化转变为 GA_{19},然后脱羧产生 GA_{20},该系列氧化反应都是由一个单一的多功能酶——GA_{20}氧化酶(GA_{20}-oxidase)催化的。GA_{20}在 3β-羟化酶的催化下转化为有生物活性的赤霉素 GA_1。最后,GA_1 通过 2β-羟化反应引入 2β-羟基转变成没有生物活性的 GA_8,GA_{20}也可以通过 2β-羟化反应转化为 GA_{29},GA_{29}不能回归到正常的活性赤霉素 GA_1 的合成途径。

在早期 C13 非羟化途径中,催化 GA_{12}醛到 GA_{12}氧化反应的酶有两种,一种是分布在内质网上的单加氧酶,另一种是分布在细胞质内的双加氧酶。但是 GA_{12}以后的反应都是双加氧酶催化的,这些酶需要 α-酮戊二酸和分子氧作为辅助基质、Fe^{2+}和抗坏血酸作为辅酶。

在上述 GA 生物合成的第 3 个步骤(转化)中,关键酶是以 α-酮戊二酸为辅基的双加氧酶和 3β-羟化酶,凡能抑制这些酶活性的物质都能抑制活性赤霉素的合成。如 prohexadione (BX-112),能特异性抑制 β-羟化反应,所以能阻碍 GA_{12}转化为 GA_1,但同时也可以阻碍造成 GA_1 失活的 2β-羟化反应。

(3)赤霉素生物合成的器官特异性　高等植物中不同的器官组织、不同发育阶段内起调节作用的 GA 种类不同,相应的生物合成途径也不尽相同,也就是说,GA 生物活性及其生物合成具有器官特异性。

GA_1 是唯一控制植物茎节伸长生长的活性赤霉素,株高主要是由内源 GA_1 水平决定的,控制株高的基因主要是通过改变 GA_1 合成起作用。在豌豆中,*Le*/*le* 这对等位基因控制着植株高度,高秆株含有 *Le*,而矮化株含有 *le*。*Le* 基因编码催化 GA_{20}转化为 GA_1 的 3β-羟化酶,

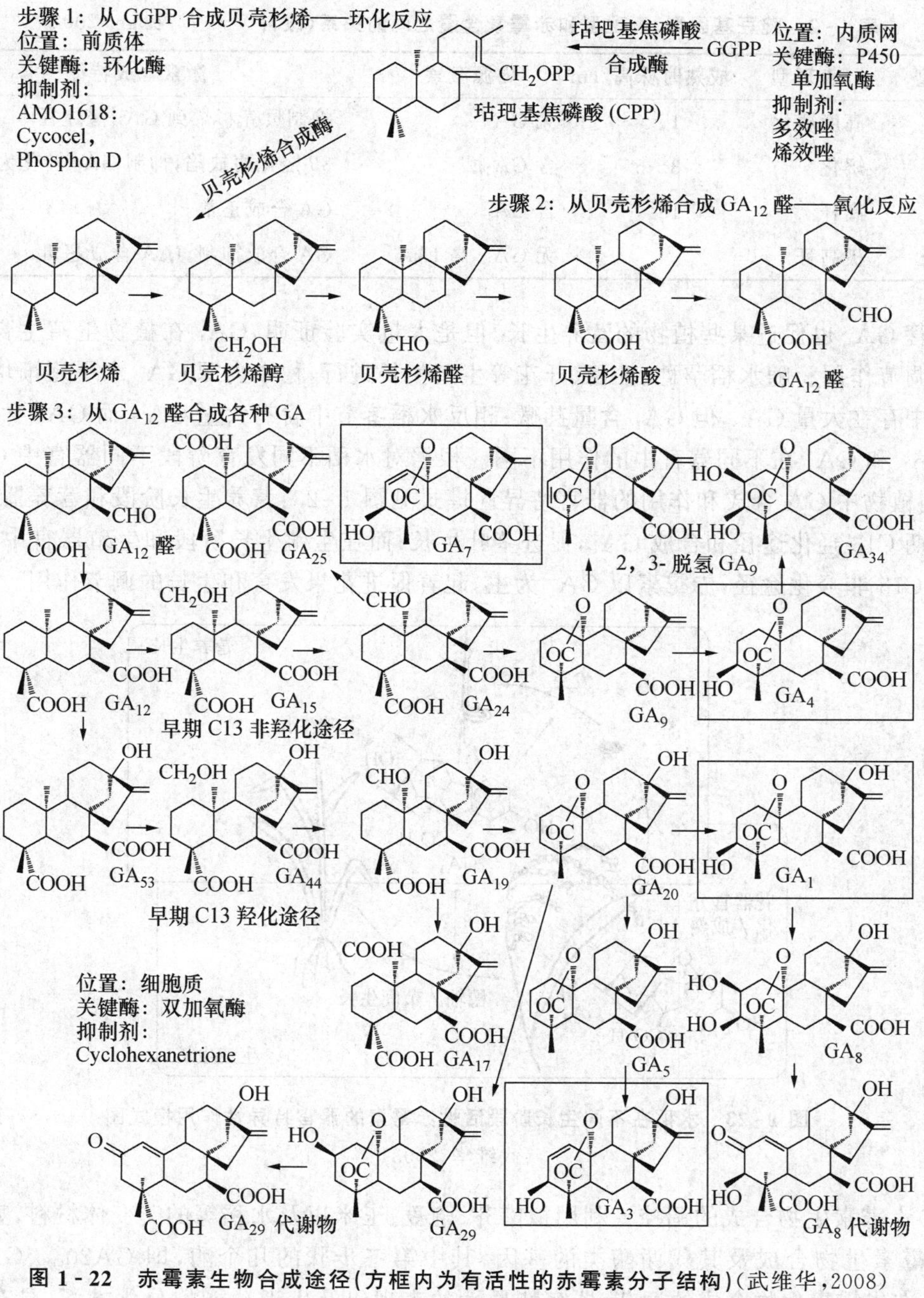

图 1-22　赤霉素生物合成途径(方框内为有活性的赤霉素分子结构)(武维华，2008)

而 *le* 不能编码有活性的 3β-羟化酶，不能合成 GA_1。由于变异基因存在"泄漏"现象，即变异基因有时具有部分活性，在有些 *le* 植株中也合成少量 GA_1，导致植株具有不同的高度，株高与内源 GA_1 含量成高度正相关。另外发现的一种极端矮化的豌豆突变体 *na*，GA 合成途径中从贝壳杉烯到 GA_{12} 醛的转化被完全抑制，不含 GA(表 1-2)。玉米和水稻中 GA_1 控制株高的情形也类似。在另外发现的一种豌豆突变体 *Lacrys* 中，不能合成 GA_1，其所表现的过度生长是由于含高水平 IAA。关于 GA 和 IAA 在调控株高的关系，将在以后的章节中专门讨论。

表 1-2 豌豆基因型、表现型和赤霉素含量之间的关系(改自 Taiz & Zeiger 2002)

基因型	表现型	成熟时株高/cm	内源激素	激素合成特征
na	高度矮化	1	无 GA	抑制贝壳杉烯到 GA_{12} 醛途径
Nale	矮化	3～5	含 GA_{20}	3β-羟化酶缺陷,抑制 GA_{20} 转化为 GA_1
NaLa	高秆	15	含 GA_1	GA 合成正常
Lacrys	极高秆		无 GA_1,高 IAA	GA 合成抑制,IAA 合成超量

尽管 GA_4 也促进某些植物的营养生长,但是大量实验证明,GA_4 在植物生殖生长中起着关键的调节作用。随水稻孕穗、抽穗、开花等生殖生长进行,穗中内源 GA_4 水平逐渐增加。水稻花粉中存在大量 GA_4,但 GA_1 含量甚微;相反水稻茎节中含有大量 GA_1,而 GA_4 含量甚微,表明 GA_1 和 GA_4 在不同器官中的作用不同。根据对水稻不同发育阶段不同器官中 GA 的分析,推测植物中 GA 合成和作用的器官特异性模式见图 1-23:营养生长阶段和营养器官中,主要是早期 C13 羟化途径和合成 GA_1,促进茎叶生长;而在生殖生长阶段和生殖器官中,又增加了早期 C13 非羟化途径,赤霉素以 GA_4 为主,起着促进花果发育和生长的调节作用。

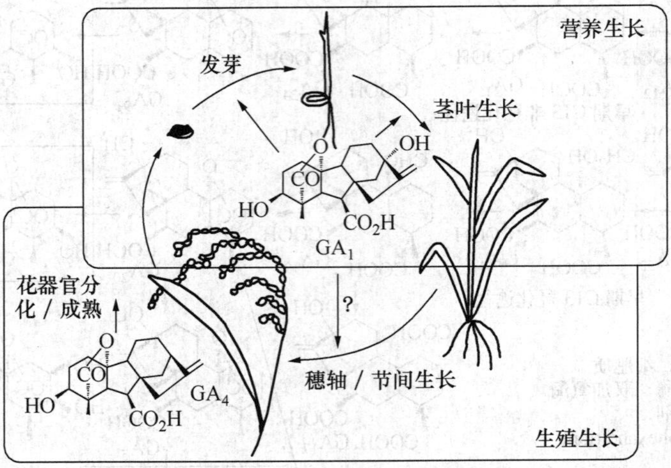

图 1-23 水稻在不同生长阶段活性赤霉素的器官特异性作用模式图
(武维华,2003)

(4)赤霉素生物合成的调控 利用拟南芥、豌豆、玉米以及水稻等的突变体材料,克隆了大部分赤霉素生物合成及其代谢酶类的基因,其中第三步骤的几个酶,即 $GA20_{OX}$、$GA30_{OX}$ 和 $GA2_{OX}$,在赤霉素生物合成的调节、器官特异性的表现以及生理功能的分化方面,具有重要的意义,因而更受到研究者的重视。例如在拟南芥中,*GA*5 基因编码茎中的 AtGA20ox1,ga5 突变体表现为极度的矮化表型;玉米中的 GA3ox 由 *D*1 基因编码,*d*1 突变体表现为半矮化表型;相反,豌豆中编码 GA2ox 的 *SLENDER*(*SLN*)基因发生突变,则幼苗表现为高于野生型的细长表型,原因是在这种突变体的种子发育过程中,活性赤霉素 GA_1 没有被 GA2ox 灭火,残留在成熟种子中,在发芽后促进了茎节的伸长生长。

另外,赤霉素对自身的合成具有反馈调节作用。一些 GA 不敏感突变体植物,例如玉米 *d*8 突变体和拟南芥 *gai* 突变体,体内经常积累异常高水平的 GA_{20} 和 GA_1,但是它们的前体物

GA_{19}的水平却非常低，这可能是GA通过反馈抑制（feed-back control）的方式（例如产生某些转录抑制因子），阻抑GA合成酶类的合成，GA_{20}氧化酶可能是反馈抑制所调节的关键酶。分析拟南芥*gai*突变体中三个编码GA_{20}氧化酶基因的转录水平，发现如果GA生物合成的早期阶段发生突变，如催化GGPP→CPP的ent-玷玴基焦磷酸合酶（ent-copalyl pyrophosphate synthase）发生变异，体内GA水平极低，但GA_{20}氧化酶基因转录水平不受抑制。用外源GA_3处理突变体植株后，所有三个GA_{20}氧化酶基因的转录都受到了抑制。3β-羟化酶等也可能受到反馈控制的调节。

许多环境因子，例如光周期、温度等也可以影响GA生物合成的某些特定步骤来调节体内GA水平。

①光周期　长日植物从短日照条件到长日照条件时，体内GA代谢会发生变化。如菠菜（*Spinacia oleracea*）在短日照条件下植株呈短缩茎的莲座状，体内早期C13羟化途径活性很弱。随日照增长，茎节逐渐开始伸长，体内的早期C13羟化途径活性也逐渐增加。增加日照长度4 d后，该途径的中间产物（GA_{53}、GA_{44}、GA_{19}、GA_{20}、GA_1和GA_8）的水平开始升高，到第12 d，其中GA_{20}水平可增加16倍，GA_1水平增加5倍，从而刺激了茎节伸长。长日照可能是通过增加GA_{20}氧化酶的活性促进GA_1合成的。

②温度　某些植物种子的萌发和开花需要低温春化才能实现，例如遏蓝菜（*Thlaspi arvense*）需要一个较长时间的低温处理之后，茎节才能开始伸长并开花。这种低温春化可以用GA处理代替，说明低温春化与植株体内GA有关。实际测定发现，在没有低温处理的情况下，茎尖内积累了大量的贝壳杉烯酸，而低温处理之后贝壳杉烯酸7β-羟化酶的活性升高，贝壳杉烯酸被转化为GA_9，GA_9又是促进生殖生长的活性GA_4的直接前体。通常茎尖是植物感受低温的部位，推测低温影响茎尖组织内GA代谢来影响茎节伸长和开花等生理反应。

2. 赤霉素的代谢　GA在植物体内降解很慢，但很容易转化为无活性的结合态。GA的失活代谢主要是2β-羟化反应，该反应使活性GA以及活性GA前体不可逆地失去生物活性。GA的羧基和羟基都可以与单糖结合，分别形成GA糖酯和GA糖苷，其中的单糖多数是葡萄糖。

结合态GA为生物非活性形式，是GA主要的运输和贮存形式，如在一些植物种子中含有较丰富的GA结合物，在种子成熟过程中，游离GA不断转变为结合态GA而贮藏起来，在种子萌发时，结合态GA通过酶促水解转变为游离型GA。在GA大量施用到植株上时，其中相当一部分会被转变为GA糖基结合物；将GA糖苷引入植物后可被水解为游离的GA。

植物体内活性GA水平的调节机制如图1-24所示，活性GA不仅受生长发育状态影响，还受一些环境因子如低温和长日照的促进。GA失活代谢、结合物的形成下降、GA对自身合成的反馈调节、GA及其前体在器官间转移和运输都是植物体内活性GA的主要调节方式。

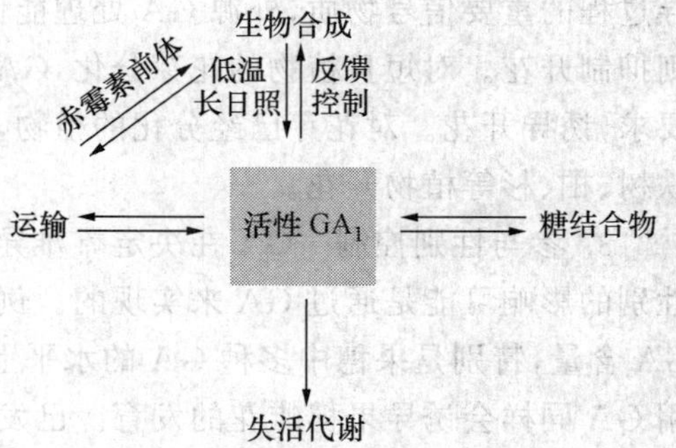

图1-24　植物体内GA_1水平的影响因素
（武维华，2008）

3. 赤霉素的运输　GA在植物体内的运输没有极性，可以双向运输。根尖合成的GA通过木质部向上运输，而叶原基产生的GA是通过韧皮部向下运输，其速度与光合产物的运输速度相同，一般在50～100 cm/h,不同植物中差异很大。

(三)赤霉素的生理效应

1. 促进植物茎节的伸长生长　GA最显著的生理效应是促进细胞伸长和生长,与IAA效应不同的是,GA能促进整株植物茎节伸长,但对离体茎切段伸长没有明显的促进作用。GA促进生长与IAA的另一个差异是没有高浓度抑制效应,在很高浓度下仍表现促进效应。不同植物或品种对GA反应差异很大,矮生植物、莲座植物和禾本科植物较敏感,特别对稻、麦等禾本科植物茎节伸长效果非常显著,其作用的靶组织是茎节居间分生组织。GA促进茎节伸长的同时,可能会导致茎秆直径减小、叶片变小和叶色变浅等。GA对植物根系的生长促进效果很小甚至没有。

一些十字花科植物如菠菜、胡萝卜等,在短日条件下呈现短缩茎的莲座状形状,只有在长日条件下才抽薹开花。试验证明,施用外源赤霉素可以使短日条件下的这类植物抽薹开花,而且自然条件下的抽薹开花也是受内源赤霉素调节的。另外,某些需要低温处理才能抽薹开花的植物,也可用赤霉素处理来代替低温处理。

GA也促进细胞的分裂。例如,GA在促进豌豆茎节伸长的同时,也增加了茎节细胞的数目,GA可以显著提高莲座植物亚顶端分生组织细胞有丝分裂的活性。GA对深水水稻(deep-water rice)茎节生长的促进作用非常显著。淹水诱导水稻茎节乙烯的大量合成和ABA水平的下降,ABA水平的下降使茎节对GA的反应更敏感。GA合成抑制剂会抑制淹水诱导的水稻茎节生长,GA在施加了大约40 min以后导致了生长率的显著增加,经处理2 h以后细胞伸长增加了大约90%,主要是因为GA促进了深水水稻茎节居间分生组织的细胞分裂活性和伸长速度。这些实验结果都说明GA是调节深水水稻茎节生长的主要激素。

2. 促进花芽分化和开花　高等植物发育中,茎尖分生组织不断变化,经历幼年期(juvenile phase)、成年期(adult phase)、生殖期(reproductive phase)阶段。通常幼年期植物不能开花,只有成年期的植物,才处于一种感受态(competent),对环境等诱导信号发生反应,进入花芽分化和生殖生长,特别是一些多年生木本植物,幼年期往往较长,如英国橡树幼年期30年以上。幼年到成年的相变(phase change)受植物激素、营养、环境等多种信号的影响,最重要的环境因子有低温、光周期、光的强度和性质等。GA可以控制植物在幼年态和成年态之间的转变,例如GA_3可以诱导常春藤(*Hedera helix*)从成熟态转变为幼年态;GA_4+GA_7处理可以诱导许多幼年态的针叶植物进入成年态,而GA_3无效。

花芽的分化也需要一定的条件,很多植物有低温春化和光周期现象。GA是参与这些诱导过程的重要信号物质,外源GA处理能促进多种长日植物在短日照条件下开花,GA拮抗剂则抑制开花。对短日植物的花芽分化,GA效果不明显。GA处理还可以代替多种植物的低温要求,诱导开花。对花芽已经分化的植物,GA对花的开放有显著的促进作用,能促进细叶菊、铁树、柏、杉等植物开花。

3. 参与性别控制　GA在决定雌雄异花植物花的性别上有重要的意义,许多环境因素对性别的影响可能是通过GA来实现的。例如短日照和低温处理可以大幅度增加玉米植株内的GA含量,特别是果穗中多种GA的水平上升100多倍,同时诱导果穗雄花发育为雌性花。施用GA同样会诱导果穗雌花的发育。已发现的一种玉米矮生突变体中,GA比野生型低,导致果穗上大量雄花发育。可见赤霉素对玉米花性别决定的主要作用是抑制雄花发育。

但是对一些双子叶植物,如黄瓜,GA反而促进雄花形成,GA抑制剂促进雌花发育。GA

处理雌雄异株的大麻，雄株可由50%增加到80%，而雌株下降到20%。在花的性别决定上，IAA和乙烯常表现与GA相反的作用，它们之间的互作和作用机理目前不清楚。

4. 打破休眠，促进萌发　GA在种子萌发过程中有多方面的作用，例如刺激胚芽营养生长、松弛围绕在胚周围的胚乳层细胞、诱导水解酶合成、分解种子储存的营养物质、拮抗ABA等抑制发芽物质等。对于一些需要光照或低温处理才能打破休眠开始萌发的种子，GA处理可以代替光照或低温打破休眠。在萌发的谷类种子糊粉层中，GA诱导合成许多水解酶，如α-淀粉酶、蛋白酶等，GA的这个生理效应被广泛地应用在酿造工业中，如啤酒酿造中用GA处理萌动而未发芽的大麦种子，加快糖化过程，降低萌芽呼吸消耗成本。

GA可以有效打破芽的休眠。由于高温、低温、日照等多种环境因素导致的芽休眠中，GA与ABA是关键的控制因素，GA处理可以打破芽休眠，如桦树、桃树等。对地下贮存器官上休眠的芽，如水仙、唐菖蒲等鳞茎、马铃薯块茎等，GA同样有效。如马铃薯夏季收获后，立即做种薯不能萌发，一般要休眠40～60 d，这与休眠芽中GA含量低有关，用0.5～1 mg/L GA就可有效打破休眠，满足一年多次种植的要求。

(四)赤霉素作用机理

1. 赤霉素诱导α-淀粉酶的分子机制　禾本科植物(如大麦、小麦、水稻和燕麦等)种子萌发时，储藏淀粉水解和利用是关键生理生化过程之一，盾片和糊粉层中合成并分泌到胚乳中的α-淀粉酶(α-amylase)是淀粉水解的关键酶。20世纪60年代经典的"半种子实验"(half-seed test)证明糊粉层分泌α-淀粉酶依赖胚的存在，因为胚合成GA(主要是GA_1)并分泌到糊粉层诱导α-淀粉酶及其他水解酶类的合成(见图1-25)，外源GA_3可有效诱导α-淀粉酶合成。

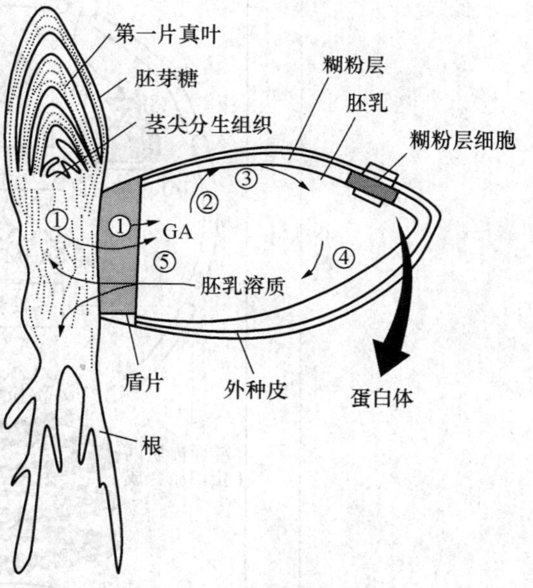

图1-25　大麦种子结构与赤霉素合成在萌发中的作用(Hopkins 1995)

(1)糊粉层细胞质膜上的GA受体　GA诱导糊粉层细胞α-淀粉酶合成过程中，GA受体存在于质膜上。用GA和琼脂糖珠结合生成不能穿透质膜的GA模拟物，与糊粉层细胞原生质体一起温育，也能诱导α-淀粉酶的合成和分泌，说明GA的最初作用部位是原生质膜，即GA的受体存在于质膜上。用显微注射法将GA_3导入糊粉层原生质体细胞内，不能诱导α-淀粉酶的合成，但将这些细胞培养在含GA_3的培养液中却可以诱导α-淀粉酶的合成，更有力地说明了GA的感受部位在质膜上。

(2)GA信号传递的两条途径　在GA诱导糊粉层水解酶的合成和分泌两个过程中，可能分别有不同的信号传递途径参与。其中参与GA诱导初始反应基因*GA-MYB*表达的信号传递途径是cGMP依赖途径；而参与GA诱导α-淀粉酶分泌的信号传递是Ca^{2+}-钙调素依赖途径(图1-26)。

①cGMP途径　该途径有很多有利的实验证据，并被多数研究者认为是GA诱导糊粉层

细胞α-淀粉酶合成的分子机理,大致的过程如图1-26所示:GA和细胞质膜上的受体结合,激活了质膜上的G蛋白,通过cGMP传递并活化细胞内既存的活化因子(GA信号传递中间体),该活化因子进入核内和*GA-MYB*基因的抑制子GAI结合,使*GA-MYB*基因脱阻抑而开始转录并合成GA-MYB蛋白,合成的MYB蛋白和α-淀粉酶基因启动子上的GA响应元件结合,诱导α-淀粉酶mRNA的合成,最后通过翻译加工合成α-淀粉酶,并经高尔基体分泌到胚乳中发挥作用。

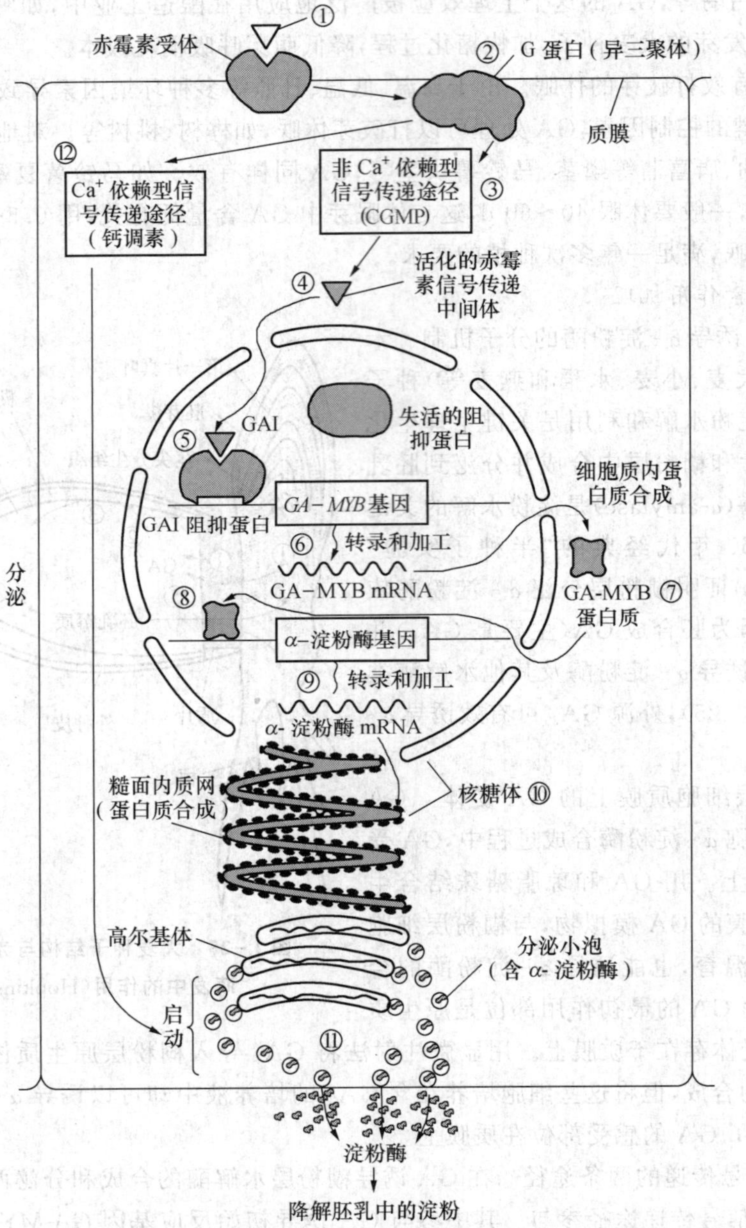

图1-26 GA诱导糊粉层水解酶合成和分泌的过程

(数字表示信号转导中的顺序,Taiz & Zeiger 2002)

该途径的关键是 cGMP 作为 GA 信号的第二信使。GA 处理糊粉层细胞约 1 h 后，细胞内 cGMP 水平有瞬时的升高，鸟苷酸环化酶（guanylyl cyclase，催化 GTP 形成 cGMP 的酶）抑制剂会阻抑 GA 诱导的 α-淀粉酶合成和分泌，外加 cGMP 可以克服这种抑制。这些实验结果都证明 cGMP 参与了 GA 诱导 α-淀粉酶的信号转导过程。

②Ca^{2+}-钙调素依赖途径　GA 和受体结合后，首先激活了质膜上的 G 蛋白，钙离子及钙调素（Ca^{2+}-CAM）作为第二信使，启动高尔基体上分泌含 α-淀粉酶的小泡。关于 Ca^{2+} 参与的证据很多，如 GA 处理可在 1～4 h 内提高糊粉层细胞质内的 Ca^{2+} 水平，同时在 2 h 内将胞内 CAM 水平提高 2 倍，这些效应都发生在 α-淀粉酶合成和分泌之前。如果在糊粉层细胞温育液中除去 Ca^{2+}，会抑制胞内 Ca^{2+} 水平的升高和 α-淀粉酶的分泌。用显微注射法将钙离子荧光染色剂注入细胞，再用激光共聚焦显微镜观察，发现 GA 诱导的 Ca^{2+} 水平的增加主要集中在质膜附近。

(3)α-淀粉酶基因表达的调节机制　同位素标记氨基酸饲喂糊粉层细胞的实验表明，GA 诱导的 α-淀粉酶合成是从头合成（*de novo* synthesis），而不是激活既存 α-淀粉酶的活性。利用 α-淀粉酶基因的[^{32}P]cDNA 探针和 Northern 杂交法证实 GA 处理可以大幅度提高 α-淀粉酶 mRNA 水平；而转录或翻译抑制剂可以阻碍 GA_3 诱导的 α-淀粉酶合成，都说明 GA 诱导 α-淀粉酶合成是从转录水平开始的。

①GA 启动子反应复合体　分离 α-淀粉酶基因的启动子，并与报告基因 GUS（β-葡萄糖苷酸酶，β-glucuronidase）整合，构建含 α-淀粉酶基因启动子的嵌合基因并导入糊粉层细胞，表明其表达受 GA_3 的调节。利用上述转基因糊粉层细胞进行 α-淀粉酶基因启动子删除分析实验，发现与 GA 诱导活性紧密相关的碱基序列位于基因转录起始点上游 200～300 碱基对之间（图 1-27）。这些与 GA 诱导活性密切相关的序列被称为 GA 响应元件（gibberellin response element，GARE）。α-淀粉酶基因启动子中包含三种 GARE：TAACAAA-box、TATCCAC-box 和 C/TCTTTTC/T-box，这三个短序列盒一起构成 GA 响应复合体（gibberellin response complex，GARC）。GARC 在启动子内的位置、顺序和定向在各种谷类植物中是高度保守的，是实现 GA 诱导所必需的启动机构，完全的 GA 感受能力需要这三个 GARE 的协同作用，任何一个发生突变，GA 诱导基因表达的能力都会大大降低。

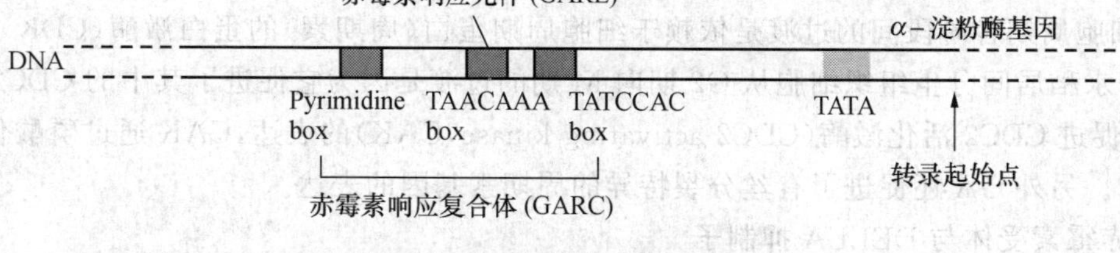

图 1-27　α-淀粉酶基因启动子的结构框图（Taiz & Zeiger，2002）

②GA 诱导转录因子的合成　GA 诱导 α-淀粉酶基因表达的过程中，有一些特异的转录因子（与基因转录的调控部位结合的蛋白质，或称 DNA 结合蛋白，起促进或抑制基因转录的作用）参与，GA 诱导合成能与 α-淀粉酶基因调节区特异结合的 DNA 结合蛋白 MYB，启动 α-淀粉酶基因的转录，从而促进 α-淀粉酶的合成。*MYB* 基因是 GA 的初级反应基因，其 mRNA 能在 α-淀粉酶 mRNA 被诱导前产生，而且不被蛋白质合成抑制剂放线菌酮抑制。

GA 诱导的 MYB 蛋白能与 GA 响应元件上的 TAACAAA 序列结合，并且诱导 α-淀粉酶

mRNA的合成。与作为GA初级反应基因*GA-MYB*基因相比,α-淀粉酶基因表达较晚,而且受放线菌酮的抑制,应属于GA的次级反应基因,或称晚期基因。

2. 赤霉素促进细胞伸长和分裂的机制

赤霉素可以在较低的浓度下发挥生理调节效应,如0.1 ng的GA_3就足以刺激莴苣或水稻幼苗的伸长生长。但赤霉素促进细胞伸长生长的机制,目前了解的还不充分。赤霉素不仅促进细胞的伸长生长,而且也促进细胞的分裂。例如,赤霉素在促进豌豆茎节伸长的同时,和对照相比,也增加了茎节细胞的数目;赤霉素可以显著提高莲座植物亚顶端分生组织细胞有丝分裂的活性。又如,赤霉素对深水水稻茎节生长的促进作用非常显著,主要是因为赤霉素促进了深水水稻茎节居间分生组织的细胞分裂活动和伸长速度。

(1)GA增加细胞壁伸展性的机制　GA是通过增加细胞壁的伸展性来促进细胞伸长生长的,但是GA促进细胞伸长生长与IAA有许多不同,如没有细胞壁酸化现象;对细胞伸长促进的迟滞期较长,对豌豆茎要2~3 h(IAA需10~15 min),这说明GA对细胞壁伸展性的影响方式与IAA不同。

关于GA增加细胞壁伸展性机制的假说许多,但都不是十分确切。最近的研究认为,GA增加细胞壁伸展性的机制在于促进了细胞壁中的木葡聚糖内糖基转移酶(xyloglucan endo-transglycosylase,XET)活性。XET在各种植物组织中广泛存在,它从分子链的内部水解木葡聚糖,并将水解的木葡聚糖片断转移到另外一个木葡聚糖的末端,因而有重组细胞壁基质分子的能力,可以增加细胞壁的伸展性。GA诱导XET活性增加是高度特异性的,IAA与XET活性之间没有明显关系。

另外XET增加细胞壁的伸展性可能是因为它增加了细胞壁对扩张蛋白的透性。已知扩张蛋白是一种细胞壁蛋白,在酸性条件下可以弱化细胞壁多糖之间的氢键。根据这个观点,GA和IAA在促进细胞伸长生长过程中是协同作用的关系,即GA诱导XET酶的活性增加,改善了细胞壁对扩张蛋白的透性,使大量的扩张蛋白送入细胞壁;IAA促进质子的分泌,酸化细胞壁环境,活化扩张蛋白,使细胞壁的伸展性得到促进。

(2)GA调节居间分生组织细胞的细胞周期　GA对细胞分裂的调节在深水水稻居间分生组织中研究的比较透彻。GA首先诱导细胞伸长,然后诱导细胞分裂。也就是说,GA通过促进细胞体积扩大,诱导G2期的分生细胞进入M期,GA诱导细胞分裂是促进细胞伸长的间接效应。细胞周期各阶段间的过渡是依赖于细胞周期蛋白(周期素)的蛋白激酶(CDK)的调节,GA促进水稻居间分生组织细胞从G2期向M期的过渡是因为它促进了其中的CDC2基因的表达,还促进CDC2活化激酶(CDC2 activating kinase,CAK)的表达,CAK通过磷酸化反应激活CDC2。另外GA还促进了有丝分裂特异的周期素基因的表达。

3. 赤霉素受体与DELLA抑制子

拟南芥的*gai*-1突变体是最早研究的一种赤霉素不敏感突变体,以后相继在水稻、小麦、玉米等作物里面发现了许多类似的突变体,其中最典型的有水稻的"细长"突变体*slr*1(*slender rice* 1)和小麦的半矮秆突变体*Rht*(reduced height)以及玉米的*d*8突变体(*dwar f*-8)。对这些突变体的基因分析表明,这些基因编码的蛋白质都属于一种称为GRAS的蛋白家族成员,即GIBBERELLIN-INSENSITIVE\REPRESSOR of gai1-3和SCARECROW。GRAS蛋白的N端有一个由5个氨基酸组成的保守序列,这5个氨基酸分别是天冬氨酸(D)、谷氨酸(E)、亮氨酸(L)、亮氨酸(L)和丙氨酸(A),所以也称为DELLA蛋白。

GRAS 蛋白的 N 端含 DELLA 结构的部分是 GA 受体结合结构域，也称调节域；中央以及 C 端则是核定位特征序列以及阻遏结构域，起着在核内阻遏特定基因表达的作用。DELLA 蛋白位于细胞核中，和某种未知的转录促进因子结合，抑制其活性，阻遏基因转录。所以在赤霉素信号转导途径中，DELLA 蛋白起着一种负调节因子的作用。也就是说，GA 信号缺乏的情况下，DELLA 蛋白阻遏植物生长发育；当 DELLA 蛋白上的 GA 信号感知区接受到 GA 信号后，DELLA 蛋白的阻遏作用被解除，恢复了转录促进因子的活性，植物表现出正常的 GA 反应。

如果 DELLA 蛋白 结构发生变异，赤霉素的信号转导将会发生障碍。发生变异的位置不同，对赤霉素信号转导的影响也不相同。如果变异发生在 DELLA 结构所在的调节域，DELLA 蛋白便不能感受 GA 信号，DELLA 蛋白便成为组成性的阻遏蛋白。这类突变体一般表现为赤霉素不敏感，植株矮化等表型，但 GA20ox 和 GA3ox 活性增加，造成体内的活性赤霉素水平异常升高。拟南芥的 *gai* 突变体、半矮化小麦 *Rht*1 突变体以及玉米的 *d*8 突变体都属于这一类型。当 DELLA 蛋白的 C 端阻遏结构域发生变异，DELLA 蛋白就会丧失最转录促进因子的阻遏作用，使赤霉素调节的相关基因组成型表达，突变体表现为细长的表型，这类突变体内的 GA20ox 和 GA3ox 活性却受到抑制，体内赤霉素水平远远低于野生型。水稻 *slr*1 和大麦的 *sln*1-1 等都属于这类突变体。

那么在赤霉素的信号转导途径中，赤霉素是如何调节 DELLA 蛋白发生去阻遏作用的呢？大量的研究发现，赤霉素是通过和生长素类似的途径，即泛素介导的蛋白降解系统来解除 DELLA 蛋白生物阻遏作用的。在研究水稻的 *gid*2 和拟南芥的 *sly*1 这两种赤霉素不敏感突变体时发现，GID2 和 SLY1 这两种基因编码的蛋白质具有典型的 F - box 结构域，属于泛素蛋白质降解系统中 F_3 泛素联接酶 SCF 的一个亚基。

最近的研究发现了一个潜在的赤霉素就是 GID1，GID1 可以和活性赤霉素发生可逆的结合，而且 GID1 可以与 SLR1 结合，但这种结合必须在赤霉素存在的条件下才能发生。当 GA-GID1-SLR1 复合物形成之后，又与上述的 F-box 蛋白 GID2 结合，最后与 SCF 的其他亚基共同形成一个针对 DELLA 蛋白的泛素连接酶复合体，将 DELLA 蛋白泛素化，进而由 26S 蛋白酶降解。这样就解除了 DELLA 蛋白的阻遏作用，释放了转录促进因子的活性，启动赤霉素调节基因的表达。目前的研究表明，DELLA 蛋白不仅参与赤霉素的信号转导，而且也与生长素、乙烯和 ABA 的生理作用关系密切。

四、脱落酸

(一)脱落酸的发现、结构与活性

1. 脱落酸的发现　脱落酸是在人们研究植物体内与休眠、脱落和种子萌发等生理过程有关的抑制物质时发现的。1961 年 W. C. Liu 研究棉花幼铃脱落时，从成熟干棉壳中分离到促进脱落的物质，并命名为脱落素(后 Addicott 称为脱落素Ⅰ)。1963 年 K. Ohkuma 和 F. T. Addicott 从 225 kg 新鲜棉花幼铃(4～7 d)分离纯化了 9 mg 促进脱落物质，命名为脱落素Ⅱ(abscisin Ⅱ)。

几乎同时，C. F. Eagles 和 Pf Wareing 从桦树叶中提取到诱导枝条休眠的物质，命名为休眠素(dormin)。1965 年，J. W. Cornforth 等从 28 kg 干槭树叶中提纯得到 260 μg 休眠素结晶。经相对分子质量、红外光谱、熔点等比较鉴定，确定脱落素Ⅱ和休眠素是同一种物质，1967 年第六届国际植物生长物质会议上，正式命名为脱落酸(abscisic acid，ABA)。图 1 - 28 为其化学结构。

脱落酸的名称,源自当时人们认为它主要参与脱落过程,但是随着研究的深入和拓展,人们发现ABA"名不副实",一是在很多情况下不是脱落酸而是乙烯是脱落的主导激素,或脱落酸通过刺激乙烯发生而促进脱落;二是脱落酸有很多独特的功能,如抑制生长、诱导气孔开闭、诱导侧根发生等,特别是作为逆境激素的作用受到广泛的关注。近年来脱落酸的名字受到不少质疑,一些学者提出了改名的建议,在中国,天然脱落酸作为农药化合物登记时,被农药命名委员会正式命名为诱抗素。

2. 脱落酸的结构与活性　ABA是以异戊二烯为基本单位的一种倍半萜羧酸,化学名称为5-(1′-羟基-2′,6′,6′-三甲基-4′-氧代-2′-环己烯-1′-基)-3-甲基-2-顺-4-反-戊二烯酸,化学式$C_{15}H_2O_4$,相对分子质量264.3。其化学结构和类胡萝卜素分子结构的末端部分比较相似(图1-28),包含15个碳原子,含一个具有不饱和键和三个甲基的脂肪环、一个不饱和侧链和一个羧基末端。

由于ABA侧链具有不对称的2,3位双键存在,所以2位上羧基的取向不同就决定了ABA具有顺式(*cis*)和反式(*trans*)两种构型(图1-28)。几乎所有生物合成的ABA都是顺式构型(*cis*-ABA)。

ABA分子在脂肪环的1′位上具有一个不对称的手性碳原子,所以ABA具有右旋(*S*或+)和左旋(*R*或−)两种对映体构型(图1-28)。植物体内天然ABA构型是*S*-ABA(或+ABA),人工合成的ABA是*S*和*R*对映体各50%的外消旋混合物。只有*S*-ABA才能在一些ABA快速生理效应中发挥作用,例如气孔开闭的调控;但是一些较长期的效应,例如种子中储藏蛋白的合成等,ABA两种对映体都起作用。在植物体内,ABA的顺反式构型可以相互转换,而*R*/*S*对映体构型之间不能相互转换。

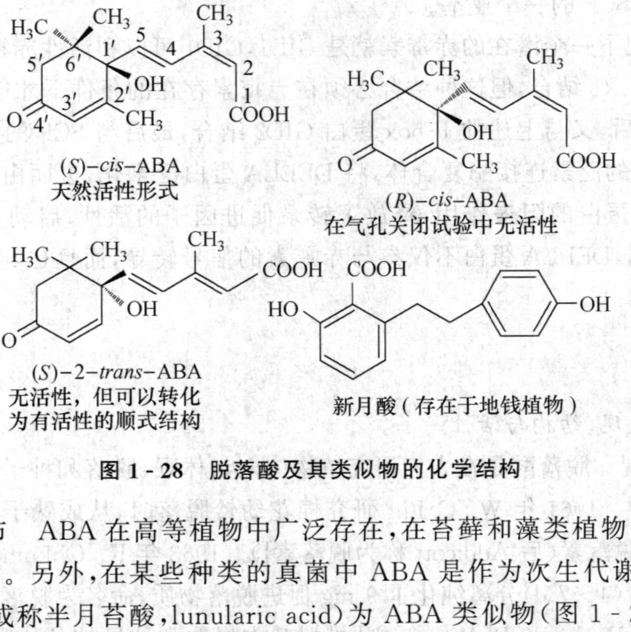

图1-28　脱落酸及其类似物的化学结构

3. 脱落酸的分布　ABA在高等植物中广泛存在,在苔藓和藻类植物中也有少量存在,但是在地钱中检测不到。另外,在某些种类的真菌中ABA是作为次生代谢产物存在的。在地钱中发现的新月酸(或称半月苔酸,lunularic acid)为ABA类似物(图1-28)。植物体各种器官和组织都含有ABA,根尖、茎尖等快速生长部位ABA较低,衰老成熟和即将进入脱落和休眠的器官和组织中较多,而且几乎所有含叶绿体或淀粉质体(anyloplast)的细胞中都可以合成ABA。在逆境下,植物中ABA含量会迅速增加。水生植物中ABA一般含量较低,陆生植物中较高。

特定器官内 ABA 水平的变化会随着环境条件的变化发生大幅度波动。如在发育的种子中,ABA 水平可以在几天的时间内上升 100 倍,然后会随着成熟度的增加降低到几乎为 0 的水平。又如在水分胁迫的条件下,叶片中的 ABA 水平可以在 4～8 h 内上升 50 倍,随着水分条件改善,ABA 水平又会在与前述大致相同的时间内降低到正常水平。组织中游离 ABA 浓度受生物合成活性、结合物合成及水解、降解代谢、分室作用和运输等调节。

(二)脱落酸的生物合成、运输和代谢

1. 脱落酸的生物合成　脱落酸的合成部位主要是在根冠、萎蔫的叶中,茎、种子、花、果实等器官中也能合成。ABA 生物合成主要发生在叶绿体和其他质体内,几乎所有含有叶绿体和淀粉质体(amyloplast)的细胞都可以合成 ABA。在 *Botrytis cinerear* 等真菌中 ABA 作为次生代谢产物存在,应用这些真菌进行发酵,已成功用于 ABA 的工业化生产。

目前拟南芥中 ABA 的生物合成途径研究最为深入。拟南芥中 ABA 生物合成分为三个阶段:①早期反应:从萜烯类化合物的共同前体异戊烯基焦磷酸(IPP)开始,经过与赤霉素生物合成第一阶段相似的步骤合成链状的 20 碳的牻牛儿基牻牛儿基焦磷酸(GGPP),到链状的 C40 类胡萝卜素——八氢番茄红素;②中期反应:从八氢番茄红素至 9-顺紫黄质裂解成 C15 的黄质醛;③后期反应:黄质醛经一系列变化形成 ABA。

玉米突变体 *vp*2、*vp*5、*vp*、*vp*9 是一类胡萝卜素合成缺陷突变体,体内缺乏玉米黄质(zeaxanthin)的合成,该突变体同时也是一种胎萌突变体(vivipary mutant),即种子在未脱落之前就开始发芽的现象,就是因为种子中缺乏 ABA 的缘故。而添加玉米黄质会部分恢复突变体内的 ABA 合成。这说明脱落酸生物合成是以玉米黄质为中间体的。ABA 的合成途径因为中间有一个 C40 的玉米黄质、紫黄质等作为中间体,所以也称 C40 途径。

玉米黄质在玉米黄素环氧化酶(Zeaxanthin epoxidase,ZEP)催化下形成全反式环氧化玉米黄质(紫黄质,violaxanthin)。然后该酶在还原型铁硫蛋白辅助下将环氧化玉米黄质转化成 9-顺式-新黄质(9-*cis*-neoxanthin)。ZEP 在拟南芥中由 ABA1 基因编码,在烟草由 ABA2 基因编码(图 11 - 37)。

9-顺式-新黄质在 9-顺式-新黄质双加氧酶(9-*cis*-epoxycarotenoid dioxygenase,NCED)催化下产生黄质醛(xanthoxal)。黄质醛是 C15 萜烯类物质,初步具备了脱落酸的骨架结构。玉米胎萌突变体 *vp*14 中,VP14 基因编码 NCED 酶。通常在水分逆境下,植物中的 NECD 会被诱导快速表达,并且与 ABA 水平的升高成平行关系。所以认为 NECD 所催化的新黄质裂解步骤为 ABA 合成途径中的限速步骤。

黄氧素在一种类似短链脱氢/还原酶(short chain dehydrogenase/reductase,SDR)的作用下生成脱落酸醛(ABA aldehyde),然后在脱落酸醛氧化酶(ABA-aldehyde oxidase,AAO)的作用下生成 ABA。脱落酸醛氧化酶的催化功能需要结合 Fe-S 中心和钼辅助因子(MoCo)的协助。在拟南芥的 *aba*3/*los*5 突变体中,脱落酸醛不能转变为 ABA。植物中脱落酸醛氧化酶具有器官特异性,在拟南芥突变体的下胚轴及根中高度表达,而在其他部位表达较少。

ABA 的生物合成途径有两条:直接途径(C40 途径)和间接途径(C15 途径)。

(1)直接途径(C40 途径,类胡萝卜素途径)　大致过程见图 1 - 29,从异戊二烯基焦磷酸(IPP)开始,到叶黄素类物质(xanthophyl)紫黄素(violaxanthin,即氧化胡萝卜素),最后到 ABA。因为中间体为 C40 的紫黄质,所以称 C40 途径。叶黄素作为从 IPP 到 ABA 的中间产物可以从一种玉米胡萝卜素合成缺陷型突变体上获得证明,该突变体体内缺乏叶黄素合成,同时因缺乏 ABA,种子在未脱落前就开始发芽,而添加叶黄素会部分恢复突变体内的 ABA 合成。

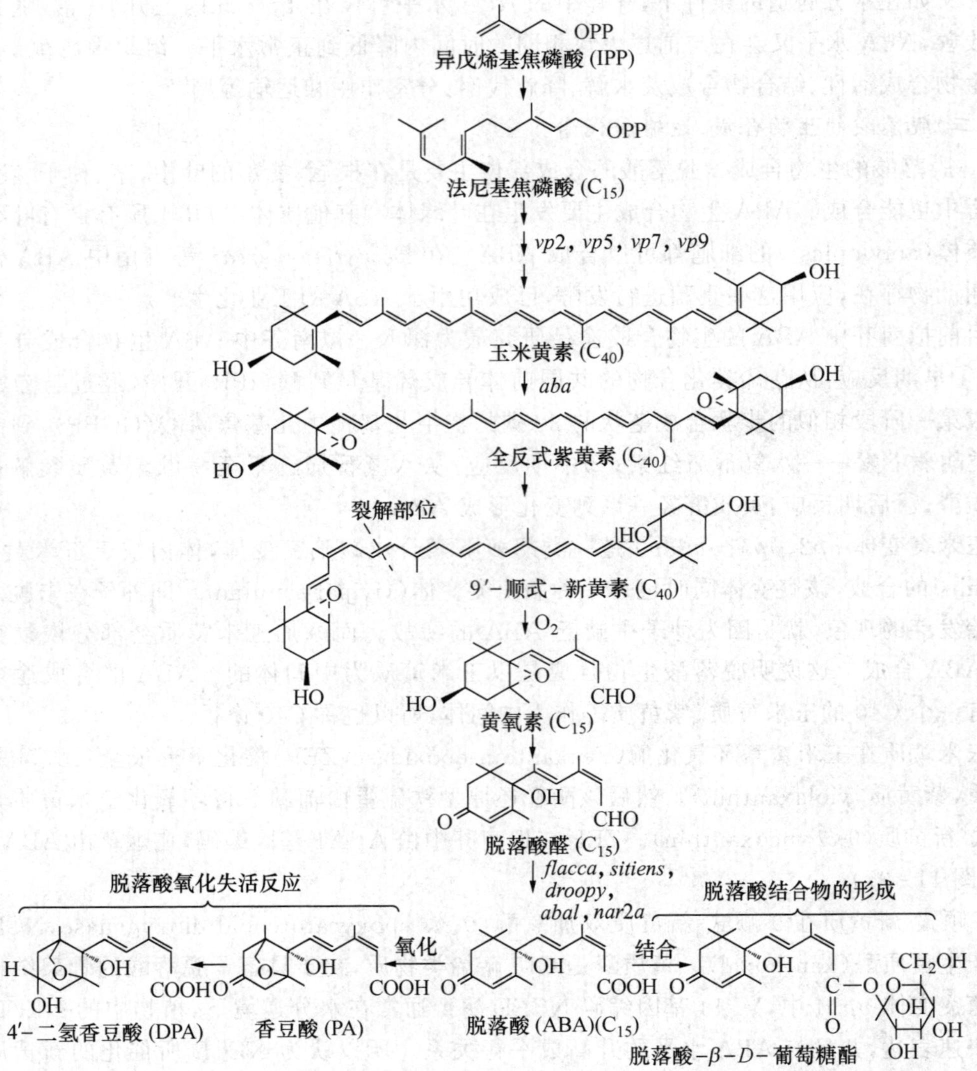

图中注明了各种 ABA 生物合成突变体的名称和突变位点,其中 *vp* 是玉米突变体,*aba* 是拟南芥突变体,*flacca* 和 *sitiens* 是番茄突变体,*droopy* 是马铃薯突变体,*nar2a* 是大麦突变体。

图 1-29　高等植物中 ABA 的生物合成和代谢途径

几种 ABA 生物合成突变体的突变位点都在该合成途径中,添加外源 ABA 可以恢复这些突变体的异常表型。例如番茄的两个突变体 *flacca*(*flc*)和 *sittiens*(*sit*)都是"萎蔫突变体",因为叶片内 ABA 合成受阻,气孔关闭发生障碍,容易导致过度蒸腾而发生萎蔫。而外源 ABA 处理可以恢复叶片的水分平衡,防止萎蔫。拟南芥的 *aba* 突变体也是一种萎蔫突变体。这些突变体对研究 ABA 的生物合成途径具有重要的意义。

(2)间接途径(C15 途径,类萜途径)　在真菌中存在着另外一条 ABA 合成途径,由甲瓦龙酸(MVA),经过 C15 的顺式法尼基焦磷酸(FPP),再经过一些未明的过程,合成顺式 ABA。这条途径也称为 C15 途径。

2. ABA 的代谢　植物体的特定器官内 ABA 水平的变化会随着环境条件的变化发生大幅度的波动。例如,在发育的种子中,ABA 水平可以在几天的时间内上升 100 倍,达到毫摩尔级的水平,然后会随着成熟度的增加降到极低的水平。又如在水分胁迫的条件下,叶片中的 ABA 水平可以在 4～8 h 内上升 50 倍,随着水分条件的改善,ABA 水平又会在与前述大致相同的时间内降低到正常水平。

植物体内 ABA 水平的升高和植物体内 ABA 生物合成相关酶的合成水平有关系。例如,水分逆境诱导 NCED、AAO 在全株表达,ZEP 在种子以及根中表达。逆境因素诱导这些酶的基因表达机制尚不明确,可能是细胞质膜上存在膨压或者渗透压感受器可以感受水分逆境,从而诱导体内脱落酸代谢的变化。

植物组织中 ABA 浓度的调节不仅依赖生物合成活性的变化,和其他植物激素一样,细胞内的游离 ABA 水平的调节还可以被结合物合成及水解、降解代谢、分室作用和运输所调节。例如,水分胁迫条件下,叶片中 ABA 水平的提高就是由下列几个原因共同造成的:叶片内 ABA 生物合成的增加、叶肉细胞内储存 ABA 的释放,以及根系内合成的 ABA 通过蒸腾流向叶片的运输。反过来,水分条件改善后叶片内 ABA 水平的下降也是由于叶片内 ABA 生物合成活性降低、降解和通过韧皮部输出叶片等因素所致的。

ABA 的失活代谢包括氧化降解和形成结合物两个途径。

(1)氧化降解　游离 ABA 被氧化后生成一个不稳定的中间产物 6-羟甲基脱落酸(6-hydroxymethyl ABA),随后迅速转变为红花菜豆酸(phaseic acid,PA)和二氢红花菜豆酸(dihydrophaseic acid,DPA)(图 1-29)。DPA 不表现 ABA 生物活性,PA 只有微弱的 ABA 生物活性,但在某些植物中可以诱导气孔关闭,在抑制 GA 诱导的大麦糊粉层内 α-淀粉酶合成方面有与 ABA 相当的活性,可能 PA 有与 ABA 受体结合的能力。

(2)钝化　游离 ABA 也可与细胞内的单糖或氨基酸共价结合而失去活性,结合态的脱落酸又可水解重新释放游离 ABA。结合态 ABA 是 ABA 的储存形式,常见的 ABA 结合物是 ABA-*β*-*D*-葡萄糖酯(ABA-*β*-glucosyl ester,ABA-GE)。干旱造成的 ABA 迅速增加是重新合成的,不是来源于结合态 ABA 的水解。

3. 脱落酸的运输　ABA 的运输没有极性,既可以在木质部运输,也可以在韧皮部运输,但主要是韧皮部运输。将同位素标记的 ABA 饲喂叶片,标记 ABA 可以同时沿着茎向上或向下运输,24 h 后大多数标记 ABA 会积累在根部。如果用环割的方法破坏韧皮部,就会抑制 ABA 向根系的运输和积累,所以叶片内的 ABA 主要依赖韧皮部运输。

正常生理状态下木质部液 pH 为 6.3,其中的脱落酸为非解离形式(ABAH),有利于叶肉细胞的吸收和储存;但在干旱条件下,木质部液 pH 碱化至 7.2,脱落酸为解离形式(ABA^-),不易被叶肉细胞吸收,大部分随蒸腾流被运输到保卫细胞附近,促进气孔关闭。

根系内合成的 ABA 则主要依赖木质部运输到茎叶部,并作为重要的根冠间传递的信号。土壤水分良好时,向日葵木质部液内 ABA 浓度 1.0～15.0 nmol/L;土壤水分胁迫时,ABA 浓度可以上升到 3.0 μmol/L。但这些 ABA 并不是都被运输到叶片保卫细胞处,在运输途中大量 ABA 在蒸腾流经过叶片时被叶肉细胞吸收并代谢。为防止这种额外的损失,植物会产生自己的预防策略,如水分胁迫早期,木质部液的 pH 会从 6.3 上升到 7.2,这种碱化有利于

ABA羧基的解离,ABA^-不易透过质膜扩散到细胞内,这样就可以避免大量的ABA被叶肉细胞吸收,使更多的ABA到达保卫细胞。

ABA主要以游离形式运输,少量以ABA糖苷形式运输。运输速度相当快,在茎和叶柄中运输速率约为20 mm/h。在菜豆叶柄切段中,ABA向基运输的速度约为向顶运输的2~3倍。

(三)脱落酸的生理功能

1. 促进种子和芽休眠

(1)种子休眠　休眠是种子适应不良环境的一个重要方式,分为种皮型休眠(coat-imposed dormancy)和胚胎型休眠(embryo dormancy),ABA在其中都有重要的作用。种皮型休眠的原因主要是种皮含有的抑制物或对种子内抑制物渗出的阻碍,ABA是最常见和主要的抑制物。胚胎型休眠的决定因素是胚胎组织中存在ABA,或者缺乏生长促进物GA。

在种皮型休眠中,种皮或其他种子包覆物除了机械限制、阻碍水分氧气通透等因素外,种皮对种子内抑制物渗出的阻碍作用或者种皮本身就含有抑制物也会影响种子萌发。种子内常见的抑制物就是ABA。

在胚胎性休眠中,起决定因素的是胚胎组织中存在生长抑制物ABA,或者缺乏生长促进物GA。在很多情况下,胚胎休眠的维持或打破与胚胎内ABA/GA的比例有关。

ABA突变体在ABA与种子休眠关系的研究中起着重要的作用。某些生态型的拟南芥种子有一定的休眠性,但可以被适当的后熟作用或低温处理所打破。

ABA突变体是研究ABA与种子休眠关系的好材料,如拟南芥ABA缺陷型突变体*aba*种子没有休眠性,外源ABA也不能诱导其胚胎产生休眠;而拟南芥ABA不敏感型突变体*abi1*和*abi3*的休眠性也很弱。番茄的ABA缺陷型突变体种子也表现类似性质。表明ABA是维持种子胚胎休眠的关键因素。

一般种子休眠控制中,ABA与GA是协同作用的,休眠维持或打破与胚胎内ABA/GA的比例有关。第一个拟南芥ABA缺陷型突变体的发现为此提供了一个经典的实验证据:GA缺陷型突变体种子在无外源GA的培养基上不能发芽,把这些种子经诱变处理,试图筛选回复突变株(revertant,恢复发芽能力的变异株),结果发现筛选出的不是GA合成的回复突变株,而是ABA缺陷型突变体。这些回复突变株能发芽的原因是种子内的ABA/GA的比例与野生型种子相同,而两种激素的绝对水平都比野生型要低,因为GA和ABA的合成同时被抑制了,可见是ABA/GA的比例,而非ABA和GA的绝对浓度决定休眠与发芽。

ABA对种子休眠的调控,还从胎萌现象(vivipary)研究中得到证实。胎萌是指种子在未脱离母体植株前就开始萌发的现象,在禾谷类作物中常会对产量和品质造成损失。玉米中已发现多种胎萌突变体(vp mutant),种子在穗上时就开始发芽(穗发芽),这些都是与ABA有关的突变体,其中有些是ABA合成缺陷型突变体(*vp2*、*vp5*、*vp7*),有些是ABA不敏感突变体(*viny*)。ABA合成缺陷型突变体的胎萌现象可以用外源ABA加以抑制。

研究还发现,在种子休眠的控制中,ABA是与其他激素,尤其是GA协同作用的。例如,在许多植物种子发育过程中,ABA水平的高峰期与种子内GA水平的低谷期重合,而在休眠打破时,GA水平的高峰期与种子内ABA水平的低谷期重合;这暗示抑制型激素ABA和促进激素GA在种子生长发育过程中是此消彼长的关系。

(2)芽休眠　在ABA发现的早期研究中就明确了,ABA促进芽休眠的作用。短日照诱导芽休眠，主要是短日促进了ABA水平的增加。用短日下生长的桦树提取物或ABA处理能抑制在长日照下桦树幼苗的生长，并可形成具有冬季休眠全部特征的芽。研究也发现ABA含量并不总是与休眠相关，GA或CTK有时起主导作用，GA或CTK可有效打破休眠。多数研究者认为是ABA与GA或CTK的平衡在芽休眠维持或打破中起调控作用。

2. 促进气孔关闭和增加抗逆性　ABA是对环境因素反应最强烈的激素之一，如叶片中的ABA浓度在水分胁迫条件下短时间内可以上升50倍，在植物抗旱、抗寒、抗盐、抗病的生理过程中都有重要的作用，因此ABA被普遍认为是一个介导环境因子，特别是逆境因子的信号物质，被称为"逆境激素"。

(1)调节气孔运动　K. Cornish(1986)发现水分胁迫下，叶片保卫细胞中ABA含量比正常提高了18倍。ABA的升高促进气孔关闭、减少了蒸腾，有利于维持叶片水分平衡，同时还能促进根系吸水和地上部的水分供应能力。其实在实际情况下，叶片的气孔关闭开始时间要早于叶片中ABA浓度的升高时间，这可能是由于叶片内ABA重新分配的缘故。ABA合成缺陷型突变体丧失了正常的气孔关闭功能，通常表现为萎蔫突变体，这是因为这些突变体丧失了正常的气孔关闭功能。ABA处理会恢复这些突变体的气孔关闭，同时恢复叶片细胞的膨压。

(2)ABA与其他逆境　除干旱外，涝渍、盐、低温、高温等胁迫条件都可使植物体内ABA剧增，这些逆境都会直接或间接地诱导细胞水分状态变化，使细胞膨压下降，诱导ABA合成。ABA处理可显著降低高温对小麦叶绿体超微结构的破坏，增加热稳定性；通过诱导某些酶的重新合成，增强植物抵抗低温和盐害的能力等。如NaCl处理和ABA处理都会诱导烟草产生一种低分子量蛋白——渗透素(osmotin)，目前渗透素被认为是其他植物中广泛存在的一种保护性蛋白。

3. 促进叶片衰老和脱落　ABA最初是被当作脱落诱导因子被分离提纯的，ABA涂抹在去叶片的棉花外植体叶柄切口上，几天后叶柄就开始脱落，这是目前被普遍采用的脱落酸生物测定方法。但是后来证明ABA仅在少数几种植物中促进器官脱落，大多数植物中控制脱落的主要激素是乙烯。ABA的生测方法仅对外植体有效，对整株植物的叶片、叶柄、果实等效果不明显。

ABA在叶片的衰老过程中起着重要的调节作用，由于ABA促进了叶片的衰老，增加了乙烯的生成，从而间接地促进了叶片的脱落。用离体燕麦叶片切段实验发现，ABA在衰老早期起一种启动和诱导的作用，而乙烯作用在衰老后期。虽然ABA能够刺激乙烯的生成，但是ABA对衰老的促进作用并非以乙烯为中介，而是直接发挥作用的。在比较ABA和乙烯处理对野生型和乙烯不敏感型突变体两种拟南芥叶片衰老的影响时发现，无论在光照条件还是在黑暗条件，在无任何处理的情况下，野生型拟南芥叶片的黄化要比乙烯不敏感突变体拟南芥叶片快得多；而乙烯处理会大幅度增加野生型拟南芥叶片的黄化速度，而突变体叶片不受影响；ABA处理则同时促进两种拟南芥叶片的黄化速度。这个实验结果说明ABA促进叶片衰老的生理作用是区别于乙烯的独立作用。

4. 脱落酸与种子发育　ABA对种子发育和成熟有重要作用。在以细胞分裂增殖为特征的胚胎建成阶段ABA含量较低，在以储藏物积累为特征的种子发育中后期，ABA水平达到最高，然后随种子成熟而下降。其中ABA的主要作用是促进种子脱水和储存物质的合成和积累。

ABA促进种子脱水和胚胎耐干燥性形成。因为干燥脱水会严重破坏细胞膜及细胞器的结构，种子胚胎发育中后期形成一种亲水性和热稳定极强的胚胎发生晚期丰富蛋白(late embryogenesis abundant proteins,LEA),起"稳定剂"作用,保护细胞膜及细胞器不受脱水的伤害。研究发现,胚胎中LEA蛋白的合成受ABA的调节和控制,其mRNA水平增加与ABA的增加同步,ABA处理分离的早期胚胎也可诱导LEA提前合成。

种子内的储藏物质积累发生在胚胎发育的晚期,由于此时ABA水平仍然维持在一个较高水平,所以推测ABA还是控制储藏物质积累的重要因素,ABA诱导与贮存和积累相关蛋白及基因的表达。拟南芥ABA生物合成缺陷型*aba*/*abi*3-1双突变体种子中储藏蛋白的合成量极少,而且在种子未成熟前就停止合成了。在ABA缺陷型的玉米突变体的种子内有同样的现象,现在胚胎形成过程中,ABA是储藏蛋白合成必要的控制因子。

5. 脱落酸的生理促进作用　近年来ABA的研究进展迅速,关于ABA生理作用的研究结果改变了人们对ABA作为生长抑制型激素的认识,发现ABA对完整植株的许多生长发育过程有促进作用。

在用离体植物切段的实验报道中,ABA有抑制生长并拮抗GA的促进效应。但在整株情况下不明显。番茄的ABA合成缺陷突变体中ABA极低,但株型矮小,细弱;在一种生理性矮化的豌豆中,ABA比正常高10多倍,都说明对ABA抑制生长的认识是片面的。

低浓度ABA对燕麦和小麦的胚芽鞘、燕麦、水稻和玉米的中胚轴、整株黄化豌豆和番茄的茎、黄化豌豆的叶都有明显的促生长作用。2 mg/L ABA处理使30℃黑暗下生长14 d的水稻幼苗中胚轴伸长到17 mm,而相同条件下对照仅2~3 mm,同时还促进中胚轴横向增粗,维管束数目增加。低浓度ABA处理可以促进水稻等种子发芽和生根,促进幼苗茎叶生长,抑制离层形成,促进果实肥大,促进开花等等。特别是在低温、盐碱等逆境条件下,这种促生长效果更为显著,这可能与ABA作为抗逆激素的性质密切相关。尽管ABA的生理促进作用在适宜栽培条件下并不突出,但改善了植物对逆境的适应性,增强了生长活性,所以在许多情况下表现出有益的生理促进作用。这种特殊的生理性质,对于正确理解ABA的生理功能十分重要,对ABA的实际应用也具有启发意义。

(四)脱落酸的作用机理　ABA调节的生理过程中,有种子成熟等长期过程,也有气孔关闭等短期过程。对于长期生理过程,肯定有ABA诱导基因的参与;而快速的生理反应可能是ABA诱导质膜两侧离子流动的结果。但是无论基因诱导还是离子流控制,都需要ABA信号传递过程,即脱落酸与受体结合,诱导包括第二信使参与的信号传递和放大过程,近年来ABA作用的分子机制研究已经取得迅猛进展。

1. ABA调节气孔运动的分子机制

(1)ABA的胞内和胞外受体　ABA同时具有胞内和胞外两类受体。同位素标记的ABA只与保卫细胞质膜的外表面结合,利用显微注射法将ABA导入鸭跖草(*Commelina*)叶片保卫细胞内,胞内ABA达到50~200 μmol/L,远超过外源诱导气孔关闭所需的ABA水平,但发现细胞内的ABA对气孔关闭没有影响;在ABA抑制GA诱导α-淀粉酶合成的实验中,也发现直接注入细胞内的ABA无效。表明ABA受体存在于细胞质膜表面。

上述ABA显微注射实验中有一个关键问题,就是注入的ABA有可能被降解,或者注射对细胞的伤害抑制了ABA生理反应的产生。对此有人设计了一种笼化ABA(caged ABA,或称包装ABA)人为控制ABA在细胞内的释放。设计的笼化ABA无生物活性,但可或不可被短暂的紫外光照诱发光解(图1-30)释放出活性脱落酸。两种笼化ABA通过显微注射导入鸭跖草保卫细胞内,经过30 min的恢复后用紫外光照射30 s,结果发现未处理和非光解性笼化 ABA 处理的对照没有气孔关闭现象，而光解性笼化 ABA 的处理发生了气孔关闭。同步用壳梭孢素(FC)也刺激气孔开张，表明气孔保卫细胞没有受到显微注射和紫外照射的损伤。这个实验结果表明胞内 ABA 可以诱导 ABA 相应的生理作用，因而可能存在胞内 ABA 受体。

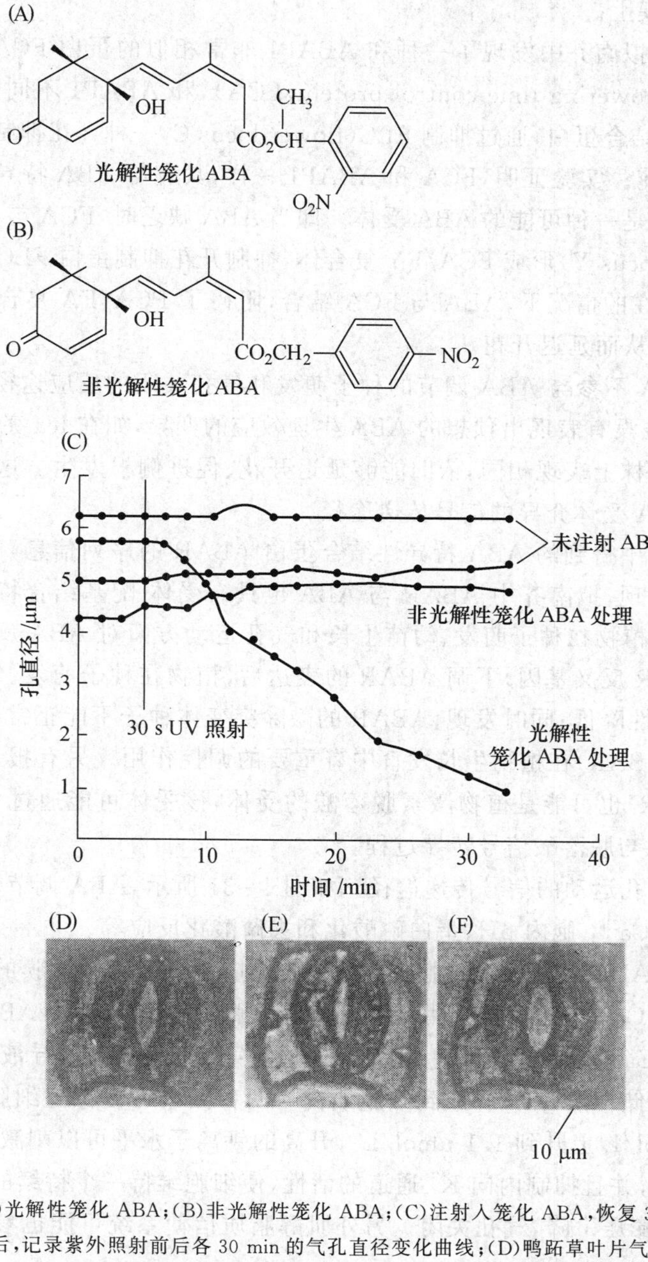

(A)光解性笼化 ABA；(B)非光解性笼化 ABA；(C)注射入笼化 ABA，恢复 30 min 后，记录紫外照射前后各 30 min 的气孔直径变化曲线；(D)鸭跖草叶片气孔，注入光解性笼化 ABA，紫外照射前 10 min；(E)紫外照射后 30 min；(F)10 μmol/L 壳梭孢素(fusicoccin)处理 1 h，气孔张开

图 1-30　光解性笼化 ABA 注射入鸭跖草叶片保卫细胞可以诱导气孔关闭(Taiz &Zeiger，2002)

利用 ABA 和 ABA 抗独特性抗体(anti-idiotype antibody)亲和层析法分离了一些 ABA 结合蛋白。因为 ABA 抗独特性抗体可以特异地识别 ABA 抗体的 ABA 识别部位，所以也能

够识别植物体内ABA受体的ABA识别部位，并与之结合。利用这个原理，从拟南芥中确定了一种ABA受体。首先利用ABA抗独特性抗体从大麦的cDNA表达文库中鉴定了一种能与ABA特异结合的ABAP1蛋白，并且这种结合具有饱和性、抗逆性和高亲和性；并证明ABAP1蛋白位于质膜上。

后来的实验又从拟南芥中发现了一种和ABAP1非常相似的蛋白FCA早被证实是一种开花时间控制蛋白(flowering time control protein，FCA)，和ABAP1不同的是，FCA是一种存在于核内的RNA结合蛋白，通过抑制FLC(flower locus C，一种开花抑制蛋白，参见第十六章)来调控植物的开花。实验证明，FCA和ABAP1一样，具有与ABA特异的、高亲和力的结合能力，因此FCA也是一种可能的ABA受体。即当ABA缺乏时，FCA与另一个多聚腺苷酸因子FY(flowering locus Y)形成FCA/FY复合体，抑制开花抑制蛋白FLC的产生，从而促进开花。但当ABA存在的情况下，ABA与FCA结合，阻碍了FCA/FA复合体的形成，不能抑制FLC蛋白的形成，从而延迟开花。

但实验证明FCA不参与ABA调节的种子萌发和气孔关闭的反应途径，并且拟南芥的一种FCA突变株fca也没有表现出预想的ABA生理效应的变异，如在fca突变体上，ABA的生理作用与在野生型植株上表现相同，依旧能够延迟开花、促进侧根发生。这个事实说明，极可能存在另外一种ABA受体介导的信号传递途径。

根据从蚕豆叶片中得到的ABA特异性结合蛋白ABAR的序列信息，研究拟南芥中相应的同源基因的功能发现，拟南芥中ABAR与ABA也具有受体-配基结合特性；通过转基因上调ABAR的表达后，植物在种子萌发、幼苗生长和气孔运动方面对ABA反应性增强，而通过转基因(RNAi，ABAR反义基因)下调ABAR的表达后，植物在种子萌发、幼苗生长和气孔运动方面对ABA反应性降低；同时发现，ABAR的敲除突变体种子不能正常成熟，是致死突变，说明该ABA受体(ABAR)在植物生长发育中有重要的调控作用。另有报道拟南芥中一种G蛋白偶联受体(GPCR)也可能是植物激素脱落酸的受体，该受体可能通过与三聚体G蛋白α亚基的相互作用而参与脱落酸信号转导过程。

(2)ABA调节气孔运动的信号传递途径　如图1-31所示，ABA调节气孔运动的信号传递是多途径的，涉及Ca^{2+}、胞内pH、蛋白磷酸化和去磷酸化反应等。

①Ca^{2+}与IP_3　ABA处理保卫细胞诱导的初始反应是保卫细胞质膜的去极化反应，该反应可能与ABA激活Ca^{2+}通道有关。用笼化、IP_3和显微注射实验表明：ABA不仅可以诱导胞外Ca^{2+}通过质膜上Ca^{2+}通道进入胞内，而且可以通过第二信使IP_3诱导液泡膜和内质网膜上的Ca^{2+}通道打开，将储存的Ca^{2+}释放到细胞质内。两种因素可使保卫细胞细胞质内的Ca^{2+}水平从50～350 nmol/L上升到1.1 μmol/L。升高的钙离子水平可以刺激外向阴离子通道和外向K^+通道的活性，并且抑制内向K^+通道的活性，使细胞维持一个持续的去极化状态，有利于细胞水势的升高，膨压下降，气孔关闭。另外肌醇脂质信使系统可能也参与了ABA的信号传递过程。

②蛋白磷酸化/去磷酸化反应　ABA诱导气孔关闭的生理过程中，蛋白激酶和磷酸酶也参与了信号传递。如蛋白激酶抑制剂可以降低保卫细胞质膜上S型阴离子通道的磷酸化水平，从而抑制ABA诱导的气孔关闭；蛋白磷酸酶抑制剂冈田酸可以在缺乏ATP的情况下维持S型阴离子通道的活性，表明阴离子通道维持活性必须是磷酸化状态，脱磷酸化会导致通道活性的丧失。蚕豆叶片保卫细胞中ABA激活蛋白激酶(ABA-activated protein kinase，AAPK)的

发现更证实了蛋白质磷酸化/脱磷酸化是 ABA 信号传递的重要机制之一。在拟南芥 ABA 不敏感突变体 *abi*1 的研究中发现了一种丝氨酸/苏氨酸蛋白磷酸酶 ABI1,ABI1 蛋白是 ABA 调节气孔关闭信号传递链上一个重要的信号蛋白。*ABI*1 基因变异会导致种子和成熟植株丧失对 ABA 的敏感性,表现种子休眠性降低、气孔开闭不正常引起叶片萎蔫、许多 ABA 诱导基因表达的降低等。用 *ABI*1 基因转化烟草保卫细胞,会使 ABA 丧失对细胞质膜上内向和外向 K^+ 通道的调节活性。但是 *ABI*1 基因并不影响 ABA 对质膜上 S 型阴离子通道的活性调节,也不影响 ABA 诱导细胞溶质 pH 升高。可见 *ABI*1 是通过调节靶蛋白的磷酸化状态来影响其活性,ABI1 蛋白磷酸酶特异地调节 K^+ 通道的活性,并降低外向 K^+ 通道对胞质 pH 的敏感性。

③ABA 调节气孔运动的机理模型　综合已有相关研究结果,ABA 调节气孔运动的机理模型如图 1-31 所示,基本的生理过程是:a. ABA 和质膜上的受体结合,也可能与存在于细胞质内的受体结合,ABA-受体复合物将激活下游的信号传递途径;b. ABA 诱导膜上 Ca^{2+} 通道的开放,激活了 R 型 Cl^- 通道的活化,诱导质膜的快速去极化反应;c. 质膜的快速去极化促进了 S 型 Cl^- 通道的开放,进一步延长和加速质膜的去极化过程;d. ABA 诱导 IP_3 的生成;e. IP_3 诱导液泡上 Ca^{2+} 通道的开放,使液泡内 Ca^{2+} 释放到细胞质内,f. 胞质 Ca^{2+} 浓度的增加激活 Cl^- 通道的开放,同时抑制内向的 K^+ 通道,这种阴离子的净流出使质膜的去极化得到进一步加强和维持;g. ABA 刺激胞内 pH 升高;h. 胞内 pH 升高活化外向 K^+ 通道,促进 K^+ 外流。上述过程导致保卫细胞膨压下降,气孔关闭。

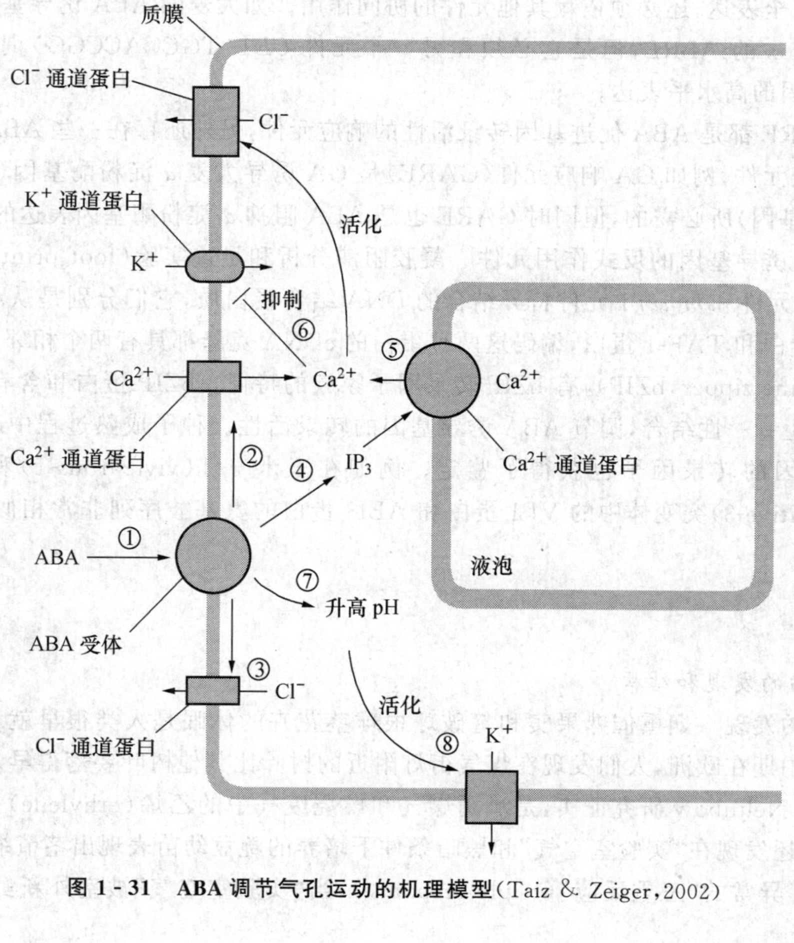

图 1-31　ABA 调节气孔运动的机理模型(Taiz & Zeiger,2002)

2. ABA诱导基因及其表达的调控　已知在许多逆境条件下,ABA水平升高并诱导相关特异蛋白质的表达和积累,ABA是介导环境胁迫和植物抗逆反应的调节物质,所以也称为“逆境激素”。正常生长条件下,外源ABA处理往往也能诱导植物组织产生逆境蛋白mRNA的积累。在种子发育的中晚期,ABA水平上升,同时伴随着一些ABA诱导基因的表达和积累,例如与种子抗脱水相关的LEA蛋白、DHN蛋白等的mRNA水平与内源ABA水平同步升高,外源ABA也可以提前诱导这些蛋白mRNA的增加。在种子成熟的中晚期表达的一些基因,如凝集素基因、储藏蛋白基因、酶抑制剂基因等等也受ABA的诱导,ABA处理同样使这些基因提前表达。

ABA对基因表达的调控发生在转录、转录后以及翻译水平上,ABA诱导基因的启动子也存在着许多ABA应答元件(ABA-response element,ABRE),ABRE是ABA诱导基因的顺式作用元件,而与ABRE结合的DNA结合蛋白质(也称转录因子)是“反式作用元件”。

(1)ABA诱导基因的顺式作用元件　已鉴定的ABA诱导基因的顺式作用元件非常多,其中比较典型的是小麦*Em*基因的*Emla*元件和水稻*rab*16*A*基因的*Motif*1元件。各种ABRE的基序(sequence motif)有很高的保守性,例如*Emla*元件和*Motif*1元件十分相似,都具有CACGTG基序(G-box),与G-box有关的一些基序参与多种环境因子对基因表达的调控,如光、厌氧条件等。其他一些ABA应答元件也含有上述ACGT核心的基序。

虽然*Emla*元件和*Motif*1元件是小麦*Em*基因和水稻*rab*16*A*基因表达必不可少的,但这些基因的完全表达,还必须依赖其他元件的协同作用。如大麦的ABA诱导基因*HAV*22具有一个含G-box的ABRE,但是它必须和另一个元件*CE*1(TGCCACCGG)耦联,才能诱导ABA诱导基因的高水平表达。

上述ABRE都是ABA促进基因转录活性的响应元件,另外还存在一些ABA抑制基因转录活性的响应元件,例如GA响应元件(GARE)是GA诱导大麦α-淀粉酶基因(如*Amyl*/6-4和*Amyl*326基因)所必需的,但同时GARE也是ABA阻抑α-淀粉酶基因表达的响应元件。

(2)ABA诱导基因的反式作用元件　凝胶阻滞分析和足迹实验(foot printing)鉴定出了与上述*Emla*元件和*motif*1元件特异结合的DNA结合蛋白质,它们分别是从小麦中分离出的EmBP-1蛋白和TAF-1蛋白,编码这两种蛋白的cDNA克隆都具有两个相邻的亮氨酸拉链区(basic leucine zipper,bZIP),有bZIP转录因子家族的特征。bZIP蛋白和含有ACGT元件的ABRE产生专一性结合,调节ABA诱导基因的转录活性。种子成熟过程中起作用的一些ABA诱导基因的转录因子也获得了鉴定。例如在玉米*vp*1(viviparous-1)和拟南芥*abi*3(ABA-insensitive-3)突变体中的VP1蛋白和ABI3蛋白的氨基酸序列非常相似,都具有转录因子的特征。

五、乙烯

(一)乙烯的发现和结构

1. 乙烯的发现　烟熏催熟果实和打破球根球茎花卉的休眠是人类很早就利用乙烯的事例。19世纪中期在欧洲,人们发现在煤气街灯附近的树叶比其他树叶要落得早。1901年俄罗斯的Dimitry Neljubow研究证实,是泄漏煤气和燃烧废气中的乙烯(ethylene)损害了叶片的正常生长,他还发现在“实验室空气”和黑暗条件下培养的豌豆幼苗表现出茎节缩短、横向增粗和水平生长等异常的“三重反应”(triple response),当“实验室空气”被室外新鲜空气取代后,豌豆幼苗又恢复了正常的生长。大量实验证明，乙烯就是所谓的"实验室空气"中导致三重反应的有效成分。1910 年 H. H. Cousins 发现，柑橘产生的气体使香蕉过早成熟腐烂。现在我们知道柑橘乙烯合成的能力与其他水果相比要小得多，当时 Cousins 提到的柑橘催熟香蕉，可能是柑橘感染的青霉菌释放了大量乙烯。

虽然人们早就认识到了乙烯的作用，但直到 1934 年，R. Gane 等人才获得植物组织能产生乙烯的证据。由于乙烯是气体，当时没有有效的定量检测手段，因而乙烯没有引起人们的足够重视。1959 年，由于气相色谱的应用，S. P. Burg 等测到果实成熟过程中乙烯产生量的变化，随后证明多种植物器官和组织能产生乙烯，并发现乙烯的多种生理效应，乙烯的重要地位才被人们重新认识。1965 年乙烯被公认为植物激素。随着拟南芥乙烯反应突变体的大量发现和应用，近年来乙烯受体和信号传递途径的研究取得了较大的进步。

2. 乙烯的结构和代谢　乙烯化学结构和性质都极为简单(图 1-32A)，为一种不饱和烃，结构式为 $CH_2{=}CH_2$，常温下为气体，相对分子质量只有 28，比空气轻，容易燃烧和氧化，是目前发现的唯一的气态激素。

通过[14]C-乙烯饲喂实验，已清楚植物中乙烯的代谢产物。乙烯的氧化产物有乙烯氧化物(ethylene oxide)(图 1-32B)，水解后生成乙烯二醇(ethylene glycol)和乙烯二醇的葡萄糖苷(图 1-32C)。在许多植物组织中，乙烯可以被彻底氧化为 CO_2(图 1-32D)。

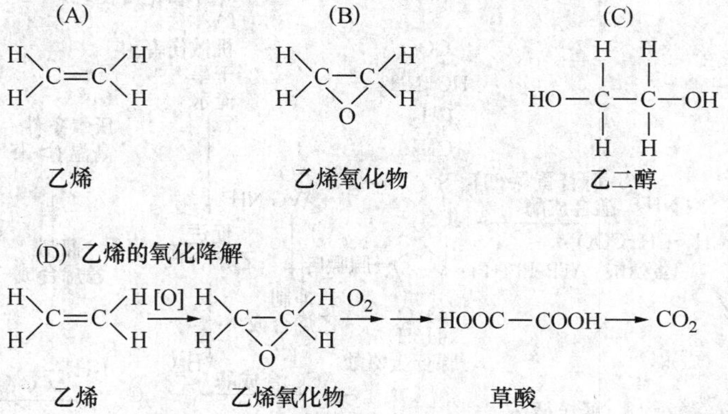

图 1-32　乙烯及其代谢物

(二)乙烯的生物合成和代谢

虽然乙烯的结构非常简单，但其生物合成的研究却历时半个多世纪，第一个突破是 Lieberman 和 Mapson(1964)发现蛋氨酸(methionine，Met)是乙烯的前体；第二个突破是 1979 年华裔科学家杨祥发等发现 1-氨基环丙烷-1-羧酸(1-aminocyclopropane-1-carboxylic acid，ACC)是从蛋氨酸到乙烯合成过程的中间产物。后来证明乙烯的合成是一个蛋氨酸的代谢循环，被命名为"杨氏循环"(The Yang Cycle)。乙烯的合成是目前发现的几种植物激素中最清楚的一种。

1. 乙烯合成部位　几乎所有高等植物的所有器官都能合成乙烯，但是乙烯合成的速率因不同的组织和不同的发育阶段而异。一般形成层和茎节区域是乙烯合成的活跃部位，在叶片脱落、花器官衰老或者果实成熟时，乙烯合成会大幅度增加。植物中乙烯产生量最大的器官是成熟果实，发生速度大于 1.0 nL/(gFW·h)。乙烯在极低浓度(1 pL/L)下就具有显著的生物效应，而成熟苹果组织内的乙烯浓度高达 2 500 pL/L。幼嫩叶片的乙烯产生量比成熟叶片要大得多,例如菜豆幼叶的乙烯产生速率为 0.4 nL/(gFW·h),而成熟叶片中的乙烯产生速率为 0.04 nL/(gFW·h)。另外植物正常组织受到机械损伤、淹水、干旱、高温和病害等逆境胁迫时,短时间(25～30 min)内乙烯大量合成,外因撤除后会在短时间内恢复正常。

裸子植物和一些低等植物,包括蕨类植物、苔藓、地钱和某些蓝藻都能产生乙烯。土壤中的乙烯主要是由一些真菌和细菌产生的。但是动物(包括无脊椎动物和哺乳动物)的健康组织或代谢产物中似乎都没有乙烯产生。

2. 杨氏循环与乙烯合成的关键酶　已经明确的乙烯生物合成途径见图 1-33。

已经明确蛋氨酸是乙烯生物合成的唯一前体。用^{14}C-蛋氨酸饲喂植物,可以生成^{14}C-乙烯,而且是从蛋氨酸的第3、4位上的碳原子衍生而来的。进一步研究证明蛋氨酸与ATP的反应产物S-腺苷蛋氨酸(S-adenosylmethionine,AdoMet)是乙烯生物合成的中间产物,后发现是1-氨基环丙烷基羧酸(ACC)是乙烯的直接前体。给植物饲喂^{14}C-蛋氨酸后,如果培养在缺氧条件下,植物不能产生乙烯,却发生标记ACC的大量积累,重新在有氧条件下培养后,乙烯又会大量产生。许多植物组织都能将标记的ACC快速转变为乙烯,给乙烯发生速率较低的植物组织饲喂ACC,会使乙烯发生速率迅速升高,说明ACC的合成是乙烯生物合成途径的限速步骤。

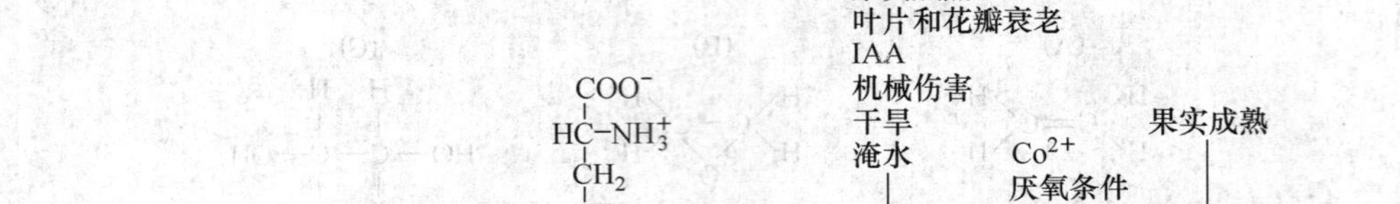

图 1-33　乙烯生物合成途径及杨氏循环(McKeon et al,1995)

催化AdoMet生成ACC的酶是ACC合成酶(ACC synthase),该酶存在于细胞质内,含量极低且不稳定,其活性受一些内外因子的调节,机械损伤、干旱、淹水以及IAA等都能刺激该酶的活性。许多植物的ACC合成酶基因都得到了克隆,ACC合成酶的氨基酸序列与氨基转移酶非常相似,氨基转移酶催化氨基酸之间的氨基转移反应,这类酶需要以磷酸吡哆醛(维

生素 B_1)作为辅基。ACC 合成酶的另外一个特点是多基因家族。例如在番茄中,至少有 9 种 ACC 合成酶基因,不同基因的诱导因素也有差异,IAA、机械损伤或果实成熟等可以分别诱导不同的 ACC 合成酶基因表达。它们在不同组织和细胞中的表达状态甚至底物亲和性各不相同,这表明这些不同的 ACS 在组织和细胞中的的作用可能不同。

乙烯生物合成的最后一步,是 ACC 转变为乙烯,该反应由 ACC 氧化酶(ACC oxidase)或称为乙烯形成酶(ethylene-forming enzyme)催化,该酶不是乙烯生物合成途径中的限制酶。但在一些乙烯发生量大的器官组织中,如成熟的果实,该酶是乙烯生物合成途径中的限速酶。该酶必须有 Fe^{2+} 和维生素 C 作辅基,其氨基酸序列也与 Fe^{2+}/维生素 C 为辅基的氧化酶类非常相似。ACC 氧化酶是由多基因家族编码的,其基因已被克隆,其转录受多种内外因素的调节。

植物组织中蛋氨酸含量较低,并且维持在一个稳定的水平。在乙烯发生量较高时,主要依靠植物体内杨氏循环保证蛋氨酸的稳定供应。

植物组织中并不是所有的 ACC 都转变为乙烯,部分可以转化为稳定的结合物。其中一种为 N-丙二酸基-1-氨基环丙烷-1-羧酸(N-malonyl ACC,MACC),MACC 不易被降解,可以在植物组织中积累。另一种结合物是 1-(*α-L*-谷氨酰)-环丙烷-1-羧酸(1-(*α-L*-glutamylamino) yclopropane-1-carboxylic acid,GACC)。ACC 结合物可能与 IAA、CTK 结合物功能相似,起着可逆的失活和储存功能,对调节乙烯生物合成有重要意义。

3. 乙烯生物合成的调控　乙烯的生物合成受许多因素的调节,如发育状态、环境情况、物理或化学伤害以及其他植物激素等(图 1-33)。下面讨论若干主要的影响因素:

(1)乙烯生物合成的促进因素

①果实成熟诱导的乙烯。果实成熟时乙烯合成速率迅速增加,伴随 ACC 合成酶、ACC 氧化酶活性的增加,编码这两种酶的 mRNA 水平也增加。给未成熟的果实施用外源 ACC 只能促进乙烯合成少量增加,可见在果实成熟时 ACC 氧化酶活性是一个关键步骤。

②逆境诱导的乙烯。许多逆境因素如干旱、淹水、冷害或机械损伤等,都增加乙烯的生物合成,主要是由于 ACC 合成酶 mRNA 转录水平的增加引起的。"逆境乙烯"通常会诱导植物的抗逆反应,如脱落、衰老、愈伤形成以及抗病性形成等。

③IAA 促进乙烯合成。在许多情况下,IAA 和乙烯能产生相同的生理效应,如诱导菠萝开花、抑制茎伸长等。可能是 IAA 增加 ACC 合成酶 mRNA 的转录水平,促进 AdoMet 转化为 ACC,从而促进乙烯的合成。原来许多被认为是 IAA 的生理效应,实际上是 IAA 诱导乙烯而产生的间接结果,乙烯才是真正的主导因子。一般来说,促进乙烯生物合成关键酶的形成会提高乙烯的发生量,但研究表明,提高 ACC 合酶稳定性或者抑制其降解可能对提高乙烯发生量更有意义。例如,果实成熟、病菌以及 CTK 等因素都会促进乙烯合成,原因是其稳定了 ACC 合酶,抑制了酶的降解。目前表明 ACS 蛋白的 C 端包含一个在泛素降解系统中起着重要作用的结构域,病原菌感染激活的一种 MAP 激酶或者一种钙调蛋白激酶可以磷酸化这个结构域,从而阻止泛素蛋白质降解系统对其降解。

(2)乙烯生物合成和作用的抑制　乙烯的生物合成和生理作用可被许多内外因素所抑制。氨基乙氧基乙烯基甘氨酸(aminoethoxyvinylglycine,AVG)和氨基氧乙酸(aminooxyacetic acid,AOA)是最常见的两种乙烯生物合成抑制剂,AVG 和 AOA 是以磷酸吡哆醛为辅基的酶的特异抑制剂,可通过抑制 ACC 合成酶而抑制 AdoMet 转变为 ACC。钴离子(Co^{2+})也是乙烯生物合成的抑制剂,它阻抑乙烯生物合成的最后一步,即ACC转化为乙烯的反应。

银离子是乙烯生理作用的最有效的特异抑制剂,但并不抑制乙烯的合成,常用的有硝酸银($AgNO_3$)或硫代硫酸银[$Ag(S_2O_3)_2^{3-}$],其作用不能被其他金属离子模拟。CO_2在高浓度(5%~10%)情况下可抑制乙烯的许多生理作用,例如抑制乙烯诱导的果实成熟,这常在果蔬保鲜储存中应用。由于能够达到抑制乙烯作用的二氧化碳的浓度非常高,所以在自然条件下,CO_2不可能是乙烯的竞争性抑制剂。

反式环辛烯(*trans*-cyclooctene)是目前发现的最强的一种乙烯竞争性抑制剂,它可能是乙烯与受体结合的竞争性抑制剂。另外,如今市场上大量应用的甲基环丙烯(MCP)可以特意地和乙烯受体产生不可逆的结合,从而抑制乙烯的大部分生理功能。

(三)乙烯的运输　乙烯是气态激素,在植物体内的运输性较差。乙烯的短距离运输可以通过细胞间隙扩散进行,但是扩散距离非常有限。例如在病菌感染植物细胞后,该细胞产生的乙烯会向周围细胞扩散诱导细胞的抗逆性和衰亡反应。

乙烯的长距离运输依靠其直接前体ACC在木质部中运输。例如在根系淹水条件下,植物上部叶片会发生乙烯诱导的典型反应——偏上生长。这是因为水使根系周围的土壤空气急剧减少,根系内产生的大量ACC由于缺氧无法转变为乙烯而积累,便通过蒸腾流向上运输。运输到地上部的ACC可以迅速转变为乙烯发挥作用。这里ACC是作为一个可以运输的化学信号,是乙烯长途运输的"载体"。

(四)乙烯的生理功能

1. 诱导三重反应和偏上生长　乙烯对生长的典型效应的是三重反应(triple response),即黄化豌豆幼苗等植物放置在含有适当浓度乙烯(0.1 pL/L以上)的密闭容器内,会发生茎伸长生长受抑制、侧向生长(即增粗生长)、上胚轴水平生长的现象。该反应是乙烯的快速、特异性的生物效应,常作为乙烯的生物测定方法。但是,该方法不能精确定量,利用气相色谱法进行乙烯的定量十分快速方便。

乙烯的三重反应在各种植物中非常普遍,在豌豆等双子叶植物幼苗、燕麦、小麦等单子叶植物的胚芽鞘和中胚轴上都很明显。乙烯抑制茎纵向生长却促进茎的横向生长,是因为乙烯影响了茎细胞内微管的排列状态,即乙烯减少了微管的横向排列,增加了微管纵向排列。微管纵向排列相应地增加了微纤丝的纵向沉积,限制细胞纵向扩张的幅度,却有利于膨压推动的细胞扩张生长向横向进行。乙烯诱导茎水平生长表明乙烯可能使植物失去负地性,但是适量的乙烯对维持正常的负地性也是重要的。如已发现有一种番茄突变体*dgt*失去负地性,一般水平生长,其ACC生成量低于野生型,IAA诱导乙烯合成的能力极低,但施用5 nL/L乙烯可以恢复其负地性。

另外,乙烯还抑制双子叶植物上胚轴顶端弯钩的伸展,引起叶柄的偏上生长。模式植物拟南芥对乙烯的反应包括上胚轴生长抑制和增粗、根系伸长生长的抑制、顶端弯钩伸展的抑制等。这些典型的乙烯反应有助于筛选拟南芥的乙烯反应突变体。

三重反应中的水平生长对种子幼苗生长有重要意义,如果种子萌发后在土壤中遇到障碍时,可产生乙烯诱导上胚轴水平生长绕过障碍,有利于幼苗出土。同样,弯钩是植物幼苗在穿透土层时保护幼嫩茎尖的重要机制,乙烯抑制双子叶植物上胚轴顶端弯钩伸展,也有利于保护幼苗长出地表。乙烯的这种作用与IAA有关。拟南芥的生长素不敏感突变体*axr1*不能形成弯钩。另外,IAA极性运输抑制剂NPA也会抑制弯钩的形成。最具有说明性的研究是一种拟南芥无弯钩突变体 *hls*1。*HLS*1 介导乙烯诱导的弯钩形成，并且抑制黑暗条件下弯钩打开。如果 *HLS*1 过量表达，拟南芥会表现出组成型的弯钩状态，抑制没有乙烯也会形成弯钩。突变体 *hls*1 中 IAA 调节基因的表达受到影响。*HLS*1 编码一种 N-乙酰基转移酶，可以通过乙酰化生长素响应因子(ARF)，促进其降解。ARF 是生长素调节基因操纵子上结合的一种抑制蛋白质，所以 *HLS*1 是通过影响生长素信号转导发挥作用的。

2. 促进果实的成熟　果实成熟分为"呼吸跃变"(climacteric)和"非呼吸跃变"(nonclimacteric)两种类型，如苹果、香蕉和番茄等是呼吸跃变型果实，葡萄、柑橘等则属于非呼吸跃变型果实。促进跃变型果实成熟是乙烯的显著效应，果实自然成熟过程伴随着乙烯高峰的产生，外施乙烯可以加速果实成熟。外源乙烯处理呼吸跃变型果实可以导致果实通过"自催化"，合成大量乙烯，产生呼吸高峰，快速成熟。而外源乙烯处理非呼吸跃变型果实，虽然随着乙烯处理浓度的增加也能促进果实呼吸速率的增加，但是并不能诱导果实自身乙烯的合成，所以乙烯处理不能促进非呼吸跃变型果实的成熟。

乙烯合成抑制剂(如 AVG)和乙烯生理作用抑制剂(如 CO_2 或 Ag^+)可以延迟甚至完全抑制果实成熟。利用生物技术方法将 ACC 合成酶或 ACC 氧化酶的反义基因导入番茄等植物，可抑制果实内这两种酶的 mRNA 翻译，加速 mRNA 降解，从而完全抑制乙烯的生物合成，这样的果实只能用外源乙烯处理才能成熟，高度耐储存。

3. 促进叶片衰老　叶片、花等器官和整株植物的衰老都与乙烯有关。乙烯和 CTK 在叶片衰老控制中作用相反，用乙烯或 ACC 处理可促进叶片衰老，而 CTK 则延迟衰老。内源乙烯发生量与叶片失绿和花瓣褪色程度呈正相关，而内源 CTK 水平与衰老程度呈负相关。利用乙烯生物合成抑制剂(如 AVG 和 Co^{2+})或生理作用抑制剂(如 Ag^+ 和 CO_2)可以延迟叶片衰老。所以，叶片衰老是受组织内乙烯和 CTK 的平衡来控制的；另外，乙烯与 ABA 对叶片衰老有协同作用。

拟南芥乙烯不敏感突变体的研究为乙烯参与叶片衰老调节提供了直接证据。据三重反应筛选出的乙烯不敏感突变体中，编码乙烯受体的基因 *etr*1 发生了变异，而 *ein*2 是细胞内乙烯信号传递途径中的某个环节发生了变异，两种突变体不仅在幼苗期对乙烯不敏感，而且衰老过程都不受乙烯的影响。乙烯不敏感突变体的衰老速度较慢，整体寿命比野生型植株长约 30%。可见乙烯不仅仅是诱导衰老的起始，而且能加快衰老的进程。导入 ACC 合成酶或 ACC 氧化酶基因反义基因的番茄等植株，叶片衰老也被大幅度延迟。

4. 促进离层形成和脱落　叶片、果实和花朵等器官在衰老后或异常环境下都会发生脱落，脱落发生在这些器官基部的一些特殊细胞层，称为离层(abscission layers)。乙烯是脱落过程的主要调节激素，叶片内的 IAA 可抑制脱落，但是过高浓度 IAA 诱导乙烯发生，反而促进脱落，一些合成的 IAA 类化合物可以作为脱叶剂使用，例如在越南战争中美军曾用 2,4,5-T 和 2,4-D 作脱叶剂来对付丛林中的游击队。

叶片脱落的激素控制模式分为三个阶段(图 1-34)：①正常阶段。在无 ABA 信号诱导时，叶片保持健全的功能状态，叶片和茎之间维持一个从高到低的 IAA 浓度梯度，使离层处于一种不敏感状态。②诱导阶段。随叶片衰老进行，从叶片到茎的 IAA 浓度梯度陡度下降或者成为反向梯度，使离层细胞对乙烯敏感。③脱落阶段。致敏的离层细胞在乙烯的诱导下，合成并分泌大量的纤维素酶、果胶酶等细胞壁水解酶类，使离层细胞壁发生裂解，离层细胞分离，最后导致叶片脱落。

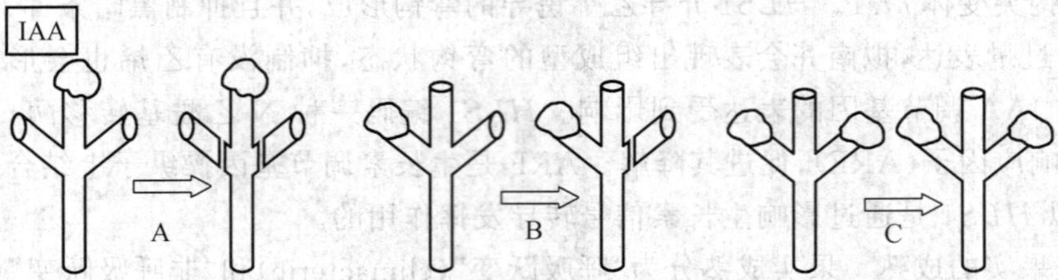

图1-34 叶片脱落的激素控制模式(武维华,2008)

在上述模式中,是叶片和茎之间的IAA浓度梯度,而不是绝对量,决定着离层对乙烯的敏感性。例如在正常阶段除去叶片会促进叶柄的脱落,但是在除去叶片的切口处施用IAA则抑制叶柄脱落;在离层靠近茎的一侧施用IAA加速叶柄脱落。在脱落诱导阶段,叶片中IAA水平下降而乙烯发生水平升高,叶片中升高的乙烯水平不仅抑制IAA合成,而且会加速IAA降解。叶片中IAA水平的下降增加了离层细胞对乙烯的敏感性。上述事实说明IAA和乙烯在脱落的控制中是协同作用的。

5. 诱导不定根和根毛发生　在通气良好的情况下,少量乙烯就可促进水稻、番茄和蚕豆根的生长,但高浓度则抑制根的生长。在淹水情况下,乙烯的累积对根产生不良影响。10 μL/L左右浓度的乙烯可诱导植物茎段、叶片、花茎甚至根上的不定根发生。

乙烯还能刺激根毛的大量发生。拟南芥的根毛通常发生在与皮层细胞具有连接层的表皮细胞上,但是乙烯处理根系后,根毛发生会产生"异位"(ectopic location)现象,即在那些下面没有连接层的表皮细胞上分化根毛。生长在含有乙烯抑制剂(如Ag^{+})的基质上的幼苗或者乙烯不敏感突变体幼苗根毛稀少,也表明乙烯能促进根毛分化。

6. 促进开花和参与性别控制　乙烯能有效诱导和促进菠萝及同属植物开花,在菠萝栽培中被用来诱导同步开花,达到坐果一致的目的。但对有些植物(如芒果),乙烯抑制开花。

在雌雄异花同株类型的植物中,乙烯可以在花的发育早期改变花的性别分化方向,例如乙烯可以促进黄瓜雌花的发育,而乙烯抑制剂处理后雄花增加。农业生产上采取熏烟增加雌花数量,可能与烟中含有乙烯有关,也有人认为是烟中含有的CO抑制IAA氧化酶,从而增加了植物IAA水平的原因。IAA诱导雌花也可能是通过诱导乙烯起作用的。机械损伤增加雌花数量也可能是伤害增加了乙烯所致。

7. 参与逆境反应　乙烯在植物抗逆反应中发挥着重要的作用。尽管乙烯常被认为是一种生长抑制剂,但乙烯在深水稻茎节伸长生长中起着重要的作用。淹水状态会导致水稻水下器官内乙烯的积聚,刺激茎节伸长,降低淹水茎节内ABA含量。原因可能是乙烯提高了茎节中GA的含量及其对GA作用的敏感性。在涝渍时,植物体内乙烯大幅度提高,如美国梧桐中可增加10倍以上,引起叶片卷曲、偏上生长、脱落、茎膨大加粗、根系生长减缓等,可能是乙烯合成增加、向空气扩散减少或土壤微生物合成的乙烯增加所致。乙烯的合成是需氧过程,Bradford(1981)认为水涝时促使根系合成大量ACC,ACC上运到茎叶接触空气快速转化为乙烯。

植物组织受到机械伤害或病虫侵害时,会快速产生大量的"伤害乙烯",一般认为乙烯与植物的防御或减轻伤害机制的启动有关。

（五）乙烯的作用机理

1. 乙烯受体　由于乙烯是结构简单的气体激素，其作用机理和信号转导的研究难度大。直到近年得益于拟南芥乙烯突变体分子生物学研究的进展，乙烯信号传递过程才基本清楚，尤其是乙烯受体研究是目前所有植物激素受体研究中最为典型的范例。

（1）拟南芥乙烯反应突变体　在乙烯信号传递途径研究中应用的拟南芥突变体主要有下述两种类型：组成型“三重反应”突变体和乙烯不敏感突变体。

①组成型“三重反应”突变体　“三重反应”是乙烯的特异性效应，除非在乙烯诱导或刺激乙烯增加的逆境等情况下，一般不表现。有些突变体，在无乙烯诱导条件下仍持续表现“三重反应”，称为组成型三重反应突变体（constitutive triple response 1，*Ctr*1）。这是一种隐性突变，乙烯处理后表现三重反应，但撤除乙烯或移到光照条件下后，仍然维持乙烯反应的特征，如茎尖弯钩不展开、细胞较小，叶片和花序致密等。*Ctr*1 突变引起所有乙烯诱导基因的组成型激活，而且对所有乙烯合成抑制剂和作用拮抗剂不敏感。表明这类突变体缺失对乙烯信号的感受或传导。

②乙烯不敏感突变体　一般植株有典型的三重反应，但对乙烯不敏感的突变体，却有较长的株高和开放的茎尖弯钩（hooks）。目前已鉴定出的拟南芥乙烯不敏感突变体有：*etr*1（ethylene resistant 1）、*ein*2（ethylene insensitive 2）、*ein*3、*ein*4、*ein*5、*ein*6、*ein*7、*in*1（auxin insensitive 1）。其中第一个被鉴定的显性突变 *etr*1，丧失了所有乙烯的生物反应，而且乙烯结合能力仅为野生型的 1/5，表明 *etr*1 突变使受体结合乙烯的能力受损。*ein*4 也是一种强显性突变，表型类似 *etr*1，*ein*2 则是隐性突变体。这些乙烯不敏感突变体的乙烯合成能力比野生型还强，但丧失所有对乙烯的反应，是典型的乙烯不敏感突变体。

（2）*ETR*1 编码乙烯受体蛋白　*etr*1 突变体对乙烯的结合能力极低，表明 *etr*1 突变与乙烯受体有关。乙烯反应蛋白 ETR1 是乙烯反应基因 *ETR*1 编码的，已得到克隆。ETR1 蛋白的基本结构如图 1-35 所示，在 N 端有一个疏水结构域，有 3 段跨膜结构。其 N 端在细胞质膜外侧，C 端在细胞质膜内侧，疏水的 N 端一个或多个氨基酸的突变会导致乙烯结合能力的降低或丧失。ETR1 蛋白的 C 端氨基酸序列与已知的细菌受体的二元结构组氨酸激酶信号系统具有极高的相似性。从氨基酸序列推断 ETR1 分子质量为 83 kDa，但 SDS-PAGE 电泳分析拟南芥的 ETR1 蛋白，分子质量为 147 kDa，表明天然 ETR1 蛋白质是以含二硫键的同源二聚体（homodimer）形式存在的。另外氨基末端的一对 Cys 残基对于二硫键的形成是必需的。

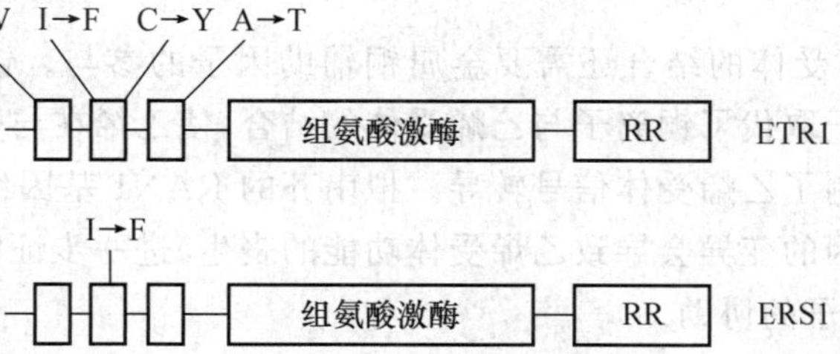

左侧三小框表示疏水序列。组氨酸激酶和 RR 方框表示与细菌受体二元信号传送系统的组氨酸激酶和反应调节器（RR）的结构域同源的序列。序列上的字母表示导致 ETR1 和 ERS1 发生乙烯不敏感突变的氨基酸变异

图 1-35　拟南芥乙烯受体 ETR1 和 ERS1 的结构（武维华，2008）

ETR1蛋白具有与乙烯可逆结合的能力,是乙烯的特异结合蛋白。为了确定*ETR*1的乙烯受体特性,将*ETR*1基因导入酵母表达,获得的ETR1蛋白具有与^{14}C-乙烯结合的能力,相反地导入*etr*1基因的酵母不能与乙烯结合,这与*etr*1丧失乙烯结合能力是一致的。*ETR*1转基因酵母与乙烯的结合受乙烯作用的竞争性抑制剂反式环辛烯和2,5-降冰片二烯(NBD)所抑制。表明酵母ETR1结合特性与植物组织中乙烯结合特性十分相似。

ETR1蛋白N端疏水结构域是乙烯结合位点。乙烯的脂溶性大于水溶性,更合理的证实了ETR1蛋白N端疏水域是乙烯的结合位点。转基因酵母中仅含有N端疏水结构域的ETR1降解蛋白仍能结合乙烯,而且已发现的4个ETR1相关突变体都是由于疏水结构域中的一个氨基酸变异引起的点突变,丧失了乙烯结合能力。在各种ETR1同源蛋白中,N端氨基酸序列表现极大保守性,也表明其重要性。根据ETR1蛋白的乙烯结合能力及其与细菌二元信号系统具有同源性,可确认ETR1蛋白是乙烯受体或乙烯传感蛋白(ethylene sensor protein)。

除了ETR1外,拟南芥存在与ETR1结构和功能类似的受体ETR2、ERS1(ethylene-response sensor1)、ERS2和EIN4等。受体蛋白均存在共同的功能结构域:一、N端结构域至少还有3个跨膜构造,并含有一个亲脂性的乙烯结合位点;二、C端含有一个组氨酸激酶结构域。五个受体都与乙烯信号相关,其中任意一个发生功能获得性突变都会改变受体与乙烯的结合能力,导致对乙烯不敏感。不同受体之间存在功能冗余,单个受体的功能缺失突变体表型与野生型类似。三重或四重功能缺失突变体具有组成型乙烯反应表型,表明乙烯受体在乙烯信号转导途径中起着负调控的作用。即当乙烯缺乏时,这些受体处于“开”的状态,将下游信号传递抑制;但与乙烯结合后,受体则处于“关”的状态,下游信号系统就会被解除抑制。

乙烯受体与细菌质膜上的二元组分系统结构和功能相似,但是其作用模式却有细微区别。例如,ETR1上的组氨酸激酶在乙烯信号转导中并不是首要的作用元件,并且很多乙烯受体的组氨酸激酶结构域都缺乏一些关键的氨基酸,似乎不具备激酶活性。研究证实,ETR1位于内质网膜上,其定位不受乙烯结合影响。因为脂溶性强的乙烯可以自由扩散透过亲脂性的质膜,所以乙烯受体的胞内定位属性则与乙烯的疏水性有关。ETR2、ERS1也定位于内质网膜上,目前还不确定内质网膜是否是感受乙烯的唯一位点,或许在特异的细胞或环境条件下受体也会移动到高尔基体、质膜或液泡膜等其他膜上,或者在不同的植物中,受体的定位也是不同的。如在烟草的原生质体中瞬时表达烟草的乙烯受体NTHK1-GFP融合蛋白时,发现其定位在质膜上。这种受体的不同定位可能与不同部位分布的乙烯敏感性有关,也可能与不同生长、发育或抗逆功能有关。

乙烯与ETR1等受体的结合还需要金属铜辅助因子的参与。银离子对乙烯功能的抑制作用,就是因为银离子取代了铜离子与乙烯受体的结合,使乙烯在与受体结合时正常的结构变化发生异常,从而抑制了乙烯受体信号转导。拟南芥的RAN1基因编码的蛋白质类似于酵母菌铜转运蛋白,该基因的变异会导致乙烯受体功能的丧生,进一步证明了乙烯受体功能的正常发挥是需要铜辅助因子的协助。

2. 乙烯信号传递系统

(1)CTR1、EIN2、EIN3蛋白　CTR1可能是乙烯传递途径上起抑制乙烯信号传递的一个负调节子。通过基因克隆和序列分析,发现CTR1蛋白是一种类似于Raf蛋白激酶家族的丝氨酸/苏氨酸蛋白激酶。在许多真核生物里,Raf蛋白激酶将细胞表面受体信号传递到转录因子,进而影响细胞的生长和分化,即Raf蛋白作为分裂原激活的蛋白激酶激酶激酶(mitogen-activated protein kinase kinase kinase，MAPKKK），依次通过 MAPKK、MAPK、MAP 的磷酸化级联反应（phosphorylation cascade）参与各种发育信号或环境信号的转导。CTR1 在乙烯信号传递途径中存在于 ETR1 的下游，通过磷酸化更下游的靶蛋白起到抑制乙烯生理效应的作用。CTR1 存在于内质网上，与受体的 C 端相互作用形成复合体，该复合体是 CTR1 负调控乙烯信号转导的前提。

EIN2 基因编码一种含 12 个跨膜结构域的蛋白质，可能是一种离子通道蛋白。它是乙烯信号转导途径中的第一个正调控组分。EIN2 突变不仅会导致植物对外源和内源乙烯不敏感，而且也会导致其他激素如 IAA、CTK 和 ABA 等的不敏感突变。对此有两种解释：①目前仅有 EIN2 的功能缺失突变导致了完全的乙烯不敏感；②EIN2 参与了多个激素之间的交叉反应。利用拟南芥黄化幼苗实验表明，EIN2 是一个“双功能信号转导组分”，因为其 N 端功能域是正常三重反应所必需的，过量表达 C 端则组成型地活化乙烯信号途径。

EIN3 基因编码一种转录因子，存在于细胞核中。EIN3 蛋白的稳定性受到乙烯的调控。另外，拟南芥中还有 5 个 EIN3 类似蛋白 EIL（EIN3-like protein），分别为 EIL1-EIL5。但是 EIN3 家族成员之间存在功能冗余，而且不同成员可能在不同组织或发育阶段参与了特异的乙烯反应。

进一步研究表明，两个 F-box 蛋白（EBF1/EBF2，EIN3-binding F-box protein 1/2）负调控乙烯反应，通过泛素蛋白酶体降解途径作用于 EIN3 蛋白，使其迅速降解。

（2）乙烯信号传递途径的模型　双突变（doubly mutant）技术是研究基因作用顺序的较好方法，例如 *etr*1 和 *ctr*1 双突变体表现 *ctr*1 的表型，就说明 *CTR*1 是 *ETR*1 的下游基因。根据双突变实验的结果，乙烯信号传递途径的基因作用顺序模型是：“乙烯→*ETR*1/*EIN*4/*ERS*→*CTR*1→*EIN*2→*EIN*3→乙烯诱导基因→生理效应”。其中 *EIN*4 和 *ERS* 是 *ETR*1 的同工型基因。

综合上述内容，可将拟南芥中乙烯的信号传递模型表示如图 1-36 所示，基本过程是：

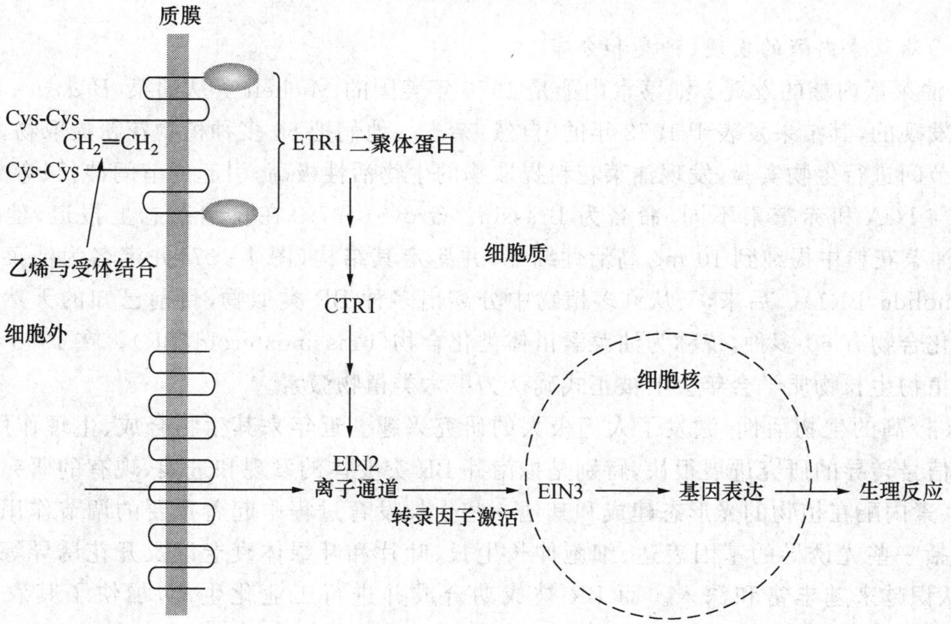

图 1-36　拟南芥乙烯信号传递模型（Taiz & Zeiger，2002）

①乙烯与质膜上的ETR1二聚体受体蛋白结合;②乙烯与受体结合后使负调节因子CTR1失活;③失活的CTR1释放跨膜蛋白EIN2的活性;④活化转录因子EIN3蛋白,调节乙烯诱导基因的表达。其中相邻因子间可能有其他因子的存在。

其他植物上研究表明,上述乙烯信号传递模型具有普遍性。如番茄“永不成熟突变体”(never-ripe mutation,*nr*)的果实即使用乙烯处理也不能成熟,同时对其他乙烯效应都有广泛抑制。*Nr*基因与*ETR*1基因序列高度一致,可能也是编码乙烯受体的基因。

3. 乙烯诱导基因　与乙烯参与多种生理反应相对应,乙烯可诱导种类繁多的基因表达。已经得到鉴定的有:纤维素酶、几丁质酶、*β*-1,3-葡聚糖酶、过氧化物酶、查耳酮合成酶(黄酮类化合物合成过程中的重要酶类)、多种病程相关蛋白(PR)以及多种成熟相关蛋白。乙烯还能促进与自身生物合成有关的许多酶的基因表达,如ACC合成酶、ACC氧化酶,这与果实成熟过程中乙烯的自催化性质有关。研究还发现乙烯处理时间不同所调控的基因不同,此外除了许多基因受乙烯诱导表达外,还有许多基因受乙烯下调表达。乙烯不仅能够影响JA、IAA和自身合成途径酶的编码基因的表达,也能改变其他激素调控基因的表达,发生交叉反应。

与GA、ABA情况相似,乙烯调节基因表达的过程中也有相应的顺式作用元件和反式作用因子。乙烯调节基因表达的顺式作用元件是乙烯诱导基因上的乙烯应答元件(ethylene response element,ERE),例如乙烯诱导的PR基因启动子上有ERE的存在,具有重复的GC-CGCC特征基序。乙烯调节基因表达的反式作用因子是与ERE特异结合的DNA结合蛋白,也称EREBP(ERE-binding protein),如在烟草中已鉴定出4种EREBP。乙烯处理可以大幅度提高组织中EREBP的水平,所以编码EREBP的基因可能是乙烯的初期反应基因(早期基因),EREBP进而调节次级反应基因(如PR基因)的表达。

六、油菜素内酯

(一)油菜素内酯的发现、种类和分布

1. 油菜素内酯的发现　油菜素内酯是1970年美国的Michell等从油菜(*Brassica napus*)花粉中发现的,其结果发表于1972年的《自然》杂志。他们把60多种植物花粉提取物,利用菜豆第二节间进行生物实验,发现油菜花粉提取物的生物活性极高,引起的节间伸长、弯曲、裂开等效应与IAA和赤霉素不同,命名为Brassin。Grove(1979)在自然杂志上报道,他们在约227 kg油菜花粉中提纯到10 mg高活性结晶,并鉴定其结构(图1-37)并定名为油菜素内酯(brassinolide,BR1)。后来,又从许多植物中分离出多种BR类似物,目前已知的天然油菜素内酯类化合物有60多种,统称为油菜素甾体类化合物(brassinosteroid,BR)。在1998年第16届国际植物生长物质学会年会上被正式确认为第六类植物激素。

BR极高的生物活性,激发了人们极大的研究兴趣。近年来其生物合成、生理作用、作用机理和信号转导的研究进展很快,特别是拟南芥BR突变体的发现和进展,现有的研究成果表明,油菜素内酯在植物的光形态建成和其他一些生长发育过程中起着重要的调节作用。这些过程包括一些光诱导的基因表达、细胞伸长生长、叶片和叶绿体衰老以及开花诱导等。使对BR的认识越来越丰富和深入。而BR被成功合成并进行工业化生产,加快了其农业生产应用。

2. 油菜素内酯的结构和种类　动物体内普遍存在着多种甾类激素,如雌二醇、孕酮等,但

是 BR 是植物中发现的第一种甾类激素，目前已知的天然 BR 化合物有 60 余种，分别按发现早晚命名为 BR_1，BR_2……。最早发现的 BR_1 结构见图 1-37，化学式 $C_{28}H_{48}O_6$，相对分子质量 475.65，化学名：2α，3α，22α，23α-4-羟基-24α-甲基-β-同型-7 氧-5α-胆甾烯-6-酮，熔点274～275℃。

BR 的基本结构是一个甾体核，在核 17 位有一个侧链。根据 B 环中含氧官能团的性质，可分为内酯型、酮型和脱氧型(还原型)。BR 生物活性与结构关系密切。活性 BR 必须具备如下结构特征：①A/B 环为反式；②B 环含有 7 位内酯和 6 位酮基；③A 环上具有 2 位和 3 位两个羟基；④侧链 22 位 23 位具有羟基；⑤侧链 24 位上有 1～2 个 C 的取代基。根据这些特征，目前人工合成了多种 BR，如表 BR(24-epi-brassinolide)、高 BR(28-homobrassinolide)以及 TS303(长效 BR)等(图 1-37)。

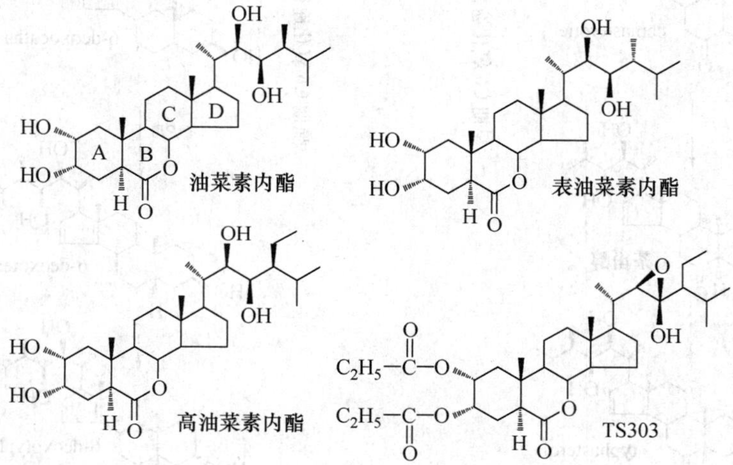

图 1-37　植物中天然 BR 和合成 BR 结构示意图

3. 油菜素内酯的分布　BR 在植物界普遍存在，油菜花粉是 BR_1 的丰富来源，含量约 100 μg/kg，在其他植物中也存在，但含量极低。在已经分析过的植物中，BR_2 分布最广。BR 存在于各种植物组织，但 BR 种类和含量不同，一般花粉和种子中含量最高，为 1～1 000 ng/kg FW，茎中 1～100 ng/kg FW，果实和叶中 1～10 ng/kg FW。*Dolichos lalab* 种子中检测到 8 种 BR，以 BR_3 为主。在有些植物的虫瘿中发现 BR 显著高于正常组织。

(二)油菜素内酯的生物合成　植物体内 BR 的生物合成途径目前还不是很清楚。以烟草和水稻为材料，用 ^3H 标记的茶甾酮和香蒲甾醇引入根系，提取分析代谢物，发现和推测 BR 的合成途径可能为：茶甾酮→香蒲甾醇→栗甾酮→BR。近年来应用同位素示踪技术和有关突变体的研究结果，推测 BR 的合成途径如图 1-38 所示。大致合成途径是：油菜甾醇(campesterol)→campestanol→cathasterone→茶甾醇(teasterone)→BR(brassinolide)。其中油菜甾醇到 campestanol 反应的催化酶基因 *DET2* 和 cathasterone 到茶甾醇反应的催化酶基因 CPD 已经得到克隆，前者是一种甾醇-5α-还原酶(steroid-5α-reductases)，后者是一种含细胞色素 P450 的甾醇羟化酶(steroid hydroxylase)。

油菜素内酯的生物合成具有反馈调节的性质，如外源添加高浓度的 BL 会抑制 DET/CPD 等 BL 生物合成关键酶基因的表达，同时促进 BL 失活酶基因 *BAS1* 的大量积累。三唑类物质 brassinazole(Brz)是一种特异的油菜素内酯生物合成抑制剂，可以通过抑制 DWF4 酶来抑制

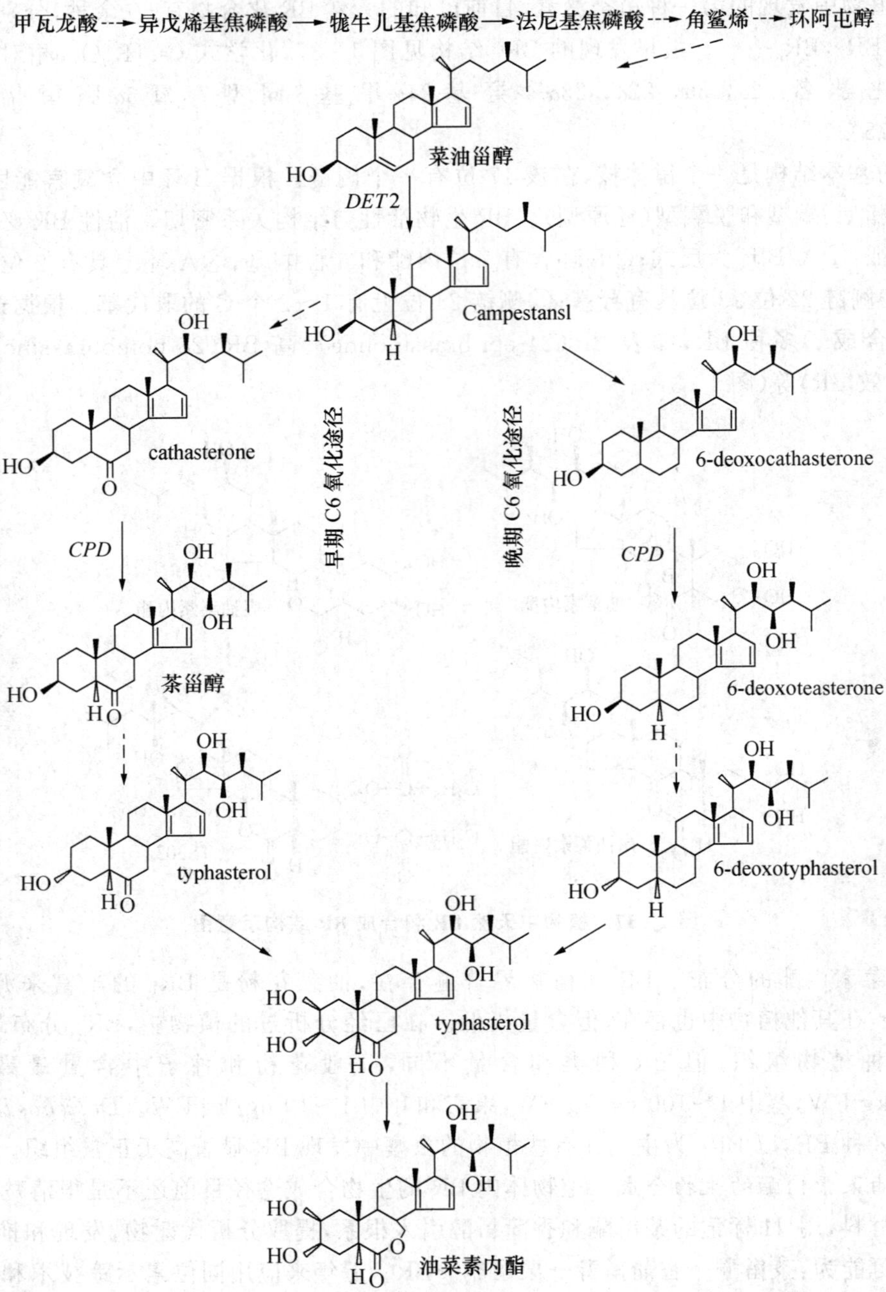

图1-38　BR的生物合成途径(*DET2*和*CPD*分别表示*det2*和*cpd*突变体的突变位点)

(武维华,2008)

BL的合成。Brz处理拟南芥可以使*DET2*、*DWF4*、*CPD*和*ROT3*等油菜素内酯生物合成关键酶基因上调。可以看出,植物体内的油菜素内酯水平通过这种反馈调节的机制来维持一种内稳态(homeostasis)。

(三)油菜素内酯的生理功能　目前报道的BR生理功能主要有:促进细胞分裂和伸长、促进光合作用、促进植物向地性反应、促进木质部导管分化、抑制根系生长、延缓衰老、抑制叶片脱落、提高抗逆性等。由于这些生理作用与 IAA、GA 等具有很大相似性，因而对 BR 是否为独立作用的、植物生长发育不可缺少的新激素，一直存有争议。近年来 BR 相关突变体的研究，对此给出了肯定、有力的证据，确立了 BR 作为植物激素不可动摇地的地位。

以往应用生测的研究中，BR 表现很高的生物活性。目前被普遍采用的 BR 生物测定方法是菜豆第 2 节间伸长法、水稻第 2 节间弯曲法和萝卜幼苗法。促进菜豆第 2 节间伸长，1 ng 就表现明显效果，在黄化水稻第 2 节间弯曲实验中，有效浓度仅 0.005 mg/L。BR 同时促进细胞分裂和伸长，与 GA 和 IAA 效应显著不同。在 IAA 生物活性测定的多数实验中，如黄化豌豆上胚轴伸长、玉米茎段伸长实验、豌豆顶芽弯钩展开等，BR 的促进活性比 IAA 强 10 倍左右，而且与 IAA 有协同作用。在绿豆上胚轴伸长、黄瓜下胚轴伸长、菜豆第 2 节间伸长、豌豆上胚轴切段伸长等 GA 生物测定试验中，BR 也表现比 GA 高的活性，且两者有加成作用。但 IAA 和赤霉素的抑制剂都不能抑制 BR 诱导的效应，表明 BR 有与 GA 和 IAA 不同的作用机制。

与正常拟南芥在黑暗条件下培养发生黄化现象（etiolation）截然相反，拟南芥 *det*2 突变体和 *cpd* 突变体（constitutive photomorphogenesis and dwarfism，组成性光形态建成和矮化突变体）在黑暗条件下培养时，都能够表现出许多光形态建成的特征，如下胚轴短粗、子叶和真叶展开、花青素合成等。*det*2 和 *cpd* 在光照下生长时也表现出一些特殊性状，如叶片小且浓绿、顶端优势减弱、花粉育性差、营养生长期较长、叶片和叶绿体衰老延迟，甚至在种子成熟或离体后叶片仍保持绿色。添加 BR 可完全恢复拟南芥 *det*2 突变体和 *cpd* 突变体的野生表型。同位素标记前体添加实验表明，*det*2 和 *cpd* 的突变位点在 BR 生物合成途径上（图 1-38）。克隆 *DET*2 和 *CPD* 基因并进行分析，发现它们都编码与动物甾类激素合成有关的酶类，推测与 BR 这一植物中唯一甾类激素有关。这些研究结果表明，BR 在植物光诱导的基因表达、细胞伸长生长、叶片和叶绿体衰老以及开花诱导等光形态建成和生长发育过程中起着重要的调节作用。

BR 促进细胞的扩张和伸长的机制和生长素促进细胞壁伸长的酸生长机制类似，BR 能够刺激质膜上 ATP 酶活性，促进 H^+ 向细胞壁内的分泌，增加细胞壁的伸展性，BR 引起的质子分泌作用与早期跨膜电势的超极化有关。研究还发现，BR 同时还参与了对植物细胞水分吸收的调节，增加细胞的膨压，促进细胞的伸长生长。另外，还有试验证据证明 BR 促进细胞伸长生长还与其促进微管与细胞长轴呈垂直排列的现象有关。

BR 在维管束分化过程中起着重要作用，包括促进木质部分化和抑制韧皮部分化两个方面。相对于野生型植株，拟南芥的 BR 合成突变体的维管束中木质部韧皮部比例显著增高。相反地，如果过量表达 BR 受体，也可以增加木质部比例。

烯效唑是一种赤霉素和 BR 生物合成的抑制剂，它可以阻止百日草叶肉细胞分化成导管，但添加 BR 可以恢复叶肉细胞分化导管的进程，而单独的施用赤霉素则不能恢复这个进程。

BR 不仅能影响植物的生长发育，而且也参与了植物的逆境反应。利用 BR 处理逆境条件下的植物后，减缓了植物对多种逆境的反应。BR 可显著提高甘蓝型油菜和番茄的耐热性，且这种反应与 BR 诱导热激蛋白的表达有关。添加外源的 BR 可提高烟草和水稻的抗病能力。BR 还能提高其他的抗逆性，如抗除草剂等。

BR 生物合成突变体与不敏感突变体都表现为育性降低的表型，表明 BR 可能与植物的育性有关。植物花粉中含有较多的内源 BR，所以 BR 在植物花粉萌发和育性调解中发挥重要作用是可以理解的。

（四）油菜素内酯的作用机理　以往对 BR 与 IAA 活性的关系，多从细胞膜电势变化解释。BR与IAA类似,可增强细胞膜电势差、ATPase活性和H^+分泌。在逆境下,BR的效应与改变细胞膜透性有关。

BR对核酸、蛋白质合成的影响报道很多,BR能促进菜豆、绿豆幼茎中DAN和RNA聚合酶活性,促进DAN、RNA和蛋白质合成。应用RNA和蛋白质合成抑制剂可以有效抑制BR促进生长的效应,都表明BR在转录和翻译水平上调控基因表达。

尽管动物中甾类激素调控基因表达的分子机理已很深入,但植物中BR作用的信号传递和分子机制近年才展开。Clouse等研究发现IAA调节基因*SAUR*15*A*,6*B*,*GH*1-3,*aux*22等在BR诱导的大豆和拟南芥生长中不被快速激活;克隆了BR特异调节而其他激素无效应的*pBRU*1,BR对该基因的调控是在转录后水平上。

目前筛选到的拟南芥BR不敏感突变体总数有20个,令人惊奇的是所有这些突变体的突变位点存在于同一基因上。通过序列分析证明,该基因编码一种富含亮氨酸的受体激酶(leucine-rich recptor-like kinase,LRR RLK),由此推断BR受体可能是存在于质膜上的LRR受体激酶。动物甾类激素大多是与胞内受体结合作为转录因子发挥作用的,但是也有证据表明动物甾类激素也可以与质膜上的受体结合。

BR的受体BRI1和BAK1对BR信号的感知是相互作用、相互依赖的。研究结果表明,两者结合形成的异源二聚体来感受BR信号,与BR的结合也可以进一步稳定了二聚体结构,导致二者在胞内的激酶结构互相磷酸化,激活彼此的激酶活性,进而启动BR信号转导的下游级联反应。

BR的生理作用有基因响应途径和非基因响应途径两种方式。BR通过调节基因表达来调控植物生长发育途径被称为BR的基因响应途径。利用芯片技术比较BR处理和不处理植株之间以及BR突变体和野生型植株之间的基因表达,可以找到大量的BR调节的基因。非基因响应又称为快速响应途径,这种途径不涉及基因的表达并且不被转录和翻译抑制剂所阻断。

第四节　其他内源植物生长物质

一、茉莉酸类

1. 发现、结构和分布　早在1962年茉莉酸甲酯(methyl jasmonate,JA-Me)就被作为芬芳油从茉莉属植物中提取,1971年游离茉莉酸(jasmonic acid,JA)从真菌培养中被分离鉴定出来。此后从南瓜未成熟种子、栗树虫瘿、苦艾(*Artemisia absinthium*)、杨桐等植物中提取分离到茉莉酸,目前在150属206种植物(包括真菌、苔藓和蕨类)中都有发现。因为在茉莉花油中JA含量高而得名,并被证实有抑制生长、促进衰老、促进块茎肥大、诱导抗性等生理功能。1988年被第16届国际植物生长物质协会确认为一类新的植物激素。

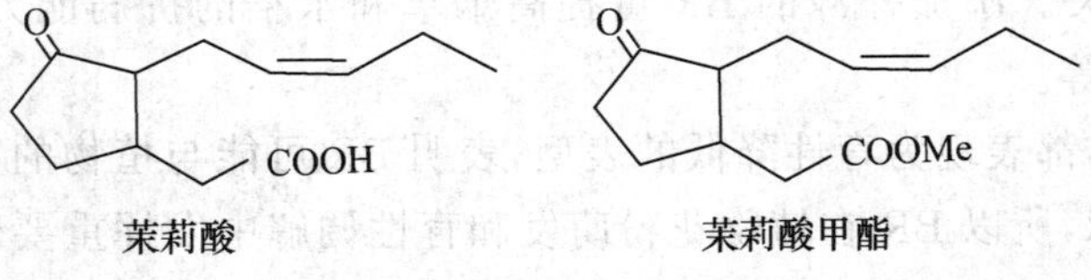

图1-39　茉莉酸和茉莉酸甲酯化学结构

目前发现的茉莉酸结构类似物有30多种,统称为茉莉酸类物质(JAs)。JA,JA-Me的结构见图1-39。茉莉酸的化学名称是3-氧-2-(2′-戊烯基)-环戊烷乙酸[3-oxo-2-(2′-pentenyl)-cyclopantanic acetic acid]。JAs广泛地存在于各种植物中，目前在160多科206种植物（包括真菌、苔藓和蕨类）中都有发现。在植物的根尖、幼嫩茎叶、未成熟果实中含量较高。植物受外界逆境等刺激时，JAs含量增加。JAs通常在植物韧皮部系统中运输，也可以在木质部和细胞间隙运输。

2. 生物合成和代谢　JAs生物合成的前体是膜脂代谢形成的亚麻酸（linolenic acid）。主要的过程见图1-40，亚麻酸经脂氧合酶（lipoxygenase）催化加氧作用产生脂肪酸过氧化氢物，再经过过氧化氢物环化酶（hydroperoxide cyclase）的作用转化为18碳的环脂肪酸（cyclic fatty acid），最后再经还原和多次β-氧化形成茉莉酸。该合成途径的关键酶是脂氧合酶（lipoxygenase）。JAs生物合成既可以在细胞质中，也可以在叶绿体中，JAs合成受植物生理状况、外界刺激和自身内源水平的诱导和调节。

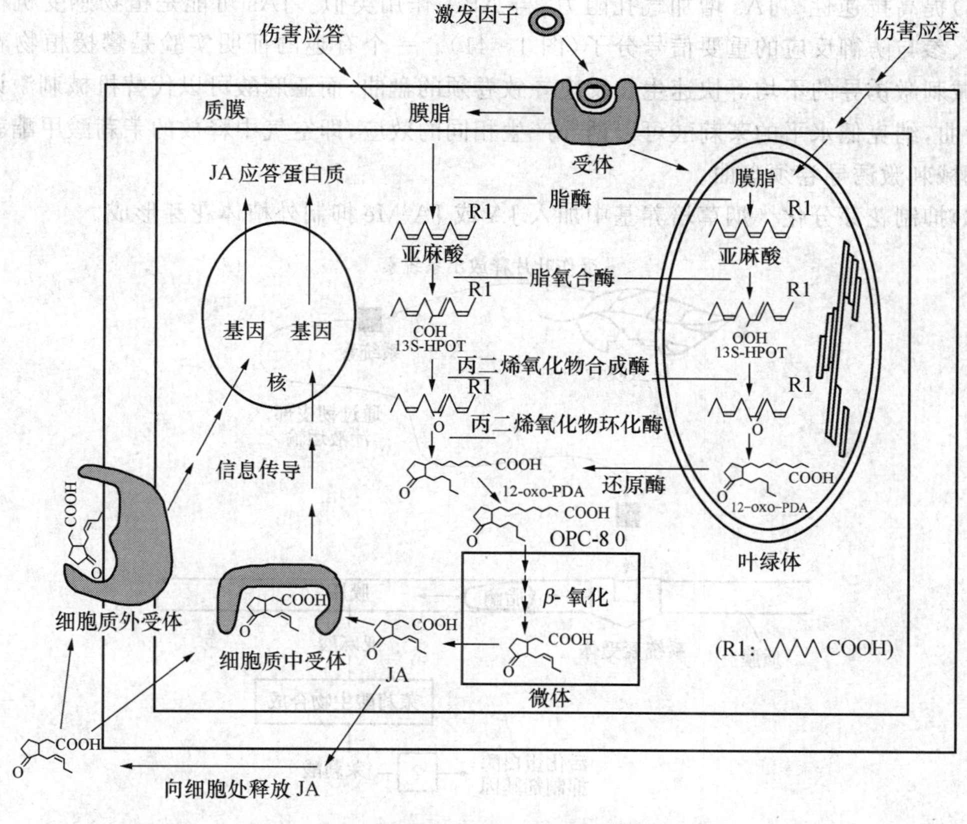

图1-40　茉莉酸的生物合成和信号转导示意图

JAs可以在下面结构位置发生代谢：①在C-11或C-12位强化产生11-OH或12-OH衍生物，或在这两个位置进一步与葡萄糖形成结合物；②在C-6位酮基进行还原而产生葫芦酸（cucurbic acid），或进一步与葡萄糖结合；③在C-1位的羟基与甲基结合，产生JA-Me；④在C-1位上与葡萄糖或氨基酸结合产生多种结合态JA，如大麦茎内发现的JA-Val，JA-Ile，JA-Leu结合物，这些结合物能否被分解释放游离JA取决于氨基酸的立体结构。如JA-(S)Val被大麦吸收后可转化为活性JA，而JA-(R)Val却不能在体内代谢，无生物活性。

3. 生理功能

（1）抑制生长　JAs显著抑制水稻幼苗第二叶鞘长度、莴苣幼苗下胚轴和根的生长，并拮抗GA的效应；JA-Me抑制珍珠稗幼苗生长、黄瓜子叶增重和叶绿素合成，以及拮抗CTK诱导的大豆愈伤组织生长。这些生物效应多在 10^{-6} mol/L 浓度就能显著表现。JAs 生理效应多与脱落酸相似,但也有独特之处。如 JAs 不抑制燕麦胚芽鞘的伸长弯曲。

(2)抑制种子和花粉萌发　10 mg/L JA 能有效抑制莴苣种子萌发。JAs 对莴苣种子和茶花粉萌发的抑制是可逆转的,表明不是毒害作用。

(3)促进生根　0.1～1 mmol/L JAs 显著促进绿豆下胚轴生根,并促进幼苗从基部切口处产生不定根。

(4)促进衰老和脱落　JA-Me 加快燕麦叶片切段和郁金香叶片衰老,与 ABA 作用类似且有协同作用,拮抗 KT 延缓的叶绿素降解,抑制 KT 诱导的叶片转绿作用。JA 和 JA-Me 都可促进豇豆和菜豆叶片离层形成,但对绿豆叶片离层形成无明显作用。

(5)提高抗逆性　JAs 增加气孔阻力,与 ABA 作用类似。JAs 可能是植物感受机械刺激和伤害、参与防御反应的重要信号分子(图 1-41)。一个有趣的证明实验是攀援植物卷须实验,机械刺激诱导的不均等快速生长反应导致卷须的盘曲,而亚麻酸可以代替机械刺激诱导卷须的盘曲,纳克低水平的茉莉酸可以诱导产生相同的效应,即空气中释放的茉莉酸甲酯就足以代替机械刺激诱导卷须盘曲。

(6)抑制花芽分化　烟草培养基中加入 JA 或 JA-Me 抑制外植体花芽形成。

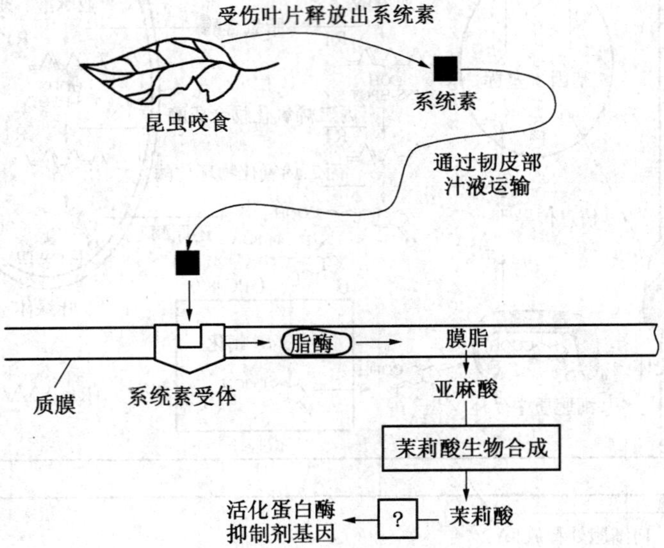

图 1-41　系统素和茉莉酸在植物抗虫机制中的作用(Taiz & Zeiger,2002)

(7)促进马铃薯块茎形成　新近发现 JAs 诱导和促进马铃薯块茎形成,可能为开发 JAs 在农业上的应用提供了新的潜力。目前已经从马铃薯、甘薯等块根或块茎植物的叶中分离出 JAs。

4. 作用机理　JAs 诱导特异基因表达,如可诱导大麦叶片的富硫蛋白(thionin)形成,从而提高对真菌等的抗性,还促进特异的 JA 诱导蛋白(jasmonic acid induced protein,JIP)的 mRNA 合成,而加入放线菌素 D 则可抑制该过程,说明起作用是在转录水平。

植物受到创伤时,受创伤信号系统素的诱导在细胞内合成茉莉酸,进而诱导一系列与抗逆有关的基因表达,例如目前发现的大量 JIP 多是植物抗逆相关蛋白,包括蛋白酶抑制剂、植保素合成途径中的关键酶如 PAL、查耳酮合成酶等,从而保护未受伤组织。JIP 中还有一种是脂氧合酶,所以推测茉莉酸可以刺激自身的生物合成。

二、多胺

多胺(polyamine,PA)是植物体内一类具有生物活性的低分子质量脂肪族含氮碱,含有一个或多个胺基。植物体内多胺主要有(图1-42):二胺,如腐胺(putrescine,Put),尸胺(cadaverine,Cad)等;三胺:亚精胺(spermidine,Spd);四胺:精胺(spermine,Spm)等。多胺不仅种类多,而且分布广泛。不同组织内多胺组分和含量差别很大,主要分布于植物的分生组织内。

$$H_2N—(CH_2)_4—NH_2$$

腐胺

$$H_2N—(CH_2)_3—NH—(CH_2)_4—NH_2$$

亚精胺

$$H_2N—(CH_2)_3—NH—(CH_2)_4—NH—(CH_2)_3—NH_2$$

精胺

图1-42　三种主要多胺的结构示意图

多胺生物合成前体为3种氨基酸,主要途径如下:①精氨酸转化为Put,并为其他多胺合成提供碳架;②蛋氨酸向Put提供丙氨基而逐步形成Spd和Spm;③赖氨酸脱羧形成Cad。

在植物内至少发现了3种多胺氧化酶(PAO)。豆科植物如豌豆、大豆、花生中的PAO含Cu,催化含有$—CH_2NH_2$基团的胺类,如Cad,Put,Spd,Spm等,氧化后的产物是醛、氨和H_2O_2。禾本科植物如燕麦、玉米中的PAO含FAD,主要作用于二级、三级氨基,如Spd,Spm,氧化后的产物是二氢吡咯(pyroroline)、氨丙基二氢吡咯(aminopropyl pyroroline)、二氨丙烷(diaminopropane)和H_2O_2等。

多胺有刺激细胞分裂、促进生长、延缓衰老、提高抗性、调节与光敏素有关的生长和形态建成、调节开花、提高种子活力、促进根系吸收等作用。在花芽形成与开花、花粉管生长、胚胎发生、果实生长、不定根发生等生理过程中具有显著的生理作用。

多胺的作用机制尚不清楚,已有研究结果表明:①多胺对细胞膜结构有保护作用;②因有正电性,可与核内DNA或核糖体的mRNA上的负电性的磷酸基团结合,促进DNA的转录和mRNA的翻译;③与蛋白质上的阴离子结合引起结构和功能的变化,调节多种酶的活性。

从目前的资料看,多胺不符合植物激素的条件,因为多胺不具有运输性;生理浓度(mmol/L)比传统植物激素作用浓度(μmol/L)高。

三、水杨酸

水杨酸(salicylic acid,SA)即邻羟基苯甲酸,医学上多年应用的药物阿司匹林(aspirin)与SA结构相似(图1-43),且在生物体内很快转化为SA。在植物中普遍存在有游离水杨酸和SA-β-葡萄糖苷(结合态)两种形式。一般认为SA生物合成途径是:植物体内的反式肉桂酸,先经β-氧化产生苯甲酸,再经羟基化形成水杨酸;或者先由反式肉桂酸邻羟基化产生邻香豆酸,再经β-氧化产生水杨酸。

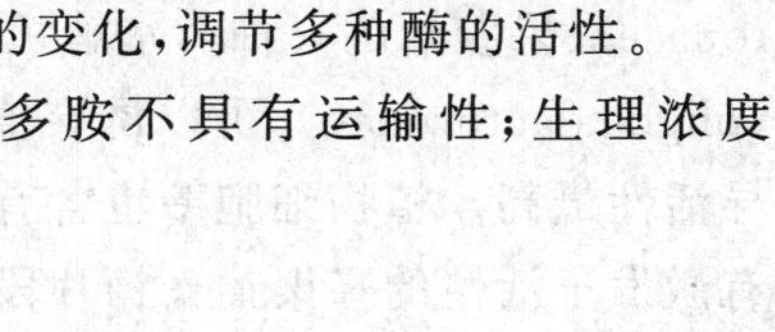

图1-43　水杨酸(右)与阿司匹林(左)的分子结构

早在20世纪60年代就发现植物体内水杨酸有多种生理作用,如诱导某些植物开花,诱导烟草、黄瓜等植物对病原微生物的抗性,还是天南星科植物佛焰花序产热的生热素。水杨酸最典型的生理作用是诱导植物产生系统获得性抗性(systemic acquired resistance,SAR)。植物受到病原菌感染时,在感染部位会迅速积累高水平的水杨酸,运输到植物其他部位后会诱导 SAR 的产生。Gaffoney 等利用转基因烟草进行的研究证明,植物 SAR 的产生必须依赖水杨酸的作用。研究者将编码水杨酸羟化酶的细菌 *nahG* 基因导入烟草,水杨酸羟化酶能催化水杨酸形成儿茶酚,从而抑制植物体内的水杨酸积累。这种转基因烟草接种烟草花叶病毒 TMV 后,就不再产生 SAR,说明水杨酸是植物产生 SAR 的必需因子。

Chen 等证明水杨酸的结合蛋白(SA binding protein,SABP)是植物过氧化氢酶(CAT),认为 SA 的作用机制至少部分与 H_2O_2 有关。大致的机制是:水杨酸与 CAT 结合,抑制该酶的活性,使细胞内的 H_2O_2 水平上升,从而诱导植物细胞抗逆基因的表达,增强植物的抗病性。另外研究也发现 SA 与乙烯、膜脂过氧化、电信号都有直接或间接联系。但水杨酸诱导抗病性的确切机制和信号转导过程目前尚不完全清楚。

植物中的水杨酸可以以水杨酸甲酯的形式释放到空气中,作为一种气体信号,远距离诱导其他植物部位产生 SAR,这是植物一种高效的免疫反应机制。

四、寡糖素

寡糖(oligosaccharide)是指少于 12 个糖基组成的糖链。已经知道蛋白质表面的寡糖基团在分子识别等方面具有重要的生物功能,而植物细胞中许多游离的寡糖也具有广泛的生物活性,尤其是在调节植物对逆境的防御功能方面具有重要意义。具有生物活性的寡糖统称为寡糖素(oligosaccharin)。目前已知的寡糖素大多是一些植物细胞壁和真菌细胞壁结构多糖的降解物,如真菌 β-寡葡聚糖(fungal oligo-β-glucan)、木葡聚糖类寡糖(xyloglucan-drived oligosaccharide)、几丁质类寡糖(chito-oligosaccharide)等。

报道的寡聚糖素生物活性包括作为激发子(elicitor)刺激植保素的产生、诱导活性氧突发(oxidative burst)、诱导乙烯合成、诱导病程相关蛋白(PR)(如几丁质酶、葡聚糖酶等)合成以及诱导逆境信号分子的产生等。其中研究最为深入的是寡糖素作为植保素激发子的功能。例如,真菌 *Phytophthora* 在感染植物组织时分泌一种内切多聚半乳糖酸酶(endoploygalacturonase)(果胶酶的一种),水解植物细胞壁的果胶质产生一些果胶质片段——寡聚半乳糖醛酸(oligogalacturonan),可以诱导植物产生抗病反应;其中 12~13 个单位的寡聚半乳糖醛酸的诱导活性最高。植物细胞壁也含有 β-D-葡聚糖酶(β-D-glucanase),可以降解真菌的细胞壁,产生有激发子活性的寡聚葡聚糖片段。这些寡糖素是病原菌侵染植物细胞的预警信号物质。

寡糖素有广泛的生理效应,可调节植物的生长发育。例如,由木葡聚糖衍生的一种特殊的癸糖(nonasaccharide)XG9 可以抑制 IAA 刺激的细胞伸长生长。XG9 可能是 IAA 诱导的细胞伸长生长的一种反馈控制因子,因为 IAA 诱导细胞壁松弛的过程中,会降解细胞壁中的木葡聚糖,这种反馈抑制机制的存在,可以防止细胞壁的过度降解。

关于寡糖素的作用机制有很多研究。作为一种非原质体信号(apoplastic),不易直接进入细胞或作用于效应器,那么植物细胞如何感受低浓度(nmol/L)的寡糖素信号目前还不清楚。寡糖素能在几秒钟内启动膜的去极化,1 min 内达到去极化稳定状态,并稳定 25 min 左右,并在寡糖素被移走后重新恢复极化状态,这种超极化反应可能通过电信号介入或启动防卫机制有关。实验还表明,活性氧代谢和膜伤害诱导寡糖素启动防卫机制,寡糖素可能作用于细胞膜,诱导细胞内游离 Ca^{2+} 的变化,从而激发 Ca^{2+} 依赖型蛋白激酶的活化(磷酸化或去磷酸化)，完成信号转导。另外寡糖素也可直接作用于DNA结构变化，诱导特异mRNA快速增加，对细胞壁酶XET(xyloglucan endotransglycosylase)等酶的活性也有直接作用。

五、系统素

系统素(systemin，SYS)是Pearce等1991年首次从受伤的番茄叶片中分离出的一种18个氨基酸组成的多肽，其一级结构为AVQSKPPSKRDPPKMQTD，被认为是植物感受创伤的信号分子，在植物防御反应中起重要的作用(图1-41)。动物中有大量的多肽类激素，而且其作用机理已很清楚，植物中第一种多肽类生物活性物质SYS的发现意义重大，有科学家预言SYS将给植物激素作用机理的研究带来全新的概念和重大突破，是一激动人心的大事件。

植物体内合成的抵御害虫和病原侵染的众多防卫分子中，最重要的是蛋白酶抑制剂家族，创伤和病虫害侵染时刻在转录水平上诱导蛋白酶抑制剂基因的表达，继而有效抑制害虫和病原蛋白酶活性，限制蛋白质降解，阻止害虫继续取食和病原菌的繁殖。近年来研究表明：系统素、寡聚糖、几丁质、茉莉酸及其衍生物、亚麻酸、ABA等都能部分或全部代替创伤诱导蛋白酶抑制剂合成，其中SYS是最强的诱导物，在极低浓度下(10^{-15} mol/L)就有很强的诱导性。人工合成的SYS同样有效，施于番茄叶片新鲜伤口上的同位素标记SYS，30 min就可出现在叶片未受伤部位，1～2 h后可在韧皮部检测到，并很快运输到其他器官和组织。

SYS的生物活性与其结构有关，利用化学合成方法，依次合成在N-末端删去一个氨基酸的SYS类似物，发现这些类似物的生物活性递减，若仅缺失C-末端的第一个氨基酸Asp，SYS就完全失去活性。这些结果说明18个氨基酸对SYS的活性都是必需的。用不同氨基酸依次取代18个氨基酸的实验表明，C-末端倒数第2位的Thr被Ala取代后则活性完全丧失，推测可能与信号传导中被磷酸化有关。

SYS的前体原系统素(prosystemin)是一种200个氨基酸的多肽，其编码基因已经得到克隆和鉴定。该基因在除根以外的组织中都有低水平组成型表达，创伤可诱导其大量表达。原系统素经蛋白酶加工后可以形成SYS或其他信号肽。

SYS的低浓度有效性、体内可运输性、创伤诱导性、诱导基因表达等特性表明SYS是一个全身性的创伤信号物质，在植物防御病虫侵染的机制中扮演重要的角色。转基因植物实验表明，SYS是诱导植物抗逆反应如蛋白酶抑制剂合成的必要因子，为上述推论提供了更有力的证据。例如将原系统素的反义cDNA和35S CaMV启动子整合后导入番茄植株，导致该转基因植物在创伤条件下蛋白酶抑制剂的产生受到严重阻碍。

Farmer和Ryan把SYS诱导蛋白酶抑制剂基因表达的机制概括为：通常原系统素贮存或加工成SYS后贮存在细胞内，病虫侵染时，原系统素或贮存的SYS立即释放，被运到细胞膜的专一受体上，并与受体作用活化膜上的脂酶，使膜脂酶解，释放出亚麻酸到细胞质，亚麻酸再经过一系列反应，合成茉莉酸或衍生物，然后JA与其受体(可能是一种转录调控因子)结合，进而活化蛋白酶抑制剂基因，使其大量表达，使植物获得系统抗虫性。另一种假说认为，病虫侵染植物时产生一种寡糖信号分子(激发子)与细胞膜相互作用，启动茉莉酸类物质合成，进而由释放的JAs调节蛋白酶抑制剂基因的表达。但实验证明寡糖的作用只在局部，不具备系统的特性。

参考文献

[1] 赵毓橘,陈季楚. 植物生长调节剂生理基础与检测方法. 北京:化学工业出版社,2002.

[2] 高煜珠,韩碧文,饶立华. 植物生理学. 北京:农业出版社,1995.

[3] 李合生. 现代植物生理学. 北京:高等教育出版社,2002.

[4] 李宗霆,周燮. 植物激素及其免疫检测技术. 南京:江苏科学技术出版社,1996.

[5] 潘瑞炽,李玲. 植物生长发育的化学控制. 2版. 广州:广东高等教育出版社,1999.

[6] 潘瑞炽. 植物生理学. 第5版. 北京:高等教育出版社,2003.

[7] 孙大业,郭艳林,马力耕,等. 细胞信号转导. 3版. 北京:科学出版社,2001.

[8] 王忠. 植物生理学. 北京:中国农业出版社,2000.

[9] 武维华. 植物生理学. 北京:科学出版社,2003.

[10] 余叔文,汤章城. 植物生理与分子生物学. 北京:科学出版社,1998.

[11] Alan C. The biosythesis and metabolism of plant hormones. Cambridge University Press,1984.

[12] Buchanan B B,Gruissem W,Jones R L. Biochemistry& molecular biology of plants. The American Society of Plant Physiology,2003.

[13] Davies P J. Plant hormones:physiology,biochemistry and molecular biology. Dordrecht/Boston/London:Kluwer Academic Publishers, 1995.

[14] Moore T C. Biochemistry and physiology of plant hormones. Springer-Verlag New York Inc. ,1979.

[15] Taiz L, Zeiger E. Plant physiology. 2nd edition. Sunderland,Massachusetts:Sinauer Associates. Inc. ,2002.

[16] Kefeli V I,Kalevitch M V,Borsari. B. Natural growth inhibitors and phytohormones in plants and environment. Dordrecht/Boston/London:Kluwer Academic Publishers,2003.

复习思考题

1. 名词解释:植物激素、植物生长物质、植物生长调节剂、IAA向基运输、乙烯的三重反应
2. 生长素有哪些主要生物合成途径?
3. 简述生长素极性运输的机理。
4. 简述生长素促进细胞伸长生长的酸生长理论。
5. 生长素有哪些主要生理功能?
6. 细胞分裂素有哪些种类?
7. 细胞分裂素生物合成的主要途径是什么?
8. 细胞分裂素有哪些主要生理功能?
9. 以组织培养中根/芽分化为例说明生长素和细胞分裂素是如何控制器官分化的。
10. 赤霉素类物质有哪些结构特征?
11. 简述赤霉素生物合成的三个阶段及其关键酶。
12. 赤霉素有哪些主要生理功能?
13. 赤霉素促进种子萌发的机制是什么?
14. 简述脱落酸分子构型和生物活性的关系。
15. 植物中脱落酸的主要生物合成途径有哪些?
16. 脱落酸是如何控制气孔开闭的?
17. 为什么说脱落酸是逆境激素?
18. 简述乙烯生物合成途径及其关键酶。

19. 哪些因素可以促进和抑制乙烯合成？
20. 乙烯在果实成熟过程中有什么作用？
21. 乙烯有哪些主要生理功能？
22. 油菜素内酯有哪些主要生理功能？
23. 哪些植物生长物质与植物抗性有关？

讨 论 题

1. 近年来有人提出水杨酸应列为“第 7 种植物激素”，在查阅文献的基础上，说明你的观点和证据，并设计一些实验继续验证。
2. 从 6 大类激素的分布、合成和生理功能，说明植物是受激素系统调控的整体。
3. 分析微量元素和植物生长物质的异同。
4. 根据乙烯的生物合成途径和作用，设计一个培育转基因抗衰老耐储运番茄品种的技术路线。
5. 以禾本科植物茎节生长为例，阐述植物激素的调控作用。
6. 查阅文献，近 5 年来有哪些新报道的植物生长物质？
7. 以一种激素为例，说明植物激素信号转导的一般途径。
8. 有人平行测定了小麦灌浆强度和 IAA 含量的变化，发现两者显著正相关，因此得出结论认为，IAA 促进了小麦灌浆。你认为是否合适？并说明理由。
9. 从分子机理分析外用植物生长调节剂、遗传育种和基因工程的关系。

第二章　植物生长发育的激素调控

植物体的生命活动以细胞为基本单位，在同化物、矿质、水分等物质代谢和能量代谢的基础上，经历细胞分裂生长、器官建成、营养生长、开花、果实和种子发育、成熟、衰老、脱落，直至死亡，完成其生活史，整个生长发育过程中植物都受环境影响，并表现休眠、运动等特性。本章将从上述植物生理活动各个层面和生长发育的各个阶段，讲述植物激素为主的化学信号的调控作用及其机理。

第一节　植物物质代谢的调控

一、同化物合成和代谢的调控

在植物体中，植物激素参与了光合作用、呼吸作用、同化物运输分配等几乎所有过程的调控，主要的调控位点参见 Davies(1995)归纳的模式图(图 2-1)。

(一)对光合作用的调控

1. GA　GA 处理能提高植物叶片光合作用。如用 GA_3 涂布水稻剑叶后，随着 GA_3 吸收，可以看到光合强度三个变化阶段：稳定—逐渐上升—在新的较高水平下的稳定态；同时第二叶的光合强度变化动态与剑叶相反，经过稳定—逐渐降低—在新的较低水平下的稳定态。沈允钢等指出，在水稻叶片中，同化物的运输速率可以表达为光合强度的线性函数。GA_3 处理剑叶后，提高了光合强度，也提高了其同化物运出能力。植物经过 GA 处理后，在离体大麦叶单位面积上，CO_2 的固定量不增加，这并不说明 GA 对光合作用本身没有促进作用，而可能是 GA 能够加速同化物质的运转，使叶组织得以发挥其作用。

2. BR　无论是幼叶还是完全展开叶，用 BR 处理均对叶片的 CO_2 交换速率(ER)和 CO_2 气孔传导度(gm)有不同程度的促进。BR 处理很快导致 CO_2 气孔传导度的提高，暗示了 BR 对 CO_2 固定系统的能力起着有利的影响。幼叶期用 1×10^{-6}BR 处理导致气孔传导度下降，可能是间接的来自于处理叶在形态结构上的变化所致(如叶面积的减小、叶柄的延长和弯曲，甚至在气孔密度和表皮厚度上有所变化)。关于 BR 对光合作用的促进效果在小麦和水稻中也得到证实，且叶绿素含量也随处理浓度的增加有提高的趋势。

3. 乙烯　在甘蔗生长期喷施适宜浓度的乙烯利(100 mg/L)可以增强甘蔗的光合能力，合成更多光合产物。乙烯利对光合作用的调节可以从以下三方面进行分析：罗瑞忭等(1997)认为乙烯利在分蘖期处理甘蔗叶片促进了蔗叶维管束的分化，增加了维管束数量、维管束宽度和韧皮部总宽度在叶片中的比例，使物质运输更为畅通；促进叶肉细胞的分化，增加细胞膜的表面积。梁和等(1994)在甘蔗分蘖初期用不同浓度的乙烯利处理，结果表明 50 mg/L 或100 mg/L处理能提高甘蔗工艺成熟期以前的叶绿素 a、叶绿素 b 含量及生长盛期类胡萝卜素含量。

(二)对呼吸作用的影响

1. GA　GA 处理的组织切段以及从 GA 处理的植株上获得的组织切段，其呼吸值(耗氧

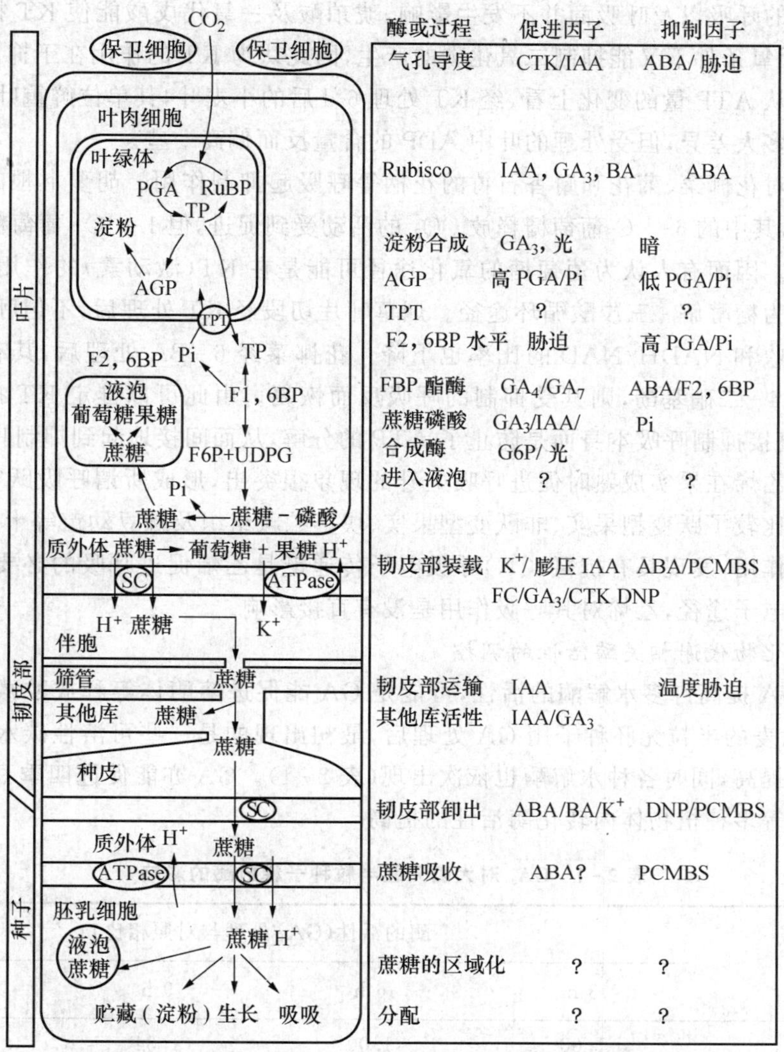

SC. 蔗糖载体　TPT. 磷酸丙糖运转器　DNP. 二硝基苯酚　FC. 壳梭孢菌素　PCMBS. 对氯高汞苯磺酸　?. 尚不清楚　IAA. 吲哚乙酸　CTK. 细胞分裂素　BA.6-苄基嘌呤　GA_3. 赤霉素

图 2-1　植物激素调控同化物合成、代谢和向发育种子中输配的模式图

(Davies，1995)

量)都比对照高。这已在黄化豌豆茎、黄瓜下胚轴以及子叶、菜豆茎、矮生玉米叶鞘等实验上得到证实。中山大学生物系植生室(1978)研究表明，GA_3 对水稻剑叶呼吸强度有明显的促进作用，这为加速物质运转提供了必要的能量和中间代谢产物。GA 处理欧洲榛(*Corylus avellana*)种子，使饲喂的 2-^{14}C-乙酸更多进入蔗糖和谷氨酸，而在对照的种子上则多进入 TCA 循环中的有机酸内，因而认为 GA 的作用主要是由 TCA 循环中向其他物质的合成上提供代谢物时起调节作用。

2. CTK　CTK 对呼吸多起抑制作用。例如，KT 对黄化豌豆上胚轴切段、烟草叶、悬浮培养的烟草髓等器官组织的呼吸都起抑制作用。Bergmann 观测到 KT 虽然有抑制呼吸的作用，但对于葡萄糖的呼吸以及呼吸商并不发生影响,琥珀酸及一氧代戊酸能使 KT 抑制的呼吸商得到恢复,在无氧条件下又能抑制二氧化碳的产生,因此认为 KT 的作用在于抑制糖酵解系统的反应。另外从 ATP 量的变化上看,经 KT 处理 6 d 后的小麦叶,其单位鲜重叶中 ATP 和对照相比并没有多大差异,但受处理的叶中 ADP 的含量反而偏高一些。

6-BA 也对花椰菜、菊花和麝香石竹的花柄等呼吸起抑制作用。胡萝卜根的愈伤组织经 6-BA 处理后,其中的 6-^{14}C-葡萄糖释放 CO_2 的活动受到促进,但 1-^{14}C-葡萄糖释放 CO_2 的活动受到抑制。因而有人认为葡萄糖的氧化途径可能是在 KT(激动素)的作用下,由磷酸戊糖循环途径转为糖酵解-三羧酸循环途径。烟草叶片切段经 KT 处理后,不但呼吸受到抑制,同时,^{32}P 的吸收和 NADH/NAD 的比率也下降。花椰菜经 6-BA 处理后,其有机磷含量增多。如添加 2,4-二硝基酚,则其受抑制的呼吸反而恢复。由此可以推定 KT 抑制呼吸的作用,可能不是直接抑制呼吸本身而是防止了 ATP 的分解,从而间接地起到抑制呼吸的作用。

3. 乙烯　乙烯在果实成熟时促进呼吸上升的现象很突出,形成所谓呼吸跃变期。Soloms (1976)系统地比较了跃变型果实、非跃变型果实、块茎贮藏组织及豌豆幼苗等十几种材料中乙烯诱导的呼吸作用,发现具有抗氰(CN)呼吸电子传递链是乙烯促进呼吸的必要条件,即如果没有组织抗氰电子途径,乙烯对其呼吸作用是没有直接影响。

(三)对同化物代谢相关酶活性的调控

1. GA　GA 提高许多水解酶的活性,可能是 GA 能促进溶酶体等释放贮藏酶而引起的。Pollard 发现大麦的半粒无胚种子用 GA 处理后,最初出现的是一些可溶性碳水化合物,随后吸氧量也逐渐提高,同时各种水解酶也依次出现(表 2-1)。GA 亦能促进四季豆、小麦、大麦、水稻及马铃薯等多种植物体内转化酶活性的提高。

表 2-1　GA_3 对大麦无胚半粒种子释放酶的影响

酶	酶的活性(GA_3 处理与对照相比)			
	3 h	6 h	9 h	12 h
一磷酸酯酶	1.00	1.00	1.34	4.70
二磷酸酯酶	1.00	1.00	1.84	3.86
酯酶	1.04	1.12	1.13	1.13
磷酸酯酶	1.00	1.00	1.04	1.13
α-葡萄糖酶	1.00	1.00	1.00	1.57
β-葡萄糖酶	1.00	1.09	1.24	2.32
α-半乳糖酶	1.00	1.05	1.33	1.75
β-半乳糖酶	1.00	1.00	1.00	1.67
淀粉酶	1.00	1.00	1.00	1.67
过氧化物酶	1.00	1.00	1.00	1.44

2. CTK　硝酸还原酶(NR)是一个诱导酶,一般认为 NR 形成需要有 NO_3^- 存在。但很多研究表明,CTK 也可诱导 NR 活力和形成。如 6-BA 在光和暗条件下均能诱导黄瓜子叶 NR

活性。有人认为,6-BA是通过增强硝酸盐对NR的诱导而起作用的。也有人认为NO_3^-和CTK可能通过不同途径来促进NR活力(Kende,1972),如6-BA可能通过专一刺激磷酸酯合成而作用。ABA对6-BA诱导NR的过程有抑制作用。

3.乙烯　乙烯能诱导多种酶活性的增加,乙烯能促进过氧化物酶(POD)、过氧化氢酶(CAT)、多酚氧化酶等酶活性的增加。乙烯处理棉株,观察到POD活性随乙烯浓度的增加而增强,真叶期比子叶期更加显著。POD同工酶也有类似的结果。经外源乙烯处理后,无论是鲜果还是贮藏过的荔枝果实,其果皮内多酚氧化酶和POD活性均有不同程度的上升。虽然贮藏果的两种酶的实际活性比鲜果低,但经乙烯处理后,它们的相对活性都有提高,其中POD活性上升比多酚氧化酶的幅度更大。Ostorne证明,乙烯可以明显地增加豌豆胚轴细胞壁中的羟脯氨酸含量和POD活性。但当IAA与乙烯复合处理时则无效,这是由于IAA拮抗了乙烯的影响。

另外,乙烯诱导或促进的酶还有:苯丙氨酸解氨酶(PAL),肉桂酸-4-羟化酶(CAH)等与酚类化合物代谢有关的酶类,纤维素酶、淀粉酶、果胶酶、磷酸酯酶、叶绿素酶、β-1,3-葡聚糖酶等与物质降解有关的酶,以及丙酮酸激酶、磷酸果糖激酶、3-磷酸甘油醛脱氢酶等。Abeles(1971)用10×10^{-6}乙烯处理菜豆植株,3 d后叶片中分解几丁质的几丁酶活性增加了50倍,达到叶片总蛋白的4%,可能与乙烯参与伤害防御有关。

4.BR　用不同浓度$(0.1\sim1.0)\times10^{-6}$表油菜素内酯(epiBR)处理黄瓜幼苗切段,均能有效地促进黄瓜下胚轴伸长和抑制下胚轴中的POD活性;当浓度超过1×10^{-6},这种作用不再继续增加。epiBR对IAA氧化酶活性的影响,与对POD活性变化的影响有相似趋势。

水稻幼苗NR活性也与BR浓度有关。在$(0\sim0.001)\times10^{-6}$范围内,浓度越大,活性越强。如果BR浓度超过$0.001\times10^{-6}$,则NR活性略降低,但仍高于对照。同时,促进幼苗对NO_3^-的吸收和运输,地上部NO_3^-含量提高,而且提高的幅度与BR促进NR活性的幅度基本一致。NO_3^-吸收的增加对NR酶活性的提高(诱导)有密切关系。以0~50 mg/kg BR浸大豆种子,苗期NR活性也随BR浓度的增高而加强。

(四)对核酸及蛋白质代谢的调控

1.GA　植物组织经GA处理后,核酸和蛋白质的合成量都能增加,这是GA直接促进其合成的结果。

大麦种子糊粉层经GA处理后,8 h以内就可看到^{14}C-尿核苷、^{14}C-腺嘌呤、^{32}P-磷酸等物质开始结合到RNA中去,到24 h可达顶点,但在其后示踪原子由已合成的RNA中消失的程度也是GA处理的高。这可能与GA引起的核糖核酸酶重新合成有关。从已合成RNA的核苷酸中^{32}P分布情况来看,GA不仅影响RNA合成量,对RNA种类也有影响。此外,GA对苯丙氨酸向蛋白质中的掺入也有促进,特别是促进向含有α-淀粉酶活性的组分中掺入。

GA在抑制叶片衰老时,叶片内蛋白质和RNA的含量都保持在较高的水平上,这可能是核酸、蛋白质的合成受到促进之故。在矮生豌豆染色质的存在下,10^{-4} mol/L GA_3就能使大肠杆菌DNA聚合酶的活性提高28%。GA打破欧洲榛种子休眠中,从GA处理的种子胚轴中提取的染色体,其RNA聚合酶活性开始增加的时间比对照提早数小时,而且增加速度较高,其中RNA合成的增加至少有一部分是由RNA聚合酶活性的增加而引起的。GA作用下,在RNA聚合酶被激活之前,还有DNA模板活性的增加。

2.CTK　植物组织经CTK处理后,其核酸含量都发生变化,同时其前体物向核酸组分的掺入受到抑制或促进,可见CTK对于核酸的合成是有调节作用的。

烟草髓组织培养时,KT提高细胞中DNA量和DNA合成速度,可能CTK对于有丝分裂、核分裂及DNA加倍都是必需的。KT处理洋葱根后30 min,离根尖1 200～1 300 μm处的单位细胞中RNA可增加1倍,其后逐渐下降,下降到对照的30%左右时趋于稳定。这种RNA含量的暂时增加,可能是因为KT抑制RNA分解的结果。但是也有^{32}P或^{14}C-核苷酸在KT刺激下加速结合到RNA组分去的实例,如KT刺激苍耳叶和茎、椰菜叶、椰子的离体核、烟草切段、豌豆芽的离体细胞核、萝卜叶等中RNA的加速合成。

Osborne和Woolhouse发现,KT延缓叶片衰老的效果可被放线菌素D所抑制,苍耳休眠种子萌发等KT诱发的效应,也能被放线菌素D所抑制,因此有人认为KT对mRNA合成有调节作用。但是对大麦叶片RNA合成,低浓度KT促进而高浓度却有选择性抑制作用;在花生子叶上,6-BA和KT虽然都促进^{32}P结合到RNA中去,但高浓度反而有害。虽然低KT浓度下RNA合成受促进,但单位组织重量中RNA的合成量并没有显著差异。根据以上事实,有研究者认为CTK促进RNA的合成作用可能不是直接的,而只是在核苷酸一级水平上间接地发挥作用。

CTK还促进氨基酸积累和蛋白质合成。Mothes等用同位素示踪实验发现,KT处理的离体烟草叶片所吸引的氨基酸高于结合到蛋白质组分中的氨基酸量,γ-氨基异丁酸(GABA)等非蛋白氨基酸的吸收,也因KT处理而增加。他们因此认为,KT的作用可能只是促进氨基酸积累,而不直接促进蛋白质合成。在烟草叶片上也有类似的结果,KT刺激^{14}C-*D*-亮氨酸的吸收。也有研究认为,KT促进蛋白质合成只是在掺入阶段。也有人认为KT不是在多肽形成的阶段作用,而是在转录阶段发生作用,在蛋白质合成上得到反映。

3. IAA　IAA能增加DNA、RNA和蛋白质的合成。IAA处理后3 d,豌豆上胚轴顶端1 cm处的DNA和蛋白质含量增多2.5倍,RNA增多4倍,大豆下胚轴基部的DNA和蛋白质含量增加4～5倍,RNA含量增加10倍。表明IAA对离体细胞核、染色质和DNA的转录有调节作用。

4. BR　BR处理芹菜后,叶柄或叶片中蛋白质含量均比对照高,而游离氨基酸含量增加也较大,且叶柄高于叶片。叶柄中共检出17种氨基酸,其中Asn,Asp,Ala,Val,Pro,Gaba,Phe等变化显著。朱广廉等(1994)研究表明,BR能促进蛋白质、RNA和DNA的合成,并认为是在转录水平上调节基因的表达,而促进上胚轴伸长的。

5. 多胺　多胺能影响核酸代谢,促进蛋白质合成。在玉米幼苗、菊芋块茎和大豆下胚轴中都观察到Spd对RNA聚合酶活性的促进作用。在悬浮培养*Pauls Scarlet*细胞中,多胺含量与RNA之间存在着相关性。Kaur-Sawhney等(1981)指出,Cad、Spd和Spm能促进燕麦叶片分离的原生质体中RNA、蛋白质和DNA的合成。此外,多胺促进休眠菊芋块茎和小麦胚的核糖体合成,加快氨基酸掺入蛋白质的速率;亚精胺也能刺激玉米幼苗和大豆下胚轴核苷酸渗入和RNA聚合酶活性。

二、源库关系的调控

(一)对源(source)的调控　源强度(source strength)是源同化和供应同化物的能力,一般涉及源的大小(source size,光合面积和持续期)、源活力(source activity)含光合强度、物质供应和输出的能力、韧皮部装载(loading)等。这些均受内源激素的调控。

1. 叶面积和寿命　IAA、CTK 和 GA 都促进叶片等绿色组织生长，促进细胞分裂或扩大，促进茎叶生长，延缓衰老，在一定程度上增加了源大小和源活性。CTK 对于防止源的早衰有积极意义，离体叶片会很快衰老变黄，表面局部涂以 CTK，几天后对照叶已经变黄，处理部分仍保持鲜绿。关于 CTK 延缓叶片衰老的效应和机制请参见第一章"CTK"一节和本章"衰老调控"部分。IAA 对叶片的生长有双重作用，在较低浓度下能够促进叶片分化和生长，并在一定浓度范围内随浓度增加而作用增强。但是若超过最适浓度，则反而抑制叶片生长、加速叶片衰老，这是因为 IAA 能够诱导乙烯产生。当 IAA 接近最适浓度时，便开始诱导乙烯的形成；随 IAA 浓度继续增加，乙烯浓度不断增大，叶片生长便逐渐因受乙烯抑制而转向衰老。ABA 和乙烯一般促进叶片衰老。

2. 光合强度　叶片光合速率和叶片 IAA 含量呈正相关，外源 IAA 短时间内就可促进叶片光合作用，离体叶绿体试验表明 IAA 主要是提高了光合磷酸化和 CO_2 固定。GA 和 KT 也促进叶片光合作用。ABA 和乙烯抑制光合作用。

3. 源叶物质代谢和供应能力　GA 促进叶片光合作用和物质输出，可能与提高叶片中蔗糖磷酸合成酶(SPS)、淀粉酶等同化物代谢重要酶的合成和活性，及提高同化物输出有效性有关。ABA 作用与 GA 拮抗，10^{-6} mol/L ABA 抑制大豆叶中 FBPase 活性。但在棉花中发现，ABA 与叶片物质输出正相关，叶片功能期 ABA 含量处于较高水平，在第一果节开花和整株花铃期 ABA 含量增加。叶片衰老时 ABA 的积累和乙烯释放高峰可能与叶中同化物的撤退和再分配有关。CTK 虽然对维持叶片活性和寿命有效，但对同化物有吸收作用，源中 CTK 水平过高不利于物质输出。

4. 韧皮部装载　IAA 还通过促进 H^+ 分泌而促进韧皮部装载。GA 促进叶片光合作用和蚕豆等叶片中的物质输出，促进装载，可能通过抑制 IAA 氧化酶和 POD 活性，提高 IAA 含量，也可能通过影响库活力而间接起作用。ABA 抑制叶片中同化物装载。

(二)对流(flow)的调控　源库关系通过一些长距离信号传递进行协调，这些信号可以是物理的或者化学的(激素等)。在源库器官之间存在激素的流动，如 IAA 可通过韧皮部迅速运输到根，根产生的 CTK 从木质部运输到地上部，GA 和脱落酸也通过维管在植物中整体运输，这些激素的流动可能是物质流的"指挥系统"，并可能是源库器官协调的重要方式。如很多研究已经证明，IAA 和 GA 是促进物质从源输出到库的信号，而源器官中 ABA 的外释是库衰减源活性的重要机制。

韧皮部中影响同化物运输和分配的结构特性主要有：有功能的筛管总横截面积、筛孔或胞间连丝的半径和运输途径的长度。筛管总横截面积在植物整个生长周期都处于不断变化之中，而植物激素是维管束系统分化发育所必不可少的，并参与了其中许多过程的调节。正在生长的叶和库器官输出的激素信号直接影响了维管束分化发育，如从叶片中输出的 IAA 的量与筛管的总横截面积间存在正相关关系。

不同的植物、不同的发育阶段和生长环境，筛孔的大小存在很大的变化。而与筛孔大小直接有关的是胼胝质含量和沉积量。植物激素参与了胼胝质合成过程的调节，如 IAA 和 GA_3 抑制胼胝质的合成，而乙烯则促进胼胝质的合成和沉积。植物受伤引起的胼胝质合成和沉积的增加也与乙烯有关。胞间连丝对同化物的导度受许多因素的影响，如细胞质中 Ca^{2+} 和磷酸肌醇。细胞质中 Ca^{2+} 或磷酸肌醇的含量越高，胞间连丝通道对同化物的导度越小。ABA 和 IAA 参与了细胞质中 Ca^{2+} 和磷酸肌醇含量变化引起的胞间连丝孔径大小变化过程有关的调节。

(三)对库(sink)的调控 籽粒中的内源激素参与同化物质卸出、代谢、贮存及库器官发育的调节。小麦籽粒发育期间,几种内源激素水平发生着有规律的变化。Wheeler(1972)的研究表明,籽粒生长速度与其赤霉酸、IAA的水平呈平行变化。

1. 库强度 库强度(sink strength)指库接受同化物的能力,包括库的大小和活力。CTK可能与胚乳细胞分裂有关,决定库容大小。内源或外源植物激素如CTK、GA和IAA等可以增加器官对同化物的吸引力,有利于维持库活性。弱势或败育籽粒中CTK低于强势和正常发育的籽粒,外用CTK可减少籽粒败育,籽粒中CTK还促进同化物向其运输。在小麦开花后涂布6-苄基嘌呤和GA_3,表现为每穗粒数增加。ABA和乙烯削弱库活性,籽粒灌浆速率的锐减与ABA含量的骤增有关。

2. 物质卸载(unloading) 对韧皮部的质外体卸出来说,同化物从韧皮部进入库细胞一般要经过两次跨膜运输过程,激素通过影响ATPase酶活性或影响由第二信使调节的K^+和Ca^{2+}通道活性改变膜势,从而影响同化物的跨膜运输。ABA促进同化物从韧皮部的卸出和库细胞对同化物的吸收,以及同化物在库细胞内的代谢转化。

3. 同化物代谢和储存 籽粒中IAA含量与籽粒灌浆速率和淀粉积累呈正相关,IAA在改变库组织蔗糖酶活性、库组织生长速率和同化物输入速率中起着关键性的作用。GA_3和KT也具有同样效应,如GA_3处理引起的矮生豌豆节间的伸长生长与GA_3促进组织蔗糖酶活性有关。

4. 库间相互作用 库间竞争也涉及植物激素的作用。一则不同库间激素的差异影响库对同化物的竞争能力,如CTK加强器官的同化物吸收和积累。另外,大量间接证据表明从一个库输出的激素可向另一个库输送,从而对该库的库强产生下调作用(down-regulation)。在源限制条件下,主导库(dominant sink,优势库)输出的激素信号可对次级库(subordinate sink,弱势库)的生长或活性产生显著的抑制作用,甚至会导致这些库退化。

三、矿质元素吸收和运输的调控

植物激素和矿质元素的吸收、运输和分布之间存在密切联系。植物激素对矿质养分的影响有两方面的作用:直接作用和间接作用,但对不同的矿质元素表现不同。同时,各种植物激素对矿质离子运输系统的作用不仅具有高度的组织专一性,而且激素间还存在着强烈的交互作用。

(一)IAA 吲哚乙酸(IAA)能促进某些植物组织细胞对K^+、Rb^+等一价阳离子的吸收和H^+的分泌,这两个过程几乎同时发生。IAA促进H^+分泌明显大于促进K^+的吸收,可见IAA可能是促进了致电的H^+-K^+交换,与质膜上质子泵或H^+-K^+泵有关。钒酸钠是质膜K^+-Mg^{2+}-ATpase的专一性抑制剂,向日葵下胚轴切段K^+吸收和H^+分泌同时受钒酸钠的强烈抑制,因此这种K^+的运输载体可能是质膜上的K^+-Mg^{2+}-ATpase。动力学分析表明,IAA不影响K^+的最大吸收速率,但使米氏常数显著降低,这就表明IAA可能直接在质膜水平上作用于K^+-Mg^{2+}—ATpase,提高该酶与K^+的亲和力。不过也有研究表明,IAA也可能通过某种二级信使间接影响膜上K^+-Mg^{2+}-ATpase的活性。棉花叶片上喷施NAA可显著增加植株对N、P、K的吸收(Patel,1992)。Mehrotro(1991)以缺铁的豌豆植株为材料的试验发现,IAA处理可以提高植物组织内铁的含量。

Christroph 等(1990)研究指出,IAA 能够提高胞质内 Ca^{2+} 浓度,其机制可能是 IAA 通过质膜上的 IAA-2H^+ 顺向传递体进入细胞后导致细胞酸化,当胞质 pH 降低时,钙调蛋白(CaM)与 Ca^{2+} 结合力降低,从而增大胞质内自由 Ca^{2+} 浓度。Gilrog 等(1987)用钙调蛋白的抑制剂提高胞质内 Ca^{2+} 浓度的试验也进一步证实了这个观点。另外,由于液泡等细胞器内含有大量的 Ca^{2+},因此这些细胞器膜上的 H^+-Ca^{2+} 反向传递体也可能参与该过程。Felle 等(1986)用中性红试验和生长素的运输抑制剂三碘苯甲酸(TIBA)的试验都进一步证明细胞内存在一种依赖 pH 的钙泵,当 IAA 诱导胞质 pH 下降时,钙泵活性增大,胞质内钙浓度升高。

IAA 不仅能提高植物细胞内 Ca^{2+} 浓度,而且还能促进 Ca^{2+} 在植物组织器官内运输。其机制可能是:①IAA 的向基性运输影响 Ca^{2+} 的运输;②IAA 影响木质部发育,从而进一步影响 Ca^{2+} 运输。壳梭孢菌素(FC)对植物的生理效应与 IAA 十分相似,也能促进细胞对 K^+、$SO_4{}^{2-}$、$H_2PO_4{}^-$ 的吸收。其机制一般认为是 FC 能激活质膜上的质子泵,诱导胞质酸化,并且使膜电位迅速超极化,形成跨膜的电化学梯度及质子动力,离子在质子动力的驱使下,通过质膜进入细胞内部。但是 Clitt 和 Blatt 等却认为 FC 与质膜上受体专一性结合后,直接作用于质膜上的 K^+ 运输载体,使其动力学性质发生改变,导致 K^+ 吸收明显增多,这种 K^+ 吸收不受膜电位变化的影响,而受能量的限制。

(二)CTK　CTK 能促进植物细胞对水分的吸收,从而影响矿质养分在植物体内的运输和分布。在果实发育过程中,玉米素能明显抑制大豆外植体叶片内 N、K、Mo、Mg、Zn、Fe、B、Cu、Ca 等元素含量水平的下降,特别是 N,而对果实内这些矿质养分的积累没有影响。在果实发育后期,果实内不再积累矿质营养时,玉米素还可以提高叶片内 P、K、Mg、Zn、Fe、B、Cu、Ca、Mn 等元素的含量。上述资料表明,CTK 的作用机制可能是通过抑制叶片衰老促进水分吸收。但也有人认为,CTK 能促进矿质养分分配到植物体内 CTK 含量高的部位。在大豆下胚轴的伸长区上,CTK 能明显抑制 Ca^{2+} 吸收,而在分生区和成熟区上,则表现为促进作用,其原因可能是植物不同部位细胞膜上的 Ca^{2+}-泵对 CTK 的敏感性不同所致。

(三)GA　GA 促进大豆叶片对亚硒酸盐的吸收和运输,GA 还可以促进大豆植株对 N、P、K 的积累,提高茎内 P、K 含量和叶片内 K、Ca 的含量。在光照条件下,GA 能促进玉米胚芽鞘细胞生长,其机制可能与 IAA 一样,诱导细胞对 H^+ 的吸收,导致胞质酸化。许多研究表明,GA 可提高大麦糊粉层内 Ca^{2+} 浓度,促进含 Ca^{2+} 的 α-淀粉酶的合成和分泌。Gilroy(1993)认为,CaM 及其类似物可能起着中间介导作用。首先 GA_3 与质膜上的受体专一性结合后,直接进入细胞核或者通过其他效应物调节 CaM 基因表达。随着胞质 CaM 浓度的升高,CaM 与 Ca^{2+} 形成 Ca^{2+}-CaM 复合体后激活质膜的 Ca^{2+}-ATPase 的活性,从而提高胞内 Ca^{2+} 浓度。同时,Ca^{2+}-CaM 通过依赖它们的蛋白激酸,使内质网膜上的 Ca^{2+} 泵抑制蛋白磷酸化,提高钙泵的活性,增加内质网腔内 Ca^{2+} 浓度。

(四)ABA　ABA 对离子吸收的影响十分复杂,具有组织专一性。ABA 能促进菜豆根中 Na^+、Cl^- 的积累,提高小麦地上部 Na^+、Cl^- 浓度以及 Na^+/K^+,加速烟草细胞对盐胁迫的适应。ABA 还能够提高马铃薯叶片内 K、P、S 等的含量水平,促进叶细胞对 K^+ 的吸收,抑制其外流。另外 ABA 能够抑制大麦叶片对硒酸盐的吸收和运输。Behl 等(1986)指出,初期 ABA 能够促进大麦根细胞对 Na^+ 吸收,经过一段时间后则表现为抑制作用,其机制可能是 ABA 进入细胞后,直接或间接调节植物基因表达,使膜上运输 Na^+ 的 Na^+-H^+ 反向传递体数目增加,促进 Na^+ 的外流。

ABA 和 GA_3、IAA 在生理效应上经常表现为相互拮抗，例如 ABA 能够降低大麦糊粉层细胞内 Ca^{2+} 浓度，抑制 α-淀粉酶的分泌，在水稻胚芽鞘、下胚轴以及根细胞内，ABA 诱导胞质 pH 上升的同时却能提高胞内 Ca^{2+} 浓度。这表明 ABA 和 IAA 可能是通过不同途径提高胞内 Ca^{2+} 浓度，也说明 Ca^{2+} 在不同的 pH 条件下，表现出不同的生理效应。

ABA 促进气孔关闭的原因可能是 ABA 抑制气孔保卫细胞对 K^+ 吸收的同时，促进 K^+ 外流，其作用过程如图 2-2 所示。首先 ABA 通过激活质膜上和液胞膜上的 Ca^{2+} 泵和质子泵，分别提高胞内 Ca^{2+} 浓度；其次随着胞内 Ca^{2+} 浓度的升高，K^+ 内流载体的活性受到抑制，而阴离子外流载体的活性得到增强，从而使膜去极化；再次，胞质 pH 的提高可以促进 K^+ 外流载体的活性；最后阴离子外流所诱导的质膜去极化，也能促进 K^+ 外流，从而最终导致保卫细胞 K^+ 浓度的下降和气孔的关闭。

另外，ABA 对根系的溢泌速率和离子向木质部运输也有影响。ABA 能够促进玉米、向日葵、番茄等植物根系的溢泌速率，加速 Cl^-、K^+、Na^+、NO_3^-、$H_2PO_4^-$、Ca^{2+} 向木质部运输。ABA 影响植物根系溢泌速率的原因有两种可能，即 ABA 直接影响根系的水分传导率和 ABA 影响离子的运输效应。

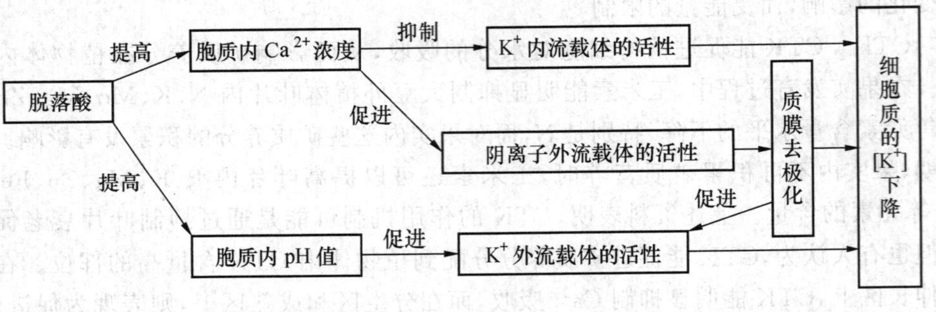

图 2-2　ABA 诱导保卫细胞的胞质 K^+ 浓度示意图

（五）乙烯　乙烯对植物矿质离子的吸收、运输和分布均有调节作用，主要表现在乙烯能抑制植物主根的生长。Mulkay 等(1982)发现由于 IAA 能够诱导乙烯的生物合成，所以 IAA 不能刺激植物主根的生长，但在淹水等逆境条件下，乙烯可促进植物不定根的生长，其原因可能是乙烯提高植物细胞对 IAA 作用的敏感性所致。当然乙烯对膜的透性也有影响，其机制可能是乙烯通过提高胞内活性氧的含量，加速膜脂分解，从而影响膜上离子运输。另外有报道指出乙烯还可能抑制植物细胞 H^+ 分泌和 K^+ 吸收，对 ABA 诱导气孔关闭这一生理效应也具有调节作用。

（六）BR　BR 能够促进植物对 P、K 的吸收、运输和分布。其机制可能是：①表 BR 能促进植物生根，而新根是养分吸收最活跃的部位；②表 BR 可以提高植物光合作用，为根的主动吸收提供更多的能量；③表 BR 和 IAA 一样可以刺激 H^+ 分泌和膜电位过极化，从而加速植物细胞对 K^+ 等一价阳离子的吸收。

（七）多胺　以完整的玉米根或片段为材料的研究发现，多胺在抑制细胞对 K^+ 吸收的同时，能促进 K^+ 的外流。其机制可能是带正电荷的多胺作为 K^+ 的竞争性抑制剂，抑制 K^+ 内流，同时由于多胺易通过质膜进入细胞内部，引起质膜去极化，当膜电位下降到一定值时，K^+ 外流通道被激活，K^+ 外流增加。多胺对植物生根的影响报道不一。

研究表明，多胺对植物体内离子的运输具有调节作用，多胺处理过的玉米幼苗，其茎内

K^+浓度显著提高，而根内K^+浓度则下降，原因可能与多胺抑制根的生长，促进茎的发育有关。一般认为多胺与Ca^{2+}一样能够维持膜的完整性和稳定性。但是Ditomasor(1989)却发现腐胺不仅不能替代Ca^{2+}维持膜的完整性，相反却会使膜受到伤害，导致胞内离子大量外流。其原因可能是在植物细胞壁上含有二胺氧化酶.外加腐胺在该酶作用下产生自由基，从而引起膜脂降解，膜结构破坏。

四、水分代谢的调控

植物在长期进化过程中，逐渐形成了适应有限水分的机制，大量研究证实植物激素在水分吸收和经济利用中有重要的作用，例如通过调控气孔的行为来控制水分消耗、根系生长和活力。

（一）ABA　ABA是对环境因素反应最激烈的植物激素之一，叶片中的ABA浓度在水分胁迫条件下短时间内可以上升50倍，所以ABA是一个介导环境的因子，特别是逆境因子的信号物质。ABA在水分代谢方面主要是控制气孔的开放。水分胁迫条件下叶片内ABA水平的升高促进了气孔的关闭、减少了蒸腾，维持了叶片的水分平衡。其实在实际情况下，叶片的气孔关闭开始时间要早于叶片中ABA浓度升高的时间，这可能是由于叶片内ABA重新分配的缘故。气孔关闭和张开属于短期过程，可能是ABA诱导的质膜两侧离子流动的结果。这个过程需要ABA的信号传递过程，即ABA与受体结合，诱导包括第二信使参与的信号传递和放大过程(有关ABA诱导气孔开关的机理请参考第一章)。

（二）IAA　早期研究并没有揭示清楚IAA对气孔的影响。在19世纪40～50年代，发现合成生长素1-萘乙酸(NAA，naphth-1-yl acetic acid)和2-萘氧乙酸(NOXA，naphth-2-yloxy acetic acid)能导致气孔关闭，把天然IAA类物质施用到全部张开的气孔上，气孔常常没有反应，认为IAA对气孔没有调控作用。但现在研究否定了这一观点，认为IAA对气孔有重要的调节作用，主要是促进气孔的开放，气孔对天然的和合成的生长素的反应是不同的。首次肯定IAA的作用是发现IAA能控制近轴和远轴处气孔开放。在许多草本植物中，气孔一般分布在叶子两面，但是普遍发现近轴处气孔很少且个体孔隙很小。Pemadasa(1982)认为外施IAA导致了近轴气孔开放程度的增加，但是在适合气孔开放的适宜条件下对远轴气孔影响不大。事实上，当远轴气孔的空隙中K^+浓度减少时，IAA也能导致气孔开放。

在调控气孔开关方面，IAA与ABA等其他因素间是互作的。外加IAA会改变ABA浓度与气孔关闭的关系。如在施高浓度IAA(10^{-4} mol/L)情况下，ABA对气孔抑制效应表现很不明显。ABA和IAA间这种互作的分子基础可能是保卫细胞细胞质液碱化而IAA导致酸化。在应用IAA后2～4 min内保卫细胞胞液内的pH值就开始改变，随着Ca^{2+}的流入，pH值在决定保卫细胞K^+通道活性方面起重要作用。另一个重要发现是IAA和CO_2间的作用。当CO_2浓度接近保卫细胞增大所需浓度时，气孔正常关闭，但是这种反应的表达依赖于IAA浓度，高浓度IAA能迅速减低CO_2所造成的气孔关闭，但是在紧接着施加ABA的情况下，气孔能部分恢复关闭状态。这种相互作用对控制植物水分平衡显然有重要作用。

（三）CTK　1977年以来，有关CTK作为重要的气孔运动调节因子的报道越来越多。KT处理经分离的一种禾草*Anthephora pubescens*外表皮时，导致气孔张开，这些反应不仅在禾本科植物上可见，而且在其他植物上也可以观察到。叶龄可能是气孔反应的一个决定因素，在豌豆的*Argenteum*突变体上，KT处理功能叶后气孔开得很大，但刚全展时的叶子没有反应，玉米嫩叶也发现相似情况，这可能是不同叶龄叶子内源CTK决定着气孔开张的程度。例如，CTK处理叶片，有时对气孔并无影响，可能是因为植物体内已经有足够的内源CTK，或者是因为实验被安排在最适合气孔开放的环境条件下，只有在限制气孔开放的因素存在的条件下，才能清楚地看到气孔对CTK的反应。在玉米嫩叶上，如果KT或IAA与ABA一起施用，能克服强烈ABA诱导气孔关闭的效果。玉米素(Z)和ABA决定了植物细胞中天然的CO_2反应，ABA/IAA和ABA/Z之间作用有相似性，后者可能更复杂。

(四)激素和气孔运动的精细控制　有关气孔对CO_2反应的研究已经很多，它对植株水分控制的作用应该重新评价。当风速增加时，气孔关闭，风从叶表面带走了水蒸气也带来了CO_2，表明CO_2浓度上升到一定程度时气孔关闭，同样的结果也可以通过加大蒸腾速率来获得，这种控制的重要性将依靠通过空气运动导致的叶温改变来体现。在很多情况下，例如当太阳辐射从适中降到低水平，风能增加蒸腾并且气孔也不关闭，植物水分的散失可能大量增加。在这种情况下，气孔关闭反应可以看做是一种有利方式。

多数控制机制都有正反两方面的效能，在气孔调节上也是一样。当风增加叶表CO_2浓度时气孔仍然开放着，细胞间隙的CO_2浓度也会增加，这对光合作用有潜在的好处，但很有限；当风带到叶表更多CO_2时，气孔关闭，这种好处也随之消失。因此气孔对CO_2的反应并不总是关闭的。若植物有足够的水分，随风速的增加，细胞间CO_2浓度也会升高，光合作用可略有增加；当植物缺水时，气孔在风中能及时关闭很重要。因此IAA、ABA和CTK协同作用调控气孔的CO_2反应，为气孔运动提供了一种感应外界环境条件尤其是土壤水分供应的、更加精密的调节机制。其中激素负责气态扩散的全时态(minute-by-minute)控制，帮助植物优化水分消耗并获得对光合有利的CO_2。

目前尚待解决的问题是：通过研究水分胁迫条件下内源CTK和IAA水平的改变，阐明它们在气孔运动中的作用。对ABA在水分胁迫反应中的作用研究很多，但对CTK和IAA的则相对缺乏。

(五)激素对植株在水分胁迫条件下的整体反应

1. 根系　ABA增加了胡萝卜根系的水分渗出能力，对玉米根系渗出物的研究也得到相同结论。根压不可能导致植物水分在木质部的大量流动，许多草本植物遭受水分胁迫时，木质部导管液形成栓塞，并且在晚上通过根压回填受影响的导管。在水分亏缺时，茎中的ABA运输到根部可以刺激根压。水分亏缺导致激素减少，进而影响根系生长和发育，用类胡萝卜素的生物合成抑制子的研究也支持这个结果，在类胡萝卜素生物合成中用缺失突变体作为操纵内源ABA水平的一种手段，或者施用外源ABA来限制茎生长并促进根系生长，这可解释水分胁迫下植物根冠比的增大。ABA浓度增加可促进侧根和根毛发生，有助于扎进土层和突破物理障碍。ABA这种形态学上的作用对于植物在板结土壤中争取水分供应十分重要。

2. 叶　在蓖麻(*Ricinus*)中，ABA限制韧皮部中蔗糖-H^+共运输活性。叶片蔗糖运转率降低，便于留住更多的溶质来维持膨压。膨压对细胞的持续性生长是必需的，但在水分胁迫下，大面积叶片持续产生膨压显然是不必要的。ABA在菜豆叶子中抑制光诱导的细胞扩大，这提供了一个水分胁迫时叶片伸展限制的机理。叶子生长速度和气孔导度一样，受干旱土壤里根系产生的抑制因子的强烈影响。

3. 激素的整体调节　已发现拥有不同激素平衡的几个植物突变体，为ABA维持植株正常水分代谢提供了很好的证据。一株ABA生产缺失突变体“*Wilty*”，在正常条件下不能维持蔗糖需求。高浓度的IAA和CTK会降低一些突变体中ABA浓度。某些作物有关ABA基因的变异便于人们寻求提高干旱抵抗力和品质的基因型。不同品种ABA量和水分之间的关系研究取得了很大的进展，干旱诱导出的高ABA春小麦品种比低ABA品种产量高，可能是前者比后者有更好的水分利用率。通过比较，由于产生更多的ABA而表现出过度气孔关闭的高粱品种，会因为干旱而导致谷物产量减低。这就表明了在将来的研究中必须充分考虑激素平衡在CO_2交换和水分蒸发中的作用。

五、次生物质代谢的调控

（一）激素影响次生代谢　次生代谢物由初生代谢物派生而来，是植物在长期进化中对生态环境适应的结果，在植物和许多微生物的整个代谢活动中占有重要地位。

1. 乙烯　乙烯促进一些代谢产物如过氧化物、酚类等的积累。甘薯、胡萝卜、豌豆等感染病害或受伤时产生的具有抗菌性质的酚类物质增加，如番茄素、植保素等，而乙烯处理也有类似结果。

乙烯对酚类物质的影响很显著，香蕉在呼吸跃变前，酚类物质主要分布在果肉内，比果皮高1～3倍。乙烯利处理后，果肉内酚类物质迅速下降，特别是跃变后3 d内，酚含量反而比果皮低1～3倍。但果皮则不同，跃变前酚类物质含量较低，跃变后明显升高，当果皮出现斑点时又下降到接近跃变前的水平。

橡胶树大量泌胶受乙烯的影响。实验证明，无论是乙烯利的水剂或油剂处理，都能使乳胶的产量第2天即上升，总干胶产量可增加20%～40%或以上，此外，乙烯也能增加漆树、松树和印度紫檀等重要木本经济作物的次生物质产量。有人还用乙烯利进行了刺激安息香产脂的试验，处理后的产脂量可增大7～9倍，有的达10倍以上。

2. ABA　Bornman(1980)观察到外施ABA可提高未受冷的烟草愈伤组织的脯氨酸含量，低温也促进脯氨酸的积累。而低温加ABA处理，脯氨酸含量的增加幅度更大。推测ABA提高烟草愈伤组织的抗冷性至少与脯氨酸的增加有关。Reinobthe等(1992)观察到外源ABA能诱导植物的某些逆境蛋白的形成，而且这些逆境蛋白的累积与内源ABA水平的升高相偶联。

3. BR　在烟草上，BR可以促进根系的生长，提高尼古丁含量；多胺可提高烟碱含量。

（二）次生代谢影响激素　次生代谢物也可改变激素水平或影响激素平衡。例如酚类化合物改变IAA水平，其中一类如绿原酸、咖啡酸、阿魏酸、原儿茶酸阻抑IAA的降解；另一类如香草酸、丁香酸刺激IAA-氧化酶。有些多酚降低生长是由于束缚了GA，另一些刺激生长是由于束缚了ABA。单宁抑制由GA诱导的矮生豌豆苗的生长，减少大麦胚中淀粉酶和酸性磷酸酶的合成。香豆酸、阿魏酸、没食子酸、肉桂酸等能解除ABA对下胚轴生长的抑制。由*Fusarium tricinetum*产生的F-2毒素抑制大豆由IAA和CTK引起的伸长。

在植物次生代谢中，激素常常用于诱导愈伤组织和细胞培养物的生长及次生代谢产物的形成。植物激素间的相互作用是比较复杂的，有相加或拮抗作用，对不同的细胞有不同的反应。在组织培养中，特别是控制培养组织分化中激素组合更为重要。因此激素种类、浓度和平衡对次生代谢产物种类和合成量的影响较大，有关其调控次生代谢的机理还不清楚。

第二节　植物生长发育的激素调控

19世纪初Sachs就提出植物生长与发育的调节是由化学信息来完成的。通过对植物激素在植物生长发育的不同时期或阶段所起作用的研究,人们逐渐了解到不同植物激素在细胞分裂和伸长、组织和器官分化、开花与结实、成熟与衰老、脱落与休眠等方面分别起着重要的调控作用。事实上,植物生长发育与形态建成,除了受外界因素的影响与内部遗传因素的控制外,在一定程度上不仅受到一种激素,而且是多种激素相互作用的调控。只有充分掌握各种激素在调节和控制植物生长和发育中的规律,才能进一步有效地控制植物的生命活动。

一、主要器官建成和发育的调控

(一)根建成和发育的调控

1. 根中的激素调控　目前得到公认的植物激素都已在根中发现,并可在根中合成。内源激素的种类和浓度对根系生长发育起重要的调控作用。植物激素与根生长发育的关系总结于表2-2。

表2-2　根中细胞活性、激素与主要组织的关系(↑表示物质、信息的流向)

组织系统	组　织	主要的细胞活动	激素及其他因子调控
	中柱鞘的侧根原基	细胞分裂	IAA/CTK
	内皮		
初生组织	皮层	细胞分化	
	维管束中柱		
	中柱鞘		
	原皮层		IAA
	基本分生组织		糖
	原形成层		维生素
初生分生组织		细胞分化	CTK↑(通过木质部)
		↑	↓(通过韧皮部)
		细胞扩大	
	近根分生组织	↑	去顶后被阻止
		细胞分裂	IAA/CTK
	静止中心	细胞分裂	IAA(乙烯)
	根冠原始细胞	↓	
根尖	根冠	细胞扩张	ABA或类似物
		↓	
		细胞分化	

(1)IAA　在根冠和中柱中IAA含量分别约为356 μg/kgFW和100 μg /kgFW,玉米根里总IAA为5×10^{-7}mol/L(88 μg)。根里的IAA来源于整株植物的地上部分,IAA可以从根茎部分向根的顶端极性运输。离体培养的组织生长可以不需要IAA,它可以自己合成,老

的组织如木质部导管分化时由于蛋白质降解，提供了合成 IAA 的前体物质色氨酸，促进 IAA 的生物合成。

根形成对 IAA 的要求有 2 个时间上的特征：一是根原基形成时要高，二是根诱导时要低。IAA 促进根原基发生，以及有关的 RNA 和蛋白质合成；对伸长区的细胞壁弹性有直接作用；与 CTK 相互作用诱导愈伤组织、不定芽和根的形成；与糖一起诱导愈伤组织内产生木质部和韧皮部。

(2)GA　多种植物根中都检测到 GA，禾谷类植物根中 GA 与地上部分中含量类似，离体培养的根里也有 GA。伤流液中 GA 的水平与根活性相关，并受环境影响，如涝淹下 GA 减少。一般认为根是 GA 转化的重要或必要部位，如豌豆中有 GA_1，但去掉根尖则 GA_{19} 增加，推测茎中合成 GA_{19}，然后运到根里转变成 GA_1。GA 有促进根细胞伸长生长、增加膜透性、改变激素及化学物质穿过组织的速度、引起细胞快速伸长等作用。

(3)CTK　根是 CTK 合成的主要器官，豌豆的根里有 Z 和 ZR、iP 等，根顶 1 mm 内的 CTK 比其后 4 mm 的多 40 倍，豌豆中游离 CTK 有 3.7%在 tRNA 中，对根顶端细胞分裂与蛋白质合成都有刺激作用。

(4)ABA　根系在干旱胁迫或机械伤害时，ABA 合成迅速增加。玉米、豌豆、扁豆根提取液中均有 ABA，根尖有 ABA 和叶黄氧化素(xanthoxin)。在植物受到干旱或机械伤害时，根尖 ABA 水平迅速增加。到目前为止，ABA 是植物转导环境干旱信息的最敏感的化学信号。

(5)乙烯　豌豆根尖可以产生乙烯，加入外源 IAA 可以刺激乙烯的产生；番茄突变种不产生 IAA，其乙烯含量也检测不到，也不产生侧根，如幼苗喷 IAA 或放在有乙烯的环境中则形成侧根。但在离体试验中，乙烯浓度增加 1 000 倍也不形成侧根，说明在活体组织中 IAA 与乙烯之间存在相互转化的关系，对影响根的径向生长是重要的。

2. 侧根分化的激素调节　大多数植物初生根可以从中柱鞘或内皮形成侧根原基，产生次生根(或侧根)及三级侧根。侧根的发生受到两方面的控制：①位置的决定作用(determination)，即沿根轴在什么地方发生侧根原基；②中柱鞘细胞被诱导发生分裂和扩张。前者现在有人认为是位置信息所决定，后者似乎是激素起作用。

许多人用离体培养方法研究侧根形成，*Haplopappus* 根切段对 IAA 十分敏感。0.54 μmol/L NAA 诱导 1 cm 切段产生 60 个侧根，但不加 NAA，只能产生 2 个侧根，所以有人提出，沿着根进行着 IAA 的向顶部运输，它使中柱鞘(已成熟)细胞进行分裂，木质部运输的 CTK 和韧皮部运输的糖与 IAA 一起，启动 DNA 合成与有丝分裂，发生原基。但是这并不能解释为什么原基的部位是稀疏的，而不是所有的中柱鞘细胞都发生了增殖。

根尖对侧根的形成起一定的调控作用。将生长 3 d 的豌豆幼苗切去根尖 3 mm，侧根生长加快，切去顶端的根里 ABA 和叶黄氧化素都减少，同时在侧根发生期间，这些物质确实下降并向基部运输，很可能在运到一定部位后，抑制了细胞分裂，而细胞分裂又被其他方式所促进。去根尖诱导侧根生长也是一个顶端优势的调控。段留生等(2002)的研究表明，棉花根顶端优势是由 IAA/CTK 的比例调控的，并存在阈值效应，高 IAA/CTK 有利于侧根发生，而低 IAA/CTK 有利于主根生长和维持顶端优势。

3. 不定根分化的激素调节

(1)IAA 类物质　杨树等插条生根实验表明，不定根产生与侧根发生类似，也经过不定根原基形成和伸长生长 2 个过程。根原基的发生需要 IAA 和环境因素的诱导。以 ^{14}C-NAA、

^{35}S-蛋氨酸、放线菌素D、亚氨环己酮等组合处理接穗,标记蛋白质合成增加,在两个初生维管束之间的束间形成层细胞内有大量的^{14}C-NAA积累,鸟巢状根原基原始细胞随之形成(Wang等,1988)。一般认为IAA能诱导生根,但IBA有更好的效果。在植物体内IAA合成与分解的酶同时存在,外施的IAA能够通过体内的氧化分解途径迅速分解失效。但是人工合成的生长素类似物如NAA、IBA等不容易分解,诱导生根的效果持久。如NAA促进根系发生和发育效果明显,使根直而粗,侧根很少;IBA使用后插穗生出的不定根细而分杈多,一般将NAA与IBA混用,生根效果更好。

也有人证明酚类是生根必需的增效剂,它们有的参与IAA分解代谢,有的是氧化酶的抑制剂,酚/Mn^{2+}是IAA氧化酶所需的两种辅因子。单元酚促进吲哚乙酸氧化酶活性,而邻苯二酚则抑制其活性并在一定条件下促进生长。

在拟南芥和烟草的几个突变体中,*rac*突变体为显性突变,茎生长弱,任何IAA浓度处理下均不能诱导生根,但IAA能诱导韧皮部薄壁细胞和内皮层薄壁细胞的细胞分裂。*rac*突变体通过减少质膜上IAA的结合位点,降低了对IAA的敏感性。说明根诱导的适宜信号要求较高的IAA结合阈值,细胞分裂和根诱导是两类不同的IAA受体的反应结果。*HRGPnt3*、*iaa4/5*和*gh3*基因在烟草茎不定根原基中表达,但*iaa4/5*和*gh3*在对IAA反应的各类细胞中都表达,而*HRGPnt3*专一地在初生根原基或决定次生根发生的细胞中表达。3个基因启动子对IAA诱导激活的反应表明,*HRGPnt3*在不定根诱导期专一表达,其突变体的*HRGPnt3*启动子不能被IAA激活,但其他两种基因的启动子能被IAA激活,说明*HRGPnt3* mRNA积累是发育和环境共同作用的结果。该基因的表达与*rac*突变体根器官发生潜能的丧失有关。

对其他植物生根诱导和基因表达的研究也有不少报道。火炬松下胚轴生根诱导时,IAA诱导的早期基因(early auxin-induced genes)家族中5个基因*LPEA1-5*表达。NAA处理后10 min,*LPEA2*和*LPEA3*迅速表达,*LPEA1*和*LPEA4*在1 h后表达,而*LPEA5*在处理后5 h表达,24 h后均达到高峰,而且这些基因表达活性长达5 d。脯氨酸丰富蛋白(PRP)基因局部表达与常春藤生根潜能有关。幼年期叶柄能被诱导形成不定根,半成年期叶柄有的形成不定根有的形成愈伤组织,成年期叶柄仅仅形成愈伤组织。不定根形成的潜能和PRP mRNA水平之间具有负相关,该基因表达与细胞分裂无关,PRP mRNA水平的高低可作为根发生的分子标记。将查尔酮合成酶(CHS)反义mRNA基因导入胡桃细胞,6个转基因无性系中*chs*基因表达显著降低,不定根形成能力加强。但是,转基因植株与对照植株相比,游离和结合的IAA水平无差异,前者对外源IAA表现更敏感。依赖2-酮酸的双加氧酶基因在苹果砧木Jork 9不定根形成中起促进调节(up-regulated)作用。

生根农杆菌T-DNA携带的*rol*基因转化植物细胞,不同启动子对*rol*基因在生根过程中的活性影响不同,进而影响生根效率。利用携带双元载体*pCMB-B*:*GUS*根瘤农杆菌C58C1转化苹果砧木M26,*rolB*基因增强了转基因植株的IAA敏感性和生根能力。*GUS*与*rolB*启动子的嵌合基因在根分生组织中表达很强,但在膨大的根细胞中不表达。生根农杆菌1855处理胡桃试管苗基部,在无激素培养基上生根率达到58.6%,单独施用IAA、IBA和无激素处理均不能诱导生根。在无激素培养基上,再生的不定根与茎维管束连接正确,若培养基中加入IBA,则不定根维管束连接不正确。利用生根农杆菌LBA9402携带6个不同启动子的双元载体转化裸子植物和被子植物,*sam1*、*HRGPnt3*和*RSI-I* 3个启动子在转基因植株的侧根原基专一地表达，而 *cdc2a*，*Ubi-1* 和 35 S 启动子在大多数细胞类型中都表达，这为选择启动子增强特定转基因植物的生根能力提供了依据。

2. CTK　Bollmark 等(1988)以豌豆茎切段为材料，用 ELISA 方法测定玉米素(ZT)和 iPA 的含量，发现茎切段组织中两种激素水平下降，3～4 d 内保持低水平，但根原基开始伸长时，其含量上升，实验证明 CTK 对不定根形成有调节作用。乙烯利对离体根生长有抑制作用。

3 多胺　西番莲叶片在生根培养基上中培养 9 d 后，腐胺提高了 21 倍，以后下降，15 d 后再次上升，21 d 达到另一高峰。亚精胺缓慢增加，精胺无明显变化。在根器官出现前，各种多胺达到高峰。

（二）茎建成和发育的激素调控

1. 细胞伸长　茎部伸长的主要原因是细胞长度的增加，也有细胞数目的增加。GA 最明显的作用就是促进茎伸长。有些植物在遗传类型上是矮生型，如矮生玉米和矮生豌豆，外加 GA 就能打破遗传上的限制，获得正常株高的植株。然而 GA 对茎伸长的作用，不只局限于细胞伸长，对有些植物的细胞分裂和分化也起到促进作用。有人分析了幼嫩的向日葵植株中每一节间生长速度与 GA 含量的关系(图 2-3)，发现靠近茎尖的、生长速度最快的节间，GA 含量最高。此外，用豌豆幼苗的试验中发现 IAA 和 GA 效应类似，顶部生长速度快的节间，内源 IAA 与 GA 含量高，在下部已长成的节间中两者含量都低。试验表明仅用 IAA 处理完整的植株，几乎不能诱导节间伸长。如果把幼嫩节间或胚芽鞘切下并漂浮在溶液中，IAA 能刺激节间或胚芽鞘切段伸长，而 GA 只能起很小的刺激作用或不起作用。然而，当 GA_3 和 IAA 同时存在于溶液中，切段的伸长就比单独使用 IAA 要强得多(图 2-4)。就是说，GA_3 若要对茎伸长起作用必须有 IAA 的存在。GA_3 对完整植株的促进生长是由于外源的 GA 和内源 IAA 之间互相作用的结果。因此，认为 IAA 是细胞伸长的直接调节物质，GA 是通过 IAA，即通过提高植物体内 IAA 含量水平而起作用。

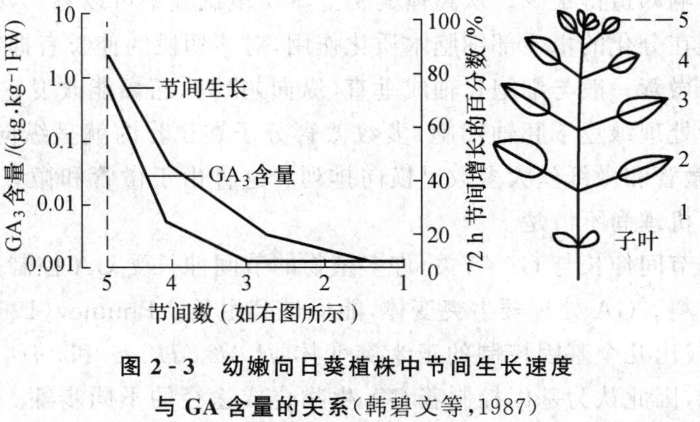

图 2-3　幼嫩向日葵植株中节间生长速度
与 GA 含量的关系(韩碧文等，1987)

有些试验证明，茎尖 CTK 主要控制细胞分裂，对茎伸长不起作用。ABA 和乙烯抑制茎的伸长，但乙烯能使细胞横向扩大，一般引起茎秆加粗。水生或半水生植物在淹水时常常通过茎的快速伸长生长，使叶片和茎顶端伸出水面。水马齿属(*Callytriche*)植物水下茎的伸长生长与茎中乙烯的积累有关。淹水能提高深水稻茎秆的生长速率，是由于淹水刺激茎秆中 ACC 的合成。在正常条件下，用乙烯处理深水稻也能产生淹水条件下的生长加速。Hoffmann-

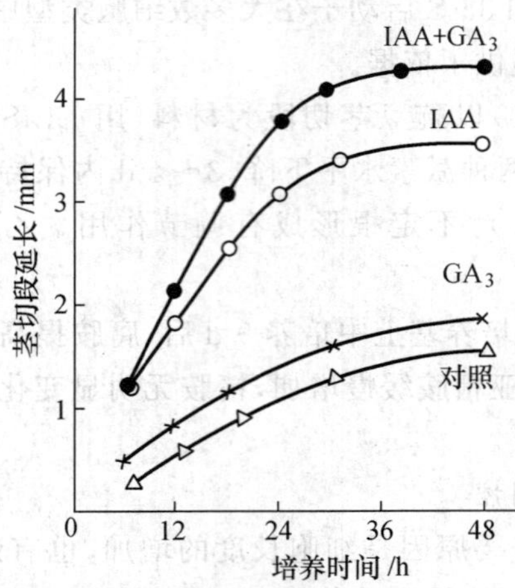

图 2-4 豌豆茎切段 IAA(10 μg/mL IAA)和 GA(10 μg/mL GA_3)对伸长生长的作用(李卓杰,1993)

Benning 等(1992)还发现深水稻用乙烯处理后,内源 ABA 水平迅速下降(ABA 是 GA 的拮抗物),从而有利植物生长加速。

2.维管组织 激素对维管组织形成也有影响。IAA 对活化茎的形成层起重要调节作用,可以诱导产生次生木质部,促使纤维细胞和韧皮部细胞增多。IAA 不仅促进茎部细胞的伸长,也能促使细胞分裂。GA 对形成层的活化也起重要作用。典型的例子是,IAA 与 GA 的比例对木本植物形成层的影响,用杨树做试验证明,早春将芽去掉,分别涂上 IAA、GA 或 IAA+GA 的混合物,14 d 后除形成层被活化外,涂 IAA 的有新的木质部产生,用 GA 处理的则产生新的韧皮部。两者混合处理的,不仅促进形成层细胞分裂,也有新分化的木质部与韧皮部的形成。IAA 与 GA 的比例高,促进木质部分化;反之,则促进韧皮部的分化。关于 CTK 对正常形成层的活动的影响知道得很少。从离体的豌豆茎切段试验中可以看到,CTK 有促进形成层细胞分裂和增加正在分化的木质部细胞木质化作用,对茎切段的伸长有抑制作用,但能引起茎的加粗。微纤丝与微管一般与细胞长轴成垂直(纵向)排列,乙烯能改变它们的排列方向。如用乙烯短时间脉冲处理绿豆下胚轴细胞,多数微管分子在 1 h 内就呈纵向排列。GA 作用却相反,使细胞中的微管和微纤丝大多数呈横向排列。这种由于微管和微纤丝方向变化引起细胞形状变化的分子机理尚不清楚。

3.节间伸长 节间伸长与 GA 有关,许多植物的节间伸长受 GA 控制,禾谷类植物是研究节间伸长的典型材料。GA 处理矮生突变体,能促进其生长。Phinney(1961)研究了玉米节间伸长的基因控制,找出几个基因控制的玉米突变体 *d1*、*d2*、*d3*、*d5* 和 *an1*,这些突变体比正常植株的 GA 活性低,因此认为基因控制着 GA 生物合成途径的不同步骤。这几个基因的作用位点见图 2-5。

分析 GA 生物合成途径的中间产物,可以知道哪些步骤是控制位点。例如,用[^{13}C,^3H]GA_{20} 化合物标记玉米幼苗,正常植株可以从 GA_{20} 形成 GA_{29} 和 GA_1。这两种化合物均被标记。但 *d1* 幼苗只产生[^{13}C,^3H]GA_{29},没有 GA_1 的标记物,这证明 $GA_{20} \rightarrow GA_1$ 的途径受阻。5 个突变基因最后导致 GA_1 较少,发生矮化。所以,影响玉米节间伸长是 GA_1 不是 GA 总量,但外源 GA_3 也有促进生长的作用。

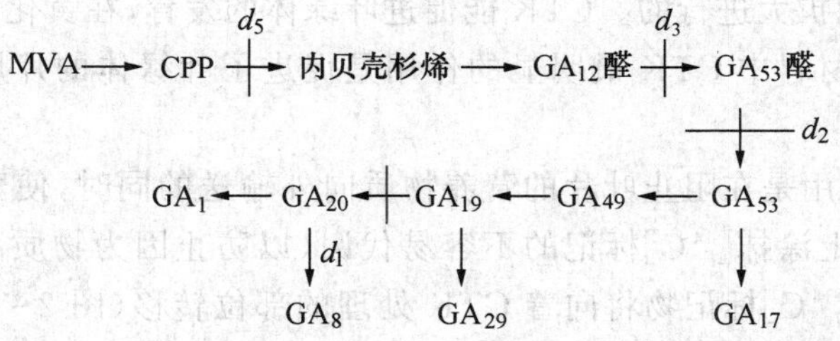

图 2-5 GA 生物合成突变位点

Dai 等(1982)用 GA 处理矮化豌豆后发现,AOD 活性、腐胺和精胺的含量随节间伸长加快而上升。Smith(1990 年)认为,多胺参与 GA 促进节间伸长的作用,多胺在节间伸长的细胞分裂期可能起重要作用。

总之,高等植物茎形态建成的机制还没有完全被人们认识。Tsiantis 等认为玉米 *rs2* 矮化突变体是由 3 个 *knox* 基因的错位表达引起的,同时 *rs2* 表现为茎 IAA 极性运输减少。植物内源激素间存在着相互联系和作用,例如有文献报道 IAA 与 BR 有很强的协同作用。对水稻矮化体同时使用 BR 与 IAA,其活性是单用 BR 的 300 倍。豌豆茎伸长中活性 GA 正常水平的维持需要正常水平的 IAA。IAA 与 GA 是否有相互作用一直困惑着生理学家。近期研究表明 IAA 可能调控 GA 的生物合成。

(三)叶建成和发育的激素调控　对整体植株来说,茎尖是叶原基的发端,是通过细胞分裂、细胞伸长与分化来进行生长发育的。植物激素是上述过程中重要的调控因素。

1. IAA　正在扩展的幼叶中 IAA 含量高,将离体叶片放在琼脂上可以测出 IAA。幼叶和幼叶的尖端是 IAA 的主要来源,成熟叶片的尖端含 IAA 最少,可能是由于叶尖最早停止生长。Thimann(1937)认为 IAA 是叶脉的生长因子,有资料证明缺少 IAA,叶片也不能生长。目前知道比较清楚的是不同浓度的 IAA 对叶片的中脉与侧脉的生长起促进或抑制作用,然而对叶肉组织的生长,IAA 的效果较小。IAA 与 CTK 在促进叶片生长和活性中有协同作用,在杨树组织培养过程中,仅加入 6-BA 的培养基里叶片发黄,如果同时加入 IAA 或 IBA,叶片保持浓绿。

2. 乙烯　乙烯可以阻止细胞分裂,对叶片扩展有抑制作用。黄瓜对乙烯十分敏感,空气中浓度达 0.025 nL /L 就可以观察到抑制作用,这种抑制包括对细胞数目和细胞长度两个方面的抑制。伴随着叶子的生长,乙烯的生成速度和绝对量都很高,叶柄比叶片产生乙烯更快而且乙烯在叶柄中还会大量累积。乙烯对叶片的影响最显著的例子莫过于所谓“偏上生长”,即叶柄向下方弯曲,叶片下垂。这是由于叶柄的上侧伸长快于下侧的伸长所致。偏上生长实际上与 IAA 有关,即叶柄对乙烯反应,使得叶柄的上侧分布了较多的 IAA,使叶柄的上侧比下侧生长快。棉花和橄榄的正在展开的叶片中乙烯合成较多。

3. CTK　根是 CTK 的主要来源,叶的生长依赖于根,离体叶片由于 CTK 减少而衰老。CTK 对营养物质敏感,缺氮使向日葵、南瓜、桦树等植物中 CTK 活性下降,但枫树不明显;缺 P、K,CTK 也减少,但不如缺 N 严重。离体叶片从水中转移到营养液中,CTK 水平提高,所以叶不是绝对地不合成 CTK,但合成部位和活性形式还不完全清楚。

CTK 对于离体叶片和子叶的生长,都有促进作用。根部合成的 CTK 起促进叶片健壮生长的作用,叶片生长表现为叶面积及其直径增大或鲜重增加。叶片切段的生长并不是通过细胞分裂,而是通过细胞扩大进行的。CTK能促进叶绿体的发育,在黄化的烟草叶片,黄化的大豆子叶和黄瓜子叶等材料中CTK最明显的作用是促进了叶绿体的片层结构发育,使质体基粒数明显增加。

CTK的另一个作用是在阻止叶片的营养物质向外输送的同时,使营养物质向CTK所在的部位聚集。在叶片上涂抹[^{14}C]标记的不容易代谢(以防止因为物质降解导致的实验假象)的有机物,如氨基酸,[^{14}C]标记物将向着CTK处理的部位转移(图2-6)。CTK还具有延迟叶片衰老的作用。

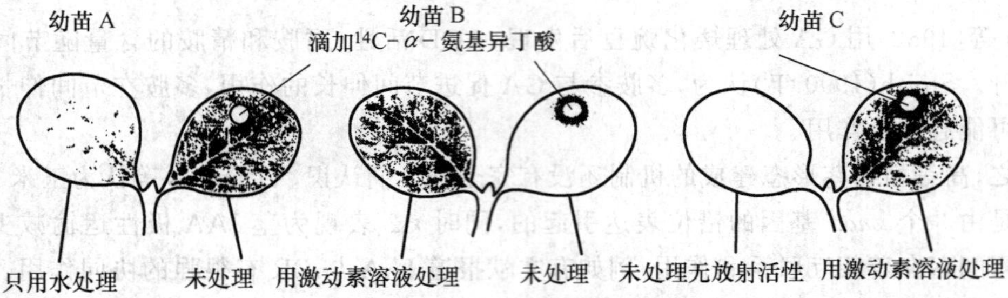

不能代谢的放射性标记氨基酸,如氨基异丁酸,将其液珠滴在每株苗右边的子叶上。A左边的子叶喷水作为对照;B左边的子叶和C右边的子叶分别喷50 μmol KT。之后放射性的位置以放射自显影术检测。暗斑表示该技术检测到的放射性氨基酸分布,暗斑密度越大表明放射性越强,[^{14}C]标记物越多。

图2-6　CTK对氨基酸在黄瓜实生苗中移动的影响(Taiz & Zeiger,2002)

4. GA　GA对控制叶肉组织生长更为重要。叶片中GA的含量高低与叶片生长速度有关,在生长快的幼叶中含量比老叶中的高,叶片扩大最快时GA含量最高。GA主要在茎尖、幼叶等部位合成,红光照射可以增加可扩散GA量(如黄化大麦、小麦和松叶等)。叶绿体粗提物中GA类似物很多,GA在叶绿体中合成,但GA对叶柄伸长的影响比叶片大。

IAA与GA或CTK的关系:IAA与GA如果单独使用,可以促进幼叶原基伸长;如果共同使用,使原基增大。GA/CTK对叶形有影响,烟草叶片中GA过量时叶片长得长而薄,加CTK引起细胞扩张而抑制了伸长,叶子形态正常。番茄淹水后,地上部GA减少,可能是受根中CTK影响的结果。

5. ABA　ABA主要在叶绿体中合成,在液泡中积累,所以在扩散试验中检测不出,但叶片失水萎蔫时可使ABA从叶绿体中渗漏出来,可扩散的ABA含量急剧上升。在这种情况下,ABA的移动被认为与气孔关闭有关。有关的证据主要来自离体实验,其中Davis和Zhang(1991)等建立的实验系统充分模拟植物生存的真实环境条件,所得结果较为可靠。

(四)*花建成和发育的激素调控*　植物的成花包括花原基的产生和生长过程,植物激素诱导成花也是在激素发现以后较早开展的研究领域。光周期诱导和春化作用的实质是激素的调控,IAA、CTK、GA、ABA和乙烯在诱导成花方面都有不少实例。对于木本植物,只有少数树种的成花受光周期控制,大多数植物花的发端可能主要受内源激素平衡的调控。

1. CTK　CTK参与许多植物的成花转变过程,不同植物中表现不完全一致。两种黎属植物在各自光周期诱导中,茎尖CTK含量都增加,在长日红藜(*Chenopdium murale*)中是逐步的较长期的增加,而在短日红藜(*C. rubram*)中则是快速且短暂的增加。CTK也参与木本果树的成花调节,内源CTK的增加可以减弱苹果的营养生长,促进开花。在短日下用低剂量

CTK 处理白芥顶芽,会导致顶芽发生类似于经成花诱导后的变化,如细胞分裂速率和同步化增加、DNA 复制减半、液泡裂解等等。CTK 也是体外系统花芽分化所必需的生长调节物质。

CTK 可能在成花诱导早期发挥作用。红黎在诱导处理后几小时内源 CTK 含量增加;烟草经 CTK 处理 2 d 即可诱导花芽的分化,并且 CTK 被认为是在初期起作用的;白芥根中 CTK 的含量,在诱导早期(1 h 内)短暂快速的增加。

把 CTK 合成酶基因转入烟草中,植物体内的 CTK 含量明显增加,并且在烟草叶的脉末端产生花芽,这些花芽中的 CTK 含量远比野生型的花芽中高得多。

2. GA　目前为止,已发现 GA 在植物的成花过程中对以下几种生理过程具有促进作用:非诱导条件下的成花转变;需低温植物的抽薹开花;日中性不需低温的各种园艺植物,如天南星和朱蕉的开花;针叶树球果的产生。相反 GA 对几种多年生被子植物,尤其是果树及木本植物花的发生具有抑制作用。

GA 能帮助某些植物度过春化阶段,如某些没有经过低温处理的胡萝卜、白菜或甜菜在越冬前用 GA 处理后,可以使它们当年抽薹开花。

GA 对长日植物的开花有刺激作用,但不能诱导短日植物开花。利用 GA_3 可以非常容易地终止柏科和杉科植物的幼年期,从而达到诱导成花的目的,最有效的 GA 是 GA_1、GA_3、GA_4、GA_7 和 GA_9,GA_{13} 和 GA_{24} 效果不显著,而 GA_5 几乎不起作用。对于北美黄杉每个枝条的用量为 40 μg 时,以 $GA_{4/7}$(质量比为 1∶3 的混合物)的效果最好。唯一例外的是 GA_5 促进雄球花产生的效果超过 $GA_{4/7}$。GA 还可以代替菊花对长日照的要求,促进菊花开花。

GA 的效应与它们自身的结构有关,环境条件(如日长、温度、逆境)等也可以调节 GA 代谢,并因此改变 GA 在组织中的活性和水平,影响 GA 诱导开花的效果。GA 对凤仙花开花的促进效应只在高温时有效,在低温下无效。弱极性的 GA(如 GA_7 和 GA_9)浓度的增加与木本多年生针叶树的成花调节有关,而强极性的 GA_1 和 GA_3 则参与营养生长过程。

诱导条件下的成花转变可以被 GA 的生物合成抑制剂所抑制,这类植物有长日植物金光菊、短日植物牵牛以及长/短日植物落地生根等,这类抑制作用可以通过外施 GA 而逆转。红车轴草的一种 GA 突变体,由于其 GA 代谢或对 GA 的反应发生改变,所以开花完全受阻。

GA 的另一个重要效应是加速成花的转变。高粱属植物的 ma_3^R 等位基因可产生过量 GA,将开花时间提前;GA_3 处理可以加快 ma_3^R 缺陷和含 ma_3^R 的植株开花。GA 合成受阻的突变体,导致豌豆矮化,但不影响其对日长的定量反应和成花反应。但是,与野生型相比,GA 缺陷型在一定时间内产生较少的叶和节间,所以它从播种到成花转变的时间就增加,即表现为晚开花特性。

3. IAA　低浓度 IAA 是花发生所必需的,但是在高浓度时则抑制开花,外源 IAA 处理和内源 IAA 测定均证实了这一点。长日诱导下,白芥顶芽在诱导后 16 h,IAA 水平下降,在诱导植物的顶芽 IAA/CTK 的比例下降。麦瓶草经 2 个月每天喷洒 IAA,可在非诱导条件下抽薹并形成花芽。在薄层培养体系中,IAA 与 CTK 在浓度合适(如 6 - BAP/IAA 比值为 1;6 - BA/NAA 比值为 10)的条件下,能促进烟草花芽的形成,但 IAA 浓度与 CTK 浓度不合适时(常常是当 CTK/IAA 的值高于上述比值时)促进烟草营养芽的形成。说明花芽的形成与其他生理过程一样,各种激素之间的平衡是很重要的。色氨酸是 IAA 生物合成前体。培养基中不同浓度的色氨酸和 6 - BA 促进烟草花柄切段分化花芽,而且这种效应与花柄成花梯度及光照有关。同时,实验还证实 *D* - 色氨酸和 *L* - 色氨酸对花芽分化的促进效应没有明显差异。总之,IAA对植物开花抑制的例子远比促进的例子多,即IAA对开花一般起抑制作用,且实际效果与多种因素有关。

4. 乙烯 乙烯对成花是促进还是抑制与植物种类有关。很多植物花的形成被乙烯促进。导致乙烯增加的处理(如外施乙烯利、摇震、ACC应用等)都可以促进鸢尾和果子蔓属的植物开花。但是,乙烯的促进效应不是单独起作用的,至少与低温有关。在凤梨中是NAA而不是乙烯促进其从幼年期向花成熟方向发育,当植物达到成熟时,乙烯似乎是唯一控制成花的因素。因为乙烯生物合成抑制剂AVG可以完全抑制凤梨的开花,并且这种抑制作用可以被随后的乙烯处理而逆转。对乙烯不敏感的拟南芥突变体 *etr* 表现出迟开花;乙烯调节缺陷和合成减少的拟南芥突变体 *hls1-1* 有早开花特性。乙烯对拟南芥开花的作用较复杂,很难从以上现象进行推论。

5. ABA 内源ABA可能与蓝猪耳的花芽诱导有关。播种10周时的植物茎组织内,ABA水平在5 ng/gFW以下,12~16周茎中ABA上升至20 ng/gFW。在12周植物各节间内源ABA浓度表现出与花芽分化能力梯度类似的分布趋势,上部节间花芽分化率及ABA浓度均比下部节间的高。谷本静史等(1992)认为中性植物的成花主要受ABA的控制。

典型的水生短日植物微青萍的开花需要高水平的内源ABA和低水平的GA_3。外源ABA和CCC可引起微青萍在非诱导的连续光下开花,一种茶篱子属的植物在短日下出现一个ABA含量高峰。ABA对长日照植物开花一般起抑制作用。如拟南芥ABA缺陷型或不敏感突变体在短日下早开花,但在长日下则没有早开花的现象,说明ABA对拟南芥的开花是起抑制作用。

油松枝条注射$GA_{4/7}$或$GA_{4/7}$ 200 μg与ABA 500 μg混合物,每2周注射1次,连续一个月,雌花分别产生79%和92%,而对照为57%。$GA_{4/7}$+ABA处理的枝条,球果数量比对照增加1~5倍,$GA_{4/7}$不如$GA_{4/7}$+ABA处理的效果显著。对于杉木枝条,每隔5~10 d注射20 mg GA_3,雌花数量普遍增加,在球果原基可以辨认之前1~1.5个月,孢子叶球原基即已产生,但是激素促进植株成花的效果在不易成花的年份更显著。

6. 多胺 多胺参与CTK调节的许多过程(如细胞分裂周期等)。白芥在诱导期间其韧皮部汁液中有一个早期多胺峰;拟南芥在成花转变过程中,叶中的腐胺水平上升,但根中腐胺含量不增加。用多胺的生物合成抑制剂处理白芥叶,可以导致成花反应的急剧下降。这些现象说明,诱导叶片中合成的多胺(主要是腐胺)是拟南芥成花信号的组成成分。苍耳在连续暗期诱导下,叶片积累大量多胺(主要是精胺,还有亚精胺和腐胺)。大豆在15 h长夜诱导结束时,腐胺、精胺和亚精胺含量减少,在第3个长夜诱导结束时(这正好是分生组织向生殖生长阶段转变时期),只有游离的腐胺含量下降。从这些结果推测,在花发育早期,多胺可能从叶片向花芽和花序中转移。

7. 玉米赤霉烯酮 玉米赤霉烯酮(ZEN)具有动物雌性激素的性质,它对冬小麦春化作用的完成和短日照植物微青萍在长日照下的开花都有促进作用。

目前,激素调节成花的观点颇受关注,研究报道也很多,各类激素对花芽分化的单独作用已基本清楚。但由于内源激素在植物体内分布范围广、含量低,且容易氧化分解以及取材的时期不同,所得结果仍有许多互相矛盾的报道。Luckwill(1974)提出的激素平衡调节花芽孕育的假说,受到了越来越多的重视。他认为花芽分化取决于促花激素和抑花激素之间出现的一种平衡,而这种平衡的变化可导致与成花有关的基因解除阻遏,并调运营养物质向生殖器官转移进而完成花器官的建造。Leopold 也认为激素控制开花的可能性至少在某种情况下是通过刺激或抑制激素间的互相作用来完成的。

（五）果实种子发育的激素调控 一般说果实发育就是子房壁或花托的加厚，是靠受精后的胚珠与子房中幼嫩的种子提供的内源激素调节引起的，目前认为主要是各种内源激素相互平衡作用的结果。

1. CTK 和 IAA 幼嫩种子中产生的 CTK 是促进周围组织细胞分裂的主要物质。在长成的种子中富含 IAA，在幼果生长过程中主要起促使细胞扩大的作用。此外，IAA 还促进果柄中维管束系统的发育，可以防止离层形成，增加坐果。种子中的内源激素除了直接诱导细胞分裂与细胞扩大外，高含量的内源激素使发育着的种子起着生理库的作用，促进碳水化合物与氨基酸等物质从植物的营养器官向果实输送，提供果实发育所需的主要代谢物质。植物在授粉以后，子房中的 IAA 含量会急剧上升，IAA 是由种子合成的，IAA 含量增高促使子房及其周围组织膨大，果实就健壮发育起来。最早用草莓做的试验，说明 IAA 对果实发育的影响，如果在草莓果实开始发育时（图 2-7），将种子全部去除或除去一部分，则没有种子的部分就会使果实停止膨大，只有留有种子的部分继续膨大，因而果实发育不健全。

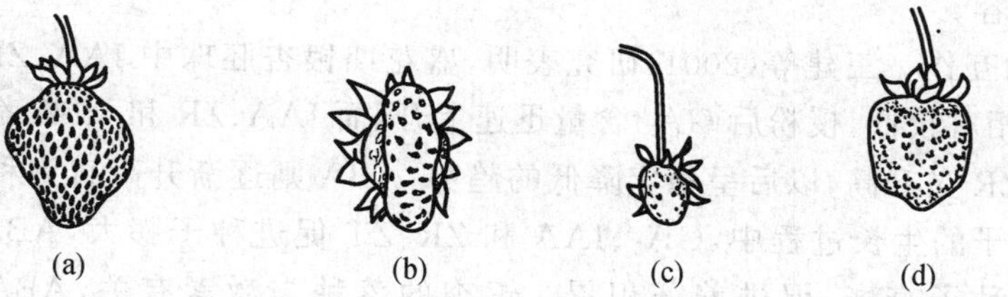

（a）正常的果实；（b）如果除去了侧面的瘦果，那一部分的果实生长停止，形成了畸形的果实；（c）瘦果全部除去，果实停止生长；（d）除去全部瘦果，但施加吲哚乙酸，花托可以发育成正常的果实（假果）

图 2-7 草莓果实（假果）的生长和种子与 IAA 的关系（赵毓橘，2002）

2. ABA 果实成熟时，ABA 含量最高，ABA 也是刺激果实脱落的因素，与种子发育关系最密切的激素也是 ABA。ABA 在物质积累和运输过程中起着重要的作用，它能促进大豆光合产物在籽粒中的积累，在大麦、小麦及玉米等作物中有促进同化产物运输的作用，且其含量与籽粒生长呈正相关。

豆类结实期，荚壳和籽粒生长的快慢与其 ABA 含量有关。当器官中 ABA 含量高时，生长缓慢，ABA 含量低时，生长就迅速。陈婉芬等在菜豆研究中发现，在菜豆果荚的体积、鲜重和还原糖含量增加迅速的幼果期至食用期间，荚壳内的 ABA 含量甚低，尤其在食用期 ABA 含量最低，这也正是豆荚长到最大的时候；而籽粒生长较慢时，籽粒内 ABA 含量甚高，竟达荚壳 ABA 含量的 3.5 倍。

灌浆前期水稻籽粒内源 ABA 变化与其增重有相同趋势，且灌浆强度高的籽粒比灌浆强度低的籽粒含有更高的内源 ABA 水平，说明 ABA 对籽粒灌浆有促进效应。抽穗和灌浆初期喷施 ABA 也证明了这一结论。但灌浆后期，灌浆强度低的籽粒内源 ABA 则迅速上升，甚至超过灌浆强度高的籽粒。这说明后期高浓度的 ABA 有抑制物质运输，加速植株衰老的效应，也说明 ABA 对籽粒灌浆的效应取决于其浓度和籽粒发育时期。

3. 多胺 在苹果幼果发育的早期，多胺的含量尤其是亚精胺的浓度较高。在柑橘花中，

80%的多胺存在于生殖器官中,花发育早期多胺显著增加。在红橘幼果发育初期,多胺的含量及精氨酸脱羧酶和鸟氨酸脱羧酶的活性都很高。据报道,鳄梨果的细胞分裂与腐胺和精胺含量之间也存在类似关系。

果实发育早期施用腐胺促进了番茄果的生长。Ctosta等(1983)试验表明,较低浓度(10^{-6}～10^{-5} mol/L)的精胺、亚精胺和腐胺处理,无论单喷或混喷均促进果实生长,尤其是对果实的第一生长期影响最大,收获时单果重显著提高。

4. 乙烯　用气相色谱测定证明,某些果实成熟时,乙烯释放高峰与呼吸高峰是一致的或略有提前。乙烯的产生与累积,促进了果实呼吸等一系列生理变化,导致果实成熟。

外源乙烯处理促进果实成熟和提早与成熟有关的生理生化反应,少量乙烯就可诱导果实成熟,是由于乙烯具有自催化作用,少量乙烯可诱导果实产生大量乙烯。不同果实启动成熟的乙烯浓度阈值差异很大,如芒果为0.01 mg/L,梨为0.9 mg/L,非呼吸跃变型果实对乙烯也有反应,有效浓度0.1～0.3 mg/L。乙烯合成或作用的抑制剂已在果品和蔬菜保鲜上普遍应用,近年来ACC合成酶反义基因转入番茄,果实成熟推迟,储存和货架期延长,是乙烯参与果实成熟的新有利证据和应用。乙烯调控果实成熟的机制可参见第一章"乙烯"一节和本章关于成熟激素调控的内容。

5. 激素间的互作　王建等(2001)研究表明,盛花期银杏胚珠中IAA、ZR、ABA都具有较高的水平,GA_3相对较低,授粉后GA_3含量迅速上升,而IAA、ZR和ABA都明显降低。细胞膨大期IAA和ZR又升高,以后呈稳定降低的趋势,ABA则逐渐升高直到种子成熟时达到最高值。在银杏种子的生长过程中,GA_3、IAA和ZR、ZT促进种子膨大,ABA促进种子成熟,IAA和ZR抑制种子衰老,促进养分积累。银杏的落种与激素有关,ABA促进种子脱落,GA_3、IAA和ZR抑制脱落。

Mastner(1995)综合了小麦籽粒发育过程中,各种内源激素含量的变化情况(图2-8),表明籽粒生长发育是受多种激素间平衡和协同作用的调控,且远大于单一激素的调控作用。

小麦开花2周内正是细胞分裂的时期,籽粒刚开始发育,CTK含量达到高峰;开花15 d后,CTK含量很快下降。小麦开始灌浆时,种子中α-淀粉酶的活性主要在种皮中表达。早期种皮也含有叶绿素,GA的作用之一是通过诱导种皮中α-淀粉酶的活性,使碳水化合物由种皮转移到胚乳中去。小麦灌浆时GA与IAA含量都高,可能起着促使叶片中同化产物向籽粒中运输的作用。当籽粒成熟时,ABA含量增高,CTK含量下降。

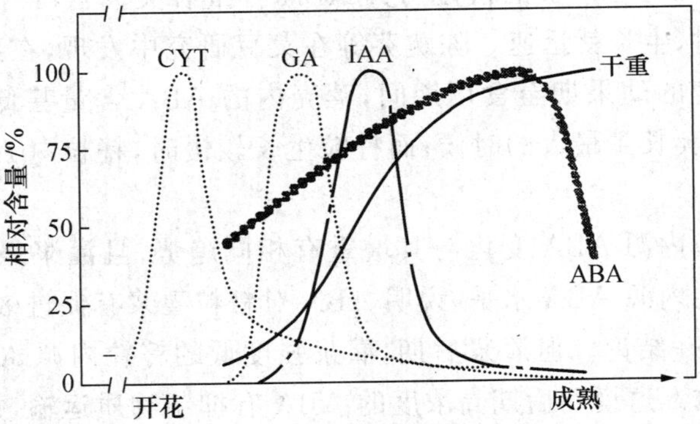

图2-8　小麦籽粒发育过程中各类激素的动态变化(Marschner,1995)

二、休眠与萌发的调控

(一)种子和芽休眠的原因　种子休眠有种皮或结构上障碍、种胚发育不全、种胚生理休眠等原因。其内因,目前认为主要取决于生长促进剂和抑制剂的相互平衡。前者主要是GA等,抑制剂有ABA等,CTK能克服抑制剂的抑制作用并诱导GA起促进作用。乙烯与种子的休眠和萌发密切相关,休眠种子乙烯产生量少,种子萌发过程中可测出大量乙烯的释放,对许多休眠种子,用乙烯处理可打破休眠。

在短日照和低温条件下,芽休眠的原因主要是ABA等抑制物质的作用。如黑穗醋栗休眠,主要是由叶片运输来的抑制物质ABA积累于鳞片中对芽的休眠起作用,桃中抑制物质柑橘素(柚苷配基)也是分布于芽鳞中。有的抑制物主要分布在顶端分生组织或叶原基中,如李树在休眠芽中含有类似ABA的物质。但近代不少研究表明,ABA不是引起休眠的唯一因子,促进物质的下降也可引起休眠。

GA对解除休眠有较大作用,GA与ABA及柑橘素有竞争性抑制作用。不少研究报道GA与解除休眠相平行,CTK和乙烯也有解除休眠的作用。说明芽的休眠和萌发也是多种激素平衡的结果(图2-9)。

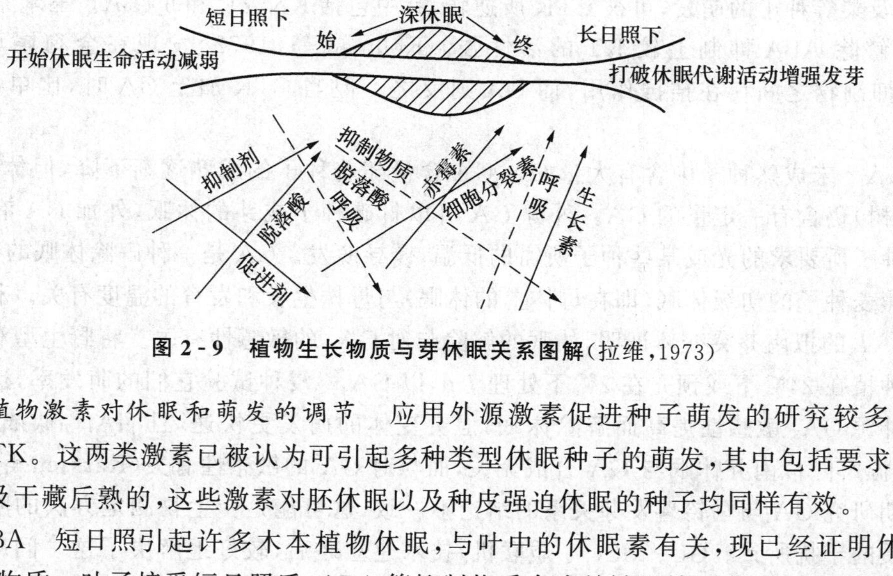

图2-9　植物生长物质与芽休眠关系图解(拉维,1973)

(二)植物激素对休眠和萌发的调节　应用外源激素促进种子萌发的研究较多,特别是GA_3和CTK。这两类激素已被认为可引起多种类型休眠种子的萌发,其中包括要求低温的、感光的以及干藏后熟的,这些激素对胚休眠以及种皮强迫休眠的种子均同样有效。

1. ABA　短日照引起许多木本植物休眠,与叶中的休眠素有关,现已经证明休眠素为ABA同类物质。叶子接受短日照后,ABA等抑制物质合成并被运输到芽内,引起休眠。长日照处理或GA处理能消除这种抑制。白蜡树(*Fraxinus chinensis*)10月份芽的鳞片中含有大量的生长抑制剂,在次年2月份芽的鳞片中抑制剂消失,此时如将插条由室外移至室内,枝条即可生长。

ABA广泛存在于休眠的组织和器官(树木的芽、鳞茎、块茎、种子等),在这些器官解除休眠而萌发时,ABA的含量降低,所以ABA对植物休眠状态的建立与维持是十分重要的。Geert-Jan等(1996)以百合属(*Lilium*)休眠鳞茎为材料,在组织培养条件下诱导出不定芽,将这些芽种植在消毒土壤中(20℃下)数星期可以萌发,如果加不同浓度氟啶草酮(Fluridone,一种除草剂)则可阻止芽的休眠,证明氟啶草酮抑制ABA的合成。氟啶草酮对实验所用的4个百合品种小鳞芽的休眠都有抑制作用,但不同品种对同样浓度的氟啶草酮反应不同。用ABA

与氟啶草酮同时处理,芽休眠可以恢复。这些结果说明ABA参与百合小鳞茎的休眠。

Trewavas(1988)提出植物激素敏感性的概念。认为植物激素作用的强弱与浓度无关,植物细胞对激素的敏感性(sensitivity)才是激素作用的控制因素。所谓敏感性就是植物对一定浓度的激素反应的程度。上述4个百合品种的芽休眠对ABA及ABA合成抑制剂的反应不同,可以解释为不同品种对激素的敏感性的差异。向日葵(*Helianthus annuus*)授粉后不同时期的幼胚对外加ABA反应不同,将5 μmol/L或50 μmol/L ABA施用于幼胚,然后移在培养基上,只有当授粉1周之内的幼胚接受ABA后,可诱导休眠,使萌发率迅速下降,说明授粉1周内是幼胚对ABA的敏感时期(Le Page - Degirry等,1992)。

Karssen等(1983)认为拟南芥体内的ABA分为来自母株的与胚内合成的两类,只有后者才能诱导种子休眠。其论点的证据是:通过叶面喷洒或根系供给ABA,虽能大大提高拟南芥突变体*aba*植株体内的ABA水平,但仍然不能诱导*aba*种子休眠。Le Page - Degivry等(1992)用放射免疫法在向日葵休眠种子的胚轴中检测到有高含量的ABA,由此认为,种子本身合成的ABA对诱导种子休眠起着关键的作用。

ABA能抑制多种植物种子的萌发,但种子从ABA溶液中取出并用水漂洗后,仍可迅速萌发,可见ABA的抑制作用是暂时性的。Kollman等(1970)指出,被ABA抑制的莴苣、大麦、苍耳及梨等种子的萌发,可被CTK所逆转,其中包括KN、ZR和6-BA。玉米素是天然的CTK,在解除ABA抑制上较KT的活性强。Kollman等(1972)发现在金狗尾草种子中,CTK与抑制物之间存在拮抗作用,而GA则反之。但当CTK加上GA时,比单用CTK更为有效。

2. GA　未成熟种子中含有大量GA,GA含量随着种子的成熟逐渐下降,但休眠芽中(山毛榉、桦树)仍含有一定量的GA。外源GA可以打破种子或芽的休眠,外加GA有时可以代替需光种子所要求的光或某些种子所需的低温,诱导萌发。GA是一种解除休眠的有效激素。

野燕麦种子的初级休眠(即在母体上的休眠)与母株生长和发育的温度有关。利用GA缺陷型*ga-1*的拟南芥突变体证明,休眠的解除与对GA_3的敏感性有关。将野生型和*ga-1*种子直接种植在24℃下或预先在2℃下处理7 d,以GA_{4+7}浸种试验它们的萌发率,这两种种子都因对外源GA_3敏感性提高而解除休眠,但突变体的萌发更快速,且GA_{4+7}低浓度就有效。因此,低温解除拟南芥休眠与GA合成无关,而与对GA的敏感性有关(Karssen等,1989)。

早期研究GA与马铃薯发芽关系的结论不一致,这可能是受生物测定方法的限制和内源抑制物质的干扰所致。GC-MS(气-质联机)技术建立之后,较好地解决了这一问题。与茄科其他属一样,马铃薯块茎和芽提取物中含有GA_{20}和GA_1(Jones等,1988);在GA合成的13-羟基化途径中GA_1是有活性的;在结马铃薯的匍匐茎中含有GA_4和GA_{29}。内源GA在马铃薯休眠期中的变化还未见报道。

GA合成抑制剂(环丙嘧啶醇(ancymidol)、四环唑(tetcyclacis)、烯效唑(uniconazol)和多效唑(paclobutrazol等)诱导莴苣、番茄、辣椒、胡萝卜、芹菜和一些其他品种非休眠种子的休眠,加入GA后可抑制这种诱导作用。莴苣种子在暗中更易于休眠的诱导,番茄、辣椒和胡萝卜在光下和暗中的作用相同。

莴苣种子在利于萌发(25℃)和不利于萌发(低水势、35℃或5℃)的情况下都表现出GA合成抑制剂诱导休眠,GA解除和抑制休眠的现象说明萌发不需休眠的诱导/解除过程。光和湿冷也能解除由GA合成抑制剂诱导的休眠。

GA 能使感光性种子在暗处萌发，起着代替红光的作用。在莴苣种子中，照光后 GA 含量提高；而短暂红光效应可为 GA 所增强。GA_3 对多种植物种子有促进萌发的效应，而 GA_4 和 GA_7 的活性更强，其效应浓度低于 GA_3。

3. CTK GA 是解除树木芽休眠和种子休眠的激素，CTK 也有同样的作用。外源 CTK 能解除植物组织及芽的休眠，但其应用效果不一致，可能是由于 CTK 的种类、浓度和植物的品种、吸收能力、敏感性以及环境条件的变异等原因所致。用高效液相色谱（HPLC）方法检测出，马铃薯休眠芽中存在 8 种 CTK(Suttle，1998)。在休眠结束出芽之前，马铃薯块茎中 CTK 的总生物活性是增加的。内源顺式玉米素在出芽开始时也有所增加。外源施用顺式与反式玉米素对结束块茎休眠同样有效，表明 CTK 参与马铃薯块茎休眠的调节。

低温处理可解除某些植物种子及芽的休眠，各种内源激素随低温处理而发生有规律的变化。糖槭(*Acer saccharum*)种子在 5℃条件下层积过程中，内源 CTK 含量首先上升，然后随 GA 上升而下降；ABA 含量开始很高，然后迅速下降；最后，在种子萌发时 3 种激素含量全部降到最低。

对有些需光种子短时间红光照射，可使种子解除休眠，同时 GA 和 CTK 水平迅速增加。CTK 处理可代替低温或光照而达到解除种子休眠的效果。植物种子内及休眠芽中有许多种 CTK。Qamarruddin 等（1990）应用免疫测定技术分析松树(*Pinus sylvestris*)的休眠芽及针叶内 CTK 含量时发现，玉米素核苷及异戊烯基腺苷是主要的 CTK，但含量极低；低温处理解除芽的休眠后，CTK 含量上升，并在芽开始生长前达高峰。

CTK 可促进某些种子的萌发。CTK 对莴苣种子虽能增强红光敏感性，但不能完全代替红光的作用(Miller，1958)。天然抑制物如香豆素、黄原酸素(xanthatin)及未成熟小麦谷壳中的抑制物可完全抑制莴苣种子的萌发，而这些抑制作用均可为 CTK 所解除。对于非感光性莴苣种子，CTK 的解除作用发生于光或暗处；而对感光性莴苣种子，其解除作用只见于光下。因此，Hendricks 和 Borthwick(1964)认为 CTK 与抑制物之间存在拮抗作用，而且 CTK 与抑制物的相互作用和光敏素系统之间也存在相互关系。

孙远明等（1996）研究表明 6-BA 和 KT 处理魔芋休眠球茎，促进顶芽萌发和诱导不定芽产生。说明 CTK 可能在魔芋球茎从休眠向萌发的转变过程中起着重要作用。而高智慧等（1994）应用 GA、6-BA 和 ABA 等处理杉木种子，结果表明，GA 明显促进杉木种子的萌发，而 6-BA 和 ABA 则显著地抑制了杉木种子的萌发。当 3 种激素共同存在时，其相互作用表现为：GA 起促进作用，ABA 起抑制作用，而 6-BA 则解除 ABA 的抑制作用。说明 GA 对杉木种子萌发的影响最大。

4. 乙烯 乙烯在种子萌发过程中起着重要作用。在燕麦、花生、苍耳、莴苣等种子萌发过程中都释放出乙烯。当种子落在地面上，所产生的乙烯就会散失；种子种于土中，乙烯的浓度可提高到一定水平，而使种子萌发生长。用乙烯处理可解除种子休眠，促进多种植物种子的萌发。

在非休眠品种的花生种子萌发时，其胚轴活跃地产生乙烯，而休眠品种在吸胀时只产生少量的乙烯。如果用乙烯处理，可解除花生种子休眠、提高发芽率。花生种子的萌发和乙烯的产生可被 ABA 所抑制，而 CTK 能解除 ABA 效应，促进种子产生乙烯。应用乙烯亦可解除 ABA 效应。Ketring 等（1972）又指出，乙烯与抑制物（ABA）的互相作用调节着花生休眠种子的萌发。此外，GA_3 能刺激莴苣种子中乙烯的产生，乙烯促进新鲜莴苣种子的萌发。

乙烯对芽休眠也有作用。在离体培养马铃薯块茎形成的起始阶段,块茎产生大量乙烯,以后则降低。加入乙烯生物合成的抑制剂如硝酸盐或2,5-降冰片二烯(2,5-norbornadiene),可使发育的块茎出芽。说明乙烯在诱导块茎休眠中起关键作用(Suttle,1998)。乙烯短时间处理能缩短马铃薯块茎休眠期,效果决定于处理浓度、时间和马铃薯品种;长时间或连续使用乙烯或乙烯释放剂处理,可以抑制马铃薯出芽,在商业上往往用这种方法作为马铃薯贮存期间出芽的抑制剂。

5.其他植物生长物质

(1)油菜素内酯　烟草品种中有一种是光休眠种子,它的种子在暗中不能萌发,只有在红光或GA处理后才能解除休眠而萌发,Leubner-Metzger(2001)研究烟草光休眠种子的萌发与GA_4和BR的关系时发现,GA_4能促进烟草光休眠种子的萌发,而BR不能促进其萌发,但是BR能促进非光休眠种子的萌发和茎的伸长生长。由此推断,GA_4和光促进烟草光休眠种子萌发与BR促进非光休眠种子萌发是通过不同的信号转导途径。

(2)茉莉酸　JAs对休眠调节作用方面的资料较少。Van der Berg和Ewing(1991)研究了多种马铃薯,结果发现它们都产生JA,并且具有广谱的生物活性。13-羟基茉莉酸(tuberonic acid)是马铃薯等块茎形成的刺激物。新收获的马铃薯施用JA之后,休眠期延长,但现在还缺乏有关马铃薯块茎休眠期间JA变化的报道。JA是否是马铃薯休眠的调节剂有待进一步研究。

(三)在种子休眠和萌发中植物激素的相互作用　激素间的相互作用在休眠和萌发控制中起关键作用。GA可以促进某些特定的mRNA合成和特定酶的合成,已知有10种以上的酶受GA诱导而释放。用GA处理可以提高许多酶的合成活性,包括蛋白酶、核糖核酸酶、异柠檬酶等。从分子水平推测,GA可能与另一未知因子共同作用解除抑制状态,使结构基因的转录正常进行,促进mRNA和蛋白质的合成。GA解除对特定mRNA合成的阻碍是破除休眠、进行发芽的原因之一。与GA的作用相反,ABA能阻碍α-淀粉酶合成所必需的特定RNA合成。因此,植物体内GA与ABA含量的比值,决定了代谢的方向。

多数情况下,ABA与6-BA相互拮抗共同竞争同一位点,但是Chen通过对休眠种球吸收葡萄糖的特性研究表明,在贮存期间,球茎对葡萄糖的吸收增加,葡萄糖吸收受ABA的影响而不受6-BA的影响,且ABA与6-BA均能促进O_2的吸收。这说明,能量的供应与吸收并无直接联系,ABA与6-BA不是通过对同一位点的竞争来控制球茎休眠。

Khan和Waters(1969)根据试验提出3种激素相互作用控制种子萌发和休眠的假说(图2-10)。主要观点是:GA对于萌发是必要的,起"原发作用",它的缺乏导致休眠;ABA等抑制物是休眠的促进剂,起"抑止作用";CTK是阻滞ABA对GA的作用,即"解抑制作用"。因此,GA缺乏和ABA的存在都可引起休眠。根据3种激素的存在,有8种组合情况,表现出休眠或萌发。如当GA不存在时,不论CTK或抑制物是否存在,或者虽然GA存在,但抑制物存在而CTK不存在,种子进入休眠状态。当GA存在而抑制物缺乏时,CTK是否存在均可萌发。如果抑制物及CTK均存在,种子仍然萌发。这一假设的要点是,休眠的产生不仅由于抑制物存在,而且也是GA或CTK的缺乏所致。Khan(1971)认为,在不同的时期中,种子内的各种激素分别处于生理有效浓度或生理无效浓度,变化依赖于很多代谢因子和外界条件。因休眠的控制因素相当复杂,对激素在休眠中相互作用的关系还缺少深入了解,所以,该假说尚有待于补充与完善。

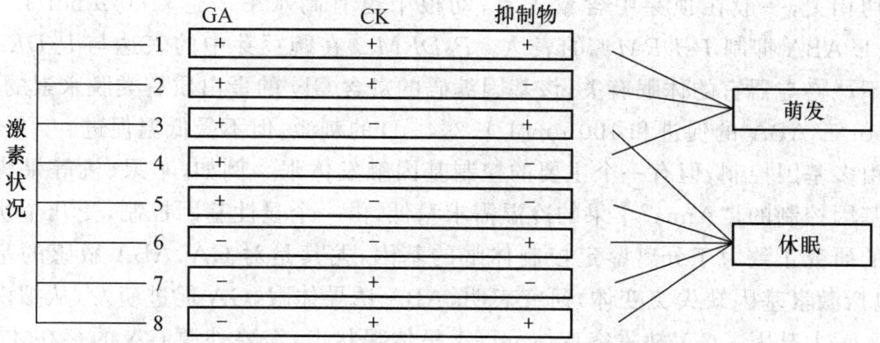

"＋"表示激素存在生理活性浓度，"－"表示不存在生理活性浓度

图 2-10 植物生长物质与种子休眠和发芽的关系(A. A. Khan，1978)

Amen(1968)根据休眠受抑制物与促进物的平衡所调节的概念，把外界条件(光、温度等)以及创伤、漂洗、干藏等人为措施作为触发因子，而把激素看做是发芽因子，提出另一个种子休眠与萌发的调节模式(图 2-11)。触发因子改变抑制物-促进物复合体的相关平衡，使向促进发展，当触发媒介接受外界刺激，便"翻译"为化学信息(激素)，活化潜在的酶系统，恢复代谢活性。用 GA 和 CTK 可打破芽休眠，促进萌发，但并不能完全代替低温的作用。芽只有经过一段低温后，才有解除休眠的作用。萌发和休眠是多种激素间相互作用，相互拮抗的过程，这种过程与种子的萌发与休眠非常相像。

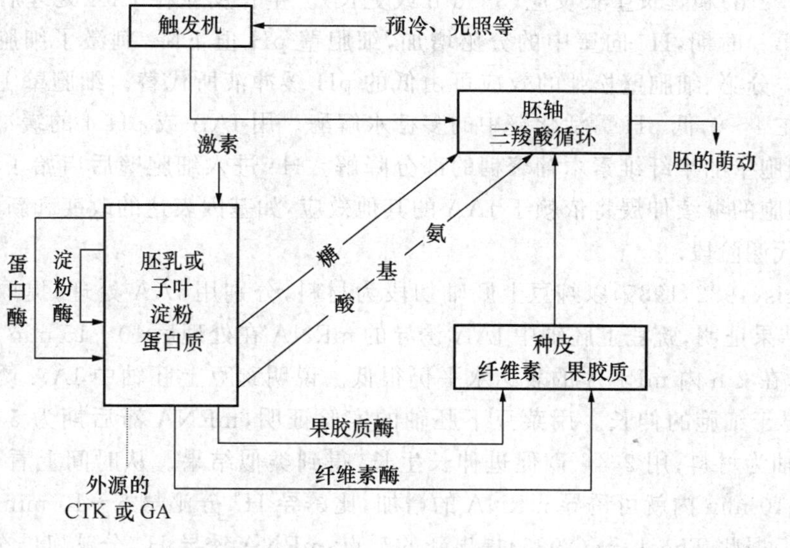

图 2-11 种子休眠与萌发的调节系统图解(Amen，1968)

从 20 世纪 80 年代起分子生物学的研究表明，休眠和萌发涉及大量特异基因的表达。休眠过程中高丰度表达的蛋白质称为 Lea 蛋白(Late embryo abundant protein)，其中有一种称为脱水素(dehydrin)，它具有一个富含 Lys 的区域，受 ABA 诱导，可能与休眠有关。在低温积累过程中，桃、油桃会产生 61 kD 的蛋白质，这种蛋白质在休眠的不同阶段对低温(5℃)、中温(15℃)和高温(24℃)的反应不同。GA 与低温一样，可减少这种蛋白质的含量。Stafstrom 等(1998)研究了豌豆休眠芽中 *PsDRM1* 和 *PsDRM2* 基因的特异表达。*PsDRM1* 的表达与休

眠状态密切相关，一般在顶芽中含量丰富，幼根中也有高水平表达，100 μmol/L 2,4 - D 和 100 μmol/L ABA 抑制 *PsDRM 1* 的表达。*PsDRM 2* 在豌豆芽中的表达与 *PsDRM 1* 相似，但表达并不严格与器官的休眠有关，该基因编码的富含 Gly 的蛋白质有类脱水素的功能，表达受 100 μmol/L ABA 的促进和 100 μmol/L 2,4 - D 的刺激，但不受低温促进。

休眠由多基因控制，但有一个主要的控制基因触发休眠。例如，苹果、桃等果树的冷温需求量是多基因控制的，"Anna"苹果的冷温需求量低，由一个显性基因控制，受几个次要基因协控。目前的研究正致力于分离鉴定控制休眠的基因，尤其是对 GA、ABA 敏感的基因。利用拟南芥(包括激素基因缺失突变体)研究表明，ABA 诱导休眠，GA 促进萌发，从拟南芥中已鉴定分离出 *ga* - 1 基因。GA 缺失突变体 *ga* - 1 呈休眠状态，需要外源 GA 的存在才能萌发，说明 GA 解除休眠。对 ABA 不敏感玉米突变体中的 *viviparous-1*(*vp-1*)基因具有加速多信号转导途径的功能，可控制包括休眠在内的许多发育过程。*vp-1* 基因产物是一种调节蛋白，为转录激活剂，是 ABA 作用途径中的一个成分，它能够和对 ABA 响应的 DNA 序列相互作用，赋予对 ABA 响应的组织特异性。Morris 等报道，ABA 可阻止一些对 GA 敏感基因的转录，表明 ABA/GA 平衡影响休眠与解除。

三、营养生长的调控

(一)伸长生长

1. 细胞的伸长　IAA 是刺激伸长生长最有效的物质，它引起的反应有两个时期：最初的生长反应(1～2 h)和延长生长反应(3～6 h 或更长)。生长反应在 IAA 处理后的 10～25 min 内开始。在第一时期，H^+ 向壁中的分泌增加，细胞壁 pH 值下降，刺激了细胞壁的松弛。由 IAA 引起 H^+ 分泌、细胞壁松弛的效应可由低的 pH 缓冲液所代替。细胞壁上的多数酶适宜的 pH 范围在 4～6，低 pH 可活化壁中的多糖水解酶。用 IAA 或 pH 4 的缓冲液处理植物组织时，引起细胞壁的半纤维素木葡聚糖的部分降解。H^+ 进入细胞壁后启始了 IAA 诱导的细胞伸展，但细胞的继续伸展将依赖于 IAA 的其他效应，如基因表达的改变和新酶的合成，使细胞进入新的代谢阶段。

Theologis(1982,1985)以豌豆上胚轴切段为材料，分别用 IAA 处理，提取上胚轴切段中的 mRNA，结果证明，豌豆上胚轴中 IAA 诱导的 mRNA 在处理后 10～15 min 增加，未经 IAA 处理的对照，在 2 h 内 mRNA 的表达水平仍很低。说明豌豆上胚轴中 IAA 诱导的特异 mRNA 的增加早于细胞的伸长。用菜豆下胚轴的实验证明，mRNA 滞后期为 5 min。Guilfoyle 以豌豆下胚轴为材料，用 2,4 - D 促进伸长生长，得到类似结果。从时间上看，豌豆组织中在 IAA 处理后 10 min 内就可诱导 mRNA 的增加，比诱导 H^+ 分泌早 5～10 min，比细胞扩大早 11～14 min。据此 Theologis(1986)提出新的观点：mRNA 诱导 H^+ 分泌，H^+ 分泌进一步引起细胞伸长。也就是说，IAA 诱导 mRNA、蛋白质的合成在 H^+ 分泌之前。

IAA 调节基因表达具有特异性，CTK、GA、ABA、乙烯以及逆境条件都不能引起 IAA 特异的 mRNA 表达。细胞的伸长过程如图 2 - 12 所示。

2. 节间伸长　节间伸长与 GA 有关，许多植物的节间伸长受 GA 控制。禾谷类植物是研究节间伸长的典型材料。矮生的突变体，外加 GA 能促进其增高生长。但具体影响玉米节间伸长的是 GA_1 而不是 GA 的总量，但外源 GA_3 也有促进生长的作用。

IAA 促进 mRNA 合成
↓
蛋白质的翻译
↓
H^+ 分泌
↓
键断裂（或酶的活化）
↓
细胞壁松弛←新的壁物质合成
↓
细胞吸水
↓
伸长生长

图 2-12　IAA 促进细胞伸长的过程

Dai 等（1982）用 GA 处理矮化豌豆后发现，AOD 活性、腐胺和精胺的含量随节间伸长的加快而上升。多胺参与枝条伸长已由 Kaur-Sawhney 作了进一步说明，用 GA 处理 9 d 的豌豆苗，9 h 后增加了精氨酸脱羧酶的活性，而 12 h 后节间才伸长。Smith（1990）认为，多胺确实参与了 GA 促进节间伸长的作用，正常的生长需要多胺，但它不是 GA 作用的调节剂，多胺在节间伸长的细胞分裂期可能起重要作用。

（二）径向生长　在对离体的豌豆茎切段试验中可以看到，CTK 有促进形成层细胞分裂和增加正在分化的木质部细胞的木质化作用，对茎切段的伸长有抑制作用，但能引起茎的加粗。

微纤丝与微管一般与细胞长轴成垂直（纵向）排列，乙烯能改变它们的排列方向。如用乙烯短时间脉冲处理绿豆下胚轴细胞，多数微管分子在 1 h 内就呈纵向排列。乙烯抑制茎的纵向生长却促进茎的横向生长，是因为乙烯影响了茎细胞内微管的排列状态，即乙烯减少了微管的横向排列，增加了微管纵向排列。微管纵向排列相应地增加了微纤丝的纵向沉淀，限制细胞纵向扩张的幅度，却有利于膨压推动细胞扩张生长向横向进行。

GA 作用却相反，使细胞中的微管和微纤丝大多数呈横向排列。这种由于微管和微纤丝方向变化引起细胞形状变化的分子机理仍是个未知数。GA 虽然不抑制侧枝生长，而且有一定促进作用，但侧枝生长不正常，细长且黄化。

（三）向性生长　植物或某些低等动物针对在某个方向较强的刺激而做出的应答或定向行为称为向性（tropism）。向性运动可表现为主动运动或结构改变。如向光性（对光的应答）、向地性（对重力的应答）、向化性（对某种物质的应答）、向水性（对水的应答）、向触性（对机械刺激的应答）、向伤性（对损伤的应答）和向电性（对电流的应答）等等。多数向性运动是正向的，即运动指向刺激源。种子无论播种在土壤里的位置如何，长出的苗总是根向下而茎向上，这种现象称之为向地性（geotropism）。拟南芥的种子在培养基上即使将其胚根向上种植，胚轴伸长的同时，胚根还是向下弯曲生长。营养繁殖体如柳树的插穗，在其任何空间部位发生的不定根总是向下弯曲生长。根向下弯曲生长，称为正向地性；茎向上生长称为负向地性。

1. 向光性　植物对诸如光、重力等环境因素均有反应。研究表明，根和茎的顶端存在着对光和重力敏感的物质,并能将刺激传递给其他部位,IAA在其中起重要作用。IAA在根内的移动速度为1 cm/h,在茎中的速度大致相同,而且这种移动一般被认为是在维管束中,特别是形成层新形成的筛部细胞内进行的。如果切下顶芽,就会发生侧芽生长的顶端优势削弱现象,其原因是IAA的极性运输被阻断。将胚芽鞘的尖端部分置于光下,尖端便向着光的方向。说明在胚芽鞘的受光部分发生了IAA的横向移动,背光部分的植物IAA浓度提高以后,由于生长量加大,呈现弯曲状态。可见,IAA的不均匀分布是造成弯曲的原因。高浓度的IAA由于极性向下移动,IAA不发生光分解,同时由于IAA的不均等分布,这样便造成光照射一侧由于青色光而形成生长阻害物质(xantoxion),光照射一侧的生长受到阻害,因而发生不均衡的生长。

近年来研究雨树(*Samanea saman*)叶片向光性运动时发现,光促进磷酯酰-4,5-二磷酸(PP2)水解,产生二酰甘油(DG)和肌醇三磷酸(IP_3)。DG能激活依赖Ca^{2+}和磷脂的多功能蛋白质激酶C(PKC),IP_3能促进非线粒体细胞器释放出储存的Ca^{2+}。Ca^{2+}是细胞内的第二信使,提高胞溶性Ca^{2+}的水平会通过钙调素促发一系列生物化学过程。因此磷酸肌醇循环及其产物可能参与向光性生长过程中光信号的转换和传递的分子生物学过程。

2. 向重力性　向重力性是植物生长的基本取向,一般认为根尖是重力感受部位,根冠是弯曲反应部位。淀粉体(造粉体,淀粉质体,amyloplast)是重力感受器(gravireceptor,也称平衡石statolith)。20世纪30年代随生长素发现和极性运输的研究,Choloden-Went提出是IAA的不均等分布引起向重力性(图2-13)。而这种极性分布与早年Bose(1907)提出的与重力刺激器官产生的电势差有关,当燕麦胚芽鞘横向放置时,上侧为负电性,而IAA也带负电荷,故向下侧转移,使胚芽鞘下侧生长快于上侧从而形成向上弯曲生长。在根部,IAA的分布与此类似,但是根对IAA的反应比茎敏感,微量IAA促进根的生长,高浓度则抑制生长。因此当根平放时,上侧细胞生长快而下侧生长慢形成向下弯曲。

20世纪80年代以来发现重力刺激Ca^{2+}重新分布,分布方向与IAA相反。Ca^{2+}螯合剂(EGTA)和钙调素(CaM)拮抗剂,会抑制根和茎的向重力反应。玉米根尖弯曲对Ca^{2+}的反应强力地支持细胞向重力生长的信号传递。无论是切除根尖与否,根冠存在与否,玉米根都向含有10 mol/L $CaCl_2$的一侧弯曲生长。

也有人提出ABA是根向重力性的原因之一,根上半部和下半部的ABA浓度不同可能导致上半部分快速生长,从而产生根的正向重力性。该机制的大多数实验证据是来自外源ABA的处理,生理浓度的ABA功能可能并非如此。用两个类胡萝卜素缺乏突变体*vp5*和*w3*以及类胡萝卜素抑制剂Fluridone处理研究初生根的向重力性,在类胡萝卜素缺乏的胚里,ABA水平下降。但是在缺乏ABA的情况下,Fluridone处理的和突变体实生苗都有强烈的向重力性,看来ABA不是根正向重力性所必需的。

四、性别分化和育性的调控

植物界中存在雌雄同株、雌雄异株以及雌花、雄花之别,这些花的性别通常是受遗传性所支配,但也受环境因素如营养、光和温度等影响,植物激素可在基因表达水平控制植物的性别分化。

(一)性别分化的激素控制　自从Luckwill(1970)提出激素平衡控制花芽的假说之后,人们在植物激素的含量与平衡上做了大量研究。童本群等(1991)测定了三年生早、晚生类型核

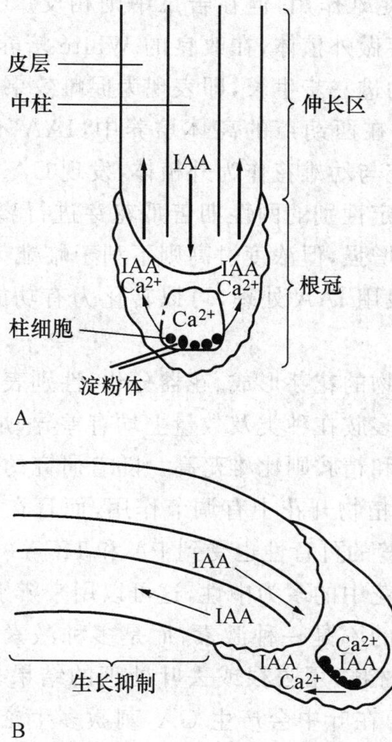

图 2-13　IAA 运输和根扩张期间向重力性的途径

(Hasenstein and Evans，1988)

桃雌花芽和营养芽中内源激素的结果表明：在雌花芽生理分化阶段，雌花芽中内源的 CTK、GA、IAA、ABA 分别为多、少、少、少，而营养芽则相反。这个模式揭示：①雌花芽分化是 4 种激素作用于芽分生组织的某一特定平衡的结果；②CTK 和 GA 的比值与组织形成雌花原基的能力呈正相关关系，即雌花芽的比值为 3.0，营养芽为 1.2。他们认为，促进 GA 与乙烯合成，而抑制 CTK 合成，则可促进雄性分化；反之，促进雌性分化。GA 引起植物雄性化的作用可能在转录水平上，而 CTK 类物质引起植株雌性化是在复制和翻译的水平上（夏仁学，1996）。

林顺权等(2000)研究了龙眼内源激素与花性别分化的关系，看到龙眼雄花的发育与相对较高的 IAA 含量相关联，雌花发育则与较低的 IAA 含量相关联。雌花分化伴随着一个相对较高的 GA_{1+3} 水平。无论雄花还是雌花，ABA 的含量都很高，而且在分化过程中，一般雌雄花的 ABA 都一直上升，但 ABA 相对高些有利于雌性分化。在龙眼的雌花蕾中，(IAA＋ZR＋GA_{1+3})/ABA 的比值随着花原基的发育而下降，在雄花蕾中几乎不变；进入分化期后该比值在雌雄花蕾中均上升，但雄花的上升迅速，雌花的较平缓；到开花时，两者比值都下降。在龙眼雄花的分化与发育过程中，IAA＋GA_{1+3}＋ZR 对 ABA 的比值相对较高，即 ABA 在整体的内源激素中占分量较小；而雌花进入分化时，ABA 在整体的内源激素中占较大分量，因而认为，促进生长的内源激素(IAA＋GA_{1+3}＋ZR)对 ABA 的比值小，较有利于雌性分化。

在许多瓜类中,GA具有促雄作用,但在苦瓜中则相反。Galun等(1962)用萼片、花瓣和雄蕊原基发育良好的黄瓜花芽做外植体,在改良的White培养基上,发现IAA可以促进雌花中子房发育并抑制雄蕊原基的进一步生长,即表现为促雌效果。GA_3与IAA配合使用则表现促雄效果,单独使用则无效。在西葫芦的离体培养中,IAA不影响花芽性别表达。Prakash(1977)用已决定性别的幼雌花与幼雄花作为外植体,发现GA_3和ABA对幼雄花有促雄作用,NAA有促雌作用。对尚未决定性别的两性期苦瓜花芽进行离体培养,发现低浓度的GA_3有促雌作用,并随浓度的增高而增强,但浓度过高则不利于雌雄花的发育。

葡萄在大孢子母细胞阶段用IAA处理,可以转化为有功能的雌株。NAA也能提高番木瓜雌/雄的比值。

此外,多胺和酚酰胺与植物的花芽形成、花器分化、性别表达和雌雄可育性有一定的关系。研究发现,雌花与雄花所含的多胺在种类及数量上均有差异,烟草雄蕊中游离的腐胺水平比雌蕊高出1倍,但雌蕊中亚精胺和精胺则比雄蕊高。随着研究的深入,已发现多胺(PAs)及其酚类结合物(HCA-S酚酰胺)在植物开花中有调节作用,而且在不同的花器官中,PA与HCA-S的种类与数量均不同,雌雄蕊的可育性也受到PA和HCA-S的影响。另外,子房与雌蕊中的结合态多胺多为碱性,而雄花中的多为中性,这可以用来辨别早期花的雌雄器官。

一般来说,控制植物性别的不是一种激素,而是多种激素相互作用的结果。Chailakhyan和Khryanin(1979)以菠菜为材料,用去根或去叶处理的结果表明,在根中会产生CTK,运转到地上部,促进雌性的发生;而在叶中会产生GA,刺激多生雄花。①如果把生长在土壤中的菠菜幼苗留有叶及新生的不定根,会促进雌株的发生;②如果留有叶而除去根,则会促进雄株的发生;③如果留有叶而除去根,但在培养液中加6-BA,则又可以促进雌株的发生,即与有根的差不多(表2-3)。亦即是说,根促进雌性的表现;而叶则促进雄性的表现。如果除去根后,代之以6-BA,又可以促进雌性的表现(图2-14)。

表2-3 不同器官及激素对菠菜性别影响(长日照)

处理	雄株		雌株	
	数目	比例/%	数目	比例/%
留有叶片及新生的根	7	15	96	85
留有叶片,除去根	85	85	15	15
留有叶片,无根加6-BA	16	16	82	84

Chailakhyan和Khryanin,1979

综上所述,GA主要促进雄性分化(但也有例外);乙烯和CTK则主要促进雌性分化;IAA和类IAA物质大多促进雌性发育,这可能与IAA诱导乙烯合成有关;ABA的生理效应往往与GA和CTK相反。

(二)*雄性不育的激素控制* 长期以来,人们就注意到雄性不育的发生与植物激素存在着一定关系。对一些材料内源激素分析,进一步揭示了植物雄性不育的发生涉及内源激素的变化。通过应用激素或调节剂可诱发一些植物产生雄性不育。

1.IAA 内源IAA积累与雄性不育有关,如无雄蕊番茄、核不育和CMS(细胞质雄性不育)油菜中。油菜不育系叶片和花蕾中IAA均高于保持系。高IAA含量抑制雄性发育可能与IAA诱导乙烯产生有关。外施生长素抑制某些植物的雄性表达,诱导雄性不育,如菠菜、玉

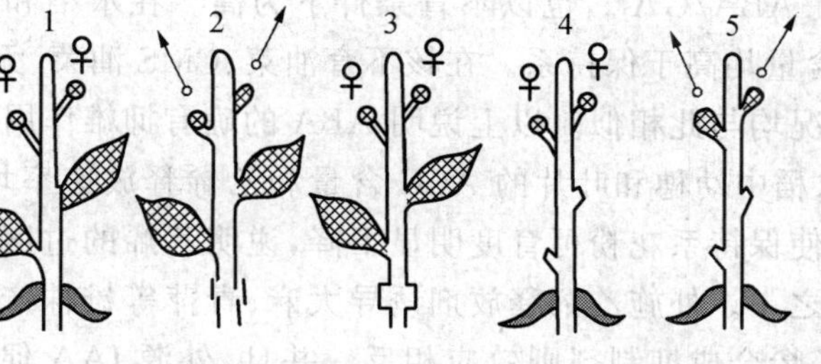

1. 有叶及根；2. 有叶无根；3. 有叶无根加 6-BA 处理；4. 无叶有根；
5. 无叶有根加 GA_3 处理。网线处为 GA_3；黑处为 6-BA

图 2-14　器官及其所合成的激素在雌雄异株植物的性别表现上的作用

(Chailakhyan 等，1980)

米和番茄等，生长素用做很多作物的杀雄剂。外源 IAA 也抑制离体培养下雄蕊的发育。

利用基因工程方法为此提供了更为直接的证据，*rolB* 基因可以引起 IAA 含量剧增，将其与绒毡层特异表达启动子组成嵌合基因并导入烟草，显著提高了花药内 IAA 水平，同时引起花药发育阻滞以致花粉败育，以上发现也与外源应用 IAA 抑制雄性表达的结果相吻合。

不过，另一些研究则表明，IAA 亏缺与雄性不育有关。例如在 CMS 玉米中，不育花药 IAA 含量远低于可育花药，并且，外施 IAA 使其育性得以恢复；在 CMS 水稻中，不育花药的结合和游离 IAA 都低于可育花药；雄性不育的辣椒 IAA 含量低于可育辣椒；在光敏核不育水稻中所得到的结果也与此相似。水稻从幼穗发育的雌雄蕊形成期到三核花粉期，不育系叶片、幼穗及花药中 IAA 水平均低于保持系，至于 IAA 含量低的原因，有人认为可能是由于 POD 和 IAA 氧化酶活性高引起其分解快所致；也有人认为与其分解无关而与其在不育系中合成不足有关。IAA 亏缺可能引起花药对物质和能量的竞争力下降进而造成雄性不育。

2. GA　外施 GA 促进大麻和黄瓜等植物雄性育性表达，并且使番茄无雄蕊突变体(*sl-2*/*sl-2*)产生花药和花粉。外施 GA 合成抑制剂诱导雌性表达，这从反面也证实了此点。另外，离体培养也证实 GA 对雄性器官发育极为重要。用 CCC 处理，抑制番茄离体培养花芽中雄蕊发育。内源 GA 测定结果支持 GA 促雄抑雌的看法。如 CMS 水稻与光敏核不育水稻不育株幼穗或花药中 GAs 含量显著低于相应可育株。CMS 水稻不育系幼穗和花药中 GA_{1+4} 含量低于保持系。番茄中也有类似情况。由此可见，GA 亏缺的确与雄性不育有关。

外施 GA 可以杀雄的原因可能与作物敏感性、使用剂量和施用部位有关。但在莴苣和胡椒等植物上外施 GA 却促进雌性表达或诱导雄性不育，GA 又可作为某些作物的杀雄剂。

3. CTK　多数研究表明，雄性不育株中 CKs 含量低于可育株，例如豌豆、番茄、大麦和辣椒。CMS 水稻不育系叶片、幼穗和花药中 iPA 含量始终显著低于保持系。在 CMS 油菜中，双氢玉米素(DHZ)是主要的 CTK，且不育株 DZ 含量低于可育株；在核不育油菜中亦如此，而且其可育株中 DZ 的代谢快于不育株；在光敏核不育水稻中同样不育条件下的 CTK 含量低于可育条件。另外也有研究指出，CTK 含量越高越有利于雄性不育的发生。而且，外加 CTK 可促进雌性表达并抑制雄性表达。有人认为不育系花药高的 CTK 含量抑制或阻止了花药组织的抗氰呼吸，导致不育花药呼吸系统和能量代谢系统紊乱，进而造成小孢子发育受阻和败育。

4. ABA　外施 ABA 抑制某些植物雄性表达，离体培养也证实了这一点。不育株中 ABA 含量显著高于可育株。例如，在育性转换关键期，光敏核不育水稻幼穗和叶片的 ABA 含量以不育条件下为高，并且 ABA/GA_{1+4} 也以不育条件下为高。在水稻和油菜细胞质雄性不育系幼穗和花药中 ABA 含量均高于保持系。在核不育油菜、CMS 油菜、无雄蕊番茄以及水分胁迫所致雄性不育中的情况均与此相似。以上说明 ABA 的确有抑雄作用。

5. 乙烯　CMS 水稻中幼穗和叶片的 ACC 含量和乙烯释放速率均高于其保持系，外施乙烯释放剂乙烯利可以使保持系花粉可育度明显下降，说明乙烯的过度释放可能是水稻细胞质雄性不育产生的原因之一。外施乙烯释放剂诱导大麻、青萍等雄株产生雌花或使瓜类作物增加雌花比例，而外施乙烯合成抑制剂则效应相反。并且，外源 IAA 促进雌性表达与其诱导乙烯生成有关，因为乙烯合成抑制剂能抵消 IAA 的促雌作用。乙烯或乙烯释放剂作为杀雄剂已广泛代替人工去雄，例如小麦、油菜和水稻等。

在光敏核不育水稻雄性不育发生的关键期，内源乙烯的生成量显著增加，而且，在不育条件下应用乙烯合成抑制剂可使其育性得以部分恢复。另外，在 CMS 玉米上也证实了乙烯是雄性不育的诱因之一。因此，乙烯被认为在雄性不育发生中起着重要作用。至于其作用机制，有人认为乙烯具有促进结合态 IAA 形成或促进 IAA 氧化分解的作用。在水稻 CMS 中，不育幼穗多胺含量显著低于保持系幼穗，外施 MGBG 抑制 Spd 和 Spm 合成，促进乙烯释放，且乙烯释放速率与多胺含量(精胺和亚精胺)呈显著负相关，可能在水稻 CMS 系及其保持幼穗发育过程中乙烯与多胺的生物合成竞争 SAM(S-腺苷蛋氨酸)。用 ACC 或乙烯利处理 CMS 水稻保持系结果显示：其花粉可育度下降，幼穗中蛋白质、DNA 和 RNA 含量以及蛋白酶、RNA 酶和 DNA 酶活性下降，并使活性氧生成速率上升，使 CAT 和 SOD 活性下降，而使 POD 活性上升，用 AVG 处理不育系，可得到相反的结果，表明乙烯可能通过调节大分子和活性氧代谢而影响育性表达。

6. 多胺　在 CMS 玉米中，结合态多胺含量极低；在 *Chrysanthemummorifolium* 中，其雄性不育植株也缺乏结合态多胺，暗示结合态多胺含量与植物雄性不育有关。在游离多胺与雄性不育系的研究中，光敏核不育水稻用得较多。在农垦 58S 幼穗和花药中，可育条件下多胺含量显著高于不育条件，而叶片中与此相反。因此有人认为受光信号调控的是幼穗中的多胺，叶在感受光信号后产生了某种或某些可移动的物质(可能是激素)，传到幼穗，引起该部位不移动的多胺含量变化，进而影响育性。外用多胺生物合成抑制剂的研究使人们进一步认识到多胺不足是光敏核不育水稻花粉败育的原因之一，而且多胺与此种植物雄性不育呈负相关。在 CMS 水稻和 *Chrysanthemum morifolium* 中也证实了这点。进一步的研究结果显示，用多胺(Put＋Spd＋Spm)处理水稻 CMS 不育系，使花粉可育度得以轻度提高，并使其幼穗蛋白质、DNA 和 RNA 含量上升，使蛋白酶、DNA 酶和 RNA 酶活性下降，使水稻雄性不育系幼穗活性氧生成速率和使膜脂过氧化产物 MDA 含量下降，表明多胺直接参与了自由基的清除而非间接改变自由基的清除活性。更进一步的证据来自转基因烟草引起多胺合成受阻，进而导致雄性不育方面的研究。

不过，在番茄无雄蕊突变体 *sl-2* 中，却发现与上述相反的结果。不育条件下多胺合成快，含量高。外施多胺合成抑制剂促使不育条件下产生可育株，外施多胺效应相反。

总之，不同激素对育性表达的作用不同。GA 对小孢子发育非常重要，有利于雄性器官的发育，多胺不足则影响花粉的可育性；而 IAA、CTK、乙烯和 ABA 则利于雌性器官发育，其含量过高往往导致雄性不育。不育系中生长物质代谢都呈异常，其含量过高过低均不利于雄性器官的发育。但是在不同试验材料中所得结果不尽相同，且内源激素含量与外施生长调节剂所产生的结果不完全相符，说明雄性器官发育需要一个较严格的激素平衡。

五、成熟的调控

（一）乙烯　乙烯对果实成熟衰老起着重要调控作用。外源乙烯处理能促进果实的呼吸，促进成熟、衰老。对于跃变型果实，外源乙烯只在跃变前起作用，能诱导呼吸高峰，促进内源乙烯产生的急剧增加，促进成熟，其作用与所用乙烯浓度关系不大，是不可逆反应，在成熟过程中是必需的（图 2-15）。而非跃变型果实相反，尽管也同跃变型果实一样可以对外源乙烯做出反应，例如外源乙烯可以诱导柑橘外皮中色素累积，但乙烯并不为这类果实成熟所必需。对非跃变型果实来说，外源乙烯促进呼吸速率的增加可发生在整个成熟期间，反应大小与所用的乙烯浓度有关，是可逆的。当除去处理乙烯后，呼吸速率降至原水平，同时并不促进乙烯增加。在跃变型果实成熟中，乙烯有自我催化作用，外源乙烯可诱导大量内源乙烯的产生，从而促进果实成熟。

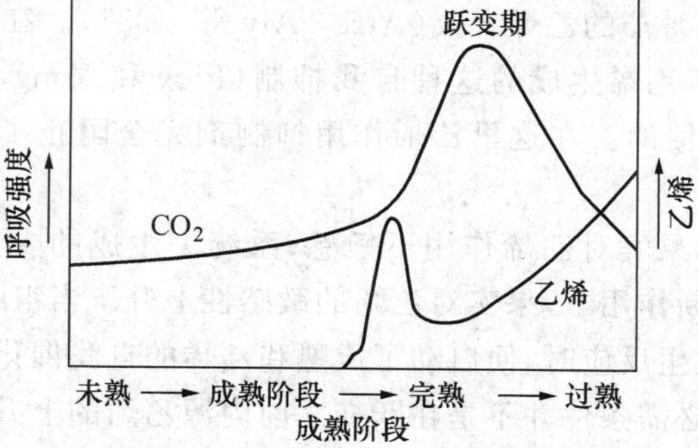

图 2-15　果实成熟期呼吸高峰和乙烯产生的关系（韩碧文，2003）

外源乙烯处理果实促进了与成熟相关的生化反应提前出现。更具有说服力的实验是 Mc Murchie 用 500 mg/L 的乙烯同系物丙烯（相当于 5 mg/L 乙烯）处理果实 10 h，成功诱导出典型的呼吸跃变高峰，3 h 后果实内部乙烯开始大量增加。作者将这种以少量乙烯引发大量乙烯产生的现象称为自我催化。不同种类的果实启动成熟的乙烯阈值（浓度）差异很大。如芒果 0.01 mg/L，梨 0.9 mg/L。非跃变型果实成熟需要的乙烯浓度一般在 0.1～0.3 mg/L 之间，对整个成熟期间都起作用。

Mc Murchie 等（1972）根据两类果实对乙烯处理时其乙烯生成反应的不同，提出跃变型果实中乙烯合成有两个调节系统。系统Ⅰ乙烯是跃变前果实中生成少量乙烯，系统Ⅱ乙烯是成熟过程中跃变时自促乙烯（autocatalytic ethylene）的大量生成。即一旦合成了一定量乙烯（系统Ⅰ乙烯）或外加乙烯达到阈值，就可激活系统Ⅱ，诱导乙烯的大量生成，促进成熟并开始走向衰老。有些品种在短时间内系统Ⅱ乙烯可比系统Ⅰ乙烯增加几个数量级。非跃变型果实乙烯生成速率相对较低，变化平稳，整个成熟过程中只有系统Ⅰ乙烯活动，缺乏系统Ⅱ乙烯。因此，外加乙烯浓度越高时，促进成熟效果越明显。

1. 呼吸跃变和乙烯跃变间的关系　跃变型果实成熟过程中呼吸速率的增加很早就受到人们的注意，先后有不同假说，其中内源乙烯增加假说较为流行。Burg 测定了许多果实采收后的呼吸变化与乙烯浓度或释放量的关系，证明跃变之前果实内部乙烯含量已达高峰。所以，他认为乙烯是果实的天然成熟激素,其促进成熟的阈值为0.1～1 mg/g。事实上,呼吸峰可发生在乙烯峰之后(如香蕉、甜瓜、鳄梨)、同时(如苹果、杏)甚至之前(如番茄、芒果)。对呼吸与乙烯跃变之间的关系尚有争论。有实验表明,离体成熟的番茄和甜瓜果实表现了一致的呼吸和乙烯产生的增加。然而,当果实在植株上成熟时,尽管有明显的乙烯生成峰,却没有任何的呼吸增加(Saltveit, 1993; Shellie 和 Salveit,1993)。这说明,当跃变型果实在母体植株上成熟时,呼吸跃变可能不是成熟所需要的。随后,Andrew(1995)提出实验中所用的静止呼吸测量系统中,果实因蒸发而产生的凝结水对气体的溶解可能遮盖了CO_2的增加。同时,植株上的果实呼吸跃变性增加,可能会因果实光合对CO_2的吸收而不明显。另一种可能就是实验中所用的不同品种可能存在呼吸特性上的差异。通过转基因来改变果实乙烯生成和乙烯敏感性,可能会最终有助于解决这一问题。

2. 跃变乙烯的产生 如前所述,在高等植物中乙烯的生成存在两个系统(Mc Murchie 等,1972),系统Ⅰ乙烯和系统Ⅱ乙烯。对未成熟的跃变型果实,如无花果(Zeroni 等,1976)和香蕉(Vendrell 和 Mc Glasson,1971),外源乙烯对乙烯产生有负反馈调节作用。同样,乙烯作用拮抗剂增强了不成熟番茄的乙烯合成(Atta - Aly 等,1987)。在非跃变型果实如柑橘受伤的外皮组织中也看到了乙烯生成的这种自我抑制(Riov 和 Yang,1982)。相反,在成熟的跃变型果实中,乙烯是自促的。在这里乙烯作用抑制剂完全阻止了系统Ⅱ乙烯的产生和果实成熟。

Yang 认为,跃变前的果实对乙烯作用不敏感,系统Ⅰ生成的少量乙烯不足以启动成熟,随着果实发育,在乙烯不断作用下,果实对乙烯的敏感性上升。当组织对乙烯的敏感性增加到能对系统Ⅰ生成的乙烯发生反应时,便启动了成熟和乙烯的自我催化作用(系统 II),乙烯大量增加。所以,启动成熟的必需条件并不是在跃变之前内源乙烯的上升,重要的是组织敏感性的增加。

运用转基因植物或突变体进行的研究表明,跃变型果实中自促乙烯的产生需要乙烯合成相关酶的调控,这些酶是乙烯合成的限速酶,即 ACS 和 ACO。番茄和甜瓜中,不管是对照还是不产生大量乙烯的反义 *ACO* 基因果实中,ACS 活性和 ACC 累积均在跃变前增加。同样,不成熟的 *nor* 番茄突变体,不能产生自促乙烯,而果实中 ACC 累积增加的量可以与野生型相匹敌(Terai,1993),这表明 ACC 合成酶受发育调控。有资料表明,ACC 转换成乙烯的能力同样是受发育调控的。在乙烯生成量较低的果实如反义 *ACS* 基因番茄和 ACC 脱氨酶基因表达的番茄(Klee,1993)上,观察到有正常的 *ACO* 基因表达;另外,苹果中 ACC 转化为乙烯的增加先于乙烯跃变的增加,说明 *ACO* 基因表达也是受发育调控的,并先于 *ACS* 表达。在野生型甜瓜果实中 ACC 累积是瞬时的,而在反义 *ACO* 基因果实中,ACC 累积是持续的,并且与 ACS 活性增加有关。

ACO 和 *ACS* 的发育调控都可能启动乙烯跃变。然而,在不成熟果实中,通过短时间乙烯处理可以诱导 ACO 活性(Starrett 和 Laties,1991)和基因表达(Dong 等,1992),但不能诱导 ACS 和乙烯合成。在不能成熟的 *rin* 番茄突变体上观察到类似情况,表明激活受发育调控的 *ACS* 基因表达是果实能够产生自促乙烯的关键(Terai,1993)。

上述资料说明,跃变乙烯的产生存在一个级联反应,即发育调控的 ACO 活性的增加以及随后 ACS 的活性增加启动了乙烯的增加,这就建立了一个导致激活自促乙烯生成的反应过程(图 2-16)。由于 ACO 和 ACS 是由多基因家族所编码,并且这些基因的调控因子不同,因此,可以推测从自抑到自促乙烯的转变可能与基因家族成员调控不同有关。乙烯抑制与跃变启动有关、发育调控的 *ACS* 基因的表达，这一事实说明，受发育调控的 *ACO* 和 *ACS* 基因可能启动乙烯跃变。跃变后，乙烯正调控的基因继续合成自促乙烯。乙烯感受和信号转导在自促乙烯生成中也起重要作用。

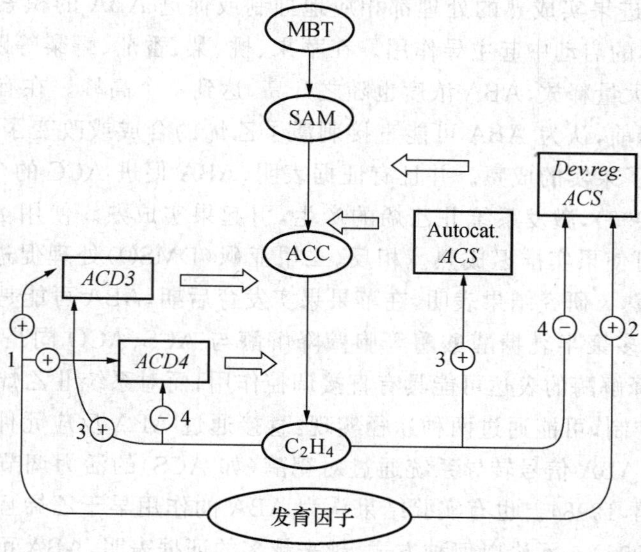

主要过程：(1)发育调控的 *ACO* 基因表达的增加(*ACO1* 和 *ACO3*)和(2)发育调控的 *ACS* (*Dev. reg. ACS*)活性的增加启动了乙烯产生的增加，反过来(3)诱导了自促 *ACS* 基因的表达，刺激了 *ACO1* 并最终(4)调控 *Dev. reg. ACS* 和 *ACO3*

图 2-16　*ACS* 和 *ACO* 在跃变型果实转变为自促乙烯生成过程中基因表达的级联模式(Leliévre，1997)

3. 乙烯生理作用的调控　乙烯的生理效应与乙烯的信号转导和植物组织对乙烯的敏感性有关。CO_2 可以作为乙烯的拮抗剂，在低浓度乙烯条件下，CO_2 可有效地抑制乙烯的作用，但当乙烯浓度超过 1 μL/L 时，其效果便消失。气调贮藏环境中高浓度的 CO_2 有助于延缓乙烯促进成熟的作用。降冰片二烯(norbornadiene，NBD)是乙烯作用竞争性抑制剂，并可阻断乙烯信号的转导，但 NBD 具有浓烈的气味，因此不适用于商业处理。Ag^+ 可消除乙烯的作用效果，这个过程可能是非竞争性抑制作用。也有人认为，Ag^+ 是乙烯反应的有效抑制剂，它可能通过竞争抑制方式与乙烯受体作用。在乙烯浓度增高条件下，Ag^+ 减弱乙烯作用效果的有效性下降，但其效果仍比 CO_2 显著。因 Ag^+ 是重金属，存在安全和环境污染问题，不适用于食品。重氮基环戊二烯(diazocyclopentadiene，DACP)主要在乙烯的信号转导途径起作用，但它抑制乙烯反应的效果很弱，一般具有放射性，不具有放射性的 DACP 极不稳定，且高浓度的 DACP 具有爆炸性，因此 DACP 在商业上的应用受到限制。

目前，丙烯类物质备受人们关注。丙烯类物质是乙烯反应的有效抑制剂，如环丙烯(cyclopropene，CP)、1-甲基环丙烯(1-methylcyclopropene，1-MCP)和 3,3-二甲基环丙烯(3,3-dimethylcyclopropene，3,3-DMCP)等都具有抑制活性，这 3 种物质在常温下都是气体，无色、无味、无毒。其中，CP 和 1-MCP 的活性是 3,3-DMCP 的 1 000 倍，但 1-MCP 稳定性高于 CP，所以绝大部分研究都集中在 1-MCP 上。研究认为，1-MCP 能不可逆地作用于乙烯受体，阻断受体与乙烯的正常结合,减少或消除组织对乙烯的敏感性,抑制乙烯所诱导的与果实成熟和衰老相关的一系列生理生化反应。

(二)ABA　ABA也是促进衰老的重要激素。在葡萄、柑橘、草莓、番茄成熟突变体(*rin*)等非跃变型果实中,ABA浓度的升高与果实的成熟进程一致,外源ABA处理促进果实提前成熟,所有抑制或促进果实成熟的处理都相应地抑制或促进ABA的积累。因此,ABA可能在非跃变型果实成熟的启动中起主导作用。在苹果、桃、梨、番茄、鳄梨等跃变型果实上,随着果实接近成熟,乙烯大量释放,ABA浓度也随之升高,达到一个高峰。在有些果实中,ABA高峰是出现在乙烯高峰前,认为ABA可能直接刺激了乙烯的合成或改变了果实对乙烯的敏感性,从而间接地促进了果实的成熟。并且有证据表明,ABA促进ACC的合成和ACC向乙烯的转化(吴有梅等,1992),激发系统Ⅱ乙烯的产生,引起果实成熟。使用ABA间接合成抑制剂Fluridone处理,可使果实推迟成熟。相反,二甲亚砜(DMSO)处理促进果实内源ABA的积累,使果实提早成熟。研究结果表明,在苹果果实发育后期,ABA可能是果实成熟过程中乙烯上游的调控因子,多聚半乳糖醛酸酶等胞壁降解酶与ACS、ACO同是ABA调控的靶酶。ABA对PG等胞壁降解酶的表达可能具有直接调控作用,而对系统Ⅱ乙烯合成的触发作用和对果实成熟的最终控制,可能通过两种途径实现:直接通过ABA反应元件实现对成熟基因组表达的调控,或借助ABA信号转导系统通过对靶酶(如ACS)的活力调节而实现代谢途径的转化(陈尚武、张大鹏,1998)。也有实验结果认为ABA的作用早于乙烯且不一定要通过乙烯起作用(田建文等,1994)。不论以何种方式,越来越多的证据表明,ABA可能作为跃变和非跃变型果实成熟的共同调控因子。

ABA对果实成熟的生理效应主要表现在以下3个方面:①ABA促进果实糖分的积累:糖分的积累对于果实品质的形成至关重要。在葡萄、草莓等果实的成熟过程中,内源ABA浓度的升高与果实糖分积累具有同步效应。成熟期间的果实是一个非常强的库,在此期间叶片光合速率提高,同化物向果实的运输加强。ABA浓度的变化与果实库强变化非常一致,ABA可能调节植物叶片光合速率及同化物的运输(Kojima等,1993),促进果实中光合同化物的卸出。外源ABA处理可以促进糖的吸收及向液泡的转运。同时,ABA可提高葡萄糖异生酶的活性,促进果肉细胞内有机酸向糖的转化,改变果肉组织的糖酸比,使果实变甜。②ABA促进果实的软化:ABA可提高与果实软化有关酶的活性,如多聚半乳糖醛酸酶、纤维素酶,从而促进柑橘、草莓等果实的软化与成熟。以ABA缺陷型(Sit^{w})番茄为试材,该种番茄果实在花后50 d仍不变软,而野生型(*wt*)的果实此时已软化成熟。③ABA促进果实的着色:ABA可提高与色素代谢有关酶的活性,如苯丙氨酸裂解酶(PAL)、多酚氧化酶等。对ABA缺陷型番茄的研究表明,该类番茄果实比野生型的果实迟转色10～15 d(刘水庆等,1996)。

近年发现果肉细胞中存在ABA特异结合蛋白(Zhang等,1995)。同ABA浓度在果实发育成熟过程中有规律性变化一样,ABA结合蛋白与ABA的亲和力大容量在果实发育成熟的不同阶段也有相似的规律性变化(张大鹏等,1995)。在果实始熟时结合蛋白对ABA的亲和力显著提高,这可能是ABA启动果实成熟的前提。对ABA结合蛋白的亚细胞定位研究表明,在果实组织细胞中存在质膜和胞质两个相互关联的ABA识别与结合位点体系(陈尚武、张大鹏,1998)。

(三)CTK　CTK对大多数植物种类和植物的不同器官具有广泛的延缓衰老作用,如延缓活体和离体叶片、花及果实等的衰老。有研究表明,CTK调节了衰老过程中叶绿素的合成、物质的分解代谢、矿质营养的转移和再分配等多种生理生化过程。有延缓果皮衰老与褪绿的作用。在分子水平上,CTK 对衰老相关基因的表达起激活、增强和抑制等调节作用。尽管 CTK 含量下降不是导致衰老的充分信号,但却是衰老所需要的(沈成国等,2001)。虽然有很多资料涉及果实衰老和 CTK 变化的关系,但多数研究可能是基于成熟现象的观察。例如果实衰老期间果皮叶绿素含量的下降伴随 CTK 的减少。对荔枝的研究表明,在发育中期果皮和种子 CTK 含量逐渐下降,并稳定在一定的低水平;采后也一直保持在低含量。外源 6-BA 处理对果实起到保鲜、延迟衰老的作用(季作樑等,1996)。另有报道 BA 可延缓柑橘果实着色,与内生 GA 含量的提高有关,6-BA 还可阻止柑橘中 ABA 类似物生成。有报道指出,果实衰老并不完全依赖于 CTK 的减少。可见,CTK 调节果实成熟和衰老的作用可能比其在叶中的作用更复杂。

(四)IAA IAA 可延迟成熟和衰老。对果实发育成熟中 IAA 作用的研究,主要侧重于 IAA 与其他激素间的协同作用和 IAA 对成熟相关基因的调控方面。研究表明,较高浓度的 IAA 促进 ACC 合成酶的活性,从而促进乙烯的生物合成;但乙烯促进吲哚乙酸(IAA)氧化酶的活性,从而抑制 IAA 的合成和 IAA 的极性运输。因此,在乙烯作用下,IAA 水平下降。从某种角度上说,植物的生长发育,是通过 IAA 与乙烯相互作用来实现的。如 IAA 促进细胞伸长,延迟成熟;而乙烯抑制伸长,促进细胞横向扩大,促进成熟,表现了一种拮抗关系。果实成熟中 IAA 虽然也促进乙烯产生,但果实成熟进程并不能被促进,这可能是因为 IAA 影响了组织对乙烯的敏感性。

用合成的 IAA 类似物 BTOA (benzothiazole-2-oxyacetic acid)处理葡萄果实,使葡萄成熟延迟近 2 周,并使伴随成熟而 ABA 含量增加延迟,同时还改变了许多调控发育基因的表达。如液泡转化酶(invertase)基因从坐果开始表达,在成熟开始后关闭,而经 BTOA 处理的果实,整个发育阶段转化酶一直表达,结果增加了转化酶活性。相反,其他四个上游调控的、一般在成熟时表达的基因,因 BTOA 处理而延迟,其中包括查尔酮合成酶、UDP-葡萄糖-类黄酮 3-O-葡萄糖基转移酶(UDP-glucose-flavonoid 3-O-glucosyl transferase)、几丁质酶和一个功能不清楚但与成熟有关的基因,前两种酶与花青素合成有关。因此,认为 IAA 在调控葡萄浆果成熟中可能是通过影响与成熟相关的基因表达而起作用的(Davies C.等,1997)。

对草莓的研究发现,尽管乙烯对草莓果实成熟没有明显的作用,但是产生于瘦果的 IAA 对草莓果实成熟具有负调控作用。在未成熟的草莓果实中,瘦果产生大量的游离或结合态 IAA,IAA 调节花托的膨大,使花托形成“库”,诱导营养物质向“库”中运输。成熟过程中,随着 IAA 水平的下降果实表现出成熟的特征,如叶绿素下降、花青素升高、组织硬度进一步降低等。有实验证明,去除白色果实上的瘦果,可降低内源 IAA 水平,加速花青素积累,促进叶绿素的降解和硬度的丧失。用萘乙酸(NAA)处理植株上小的白色果实,与对照果实相比花青素累积减少,生长素延迟成熟的效应以 NAA 最有效,2,4-D 次之,IAA 较差。据此推测,NAA 比 2,4-D 和 IAA 更易被吸收或更稳定。另外,NAA 处理的白色果实与没有处理的对照相比,mRNA 表达水平和花青素积累受到抑制,如果同时期去掉瘦果,则促进 mRNA 表达,促进成熟。因此,IAA 的含量与稳定态的 mRNA 丰度呈负相关,这说明 IAA 抑制 mRNA 积累,内源 IAA 含量的降低可诱导 mRNA 增加,直接或间接地启动了果实成熟发育(Mark 等,1998)。

(五)GA　在果实成熟过程中,GA对果实乙烯的产生不起促进作用,但能抑制乙烯对果实色泽的影响。GA可延迟衰老,阻止柑橘果皮叶绿素的分解,GA也可延缓甜橙果肉变软和类胡萝卜素的积累,并可维持果皮绿色。用GA_3局部处理果皮时,绿色部分可波及到处理的周围,证明GA可在果皮运输。用GA处理番茄,果皮变色迟缓。Vendrell发现用GA处理的香蕉,除果皮的颜色不变黄外,其他成熟方面均正常。GA被用于果实的保鲜处理,可增加柑橘果实的新鲜度,减少枯蒂和枯水率,但增加了浮皮率,并且当GA使用浓度过高时会引起果实内总糖、还原糖含量等的下降。GA_3处理草莓,减少ACC含量,明显抑制乙烯的释放。GA在调节营养运输、维持水分平衡和膜完整性等方面也起重要作用,正因为GA的多效性,所以衰老前内源GA水平的降低,可能有利于乙烯产生或活化器官程序化死亡过程。

六、衰老的调控

(一)植物激素与衰老

1.乙烯　已知的植物激素中,乙烯是最强的衰老刺激因子。在许多植物中都证实,用外源乙烯处理能诱导叶片、花的衰老和果实成熟。乙烯引起的变化与叶自然衰老的变化相一致,叶片的变黄伴随着光合作用相关基因表达的降低和衰老相关基因表达的增加。

内源乙烯的浓度与叶片衰老有关。用乙烯生物合成抑制剂或乙烯作用抑制剂处理,可抑制果实的成熟和叶片的衰老。用拟南芥*etr1*突变体和番茄抗衰老(never ripe)突变体研究乙烯在叶片衰老中的作用,结果表明:两种突变体都因乙烯受体蛋白发生突变,对乙烯不敏感,叶片的衰老延迟;番茄的花器官衰老延迟,番茄果实始终不能完全成熟。不表达乙烯生物合成关键酶(ACC合成酶和ACC氧化酶)基因的番茄突变体内源乙烯的浓度明显减少,果实也始终不能完全成熟。当用外源乙烯处理后,番茄能正常成熟和衰老。

对不同的器官而言,乙烯调控衰老的作用是不同的,即使在同一植物中也不同。例如,在乙烯不敏感的拟南芥和番茄突变体中,叶片衰老虽然被延迟,但最终还是要衰老;然而,乙烯不敏感的番茄突变体的果实却始终不能完全成熟。因此,乙烯是叶片衰老的刺激因子,而不是必需因子,但它是番茄的果实成熟的必需因子。此外,乙烯对叶片衰老的刺激不是单独起作用,只有当各器官的发育达到适当阶段,它对衰老的诱导作用才有效。

促进乙烯生物合成的因素可加速衰老,如ACC加速衰老,而Ag^+、Co^+、AVG等乙烯生物合成抑制剂和作用抑制剂则延缓衰老。

2.CTK　CTK对衰老的调控与乙烯的作用相反,它抑制衰老过程。在大多数衰老组织中,内源CTK的浓度下降,当外源供给CTK时能延缓衰老。

异戊基转移酶是催化CTK生物合成的限速酶,将农杆菌*tumefaciens*中编码异戊烯基转移酶的*ipt*基因转入植物体内,植物体内CTK超量表达。*ipt*基因融合到各种植物基因的启动子后,刺激植物组织特异性表达CTK,使组织含有高浓度CTK。*SAG12*编码拟南芥衰老叶片中特异表达的一个半胱氨酸内肽酶,将CTK生物合成基因融合到*SAG12*启动子的转基因烟草以一种自动调节的方式合成CTK。当烟草组织开始衰老时,转入的基因被诱导,CTK开始合成,合成的CTK抑制衰老的进一步发展。

CTK抑制衰老的机理可能是CTK增强了植物体内代谢库的活性。CTK含量最高的组织是最强的代谢库,吸引营养物质向该部位运输的能力最强。CTK在根部合成后运往叶部。有一种假说认为,多数植物开花后叶片开始衰老的原因是:开花后,种子成为活性更强的代谢库，使得根中合成的 CTK 改道被运往发育中的种子，运往叶片的 CTK 减少，营养物也从叶片被转移到种子中，因此启动了叶片的衰老。然而，在大豆种子发育过程中，植株体内 CTK 的总体浓度包括在种子豆荚内都有减少，说明叶片中 CTK 浓度的减少并不是由于根部运往叶片的 CTK 改道运往种子所致。

种子与叶片之间存在库与库之间的竞争，去掉种子可延缓叶片衰老。

在逆境下(干旱、淹水、受热、盐害等)，根部合成的 CTK 向地上部运输的量减少，同时逆境条件诱导 ABA 的增加，CTK/ABA 比例的改变可加速叶片衰老。

此外，CTK 抑制衰老的作用还表现在：①延迟叶中叶绿素和胡萝卜素的分解。②阻止核酸与蛋白质分解，并且能保持叶片中有机与无机溶质的积累。用示踪氨基酸方法证明，CTK 不仅减少蛋白质分解，还促进合成。CTK 也促进 RNA 合成。③维持气孔的开放，拮抗 ABA 的作用。④清除自由基，防止膜脂过氧化。

伤流液中含有由根部合成的 CTK，将伤流液直接涂在离体叶上，也可起到延缓叶片衰老的作用。

3. ABA　在多数情况下，ABA 具有诱发叶片衰老的效应。虽然叶片的脱落与衰老密切相关，且外源 ABA 常能引起叶片变黄，但内源 ABA 和组织的衰老并没有一致的相关性。ABA 可能是通过其他生长调节剂或其他作用而影响衰老的。

干旱时，小麦叶片内 ABA 含量增加，引起气孔关闭，从而防止水分进一步丢失。用外源 ABA 处理水稻离体叶片时，在叶片衰老的同时，体内纤维素酶和核糖核酸酶活性加强。在黑暗中，燕麦叶片的衰老与叶内 ABA 增加有关，ABA 引起气孔关闭，促进衰老，在光下则相反，如将叶子浸于高渗溶液中，由于减低了气孔保卫细胞紧张度，可引起叶片在光下气孔关闭，进而发生典型的衰老特征，如叶绿素丧失和蛋白质分解。这个反应可被 KT 所逆转，即加入 KT 可引起气孔张开，抑制衰老。KT 抑制暗中叶片衰老是通过阻止 ABA 增加，导致气孔张开所致。

4. GA 和 IAA　GA 可延迟叶的衰老，但不具有普遍性。

IAA 在衰老中的作用与 GA 相似，在多数情况下，外用 IAA 可延迟叶的衰老，但在一些特殊情况下，外用 IAA 则促进衰老。一般来说，IAA 对草本植物可延迟叶的衰老，对木本植物则促进衰老。目前，内源 IAA 或 GA 的浓度与衰老的关系还不清楚。已知在衰老叶片中，当内源 ABA 的绝对量增加时，内源 IAA、GA 和 CTK 含量都减少。

5. 其他生长调节剂　近年来，研究证实许多种生长调节剂在衰老过程中起作用，如茉莉酸、油菜素内酯、水杨酸、多胺等。

茉莉酸(jasmonic acid，JA)促进衰老，使叶绿素降解加快、Rubisco 活性下降，并促进乙烯产生。在逆境条件下，JA 可诱导特异蛋白的合成。

油菜素内酯(brassinosteroid, BR)是固醇类激素，参与调节光形态建成、细胞扩大、维管束分化、衰老、再生发育等生理过程。不合成 BR 的拟南芥 *dwf1* 矮化突变体叶片衰老被延缓，叶片维持绿色以及植株开花的时间明显长于野生型。矮化突变体的形态不仅在正常生长条件下发生变异，且生长在暗中的突变体还表现出光下生长植株的特征，即下胚轴缩短，子叶扩大(Choe 等，1999)。

水杨酸(salicylic acid，SA)是桂皮酸的衍生物，主要在植物抗病过程中起重要作用。病原微生物的浸染，可诱发植物体内 SA 的形成。SA 作为第二信使诱导植物体产生病原相关蛋白

(PR蛋白),抵抗病原微生物,提高植物的抗病能力。在植物的衰老过程中,由于SA能抑制ACC转变为乙烯,因此,SA也抑制植物的衰老过程。

在许多植物中,多胺的浓度与衰老密切相关,多胺促进衰老。例如,在授粉后的番茄子房中,随着果实的生长,游离态和结合态多胺的含量急剧下降;而在未传粉的子房中,多胺含量维持较高,子房会逐渐衰老。

(二)花瓣衰老

1. 乙烯　虽然五大激素都参与对花衰老的调节,但乙烯的作用是最重要的。乙烯能够促进细胞膜的组分改变,从而影响膜透性,使细胞内含物外渗、丧失水分,引起花瓣凋萎,加速花衰老(Reid, 1989)。

根据花瓣衰老过程中乙烯产生的剧增程度,可将花分为跃变型和非跃变型两类(Leshem等, 1986)。乙烯的大量合成,启动了跃变型花的器官程序化死亡过程。跃变型花暴露在乙烯条件下时,可刺激乙烯的自我催化合成,促进花衰老。非跃变型花乙烯合成速率相对较低,变化平稳,乙烯与其衰老似乎关系不大。

授粉促进花瓣衰老与诱导乙烯生成有关(Stead, 1992)。没有授粉的花,乙烯的合成较少,花瓣逐渐褪色后凋萎;而授粉的花则诱导乙烯形成量显著增加,花冠还保持较大膨压时即脱落(Halevy 等, 1984)。乙烯的增加出现在花瓣衰老前,在矮牵牛中,授粉后20 min内就有乙烯的产生,且早于花粉管穿入柱头。说明花粉与柱头的识别反应可能是乙烯产生的诱导子。

Reid 和 Wu(1992)提出了乙烯诱导花衰老的一个假设模式(图2-17),即“敏感性因子”激活或抑制位于膜上的结合位点,结合位点与敏感性因子结合后被敏感化,与乙烯结合产生第二信使,该信使与乙烯调控衰老有关基因的启动子区作用,诱导基因转录并在核糖体上合成这些基因所编码的蛋白质,进而发生花衰老反应。

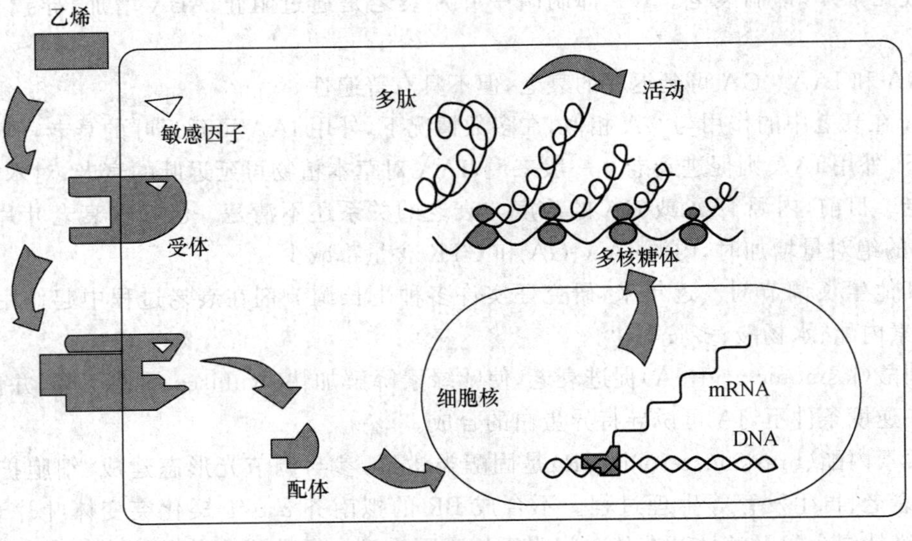

图2-17　乙烯诱导花衰老的假设模式(Reid 和 Wu,1992)

植物对一种激素引起的响应往往与增加该激素的合成或敏感性有关。花在发育过程中对乙烯的敏感性是不同的,授粉首先增加了花对乙烯的敏感性,随后有乙烯的生物合成。乙烯诱导的反应与授粉诱导的花瓣对乙烯敏感性的变化有直接关系。短链饱和脂肪酸可能是一个可移动的敏感性因子，它通过改变膜脂层特定区内的有序性调控乙烯的作用（Halevy 等，1996）。

Woodson 和 Lawton(1988)用体外翻译、分子杂交等方法研究乙烯诱导香石竹花衰老过程的基因表达，证明衰老时有 5 个 mRNA 出现。Lawton 等(1989)从衰老花瓣 cDNA 文库中分离出 3 个与花衰老有关的 mRNA（PSR_5，PSR_8，PSR_{12}），一类 mRNA（PSR_5）在发育早期阶段以低水平表达，并在成熟的花瓣中先于乙烯产生而积累，乙烯合成抑制剂和乙烯作用抑制剂能延缓这类 mRNA 的累积，但不能阻止；另一类 mRNA（PSR_8，PSR_{12}）受乙烯调节，在乙烯合成大量增加之前检测不到，但伴随乙烯跃变 mRNA 大量增加，乙烯的合成和乙烯作用抑制剂能明显抑制其表达。这些基因主要在衰老花瓣中表达，若阻止乙烯的生成，这些基因也不能表达。

受乙烯诱导的 *PSR132* 基因编码的多肽分别与 *Streptomyce* 和 *Tetrahymena* 的羟基磷酸烯醇式丙酮酸变位酶和磷酸烯醇式丙酮酸变位酶有明显的同源性(Wang 等，1993)，这些酶均与磷酸键形成有关，说明 PSR132 多肽可能与衰老过程中膜转换有关。

2. ABA　除乙烯外，ABA 也促进衰老，特别是对离体切花、乙烯非跃变型花、果实。一般情况下，随花瓣的衰老内源 ABA 浓度增加。在月季和香石竹中，短命花中 ABA 含量要比长命花中的含量高。

Mayak 等(1972)认为，月季中乙烯促进花瓣衰老是通过诱导 ABA 活性增加，ABA 活性的增加又抑制乙烯产生，乙烯与 ABA 之间存在着负反馈机制。但也有人认为 ABA 通过乙烯起作用，如 ABA 处理香石竹和月季，能刺激乙烯产生，增加花对乙烯的敏感性，香石竹衰老时 ABA 增加，且与乙烯量增加是平行的。STS、CO_2 处理能够抑制 ABA 含量的增加(Nowak 等，1982)；用 ABA 处理切花，能促进乙烯跃变。因此，ABA 促进花瓣衰老，既受其他衰老因子的调控，也直接参与衰老反应。

3. CTK　与乙烯、ABA 不同，CTK 有延缓衰老的作用，能促进水分的吸收，保持细胞完整性。花瓣衰老过程中常伴随有内源 CTK 水平的下降。在花衰老中，膨大变绿的子房比花瓣有更高的 CTK 活性，这不仅有利于增强子房中物质的合成，而且有利于碳水化合物从花瓣或茎中的输出；在离体花瓣中，基部具有较高的 CTK 水平，因此花瓣基部比上部衰老慢(Van Staden 等，1987)。CTK 能降低衰老组织中脂氧合酶活性，从而延缓花瓣衰老。

CTK 对衰老的效应与乙烯的合成和作用有关。Eisinger(1977)提出，CTK 是抗衰老因子，它的下降使乙烯合成增加。CTK 能延迟香石竹花的乙烯跃变。用 6 - BA 处理离体花瓣，阻止了花瓣将外源的 ACC 转化成乙烯，同时也阻止了体内 ACC 和乙烯的合成。进一步研究发现，6 - BA 处理在降低花瓣基部 ACC 合成的同时，也降低花瓣中 ACC 氧化酶活性。可能的解释是，由于 CTK 促进 ACC 结合作用，使 ACC 成为无活性形式。CTK 如 DHZ、iPA 和 iPAMP 均能延迟香石竹花衰老，其中，DHZ 最为有效，它比玉米素更能有效地降低和延迟乙烯产生。

激素间的平衡和激素的空间分布对花衰老的调控起重要作用。Bichera(1993)发现，较高浓度的 6 - BA 延缓衰老，而低浓度的 6 - BA 却加速了香石竹花瓣衰老，其原因是 CTK 和 IAA 之间存在相互作用，IAA 能促进乙烯的产生。有实验表明，CTK 通过影响 IAA 代谢，进而影响乙烯合成(Cook 等，1988)。6 - BA 刺激花瓣提早衰老与乙烯生成有关，6 - BA 诱导了雌蕊中 ACC 累积和乙烯产生，如果去掉雌蕊或花柱，则阻止 6 - BA 诱导的花瓣衰老，延长花瓣寿命。6-BA处理可以提高CAT、SOD的活性,降低自由基含量,延缓膜脂过氧化(叶陈亮等,1996)。

4. GA 在花发育早期,内源GA水平很高,衰老前开始降低(Saks等,1992)。GA_3处理明显抑制香石竹花的乙烯跃变,降低花器官各部分,尤其在花瓣基部的乙烯产生和内源ACC水平。花瓣基部是一个乙烯产生的重要调控位点,这可能与控制花瓣翻卷的时间及翻卷的程度有关(Saks等,1993)。用GA_3处理后的香石竹,花瓣衰老时表现为皱缩,而不表现为翻卷的典型衰老特征。GA_3处理香石竹,虽然抑制乙烯合成,但并不削弱花将外源ACC转化成乙烯的能力。

GA延缓花衰老的效应是多方面的。GA在调节营养运输、维持水分平衡和膜完整性方面起重要作用。用GA_3处理切花,改善了库源关系,直接或间接加强了同化物向花的运输,促进了月季花梗木质化过程,改善了花梗强度,提高花对采后胁迫条件的抵抗性(Goszczynsk等,1990),从而推迟花瓣鲜重、干重、含水量的下降。Sabehat等(1994)认为,GA_3处理改善了衰老花瓣细胞膜的完整性,减缓了细胞水分丧失,这种作用主要是由于GA_3抑制膜蛋白的降解。Cercos等(1992)报道,GA处理抑制了衰老子房中Rubisco的降解。

(三)整株植物衰老与激素 发育中的种子(豆荚)对衰老的影响可能是通过激素而起作用。有报道指出,将豆荚从侧面切割去掉种子后,将含IAA的羊毛脂涂于去掉种子的豆荚部分,可加速叶片衰老,而涂含GA的羊毛脂,对叶的衰老不起作用;去果后,在果柄处分别用IAA、GA、CTK处理,然后观察根吸收^{32}P的积累情况。结果表明,IAA、CTK可促进^{32}P向果柄部分积累,IAA、CTK使营养物质向果实运输能力加强,导致叶片衰老。

还有报道证明叶片衰老与ABA的积累有关。研究田间水稻植株上部叶片的衰老与激素间的关系时发现,水稻在籽粒发育后期剑叶较早衰老,摘除穗后有延迟叶片衰老的作用。对叶片中ABA的含量分析表明,剑叶中的ABA含量逐渐增加可能是剑叶较早衰老的原因之一。摘除穗后减缓了剑叶中ABA的形成,延缓衰老。因此,叶片的衰老是由于营养胁迫、剑叶内ABA物质形成所致。小麦、豌豆在成熟期都出现ABA含量的增加支持了这一观点。

CTK对整株植物叶片衰老有延缓作用,根的衰老导致CTK沿木质流向上运输量的减少,最终引起地上部衰老。

七、脱落的调控

(一)激素的作用

1. IAA Laibach(1933)首次发现兰科植物花粉中有一种生长物质可抑制叶子脱落。La Rue(1936)发现叶中的扩散物、花粉提取物和IAA羊毛脂也有抑制脱落效应。幼叶随叶龄增长,IAA的含量增加;叶片衰老变黄时,IAA的钝化过程增加,从其他部位运来的IAA的量也减少,叶片变黄脱落。因此器官的脱落与器官内源IAA的含量有关。Addicott和Lynch(1951)看到IAA施于叶柄的不同部位引起不同效果,施于远端抑制脱落,施于近端刺激脱落。1955年,他们提出IAA梯度学说,认为远轴端与近轴端IAA浓度的梯度影响脱落,离层形成的速度决定于离层两端IAA含量的梯度大小而不是IAA的绝对含量。若离层两端IAA梯度较大时,不形成离层;如果IAA浓度梯度小或不存在时,就会加速离层的形成(图2-18)。

Louie和Addicott(1970)进行的试验表明,远轴端与近轴端IAA浓度的不同影响脱落,凡

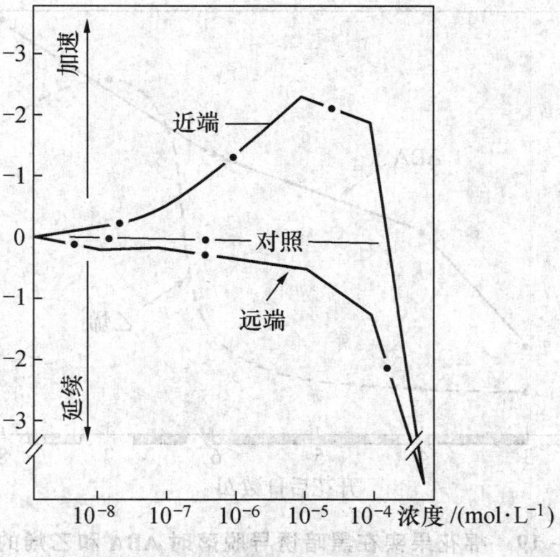

图 2-18 在菜豆叶外植体近端和远端施用 IAA 对脱落的促进和延缓效果(Chatterjee 和 Leopold, 1993)

是远端 IAA 浓度高于近端抑制脱落,反之则促进脱落。这说明了 IAA 浓度梯度的重要性。

Barlow(1950)观察到,菜豆去叶片的叶柄上如加 IAA 可延迟脱落,但推迟加 IAA 则没有作用。Rubinstein 和 Leopold (1963)肯定这个结果,即在菜豆外植体的叶片去除后,切口处立即加 IAA 可延迟脱落,12 h 后加 IAA 则促进了脱落。由此可将脱落分为两个阶段:第Ⅰ阶段脱落受 IAA 抑制,外加 IAA 延长阶段Ⅰ,乙烯不能促进脱落;第Ⅱ阶段脱落为 IAA 促进,此时 IAA 所诱导的乙烯发生作用,一旦脱落被诱导,加 IAA 不仅无法阻止脱落的进行反而使脱落加速。实验证明了外加 IAA 的时间与乙烯对脱落的效应密切相关。将菜豆外植体培养在高浓度乙烯(20 μL/L)的空气中,分别在切割后不同时间加 IAA,结果表明:在阶段Ⅰ(0,6,11 h)加 IAA 表现抑制脱落的效应;在阶段Ⅱ时(27 h 后)加 IAA,抑制脱落的效应大为下降。

2. 乙烯 叶片自然衰老产生乙烯,外源乙烯促进脱落。乙烯引起离区 RNA 和蛋白质合成,促进离区产生水解酶(纤维素酶,果胶酶),导致离区细胞解体,如用 RNA 或蛋白抑制剂则阻止脱落(Abeles,1967)。乙烯还引起叶片中 IAA 运输受阻,离层细胞 IAA 减少。用组织化学方法研究离区,发现其细胞核内 RNA 含量变化很大。霜害引起柑橘落果,也引起乙烯增加。在植物受到病害浸染时,体内产生伤害乙烯。花生感病品种落叶时,乙烯增加,而抗病品种内乙烯与对照相同。乙烯作用抑制剂(CO_2、Ag^+)延迟脱落。乙烯是脱落调节剂,但它是否为脱落原初诱发剂还不清楚。许多实验表明,乙烯通过影响其他激素水平(如 IAA/ABA 比例)影响脱落,而非本身的直接效应。

3. ABA 最早 Davis 和 Addicott(1972)在棉花脱落幼铃中发现 ABA 含量较高,认为 ABA 是脱落因子。Vaughan 和 Bate (1977)将棉花幼铃放在黑暗中诱导脱落,3 d 后放回到温室,继续黑暗处理 2d 后发生了脱落。在黑暗中前 3 d 乙烯变化很小,在脱落前 2 d 才急剧增加(图 2-19)。所以认为,ABA 与脱落的起始有关,而乙烯与后来(末期)离层的活动有关。

ABA 促进酸性磷酸酶、PAL、IAA 氧化酶、纤维素酶、核糖核酸酶、PEP 羧化酶等的合成或提高活性。ABA 抑制 α-淀粉酶、蛋白酶、核糖核酸酶、二肽酶、脂肪酸合成酶、转氨酶、转化酶、硝酸还原酶的合成或减低活性。在不受精的(1~5 d)幼铃中,ABA 与乙烯水平急速上升,

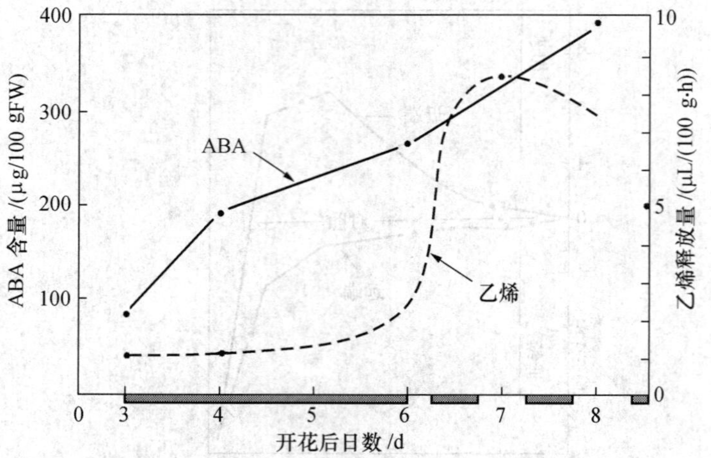

图 2-19 棉花果实在黑暗诱导脱落时 ABA 和乙烯的变化

图下方阴影长条表示黑暗处理(Vaughan 和 Bate, 1977)

而且铃发生脱落,所以这两种激素与脱落密切相关(丁静等,1980)。

4. GA 棉花外植体同时加入高浓度 IAA 与 GA 处理,GA 抑制 IAA 延缓脱落的作用。高浓度 GA 加速脱落,但其效应小于 ABA 和乙烯;极低浓度 GA 可以延缓脱落。低浓度 GA 延迟脱落的原因可能是:GA 的施用增加了该器官的活力,使之成为营养库,间接地抑制脱落;GA 加强 IAA 合成;GA 促进某些水解酶合成。

5. CTK 施加 CTK 到幼果上可促进生长,增加坐果。在秋天,当根部向上运输的 CTK 减少时,叶子衰老脱落。CTK 抑制器官脱落,增加 RNA 和蛋白质合成,延缓蛋白质降解,动员养分运输。CTK 改变植物体内各个"库"之间的竞争关系。在植株上,叶、果和类似器官之间表现为源与库的竞争关系,每个器官都是一个潜在的库,它可以吸引水分和营养物质,强库 IAA、CTK 及 GA/ABA 比例高,弱库 ABA/IAA、ABA/GA、ABA/CTK 比例高。一般认为,IAA 、GA 和 CTK 减缓脱落,ABA、ETH 促进脱落,但这些生长调节剂的作用随浓度和施用部位的不同而不同。

(二)脱落的控制

(1)促进落叶、落花、落果 有些作物在机械收获时需去掉残留在植株上的叶子,如在机械收棉花时,脱叶可大大降低叶碎片对棉絮的污染,提高采收质量。喷洒脱叶剂噻苯隆、NaClO、$KClO_3$、$Mg(ClO_3)_2$ 或三丁基三硫代磷酸盐等,可引起叶片伤害,产生伤害乙烯而诱导落叶。乙烯利可促进棉铃吐絮和叶片脱落,为机械采收提供方便。

在果树生产中,坐果太多常常使果实变小或畸形,或发生大小年结实不平衡,影响翌年的产量,因此需要一定的疏除手段。现在,化学疏花疏果已代替了人工疏除,成为果树生产上的常规措施。1934 年用硫酸铜、硫酸锌、Ca-polysulfide、Na - polysulfide、油乳胶等促使苹果落花;1940 年用二硝基酚(dinitrocyclohexophenol)和 Na - 4,6 - dintro - orthocrysulate (DNOC)做苹果疏果剂;20 世纪 50 年代,用西维因作为疏果剂(盛花期用);60 年代将乙烯利用于金冠苹果疏果;用 NAA 和萘乙酰胺(NAAm)对苹果、梨疏花(徐绍颖,1987);近年来用 Vydale 或几种药混合使用,如 DNOC+NAAm+B_9 及 NAAm+B_9 等疏花疏果。

二硝基化合物:在授粉前后使用二硝基化合物,可使花粉在柱头上不发芽或抑制花粉生长，使花粉到达胚珠的数目减少。

NAA：①影响花柱及柱头，引起大多数萌发的花粉不育，用 NAA 不久，果实生长停止；②引起相当多的种子败育，营养物质向幼果运输停止；③引起乙烯释放。

(2)防止脱落，提高坐果　温室番茄、菜豆常常因日光照不足、日长度变化而落果。20 世纪 50 年代用 2,4-D 防止脱落，近年用 GA、防落素(4-氯苯氧乙酸，4-CPA)等防止脱落。GA 对防止苹果、无花果、柑橘、葡萄、番茄、梨落果有效，其原理在于提高了内源 IAA 含量使幼果成为有机物的代谢库，可吸引更多营养物质。

ABA 和人工合成化合物也对防止落果有效，如 2[(1-萘氨基)甲酰]苯酸、CCC、氯化鏻(phosphon-D)、B_9、TIBA、naptalam、4-phthalinido-2,6-dimethylpyrimidine 等，这些物质大多数是延缓剂，可控制营养生长，促进早开花和结实。缩节安可使棉花矮健生长，减少落蕾落铃，促进结铃和提高产量，目前已在相当大的面积上使用，收到很好的成效。

八、逆境反应和抗性的调控

植物对逆境的适应是受遗传特性和体内生理状况制约的，而后者又与植物激素有密切的关系。逆境促使植物体内激素的含量和活性发生变化，并通过这些变化影响着生理过程。

1. ABA　逆境条件下，植物体内 ABA 含量大幅度升高。这是由于逆境胁迫增加了叶绿体膜对 ABA 的通透性，并加快根系合成的 ABA 向叶片的运输及积累所致。叶内自由型 ABA 含量与总 ABA 都增多，而束缚型 ABA 减少或不变。内源 ABA 含量与其抗逆性呈正相关，有人建议在育种中把 ABA 含量作为抗逆性(干旱等)筛选的关键指标。如冬小麦的抗旱品种(Kanking)在干旱期间积累 ABA 能力较不抗旱品种(Ponca)强；花生、高粱的抗旱性品种体内 ABA 含量同样明显高于抗旱性弱的品种；抗冷性强的水稻品种“单生 1 号”低温处理5 d，体内 ABA 含量达 18.5 μg/g FW，而抗冷性弱的品种“汕优 2 号”含量只有 6.8 μg/g FW；耐盐大麦品种“乐清洋”用盐处理(3%NaCl)时，叶片出现的 ABA 积累高峰强于抗盐性弱的“鉴 4”品种。

外施 ABA 提高抗逆性。水稻、马铃薯、棉花和小麦等多种植物上的实验表明，外施 ABA 能有效提高植物的抗低温能力。杂交水稻幼苗在低温(1～2℃)下，电解质渗透率增加，用 2×10^{-5} mol/L ABA 在水稻三叶期处理幼苗后 3 d，能降低低温下电解质渗漏率，其中品种“威优 287”和“汕优 287”电解质渗漏率比不用 ABA 处理的减少 37% 和 62%。龚明等(1990)施用 10^{-5} mol/L ABA，能减少 NaCl 胁迫下大麦和小麦幼苗植株地上部的 Na^+ 和 Cl^- 含量，而对 K^+ 含量无显著影响，所以 ABA 能降低 Na^+/K^+ 比，幼苗存活率提高。以“宁麦 4 号”小麦为例，单独用 3%NaCl 处理 10 d 的幼苗死亡率为 32.2%，而 10^{-5} mol/L ABA 与 3%NaCl 的混合处理死亡率只有 10.9%，抗盐性提高。

ABA 是植物各器官间传递的重要信号，通过专一地与 ABA 结合蛋白结合和系列信号转导途径，产生适应或抵抗逆境的一系列生理反应。陈珈等(1994)证实，在玉米根质膜和液胞膜上存在着高活性的 ABA 结合蛋白，对外源 ABA 的特异结合活力分别为 1 885.5 和 2 485.4 μmol/g蛋白，而在盐胁迫和干旱胁迫条件下，ABA 结合蛋白对 ABA 特异结合的活力增加20%～35%，有利于与 ABA 结合。

ABA 提高抗逆性的机制，可以归纳为以下几点：

(1)减少或减缓膜的伤害　ABA 在结构上具一疏水环和一亲水链，这种几何形状暗示着

ABA 可进入膜上磷脂之间，引起膜物理特性的改变，降低膜变相的温度。2×10^{-5} mol/L ABA 处理杂交稻 48 h，在常温下 ABA 对膜脂脂肪酸的影响表现为亚油酸含量上升，亚麻酸下降，脂肪酸不饱和指数降低；在低温(1～2℃)下，ABA 使亚麻酸增加，脂肪酸不饱和含量更接近于在常温时的含量，表明 ABA 有稳定膜脂脂肪酸的作用。

(2)减少自由基对膜的破坏　ABA 处理杂交稻、柑橘等能提高细胞内保护酶系统(如超氧物歧化酶和过氧化氢酶)的活性，增加保护物质(如抗坏血酸和谷胱甘肽)的含量，以清除植物细胞在低温逆境中增加的超氧物自由基，使有毒物质丙二醛含量下降，并保持在一个相对较低水平，防止膜脂的过氧化。

(3)维持一定的渗透调节　外施 ABA 可以使逆境下植株体内的代谢发生变化，如可溶性糖、可溶性蛋白质和脯氨酸含量增加，有利于植株维持一定的渗透调节。在正常供水或是由聚乙二醇所产生的水分胁迫条件下，5×10^{-5} mol/L ABA 处理辣椒根，明显促进脯氨酸的积累。

(4)诱导特异蛋白　低温锻炼或 ABA 处理增强了马铃薯抗冷性，在可溶性蛋白质电泳谱中出现新的谱带，而用亚胺环己酮处理后，蛋白质合成受阻，抗冷性也降低。进一步研究表明，低温和 ABA 处理马铃薯共同形成了 21 ku、22 ku 和 31 ku 多肽；在小麦中 ABA 能诱导 26 ku 和 27 ku 多肽的形成。刘祖祺等(1993)指出，对蜜橘品种“心津”外施 ABA 或人为进行低温锻炼，在抗寒性发育前，内源 ABA 和 ABA/GA 比值出现峰状剧烈增加，这时可检测到特异蛋白质的形成。当 ABA 和 ABA/GA 水平降低后，仍然有新的特异蛋白质的形成，推测 ABA 是抗冷基因表达的启动因子。

(5)减轻水分丧失　ABA 可通过关闭气孔、促进根的吸水，来防止干旱引起的水分丧失。外施 ABA 能使气孔迅速关闭(表 2-4)，并抑制关闭的气孔再开放。ABA 可提高根细胞对水分的透性，在干旱胁迫的番茄根培养液中加入 ABA，增加了根系水的分泌速率。

表 2-4　不同浓度的 ABA 对气孔关闭的影响

光照处理	ABA 处理浓度/($mol\cdot L^{-1}$)	气孔开度值/μm	抑制/%
暗	0	7.60	
光	0	8.05	100.0
光	1×10^{-5}	6.88	85.5
光	5×10^{-5}	6.09	75.6
光	10×10^{-5}	5.23	64.9

ABA 可诱导植物的交叉适应性。自然界中植物要能适应多种多样的胁迫环境，才能生存下去。在某种逆境条件下生长的植物，它不仅具有抵抗这种逆境的能力，而且具有抵抗其他逆境的能力，这种现象称为交叉适应现象。把经过 0.25 mol/L NaCl 预处理 24 h 和 30 h 的黄瓜幼苗，分别在清水中恢复 12 h 和 24 h 后，又转移到 3℃±2℃的低温条件下培养 48 h，以直接经过低温处理 48 h 的幼苗为对照，测定它们的电解质渗漏率和水分饱和亏，结果表明盐预处理能提高抗冷性(图 2-20)，盐预处理的时间越长，提高抗冷性的效果越显著；经过冷处理的黄瓜幼苗也会提高其抗盐性。在水稻幼苗中也存在着交叉适应的现象，干旱预处理或盐预处理都能提高幼苗的抗冷性；低温预处理也能提高水稻幼苗的抗旱性。不同预处理都能减少植株

水分的丧失和增加内源 ABA 含量，提高对其他胁迫的抵抗能力，说明 ABA 在交叉适应中起着重要的调节作用(郭确等，1986)。

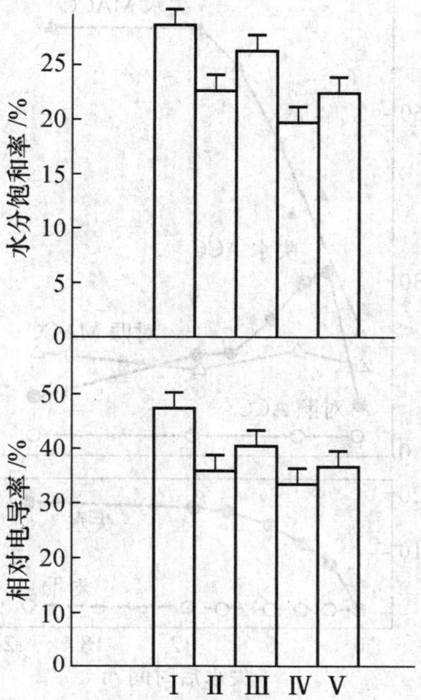

Ⅰ. 对照；Ⅱ. 盐预处理 24 h 后恢复 12 h；Ⅲ. 盐预处理 24 h 后恢复 24 h；Ⅳ. 盐预处理 30 h 后恢复 12 h；Ⅴ. 盐预处理 30 h 后恢复 12 h

图 2-20　盐预处理后受冷黄瓜幼苗子叶水分饱和亏相对电导率的变化(吴仪等，1988)

2. 乙烯　植物在干旱胁迫下，体内乙烯成几倍或几十倍地增加，当胁迫解除时则恢复正常水平，组织一旦死亡乙烯就停止产生。小麦叶片失水后 ACC 和乙烯含量增加(图 2-21)，2 h 后 ACC 含量下降，丙二酰基 1-氨基环丙烷-1-羧酸(MACC)则继续增加。逆境乙烯的产生可使植物克服或减轻因环境胁迫所带来的伤害，促进器官衰老，引起枝叶脱落，减少蒸腾面积，有利于保持水分平衡；乙烯可提高与酚类代谢有关的酶类(如 PAL、多酚氧化酶、几丁质酶)活性，并影响植物呼吸代谢，从而直接或间接地参与植物对伤害的修复或对逆境的抵抗过程。

植物在缓慢失水时乙烯合成先于 ABA 积累，小麦叶片水势在－0.7～－0.8 MPa 时乙烯含量开始增加，－0.9～－1.0 MPa 时乙烯含量迅速增加，而 ABA 含量在叶水势为－0.8～－0.9 MPa时才开始增加，在－1.0～－1.1 MPa 时迅速增加。如果植株失水迅速，叶水势在－1.2 MPa 保持萎蔫状态，这时 ABA 的积累则快于乙烯。

3. GA　离体实验证明，当叶片缺水时，内源 GA 活性迅速下降，且先于 ABA 含量的上升(图 2-22)，这是因为 GA 和 ABA 的合成前体均为牻牛儿基焦磷酸(CPP)的缘故。抗冷性强的植物体内 GA 含量一般低于抗冷性弱的植物，外施 GA(100 mg/kg)能显著降低岑叶槭抗冷性。但也有报道指出 20 mg/kg GA 并不影响马铃薯的抗冷性。罗正荣等(1991)发现抗冷性较强的柑橘品种“国庆 1 号”和抗冷性弱的“锦橙”在抗冷锻炼期间，前者体内 ABA 含量高于后者，而 GA 含量是后者高于前者，在脱锻炼期间则表现出相反的趋势。与 ABA 和 GA 的绝对含量相比，ABA/GA 更能反映出与抗冷性的关系。同一品种在抗冷锻炼期间，随着 ABA/GA 降低，抗冷性也逐渐减弱。

4. CTK　Yamada 等(1985)的实验证实，干旱和低温胁迫使茎内 CTK 含量降低，而根内

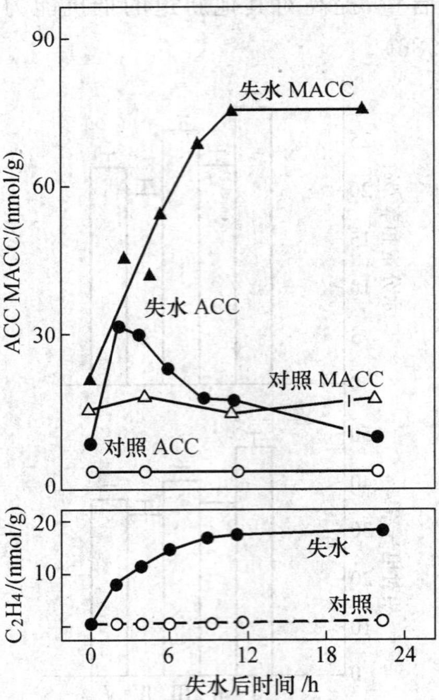

图 2-21 小麦叶片失水后乙烯、ACC 和 MACC 的变化
(潘瑞炽,2001)

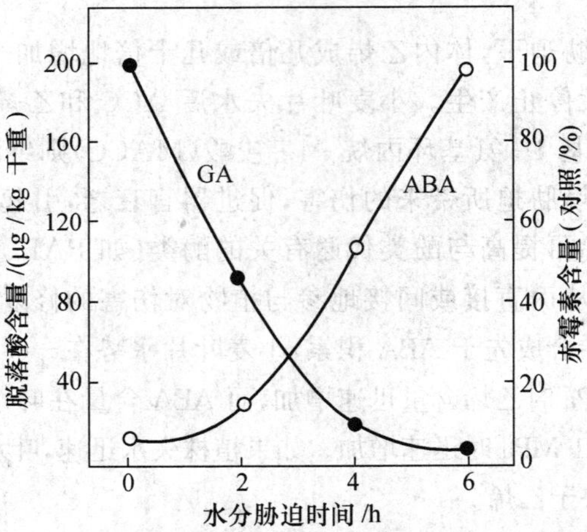

图 2-22 在水分胁迫条件下,离体莴苣叶中 ABA 和 GA 变化的时间过程(潘瑞炽,2001)

CTK 含量达到很高水平。这可能是低温下根系合成的 CTK 上运受阻而在根中积累过多所致。叶片缺水时,叶内 ABA 含量的增加和 CTK 含量减少,降低了气孔导性和蒸腾速率。汤学军等(1993)报道。1 mg/kg KT 可以恢复受冷害(4℃,36 h)水稻幼苗的细胞膜功能,表现在丙二醛量和电解质渗漏率的逐渐降低,原因是 KT 促进了超氧物歧化酶的生物合成,提高超氧化物歧化酶活性,降低膜脂过氧化作用。根系渗透胁迫对玉米生物膜与光合作用的影响可因叶面喷施 6-BA 或其他抗氧化剂而得到缓解。玉米素处理可明显抑制盐渍效应所引起的光合色素和可溶性蛋白含量减少，6-BA可促进大麦种子的出苗并缓解盐胁迫对大麦生长的抑制。4-PU-30对菜豆品种Cheren植株在水分逆境和高温逆境下有保护作用。大麦品种California Mariot在盐胁迫下外施CTK有利于GA和IAA的活性增加，同时也刺激内源CTK活性增加。KT配合施氮肥可提高春小麦Sandra的谷氨酸激酶的活性，增加谷蛋白的含量，提高小麦产量和品质，特别是在干旱逆境条件下表现出更大的增产潜力。李树品种Santa Rosa的CTK和ABA都直接参与了水分逆境下的保护作用。

5. IAA　有关IAA与抗逆性的报道较少。番茄叶水势在−0.2～−1.5 MPa之间，IAA氧化酶活性随着叶水势下降而直线上升，IAA含量下降。当水势小于−1.0 MPa时，则抑制IAA向基部的运输。植物在染病过程中，由于组织中IAA氧化酶活性降低，使IAA含量增加，阻碍了细胞次生壁的形成，有利于病原生物的侵入，使病情继续扩大。据报道，小麦抗锈病特性与感病组织中含有较高活性的IAA氧化酶有关。

6. 多胺　植物受到各种胁迫条件的影响时，细胞内大量积累多胺，尤其是腐胺(表2-5)。在高盐条件下，由于精氨酸脱羧酶和鸟氨脱羧酶的活性加强，蚕豆幼苗积累腐胺。黄瓜幼苗在低温(5℃)下处理24 h，亚精胺含量较常温处理的增加116%和66%，漂浮在0.4～0.6 mol/L山梨醇6 h的燕麦叶片腐胺含量增加60倍，而精胺和亚精胺含量不变。胁迫条件下多胺的积累可调节活性氧代谢的平衡、稳定膜结构，对植物免受胁迫伤害起一定的作用。

表2-5　水分胁迫对苹果新根多胺和脯氨酸含量的影响(杨洪强等，1994)　μg/g FW

根类	处理	精胺	亚精胺	腐胺	脯氨酸
延长根	对照	60.93	23.52	46.37	134.8
	干旱	60.31	45.27	84.68	164.0
吸收根	对照	57.30	27.47	45.20	130.2
	干旱	56.79	34.73	52.86	132.0

目前，植物抗逆性的机理研究较多地集中在植物激素与抗逆基因的表达和保护膜结构功能的关系上。推测植物激素是抗逆基因表达的启动因素，逆境条件改变了植物内源激素的平衡状况，从而导致代谢途径发生变化，这些变化很可能就是抗冷基因活化和表达的结果。

第三节　整株水平上多种激素的控制类型

一、激素间的相互作用

第一章关于植物激素和本章前面关于植物生理过程和生长发育调控中，我们注意到每种植物激素有多种生理效应和功能，而一个生理过程，往往是多种植物激素综合作用的结果。不同部位激素的相对含量与功能是相应的(见表2-6)。激素以系统方式调控植物生长发育的观点目前已被广泛接受。有时一种激素可诱导、抑制另一种激素的合成、分布、代谢、运输和作用，其中的部分途径见图2-23所示。

表 2-6　植物不同部位各种激素的相对浓度(非定量测定)(孟繁静等,1995)

部位	相对浓度			
	IAA	GA	CTK	ABA
茎尖	+++	+++	+++	−
幼叶	+++	+++	−	−
伸长茎	++	++	−	−
侧芽	+	++	−	−
成熟叶	+	+	−	+++
成熟茎	+	+	−	−
根	+	−	−	−
根尖	++	++	+++	−

注:+++表示含量高;++表示含量中等;+表示含量低;−表示无。

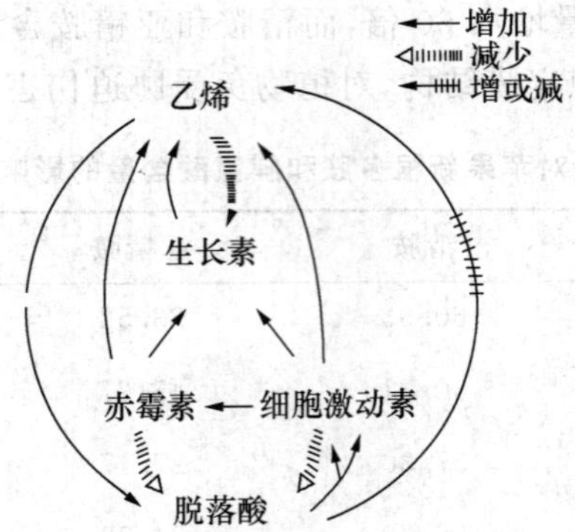

图 2-23　植物激素间的相互关系(韩碧文等,1987)

(一)植物激素互作效应的几种类型　激素间作用可以概括为:增效(加成、相乘)、拮抗、平行、反馈、诱导等,分别举例说明如下:

1. 增效作用　一种激素能加强另一种激素的效应,此种现象称为激素的增效作用(synergism)。又分相乘效应和相加效应两种情况。

相加效应(additive effect):两种激素对同一生理过程有类似作用,共同作用时显示效果为各自独立使用效果的累加。如 ABA 与 BR 提高抗低温、干旱能力;ABA 与 IAA 促进发根;BR 和 IAA 促进乙烯释放和质子分泌;BA 和 GA_{4+7} 促进苹果枝条生长和葡萄开花;IAA 和精胺促进绿豆茎插条生根等。

相乘效应(synergistic effect):两种激素对同一生理过程有类似作用,共同作用时显示的效果大大超过两者独立使用的效果。如低浓度 IAA 对离体的器官茎秆的生长有促进作用,GA 也有这种作用。若在离体茎段上同时施加 IAA 和 GA,它们的生长促进效果就比各自单独效果更大(图 2-24)。在细胞分裂过程中,CTK 起着决定性的作用,IAA 则可通过促进子细胞的增大与分化,从而有利细胞的继续分裂,完成细胞核与细胞质的分裂。另外如 BR 与 IAA 促进豆类上胚轴伸长、促进烟草愈伤组织生长、促进细胞分裂,乙烯和 ABA 抑制水稻小麦茎

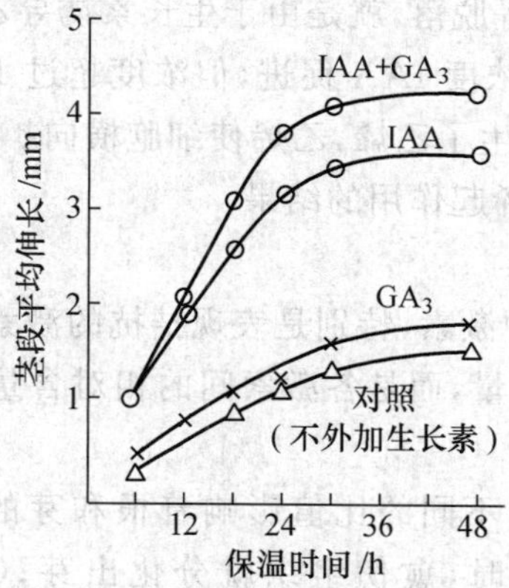

图 2-24　IAA 和 GA 对离体豌豆节间切段伸长的效应

(转引自王忠第,2000)

秆伸长等等。

2. 拮抗作用　拮抗作用(antagonism)亦称对抗作用,指一种激素能削弱或抵消另一种激素的生理效应。

ABA 与 IAA、GA、CTK 均有拮抗作用。GA 与 ABA 的拮抗作用表现在许多方面,如诱导 α-淀粉酶合成和促进种子萌发、休眠等。从代谢途径上看,它们都来自甲瓦龙酸,且通过同样的代谢途径形成法尼基焦磷酸(farnesyl pyrophosphare)。在光敏色素作用下,长日照条件下形成 GA,短日照条件下形成 ABA。因此,夏季日照长,产生 GA 使植株继续生长;而冬季来临前日照短,则产生 ABA 使芽进行休眠。

IAA 推迟器官脱落的效应,会被同时施用的 ABA 所抵消;而 ABA 强烈抑制生长和加速衰老的进程,又可能会被 CTK 所解除。CTK 抑制叶绿素、核酸和蛋白质的降解,抑制叶片衰老;而 ABA 则抑制核酸、蛋白质的合成并提高核酸酶活性,从而促进核酸的降解,使叶片衰老。CTK 能刺激气孔开放,而 ABA 则抵消其作用,使气孔关闭。所以在调节气孔运动中,CTK 与 ABA 起竞争、平衡作用。这些都证明 ABA 与 IAA、GA 以及 CTK 间的拮抗关系会直接影响某些生理效应。

IAA 与 GA 虽然对生长都有促进作用,但二者间也有拮抗的一面,例如 IAA 能促进插枝生根,而 GA 则抑制不定根的形成;IAA 抑制侧芽萌发,维持植株的顶端优势,而 CTK 却可消除顶端优势,促进侧芽生长。此外,多胺和乙烯都有共同的生物合成前体蛋氨酸,因而乙烯诱导衰老的效应可以被多胺所抵消。

3. 平行作用　两种激素在某生理过程中作用机制不同,共同存在时表现各自效果。例如禾本科植物茎生长中,GA 或 IAA 对伸长的促进和 CTK 对茎横向加粗的促进等。

4. 反馈作用　一种激素的代谢物或作用后的效应能抑制另一种激素的合成或作用。如在逆境下,根系产生 ABA 并作为信号,抑制地上器官中促进营养生长类激素的合成或使 GA 变成束缚型,减缓生长速度。在茎叶生长中,IAA 诱导产生的乙烯,会反过来减弱 IAA 的合成、运输,并促使其钝化。

5. 诱导作用　一种激素的存在或效应,诱发同种或其他激素的大量产生或显著作用。最典型的例子是果实成熟和叶衰老时乙烯的自催化合成。IAA 诱导乙烯生成是另一个典型例子,高浓度生长素处理引起叶片等脱落,就是由于生长素诱导乙烯大量合成的结果。黄化豌豆上胚轴切段的伸长生长,可被低浓度IAA促进,但浓度超过1 mg/kg,伸长作用就要受抑制,这是由于IAA浓度增高,诱导产生了乙烯,乙烯使细胞横向扩大,限制了细胞伸长。IAA促进菠萝开花,也是其诱导产生的乙烯起作用的结果。

(二) 激素互作的几种机制

1. 激素平衡和比值　在多种激素,特别是表现拮抗的激素,调控的生理过程中,决定生理效应的往往不是某种激素的绝对量,而是各激素间的相对含量(平衡)。下面是几个较典型的例证。

在组织培养中IAA与CTK不同的比值影响着根和芽的分化,烟草茎髓部愈伤组织的培养实验证明,当CTK/IAA高时,愈伤组织就分化出芽;CTK/IAA低时,有利于分化出根;当二者比例处于中间水平,愈伤组织只生长而不分化,这种效应已被广泛应用于组织培养中。

GA与IAA的比例控制形成层的分化,当GA/IAA比值高时,有利于韧皮部分化,反之则有利于木质部分化。

性别分化受多种激素影响,如GA可诱导黄瓜雄花的分化,但这种诱导可为ABA所抑制。黄瓜茎端的ABA和GA_4含量与花芽性别分化有关,当ABA/GA_4比值较高时有利于雌花分化,较低时则利于雄花分化。李秉真等(1999)对花芽分化期叶片中内源激素Z(玉米素)、ZR(玉米素核苷)、IAA(吲哚乙酸)、GA_3(GA)、ABA(ABA)含量和DNA、RNA含量变化进行了研究,结果表明,花芽分化期需要有高水平的Z、ZR,低水平的IAA和高水平的Z/GA_3、ZR/GA_3、Z/IAA、ZR/IAA和Z/ABA比值,该期DNA、RNA水平及RNA/DNA比值比较高。在自然情况下,雌雄异株植物根部与叶片中形成的激素间是保持平衡的,因此雌性植株与雄性植株出现的比例基本相同。由于根中主要合成CTK,叶片主要合成GA,用雌雄异株的菠菜或大麻进行试验时发现,当去掉根系,叶片中合成的GA直接运至顶芽并促其分化为雄花;当去掉叶片时,则根内合成CTK直接运至顶芽并促其分化为雌花。可见,GA与CTK间的比值可影响雌雄异株植物的性别分化。

2. 激素代谢间的影响　由于一种激素对另一种激素水平的调节,对植物或组织的生长发育相应地也起着调节作用,激素间表现反馈或诱导作用。GA调节IAA水平进而促进细胞伸长(图2-25),IAA对禾谷类植物胚芽鞘的伸长起着主导作用。如当种子吸水膨胀开始萌发时,胚中产生的GA运向糊粉层,在这里诱导或激活水解酶,促进胚乳中贮藏蛋白质的分解,分解释放出包括色氨酸在内的氨基酸,因此提供了合成IAA的原料,色氨酸转移到幼茎顶端合成IAA;GA又能使原来在种子中处于结合状态的IAA(如IAA-肌醇)释放出来。因此GA提高了IAA含量,促使胚芽鞘细胞伸长。但与此同时,GA激活的过氧化物酶又能使IAA降解失活而阻止细胞伸长。

较高浓度IAA促进ACC合成酶的活性,因而促进乙烯生物合成;但乙烯促进IAA氧化酶的活性,从而抑制IAA的合成和IAA的极性运输。因此,在乙烯作用下IAA含量下降。在生长、成熟、脱落等生理过程中,IAA和乙烯的这种代谢调控是关键的。

3. 多种植物激素的顺序调节　对大多数植物的种子而言,CTK水平在胚发育早期总是最高的,此时细胞分裂的速率也最高。当种子进入快速生长期时,CTK水平下降,而GA和IAA水平上升,此时ABA几乎检测不到。当胚发育开始进入后期,GA和IAA水平开始下

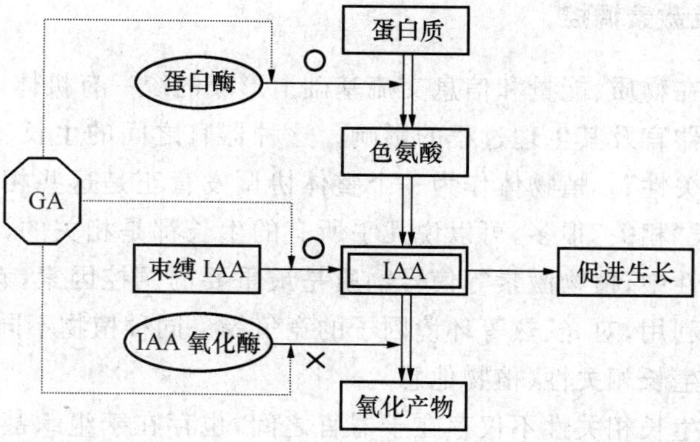

图 2-25　GA 与 IAA 形成的关系(王忠,1999)

降。种子休眠时,ABA 含量很高,随着种子逐渐后熟,ABA 含量逐渐下降,并变为束缚态,而 GA 含量渐强。当完成后熟时,ABA 含量下降到最低点,GA 水平很高,这时种子的休眠被解除,遇适宜条件,随即萌发。种子萌发时 IAA 水平提高,促进幼苗的生长。随着根系的生长,根中产生的 CTK 向上运输,促进地上部生长。

4. 植物对激素的敏感性及其影响因素　植物对激素的敏感性是指植物对一定浓度激素的响应程度。在很多情况下,植物激素作用的强弱与其浓度关系不大,植物细胞对激素的敏感性才是激素作用的控制因素。植物对激素的敏感性可能由激素受体的数目、受体与激素的亲和性(affinity)、植物反应能力(response capacity)等因素所决定。此外,外源生长调节剂的作用效果还受植物细胞的吸收效率、生长调节剂在植物体内的运输与代谢以及其他内源激素浓度变化等影响(图 2-26)。因此,在植物离体试验时往往需要施加高浓度的激素才能获得显著的生理反应。

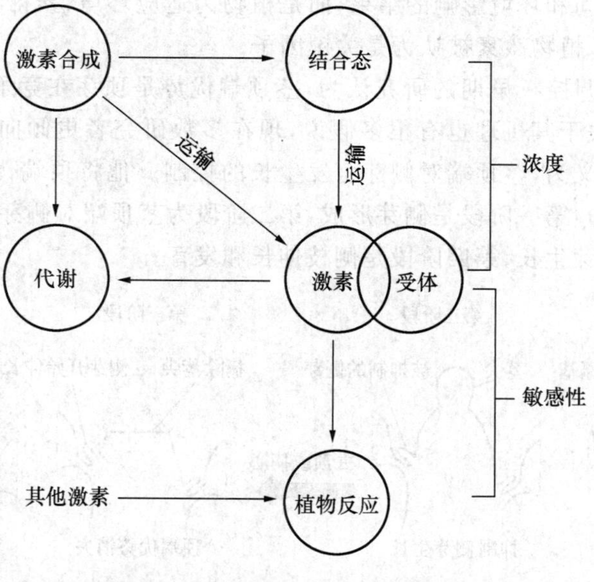

图 2-26　影响植物对激素反应的因素(李宗霆,周燮,1996)

二、生长相关性及激素调控

植物是多个器官在物质、能量和信息交流基础上形成的统一有机体,一个器官的形成和发育受其他一个或多个器官及其生理过程的影响。这种器官之间的生长、发育和功能的相互影响,常被称为"生长相关性"。植物体作为一个整体协调发育正是这些相关生长的结果。一个生长中的植株,其生长"相关"很多,可以说几乎所有的生长都是相关的,只是相关程度有所差异。在多数生长相关性中,植物激素等信号物质是最重要的调控因素,有的涉及同化物、矿质营养和水分的分配和利用,对光、热等环境因子的竞争等。同种植物不同个体间和不同种植物体间也有信号传递和生长相关性(植物他感)。

(一)细胞识别　生长相关性不仅存在于器官之间,也存在于组织甚至细胞之间。细胞与周围环境的化学信号或细胞与细胞间表面通过信息的交换而发生相互作用的现象,称为细胞的识别。化学信号物质可能是酚类物质、植物激素、简单的氨基酸或复杂的蛋白质(如胰岛素、甾类激素)等、神经传递物(如乙酰胆碱)等。细胞与细胞之间表面的信息交换表现在植物细胞与微生物的相互识别,高等植物花粉与柱头的识别以及接穗与砧木的相互作用等。在细胞识别过程中,通过细胞表面受体与信号物质的识别,受体蛋白活化并通过磷酸化作用激活下游蛋白,逐级传导信号,诱导基因表达,或者改变细胞膜的透性,改变蛋白酶的活性,最终引起生理反应和形态的变化。

蚕豆/菊芋嫁接结合处IAA氧化酶活性强,产生很强的氧化性。由于IAA是木质部分化的关键因子,嫁接结合处IAA被氧化破坏,可以认为是蚕豆与菊芋嫁接中维管束分化程度低的原因。

(二)顶端优势　顶端优势是植物主茎顶芽在生长上占优势,完全和部分抑制侧芽生长的现象。几乎所有的高等植物在生长过程中都表现顶端优势,对分枝和株型有决定性影响。在根中同样存在顶端优势现象。广义地讲,这种生长发育的优势与协调是植物较普遍的现象,而且并非完全是发育时间和环境影响的结果,而是植物为适应环境、繁衍存活的主动适应方式。在顶端优势的调控中,植物激素被认为是关键因子。

1 茎顶端优势的调控　早期的研究认为,茎顶端优势是顶芽在竞争同化物、无机营养、水分等方面优于侧芽,关于其机理也有很多假说,现在多数研究者更倾向于激素调控说。Cline (1997)将顶端优势定义为,茎顶端对侧芽萌发生长的控制。他将顶端优势及其消失的发育分为4个阶段(图2-27):第一阶段是侧芽形成,第二阶段为茎顶端对侧芽生长的抑制,第三阶段为去顶(摘心)启动侧芽生长,第四阶段是侧枝伸长和发育。

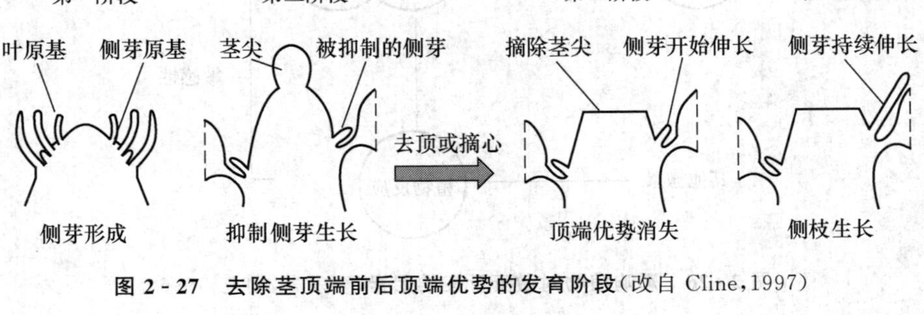

图2-27　去除茎顶端前后顶端优势的发育阶段(改自Cline,1997)

长期以来人们一直认为在顶端优势现象中，茎尖产生的 IAA 是抑制侧芽生长的原初信号，但对 IAA 的作用方式和机理有不同的解释和假说。

(1)IAA 直接调控说　该假说认为 IAA 含量和不均衡分布造成茎顶端优势。IAA 在茎顶端区域的细胞中合成，极性向下运输进入侧芽，从而直接抑制侧芽的生长。当去除这些顶端细胞，被抑制的侧芽就开始生长。把 IAA 混入琼脂或羊毛脂中，涂抹在刚去顶的完整植株茎顶端可抑制侧芽发育和重建顶端优势，抑制随 IAA 浓度增加而增强。缺硼可诱导豌豆侧芽发育，此前伴随茎顶端 IAA 输出量的急剧下降，茎尖 IAA 浓度降低，IAA 极性运输的能力降低(Li 等，2001)。但是根据这一假说，IAA 必须改变其运输方向，转为向上运输才能进入侧芽，但 IAA 一般只能极性向下运输；实验表明，施用于植物顶端并极性向下运输的标记 IAA 并不能进入侧芽。还有一些相反的证据，如生长旺盛的侧芽中 IAA 浓度会升高或保持不变，IAA 直接处理生长受抑制的侧芽会诱导其生长(图 2-28)。

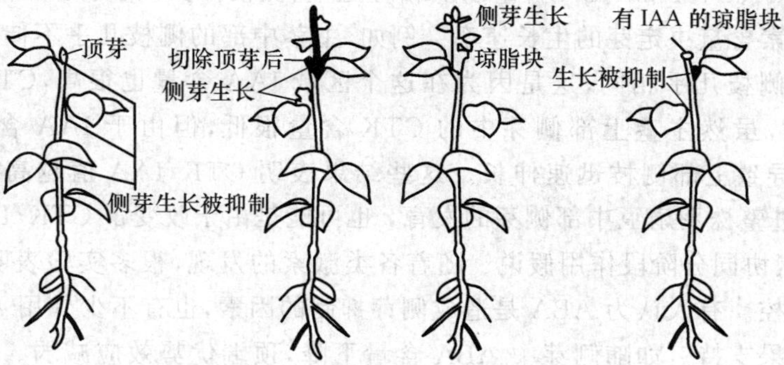

图 2-28　顶端优势和 IAA 的作用

(2)IAA-营养转移假说　1936 年 Went 首先提出，认为植物顶端不仅是内源 IAA 的主要产生部位，同时也是植物生长中心和物质交流中心。顶端产生或者外施的 IAA 可将营养物质调向 IAA 产生和施用部位，从而使侧芽中的营养物质被抽空，其生长被抑制。但许多实验结果质疑该假说，如将营养物质直接施用于生长被抑制的侧芽，并不能诱导其生长。在对豌豆植株上生长良好和生长受抑制的芽的代谢活性进行比较，并没有发现明显区别。实际上顶端优势在发育早期阶段(如在果实和种子中)就已经存在，推测这时各器官对营养物质的竞争还很微弱。已有实验结果确证，营养物质并不是抑制侧芽生长的限制因素。

(3)IAA/CTK 协同调控说　CTK 参与顶端优势的调控。水蕨植株生长被抑制的芽中，Z 和 ZR 含量很低(Pilate 等，1989)，而鹰嘴豆(*Cicer arietinum*)顶端优势消除后 6 h 和 24 h，ZR 增加了 7 倍和 25 倍(Turnbull 等，1997)。根部合成的 CTK 可能优先供应了顶芽的生长，侧芽内由于 CTK 供应不足而生长受抑制，KT 处理整株植物可解除顶芽对侧芽生长的抑制作用。Prochazka 和 Jacols(1984)证明，根中向上运输的 6-BA 对侧芽生长起作用。去顶和去子叶前 10 h 根部饲喂 ^{14}C-BA，去顶后 4 h 可见 ^{14}C-BA 在去子叶的一侧侧芽中总活性、比活性都比对侧的芽中高。去顶同时切除一部分根系，虽然根中 ^{14}C-BA 比活性降低了，但积累在去子叶的侧芽中 6-BA 仍很高。这说明生长的侧芽可以吸收很多 6-BA。去顶去子叶的幼苗，在根部加 ^{3}H[GA_1]，则芽中 ^{3}H[GA_1]积累慢且量很小，说明侧芽从顶端优势控制下的释放是主动选择的过程。

CTK 处理可诱导完整植株的侧芽生长。Wickson 和 Thimann 于 1958 年首次报道,用 CTK 处理豌豆植株的侧芽可以诱导侧芽生长。这一结果为后人的许多实验所证实。在某些植物中,在茎顶端存在的情况下,被抑制的侧芽上涂抹 CTK,可促进其萌发。在整株水平上选择不同外源激素处理侧芽,只有 CTKs 才促进萌发。

IAA/CTK 共同调控顶端优势。Wickson 和 Thimann(1953)提出,CTK 是 IAA 的拮抗剂。Sitbon(1992)证明,植株顶端产生的 IAA 可能以某种方式控制体内 CTK 水平,从而抑制侧芽的生长。如 IAA 影响 CTK 的运输方向及其在植物体中的分布,抑制 CTK 进入侧芽(Harrison,1984);或者抑制植物体内 CTK 的合成或转化,从而抑制腋芽生长。CTK(BAP 和 CPPU 等)处理豌豆,可促进豌豆侧芽生长,同时侧芽内 IAA 含量和 IAA 从芽内运出量增加,认为 CTK 可能刺激了侧芽内 IAA 合成及向外运输(李春俭,1992,1993,1995)。

Emery 等(1998)以窄叶羽扇豆为材料,测定了不同生长时期顶芽和位于主茎上部、中部、下部的侧芽中 IAA、CTK 和 ABA 含量以及相应主茎、侧枝伸长,表明是 CTK/IAA 值的高低而不是某一种激素含量决定芽的生长速率。例如,主茎中部的侧枝几乎不伸长,但其 CTK 含量与迅速伸长的侧枝几乎相同,这是因为在这个区域 IAA 含量也很高,CTK/IAA 值很低。同样在生长后期,虽然主茎上部侧芽中的 CTK 含量很低,但由于 IAA 含量更低,较高的 CTK/IAA 值仍导致上部侧枝迅速伸长。这些结果表明 CTK/IAA 值越高,越促进芽发育。外施 CTK 可促进整株羽扇豆中部侧芽的发育,也可能是由于改变了 CTK/IAA 比例。

(4)多种激素协同分阶段作用假说　随着各类激素的发现,很多实验表明,其他激素也参与这一过程的调控。有人认为 ABA 是造成侧芽抑制的因素,也有不少外用 ABA 处理改变顶端优势的实验结果支持。如随侧芽中 ABA 含量下降,顶端优势效应减弱。但也有矛盾的结果,如水蕨顶芽和侧芽中 ABA 含量并无区别(Pilate 等,1989),菜豆去顶后 12 h 侧芽伸长已明显可见时,侧芽中 ABA 含量并没有变化(Knox 等,1984),看来 ABA 并未直接参与植物顶端对侧芽生长的控制,至少是第二位的。但 Emery(1998)指出,ABA 虽不是顶端优势的原初控制因素,但也是不容忽视的,可以很好解释 CTK/IAA 值与生长速率不一致的情况。例如在图 2-27 中的阶段 3,主茎基部侧芽 CTK/IAA 值比主茎顶芽高,但主茎的伸长速率超过侧枝,这是由于主茎中 ABA 含量大大低于基部侧芽的结果;上部侧芽 CTK/IAA 迅速升高之前,ABA 含量下降。窄叶羽扇豆侧枝生长是受 IAA、CTK 和 ABA 的共同调控。

在有些植物中,CTK 解除顶端优势后,发育侧枝伸长缓慢,使用 IAA 才能达到与去顶后一样的生长速度;GA 可代替 IAA 的作用,但侧枝生长不正常,细长且黄化。如果不用 CTKs 预处理,IAA 和 GA 都没有解除顶端优势的效果。可见 CTK 解除顶端优势涉及侧芽中新细胞分裂而不涉及细胞伸长,后继的细胞伸长阶段受 IAA 和 GA 的共同调控。

图 2-28 所示的去顶解除顶端优势的不同阶段,激素的作用是不同的。CTK 促进第一阶段的发育;IAA 在第二阶段中起主导作用;第三阶段 CTK 水平高有利于消除顶端优势;IAA 和 GA 促进第四阶段侧枝的伸长。用乙烯利破坏 IAA,会引起马铃薯主芽和侧芽都快速生长,消除主芽对侧芽生长的抑制。因此,对侧芽直接施用 CTK 能诱导侧芽萌发和生长。在第三阶段 IAA 水平低,但第四阶段侧枝合成的 IAA 又达到正常水平,低 IAA 含量对侧枝生长是不利的。

(5)信号传递系统的作用　侧芽萌发和生长受到来自茎顶端内源生长素或者施用外源生长素的抑制,或者说生长素与细胞分裂素的比例调节的侧芽萌发和生长。但是,运输来的生长素并没有进入侧芽，生长素水平对侧芽生长的影响可能是受第二信使调节的。Chatfield 等(2000)试图研究在侧芽生长抑制中生长素调节的哪种物质是第二信使，但并没有明确的结果。Nakajima 等(2001)将生长素运输抑制剂 TIBA(2,3,4-三碘苯甲酸)和 NPA(1-萘邻氨甲酰苯甲酸)施用到豌豆实生苗的侧芽上，并不能刺激侧芽生长，而施用到顶芽或节间则能消除顶端优势。将生长素抑制物质如篱莱菔素(raphanusanin)和苯并噁唑啉酮(benzoxazolinone)施用到顶芽、侧芽或节间，即使先用吲哚乙酸处理，均能消除顶端优势，说明篱莱菔素和苯并噁唑啉酮在顶端优势中的作用模式与生长素运输抑制剂完全不同，前者可能抑制生长素诱导的生长抑制因子的合成。Madoka 等(2000)发现，豌豆休眠侧芽中 *PsAD1* mRNA 大量积累，但去顶后，侧芽中的 *PsAD1* mRNA 消失。PsAD1 蛋白的积累模式与 mRNA 一致。免疫细胞化学分析表明，PsAD1 蛋白位于休眠侧芽中的原形成层、叶原基、顶端分生组织和次级腋芽；去顶后，该蛋白消失，说明 PsAD1 蛋白在抑制侧芽生长和分化，或者在控制侧芽休眠中具有一定的作用。

2. 根顶端优势的调控 在根中同样存在顶端优势现象，一般主根优先于侧根生长，侧根生长受主根抑制，当主根生长受到限制时，侧根才会大量地发生。但对于根系顶端优势的作用和调控机理的研究相对缺乏，一是没有被足够的重视，二是根系作为植物“隐藏在地下的一半”，分枝复杂而又隐蔽，远不如地上部分便于研究。

(1)根系顶端优势的激素调控机制 关于根系顶端优势的调控机制，最早人们试图借鉴茎顶端优势的研究结果来解释，却发现两者情况截然不同。IAA 在茎和根中都调节细胞扩张和分裂，但所导致的生理学效应不同。例如 IAA 促进根中柱鞘细胞分裂，导致侧根的形成(Cline,1997)，但却抑制了茎中侧生分生组织的细胞分裂，从而形成了顶端优势(Hillman,1985)。也就是说，IAA 在根中消除顶端优势，在茎中则促进顶端优势，作用结果正好相反。从生长素运输来看，在茎中向基运输，而在根中向顶运输的。茎和根对生长素的反应浓度也有数量级的差别。

已有研究表明，侧根发生受内源激素的调节，IAA 等生长物质促进侧根的发生，而 CTKs 则抑制其发生。但是对地上部施用 IAA 并不促进侧根的发生，而无论根系向地上部运输的 CTKs 如何变化，侧根发生部位总是距根尖有一定距离。推测根系顶端优势的关键调控因子在根系中，而且与 IAA/CTKs 的比值有关。

段留生等(2002)系统研究了双子叶植物棉花和单子叶植物玉米根系顶端优势的激素调控。对侧根不同发生阶段、从主根根尖到基部不同区段 IAA、Z＋ZR、iP＋iPA 和 DHZ＋DHZR 含量的分析表明，棉花发芽 3 d，IAA 在主根中部含量较低；到发芽 4 d 时，根系中部 IAA 含量和 IAA/CTKs 迅速提高，IAA/CTKs 在 2.0～2.5 之间，在主根两端则小于 2.0。5 d时，这一峰值继续加强，6 d 时达到最高。推测这一峰值很可能是诱导同一时期侧根原基大量发生的关键性调控因子。在主根中部侧根开始发生时，测定了主根根尖到基部不同区段(侧根发生差异显著)中激素含量(表 2-7)，CTKs 从根尖向基部逐渐递减。在侧根原基大量发生的主根中上部，IAA 含量处于高峰区，而 CTKs 含量较低，IAA/CTKs 多在 2～3 之间；在根尖附近不发生侧根的区域，CTKs 和 IAA 水平较高，IAA/CTKs 低于 2 或高于 3。根尖与侧根发生区 IAA/CTKs 的差别可能是控制根顶端优势的关键因子，IAA/CTKs 在 2～3 可能是适于侧根原基发生的阈值范围。

表 2-7　棉花幼苗主根不同区段 IAA/CTKs 比例(段留生等,2002)

萌发天数	主根不同区段/cm								
	0～0.5	0.5～1	1～1.5	1.5～2.0	2.0～2.5	2.5～3.0	3.0～3.5	3.5～4.0	4.0～4.5
3	4.23	1.52	2.50	1.43	2.47	1.99	—	—	—
4	1.57	1.67	2.15	2.56	1.75	1.35	2.02	1.95	—
5	1.97	2.17	2.39	2.48	2.77	2.82	2.17	1.67	2.83
6	1.58	1.98	2.40	2.15	3.00	2.86	2.59	2.96	1.23

进一步用外源 IBA、NAA 以及 KT 直接处理根系基部后发现,不同浓度 IBA 或 NAA 均能促进侧根发生,抑制主根伸长(表 2-8)。用生长素极性运输抑制剂 TIBA 处理,抑制生长素从茎到下胚轴再到根顶端的向顶极性运输,使 IAA 在根中上部和基部含量明显降低(特别是基部降低了 50%),与侧根原基和侧根发生受抑制一致;同时下胚轴基部 IAA 含量比对照大大增加,估计是 IAA 运输被抑制后在下胚轴积累造成的。

表 2-8　不同 KT 和 IBA 浓度处理对棉花幼苗主根生长和侧根发生的影响(段留生等,2002)

处理/(mg/L)	主根长度/cm	单株侧根数
CK	8.0	20.0
IBA0.5	7.0	23.3
IBA1.0	7.5	25.1
IBA2.0	7.2	25.0
IBA5.0	7.0	29.0
IBA2.0＋KT0.5	7.8	32.1
IBA2.0＋ KT1.0	7.6	29.2
IBA2.0＋KT5.0	9.8	26.0
KT0.5	8.4	20.1
KT1.0	8.5	19.2
KT5.0	8.6	14.2
KT15.0	8.4	9.2

注:处理后 5 d 调查结果,品种为中棉所 29。

CTK 类物质 KT 可加强根顶端优势,浓度过高则明显抑制侧根和整个根系发育。5 mg/L IBA 与较低浓度 1 mg/L KT 配合使用时,对侧根的促进效果最为显著;这与 IAA/CTKs 是诱导侧根原基形成的决定因子的推论吻合。KT 与 IBA 对主根伸长的作用表现为拮抗,而对侧根发生的作用却表现为增效。

用棉花离体根尖培养方法，从一株植物主根出发通过多次继代构建无性繁殖根系，用来研究侧根发生和根系顶端优势，以及外源植物生长物质的效应，可有效避免遗传基础、个体差别、营养条件和环境条件的差异，排除器官间激素交流的影响，研究结果与上述幼苗试验结果一致。

对玉米幼苗根系和离体培养根系进行的类似研究，结果与棉花上结果一致，在侧根大量发生时段和根段，出现 IAA/CTK 峰值，并与同期侧根原基大量发生有关。但玉米主根 IAA/CTKs 峰值为 1.0 左右，远低于棉花根系的 2.0～3.0。可能不同植物根对激素的敏感度不同，维持或打破顶端优势的激素平衡阈值有异。

(2)激素调控根系顶端优势的机制　外加 Ca^{2+} 和 CaM 及其拮抗剂均能对棉花根系发育产生一定影响。例如 50 mg/L 的外源 $Ca(NO_3)_2$ 处理后棉花幼苗侧根比对照增加了 21%，IBA 与 $Ca(NO_3)_2$ 共同作用时增加了 33%。与此同时，外源 Ca^{2+} 和 IBA 都降低了根中 CaM 含量，同时使用比单用变化幅度较大。推测外源 IBA 很可能促进了根中柱鞘细胞内自由 Ca^{2+} 的积累，并引起 CaM 活性大大提高，促进了中柱鞘细胞某些生理过程的变化，从而使侧根原基得以大量发生。同时，CaM 被活化并与靶酶的结合增加，可以检测到的 CaM 相应减少。

用 Ca^{2+} 专一性螯合剂 EGTA 处理棉花根系后，侧根减少了 29%。用 Ca^{2+} 通道抑制剂 $LaCl_3$(3 mg/L)也起到了类似的作用。用 3 mg/L 的外源 TFP(三氟拉嗪)处理，则使侧根数由对照的 28 条/根减少为 19.3 条/根，降低了 32%。同时，CaM 含量也有明显变化，如用 EGTA 5 mg/L 处理后，CaM 在根中部和基部含量上升为 22.03 μg/gFW 和 19.2 μg/gFW，上升幅度分别为 22%和 110%。用 $LaCl_3$ 处理后发现 CaM 在根中部和根基部都有所增加，变化幅度分别为 25%和 58%。外加 EGTA 和 $LaCl_3$ 起到了阻止 Ca^{2+} 进入根系中柱鞘细胞的作用，减少了细胞内自由 Ca^{2+} 的积累，进而降低了 CaM 的活性。与外源 Ca^{2+} 和 IBA 作用正好相反，根中柱鞘细胞的 CaM 活性降低显然会对生理过程产生某些影响，并抑制侧根原基的发生。至于 CaM 参与了中柱鞘细胞中哪些重要生理过程，最终是如何影响基因表达而影响侧根原基发生的，值得深入探讨和研究。

拟南芥的侧根发生过程可以作为高等植物根系发生的一个很好的研究模型。Cline 等(1997)认为 IAA 在最初形成一小群快速分裂的中柱鞘细胞时起到关键作用。几个与 IAA 形成有关的突变体表明，在侧根发生和形成的不同阶段，其过程均受到阻抑(Hurren，1988)，例如 *alM* 突变体侧根的发生受到阻抑，而 *alf* 突变体则在侧根开始发生后生长受到抑制，IAA 在侧根发生的几个初始阶段都是必需的，直到形成可以不依靠 IAA 的顶端分生组织。在进入非 IAA 依赖型生长之前，正在发生的侧根原基通过 IAA 的极性运输来获得生长必需的 IAA(Briat，1999)。在根系内部，IAA 的极性运输包括从茎向根尖(向顶性)以及从根尖向根基部(向基性)两种情况。目前认为，IAA 在根尖中的向基性运输与根的向性生长(如向地性)有关(Bukovac，1987)，而源自茎的向顶性极性运输则是侧根发生所必需的(Briat，1999)。研究发现，在根和茎交界处施用 IAA 极性运输抑制剂 NPA，可以降低根系中游离态 IAA 的含量并影响侧根的发生量。

生长素促进根中柱鞘细胞的分裂，从而导致侧根的形成(Laskowski，1995)，CTKs、ABA 则抑制侧根的发生(Jarvis 等，1983)。看来，各种激素的极性运输和在根系中不同部位的分布与含量调控着根系的顶端优势。Ca^{2+} 和 CaM 拮抗剂影响侧根发生(李召虎等，1991；Jarvis 等，1983)，表明钙信使也参与了调节。对根系顶端优势的调控机制目前仍了解甚少。

外源生长物质对根系内源激素水平和根系发育的影响已有很多报道。用200 mg/L DPC或20 mg/L NAA浸种或移栽时浸根均能促进棉花侧根数目增加,对应的CTK水平提高,IAA/CTKs显著增加(李召虎,1990)。5 mg/L IBA+1 mg/L KT琼脂块直接处理,也明显起到了控制根系顶端优势,促进侧根发生和根系整体繁茂的作用。唐祚舜(1992)发现,DPC浸种处理明显增加了4~5 d棉花幼苗主根中部内源IAA和Z+ZR的含量,这与侧根原基形态发生结果是完全一致的,说明DPC是通过影响内源激素水平来发挥效应的。进一步研究发现,DPC处理降低了IAA氧化酶的活性,对保持较高水平的IAA,促进侧根原基发生有积极作用。

应用IAA和CTK相关突变体和转基因植物的研究,为深入揭示根系顶端优势调控提供了有希望的手段。*iaaH*和*iaaM*是与生长素产生有关的基因,如果将转*iaaH*和*iaaM*基因的烟草叶柄培养在不含生长调节物质的培养基上,2周后可形成根;如果培养基中含有1 mg/L 6-BA和低浓度(0.1 mg/L)的NAA,则会先形成愈伤组织而后产生芽(Order,1989)。

3. 其他生长优势 类似茎和根顶端优势的现象在植物中普遍存在,如小麦等禾本科作物主茎与分蘖间、穗不同部位的小穗间、小穗不同部位颖花,在开花的先后与结实灌浆的差异,不同层次叶片大小、生长速度和老化进程的差异等都是优势与劣势之间的协调。1989年Bomgerth提出了原发优势假说,用以解释植物界众多的优势现象。他认为器官发育的先后顺序可以决定各器官间的优势顺序,即先发育器官的生长可以抑制后发育器官的生长。具体说就是先发育的器官(如植物顶端)合成并向外运出的IAA可以抑制后发育的器官(如侧芽中)IAA的运出,从而抑制其生长,也称为IAA的自动抑制假说。许多实验结果都证实了这一假说。例如将菜豆植株上老豆荚中的种子去除,会刺激嫩豆荚及其种子的生长。如果用IAA或NAA代替老豆荚种子,则幼嫩豆荚的生长重新受到抑制。

(三)根冠关系 根冠比一般用特定情况下根系的干重与地上器官干重的比例表示(R/S或S/R),反映了地上器官和地下器官生长的相关性。根冠比与植物种类、年龄、发育阶段有关,受土壤质地、土壤水分和通气状况、矿质营养、温度以及地上部的光照强度与光周期等环境因子的影响。植物的根和冠处在不同的环境中,两者之间通过维管束的联络,存在着营养物质与信息物质的大量交换。根部的活动和生长有赖于地上部分所提供的光合产物、IAA、维生素等;而地上部分的生长和活动则需要根系提供水分、矿质营养以及根中合成的植物激素(CTK、GA与ABA)、氨基酸等。根、冠之间通过这些信号的交流,协调植物的正常生长。

近几十年来,在植物根冠关系和信号传递上进行了大量研究,表明木质部是联系植物地上、地下部的重要通道之一,而木质部汁液中的内源激素是二者通讯的一种重要方式。目前,已在木质部汁液中发现有CTK、IAA、ABA、GAs以及乙烯利前体ACC存在。其中,CTK主要由根系产生,经木质部运输到植物的地上部,与叶片衰老、结实及地上部生长等关系密切。伤流液中的IAA主要是由地上部合成向基运输至根系,后又返回到蒸腾流中,但也不排除根系合成了一部分IAA。至于ABA,ACC和GA_S可能是在根系中合成或转化后,通过木质部运往地上部的。

CTK和ABA是伤流液中研究得最多的2种植物激素。根系对地上部的影响主要与CTK的合成和运输有关。番茄、白羽扇豆、大豆、水稻等作物伤流液中CTK类物质均在盛花期或结果早期大幅度增加，在棉花上类似。植物的营养生长也受到 CTK 的促进，如柳树春季伤流液中 CTK 活性的增加与地上部的春季生长吻合，而伤流液中较低的 CTK 水平与地上部的休眠相对应。干物质积累多、叶片衰老慢的高粱和水稻品种，伤流液中的 CTK_S 流量高于易衰老的品种。植物生长发育后期，根合成的 CTK 量下降和向地上部运输的减少，最终导致整株(包括叶片)的衰老。叶片衰老开始时，木质部汁液和叶片中 CTK 下降；去根和盐分、水分、营养胁迫等处理，使叶片中 CTK 含量下降，叶片衰老加速；水分胁迫下的向日葵茎叶中 CTK 下降了 50%，而根中却上升了近 2 倍，表明 CTK 的合成或运输受到抑制。在植物地下、地上部通讯和反应(包括叶片衰老)中，可能还有其他化学信使(如 ABA 和乙烯)、电信使、水信使等信号的转递。ABA 则主要与植物在逆境条件下的反应有关，一般情况下，干旱、淹水、低温、土壤板结、氮素供应不足等根系逆境均会引起木质都汁液中 ABA 含量的上升，继而调节地上部的生长(如气孔关闭、光合速率降低等)，使植物适应所处的逆境条件。

图 2-29 概括了干旱时根冠间的物质与信息交流。其中的 ABA 被认为是一种逆境信号，在水分亏缺时，根系快速合成 ABA 并通过木质部蒸腾流将 ABA 运输到地上部分，调节地上部分的生理活动，如缩小气孔开度，抑制叶的分化与扩展，以减少蒸腾来增强对干旱的适应性。另外，叶片的水分状况信号，如细胞膨压，以及叶片中合成的化学信号物质也可传递到根部，影响根的生长与生理功能。

甘薯幼苗的气孔开放与不定根的存在有关。当切去甘薯幼苗新生的不定根时，蒸腾强度下降，可能是受气孔关闭的调节。而且，IAA、GA、KT 都不能替代不定根而使蒸腾强度重新增长。这说明是另一种信号物质控制着气孔运动(许旭旦，娄成后，1980)。乙酰胆碱是动物神经-肌肉中信号传递的主要物质。近年来，发现乙酰胆碱广泛存在于植物界。在根系正常生长情况下，在甘薯小植株中乙酰胆碱可以代替切除的根系来维持气孔的行为。以后一系列的实验证明，正是由于根尖产生的乙酰胆碱起着信号作用，影响地上部叶片的蒸腾。因此，乙酰胆碱可以看做是正常条件下植物根与冠间起类似神经递质作用的信号物质(娄成后，1999)。一般地，植物根所处的土壤环境较地上部的环境更为稳定。但在有些情况下，根会受到干旱胁迫、盐胁迫、机械伤害、病原菌入侵等不良条件的影响。因此，植物必须具有感知、传递土壤胁迫信号、调节生长发育的能力。

(四)营养生长与生殖生长　植物营养生长与生殖生长之间存在着密切的关系。研究表明营养关系不是营养体与生殖体间关系的实质，激素等信号物质的交流可能是两类生长协调的重要机制。

以大豆为材料的类似实验结果说明：①叶子与花、果的关系远比营养竞争复杂，发育的种子(豆荚)合成或输出 IAA、CTK、ABA 等植物激素，对叶的功能和衰老有影响。用 1 000 mg/L IAA 羊毛脂、GA 羊毛脂单独或混合施于去掉种子的豆荚部分，IAA 和 IAA+GA 处理可加速叶片衰老，而 GA 没有作用。去果后在果柄处加混合的 IAA+KT+GA 或单独加其中一种，然后从根吸收 ^{32}P，IAA、KT 可以促进 ^{32}P 向果柄部分积累，证明 IAA 引导营养物质向果实运输的能力加强，这就导致叶片的“饥饿”状态。②去果使叶的功能发生改变，叶从源变为库。一般认为大豆叶衰老表现光合下降，蛋白质、叶绿素的丧失，导致死亡，但去荚以后，发现叶光合下降但仍可保持高水平蛋白质和叶绿素，所以说，去荚可改变叶的功能，从而改变衰老进程。

CTK 对整株植物叶片衰老有延缓作用，根衰老导致 CTK 从根沿木质流向上运输减少，这

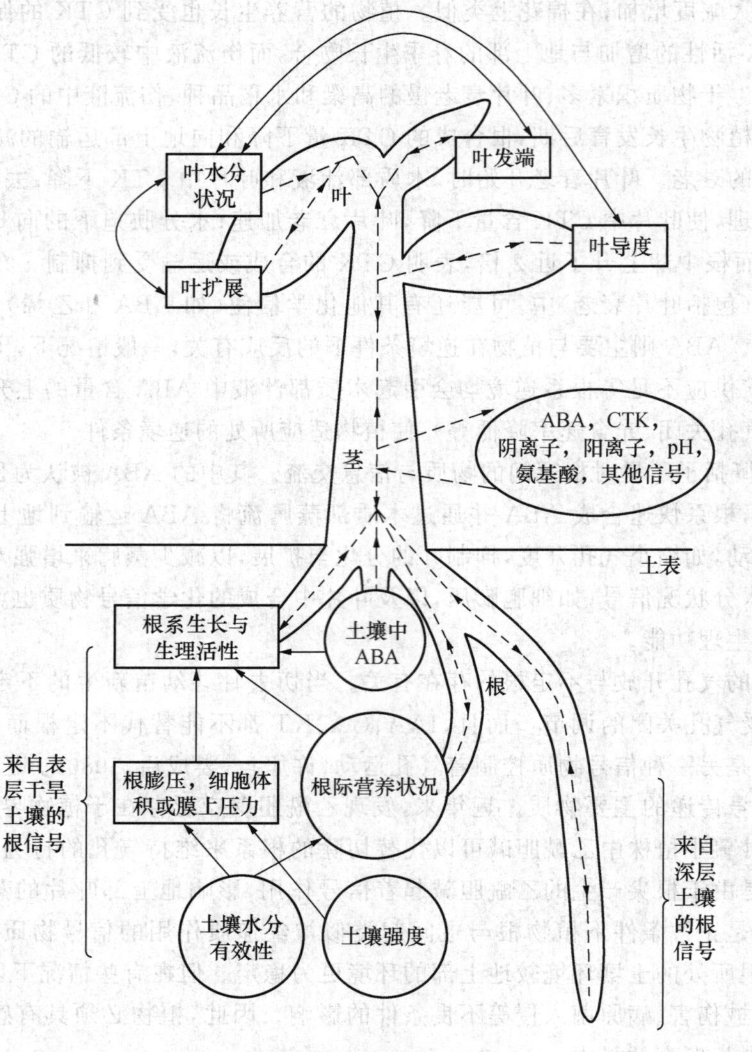

图2-29　土壤干旱时根中化学信号的产生以及根冠间的物质与信息交流(W. J. Davies,1991)

是引起地上部最终衰老的原因之一。外加 CTK 常延缓叶衰老，用放射性 Z 和 ZR 通过蒸腾流使它到达留有一叶和一果(或几个果)的大豆节内，1 d 以后，叶、荚和果中分别保留 8%、65% 和 2%，说明生长着的荚果在这种情况下不能从叶子得到更多的 CTK，因此叶子延迟衰老。

Collum(1934)在观察黄瓜的生殖生长和营养生长关系时，发现黄瓜授粉后，营养生长受到抑制。Murneek(1951)在观察番茄果实对植株的影响时也得出同样的结论。Beever 等(1974)提出衰老进程中的 IAA/CTK 互作模式。他们认为：在营养生长向生殖生长的转化中，生殖生长削弱了幼嫩组织的生长，植物中的 IAA 含量下降，因而下运至根中的 IAA 量减少，根系本身的活力也开始衰退，从而影响 CTK 的合成量，导致根中向地上部分输出也减少，地上部得不到足量的 CTK，活性降低，而 ABA 浓度的升高，引发衰老。在营养生长阶段，叶绿体中虽然有相当多的 ABA，但是由于高浓度 CTK 的存在，抑制、抵消 ABA 的作用，所以叶龄较小的叶片不会衰老。

已经知道，在发育着的种子中含有IAA、GA和CTK等促进生长的物质，也含有生长抑制物质，对有籽果实来说，果实的发育依赖于种子，只要来源于胚或胚乳的激素及时满足，就会使胚珠和子房与营养器官形成一个较高的代谢梯度，停止营养器官的生长而使养分输送到生殖器官，果实迅速发育膨大，对抗枝条生长的养分竞争。

大量实验证明，发育的果实和种子中合成的ABA能诱导叶片衰老，去除果实引起叶片活性增强和衰老延缓，韧皮部汁液中ABA含量下降，阻断ABA从叶中输出，胁迫诱导叶片ABA积累和外施ABA均促进叶片的衰老。植物生长发育后期，根合成CTK量和向地上部运输的减少，导致整株(包括叶片)的衰老。

三、整株水平多种激素调控模式

在植物的生长发育过程中，并非仅受两种激素简单的增效、拮抗作用。一般的生理过程往往是多种激素、多种生理功能综合作用下的结果。例如，植物胚的生长，是由其自身产生的IAA、GA、CTK等综合调节来促进细胞分裂、伸长、扩大而实现的。又如，组织衰老和器官脱落过程受乙烯和ABA的促进，同时又被CTK以及IAA、GA所抑制。再如，ABA促进叶、芽、果实等器官脱落的作用很显著，但这种作用仅表现在离开母体的植物体上。整株植物单加ABA并不引起脱落，只有当体内IAA、CTK及GA减少，乙烯增多时，才显示出促进脱落的作用。很明显，无论是胚的生长、组织的衰老或是器官的脱落，都是在多种激素的协同作用下完成的。诸多激素各种生理功能的复杂过程经过相互协调，最终起到一种作用，或生长，或衰老，或脱落。这种复杂的协调统一过程，就是整合作用。植物激素的整合作用贯穿于植物生活的始终。

马铃薯块茎形成过程可以说明整株水平多种激素调控模式(图2-30)。在马铃薯正常生长情况下，顶部产生的IAA与GA向下输送，根部合成的CTK向上输送，马铃薯块茎能够正常发育。如果去顶，则第一对匍匐茎不能形成块茎，而向上伸出地面生长形成枝叶。如果去根，块茎也不能形成。如用含有IAA与GA的羊毛脂涂在植株去顶的部分，块茎又能正常生长。

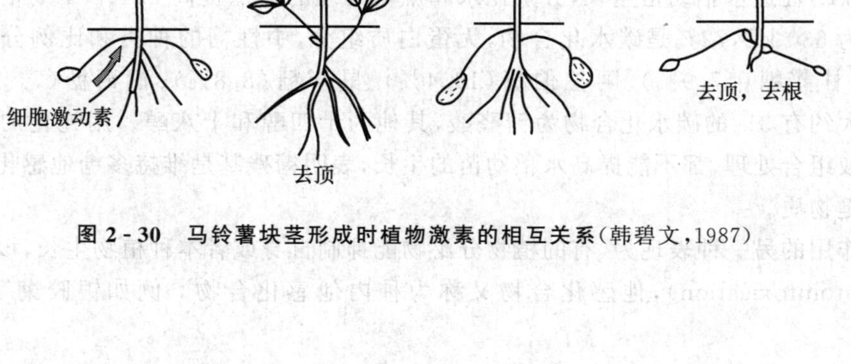

图2-30 马铃薯块茎形成时植物激素的相互关系(韩碧文，1987)

四、植物间的他感作用

植物通过向环境释放化学物质对周围植物生长产生影响,称为他感作用,或称相生相克现象(plant allelopathy),表现为对植物生长的抑制或促进。如苇状羊茅(*Festuca arundinaca*)分泌酚类化合物,抑制油菜、红三叶草的生长;燕麦分泌东莨菪素(scopoletin),抑制一些杂草种子的萌发。麦毒草(*Agrostemma githago*)分泌的麦仙翁素能促使混作的小麦增产。此外,他感物质作用于同一植物的效应受浓度高低的影响,浓度低时可能促进生长,而浓度高则发生抑制。例如,矢车菊属(*Centaurea* spp)分泌的 acroptilin,repin 等倍半萜内脂,低浓度刺激莴苣根的生长,高浓度抑制根生长。Oliva 等将芸香鲜叶与土壤混合后,土壤性质发生变化,可溶性酚类物质含量、电导率和硝酸盐水平提高,pH 降低。萝卜、番茄、南瓜、花椰菜实生苗生长受到抑制。

目前已经发现的他感化合物(allelochemicals)种类很多,绝大部分是次生代谢产物。根据化合物的结构可以将他感化合物分为 14 类:a. 有机酸、直链醇、脂肪族醛和酮;b. 不饱和内酯;c. 长链脂肪酸和多炔;d. 苯醌、蒽醌和复合醌;e. 酚和苯甲酸及其衍生物;f. 肉桂酸及其衍生物;g. 香豆素类;h. 类黄酮;i. 单宁;j. 类萜和甾类化合物;k. 氨基酸和多肽;l. 生物碱和氰醇;m. 硫化物和芥子油苷;n. 嘌呤和核苷。在这些化合物中最常见的他感物质是酚类和萜类 。

有一些他感物质具有广谱活性,有一些则具有选择性或专一性。例如,胡桃醌抑制苹果树生长,但对梨、桃、李等无害。弯叶眉草产生的他感物质刺激向日葵生长,但抑制玉米和小麦的生长。Macias 等(2000) 分析了倍半萜烯内酯作为天然除草剂的潜力,指出愈创内酯(guaianolides)无论对单子叶还是双子叶杂草的效应均比大根香叶内酯(germacranolides)作用大。Galindo 等(1999)指出,一种天然的倍半萜烯(dehydrozaluzanin C)的作用机理是引起细胞质膜的渗漏,致使有的植物生长缓慢。Wu 等(2001,2002)分析了 58 个品种小麦 17 d 苗龄根系分泌的 7 种酚酸类他感化合物差异,发现 *p*-羟基苯甲酸(*p*-hydroxybenzoic acid)变化范围为 2.3~18.6 μg/L,香草酸(vanillic acid)为 0.6~17.5 μg/L,顺式-*p*-香豆酸(*cis*-*p*-coumaric acid)为 0.1~4.9 μg/L,丁香酸(syringic acid)为 0.0~52.7 μg/L,顺式阿魏酸(*cis*-ferulic acid)为 0.33~12.7 μg/L,反式-*p*-香豆酸(*trans*-*p*-coumaric acid)为 1.5~20.5 μg/L,反式阿魏酸(*trans*-ferulic acid)为 1.6~23.4 μg/L。由于他感化合物含量的差异,不同品种对黑麦草根生长的抑制程度变化很大,从 10%到 91%不等,酚类物质含量高的小麦对黑麦草生长有很强的抑制作用。利用他感化学物质代替化学除草剂管理田间杂草有很大的潜力。同时也有研究报道,利用某些他感化合物可以促进植物的生长。Goo 等(2001)从葱(*Allium fistulosum*)地下部分提取和分离出 7 种他感化合物,均能刺激水稻幼苗生长。其中 AD-3(1 000 mg/L)促进水稻幼苗生长,分别比水和蔗糖处理的对照提高 2.4 和 1.5 倍。AD-3 分子质量约为 630 kD,72%是碳水化合物,无蛋白质组分,中性糖的种类和比例分别是半乳糖(50.1%)、甘露糖(17.9%)、阿拉伯糖(10.4%)、鼠李糖(8.8%)、葡萄糖(7. 2%)和木糖(5.6%),大约有 3%的碳水化合物为糖醛酸,其他为十四醇和十八醇。用纯化的十四醇和十八醇分别或组合处理,都不能提高水稻幼苗的生长,表明糖残基是维持多糖他感化合物 AD-3 活性的关键物质。

他感作用的另一种表现为,有的植物分泌物能抑制自身或者本种植物生长,该现象称为自毒作用(autointoxication),他感化合物又称为种内他感化合物。例如银胶菊(*Parthenium argentatum*)根分泌的反式肉桂酸能抑制该种幼苗生长。从高等植物如苹果、梨、葡萄、茶、咖啡到低等植物如蕨和藻类都有自毒现象,这也是重茬种植减产的主要原因。植物自毒作用在防止植物病害和控制杂草上也有很大潜力。

参考文献

[1] 韩碧文. 植物生长与分化. 北京:中国农业大学出版社,2003.

[2] 何钟佩,田晓莉,段留生. 作物激素生理及化学控制. 北京:中国农业大学出版社,1997.

[3] 高煜珠,韩碧文,饶立华. 植物生理学. 北京:农业出版社,1995.

[4] 孔垂华. 植物化感相生相克作用及其应用. 北京:中国农业出版社,2001.

[5] 李合生. 现代植物生理学. 北京:高等教育出版社,2002.

[6] 潘瑞炽. 植物生理学. 5 版. 北京:高等教育出版社,2003.

[7] 王忠. 植物生理学. 北京:中国农业出版社,2000.

[8] 武维华. 植物生理学. 北京:科学出版社,2003.

[9] 余叔文,汤章城. 植物生理与分子生物学. 北京:科学出版社,1998.

[10] Davies P J. Plant hormones: physiology, biochemistry and molecular biology. Dordrecht/Boston/London: Kluwer Academic Publishers, 1995.

[11] McLaren J S. Chemical manipulation of crop growth and development. Mackays of Chatham Ltd., 1982.

[12] Purohit S S. Hormonal regulation of plant growth and development., The Netherlands and Agro Botanical Publishers, 1985.

[13] Taiz L, Zeiger E. Plant physiology. 2nd edition. Sunderland, Massachusetts: Sinauer Associates. Inc., 2002.

[14] Kefeli V I, Kalevitch M V, Borsari. B. Natural growth inhibitors and phytohormones in plants and environment. Dordrecht/Boston/London: Kluwer Academic Publishers, 2003.

复习思考题

1. 名词解释:植物他感作用,乙烯的自催化作用,植物激素间的增效作用,植物激素间的拮抗作用,植物对激素的敏感性,原发优势
2. 植物激素在哪些环节调控同化物运输分配?
3. 以一种植物为例,说明植物激素如何调控源库关系?
4. 哪些激素参与气孔运动?是如何调控的?
5. 阐述根发生的激素调控机制。
6. 阐述茎生长的激素调控机制。
7. 阐述叶生长的激素调控机制。
8. 哪些激素能代替春化和光周期促进开花?
9. 阐述果实成熟的激素调控机制。
10. 以一种作物为例,说明种子休眠和萌发是怎样受植物激素控制的?
11. 乙烯和赤霉素在植物性别控制中有何作用?
12. 为什么少量乙烯处理就可以诱导果实成熟?哪些因素会影响催熟效果?
13. 从成熟的激素调控,分析果实保鲜贮存的可能途径和措施。
14. 叶片衰老是由哪些激素调控的?
15. 脱落是由哪些激素调控的?

16. 各举一例说明植物激素的相乘、相加、拮抗、平行、反馈、诱导作用。
17. 以组织培养条件下根和芽的分化为例，说明 IAA/CTK 的重要性。
18. 茎和根顶端优势的激素调控机制有何不同？
19. 根冠比受哪些激素的影响？
20. 哪些激素影响植物营养生长与生殖生长的关系？

讨论题

1. 1-甲基环丙烯是近年来新开发的果品保鲜调节剂，设计一个试验方案，判定它是通过调控乙烯合成、运输、受体结合、信号转导和作用中哪些环节起作用的。
2. 有报道把编码异戊烯基转移酶的基因(*ipt*)与衰老特异诱导启动子 SAG12 构建为嵌合基因，转入草坪草，可以延长草坪绿色期，联系细胞分裂素生物合成、作用和衰老的激素控制，分析其生理依据。
3. 噻苯隆(Thidiazron)是一种高细胞分裂素活性的物质，在葡萄上登记促进果实膨大和增加产量，使用浓度 4～6 mg/kg；在棉花上登记用作脱叶剂，使用量 150～300 g/hm^2(使用浓度 3～10 g/kg)。说明该药剂两种相反用途的可能原因。
4. 玉米和小麦同属禾本科植物，都有产生大量分支(分蘖)的潜力，但一般一株玉米只有一个主茎发育，小麦却有多个分蘖成穗，从顶端优势的激素调控，分析可能的机理。
5. 蓖麻种子可以榨油，叶片可以饲养蓖麻蚕，从营养生长和生殖生长的激素调控，分析收籽和收叶两种栽培目的下，可以用哪些激素提高产量和效益。
6. 菘蓝是一种中药材植物，其叶可药用(大青叶)，其根也可药用(板蓝根)，从根冠关系激素调控的理论，分析以叶和根为收获目的的情况下，分别可以用哪些措施来提高产量和收益。
7. 以干旱为例，说明植物对环境反应是多种激素系统作用的整株性反应。

第三章　植物生长调节剂

第一节　植物生长调节剂基本知识

一、植物生长调节剂分类

植物生长调节剂种类很多，目前在中国进行农药登记的已有上百个产品，按照一定的标准对其进行分类，有利于科学研究和生产应用。

（一）根据与植物激素作用的相似性分类

1. 生长素类化合物　常用的、人工合成的、具有生长素活性的化合物，按照其化学结构（见图 3-1），大致可以分为三类。

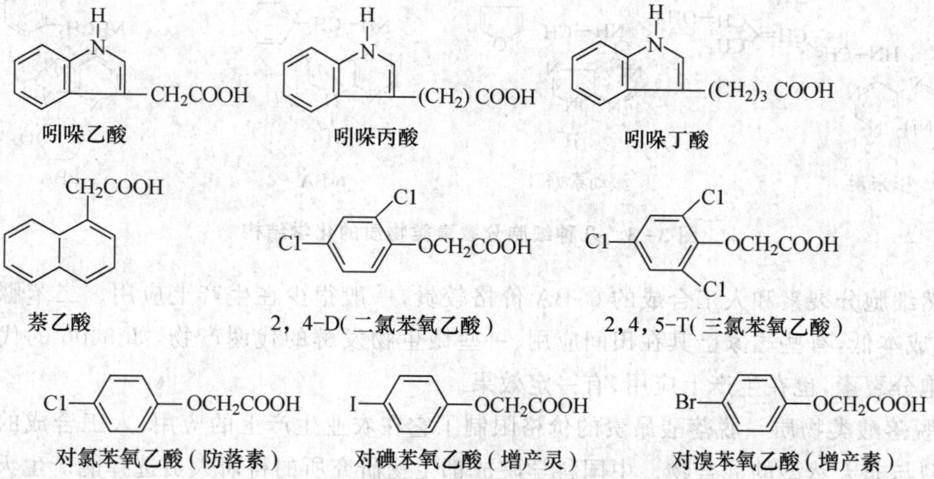

图 3-1　几种常用生长素类化合物的化学结构

(1)吲哚类　包括吲哚丙酸、吲哚丁酸(IBA)等。吲哚乙酸(IAA)也有人工合成产品。应用最多的是吲哚丁酸，因为它不能被吲哚乙酸氧化酶(IAAO)分解而失活，所以活性强而稳定。

(2)萘酸类　萘乙酸(NAA)生产容易，价格低廉，活性强，是应用最广的生长素类物质。

(3)苯氧羧酸类　主要有 2,4-D(二氯苯氧乙酸)，2,4,5-T(三氯苯氧乙酸)等，这两种物质的活性比 IAA 高 100 倍，另外还有对氯苯氧乙酸(防落素)、对碘苯氧乙酸(增产灵)、对溴苯氧乙酸(增产素)等。在生产上应用最多的是 2,4-D 和防落素。

2. 赤霉素类化合物　目前在生产上应用的赤霉素类物质有 GA_3 和 GA_{4+7} 两种产品，结构见图 3-2。

GA_3 主要采用发酵法生产，通过培育赤霉菌，从培养基中分离提取其代谢产物，得到赤霉酸，主要成分为 GA_3。

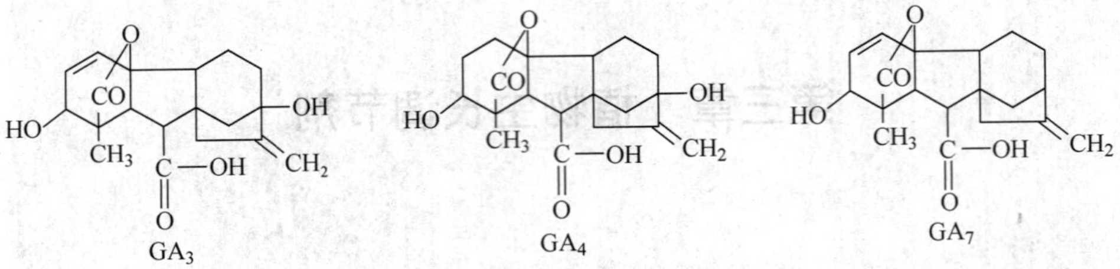

图 3-2 GA_3、GA_4 及 GA_7 的化学结构

GA_{4+7} 现有结果表明，GA_{4+7} 对果实的作用优于 GA_3。GA_{4+7} 的发酵生产，已有大量的研究。

3. 细胞分裂素类物质　在人工合成的、具有细胞分裂素活性的化合物中，最常用的有激动素(KT)、6-苄基腺嘌呤(6-BA，BAP)、PBA(四氢化吡喃基苄基腺嘌呤)，由于它们在侧链R1上有环状结构，所以在有些生物测定系统中，它们的活性比天然细胞分裂素要高。有些人工合成的化合物，虽然没有细胞分裂素的基本结构(腺嘌呤环)，但具有细胞分裂素的活性(活性低于细胞分裂素)，如二苯脲、氟苯缩脲。常见细胞分裂素类调节剂的结构见图 3-3。

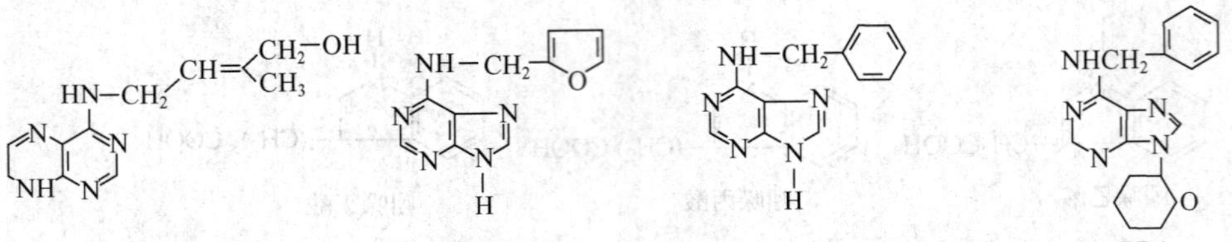

图 3-3　几种细胞分裂素类物质的化学结构

天然细胞分裂素和人工合成的 6-BA 价格较贵，一般很少在生产上应用。二苯脲分子简单，合成成本低，有些国家已其在田间应用；一些微生物发酵的代谢产物，如 5406 的代谢产物含有细胞分裂素，也在生产上应用，有一定效果。

4. 脱落酸类物质　脱落酸昂贵的价格限制了它在农业生产上的应用，人工合成的脱落酸是天然型与非天然型的混合物。中国科学院成都生物研究所的科研人员选择能产生天然活性脱落酸的微生物菌株为出发菌株，通过利用现代生物学技术进行诱变育种以及原生质体遗传学构建等，获得了脱落酸高产菌株，并建立了该菌株的发酵生产工艺系统。目前，该项技术已完成发酵生产工艺的中试研究。

5. 乙烯释放剂

(1)乙烯　在常温下是气体，难以在生产上应用。20 世纪 70 年代以来，发明了系列乙烯发生剂(图 3-4)，获得了极为广泛的应用。

乙烯利是一种水溶性的乙烯发生剂，pH<4.1 时稳定，进入植物体后，由于植物组织内的 pH 高于 4.1，则乙烯利被分解释放出乙烯。

硅烷衍生物如 Alsol(橄榄离层剂)，作用和乙烯利类似，释放乙烯较乙烯利快，可引起组织脱落，但持续时间短。

(2)ACC 的形成是乙烯合成的限制性步骤，对植物外用 ACC 可促进内源乙烯的产生。

环已亚胺、乙二肟等可造成果皮伤害，促进愈伤乙烯的发生，因此被作为果实脱落剂使用，

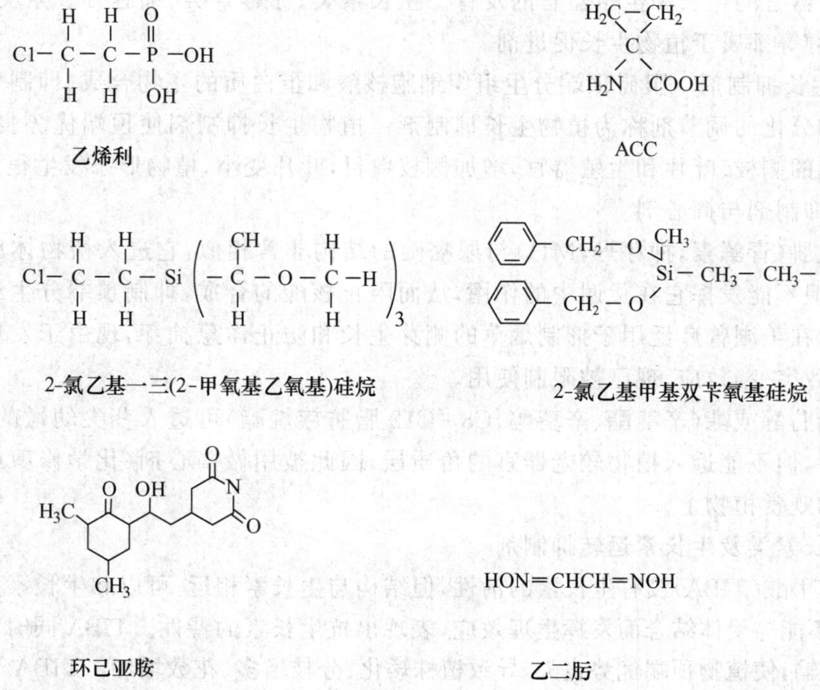

图 3-4　几种促进乙烯发生物质的化学结构

应用于柑橘等果实的机械采收中。

6. 乙烯合成或作用抑制剂　乙烯生物合成抑制剂可作为研究乙烯生物合成途径的工具，同时可外施以抑制植物体内乙烯的合成，达到调控某些乙烯参与的发育过程的目的。氨基乙氧基乙烯基甘氨酸（aminoethoxyvinylglycine，AVG）和氨基氧乙酸（aminooxyacetic acid，AOA）是最常见的乙烯生物合成专一抑制剂，抑制 ACC 酶活性，从而抑制 ACC 形成。AVG 和 AOA 已在生产上应用于抑制乙烯产生，减少果实脱落，抑制成熟，延长果实和切花存放寿命以及改变植物的性别等。

与乙烯竞争作用位点的物质有：① Ag^{+}、Co^{2+} 等重金属离子。硝酸银和硫代硫酸银 $[Ag(S_2O_3)_2^{3-}]$ 外用于植物是很强的乙烯作用抑制剂。在对乙烯作用发生抑制的浓度范围内，Ag^{+} 没有毒害，并且作用专一而持久。②反式环辛烯（*trans*-cyclooctene）是目前发现的最强的一种乙烯竞争性抑制剂，它可能是乙烯与受体结合的竞争性抑制剂。1-甲基环丙烯（1-MCP）是近年开发的乙烯受体竞争抑制剂。

7. 油菜素内酯类物质　油菜素甾醇是 1998 年才得到公认的一类新植物激素，已人工合成了多种 BR，目前开发应用的主要有表 BR（24-epi-brassinolide）、高 BR（28-homo-brassinolide）以及 TS303（长效 BR）等，它们的结构见第一章图 1-37。

（二）根据植物生长调节剂对植物茎尖的作用方式分类　植物茎尖可分为分生区、伸长区和成熟区。茎的生长主要决定于分生区中的顶端分生组织和伸长区中的近（亚）顶端分生组织。顶端分生组织的细胞不断分裂和分化，近顶端分生组织的细胞以延长为主，也有部分细胞分裂。

1. 植物生长促进剂　凡是促进细胞分裂、分化和延长的化合物都属于植物生长促进剂，它们促进营养器官的生长和生殖器官的发育。生长素类、赤霉素类、细胞分裂素类、油菜素内酯类、三十烷醇等都属于植物生长促进剂。

2. 植物生长抑制剂　阻碍顶端分生组织细胞核酸和蛋白质的生物合成、抑制顶端分生组织细胞伸长和分化的调节剂称为植物生长抑制剂。植物生长抑制剂使顶端优势丧失,影响当时生长和分化的侧枝、叶片和生殖器官,增加侧枝数目,叶片变小,植物形态发生很大的变化。

(1)生长抑制剂与摘心剂

①马来酰肼(青鲜素,抑芽丹,MH)与尿嘧啶的结构非常相似,它进入植物体后可代替尿嘧啶的位置,但不能发挥它在代谢中的作用,从而阻止核酸的合成,抑制顶端分生组织细胞的分裂。青鲜素在美国曾广泛用于抑制烟草的侧芽生长和防止洋葱抽芽,现由于发现具有三致(致癌、致畸、致突变)效应,现已被限制使用。

②直链脂肪醇或酯(辛葵酯、辛葵醇,C8 - C12 脂肪族烷酯)可透入茎尖幼嫩的角质层,损伤或杀死茎尖,但不能透入植物较老器官的角质层,因此被用做摘心剂(化学修剪或打尖剂),常用在果树和观赏植物上。

(2)抗生长素类及生长素运转抑制剂

①三碘苯甲酸(TIBA)没有生长素的活性,但结构与生长素相近,可以和生长素竞争作用位点,使生长素不能与受体结合而发挥生理效应,表现出抗生长素的特性。TIBA 同时又可阻碍生长素的极性运输,使植物顶端优势丧失,导致植株矮化、分枝增多、花数增加。TIBA 可促进大豆侧枝发生和番茄花芽,已在生产上应用,但由于我国碘资源的缺乏限制了其进一步发展。

②整形素(氯甲丹)抑制顶端分生组织细胞的有丝分裂和生长素的运转(同时提高 IAAO 的活性),因而导致茎延长生长的停顿和顶端优势的丧失,促进侧芽的发生,使植株矮化并成为丛生状态,但仍可开花结果。用于绿化树篱及观赏植物。

一般情况下,外施生长素可逆转抗生长素类及生长素运转抑制剂的效应。

3. 植物生长延缓剂　抑制茎部亚顶端分生组织区的细胞分裂和扩大,但对顶端分生组织不产生作用的调节剂。延缓剂只使节间缩短,而叶片数目、节数及顶端优势保持不变,植株虽矮小但株型紧凑,形态正常。

因为植物生长延缓剂一般抑制赤霉素的生物合成,而赤霉素在亚顶端分生区中对细胞延长起主要作用,所以植物生长延缓剂的效应可用赤霉素来逆转。

植物生长延缓剂(图 3 - 5)包括季铵类化合物(CCC、DPC 等)、含有以磷或硫原子为中心的类似季铵类的化合物(Phosphon-D)、三唑类化合物(MET、S_{3307})、嘧啶醇、琥珀酸类(B_9)等。

植物生长抑制剂和植物生长延缓剂不是截然分开的,有些化合物兼有二者的作用。“狄克谷拉克钠盐”可抑制顶端分生组织细胞的分裂,导致顶端优势的丧失,使分枝增多、叶片变小,还同时具有生长延缓剂的作用,可以使节间缩短、株型紧凑。

(三)根据实际应用效果分类　根据生产中植物生长调节剂的用途或效果,可分为:

1. 矮化剂　主要用于控制作物生长,使其矮化健壮,增加抗逆性或控制株型的一类药剂,有减缓植物营养生长、缩短节间、矮化茎秆的作用。作用原理是抑制植物体内赤霉素的生物合成。如矮壮素能使小麦、黑麦节间缩短,茎秆增粗,叶片变小呈直立型,通风透光,抗倒伏,千粒重增加,产量提高;多效唑对水稻的矮化特别有效,用于二季稻培育壮秧,已广泛推广。多效唑对小麦控制生长,增加分蘖、抗倒伏的效果也很明显,并兼有防治白粉病的作用,还可用于果树、草地控制树型和矮化生长,也可用于花卉等观赏植物矮化控制生长。甲哌鎓用于棉花使节

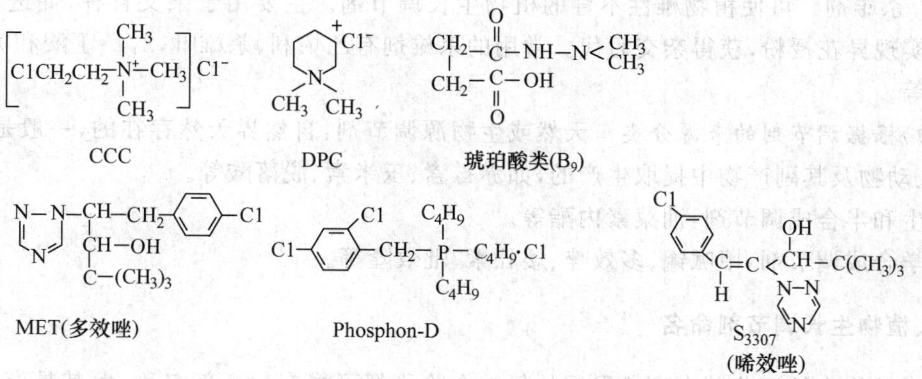

图 3-5 几种生长延缓剂的化学结构

间缩短、株型紧凑、叶片变小、防止徒长、改善棉铃质量和提高产量。

2. 生根剂 能促进林木插条产生不定根的植物生长调节剂。对加快果树、园林和花卉苗木的无性繁殖有重要意义。常用的有吲哚乙酸、吲哚丁酸、萘乙酸等。低浓度的 2,4-D 可促进茶树插条生根。B_9、ABA 可通过减少叶片蒸发而促进插条生根。多效唑和甲哌鎓也有促进生根作用。

3. 催熟剂 促进作物产品器官内部生化反应,加速成熟的一类植物生长调节剂。主要有乙烯利和增甘膦等。乙烯利可用于番茄、辣椒、香蕉、柿子、桃、梨、苹果、西瓜、菠萝、柑橘等瓜果催熟,也可用于棉花催熟,促进早收增产。

4. 脱叶剂 能使植物叶片加速脱落的植物生长调节剂。主要有脱叶膦(mephos)、乙烯利、脱叶脲等。用于棉花、大豆、马铃薯、甜菜等作物加速脱叶,便于机械收获。

5. 保鲜剂 可以防止蔬菜和果品的衰变,起到贮藏保鲜的一类植物生长调节剂。主要有 6-BA、2,4-D、1-MCP 等。例如在采收前 3～5 d,以 25～50 mg/L 的 2,4-D 处理大白菜叶片,可以延迟大白菜在贮藏期间的脱帮。甘蓝叶球采收后用 6-BA 蘸浸处理,或采收前叶面喷洒处理,可使产品在贮藏期间颜色碧绿,保持新鲜。

6. 抑芽剂 也称摘心剂,是对植物顶端生长点有强烈破坏作用,能使顶端停止生长的一类植物生长调节剂。主要有脱落酸、萘乙酸甲酯、青鲜素、抑芽敏、抑芽丹、除芽通等。用于控制花卉、绿篱和树木造型,也用于果树、烟草等摘心打顶终止生长。

7. 疏花疏果剂 可以使一部分花蕾或幼果脱落的植物生长调节剂。常用的有二硝基甲酚、萘乙酸、萘乙酸胺、乙烯利等。杀虫剂甲萘威也有疏花疏果作用。萘乙酸常用于苹果和梨树,乙烯利常用于苹果树,甲萘威用于苹果树和桃树。

8. 抗旱剂 黄腐酸、脱落酸、水杨酸可使植物叶片气孔关闭,减少水分蒸发,从而增强植物对干旱的抗性。但在促进气孔关闭减少蒸腾的同时,也影响 CO_2 的交换,对光合产生影响。

9. 干燥剂 能使作物产品器官快速脱水成熟,便于集中采收和贮藏的植物生产调节剂,常用的有百草枯、敌草快、乙烯利等。

10. 增糖剂 增甘膦,能使植株延缓生长,改变同化产物在器官间的分配,对酸性转化酶具有专一性抑制作用,从而减少蔗糖的转化和消耗,显著增加糖分的积累和贮藏。甘蔗收获前 30～40 d,用 0.3%～0.5%的增甘膦全株喷雾,可提前收获,增加蔗糖含量。甜菜收获前 30～50 d 喷洒 0.2%～0.3%的增甘膦,可提高甜菜糖分 0.6%～2.5%。应用时应注意使用时期和使用剂量。

11. 杀雄剂　可使植物雄性不育的植物生长调节剂。主要用于杂交育种,促进自花授粉的植物实现异花授粉,获得杂交后代。常用的杀雄剂有乙烯利、杀雄啉,2,4-丁酸和2,3-二氯异丙酸等。

(四)根据调节剂的来源分类　天然或生物源调节剂:自然界天然存在的,一般是从植物、微生物、动物及其副产物中提取生产的,如赤霉素、玉米素、脱落酸等。

仿生和半合成调节剂:油菜素内酯等。

化学合成调节剂:甲哌鎓、多效唑、矮壮素、吡效隆等。

二、植物生长调节剂命名

一个植物生长调节剂在商业发展的每一个阶段都可能有一个新名称,尤其是商品名称更是多种多样,不同的生产厂家、不同的生产工艺、不同的含量和剂型都有不同的商品名。所以,经常会看到不同的名称其实指的是同一种化合物(参见表3-1)。

表3-1　几种常用植物生长调节剂的各种名称

中文通用名	化学名称	中文商品名	英文商品名	英文通用名	简称	CAS登录号
吲哚丁酸	4-吲哚-3-丁酸	吲哚丁酸	Seradix, In-Rootone, Hormodin	4-Indole-3-ylbutyric acid	IBA	133-32-4
萘乙酸	2-(1-萘基)乙酸	萘乙酸	Treold, Anastop, Planofix, Fruitone-N, Rootone	1-Naphthyl acetic acid	NAA	86-87-3
乙烯利	2-氯乙基膦酸	乙烯利,一试灵	Ethrel, Cepha, Florel, Bromeflor	Ethephon	Ethephon CEPA	16672-87-0
6-苄基嘌呤	苄基腺嘌呤	绿丹 6-苄基嘌呤	Accel, Vardam	6-[N-benzyl] aminopurine	BA, 6-BA, BAP	1214-39-7
甲哌鎓	1,1-二甲基哌啶铵氯化物	缩节安 助壮素 壮棉素	Pix	Mepiquat chlorid	MC, DPC	24307-26-4

实验室编号:一般在开发早期,为识别众多化合物或配方,研究者自己给予的编号。

化学名称:按照化合物的命名规则进行命名。

商品名称:生产企业为本厂生产的产品赋予的个性化名字。受法律保护。

通用名称:化合物被广泛使用后,经有关机构核准得到公认的名字。国际上由国际标准化组织(International Standardization Organization 简称ISO)统一命名。我国国家标准《农药通用名称》(GB 4839—1998)中规定了近50个植物生长调节剂的中文通用名称。对调节剂产品,命名规范为:“有效成分含量+有效成分通用名+制剂类型”,如20%甲·多微乳剂(麦业丰),有效成分为甲哌鎓和多效唑,有效成分总含量为20%,剂型为微乳剂。

CAS和CIPAC代号:CA(Chemical Abstracts,化学文摘)为了便于资料查询,对每一个正式报道的农药化合物,都按报道先后顺序给予编号,称为化学文摘服务登录号(CA Service Registry Number,简称CAS)。国际农药分析协作委员会(CIPAC)对登记的新农药化合物也给予标准数字代号。

简称:为避免化学名称或通用名称的繁琐,简化的名字。

俗称:在生产、使用过程中,形成的名字。

三、植物生长调节剂剂型

农药常需加工成一定的剂型(formulation)才方便农业生产使用,而不同的剂型又要求相应的使用方法才最经济有效。目前国际上主要农药剂型见表3-2。

表3-2　农药剂型分类

加工形态	使用方法		
	直接	稀释后	特殊(气态分散系)
固态	粉剂、粗粉剂、超微粉;粒剂、细粒剂、微粒剂、粉粒剂、大粒剂、漂浮粒剂;拌种剂、种衣剂;毒饵、载药棒管、大多数物理型缓释剂和化学缓释剂	可湿性粉剂(片、粒剂)、拌种用可湿性粉剂;可溶性粉剂(片、粒)、拌种用可溶性粉剂;干悬浮剂;干油悬剂;固体乳剂以及它们的片、粒、丸状制品;微囊粉、包结化合物等二次加工品	烟剂、烟熏剂(罐筒、棒、丸、片);蚊香(线、片、盘);各种熏蒸性片剂、蜡块剂等;某些物理型缓释剂
半固态	糊剂、药膏、药涂料、诱捕剂	悬浮剂、油悬剂、拌种用悬浮剂;糊剂;微囊悬浮剂	
液态	超低容量油剂、超低量悬浮剂、油剂、成膜油剂、静电喷布剂	乳油;油剂;水溶液(水剂);浓乳剂	压缩气体;液体熏蒸剂;气雾剂;热雾剂

根据国际农药工业协会(GIFAP)规定和我国实际情况,目前我国对重要农药剂型的分类描述和代码规定可参见文献(刘步林等,1998)。

植物生长调节剂常见的剂型有:

液剂:如乳油、微乳剂、浓乳剂、水剂、悬浮剂等,液剂配制容易,使用方便,一般可加水配制成药液后喷施、浇灌、浸蘸、拌种等,是最常用的一种剂型。

粉剂:低浓度粉剂直接喷粉,高浓度粉剂可以拌种、土壤处理。可湿性粉剂、乳粉、可溶性粉剂等,可加水配制成药液后喷施、浇灌、浸蘸、拌种等。

片剂:可加水配制药液或按片投放等使用。方便计量、贮存和使用。

油剂、膏剂:主要用于涂抹,不易流失。载体可用羊毛脂或棕榈油等一般不与植物生长调节剂反应的油脂状固体。一般先将载体缓缓加热熔化,然后按一定比例慢慢加入植物生长调节剂,充分搅拌,冷却恢复为脂状即可。

气态剂型:如熏蒸剂、热雾剂、烟剂等,主要用于熏蒸。如萘乙酸甲酯、萘乙酸丁酯等会挥发成气态,主要在密闭条件下用于抑制贮藏甘薯类的萌发。

同一种植物生长调节剂因工厂生产工艺不同,剂型和有效成分可能不同,使用方法也因而有所变化。如缩节安和助壮素的有效成分均为N,N-二甲基哌啶鎓氯化物,但缩节安为粉剂,有效成分含量97%以上,助壮素为水剂,有效成分含量为40%。赤霉素的剂型有粉剂、片剂等等。

四、植物生长调节剂相关管理政策

(一)调节剂相关管理政策

在世界上多数国家,把植物生长调节剂列入"农药(pesticide)"管理,而农药作为特殊商品,在生产、销售和使用上制定专门的法律法规,严格控制。

我国对植物生长调节剂产品也是作为农药来管理,对农药生产、销售、管理和流通必须遵守专用的法规。1997年5月8日中华人民共和国国务院令第216号发布《农药管理条例》和2001年11月29日《国务院关于修改〈农药管理条例〉的决定》对其中部分条文进行修改,该文件及其补充性文件〈农药管理条例实施办法〉是我国农药生产、经营和使用的重要法规。其中"所称农药,是指用于预防、消灭或者控制危害农业、林业的病、虫、草和其他有害生物以及有目的地调节植物、昆虫生长的化学合成或者来源于生物、其他天然物质的一种物质或者几种物质的混合物及其制剂",对植物生长调节剂应属农药类管理作了明确界定。

根据上述我国关于农药的法规:我国实行农药登记和农药生产许可制度。植物生长调节剂要合法生产、销售、应用,必须同时具有"三证",即经农业部农药检定所核发的"农药登记证"或"农药临时登记证"、国务院工业产品许可管理部门核发的农药生产许可证或"农药生产批准文件"、有产品质量标准并经检验合格。

(二)调节剂作为农药登记的资料规定

根据中国农业部2007年12月6日审议通过《农药登记资料规定》,申请新农药临时登记或正式登记,应当提供有效成分纯品或标准品2 g,有效成分重要代谢物、相关杂质标准品0.5 g,原药100 g(mL),制剂250 g(mL)。

1. 新农药登记　新农药是指含有的有效成分尚未在我国批准登记的国内外农药原药和制剂。对新农药,申请人应当同时申请其原药和制剂登记。新农药登记后,申请人可以分别申请原药和制剂登记。已在我国境内登记且在登记资料保护期内的农药,按新农药登记规定提供资料。下面分别介绍新农药原药登记和新农药制剂的资料规定。

新农药原药登记

(1)原药临时登记

①临时登记申请表。

②产品摘要资料:包括产地(所申请产品的生产地址,下同)、产品化学、毒理学、环境影响、境外登记情况等资料的简述。

③产品化学资料:有效成分的识别,有效成分的物化性质,原药的物化性质,控制项目及其指标,与产品质量控制项目及其指标相对应的检测方法和方法确认,控制项目及其指标确定的说明,原药5批次全组分分析报告,产品质量检测和方法验证报告,生产工艺,包装(包括材料、

形状、尺寸、重量等，下同）、运输和贮存注意事项、安全警示、验收期等。

④毒理学资料：急性毒性试验，亚慢（急）性毒性试验，致突变性试验，必要时应当提供6个月至2年的慢性和致癌性试验。

⑤环境影响资料：提供环境行为试验，环境毒性试验报告。根据农药特性或用途的不同，可以适当减免部分试验（具体参见《农药记资料规定》）。

⑥标签或者所附具的说明书：应当按照《条例》、农业部有关农药产品标签管理的规定和试验结果设计样张，内容经批准后才能使用。

⑦产品安全数据单（MSDS）。

⑧其他资料：在其他国家或地区已有的毒理学、环境影响试验和登记情况资料或综合查询报告等。

（2）原药正式登记

①正式登记申请表。

②产品摘要资料：包括产地、产品化学、毒理学、环境影响、境外登记情况等资料的简述。

③产品化学资料：同临时登记规定。

④毒理学资料：急性毒性试验，亚慢（急）性毒性试验，致突变性试验，生殖毒性试验，致畸性试验，慢性毒性和致癌性试验，迟发性神经毒性试验，在动物体内的代谢，人群接触情况调查资料，相关杂质毒性资料，每日允许摄入量（ADI）或临时每日允许摄入量（TADI）资料，中毒症状、急救及治疗措施资料。

⑤环境影响资料：提供环境行为试验，环境毒性试验以及其他环境影响资料。可根据农药特性或用途的不同，可以适当减免部分试验。

⑥标签或者所附具的说明书。

⑦产品安全数据单（MSDS）。

⑧其他资料：在其他国家或地区已有的毒理学、药效、残留、环境影响试验和登记情况资料或综合查询报告等。

新农药制剂登记

（1）田间试验

①田间试验申请表。

②产品化学摘要资料：有效成分，原药和制剂的各种化学参数。

③毒理学资料摘要：原药和制剂的急性经口毒性、急性经皮毒性、急性吸入毒性、皮肤和眼睛刺激性及皮肤致敏性试验。

④药效资料：作用方式、作用谱、作用机理或作用机理预测分析，室内活性测定试验报告，对当茬试验作物的室内安全性试验报告，混配目的说明和室内配方筛选报告（对混配制剂），试验作物、防治对象、施药方法及注意事项等，其他资料。

⑤在其他国家或地区已有的田间药效、毒理学、残留、环境影响和登记情况等资料或综合查询报告。

（2）临时登记

①临时登记申请表。

②产品摘要资料：包括产地、产品化学、毒理学、药效、残留、环境影响、境外登记情况等资

料的简述。

③产品化学资料:有效成分的识别,原药(或母药)基本信息,产品组成,加工方法描述,鉴别试验,理化性质。

④毒理学资料:急性经口毒性试验,急性经皮毒性试验,急性吸入毒性试验,眼睛刺激性试验,皮肤刺激性试验,皮肤致敏性试验。

⑤药效资料:室内活性测定试验报告(田间试验阶段已提供的,可以提供复印件),对当茬试验作物的室内安全性试验报告(田间试验阶段已提供的,可以提供复印件),药效报告,农药田间试验批准证书(复印件),其他。

⑥残留资料:提供在我国进行的2年以上的残留试验报告。

残留试验报告,残留分析方法,在其他国家和地区的残留试验数据(视需要),在农产品中的稳定性,在作物中的代谢。联合国粮农组织(FAO)、世界卫生组织(WHO)推荐的或其他国家规定的最高残留限量(MRL),日允许摄入量(ADI),并注明出处。申请人建议在我国境内的最高残留限量(MRL)或指导性限量(GL)及施药次数、施药方法和安全间隔期。一些特殊农药一般不要求进行残留试验。

⑦环境影响资料:提供下列环境试验报告。根据农药特性、剂型、使用范围和使用方式等特点,可以适当减免部分试验。鸟类急性经口毒性试验,鱼类急性毒性试验,水蚤急性毒性试验,藻类急性毒性试验,蜜蜂急性经口毒性试验,蜜蜂急性接触毒性试验,家蚕急性毒性试验,非靶标植物试验。

⑧标签或者所附具的说明书。

⑨产品安全数据单(MSDS)。

⑩其他资料:在其他国家或地区已有的毒理学、药效、残留、环境影响试验和登记情况资料或综合查询报告等。

(3)正式登记

①正式登记申请表。

②产品摘要资料:包括产地、产品化学、毒理学、药效、残留、环境影响、境外登记情况等资料的简述。

③产品化学资料:除临时登记时所规定的产品化学资料外,还应当提供3批次以上常温贮存稳定性报告。

④毒理学资料:急性经口毒性试验,急性经皮毒性试验,急性吸入毒性试验,眼睛刺激性试验,皮肤刺激性试验,皮肤致敏性试验。

⑤药效资料:两个以上不同自然条件地区的示范试验报告,临时登记期间产品的使用情况综合报告。

⑥残留资料:提供在我国境内进行的2年以上的残留试验报告。

残留资料的具体要求同临时登记。

⑦环境影响资料:提供下列环境试验报告。根据农药特性、剂型、使用范围和使用方式等特点,可以适当减免部分试验。鸟类急性经口毒性试验,鱼类急性毒性试验,水蚤急性毒性试验,藻类急性毒性试验,蜜蜂急性经口毒性试验,蜜蜂急性接触毒性试验,天敌赤眼蜂急性毒性试验,家蚕急性毒性试验,蚯蚓急性毒性试验,对非靶标植物影响试验。

⑧标签或者所附具的说明书。

⑨产品安全数据单(MSDS)。

⑩其他资料:在其他国家或地区已有的毒理学、药效、残留、环境影响试验和登记情况资料或综合查询报告等。

2. 新制剂登记　新制剂是指含有的有效成分与已经登记过的相同,而剂型、含量(配比)尚未在我国登记过的制剂。新制剂包括以下几个类型:

(1)新剂型　指含有的有效成分与已经登记过的相同,而剂型尚未在我国登记过的制剂。

剂型微小优化　是指已登记的产品剂型作微小优化,更有利于环境保护等而有效成分种类和含量(配比)不变。

(2)新混配制剂　是指含有的有效成分和剂型与已经登记过的相同,而首次混配 2 种以上农药有效成分的制剂或虽已有相同有效成分混配产品登记但配比不同的制剂。

(3)新含量制剂　是指含有的有效成分和剂型与已经登记过的相同,而含量(混配制剂配比不变)尚未在我国登记过的制剂。

(4)新药肥混配制剂　是指含有的有效成分和剂型与已经登记过的相同,而首次混配农药有效成分和肥料成分的制剂或虽已有混配产品登记但配比不同的制剂。

(5)新渗透剂(或增效剂)与农药混配制剂　是指含有的有效成分和剂型与已经登记过的相同,而首次混配农药有效成分和渗透剂(或增效剂)成分的制剂或虽已有混配产品登记但渗透剂(或增效剂)种类、配比不同的制剂。

下面详细介绍新剂型资料规定,其他新制剂可参考《农药登记资料规定》。

新剂型登记

(1)田间试验

①田间试验申请表。

②产品化学摘要资料:有效成分的通用名称、国际通用名称、化学名称、化学文摘(CAS)登录号、国际农药分析 协作委员会(CIPAC)数字代号、开发号、实验式、相对分子质量、结构式、主要物化参数。制剂的剂型、有效成分含量、其他成分的具体名称及含量、主要物化参数、控制项目及其指标、类别(按用途)、有效成分分析方法等。

③毒理学资料摘要:急性经口毒性、急性经皮毒性、急性吸入毒性试验及中毒急救措施等。

④药效资料:室内活性测定试验报告(仅对涉及新防治对象的产品),对当茬试验作物的室内安全性试验报告(仅对涉及新使用范围的产品),混配目的说明和室内配方筛选报告(对混配制剂),试验作物、防治对象、施药方法及注意事项等。

⑤其他资料:改变剂型的目的、意义。

(2)临时登记

①临时登记申请表。

②产品摘要资料:包括产地、产品化学、毒理学、药效、残留、环境影响、境外登记情况等资料的简述。

③产品化学资料:有效成分的识别,原药(或母药)基本信息,产品组成,加工方法描述,鉴别试验,理化性质。应当提供省级以上法定质量检测机构出具的产品质量检测和方法验证报告。质量检测报告项目应当包括规定的所有项目。方法验证报告应当附相关的典型色谱图原件,并对方法的可行性进行评价,加盖检测单位公章。

④毒理学资料:急性经口毒性试验,急性经皮毒性试验,急性吸入毒性试验,眼睛刺激性试验,皮肤刺激性试验,皮肤致敏性试验。

⑤药效资料:室内活性测定试验报告(仅对涉及新防治对象的产品,田间试验阶段已提供的,可以提供复印件),对当茬试验作物的室内安全性试验报告(仅对涉及新使用范围的产品,田间试验阶段已提供的,可以提供复印件),混配目的说明和室内配方筛选报告(对混配制剂,田间试验阶段已提供的,可以提供复印件),药效报告,农药田间试验批准证书(复印件),抗性研究,包括对靶标生物敏感性测定、抗药性监测方法和抗药性风险评估等(仅对涉及新防治对象的产品),对田间主要捕食性和寄生性天敌的影响(仅对涉及新使用范围的产品),产品特点和使用注意事项等。

⑥残留资料:增加有效成分未登记作物或使用方法的产品,应当提供在我国境内2年以上的残留试验报告;对有效成分已登记作物和使用方法的产品,应当提供在我国境内1年以上的残留试验报告。

⑦环境影响资料:提供下列环境试验报告。根据农药特性、剂型、使用范围和使用方式等特点,可以适当减免部分试验报告。鸟类急性经口毒性试验,鱼类急性毒性试验,水蚤急性毒性试验,藻类急性毒性试验,蜜蜂急性经口毒性试验,蜜蜂急性接触毒性试验,天敌赤眼蜂急性毒性试验,家蚕急性毒性试验,蚯蚓急性毒性试验,对非靶标植物影响试验。

⑧标签或者所附具的说明书。

⑨产品安全数据单(MSDS)。

⑩其他资料:在其他国家或地区已有的毒理学、药效、残留、环境影响试验和登记情况资料或综合查询报告等,改变剂型的目的和意义。

(3)正式登记

①正式登记申请表。

②产品摘要资料:包括产地、产品化学、毒理学、药效、残留、环境影响、境外登记情况等资料的简述。

③产品化学资料:除临时登记时所规定的产品化学资料外,还应当提供3批次以上常温贮存稳定性报告。

④毒理学资料:急性经口毒性试验,急性经皮毒性试验,急性吸入毒性试验,眼睛刺激性试验,皮肤刺激性试验,皮肤致敏性试验。

⑤药效资料:临时登记期间产品的使用情况综合报告,内容包括:产品使用面积、主要应用地区、使用技术、使用效果、抗性发展、作物安全性及对非靶标生物的影响等方面的综合评价。

⑥残留资料:提供在我国境内进行的2年以上的残留试验报告。具体要求同临时登记。

⑦环境毒性资料:提供下列环境试验报告。根据农药特性、剂型、使用范围和使用方式等特点,可以适当减免部分试验报告。鸟类急性经口毒性试验,鱼类急性毒性试验,水蚤急性毒性试验,藻类急性毒性试验,蜜蜂急性经口毒性试验,蜜蜂急性接触毒性试验,天敌赤眼蜂急性毒性试验,家蚕急性毒性试验,蚯蚓急性毒性试验,对非靶标植物影响试验。

⑧标签或者所附具的说明书。

⑨产品安全数据单(MSDS)。

⑩其他资料:在其他国家或地区已有的毒理学、药效、残留、环境影响试验和登记情况资料或综合查询报告等。

五、植物生长调节剂的研发策略和程序

植物生长调节剂的研究开发与其他农药类似，一个产品和技术的开发需要大量研究试验，还要按照规定完成有关资料，申报并得到合法生产应用手续。一个新农药的开发常历时 5～8 年，成功几率很低，平均起来筛选约 10 000 个随机合成的化合物才能得到一个最终出售的成品，耗资巨大，每个成功化合物的研发成本近 1 亿美元。因此新产品研发要求有整体的研发目标，制定合理的策略，合理安排资金和人员，充分利用时间，加强阶段评价，提高开发成功几率和效率。

以新化合物产品为例，开发程序参见图 3-6，大致包括：

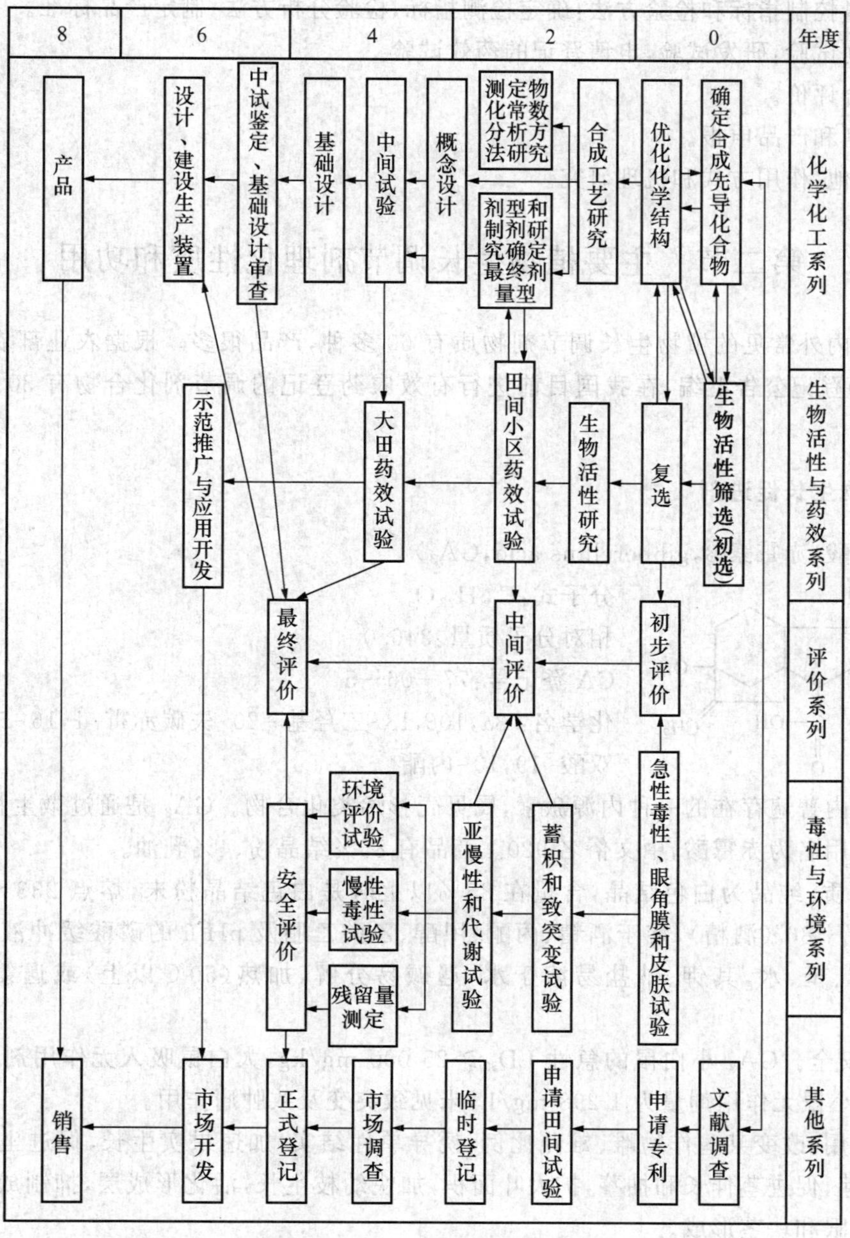

图 3-6　新农药研究开发示意图(陈万义等，1996)

(1)制定开发目标和计划：根据生产问题、市场需求、研究基础、知识产权情况等制定。

(2)化合物合成和结构修饰：按照科学设计进行，有时要合成大量化合物，是新农药的来源。

(3)实验筛选：经过一系列标准化的生物鉴定、室内整体或部分植物体试验、小区试验、大田试验、活性谱和药害试验等，一般要进行多轮。与目标效果一致的才进入以后研发程序。

(4)安全性评价：毒性、环境安全、残留残效等试验，安全的才进入以后的试验。

(5)生产工艺研究：小试、中试等。

(6)质量控制指标和检验方法：确定检测指标，检验分析方法，制定产品标准。

(7)田间试验：研发试验，申请登记的药效试验。

(8)综合评价。

(9)专利和产品申报。

(10)其他：作用方式和机理研究。

第二节　主要植物生长调节剂理化性质和功用

目前国内外常见的植物生长调节剂物质有60多种，产品很多。根据农业部农药检定所2000年农药登记公告汇编，在我国目前进行有效农药登记的调节剂化合物有30多种，产品100多种。

一、植物生长促进剂

1. 赤霉酸(赤霉素3，gibberellins acid，GA_3)

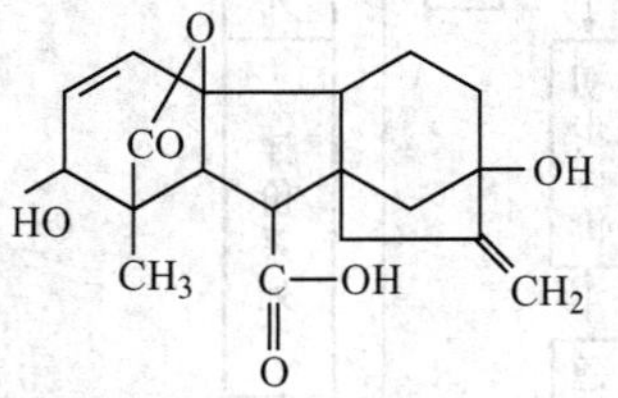

分子式：$C_{19}H_{22}O_6$

相对分子质量：346.0

CA登记号：77—06—5

化学名：3α，10β，13-三羟基-20-失碳赤霉-1，16-二烯-7，19-双酸-19，10-内酯

植物体内普遍存在的一种内源激素，属贝壳杉烯类化合物。GA_3是通过微生物发酵生产的。中文通用名为赤霉酸，中文俗名920。商品有85%结晶粉、4%乳油。

理化性质：纯品为白色结晶，含量在85%以上时是白色结晶粉末，熔点233～235℃，比旋光度$[\alpha]_D^{19}+86°$(酒精)，溶于酒精、丙酮、甲醇、乙酸乙脂及pH 6的磷酸缓冲液，难溶于煤油、氯仿、醚、苯、水，其钾、钠盐易溶于水，遇碱易分解，加热(50℃以上)或遇氯气则加速分解。

毒性：安全。GA_3小白鼠的急性$LD_{50}>25\ 000$ mg/kg，大白鼠吸入无作用剂量为200～400 mg/L，小鼠无作用剂量为1 298 mg/L，未见致突变及致肿瘤作用。

生理作用：改变某些作物雌、雄花比例，诱导单性结实，加速果实生长，促进坐果，打破休眠，促进发芽，促进茎伸长和抽薹，扩大叶面积，加快幼枝生长，活化形成层，抑制成熟和衰老，抑制侧芽休眠和块茎形成。

作用机理：促进DNA、RNA合成，提高DNA模板活性，增加DNA、RNA聚合酶活性和染色体酸性蛋白质，诱导α-淀粉酶、脂肪合成酶、朊酶等酶合成，增加或活化β-淀粉酶、转化酶、异柠檬酸分解酶、苯丙氨酸脱氨酶活性，抑制过氧化酶、吲哚乙酸氧化酶，增加自由态生长素含量，延缓叶绿体分解，提高细胞膜透性，促进细胞生长和伸长，加快同化物运输。

农业应用：广泛。用于促进坐果或无籽果实形成、促进营养体生长、打破休眠促进发芽、延缓衰老及保鲜、调节开花、提高三系杂交水稻制种的结实率、拮抗多效唑等延缓剂过量造成的药害。

注意事项：GA_3 促进生长和坐果时，应配合水肥管理等措施，或与细胞分裂素、植物生长延缓剂等混用，避免过度生长、僵果、品质下降等副作用。勿与碱性药液混用。

2. 赤霉素 4(gibberellin 4，GA_4)

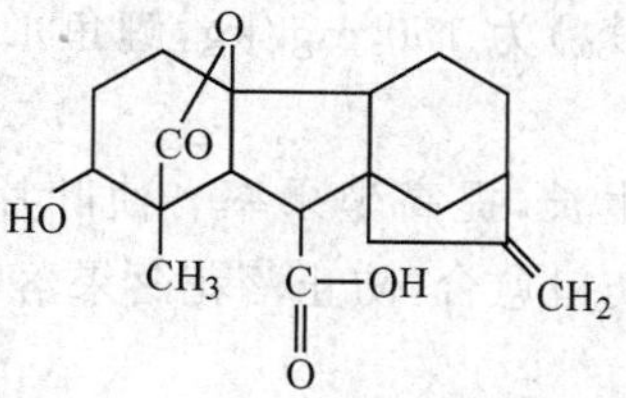

分子式：$C_{19}H_{24}O_5$

相对分子质量：332.39

CA 登记号：468—44—0

化学名：3α，10β-二羟-20-失碳赤霉-16-烯-7，19-双酸-19，10-内酯

植物体内普遍存在的一种赤霉素，属贝壳杉烯类化合物。

理化性质：纯品为白色结晶体，熔点 222℃(另一种结晶熔点 255℃)，比旋光度$[\alpha]_D^{20}$-3°，溶于乙醇、乙酸乙酯等。不溶于水、氯仿、煤油。热和碱加速其分解。

毒理学：与 GA_3 同。

生理作用：促进烟草、莴苣种子萌发比 GA_3 活性还高；促进矮生豌豆的生长，活性也比 GA_3、GA_7 高；在促进坐果上活性没有 GA_3 和 GA_7 高。在雌雄同株的黄瓜上应用促进雄花形成。作用机理有些与 GA_3 相似，有些还在探讨中。

农业应用：国内试生产。进入生产实用的混剂有 6-BA+GA_4+GA_7，可促进苹果坐果、使果实五棱突出，增加着色。$GA_{4/7}$ 10 mg/L+250 mg/L 苯菌灵用做香蕉保鲜。

3. 赤霉素 7(gibberellins 7，GA_7)

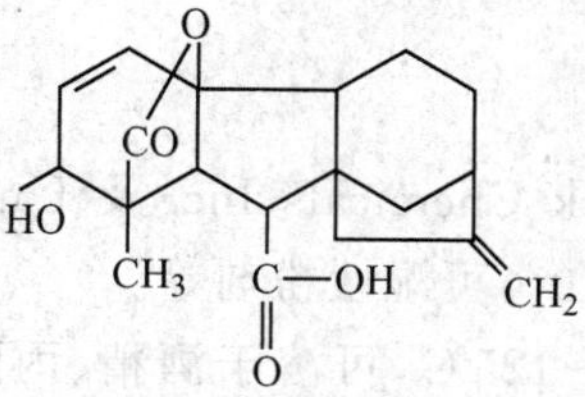

分子式：$C_{19}H_{22}O_5$

相对分子质量：330.38

CA 登记号：510—75—8

化学名：3α，10β-二羟-20-失碳赤霉-2，16-二烯-7，19-双酸-19，10-内酯

植物体内普遍存在的一种赤霉素，属贝壳杉烯类化合物。与 GA_4 是同一种赤霉菌(*Gibberella fujikuroi*)的分泌物，在促进一些作物的开花、坐果上，其生理活性比 GA_3、GA_4 高。

理化性质：纯品为白色结晶，熔点 202℃，比旋光度$[\alpha]_D^{8}$+20。溶于乙酯、甲醇、乙酸乙酯，不溶于水、苯、氯仿。

毒性：可参照 GA_3。

生理作用：与 GA_3 和 GA_4 相仿，在诱导勿忘草属、矢车菊属、麦瓶草属、落地生根属等开花、坐果上比 GA_3、GA_4 活性还高。GA_7 与 GA_4 混用可使黄瓜雄花比率大大提高。作用机理有些类似 GA_3，有些则还并不清楚。

农业应用：国内试生产。与 GA_4、细胞激动素混用，做苹果坐果剂，提高商品价值。GA_4 和 GA_7 作为一个混剂已在美国环境保护局(EPA)进行了登记。

4. 吲哚乙酸(indol-3-yl acetic acid,IAA)

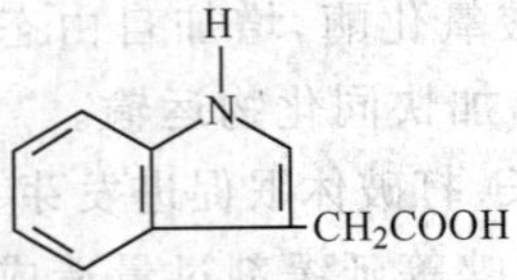

分子式:$C_{10}H_9NO_2$

相对分子质量:175

CA登记号:87—51—4

化学名:3-吲哚乙酸

吲哚乙酸是植物体内普遍存在的内源生长素,属吲哚类化合物。其他名称有茁长素、生长素(Auxin)、异生长素(Heteroauxin)。

理化性能:纯品为无色结晶,工业品为玫瑰色或黄色,有吲哚臭味,纯品熔点159~162℃,溶于酒精、丙酮、乙醚、苯等有机溶剂,不溶于水。在光和空气中易分解,不耐贮存。

毒性:吲哚乙酸对人、畜安全,小白鼠腹腔注射致死中量(LD_{50})为150 mg/kg,鲤鱼LC_{50}(48 h)>40 mg/L。

生理作用:诱导雌花和单性结实,刺激种子形成,加快果实生长,提高坐果率。使叶片扩大,呈偏上性生长,加快茎伸长和维管束分化,活化形成层,加快伤口愈合,防止落花落果落叶,抑制侧枝生长。促进种子发芽和根形成。

作用机理:促进细胞的分裂、伸长、扩大,诱发组织分化,促进RNA合成,提高细胞膜透性,使细胞壁松弛,加快原生质的流动。

农业应用:最早用于促进生根,但因易降解而未成为常用商品。早年用于诱导番茄单性结实和坐果。吲哚乙酸经复合加工成为稳定制剂后,才能广泛应用。是目前登记的一些天然生长促进剂中成分之一。

注意事项:易分解和光解,一般不单用,产品须用黑色包装物包装,存放在阴凉干燥处。勿与碱性物质混用。

5. 吲哚丁酸(4-indol-3-yl butyric acid,IBA)

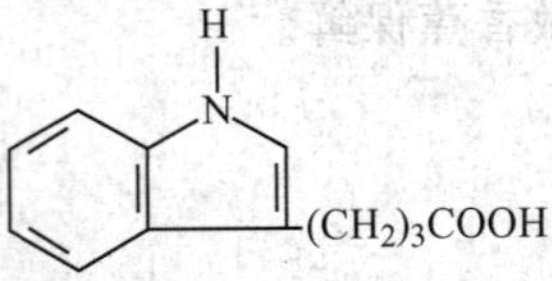

分子式:$C_{12}H_{13}NO_2$

相对分子质量:203.23

CA登记号:133—32—4

化学名:3-吲哚丁酸

吲哚类生长调节剂,在某些植物内存在。最早由美国Merck Chemicals Inc.及Union Carbide Agricultural Products Co. Inc.开发。商品有98%原粉、10%可湿性粉剂等。

理化性能:纯品为白色或浅黄色结晶,有吲哚臭味,熔点123~125℃,可溶于酒精、丙酮、乙醚中,不溶于水和氯仿,在光照下会慢慢分解,在暗中贮存分子结构稳定。

毒性:吲哚丁酸纯品对大白鼠急性口服致死中量(LD_{50})为100 mg/kg,小白鼠腹腔注射最小致死量为100 mg/kg,鲤鱼LC_{50}为180 mg/L(48 h)。

生理作用:可由根、茎、叶、果吸收,移动性很小,不易氧化分解,持效期长,活性类似吲哚乙酸。可刺激细胞分裂和组织分化,诱导单性结实和无籽果实,促进插枝生根等。

农业应用:促进番茄、辣椒、黄瓜、无花果、草莓、黑树莓、茄子等坐果或单性结实,促进多种植物插枝生根及某些移栽作物早生根、多生根。与萘乙酸等复合应用,生理活性更高,使用范围更广。

注意事项:见光易分解,产品须用黑色包装物包装,存放在阴凉干燥处。

6. 萘乙酸(1-naphthyl acetic acid, NAA)

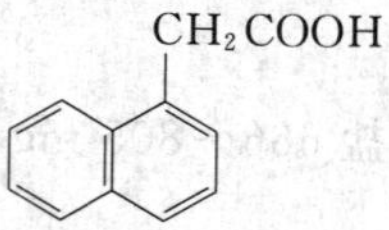

分子式：$C_{12}H_{10}O_2$

相对分子质量：186.21

CA 登记号：86—87—3

化学名：2-(1-萘基)乙酸

有机萘类植物生长调节剂，1934 年合成，后由美国联合碳化公司开发，商品主要有 90%粉剂。

理化性质：纯品为白色结晶，无臭无味，熔点 130℃，溶于酒精、丙酮、乙醚、氯仿等有机溶剂，溶于热水不溶于冷水，其盐水溶性好，结构稳定，耐贮性好。

毒性：低毒，小白鼠急性经口 LD_{50} 为 1 456 mg/kg(雄)，843 mg/kg(雌)，鲤鱼 LC_{50}(48 h) >40 mg/L，对皮肤、黏膜有刺激作用。

生理作用：可经叶、茎、根吸收，并传导到作用部位，生理作用和机理类似吲哚乙酸。可刺激细胞分裂和组织分化，促进子房膨大，诱导单性结实，形成无籽果实，促进开花。抑制纤维素酶活性，防止落花落果落叶。诱发枝条不定根的形成，加速树木的扦插生根。低浓度促进生长发育，高浓度因诱导内源乙烯而催熟。还提高某些作物逆性。

农业应用：促进番茄、西瓜、辣椒坐果和形成无籽果。促进菠萝早开花。防止棉铃脱落。苹果花期 10～20 mg/L 喷洒，可疏花疏果。防止苹果、梨采前落果。促进扦插枝条生根。用于小麦、水稻、玉米、谷子、白菜、萝卜等浸种可壮苗，对其他大田作物及某些蔬菜也有壮苗作用。

7. 萘乙酰胺(naphthyl acetamide)

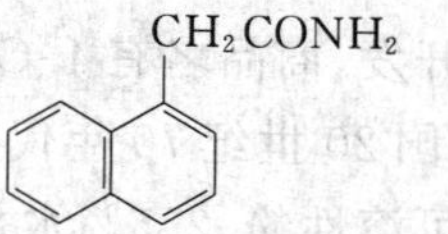

分子式：$C_{12}H_{11}NO$

相对分子质量：185.23

CA 登记号：86—86—2

化学名：2-(1-萘基)乙酰胺

一种有机萘类植物生长调节剂，20 世纪 50 年代由美国 Union carbide agricultural products 和 Agri-pharm International Inc. 开发。商品有 8.4%可湿性粉剂、10%可湿性粉剂。

理化性质：原药为无味白色结晶，熔点 182～184℃，在 20℃下溶于丙酮、乙醇、异丙醇，微溶于水，不溶于二硫化碳、煤油和柴油。

毒性：大白鼠急性口服 LD_{50} 为 1 690 mg/kg，兔经皮 LD_{50} >2 000 mg/kg，对皮肤无刺激作用，但可引起不可逆的眼损伤。

生理作用：可经茎、叶吸收，传导性慢，可引起花序梗离层形成，促进生根。

农业应用：在花瓣脱落时全株喷萘乙酰胺 25～50 mg/L，可有效进行苹果、梨疏果。萘乙酰胺与萘乙酸、硫脲、吲哚丁酸等混用，可促进苹果、梨、桃、葡萄等生根。

8. 2,4-滴(2,4-D)

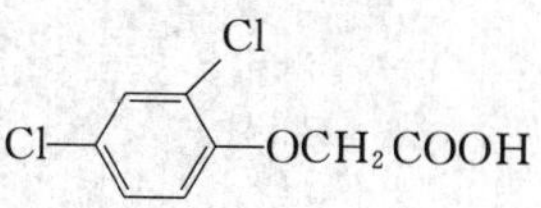

分子式：$C_8H_6Cl_2O_3$

相对分子质量：221.0

CA 登记号：94—75—7

化学名：2,4-二氯苯氧乙酸

苯氧类生长调节剂，1941 年由美国 Pokorny 公司合成，美国 Amchem Products 公司开发。其他名 Agrotect、Albar、Amicide 等，商品有 20%乳油，1%水剂。

理化性质:原粉为白色粉末,略带酚的气味,熔点140.5℃。25℃时水溶解度620 mg/L,可溶于碱液和醇中,不溶于石油,不吸湿,有腐蚀性。2,4-D的盐溶解度大些,如2,4-D钠盐在水中的溶解度为4.5%。

毒性:低毒。2,4-D的大白鼠急性口服LD_{50}为375 mg/kg,2,4-D钠盐666~805 mg/kg。奶牛在6周中饲喂454 g 2,4-D,在牛奶中未检出2,4-D。

生理作用:可经根、茎、叶片吸收,并传导到生长活跃组织起作用,有生长素活性。2.5~15 mg/L可促进子房膨大和单性结实,也可柑橘等保绿或保鲜。

农业应用:5~10 mg/L浸花促进菠萝、西葫芦、黄瓜、番茄、茄子等单性结实,5~20 mg/L防止柑橘采前脱落,20~50 mg/L收后整珠喷洒防止大白菜脱帮,200~1 600 mg/L喷果促进香蕉早熟,2,4-D 100 mg/L与多菌灵、甲基托布津等混用浸果可使柑橘保鲜。少量2,4-D与IBA、NAA混用,可诱导柏、松等难生根树木的插条生根。2,4-D高浓度是阔叶杂草的除草剂。

注意事项:要严格掌握使用浓度。棉花、葡萄等作物对2,4-D敏感,每升几十毫克就会造成灾害性药害,严禁使用,还要防药液飘移,喷雾机械使用2,4-D后要特别洗净,最好专用。做瓜果类坐果剂时只能处理花器,沾到新叶和嫩芽上易造成药害,浓度稍大易形成畸形果。

9. 氯苯氧乙酸(4-chlorophenoxy acetic acid)

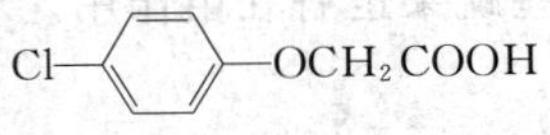

分子式:$C_8H_7ClO_3$

相对分子质量:186.6

CA登记号:122—88—3

化学名:4-氯苯氧乙酸,或对氯苯氧乙酸

苯氧类植物生长调节剂,1944年由美国Dow chemical Co.等公司开发,商品名有4-CPA、Tomato Fix Concentrate、Marks 4-CPA、Tomatotone、Fruitone等。我国20世纪70年代初合成,其他名有防落素、番茄灵、坐果灵、促生灵、防落粉等。商品有15%可溶性粉、2.5%水剂。

理化性质:纯品为白色结晶,熔点157℃,能溶于热水、酒精、丙酮,其盐水溶性更好,在酸性介质中稳定,耐贮藏。

毒性:低毒,大白鼠急性口服LD_{50}为850 mg/kg,LC_{50}鲤鱼为3~6 mg/L、泥鳅为2.5 mg/L(48 h)、水蚤>40 mg/L。

生理作用:可经根、茎、叶、花、果吸收,生理作用类似内源生长素,活性持效期长。可刺激细胞分裂和组织分化,刺激子房膨大,诱导单性结实,形成无籽果实,促进坐果及果实膨大。

农业应用:主要用途是促进坐果、形成无籽果实。一般在花蕾期浸或喷花,使用浓度:西红柿、茄子、瓠瓜15~30 mg/L,葡萄、柑橘、荔枝、龙眼、苹果25~35 mg/L,南瓜、西瓜、黄瓜等瓜类20~25 mg/L。辣椒10~15 mg/L。还可用于柑橘保鲜。

注意事项:作坐果剂使用时,要注意水肥充足,树体长势旺盛时使用效果较好。巨峰葡萄较敏感,勿叶面喷洒。

10. 防落灵(dichlorprop)

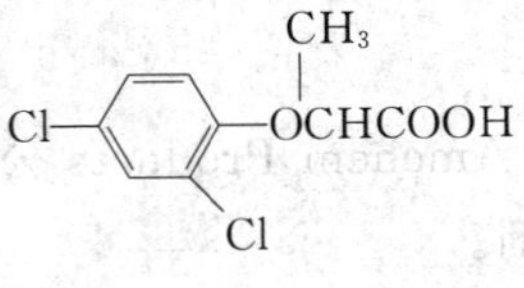

分子式:$C_9H_8Cl_2O_3$

相对分子质量:235.07

CA登记号:120—36—5

化学名:(2,4-二氯)苯氧异丙酸

苯氧类植物生长调节剂，1983 年日本日产化学公司开发，商品名 Fernoxone、Cornox RK、RD - 406，其他 2，4 -DP、Hormatox、Kildip、BASF - DP、Vigon - RS、Redipon 等。商品为 95％粉剂。

理化性质：纯品为白色无臭晶体，熔点 117.5～118.1℃，在室温下无挥发性，在 20℃水中溶解度为 350 mg/L，易溶于大多数有机溶剂，在光、热下稳定。

毒性：原药大白鼠急性口服 LD_{50} 为 863 mg/kg(雄)，870 mg/kg(雌)。4.5％制剂大白鼠 LD_{50} 为 3 352 mg/kg(雄)，为 3 757 mg/kg(雌)。

生理作用：类似生长素，经叶、嫩枝、果吸收并可传导到叶、果的离层处，抑制纤维素酶活性，阻抑离层形成，防止成熟前果和叶脱落。

农业应用：苹果、梨采收前 15～25 d 用 20 mg/L 全株喷洒，可防止落果和增着色，与钙离子混用可增加防效及防治苹果软腐病。谷类作物中防除双子叶杂草。

11. 增产灵(4 -Iodophenoxyacetic acid ，IPA)

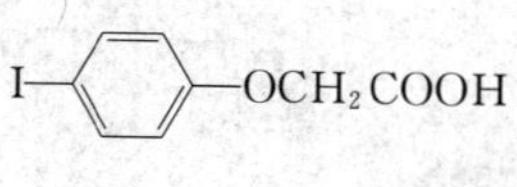

分子式：$C_8H_7IO_3$

相对分子质量：278.05

CA 登记号：1878—94—0

化学名：4 -碘苯氧丙酸

苯氧类植物生长调节剂，国外未商品化，其他名称增产灵 1 号，类似化合物有增产素(对溴苯氧乙酸)。我国商品为 95％粉剂。

理化性质：纯品为白色针状或鳞片结晶，熔点 154～156℃，工业品为淡黄色或粉红色粉末，含量 95％，熔点 154℃，略带刺激性臭味，溶于热水、苯、氯仿、酒精，微溶于冷水，其盐水溶性好。

毒理：未见毒理学数据报道。

生理作用：类似内源吲哚乙酸生理作用，有加速细胞分裂、分化，促进植株生长、开花、结实，防止蕾铃脱落，增加铃重，提早成熟等多种作用。

农业应用：我国 20 世纪 70 年代应用广泛，在大豆、水稻、棉花、花生、小麦、玉米等作物上大面积应用过，近年来应用甚少。30～50 mg/L 浸棉子促进棉花壮苗，现蕾期至始花期 5～10 mg/L喷洒 1～2 次，间隔 10 d，有保花保铃效果。大豆、豇豆、花生上，花荚期 10～20 mg/L 喷洒 1～2 次，可减少落花落荚，促进分枝和早熟。10～20 mg/L 浸种或苗期喷洒可促进水稻发根，加快秧苗生长。抽穗、开花期、灌浆期以 20～50 mg/L 叶面喷洒，可提高小麦、水稻、玉米结实率和千粒重。西红柿、黄瓜在幼果期以 5～10 mg/L 喷或涂果，促进坐果、增产。

12. 糖氨基嘌呤(激动素，Kinetin，KT)

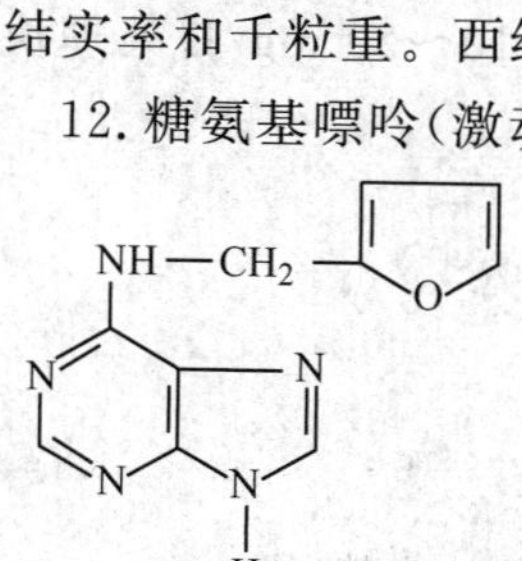

分子式：$C_{10}H_9N_5O$

相对分子质量：215.21

CA 登记号：525—79—1

化学名：N-(2 -呋喃甲基)- 1 - H-嘌呤- 6 -氨基

一种嘌呤类有细胞分裂素活性的调节剂，在植物和微生物中天然存在。又名动力精。1955 年 Miller 和 Skoog 从酵母 DNA 中分离提取出结晶，并进行人工合成。

理化性质:纯品为白色片状结晶,从乙醇中获得的结晶,熔点266～267℃,从甲苯、甲醇中获得的结晶,熔点214～215℃。加热到220℃升华。难溶于水、乙醇、乙醚和丙酮。可溶于稀酸、稀碱及冰醋酸。它的最大紫外光吸收光谱268 nm,最小为233 nm。常压或常温下稳定,加压能被1 mol/L硫酸分解为腺嘌呤及乙酰丙酸。

毒理:纯品毒理数据未见报道。细胞激动素混液大白鼠急性口服 LD_{50} >5 000 mg/kg。

生理作用:可被叶、茎、子叶和发芽的种子吸收,移动缓慢。可促进细胞分化、分裂、生长;诱导愈伤组织芽分化;解除顶端优势;打破侧芽和种子休眠、促进发芽;延缓叶片和植株衰老;吸引同化物运输积累;促进结实;诱导花芽分化;调节叶片气孔张开等。

农业应用:在组织培养中与生长素配合控制生根或长芽。20 mg/L喷洒促进多种作物幼苗生长;20 mg/L喷洒芹菜、菠菜、莴苣叶片,40 mg/L喷洒白菜、结球甘蓝叶片,可保绿,延长存放期。

13. 苄氨基嘌呤(6-benzylaminopurine,6-BA)

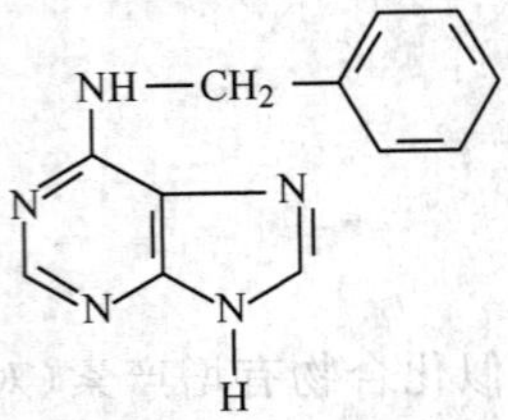

分子式: $C_{12}H_{11}N_5$

相对分子质量:225.26

CA登记号:1214—39—7

化学名:6-N-苄基腺嘌呤

嘌呤类人工合成的植物生长调节剂,1952年由美国Wellcome Research合成,1971年国内首先由上海东风试剂厂和化工部沈阳化工研究院开发。其他名有Cytolin、细胞动素、BA等。

理化性能:纯品为白色结晶,工业品为白色或浅黄白色,无臭。纯品熔点235℃,在酸、碱中稳定,光、热不易分解。水中溶解度60 mg/L,在乙醇、酸中溶解度较大。

毒性:低毒,大白鼠急性口服 LD_{50} 为2 125 mg/kg(雄)、2 130 mg/kg(雌),小白鼠急性经口 LD_{50} 为1 300 mg/kg(雄)、1 300 mg/kg(雌)。对鲤鱼48 h TLM值为12～24 mg/L。

生理作用:可经发芽种子、根、嫩枝、叶片吸收,移动性小。可促进细胞分裂、促进细胞增大、打破休眠促进种子和芽萌发、促进茎叶生长、抑制叶绿素分解和延缓衰老、打破顶端优势和促进侧芽生长、促进花芽形成和诱发雌花、促进坐果和果实生长、诱导块茎形成、调运和积累同化物、促进蒸发和气孔开放、提高抗伤害能力等。

农业应用:组织培养中诱导分化芽,开花前后50～100 mg/L浸或喷花促进葡萄、瓜坐果。采收前后用10～20 mg/L喷洒,延长菠菜、芹菜、莴苣等叶菜存放期;10～20 mg/L处理块根块茎可刺激膨大。

14. 噻苯隆(thidiazuron)

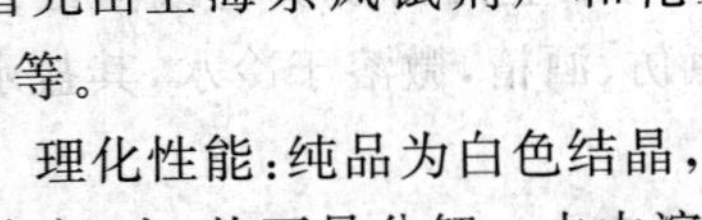

分子式: $C_9H_8N_4OS$

相对分子质量:220.2

CA登记号:51707—55—2

化学名:N-苯基-N′-(1,2,3-噻二唑基)脲

取代脲类植物生长调节剂。1979年由联邦德国先灵公司(Schering)首先开发,商品名Dropp、Defolit、脱叶灵、脲脱素,试验代号SN49537。商品为50%可湿粉剂。

理化性质:原药为无色无味晶体,熔点 213℃,25℃蒸气压 3×10^{6} Pa。20℃时,水中溶解度为 0.002 g/100 mL,苯中为 0.003 5 g/100 mL,丙酮中为 0.8 g/100 mL,环乙酮 21 g/100 mL,二甲基甲酰胺中为 50 g/100 mL。在 pH 5～9 范围内分子稳定。在 60℃、90℃及 120℃下贮存稳定期超过 30 d。

毒性:低毒。原药大白鼠急性口服 LD_{50}＞4 000 mg/kg,急性经皮 LD_{50}＞1 000 mg/kg,急性吸入 LD_{50}＞2.3 mg/L。对家兔眼有轻度刺激,对皮肤无刺激作用。大白鼠亚急性经口无作用剂量为 25 mg/(kg · d^{-1}),犬亚急性经口无作用剂量为 25 mg/(kg · d^{-1})。大白鼠 2 年慢性经口试验在 500 mg/L 剂量下未见异常。无致畸、致癌、致突变作用。在土壤中的半衰期为 26 d。

生理作用:可经茎叶吸收,传导到叶柄与茎之间,高浓度可刺激乙烯生成,促进果胶和纤维素酶活性,促进成熟叶片的脱叶,加快棉桃吐絮。低浓度有细胞激动素的作用,能诱导一些植物的愈伤组织分化出芽。

农业应用:国外主要用做棉花脱叶剂,一般 70%棉桃开裂时(气温在 14～22℃),50 g 有效成分加水 50 kg 叶面喷洒。国内也已有农药登记,但还未大面积应用。诱导愈伤组织分化幼芽、促进坐果、叶片保绿等方面生物活性较 6-BA 高。

15. 氯吡脲(forchlorfenuron)

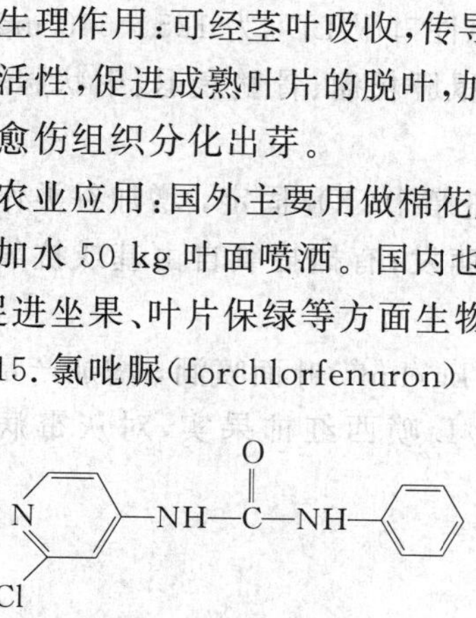

分子式:$C_{12}H_{10}ClN_3O$

相对分子质量:247.68

CA 登记号:68157—60—8

化学名:1-(2-氯-4-吡啶)-3-苯基脲

一种取代脲类植物生长调节剂。1981 年由日本协和发酵工业开发,其他名 KT-30S、4PU-30、CN-11-3183,1993 年国内四川大学、化工部沈阳化工研究院开发,又名为调吡脲、脲动素。

理化性质:纯品为白色结晶粉末,熔点 171℃,蒸气压 2.5×10^{-11} mm 汞柱(1 mm 汞柱＝133.322 Pa)(25℃);在 20℃时,水中溶解度为 0.11 g/L,乙醇中为 119 g/L,无水乙醇中为 149 g/L,丙酮中为 127 g/L,氯仿中 2.7 g/L。在热、紫外光、酸、碱条件下分子稳定,耐贮存。

毒性:对人、畜安全。大白鼠急性口服 LD_{50}为2 787mg/kg(雌),为 1 568 mg/kg(雌),小白鼠 LD_{50}为 2 218 mg/kg(雄),为 2 783 mg/kg(雌);鱼毒:鲤鱼 TLM(48 h)值＝8.6 mg/L,水蚤(3 h)LC_{50}＝11.5 mg/L。

生理作用:可经根、茎、叶、花、果吸收和运输。促进细胞分裂,增加细胞数量增大果实,提高花粉可育性,诱导果树单性结实,促进坐果、改善果实品质。是目前促进细胞分裂活性最高的人工合成细胞分裂素,生物活性约是 6-BA 的 10 倍。

农业应用:1 mg/L 浓度诱导多种作物愈伤组织长芽。在桃开花后 30 d 以 20 mg/L 喷幼果,增加果实大小,促进着色改善品质。代替 6-BA 与赤霉素混用促进坐果和果实膨大时,应只处理花器、果实,整株处理效果欠佳。中华猕猴桃在开花后 20～30 d 以 5～10 mg/L 浸果,促进果实肥大。喷洒叶菜,可防止叶绿素降解,延长保鲜期。在苹果生长期,以 50 mg/L 处理侧芽可诱导分枝,但与 6-BA 不同的是难以形成短果枝。

注意事项:促进果实膨大时,应配合适当管理,避免果实品质下降。

16. 硫脲(thiourea)

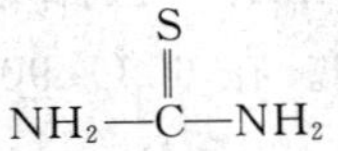

分子式:CH_4N_2S

相对分子质量:76.12

CA 登记号:62—56—6

化学名:硫代尿素

硫脲为一种有弱细胞分裂素作用的硫代尿素,是一个古老的有机化工产品,早在 1940 年由Robin F 首先合成,商品名 citlol,其他名 thiurea,为可溶性粉剂。

理化性质:纯品为白色结晶,有苦味,熔点 176～178℃,相对密度为 1.405,硫脲溶于冷水、醇类,不溶于醚。

毒性:挪威大鼠急性口服 LD_{50} 为 1 830 mg/kg,家鼠急性口服 LD_{50} 为 125～640 mg/kg,家兔 MLD 为 6 985 mg/kg。1984 年发现慢性投药引起大鼠肝长瘤、骨髓衰退、甲状腺肿大,是早期诱癌可疑物。

生理功能:有弱细胞激动素活性,可延缓叶片衰老,促进暗中 CO_2 固定,增加谷类作物灌浆期光合效率;抑制植物过氧化氢酶活性,打破休眠、促进萌发;有捕捉氧自由基或抗氧化作用,提高西红柿抗灰霉病能力。

农业应用:小麦分蘖期(0.5 kg/hm^2)、玉米拔节前后(2 kg/hm^2)叶面喷洒,增加产量。打破桃树、芥菜、甘蓝、莴苣种子休眠,促进发芽。0.1 mmol/L 喷西红柿果实,对灰霉病防效 95%以上。

注意事项:使用时尽量避免接触人、畜身体。

17. 氯化胆碱(choline chloride)

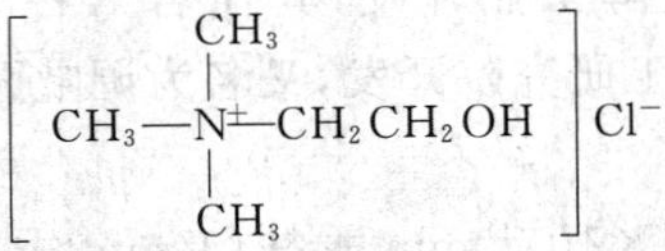

分子式:$C_5H_{14}ClNO$

相对分子质量:139.6

CA 登记号:67—48—1

化学名:(2-羟乙基)三甲基氯化铵

胆碱类植物生长调节剂。1964 年由日本农林水产省农业技术所合成,1987 年日本三菱瓦斯化学公司、北兴化学公司注册做植物生长调节剂。商品剂型有 98%原粉、50%粉剂、70%液剂、2%液剂。

理化性质:纯品为白色结晶,熔点 240℃,易溶于水,有吸湿性,在土壤中易被微生物分解,无环境污染。2%水剂无色透明。

毒性:低毒,大白鼠急性口服 LD_{50} 为 2 884 mg/kg(雌),为 2 692 mg/kg(雄),小白鼠 LD_{50} 为 3 548 mg/kg(雌),为 4 169 mg/kg(雄),鲤鱼(48 h)TLM 在 5 100 mg/L 以上。

生理作用:经茎、叶、根吸收,传导较快。抑制 C_3 植物光呼吸,促进根系发育,促进同化物向块茎、块根转移积累,增加产量、改善品质。与激动素、生长素混用,可加快其移动,更有效发挥激动素、生长素的作用。

农业应用:甘薯移栽时,20 mg/L 浸秧切口 24 h,促进发根和块根膨大。水稻 1 000 mg/L 浸种 12～24 h,可促根壮苗。白菜、甘蓝、萝卜浸种,可促进生长。收前 15～60 d,200～500 mg/L叶面喷洒,可增加苹果、柑橘、桃果实大小,提高含糖量,巨峰葡萄采收前 30 d 1 000 mg/L叶面喷洒,提前着色,增加甜度。

注意事项:也可用做饲料添加剂;勿与碱性药剂混用。

18. 复硝酚钠(sodium nitrophendate)

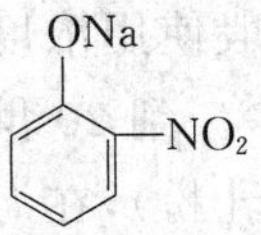

分子式:$C_6H_4NO_3Na$

相对分子质量:161.09

化学名:邻硝基苯酚钠

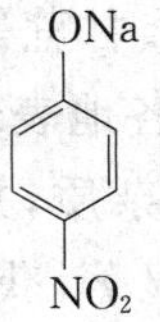

分子式:$C_6H_4NO_3Na$

相对分子质量:161.09

化学名:对硝基苯酚钠

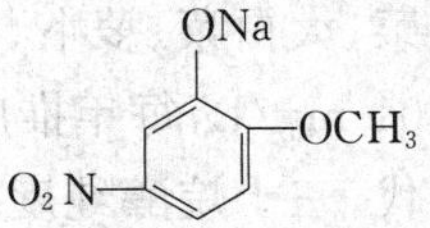

分子式:$C_7H_6NO_4Na$

相对分子质量:191.12

CA 登记号:67233—85—6

化学名:5-硝基邻甲氧基苯酚钠

几种含硝基苯的化合物的复合剂。20 世纪 60 年代日本旭化学工业株式会社开发,商品名 Atonik、爱多收,为 1.8%水剂。

理化性质:邻硝基苯酚钠:98%红色针状结晶,有芳香烃气味,熔点 44.9℃,溶于水、丙酮、乙醇等。对硝基苯酚钠:98%黄色片状结晶,无味,熔点 113～114℃,溶于水、丙酮、乙醇等。5-硝基邻甲氧基苯酚钠:98%橘红色片状结晶,无味,熔点 105～106℃,溶于水、丙酮、乙醇等。

毒性:各有效成分和制剂均为低毒。邻硝基苯酚钠 LD_{50} 1 460 mg/kg(雌)、2 050 mg/kg(雄),亚慢性毒性小白鼠经口无作用剂量为 1 350 mg/(L·d^{-1})。对硝基苯酚钠 LD_{50} 为 482 mg/kg(雌)、1 250 mg/kg(雄),3 个月喂养无作用剂量小白鼠为 480 mg/(L·d^{-1})。5-硝基邻甲氧基苯酚钠 LD_{50} 1 270 mg/kg(雌)、3 100 mg/kg(雄),3 个月喂养无作用剂量为 400 mg/(L·d^{-1})。三种有效成分均对眼、皮肤无刺激作用,无"三致"作用。制剂对鱼低毒,鲤鱼 TLM(48 h)>10 mg/L。

生理作用:经根、叶及种子吸收,很快渗透到植物体内。促进细胞原生质流动,促进发根、生长、生殖和结果。

农业应用:效应广谱,在水稻、小麦、棉花、大豆、绿豆、豌豆、甘蔗、茶叶、烟草、黄麻、亚麻、花生、果树、西红柿、瓜类、土豆、茄子等作物上都有应用报道。但一般处理次数多、直观效果差。

19. 三十烷醇(triacontanol)

$CH_3(CH_2)_{28}CH_2OH$

分子式:$C_{30}H_{62}O$

相对分子质量:438.38

CA 登记号:593—50—0

化学名:正三十烷醇

广泛存在于蜂蜡及植物蜡质中的天然长碳链物质。1933 年 Chibnall 等首先从苜蓿中分离出来,1975 年 Ries 发现其生物活性。

理化性质:三十烷醇纯品为白色鳞状结晶,熔点 86.5～87℃,密度 0.777,分子链长 67.0×10^{-10} m,不溶于水,难溶于冷甲醇、乙醇、丙酮,微溶于苯、丁醇、戊醇,可溶于热苯、热丙酮、热四氢呋喃,易溶于乙醚、氯仿、四氯化碳、二氯甲烷。C_{20}-C_{28} 醇可溶于热甲醇、乙醇及冷戊醇。对光、空气、热、碱稳定。

毒性:高度安全。小白鼠急性口服 LD_{50} 1.5 g/kg(雌)、8 g/kg(雄),以 18.75 g/kg 的剂量给 10 只体重 17～20 g 小白鼠灌胃,7 d 后照常存活。

生理作用:经茎、叶吸收。促进植物生长,改善细胞膜透性,增加叶绿素含量,提高光合强度,增强淀粉酶、多酚氧化酶、过氧化物酶活性等。

农业应用:20世纪80年代初在水稻、小麦、玉米、甘薯、花生、大豆、油菜、棉花、茶、柑橘、番茄、青菜、大白菜、萝卜、紫云英、双孢蘑、香菇、红麻、甘蔗等作物上广泛应用,一般使用浓度0.1～1.01 mg/L,每年推广几百万公顷,但增产效果各地表现不一。此后应用很少。到20世纪90年代,三十烷醇纯度得到提高,减少二十八烷醇杂质,并研制了新高效剂型(乳粉),在海带、紫菜等藻类植物上应用促进生长、提高产量效果显著,获得巨大成功。含有三十烷醇的复合制剂在其他作物上的应用也在增加。

20. 芸薹素内酯(brassinolide,BR)

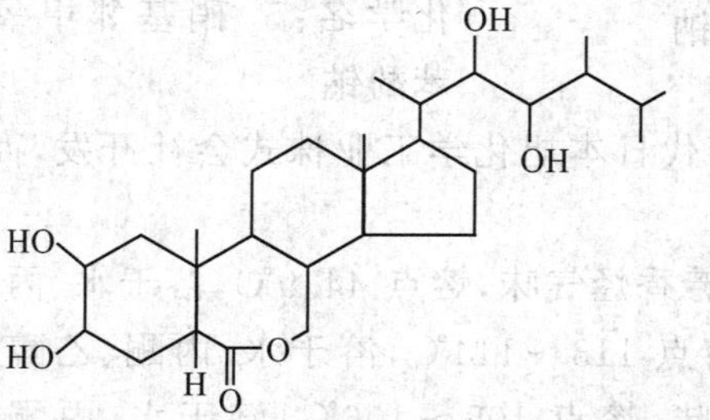

分子式:$C_{28}H_{48}O_6$
相对分子质量:480.68
CA登记号:72962－43－7
化学名:2α,3α,22R,23R
四羟基-24-S-甲基-β-7-氧杂-5α-胆甾烷-6-酮(BR_1)

植物体内普遍存在的甾醇类生长物质。1970年Mitchell等在油菜花粉中发现,随后从油菜花粉中提取得到。20世纪80年代日本、美国成功进行人工合成。国内也已商品化生产,有天然的、也有半人工合成的,成分有24-表油菜素内酯、表高油菜素内酯及其混合物。商品有0.004%水剂等。

理化性质:纯品外观为白色结晶粉,熔点256～258℃,水中溶解度为5 mg/L,溶于甲醇、乙醇、四氢呋喃、丙酮等多种有机溶剂。

毒性:低毒,原药大白鼠急性经口$LD_{50}>2\ 000$ mg/kg,急性经口小白鼠$LD_{50}>1\ 000$ mg/kg,大白鼠急性经皮$LD_{50}>2\ 000$ mg/kg。Ames试验没有致突变作用。鲤鱼96 h $LC_{50}>10$ mg/L。水蚤3 h $LC_{50}>100$ mg/L。

生理作用:表现有生长素、赤霉素、细胞激动素某些特点。既促进营养生长,又利于生殖生长。可经叶、茎、根吸收传导到作用部位。增加RNA、DNA含量和RNA聚合酶活性,增加细胞膜电势差、ATP酶活性,强化生长素的作用等。效应浓度极微,一般在10^{-6}～10^{-5} mg/L。

农业应用:在小麦、玉米、水稻上,可促根促蘖、增加结实率、粒重和产量。使用浓度0.01～0.5 mg/L。0.1 mg/L处理西红柿、茄子、脐橙花或幼果,可促进坐果、增加果重。0.01 mg/L处理黄瓜苗,提高抗低温(7～10℃)能力。秧苗10^{-5} mg/L叶面处理,明显提高水稻抗西草净药害能力。还有提高水稻抗稻瘟病和纹枯病、黄瓜抗灰霉病、番茄抗疫病、白菜、萝卜抗软腐病的能力。

21. 黄腐酸(humic acid)

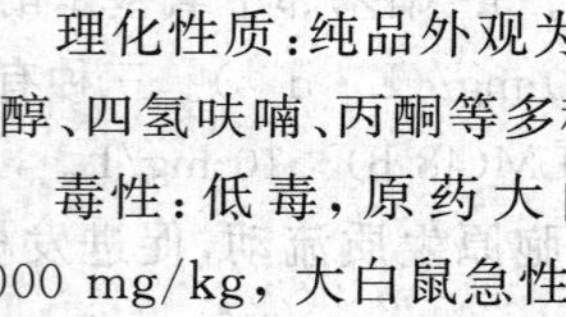

相对分子质量300～10 000

一类结构相似物质的混合物,其中溶于水或稀酸的部分为黄腐酸。20世纪六七十年代在我国得到开发应用,20世纪80年代用做抗旱剂。其他名有富里酸、抗旱剂一号、旱地龙等。

理化性能:黄腐酸为黑色或棕黑色粉末,含有碳(50%左右)、氢(2%～6%)、氧(30%～

50%)、氮(1%~6%)、硫等,主要官能团有羧基、羟基、甲氧基、羰基等,比重在1.330~1.448,可溶于水、酸、碱。

毒性:黄腐酸对人畜安全,无环境污染。

生理作用:能被植物根、茎、叶吸收,可促进生根,减少气孔开度,降低蒸腾,促进过氧化氢酶、抑制吲哚乙酸氧化酶等。

农业应用:早期用以改良土壤。以300 mg/L浸种,可使水稻苗呼吸作用加强,促进生根和生长。葡萄、甜菜、甘蔗、瓜果、西红柿等以300~400 mg/L灌浇,可提高含糖量或甜度。杨树等插条以300~500 mg/L浸渍,可促进插枝生根。小麦在拔节后以400~500 mg/L喷洒叶面,可提高其抗旱能力。

22. 尿囊素(allantoin)

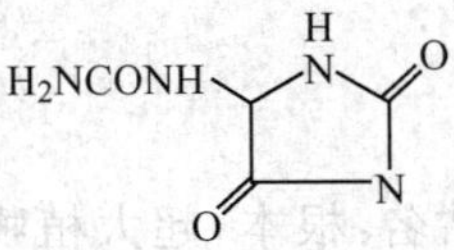

分子式:$C_4H_6N_4O_3$

相对分子质量:158.12

CA登记号:97—59—6

化学名:N-2,5-二氧-4-咪唑烷基脲

一种杂环类化合物,广泛存在于哺乳动物的尿、胚胎和发芽植物种子或子叶中。英文名Glyoxyldiureide、5-ureidohydantoin、5-Garbumidohydantoin,在医药和化妆品中应用。

理化性质:纯品为无色结晶粉末,无臭无味,能溶于热水、热醇和稀氢氧化钠,微溶于水和醇,几乎不溶于醚。饱和水溶液pH值5.5。纯品熔点238~240℃,加热到熔点时开始分解。

毒性:由于人和动物体内都含有尿囊素,对人、畜安全。

作用机理:增强蔗糖酶活性,提高甘蔗产量;激活土壤微生物;引起植物体内核酸变化,对多种农作物有促生长作用。

农业应用:水稻、玉米、小麦、瓜类(西瓜、南瓜、黄瓜)等作物,用100 mg/L浸种,提高发芽率及发芽势。叶面喷洒100~400 mg/L,喷3~4次,间隔5~9 d,促进瓜类坐果。苹果、葡萄、柑橘、桃、李、荔枝、辣椒、瓜类,以100 mg/L叶面喷施2~3次,促进果实生长和增产。大豆、花生,开花初100 mg/L喷3~4次,增产。

缺点是要多次使用。

23. 抗坏血酸(ascorbic acid)

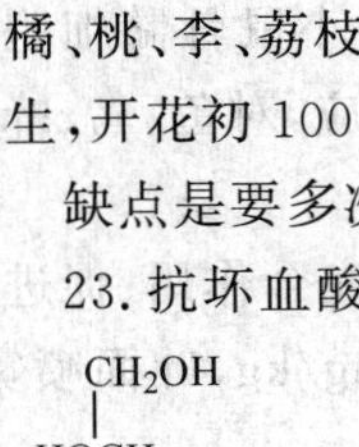

分子式: $C_6H_8O_6$

相对分子质量: 176.4

CA登记号: 50—81—7

一种广泛分布在植物果实、茶叶等中的天然维生素物质。1928年从植物中分离出来,1933年鉴定其结构,同年进行了人工合成。商品名维他命C(Vitamin C)、丙种维生素等。商品有6%水剂。

理化性质::纯品抗坏血酸为白色结晶,熔点190~192℃,易溶于水(100℃水溶解度为80%,45℃水为40%),稍溶于乙醇,不溶于乙醚、氯仿、苯、石油醚、油、脂类。其水溶液呈酸性,溶液接触空气很快氧化成脱氢抗坏血酸。溶液无臭,是较强的还原剂。贮藏时间较长后变淡黄色。

毒性:对人畜安全,每日以 0.5～1.0 g/kg 饲喂小鼠一段时间,未见有异常现象。

生理功能:植物体内参与电子传递链中的氧化还原作用,促进植物代谢。与吲哚丁酸混用在促进插枝生根上增效。还有捕捉体内自由基、提高西红柿抗灰霉病作用。

农业应用:万寿菊、波斯菊、菜豆等植物上,抗坏血酸 3×10^{-5} mol/L＋吲哚丁酸 3×10^{-5} mol/L混用可促进插枝生根。0.1～1.1 mmol/L 喷洒西红柿果实,可提高抗灰霉病能力。6%水剂稀释 2 000 倍,喷洒烟草叶片 2 次,可增加烟叶产量。

24.胺鲜酯(diethyl aminoethyl hexanoate)

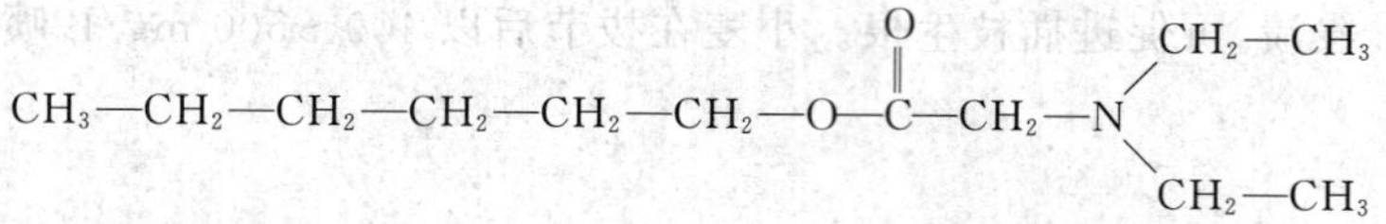

化学式:$C_{12}H_{25}O_2N$

相对分子质量:215.2

化学名:已酸二乙氨基乙醇酯

是一种合成的叔胺类植物生长调节剂,我国有独立知识产权。商品名:根本,超大植物生长剂等。简称 DTA-6。国外有增产胺(DCPTA)等同系物的开发。DCPTA 化学名为:[2-(3,4-二氯苯氧基)-三乙胺 2-(3,4-dichlorophenoxy)trialkylamine 或 2-(2,4-二氯苯氧基)-三乙胺 2-(2,4-dichlorophenoxy)trialkylamine]。

理化性质:熔点:215℃;折光率 n_D^{20}:1.436 5;沸点:87～88℃/113 Pa。pH＝3.5 时稳定,pH＞8易分解。纯品为无色结晶粉末,无臭无味,能溶于热水、热醇和稀氢氧化钠,微溶于水和醇,几乎不溶于醚。饱和水溶液 pH 值 5.5。纯品熔点 238～240℃,加热到熔点时开始分解。

毒性:经上海医科大学毒理学试验,DTA-6 原药大鼠急性经皮 LD_{50} 大于 6 000 mg/kg,对家兔眼睛、皮肤无刺激。10%粉剂小鼠急性经口 LD_{50} 为 8 562 mg/kg,大鼠急性经口 LD_{50} 为 11 960.1 mg/kg,大鼠急性经皮 LD_{50} 大于 60 000 mg/kg,对家兔眼睛、皮肤均无刺激。农药分类属微毒(实际无毒)。在使用剂量下(42.5～170.0 mg/kg)未发现诱导小鼠骨髓细胞微核,在大鼠 Ames 试验检测中未发现致突变性,表明无致癌、致突变和致畸效应,对鱼、鸟、蜂无毒或微毒。

农业应用:已发现和证明 DTA-6 有促进生长等多种生理效应,如提高光合作用、促进同化物运输等。国内登记用于白菜,调节生长,提高产量,一般(avi)40～60 mg/kg,叶面喷雾。对多种以营养器官为收获品的作物有增产作用。

25.单氰胺(cyanamide)

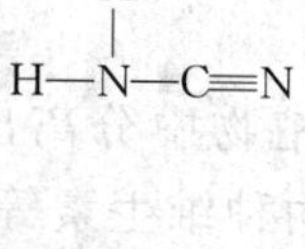

分子式:CN_2H_2

相对分子质量:42

CA 登记号:420—04—2

化学名:单氰胺

单氰胺是良好的植物生长调节剂,同时兼有杀虫、灭菌、除草、脱叶等功效。

理化性能:原药外观为白色吸湿性晶体,密度1.227 1 g/ cm^3,沸点 132℃,熔点 45℃,20℃时的蒸汽压为 0.003 hPa,20℃时纯有效成分在水中溶解度为＞850 g/L;苯 1.2 g/L、乙醇 1 340 g/L、丁醇 330 g/L、丙酮1 710 g/L、乙酸乙酯 449 g/L、甲基乙基酮 549 g/L、三氯甲烷 2.4 g/L。

毒性：单氰胺原药大鼠急性经口 LD_{50} 雄性 147 mg/kg，雌性 27 mg/kg，急性经皮 $LD_{50}>$ 2 000 mg/kg，对家兔皮肤轻度刺激性，眼睛重度刺激性，对豚鼠皮肤变态反应试验属弱致敏类农药。

生理作用：单氰胺可以打破葡萄类和落叶类水果作物的休眠期，促使其提前发芽、开花、结果、成熟，提高单果重和亩产量。在植物体内，单氰胺被迅速新陈代谢，全部转化为植物生长所需要的碳源，在成熟期残留低，对水果品质无不良影响。

作用机理：可有效抑制植物体内过氧化氢酶的活性，加速植物体内氧化磷酸戊糖（PPP）循环，促进植物体内基础物质的生成，起到调节生长的作用。

农业应用：经田间药效试验表明，对葡萄、樱桃可调节生长，有一定的增产效果。在葡萄发芽前 15～20 d，使用 10～25 g/L 单氰胺溶液均匀喷雾于枝条，使芽眼处均匀着药，可提早发芽 7～10 d，对初花期、盛花期、着色期、成熟期等都有提早的作用。在樱桃休眠期均匀喷雾。使芽眼处均匀着药，可打破休眠、促进发芽、提早发芽、提早开花、提早成熟、有明显提高产量和改善品种质量的作用。

注意事项：过量的单氰胺会伤害花芽，如浓度＞60 g/L 时。过早应用该药能使果实提前成熟 2～6 周，但产量可能会由于花期低温造成的落花和授粉不良而降低。

26. 超敏蛋白（harpin protein）

超敏蛋白是一种天然蛋白质。1992 年由美国康奈尔大学研制，商品名 Messenger。主要制剂 3%超敏蛋白微粒剂。

理化性能：淡褐色固体细粒；密度：0.452 g/mL；pH：22℃下 7.86，可溶于水。

毒性：大鼠急性经口 $LD_{50}>$5 000 mg/kg，大鼠急性经皮 $LD_{50}>$5 000 mg/kg，大鼠急性吸入＞2.16mg/L。

生理作用：促进根系、茎叶、果实生长，增强光合作用活性，提高光合速率和效率，促进作物提前开花和成熟，诱导抗病效果良好，减轻储藏病害的危害，改善品质，提高商品等级。

作用机理：提高植物自身的免疫力和植株的素质，以抵御病虫为害和其他不良环境的影响；作为一种信号物质和植物表面的受体接触后所产生的信号传入植物体内起生长调节作用。

农业应用：1997 年以来，在中国的蔬菜、烟草、油菜、棉花、小麦、水稻、茶叶等多种作物上进行了田间试验，并在番茄、辣椒、烟草和油菜上获得临时登记。一般每亩用 15 g，对水 15～30 kg，在作物苗期或移栽后、初花期、幼果期到收获前，每隔 15～20 d 均匀喷洒 1 次，共喷 3～5 次。

注意事项：超敏蛋白的活性易受氯气、强酸、强碱、强氧化剂、离子态药肥、强紫外线等的影响，使用时应加以注意，以确保其活性和效果。

二、植物生长延缓剂

1. 乙烯利（ethephon）

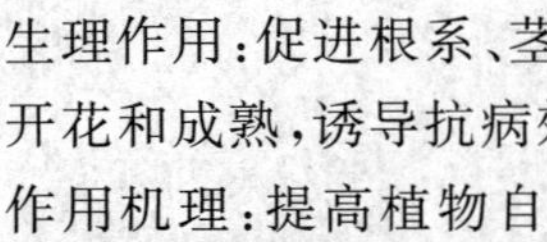

分子式：$C_2H_6ClO_3P$

相对分子质量：144.5

CA 登记号：16672—87—0

化学名：2-氯乙基膦酸

有机膦类生长调节剂,1965 年美国联合碳化公司(Union Carbide of America)开发,商品名 Ethrel、Florel、Cepha、CEPHA 等。主要为 40%水剂。

理化性质:纯品为白色蜡针状晶体,熔点 74~75℃,工业品为浅黄色黏稠液体,比重 1.258,pH<3,易溶于水和酒精,在酸性介质中十分稳定,在碱性介质中很快分解放出乙烯,pH>4 时开始分解。

毒性:低毒,原药小白鼠急性口服 LD_{50}为5 110 mg/kg,40%水剂小白鼠急性经皮 LD_{50}为 6 810 mg/kg,无明显蓄积毒性,鲤鱼 TLM(72 h)为 290 mg/L。

生理作用:促进成熟和衰老,经茎、叶、花、果吸收,传导到作用部位分解生成乙烯。可提高雌花比例,促进某些植物开花,矮化水稻、玉米等,增加茎粗,诱导不定根形成,刺激某些植物种子发芽,加速叶和果成熟、衰老和脱落。

农业应用:用途广泛。主要有:①割胶期涂割胶带、处理橡胶树树皮,促进胶乳分泌和增产。也用做刺激漆树多产漆和安息香多产脂。②催熟,棉花吐絮 70%~80%时,500~1 000 mg/L喷施,催熟。对水稻、番茄、菠萝、柿子、梨、苹果、蜜橘等果实都有催熟效果。烟草催熟和促黄。③诱导开花和促进雌花,黄瓜、葫芦、瓠瓜、南瓜、甜瓜上均可,一般在 3~4 叶期全株喷洒,100~250 mg/L。④甘蔗、甜菜增糖,收获前 4~5 周,全株喷洒,甘蔗 800~1 000 mg/L、甜菜 500 mg/L。⑤诱导冬小麦雄性不育,孕穗期至抽穗期,全株喷洒 500~1 500 mg/L。⑥矮化玉米,拔节后抽雄前,叶面喷洒 800~1 000 mg/L。

注意事项:勿与碱性药液混用。催熟瓜果一定要达到一定的生理成熟阶段,否则影响品质和风味。

2. 甲哌鎓(mepiquat chlorid)

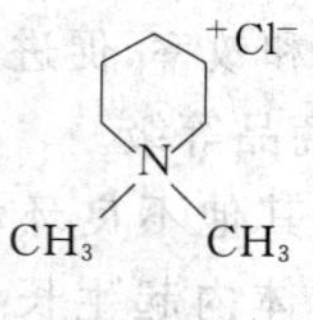

分子式:$C_7H_{16}ClN \cdot Cl$
相对分子质量:149.7
CA 登记号:24307—26—4
化学名:1,1-二甲基哌啶氯化铵

一种吡啶类植物生长调节剂,1972 年由西德 BASF 公司首先开发,商品名 Pix 。1979 年国内由北京农业大学和沈阳化工研究院合成。其他名 BAS- 08300、Proposed、调节啶、缩节安、助壮素、棉壮素等。商品有 5%水剂、25%水剂、96%可溶粉剂等。

理化性质:纯品为无味白色结晶体,熔点 285℃,蒸气压小于 1×10^{-5} Pa(223℃),20℃时 100 g 溶剂中溶解的克数:水>100 g、乙醇 16.2 g、氯仿 1.1 g、丙酮、乙醚、乙酸乙酯、环己烷、橄榄油<0.1 g。性质稳定,不易燃易爆,可贮存两年以上。

毒性:低毒,原粉大白鼠急性口服 LD_{50} 为1 490 mg/kg,小白鼠 LD_{50} 为1 032 mg/kg(雄),920 mg/kg(雌),大白鼠急性经皮 LD_{50}为7 800 mg/kg,小白鼠急性经皮 LD_{50} >10 000 mg/kg,急性吸入 LC_{50}为 32 mg/L,对兔眼睛和皮肤无刺激作用。在动物体内蓄积性较小,大白鼠三代繁殖试验未见异常,无致畸、致癌、致突变作用,对鱼、鸟、蜂无毒害。鳟鱼 LC_{50} 为 1 580 mg/L(96 h)。

生理作用:可经根、嫩枝、叶片吸收,很快传导。可抑制赤霉素生物合成,矮化植株,缩短节间长度,增加叶绿素含量,使株型紧凑,促进坐果及早熟、增产等。

农业应用:防止棉花徒长、塑造株型、增产等,已经在我国棉花上大面积推广应用,并成为重要保障技术。在种子、苗期、现蕾、花铃期都可使用。在西红柿、黄瓜、西瓜、苹果、山楂、葡萄、花生、地瓜、大豆、绿豆、豇豆等作物上应用，也有延缓营养生长、促进生殖生长、增产的效果。

3. 矮壮素(chlormequat chloride，CCC)

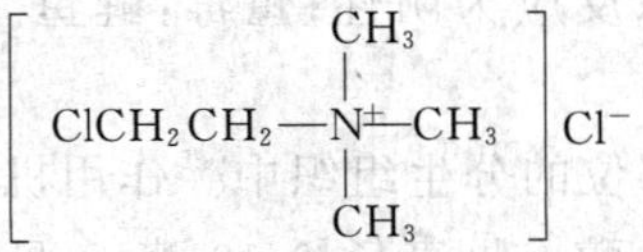

分子式：$C_5H_{13}Cl_2N$

相对分子质量：158.06

CA 登记号：999—81—5 或 7003—89—6

化学名：2-氯乙基三甲基氯化铵

季铵盐类植物生长调节剂。1957 年美国氰胺公司(American Cyanamid)开发，商品名 Cycocel，其他名有氯化氯代胆碱(Chlorocholine)、Chloride、Cycogan、Cycocel-Extra、Increcel、Lihocin、三西、CeCeCe、Hico CCC 等。1964 年上海农药所进行合成。商品为 50%，40%液剂。

理化性质：纯品为白色晶体，有鱼腥味，熔点 240～245℃，可溶于水，微溶于二氯乙烷和异丙醇，不溶于苯、二甲苯，在中性或酸性介质中稳定，遇碱易分解。

毒性：低毒，原粉雄性大白鼠急性经口 LD_{50} 为 833 mg/kg，大白鼠经皮 LD_{50} 为 4 000 mg/kg，大白鼠1 000 mg/L 饲喂 2 年无不良影响。

生理作用：可经植物叶、嫩枝、芽和根系吸收，然后转移到作用部位。延缓植株徒长，促进生殖生长，使节间缩短、矮壮、根系发达、叶色加深、叶片增厚、光合增强，促进某些作物坐果和改善果实品质，提高产量，还可提高某些作物抗旱、抗寒及病虫害的能力。作用机理是抑制赤霉素生物合成中贝壳杉烯生成步骤。

农业应用：应用广泛。初花期、盛花期以 20～40 mg/L 喷洒可使棉花矮化，但易引起铃壳加厚和畸形，易使叶柄变脆，易受损伤。已被缩节安取代。小麦拔节前以 1 000～2 000 mg/L 药液喷洒 1～2 次，可矮化植株、防止倒伏，但有报道可能降低出粉率。在玉米、高粱、水稻、花生、土豆、大豆、葡萄、番茄、黄瓜上都有延缓生长、促进结实坐果的报道，但葡萄果实甜度下降。在郁金香、杜鹃等观赏植物上矮化整形有应用潜力。

注意事项：勿与碱性农药混用。

4. 烯效唑(uniconazole)

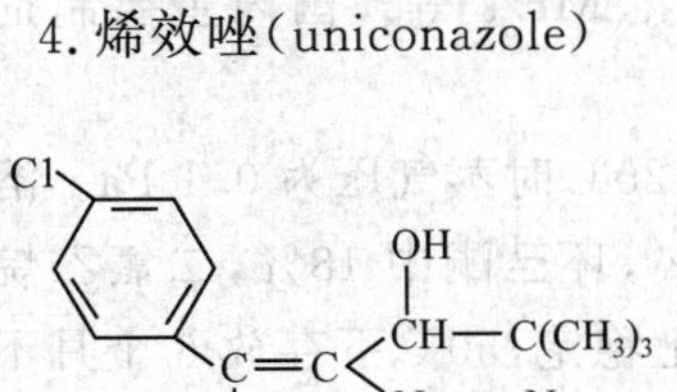

分子式：$C_{15}H_{18}ClN_3O$

相对分子质量：291.78

CA 登记号：*E*-(±)体 83657—22—1

E-(*S*)-(+)-异构体 83657—17—4

E-(*R*)-(−)-异构体 83657—16—3

E-(*S*)-(−)-异构体 76714—83—5

化学名：(*E*)-(*RS*)-1-(4-氯苯基)-4,4-二甲基-2-(1H-1,2,4-三唑-1-基)戊-1-烯-3-醇

三唑类植物生长调节剂。1986 年日本住友化学公司开发，商品名 Sumiseven、Sumgaic、Prunit，其他名有 S-3307，S-327，XE-1019 等。国内商品有 5%液剂，5%可湿粉。

理化性质：纯品为白色结晶，20℃下蒸气压 8.9 MPa，熔点 159～160℃，微溶于水，21℃下水中溶解度 14 mg/L，二甲苯 10 g/L，乙醇 92 g/L，丙酮 74 g/L，β-羟基乙醚 141 g/L，环己酮 173 g/L，乙酸乙酯 58 g/L，乙腈 19 g/L，氯仿 185 g/L，二甲亚砜 348 g/L，二甲基甲酰胺

317 g/L,甲基异丁基甲酮 52 g/L。有 4 种异构体,分子在 40℃下稳定,在多种溶剂中及酸、中性、碱性溶液中不分解。但在 260~270 nm 短光波下易分解。

毒性:低毒。小白鼠急性口服 LD_{50} 4 000 mg/kg(雄)、2 850 mg/kg(雌);亚急性毒性,大白鼠混入饲料最大无作用剂量 2.30 mg/kg(雄)、2.48 mg/kg(雌);无致突变、致畸、致癌作用;兔眼有短期轻微反应,对皮肤无刺激性,荷兰猪皮肤变态反应为阴性;鱼毒:鲤鱼 TLM (48 h)6.36 mg/L,蚤(鱼虫)TLM(3 h)>10 mg/L。

生理作用:可经根、茎、叶、种子吸收,经木质部传导到各部位的分生组织中。作用机理与多效唑相同,抑制赤霉素生物合成中"贝壳杉烯→贝壳杉烯-19-醇→贝壳杉烯-19-醛→-贝壳杉烯-19-酸"3 个步骤反应。主要作用是抑制细胞伸长,缩短节间,促进分蘖,降低株高,改变光合产物分配方向,促进花芽分化和果实的生长。还可增加叶表皮蜡质,促进气孔关闭,提高抗逆能力。

农业应用:主要用于延缓生长、矮化、促进分蘖、促进生殖和贮存器官发育,增产。水稻 20~25 mL 浸种或拔节初期叶面喷洒;油菜 20~40 mg/L3~4 叶期叶面喷洒;甘薯、土豆膨大初期 30~50 mg/L 叶面喷洒;大豆初花至盛花期 25 mg/L 叶面喷洒。

注意事项:烯效唑在土壤中半衰期比多效唑短,使用浓度比多效唑低 5~10 倍,对土壤和环境较安全。其控制效果较强,在棉花等敏感作物上,尽量避免使用,以免过量引起药害。

5. 多效唑(paclobutrazol)

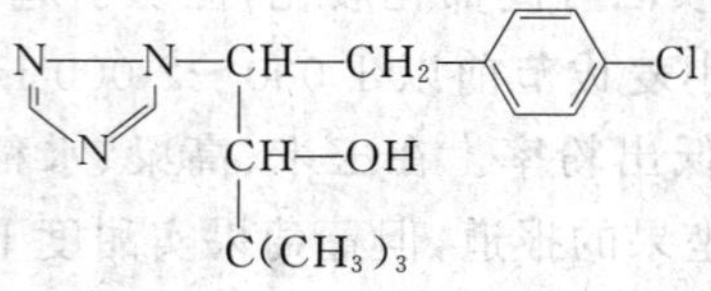

分子式:$C_{15}H_{20}ClN_3O$
相对分子质量:293.5
CA 登记号:76738—62—0
化学名:(2*RS*,3*RS*)-1-(4-氯苯基)-4,4-二甲基-2-(1H-1,2,4-三唑-1-基)戊-3-醇

三唑类植物生长调节剂。1982 年 Lever. B. G 报道其生物活性,英国卜内门化学有限公司(ICI)开发,商品名 Cultar、Clipper、Bonzi,其他名氯丁唑、PP_{333}、MET 等。国内主要制剂为 15%可湿性粉剂。

理化性质:原药为白色固体,比重 1.22,熔点 165~166℃,20℃时蒸气压为 0.1 Pa。溶解度水中 35 mg/L,丙二醇中 5%,甲醇中为 15%,丙酮中为 11%,环己酮中 18%,二氯乙烷中 10%,已烷中 10%,二甲苯中 6%。纯品在 20℃下存放 2 年以上稳定,50℃下存放 6 个月不分解,稀释液在 pH4~9 范围内及紫外光下,分子不降解。

毒性:低毒。原药大白鼠急性口服 LD_{50} 为 2 000 mg/kg(雄)、1 300 mg/kg(雌);急性经皮大白鼠及兔>1 000 mg/kg;对大白鼠及兔的皮肤、眼睛有轻度刺激;大白鼠亚急性经口无作用剂量为 250 mg/(L·d^{-1}),大白鼠慢性经口无作用剂量为 75 mg/(L·d^{-1});无致畸、致癌、致突变作用;鳟鱼 LC_{50}(96 h)为 27.8 mg/L;野鸭急性 LD_{50}>7 900 mg/kg;蜜蜂 LD_{50}>0.002 mg/头。

生理作用:经根、茎、叶和种子吸收,经木质部传导到幼嫩部位分生组织。在赤霉素生物合成途径中,抑制"贝壳杉烯→贝壳杉烯-19-醇→贝壳杉烯-19-醛→-贝壳杉烯-19-酸"三个酶促反应中酶的活性。主要作用是矮化植株、促进花芽形成、增加分蘖、保花保果、促进根系发育。

农业应用：应用广泛，主要用于矮化植株、促根增蘖、促进生殖生长、保花保果。也有杀菌剂活性。水稻上应用广泛，一叶一心期 300 mg/L 淋洒，可控制二季晚稻秧苗徒长、促蘖壮秧。200 mg/L 油菜三叶期叶面喷洒，促使根茎增粗，培育壮苗。大豆 100～200 mg/L4～6 叶期叶面喷洒，可矮化植株、防落花落荚、增加产量。用于桃、苹果、梨、柑橘等果树上延缓生长，提早结果。在菊花、一品红、草坪等观赏植物上应用广泛。

注意事项：敏感作物上易发生生长抑制、果小形畸等副作用。在旱地作物上使用残留残效问题突出，易影响下茬作物正常生长，应严格控制应用范围和剂量。赤霉素对多效唑过量造成的药害有缓解作用。

6. 矮健素

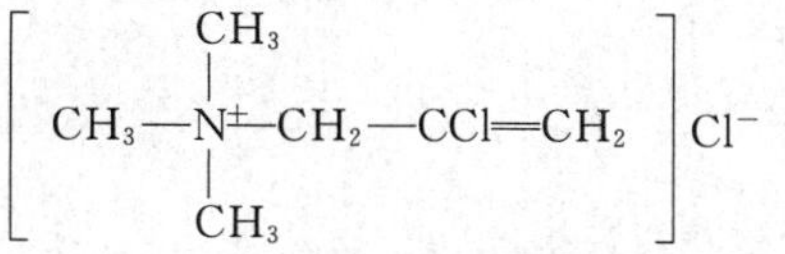

分子式：$C_6H_{13}Cl_2N$

相对分子质量：170.0

化学名：(α-氯丙烯基)三甲基氯化物

季铵类生长调节剂，1971 年南开大学开发，其他名称 7102。商品为 50%水剂。

理化性质：原药为白色结晶，熔点 168～170℃，近熔点温度时分解。比重 1.10。粗品为米黄色粉状物，略带腥臭味，吸湿性强，易溶于水，不溶于苯、甲苯、乙醚。遇碱时分解。

毒性：小白鼠急性口服 LD_{50} 为1 940 mg/kg。

生理作用：可经根、茎、叶、种子吸收，抑制赤霉素生物合成。可使植物矮化、茎秆增粗、叶片增厚、叶色浓绿、增加分蘖、促进坐果、增加蕾铃等。

农业应用：20 世纪 70 年代在国内应用较广，小麦用 50 g 有效成分/5 kg 种子拌种或 6 g/kg 种子拔节初叶面喷洒，有矮化、防倒、增产作用，拌种还有壮苗作用。棉花上 20～80 mg/L，现蕾至开花期叶面喷洒，可控制徒长、减少落蕾。在花生、玉米上应用也有增产效果。

7. 脱落酸(诱抗素，abscisic acid，ABA)

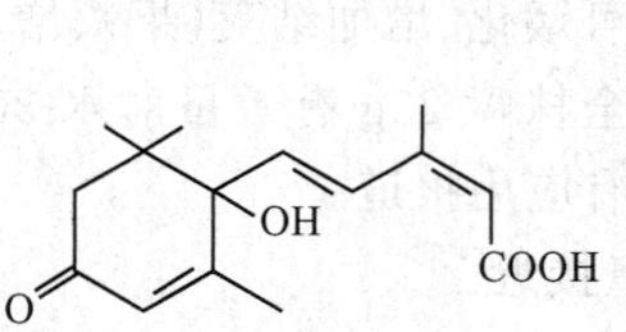

分子式：$C_{15}H_{20}O_4$

相对分子质量：264.32

CAS：21293—29—8

化学名：[S-(*Z*,*E*)]-5-(1′羟基-2′,6′,6′-三甲基-4′-氧-2′-环己烯-1′-基)-3-甲基-2-顺-4

植物体内天然存在的具有倍半萜结构的植物激素。最早从棉花幼铃、槭树叶片中分离，1978 年 F. Kienzl 等首先人工合成，但生物活性没有天然脱落酸高。日本首先进行微生物发酵生产，我国也实现了工业化发酵生产。产品中文通用名为诱抗素。

理化性质：脱落酸有多种异构体，微生物发酵的诱抗素为(+)-2-顺，4-反脱落酸，生物活性最高。从乙酸乙酯/正己烷萃取所得脱落酸晶体，熔点为 161～163℃，120℃升华，比旋光度为$[\alpha]_D^{20}$ +411.4°(C=1，乙醇中)。脱落酸溶于碳酸氢钠溶液、乙醇、甲醇、氯仿、丙酮、乙酸乙酯、乙醚、三氯甲烷，微溶于水(1～3 g/L，20℃)。紫外最大吸收波长为 252 nm，稳定性较好，常温下可放置 2 年，但对光敏感，属强光分解化合物。实验品为浅黄色粉末。

毒性：低毒。大白鼠口服 LD_{50}>2 500 mg/kg，对生物和环境无任何副作用。

生理作用：诱导植物抗逆性，也被称为“胁迫激素”。提高植株生理功能，促进种子、果实的贮藏蛋白和糖分的积累，最终改善作物品质，提高作物产量。

农业应用：用浸种、拌种、包衣等方法处理水稻种子，能提高发芽率，促进秧苗根系发达，增加有效分蘖数，促进灌浆，增强秧苗抗病和抗春寒的能力，稻谷品质和产量提高。棉花、烤烟、油菜、玉米、小麦、蔬菜、树苗等其他作物上效应有报道，但尚缺乏成熟生产应用技术。高浓度脱落酸抑制丹参、三七、土豆等植物茎叶生长，提高块根产量和品质。可显著降低杂交水稻和白皮小麦穗发芽、土豆储存期发芽等。还有控制花芽分化、调节花期、控制株型等生理活性，在花卉园艺上有应用潜力。

注意事项：为强光分解化合物，贮存和配置溶液时，应注意避光，在傍晚施用。可在20～30℃的温水中缓慢溶解，最好先用极少量乙醇溶解。药效持续时间为7～15 d。

8. 吡啶醇(pyripropanol)

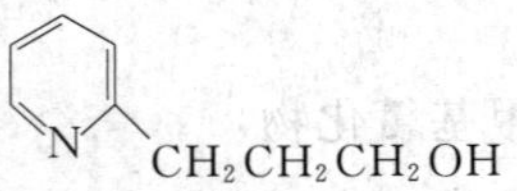

分子式：$C_8H_{11}NO$

相对分子质量：137.2

CA登记号：2859—68—9

化学名：(3-α-吡啶基)丙醇

吡啶类有生长调节剂活性的化合物，1986年南开大学开发，商品名7841，其他名PGR-1、784-1、78401。商品为80%乳油。

理化性质：纯品为无色透明油状液体，沸点在133 Pa时为98℃，折光指数D_D^{19} 1.532 6。它难溶于水，可溶于氯仿、甲苯等有机溶剂。

毒性：大白鼠急性口服LD_{50}为111.5 mg/kg(雄)，小白鼠急性口服LD_{50}为154.9 mg/kg(雄)。有弱蓄积性，蓄积系数>5。大白鼠致畸试验表明，高浓度对怀孕大白鼠胚胎有一定胚胎毒，但未发现致畸、致突变、致癌作用。亚急性大白鼠以每千克饲料含223 mg有效量饲喂2个月，肾、肝功能未见异常。对鱼有毒，白鲢TLM(96 h)为0.027 mg/L。

生理作用：可被根、茎、叶及萌发种子吸收。主要作用有植株矮化、茎秆变粗，叶面积增大及刺激生根等作用。

农业应用：大豆、花生、向日葵上用200 mg/L药液浸种2 h，可矮化、增加结荚(果)、增产。大豆拌种(10.4 g有效量，对水0.5 kg，拌50 kg豆种)或盛花期全株喷23g有效量对水30～40 kg，也可浸种，同样有矮化、增荚增粒重效果。小麦、水稻上也有应用报道。

注意事项：毒性较高，防止口腔吸入和沾到皮肤、眼，勿让儿童接近。

9. 调环酸钙(prohexadione calcium)

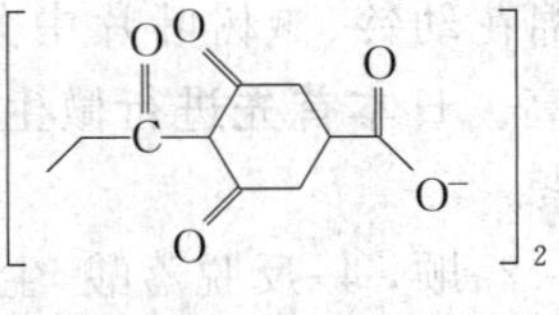

分子式：$C_{20}H_{22}O_{10}Ca$

相对分子质量：462.46

CA登记号：127277—53—6

化学名：3,5-二氯代-4-丙酰基环己烷羧酸及钙盐

调环酸钙是赤霉素生物合成抑制剂，通过降低植物体内赤霉素含量抑制作物旺长。

理化性能：对光和空气较稳定，在酸性介质中易分解，在水中及碱性介质中稳定，热稳定性好。

毒性：大鼠(雌/雄)急性经口LD_{50}>5 000 mg/kg，大鼠(雌/雄)急性经皮LD_{50}>5 000 mg/kg。

生理作用：主要作用是抑制植株茎节伸长，降低株高，有防止倒伏的作用。

作用机理：调环酸钙GA的生物合成2-氧代戊二酸酯依靠的加二氧酶的专一抑制剂，抑制 GA 生物合成中的 3-β-羟基化。在 GA 的生物合成中，2-氧代戊二酸酯依靠的加二氧酶催化的其他氧化反应也能被调环酸抑制，以 3-β-羟基化受抑制最为显著。

农业应用：在大麦、水稻、小麦等禾本科作物上有一定的应用，通过抑制地上部营养器官生长，增加抗倒伏能力。在水稻上应用是，一般在分蘖末期，即拔节前 7～10 d 以 30～50 mg/L 进行叶面均匀喷雾。

注意事项：水稻上使用的安全间隔期为 60 d，每季最多使用 1 次。

10. 1-甲基环丙烯（1-Methylcyclopropene，1-MCP）

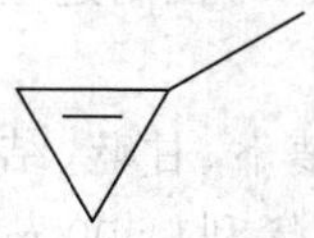

分子式：C_4H_6

相对分子质量：54.09

CA 登记号：3100—04—7

化学名：1-甲基环丙烯

1-甲基环丙烯是一种新型的乙烯受体抑制剂，属环丙烯类的小分子化合物。由美国罗门哈斯公司开发，现在国内有 0.14%微胶囊剂，0.014%微胶囊剂，3.3%微胶囊剂和 0.63%片剂四个产品。

理化性质：外观为无色气体，沸点 4.68℃，熔点<100℃；分解温度>100℃；蒸汽压 2×10^5 Pa；20℃时，在水中溶解 137 mg/g，庚烷>2 450 mg/L、二甲苯>2 250 mg/L、丙酮>2 400 mg/L；光解半衰期为 4.4 h。

毒性：大鼠急性经口 LD_{50}>5 000 mg/kg，大鼠急性经皮 LD_{50}>5 000 mg/kg。

生理作用：有效地阻止内源乙烯的合成和外源乙烯的诱导作用，降低果蔬贮藏期间的呼吸强度和乙烯释放，保持较高的硬度和可溶性固形物含量，从而延长贮藏期。

作用机理：1-甲基环丙烯通过与乙烯受体优先结合的方式，不可逆的作用于乙烯受体，阻止内源和外源乙烯与受体的结合，从而抑制其所诱导的与果蔬、花卉等园艺作物后熟或衰老相关的一系列生理生化反应。

农业应用：番茄，梨，李子，苹果，柿子，香甜瓜保鲜用药量：1～2 mg/m^3，猕猴桃保鲜用药量 0.5～1 mg/m^3。

注意事项：必须在密闭空间内使用。准备贮藏的水果应根据当地推荐的收获时间适时采收，并于水果采收后尽快处理。

三、植物生长抑制剂

1. 青鲜素（maleic hydrazide，MH）

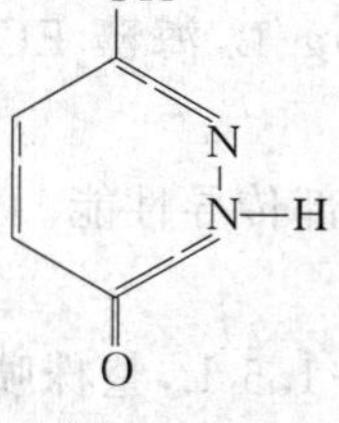

分子式：$C_4H_4O_2N_2$

相对分子质量：112.1

CA 登记号：123—33—1，10071—13—3

化学名：6-羟基-3-（2H）-哒嗪酮

丁烯二酰肼类生长调节剂。1949 年美国橡胶公司（Uniroyal Chemical Co.）首先开发，商品名抑芽丹、马拉酰肼、MH-30，其他名有 MH、Sucker-Stuff、Retard、Sprout Stop、Royal MH-30、S10-Gro 等。商品有 50%水剂、25%水剂等。

理化性质:纯品为白色结晶固体,比重1.60,熔点298～300℃。蒸气压＜1×10^{-5} Pa(25℃)。在25℃时水中的溶解度为0.45 g/100 mL、乙醇为0.1 g/100 mL、二甲基甲酰胺为2.4 g/100 mL,其钾盐溶于水,光下25℃时分解一半的时间为58 d,强酸、氧化剂可促进它的分解,室温结构稳定,耐贮藏。

毒性:低毒,纯品大白鼠急性口服致死中量(LD_{50})为5 000 mg/kg。其盐的大白鼠LD_{50}是6 950 mg/kg。

生理作用:经叶片、嫩枝、芽、根吸收,经木质部、韧皮部传导到生长活跃部位并累积起来。进入顶芽可抑制顶端优势,使光合产物向下输送;进入腋芽、侧芽或块茎块根,可控制这些芽萌发。作用机理是抑制细胞分裂。

农业应用:①抑制发芽、延长贮藏期。土豆、大蒜、甜菜、甘薯、胡萝卜、萝卜、甘蓝、结球白菜等,在收获前2～3周1 000～2 500 mg/L喷洒。青鲜素1 000 mg/L＋乙烯利1 500 mg/L,在稻麦乳熟期喷洒穗叶,可抑制穗发芽。②烟草抑腋芽。摘心后以2 500 mg/L药液喷洒上部5～6叶,每株10～20 mL。③杀雄。棉花在现蕾后、接近开花初期2次以800～1 000 mg/L喷洒;玉米在6～7叶500 mg/L间隔7 d喷3次。④抑制营养生长诱导花芽。苹果苗期500 mg/L全株喷洒。

注意事项:严格掌握使用浓度,避免产生副作用。

2.抑芽敏(flumetralin)

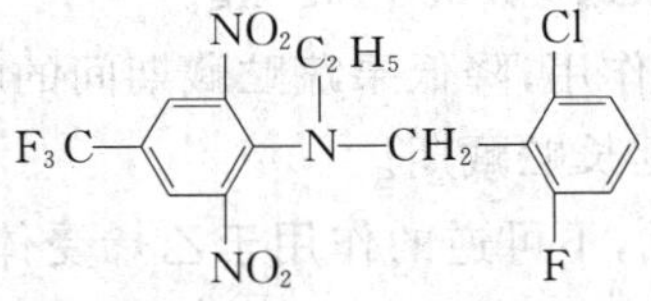

分子式:$C_{16}H_{12}ClF_4N_3O_4$

相对分子质量:421.7

CA登记号:62924—70—3

化学名:N-乙基-N-(2-氯-6-氟苄基)-4-三氟甲基-2,6-二硝基苯胺

一种含氟的硝基苯类植物生长调节剂。最早由瑞士Ciba-Geige公司开发,代号CGA41065,商品名Prime。商品剂型为25%乳油。

理化性质:纯品为黄色或橘黄色结晶,熔点101～103℃,25℃时蒸气压为3.2×10^{-5} Pa,比重1.55(20℃)。在常温下几乎不溶于水,溶解度水中为0.07 mg/L,丙酮中为560 g/L,甲苯中400 g/L,乙醇中18 g/L,n-己烷中14 g/L,n-辛醇中6.8 g/L。分子加热到250℃分解,在pH 5～9范围内稳定。

毒性:低毒。原药大白鼠急性经口LD_{50}＞5 000 mg/kg,大白鼠急性经皮LD_{50}＞2 000 mg/kg,大白鼠急性吸入LC_{50}＞2.13 mg/L,对皮肤和眼睛有刺激作用。大白鼠亚慢性毒性试验表明,经口无作用剂量为300 mg/L,犬半年喂养无作用剂量为300 mg/L,对动物无致畸和致突变作用。对鱼有毒,鳟鱼LC_{50}＞3.2 μg/L,水蚤LC_{50}＞2.8 μg/L,海藻EC_{50}＞0.85 mg/L。对鹌鹑、野鸭等野生动物安全。误服可用医用活性炭解毒。

生理作用:接触兼局部内吸型侧芽抑制剂,经烟草茎、叶表面吸收,有局部传导性能。进入烟草腋芽部位,抑制腋芽内分生细胞的分裂、生长,抑制腋芽萌发。

农业应用:烟草专用抑芽剂。打顶后24 h,每公顷使用25%乳油1.2～1.5 L,整株喷雾、杯淋法或涂抹法。

注意事项:对人畜皮肤、眼、口有刺激,防止药液漂移,操作时注意劳动保护。器械用后洗净。勿与其他农药混用。本品勿存放在＜0℃和＞35℃条件下。

3. 调节膦(fosamine ammonium)

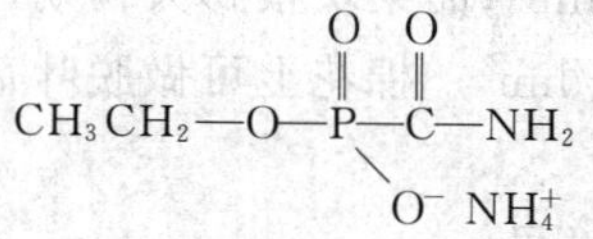

分子式：$C_3H_{11}N_2O_4P$

相对分子质量：170.1

CA 登记号：25954—13—6

化学名：氨基甲酰基磷酸乙酯铵盐

有机膦类植物生长调节剂，1974 年由美国杜邦公司(Dupont)首先开发，商品名 Krenite。1978 年化工部沈阳化工研究院进行合成。

理化性质：纯品为固体结晶，无臭无味，熔点 175℃，易溶于水(179 g/100 g 水)，溶于甲醇(15.8 g/100 g 甲醇)，微溶于其他有机溶剂。

毒性：对人、畜安全，大白鼠急性口服 LD_{50} 为10 200 mg/kg(雌)，工业品大鼠经口 LD_{50} 为16 410 mg/kg，大鼠经皮 LD_{50} 为1 683 mg/kg。对眼睛、皮肤无刺激。用1 000 mg/L 调节膦喂养雌、雄大白鼠 90 d 未见异常，对后代无影响。野鸭急性口服 LD_{50} ＞4 200 mg/kg，鳟鱼 TLM (96 h)＞420 mg/L。进入土壤后很快被吸附。半衰期 7 d 左右，然后被微生物分解。

生理作用：主要经茎、叶吸收。抑制叶片光合作用和蛋白质合成，抑制植株幼嫩部位细胞分裂和伸长，抑制枝条里的花芽分化。低浓度(100 mg/L)可抑制过氧化物酶的活性。还影响光合能量的转换，低浓度(5～50 μmol/L)促进而高浓度(500～5 000 μmol/L)抑制非环式磷酸化。在 5～5 000 μmol/L 浓度范围内，电子传递速度却随浓度的增高而加快，有明显解耦联剂效应。

农业应用：①控制柑橘夏梢，减少刚结果柑橘“六月生理落果”。在夏梢长出 0.5～1.0 cm 长时，以 500～750 mg/L 喷施 1 次，增产 15%以上。②有效控制花生后期无效花，减少养分消耗，在花生扎针期用 500～1 000 mg/L 喷洒一次，增产 10%以上。③矮化橡胶树 1～2 年龄橡胶树于顶端旺盛生长时用1 000～1 500 mg/L 喷洒一次，可矮化并促进侧枝生长。④西红柿、葡萄旺盛生长时期用 500～1 000 mg/L 药液喷洒一次，可促进坐果和提高含糖量。⑤防除和控制胡枝子、黑桦、山杨、柞树、山丁子、榛子等多种杂灌木，有效成分用量 2～7 kg/hm^2，有效控制时间 2～3 年。

4. 增甘膦(glyphosine)

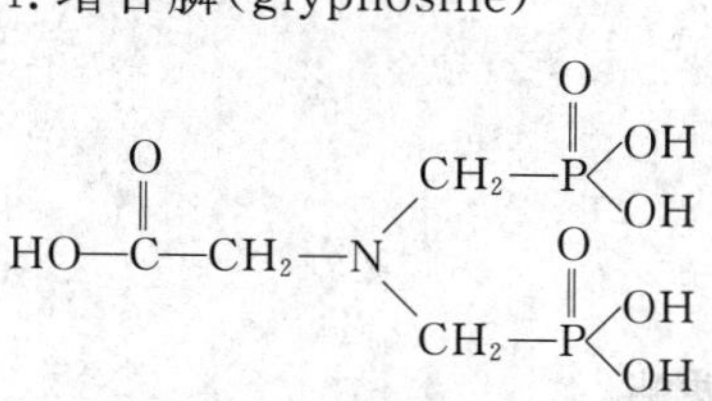

分子式：$C_4H_{11}NO_8P_2$

相对分子质量：263.1

CA 登记号：2439—99—8

化学名：N，N-双(膦羧基甲基)甘氨酸

有机膦酸类植物生长调节剂。1969 年美国孟山都化学公司(Monsanto Chemical Co.)开发，1974 年化工部沈阳化工研究院合成。其他名有 Polaris、CP41845 等，商品为 85%可溶性粉。

理化性质：纯品为白色固体，不挥发，在 20℃时，水中溶解度为 24.8%，微溶于乙醇，不溶于苯。贮藏在阴凉干燥条件下数年不分解。

毒性：低毒，大白鼠急性口服 LD_{50} 为3 925 mg/kg，兔经皮 LD_{50} 为5 010 mg/kg，对人畜皮肤、眼无太大刺激作用，兔、犬饲喂 90 d 无不良作用，甘蔗允许残留量为 1.5 mg/L。

生理作用：可经茎、叶吸收，传导到生长活跃部位。主要生理作用是抑制生长、抑制酸性转化酶活性,促进α-淀粉酶活性,增加蔗糖含量。

农业应用:增加含糖量,甘蔗上收获前4～8周喷施3 750 g/hm^2;甜菜块根膨大初期(11～12叶)喷施750 g/hm^2;西瓜在瓜径5～10 cm时叶面喷施750 g/hm^2。棉花上可做脱叶剂(吐絮期600 g/hm^{2}喷洒)。

注意事项:使用时作物应有足够的营养体并旺盛生长,不可过早。

5. 增甘膦钠(glyphosine sodium 或 sesquisodium)

其化学结构式为:

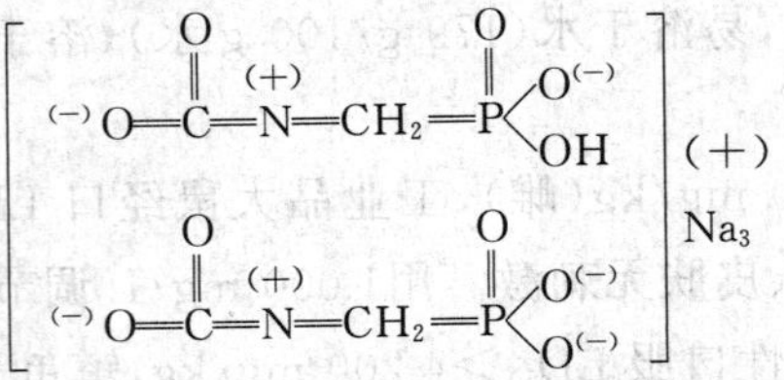

分子式:$C_6H_9N_2O_{10}P_2Na_3$

相对分子质量:402.2

CA登记号:70393—85—0

化学名:双[N-(膦羧甲基)甘氨酸]

有机膦类植物生长调节剂。1980年由美国孟山都化学公司(Monsanto Chemical Co.)开发,商品名Polado,制剂为75%可溶性粉剂。中国科学院植物所与化工部沈阳化工研究院在甜菜上应用,名为高效增糖剂。

理化性质:纯品为非挥发性白色固体,熔点230℃,熔点时分解,25℃下在水中溶解度为1.2%。药剂落入土壤易被分解,无环境污染。

毒性:低毒,大白鼠急性口服LD_{50}为3 925 mg/kg,无皮肤刺激,无致癌、致畸、致突变作用。鳟鱼TLM>1 000 mg/L。

生理作用:经茎、叶吸收,然后传导到分生组织,抑制生长,诱导乙烯生成,促进成熟和衰老,提高甘蔗、甜菜含糖量。

农业应用:用做催熟增糖。甘蔗在收获前4～5周200～250 mg/L喷叶;甜菜块根膨大初期用50～90 mg/L喷叶。在小麦、玉米、水稻、高粱、土豆、地瓜、大豆上有催熟早收效果。喷施时要从上向下叶面喷洒。

注意事项:对作物嫩绿部位有抑制作用,应防止漂移,避免敏感作物受害。使用过早处理可能影响产量。

6. 疏果安(carbaryl)

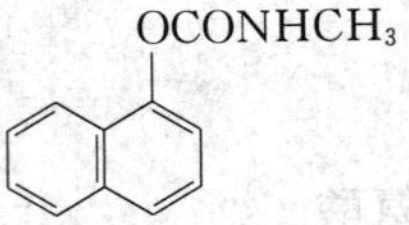

分子式:$C_{12}H_{11}NO_2$

相对分子质量:201.2

CA登记号:63—25—2

化学名:1-萘基-N-甲基氨基甲酸酯

一种萘类和氨基甲酸酯植物生长调节剂。20世纪50年代由美国联合碳化公司(Union Carbide Corp.)开发,商品名Hexarin,其他名Dicarbam、Denapon、Karbtox等。商品有25%可湿粉、40%可湿粉、50%可湿粉、80%可湿粉、10%胶悬剂、25%糊剂等。

理化性质:原药为白色结晶,熔点142℃,比重1.232。30℃时水中溶解度40 mg/L,可溶于二甲基甲酰胺、丙酮、环己酮等有机溶剂。对光、热稳定,遇碱分解。

毒性:大白鼠急性口服LD_{50}为500 mg/kg(雌),850 mg/kg(雄)。大白鼠急性经皮LD_{50}为4 000 mg/kg,兔急性经皮LD_{50}为2 000 mg/kg,以200 mg/L喂大白鼠2年未见异常。鲤鱼TLM(48 h)>10 mg/L,麦穗鱼0.5～3 mg/L。

生理作用：经茎、叶吸收，传导性差。是广谱触杀、胃毒性杀虫剂，也是苹果上常用的疏果剂。

农业应用：用做苹果、梨大年疏果，在我国有多年应用历史，均在盛花后 14 d，从上向下叶面喷施到滴水为止，使用浓度秋白梨 1 500 mg/L、国光苹果 750～1 000 mg/L、金冠苹果 1 500 mg/L、红星苹果 1 500～2 000 mg/L。用于疏果技术性强，效果变异较大。

7. 吲熟酯(ethychlozate)

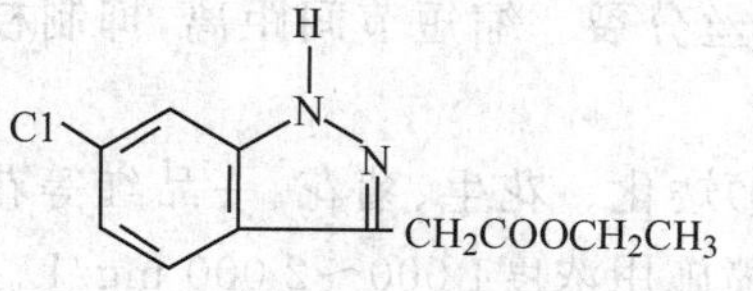

分子式：$C_{11}H_{11}ClN_2O_2$

相对分子质量：238.6

CA 登记号：27512—72—7

化学名：5 - 氯 - 1H - 吲唑 - 3 基乙酸乙酯

吲唑类植物生长调节剂，1981 年由日本日产化学公司开发，其他名 Figaron、J- 455、富果乐等。

理化性质：原药为黄色结晶，熔点 76.6～78.1℃，250℃以上分解，遇碱也分解。丙酮中的溶解度 67.3 g/100 mL，乙醇中 51.2 g/100 mL，异丙醇中 38.1 g/100 mL，水中 0.025 5 g/1 00 mL。

毒性：低毒。大白鼠急性口服 LD_{50} 为 4 800 mg/kg(雄)、5 210 mg/kg(雌)，大白鼠经皮 LD_{50}＞10 000 mg/kg，对皮肤和眼无刺激作用。大白鼠三代繁殖致畸研究无明显异常，大白鼠口服或静脉注射给药的代谢实验表明药物可被消化道迅速吸收，15 min 后在血液中测到最大浓度，24 h 内几乎全部由尿排出，残留极少。鲤鱼(48 h)LC_{50} 为 1.8 mg/L 。

生理作用：可经茎、叶吸收，在植物内代谢成 5 -氯- 1H -吲唑甲酸起生理作用。可阻抑生长素运转，促进生根，增加根系对水分和矿质元素的吸收，控制营养生长促进生殖生长，使光合产物尽可能多地输送到果实部位，有早熟增糖等作用。

农业应用：在柑橘(温州蜜橘)上，盛花后 35～45 d 使用，浓度 50～200 mg/L，可疏果、调节大小年；盛花后 70～80 d，同浓度处理，提早着色 7～10 d，果实糖分、氨基酸、可溶性固形物提高，柠檬酸含量降低。脐橙上也有效。西瓜上幼瓜重 0.25～0.5 kg 时，50～100 mg/L 喷洒，抑制瓜蔓，早熟 7 d，糖度增加，增产 10%。葡萄、柿子、梨等，在果实发育早期使用，可改善品质。

注意事实：严禁与碱性农药混用。

8. 丁酰肼(daminozide，B_9)

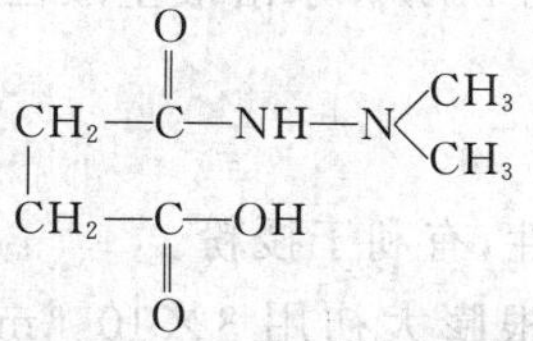

分子式：$C_6H_{12}N_2O_3$

相对分子质量：160.0

CA 登记号：1596—84—5

化学名：N-二甲氨基琥珀酰胺酸

琥珀酸类植物生长调节剂。1962 年由 Riddell 报道其活性，美国橡胶公司(Uniroyal Inc.)首先开发，商品名比久 Alar，其他 B_{995} 等。1973 年化工部沈阳化工研究院合成。

理化性质：纯品为带有微臭的白色结晶，不易挥发，熔点 157～164℃，蒸气压 22.7 MPa (23℃)。在 25℃时，蒸馏水中溶解度为 100 g/kg，丙酮中为 25 g/L，甲醇中为 50 g/L。在 pH 5～9 范围内较稳定，在酸、碱中加热分解。

毒性:工业品大白鼠急性口服 LD_{50} 为8 400 mg/kg(雌),家兔经皮毒性>1 600 mg/kg。用含工业品3 000 mg/L的比久随饲料连续喂大白鼠和犬2年,没有发现不良影响。85%比久产品对鹌鹑急性口服 LD_{50} >5 620 mg/kg,鳟鱼 LC_{50} 是149 mg/L(96 h)。20世纪80年代中期,人们怀疑比久有致畸作用,有些国家曾禁用或限制使用。1992年世界卫生组织(WHO)进行第二阶段评估,认为产品中的偏二甲基肼<30 mg/kg,可以使用。

生理作用:经根、茎、叶吸收,有良好传导性能。可使叶片栅栏组织伸长,海绵组织疏松,提高叶绿素含量和增强光合作用。抑制顶端分生组织细胞有丝分裂。缩短节间距离,抑制枝条伸长。既影响赤霉素生物合成,也抑制生长素生物合成。

农业应用:可做矮化剂、坐果剂、生根剂及保鲜剂等。①矮化。花生、菊花、一品红等花卉上,5 000~10 000 mg/L。②坐果。苹果、葡萄、梨上,全株喷施用浓度1 000~2 000 mg/L。③保鲜。苹果、桃、葡萄、梨采前,全株喷施2 000~4 000 mg/L,可防采前落果,促进着色或延长贮存期。④扦插生根。菊花、石竹、茶花、葡萄等插枝基部5 000~10 000 mg/L浸泡15~20 min。⑤促进地下器官生长。土豆盛花期后2周3 000 mg/L喷洒,可抑制地上徒长,促进块茎膨大。

注意事项:目前该药剂在有些国家限制使用,我国在花生上禁止使用。勿食用刚处理的果实。

四、其他

1. 水杨酸(salicylic acid)

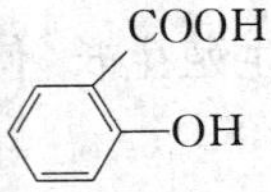

分子式:$C_7H_6O_3$
相对分子质量:138.12
CA登记号:69—72—7
化学名:2-羟基苯甲酸

苯酚类植物生长调节剂。最早是从柳树皮中分离出来的,广泛用做防腐剂、媒染剂、分析试剂,其衍生物乙酰水杨酸即为医药上常用的阿司匹林。近年研究证明,水稻、大豆、大麦等多种作物叶片、生殖器官中含有水杨酸,是体内次生代谢产物。近十余年才作为植物生长物质使用。其他名柳酸、沙利西酸、撒酸,1953年上海开始生产,含量为99%。

理化性质:纯品为白色针状结晶或结晶状粉末,有辛辣味,易燃,见光变暗,空气中稳定。熔点157~159℃,沸点211℃/2 666.44 Pa,76℃升华,比重1.443。它微溶于冷水(1 g/460 mL),易溶于热水(1 g/15 mL)、乙醇(1 g/2.7 mL)、丙酮(1 g/3 mL)。水溶液呈酸性。与三氯化铁水溶液生成特殊紫色。

毒性:大白鼠急性口服 LD_{50} 为1 300 mg/kg。

生理作用:可被作物叶、茎、花吸收,可传导。可提高作物抗逆性,有利于授粉。

农业应用:促进菊花插枝生根,提高作物抗逆能力,如甘薯块根膨大初用 3×10^{-6} mol/L处理,增加叶绿素含量,减少水分蒸腾,增加产量。水稻幼苗以10 μmol/L处理,促进生根,减少蒸腾,提高SOD酶的活性,增加幼苗的抗寒能力;小麦用0.05%乙酰水杨酸溶液75 mL/m^2处理,促进生根,减少蒸腾,增加产量。

注意事项:须密封保存于黑暗、阴凉干燥处。

2. 核苷酸（nudeotide）

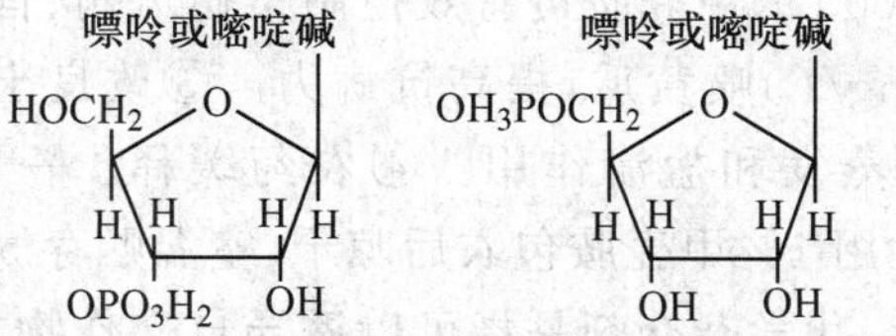

嘌呤或嘧啶-3′-磷酸　嘌呤或嘧啶-5′-磷酸

核酸分解的混合物，主要是嘌呤或嘧啶-3′-磷酸、嘌呤或嘧啶-5′-磷酸两类。1972 年日本人发现核苷酸促进水稻秧苗生长，我国 20 世纪 70 年代用于水稻。不同方法水解产物有异：经碱水解为 4 种 3′-嘧啶核苷酸及 2 种嘌呤碱基；以磷酸二酯酶水解产物为 4 种 5′-核苷酸。生物活性以酸水解的 3′-嘧啶核苷酸及嘌呤碱基的为高。一般为干制剂或水剂（702）。制剂有 0.05％液剂等，商品名桑兰 990A、绿泰宝、绿风 95 等。

理化性质：干制剂容易吸水，但并不溶于水，在稀碱液中能完全溶解。不溶于乙醇，能在水溶液 pH 为 2.0～2.5 时形成沉淀。

毒性：天然物，它对人、畜安全，不污染环境。毒理学资料不详。

生理作用：可经由根、茎、叶吸收，进入体内的主要生理作用是促进细胞分裂、提高细胞活力、加快植株新陈代谢，从而表现为根系较多、叶色较绿、地上生长发育加快，最终可不同程度地提高产量。

农业应用：籼稻在移栽前 1～3 d、幼穗分化期、抽穗始期、灌浆初期，叶面喷洒 5～100 mg/L都有一定增产效果，苗期处理效果较稳定。用 0.05％药液稀释 400 倍，喷洒黄瓜幼苗可提高瓜果产量。

3. 甲壳胺（chitosan）

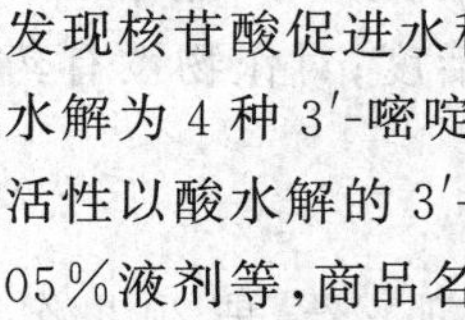

分子式：$[C_6H_{11}NO_4]_n$

相对分子质量：$(161.1)_n$

CAS：9012—76—4

化学名：β-(1→4)-2-氨基-2-去氧-*D*-葡聚糖

广泛分布于虾、蟹等甲壳动物、鞘翅目、双翅目昆虫甲壳内，以及酵母、霉菌及植物细胞壁中，又称壳聚糖。1811 年法国 Braconnot 从霉菌中发现甲壳质，1859 年 Rouget 将甲壳质与浓 KOH 共煮，得到了甲壳胺，其生物活性近几十年才发现。地球上甲壳胺的蕴藏量仅次于纤维素，年产量达 1×10^{11} t。

理化性质：纯品为白色或灰白色无定形片状或粉末，无臭无味，吸湿性大于 500％。可溶于稀酸及有机酸中，在盐酸溶液中加热 100℃，完全水解成氨基葡萄糖盐酸盐。可被甲壳酶、甲壳胺酶、溶菌酶、蜗牛酶水解为氨基葡萄糖及 CO_2。耐高温，高温消毒后不变性。对各种蛋白质亲和力非常强，可与 Cu^{2+}、Fe^{2+} 等金属离子螯合。

毒性：极低。急性小白鼠、大白鼠经口 $LD_{50}>15$ g/kg，经皮 $LD_{50}>10$ g/kg，经腹腔 LD_{50} 为 5.2 g/kg、3.0 g/kg。大白鼠皮下连续给药 3 个月，除给药处有肥厚、结节外，无生理生化和病理变化。大肠杆菌变异试验、Ames 试验、Recassy 试验均无诱变性。也未发现有诱变性、皮肤刺激性、眼黏膜刺激性、皮肤过敏、光毒性、光敏性等。

农业应用：①包衣增产。用于大豆等种子包衣，可以抑制种子周围霉菌病原体生长，增强作物抵抗力,促进发芽和增产。②抑菌抗病。甲壳胺的氨基与细菌细胞壁结合,可抑制一般细菌生长。相对分子质量≤3 000的甲壳胺可有效控制梨病斑病、苜蓿花叶病素、抑制尖镰菌生长。2%甲壳胺(25～33.3 mg/L)喷黄瓜,提高抗病力。③改良土壤。25 μg/g(土)水液可改进土壤团粒结构,减少水分蒸发和盐渍作用。④农药缓释。一般延长有效期50～100倍。⑤水果保鲜。在苹果采收时用1%甲壳胺包衣后晾干,室温贮存5个月,好果率达98%。

4. 化学杂交剂(CHA)　化学杂交剂是指可以诱导自交作物雄性不育的化合物。一个理想的化学杂交剂应该满足以下条件:只诱导雄性不育,对雌性器官没有影响;抑制花粉的发育完全彻底,或者仅仅控制不让花药开裂;传导性能好而快,与基因型的互作效应小;适宜在不同环境条件下使用;应用的浓度和时间存在较大的可塑性,具有相当的灵活度;对作物没有药害及副作用,对环境安全;药剂价格便宜。

一些实用于商业制种、正在较大规模试验的CHA品种如下:

(1)甲基胂酸盐:甲基胂酸锌(杀雄剂1号)和甲基胂酸钠(水稻杀雄剂2号)是20世纪70年代中国开发的用于水稻的CHA品种,因毒性原因目前在江西只有少量应用。

(2)乙烯利:乙烯利是20世纪60年代末合成的调节剂,1971年Rowell和Miller首先报道了乙烯利对小麦的去雄作用。其后,许多报告指出,乙烯利影响小麦植株穗下节的伸长,使抽穗发生困难,妨碍了它进入实用。

(3)DPX 3778:美国Du Pont公司开发的化合物,在中国代号为KMS-1,曾被认为是有希望用于水稻、小麦的CHA。因用药量较大、且对植株有药害,Du Pont已停止开发。目前,国内仍在小麦上试验。

(4)WL 84811:Shell公司开发的品种,1985年美国EPA曾允许在100 hm^2的面积上作大规模的试验。该药剂去雄率高,对植物安全,施药的时间也较长,曾被认为是在小麦、水稻上极有希望的实用品种,遗憾的是后来发现有毒性问题。

(5)Hybrex:Rohm & Hass开发的品种,代号RH 0007,通用名称为fenridazon-k,已商品化,商品名为Hybrex。该化合物20世纪80年代初已在美国100 hm^2土地上用于商业制取杂交小麦种子。该化合物对某些小麦品种有引起种子干瘪的现象。Hybrex的用量为2 kg(a. i.)/hm^2。

(6)Mon 21200:是一个已登记的CHA品种,商品名为Genesis,暂定的通用名称为clofencet,美国应用该化合物制取的杂种小麦推广面积达20万hm^2。Monsanto已在世界各地作田间试验,1997年开始在中国试验。该品种的特点是对作物安全,但用量较大,每公顷需用5 kg(有效成分)。

(7)SC 2053:也是一种已登记的CHA品种,建议的通用名称为cintofen,商品名为津奥林(Achor)。天津农科院作物所与美国Sogetal公司合作在中国做大面积试验已数年。在每公顷0.5～0.7 kg(有效成分)的用量下,可诱导小麦雄性不育,对雌性可育率影响较小。

(8)BAU-9403:中国农业大学合成的有自主知识产权的小麦杀雄剂。

五、植物生长调节剂的理化性质与应用

植物生长调节剂的理化性质指:物质状态、颜色、熔点、溶解性、酸碱性、可燃性、光热稳定性等等。植物调节剂的理化性质与调节剂的配制、保存、吸收、与其他化合物的混用等方面密切相关,对调节剂的正确应用和防止使用失误有重要意义。

各种调节剂的理化性质可参见上面的具体介绍，需要时可参阅有关说明或文献。本部分仅就一般调节剂应用时，与理化特性相关的一些基本规律和注意事项进行阐述，以便在实际应用中发生问题时做到有章可循，了解从哪些角度出发来考虑解决问题。

1. 配制　除一部分植物生长调节剂易溶于水外，多数难溶或不溶于水。根据具体化合物的理化性质，可用下列方法将固体调节剂溶解。

用有机溶剂（最常用的是乙醇、高度白酒等）溶解：如萘乙酸、吲哚乙酸、2,4-D、青鲜素、赤霉素等。

用稀碱溶液（碳酸氢钠、氢氧化钠）溶解：适用于本身为酸性的调节剂，如萘乙酸、防落素（对氯苯氧乙酸）等。

用稀酸溶液（盐酸）溶解：适用于本身为碱性的调节剂，如6-BA可用0.1 mol/L的盐酸溶液溶解。

需要注意的是，如果酸性调节剂在碱性环境下不稳定（如赤霉素）则不能用稀碱溶液进行溶解。同理，如果碱性调节剂在酸性环境下不稳定则不能用稀酸溶液进行溶解。

2. 保存　调节剂的保存需要考虑到该产品对光、热的稳定性、吸湿性、酸碱性等理化性质。

对光的稳定性：日光中的紫外线可加速某些调节剂的分解，如萘乙酸和吲哚乙酸都有遇光分解变质的特性。棕色玻璃瓶的透光率为23%，绿色玻璃瓶为75%，无色玻璃的透光率为90%，因此，用棕色玻璃瓶包装可以降低日光对易光解药剂的影响，还要注意贮藏地点需要避免日光照射。

对热的稳定性：温度升高会使某些植物生长调节剂产生物理变化或化学反应，以致植物生长调节剂的活性下降，甚至失去调节功能。赤霉素晶体在低温、干燥的条件下可以保存较长时间，而在温度高于32℃时开始降解，温度越高、降解速度越快，甚至丧失活性，赤霉素的粗制品制成乳剂后稳定性比结晶粉差，保存难度增大。三十烷醇水剂在常温下（20～25℃）呈无色透明状态，若长时期在35℃以上的环境中贮存，则易产生乳析造成变质。

对湿度的稳定性：防落素、萘乙酸、矮壮素、调节膦等调节剂吸湿性较强，在湿度较大的空气中易潮解，逐渐发生水解反应，使调节剂质量变劣，甚至失效。加工制作成片剂、粉剂、可湿性粉剂、可溶性粉剂的植物生长调节剂，往往吸湿性也较强，特别是片剂和可溶性粉剂，如果包装破裂或贮藏不当，很易吸湿潮解，从而降低有效成分含量。如赤霉素片剂一旦发生潮解，必须立即使用，否则可失去调节功能。一些可湿性粉剂吸潮后常引起结块，也会影响调节效果。缩节安虽然也极易潮解，但对产品质量影响甚小，因为缩节安吸湿后的化学性和稳定性基本上不发生变化。

对酸的稳定性：吲哚乙酸在酸性介质中极不稳定，pH值低于2时，即使在室温下也会失去活性。2,4-D钠盐在酸性溶液中又可转变为2,4-D。比久遇酸易分解。

对碱的稳定性：乙烯利遇碱时会放出可燃易爆气体乙烯。在pH 3～4的条件下，GA_3水溶液最稳定，在中性或微碱性条件下，稳定性明显下降。比久遇强碱也易分解。

对贮存器皿的特殊要求：2,4-D、乙烯利均属于强酸性调节剂，对金属器皿有腐蚀作用。比久应避免用铜器盛装或用铜器机具喷施，因为比久遇铜离子会变质。调节膦对铜器有轻微的腐蚀作用。

3. 使用　主要与植物生长调节剂的酸碱性有关。

不能与酸性农药(肥料)混用的调节剂有比久、石油助长剂(环烷酸钠),其中比久遇酸易分解,石油助长剂遇酸易变质。

不能与碱性农药(肥料)混用的调节剂有吲熟酯、赤霉素、乙烯利、矮壮素和比久。其中吲熟酯遇碱会分解,在使用前1周和用药后1～2 d内,避免使用碱性农药。赤霉素与碱性物质混用会失效。乙烯利遇碱会分解放出乙烯,甚至不能用碱性较强的水稀释。矮壮素不能与强碱性农药混用。比久不能与波尔多液、石硫合剂等混用,波尔多液喷施后5 d方可使用比久。

调节膦(氨甲酰基磷酸乙酯胺盐)不能与一般农药混用。

使用过2,4-D药械的洗涤:因为双子叶植物对2,4-D非常敏感(微量的2,4-D即可导致棉花形成鸡脚叶),所以如果用喷施过2,4-D的药械在棉花田使用,必须严格进行清洗,当然最好是专械专用。先用清水冲洗2～3次,然后在喷雾器内装满水,再加入纯碱50～100 g,彻底清洗喷雾器各部分,并将此碱液在喷雾器内放置10 h左右,再用清水冲洗干净。

第三节 植物生长调节剂的配合使用和复合制剂

植物生长调节剂应用到作物上,往往会引起一系列的生长效应,其中有些可以是有利的,但同时也有别的没有实际重要性或者肯定有害(如延缓剂在防止水稻倒伏的同时影响穗子的发育,使颖花数明显减少)。如何避免或克服调节剂的负效应,有时可以通过调整施用的时间和部位而达到(如用2,4-D或防落素涂抹番茄的花朵),但更为普通的方法是将两种或更多种的调节剂进行组合使用。

另外,在开发一个新调节剂产品需要耗费数千万美元乃至上亿美元的今天,研究植物生长调节剂混用的增效或加合作用及混用的规律显得十分必要。复合制剂(mixture formulations)不仅能有效利用现有植物生长调节剂化合物资源,较快开发针对生产实际问题的产品,也可以形成独立或新的知识产权。

一、混合使用

每一种植物生长调节剂有它独特的有利作用,但同时会产生一些副作用,并且它的有利作用有时也不全面,达不到生产者的要求。如果将两种或两种以上的调节剂混合使用,则可能互相取长补短,更完善地发挥它们的调节作用,起到相加或相乘的效应。

(一)调节剂混用的规律 有利于促进型内源激素起作用的两种或两种以上调节剂混用,一般会出现增效或加合作用(如普洛马林为6-BA+GA_{4+7},20%萘·吲合剂等);同样,有利于抑制型内源激素起作用的调节剂混用,多数情况下也会出现增效或加合作用(20%甲·多微乳剂)。因为众多的植物生长调节剂虽然分子结构各异,但一般都具有与五大植物激素相似的生理功能,而植物激素之间又存在着复杂的互作(如增效、拮抗、诱导等)。假设“甲”调节剂具有与A激素类似的作用、“乙”调节剂具有与B激素类似的作用,而A、B激素之间存在增效或加合作用,则“甲”、“乙”调节剂混用可能会产生增效或加合作用。

对植物生长发育某一过程起共同生理作用的两种或两种以上调节剂混用,也可能出现增效或加合作用,一种植物生长物质(包括微量元素、生理活性物质,如维生素和氨基酸等)有利于发挥另一种调节剂的作用,则两种混用也会有增效或加合作用。

植物生长促进剂和植物生长延缓剂混用不一定会出现拮抗作用，相反有多例出现增效或加合作用，如 DPC＋BR，乙烯利＋BR，多效唑＋GA_3 等。

(二)调节剂混用应注意的问题　调节剂之间混用的目的要明确。根据作物对象明确应用目的，然后明确调节剂的功能，做到混用的目的与调节剂的生理功能要一致。

一般情况下，出现加合作用的条件比较苛刻，不是两种调节剂任意配合都能奏效，只有各自在一定浓度范围内才能达到增效的目的。

酸性调节剂不能与碱性调节剂混用。例如乙烯是强酸性的调节剂，当 pH＞4.1 时，就会释放乙烯，故不能与碱性调节剂或农药混用。

植物生长调节剂之间或调节剂与某些植物营养元素混用时，要注意各化合物的相溶性，防止出现沉淀、分层等反应。如比久不能与铜制剂混用。

(三)混剂的研制　调节剂的混用并不等于混剂。混用(tank - mixture)是两种以上调节现混现用，未经加工。混剂(mixture formulation 或 combination)是将两种以上调节剂经加工制造而成为一种新的商品。调节剂混剂同样要遵守国家关于农药的规定，进行产品登记。

混剂需满足如下条件：①两种以上调节剂经加工制造成为一个均匀体，可存放 1 年或 2 年以上。②用化学分析法或仪器法可随时按某种方法测定其有效成分含量，为企业质检及国家有关部门的质量检测提供分析依据，并能编制出企业标准。③有特定的加工工艺、方法及加工设备，产品有冷、热贮存稳定性等测试数据。各组分年分解率＜7％，有相关的毒性及环保监测数据。

两种以上调节剂混用出现增效或加合作用的药剂，有些可以较容易地加工成为混剂，因为有效成分混在一起互不起反应，容易选择溶剂和助剂。如乙烯利＋DPC(Terpal，用于大麦防倒)、玉米健壮素(40％乙烯利·羟烯腺嘌呤水剂)、NAA＋IBA(国内登记的 2％和 10％的奈乙酸·吲哚丁酸可湿性粉剂)、MH＋CC、乙烯利＋2，4，5 - T 丙酸(单用乙烯利作催熟剂，易造成叶片脱落，若适当加入 2，4，5 - T 丙酸，则可基本克服其副作用)、NAA＋福美双、国内登记的 20％和 45％矮壮素、甲哌鎓水剂等。

有些有增效或加合作用的调节剂则较难制作成混剂，不是不好选到共同的溶剂、助剂，就是选到共同的溶剂和助剂后分子间稳定性不好，易在短时间内分解。如在我国登记的 3.6％保美灵可湿性粉剂(Promaline)组分为 6 - BA 和 GA_{4+7}，尽管该制剂已选择了共同的溶剂、表面活性剂及稳定剂，但产品保质期也只有 1 年。原因是 GA_4 和 GA_7 混合后易分解，而目前还未找到一种稳定剂能使 GA_{4+7} 的寿命延长到 2 年以上。再如 CCC 与 GA_3 混用对提高棉花成铃率、加快同化产物从叶片向蕾铃输送的效果比较理想，然而要把这二者混到一起，GA_3 就会在短时间内分解失效，至今未能加工出它们的混剂。

辅助剂：农药制剂中除有效成分外，其余的添加剂统称为辅助剂，包括载体或填充剂、溶剂、表面活性剂、稳定剂、增效剂等特定功能性添加剂。助剂和稳定剂对混剂的药效有明显的影响，如乙烯利与 DPC 混用，若加入一些尿素、辛二醇等，则加合作用更为明显；GA_3＋激动素对促进葡萄坐果有加合作用，但也只有加入磷酸等才更接近实用性

(四)成功的调节剂混用/混剂实例

1. 生根剂的混用

(1)生根剂的种类　①具有像内源生长素那样促进生根的物质；②有利于促进内源生长素

形成及抑制生长素分解的化合物;③控制叶片水分蒸发,减少叶内水分损失,从而增进不定根的形成或促进侧根的生长,如脱落酸、丁酰肼、黄腐酸等抗蒸剂。

作用机理相似的两种以上生根剂混用及一种生根剂和一种有利于生根剂发挥作用的物质混合使用,一般表现出增效作用或加合作用。生根剂的混合使用由于有增效或加合作用,因而比单用更引起生产上的重视(如 ABT 生根粉)。生根剂的混用不仅可以弥补单用的不足,还可扩大应用对象。

(2)IAA 和邻苯二酚混用促进西洋常春藤发根　西洋常春藤难以发根,用 IAA(5～25 mg/L)几乎没有促进发根的作用,然而当它和邻苯二酚混用时,却表现出明显的促进作用,统计结果显示为增效作用。这是因为邻苯二酚是吲哚乙酸氧化酶活性的抑制剂,在应用吲哚乙酸时加入邻苯二酚,可防止吲哚乙酸的分解,表现出 IAA 诱导生根的最佳作用。落叶松用吲哚丁酸、萘乙酸、2,4-D 混用(10+10+10 mg/L)制剂,其枝条扦插的生根率就明显地增加。吲哚丁酸与酪氨酸混合使用也刺激松树不定根的形成。

(3)IAA 和恶霉灵混合促进稻苗生根　在日本大面积插秧稻田中使用 IAA 和恶霉灵的混合剂,在促进稻苗生根方面具有增效作用(图 3-7)。其原因是恶霉灵进入稻苗体中后产生两种配糖体,其中的 N-β-配糖体具有促进生根的作用。

(4)维生素 B_1 和 NAA 混合使用可促进茶树插穗的发根。用 5 mg/L 维生素 B_1 溶液加 100 mg/L NAA 溶液处理茶树短穗插枝,与二者单独处理相比,生根早、根多、根长,地上部和根部干重也增加。

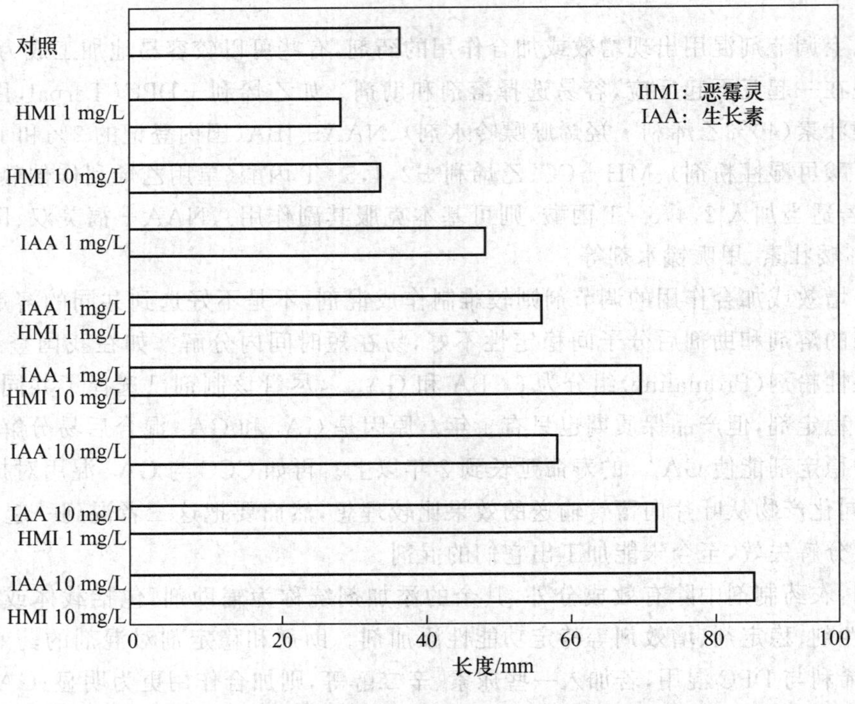

图 3-7　IAA 与恶霉灵混用对插秧生根的增效作用(转引自韩碧文,1987)

2. 促进果实发育的调节剂混用

(1)GA_3 与 6-BA 混用对防止葡萄落花和提高无核率的影响　用 GA_3 处理无核葡萄虽

能使果实增大,但在有的品种上容易造成落花。如在葡萄开花前用100~200 mg/L 6-BA+100 mg/L GA_3 处理,可提高葡萄结粒数,使果梗肥大、颜色浓绿,比单用 GA_3 的商品性更好。GA_3 +6-BA(在中国登记的3.6%苄氨基嘌呤·赤霉酸乳油)混合使用,不仅可防止落花,还能使有核葡萄提高无核率。如麝香葡萄单用 GA_3 处理,无核果的形成不稳定,除了气候和长势影响外,GA_3 引起花型变异,使不完全两性花的果粒无核率降低,果粒小而不整齐。如用6-BA加 GA_3 混合处理,因6-BA可促进雌蕊发育,使葡萄花向完全的两性花转化,从而提高葡萄无核率。

(2)6-BA+GA_{4+7}(Promaline)对果形的影响 Promaline是6-BA和 GA_{4+7} 的复合剂,有效成分各1.8%,由美国20世纪70年代中期推出。可增加果型指数,使苹果果顶五棱明显,对幼果果顶发育的影响比单用6-BA或 GA_{4+7} 明显。单独喷施或涂抹6-BA(100~200 mg/L)对苹果果实五棱突出效果明显,但改善果型指数不太理想。800倍Promaline(6-BA和 GA_{4+7} 各22.5 mg/L)对促进幼果果顶发育、增大果型指数的效应大于6-BA。

3.植物生长延缓剂和促进剂的混用

(1)多效唑与IBA混用促进绿豆下胚轴生根率的影响 多效唑单独处理绿豆下胚轴基部,虽有刺激生根的效果,但不及IBA(10^{-4} mol/L)处理。如果将多效唑与IBA混合处理,产生加合作用,如将 10^{-4} mol/LIBA处理的不定根数记作100%,则 10^{-4} mol/LIBA与 10^{-7} mol/L多效唑混合处理的不定根数为155.1%。根据Jarvis的假说,IBA与多效唑混用之所以起到加合作用,可能是因为IBA可以满足发根诱导期和起始早期要求较多IAA的需要,而多效唑抑制GAs的生物合成,满足发根起始早期需要较少GAs的要求。

(2)乙烯利+BR或DTA-6在玉米防倒伏上的应用 乙烯利可以矮化玉米株高,促进根系发育,抗倒伏,但果穗发育也明显受抑制。BR可促进玉米果穗发育,减少秃尖。将二者混合在雌穗小花分化末期用于密植的玉米植株,不仅可增强根系活力,延缓后期叶片衰老,促进果穗发育,并且植株矮化,茎增粗,纤维素含量多,增强茎秆韧性。乙烯利与DAT-6(胺鲜酯)复配效果更好。

(3)DPC+BR在棉花上增加结铃的应用 DPC在棉花上的应用是十分成功的,它显著的控制徒长、增加铃重并减少前期脱落。DPC在增加铃重方面的作用很明显,但在增加单株成铃方面尚不尽如人意。但一般情况下,单株成铃增加1~2个。如何进一步提高棉花单产。从产量因素上考虑,DPC的应用已使密度和铃重增加成为可能,那么下一个目标应是增加单株成铃数。BR与DPC混用在增加单株铃数方面表现出了较大的优势,这已为多年的试验结果所证实,其原因在于混用比DPC单独处理更显著地提高了叶绿素含量和叶片光合能力,为增加铃数提供了物质保证。

二、先后使用

植物不同发育阶段甚至同一器官的不同分化时期,都是分别受到一种或几种植物激素控制的。激素的作用时间就有先后,因此,外施调节剂的作用就有先后。符合其顺序要求的,作用效果就明显;不符合它的顺序要求的,效果就差。

例如,在IAA,CTK和GA促进不定根发生中,Jarvis(1986)提出,生根的不同时期是由不同浓度激素决定的假说(表3-3)。不定根形成的诱导期需要积累IAA,起始早期细胞分裂需要较多IAA,高浓度GA会抑制这个过程。潘瑞炽(1994)将IBA和生长延缓剂对绿豆下胚轴作多种处理,发现IBA先、延缓剂后的处理效果最好,两者同时处理其次,延缓剂先、IBA后的效果最差(表3-4)。

表3-4 Jarvis的生根假说

发育时期	形态变化	起促进作用的激素	起抑制作用的激素
诱导期	生根区某些细胞脱分化,形成有分生能力的细胞	积累较多的IAA	乙烯
起始早期	细胞分裂形成根原基原始体	外施高浓度ABA促进	外施高浓度GA或CTK
起始晚期	形成根原基	外施乙烯促进	高浓度IAA
生长和分化期	根原基分化生长,维管束连接起来,不定根露出		

表3-5 延缓剂和IBA的处理顺序对绿豆下胚轴生根的影响

处理编号	第一天	第二天	生根数/插条
1	水	水	7.2±2.2
2	IBA+多效唑	水	66.1±10.4
3	IBA	多效唑	80.6±7.1
4	多效唑	IBA	54.2±6.0

另一个例子是,用1 000~2 000 mg/L乙烯利诱导小麦雄性不育时,同时使穗下节不能充分伸长而妨碍抽穗。这个缺陷可以被以后用100~500 mg/L的GA处理而克服。

第四节 植物生长调节剂的施用途径和方法

(一)*溶液喷洒* 溶液喷洒是最常用的方法,根据应用目的,可以对叶、果实或全株进行喷洒。喷洒时液滴要细小、均匀,药液用量以喷洒部位湿润为度。为了使药液易于黏附在植物体表面,可在药液中加入少许(5%~10%)乳化剂,如中性皂、洗衣粉、烷基磺酸钠,或表面活性剂,如吐温-20、吐温-80,或其他辅助剂,以增加药液的附着力。喷施时间以晴天上午10:00以前和下午4:00以后为宜。喷施后7~8 h之内下雨,需要补喷。

(二)*溶液点滴法* 溶液点滴法多用于处理植物茎顶端生长点、花朵或休眠芽等,可将水溶液直接注入筒状叶中,如用乙烯利促进凤梨开花即用此法。

(三)*溶液浸蘸法* 常用于种子处理、促进插条生根、催熟果实、贮藏保鲜等。一般把调节剂配成一定浓度的溶液,将处理材料放入后即快速取出为“蘸”,“浸”的时间一般长些。

(四)*溶液涂抹法* 本法是用毛笔或其他工具把药液涂抹在植物的某一部分。用2,4-D涂布于番茄花上,可防止落花,同时避免2,4-D对嫩叶及芽的伤害。

对于切割后收集流出汁液的树木,如橡胶、生漆、安息香树等,促进其次生物质的分泌和流出。处理前在切口下方2~3 cm处去掉木栓化树皮,涂抹上含有乙烯利(8%)的载体,如棕榈油、沥青等。处理后橡胶树的流胶时间延长,药效可维持2个月,橡胶可成倍增产。

(五)*溶液灌注法* 此法可用于木本植物,例如在7月中旬,在漆树树干基部打洞灌注

8%～10%的乙烯利溶液，以提高产漆量。

（六）土壤施用　这种方法是将调节剂粉剂或溶液施入土壤或与肥料混合使用，通过根系吸收进入植物体内。例如植物对多效唑的吸收主要通过根部，可将多效唑施用于果树根系附近的土壤。

（七）气体熏蒸　适用于有挥发性的调节剂。例如将萘乙酸甲酯药液喷在纸屑上或与细土等混匀，然后与马铃薯块茎混在一起，在密闭条件下贮藏即可抑制萌芽。

（八）介导法　为方便处理，把药剂先吸附在滤纸、棉线、胶带、棉签、木签等材料上。

（九）拌种与种子包衣

拌种：将液体或固体药剂用水稀释或直接与种子拌匀。处理后的种子一般略晾干再播种。

种子包衣：把调节剂加入种衣剂中，进行种子包衣。由于一般种衣剂含有多种成分，一般混用前一定要了解是否会影响有效成分的性能，同时考虑机械混合后是否会影响种衣剂包衣性能。

第五节　植物生长调节剂的药害和防止

药害是一类由于调节剂使用不当而引起的植物形态上和生理上的变态反应。不同植物生长调节剂过量使用、使用方法或使用对象错误，表现的副作用可能会有差异。在通常情况下，使用保花保果剂而导致落花、落果；使用生长素类调节剂引起植株畸形、叶片产生斑点、枯焦、黄化以及落叶、小果、劣（裂）果等一系列症状变化；延缓剂用量过大引起植株节间过度短缩，停止生长等均属于药害的范畴。

一、药害产生的原因

（一）温度　2,4-D、防落素、增产灵等苯氧乙酸类调节剂使用时对温度要求较为严格，过高、过低都将引起不良后果。1988年浙江省不少柑橘产区为保花、保果在4月中、下旬喷施了防落素，但在4月底、5月初遇到了历史上少有的高温天气，日平均气温在30℃以上的天气持续时间长，从而导致了大量的落花落果，有的树体由于使用浓度高，甚至不结果。

（二）调节剂　一部分调节剂在浓度提高时可作为除草剂使用，如2,4-D，抑芽丹，调节膦、增甘膦等。如果使用中浓度掌握不当，用药量过大，常会导致药害。由于双子叶植物如棉花等作物对2,4-D非常敏感，喷完除草剂2,4-D的喷雾器即使用清水清洗，也可能发生药害，最好专用，每次用完要用热碱水反复冲洗干净。

（三）作物　不同作物对调节剂的敏感性不同，甚至同种作物不同品种的敏感性也存在很大差异。

（四）栽培管理　使用过多效唑的晚稻秧田，若拔秧留苗，可引起晚稻抽穗障碍，而翻耕后再移栽，可避免药害。

二、防止药害的主要措施

(1)正确选择适用的植物生长调节剂，掌握调节剂的基本性能，明确调节剂的使用目的，做好试验示范工作，注意调节剂的产品质量。

(2)根据作物种类、药剂种类、气温、有效成分等正确配置适宜浓度的调节剂。

(3)正确掌握调节剂的使用方法,该涂抹的不应喷施,如用2,4-D防止番茄落花。

(4)正确抓好处理后的管理工作,如水肥的合理运筹等。

(5)一旦发现药害症状,要仔细检查所用的药剂的来源、质量,对照说明书明确药害原因,针对性地用拮抗剂或解除剂处理,配合栽培管理措施,尽快缓解药害,恢复正常生长发育。如发现多效唑造成的生长停止,用赤霉素处理,可缓解药害。

参考文献

[1] 陈万义. 新农药研究与开发. 北京:化学工业出版社,1996.

[2] 李曙轩. 植物生长调节剂与农业生产. 北京:科学出版社,1989.

[3] 张宗俭. 常用植物生长调节剂应用指南. 北京:化学工业出版社,2002.

[4] 韩喜莱. 农药概论. 北京:北京农业大学出版社,1994.

[5] 刘步林. 农药剂型加工技术. 北京:化学工业出版社. 1998.

[6] 潘瑞炽,李玲. 植物生长发育的化学控制. 2版. 广州:广东高等教育出版社,1999.

[7] 邵莉楣,孟小雄. 植物生长调节剂应用手册. 北京:金盾出版社,1999.

[8] 王沐. 农药管理学. 北京:化学工业出版社,2003.

[9] 中华人民共和国农业部农药检定所. 2010农药管理信息汇编. 北京:中国农业出版社,2010.

[10] 中国标准出版社第一编辑室. 农药管理与使用标准汇编. 北京:中国标准出版社,2002.

[11] McLaren J S. Chemical Manipulation of Crop Growth and Development. Mackays of Chatham Ltd.,1982.

[12] Nickell L G. Plant growth regulators:agricultural uses. New York:Spring-Verlag,1982.

[13] Kefeli V I,Kalevitch M V,Borsari. B. Natural Growth Inhibitors and Phytohormones in Plants and Environment. Dordrecht/Boston/London:Kluwer Academic Publishers,2003.

复习思考题

1. 名词解释:植物生长促进剂 植物生长抑制剂,植物生长延缓剂,调节剂间增效和拮抗效应,三致效应,生物源调节剂,混剂 桶混(tank-mixture)
2. 各举1例说明从功能和应用效果分类,调节剂有哪些主要类别?
3. 以一种调节剂产品为例,说明规范的产品名字应该包括哪些部分?说明每部分的含义。
4. 常见的调节剂产品剂型有哪些?各举1例。
5. 植物生长调节剂产品合法生产、销售和使用,应具备哪些行业许可证?
6. 植物生长促进剂、延缓剂、抑制剂各举5例。
7. 常用的调节剂施用方法有哪些?如何选用?
8. 举例说明调节剂混用可以增效。
9. 结合调节剂理化性质,说明在调节剂配制、保存、使用上应注意哪些问题影响其使用。
10. 为什么有时调节剂会产生药害?如何防止?

讨论题

1. 某企业计划从头研发一个新调节剂,如果你是该企业负责产品研发的技术人员,请拟定一个新产品开发计划。
2. 某外企计划把新开发的调节剂产品投放中国市场,由你负责产品农药登记等行业证的申报,请拟定一个工作程序和必须准备资料的清单。
3. 就某个同学提出的调节剂产品,按不同的分类方法进行归类。

第四章　作物化学控制的技术原理

作物化学控制技术在我国农作物生产中发挥了重要的抗逆、增产和提高品质的作用，当前处于技术水平不断提升、技术体系不断完善的过程中。作物化学控制作为一项比较成熟的作物生产技术体系，是建立在合理的技术原理之上的。这些技术原理主要包括：植物生长调节剂的施用、吸收、运输、代谢和作用的生理机制；调节剂的正确使用以及与作物、环境等因素的互作；调节剂的基本效应和复合效应；化学控制技术的完整目标和评价体系；化学控制技术的发展策略和3种应用模式；系统化控和双重调控等，这些技术原理是作物化学控制学科的重要理论基础。

第一节　植物生长调节剂的吸收、运输和代谢

无论采用何种使用方法，要使植物生长调节剂从应用(application)到发挥作用，必须经历以下过程：①药剂必须首先存留于植物表面；②药剂必须进入植物体；③进入植物体的药剂必须转运到其作用部位；④药剂必须和特定的受体结合而诱导出一系列效应，最终引起形态结构和功能的变化。实质上涉及调节剂的吸收、运输和发挥效应的过程，在整个过程中植物生长调节剂分子都处于代谢过程中。

以上过程可以简单表示如下：

存留于植物表面→进入植物体→转运至作用部位→引起生理生化变化→形态结构变化

←——————————分子代谢——————————→

图4-1　植物生长调节剂从使用到发挥作用的示意图

一、植物生长调节剂的吸收

植物生长调节剂的吸收状况是决定调节剂能否发挥作用的第一关，也是调节剂应用技术中最重要的一个环节。在实际生产中，不乏因调节剂吸收不佳而引起效果不显著或没有效果的例子。

(一)*药液在植物体表面的存留*　只有存留于植物表面的药液，才能进入植物体，而药液在植物表面的存留与植物表面的性质、药液的理化性质及二者间的互作直接相关。

1. 植物表面的性质与药液的存留

(1)植物的总体形态与药液的存留　植物发育的阶段、叶片老龄、面积和角度都影响药液在植物表面的存留。叶片面积大、叶片角度与地面平行，会比叶片小、叶片与地面垂直时能存留较多的药液。

(2)植物表面的特化结构与药液的存留　特化结构指毛状体、气孔和叶脉等。毛状体多的表面(苹果叶片的背面)因为药液液滴与叶表面的接触面很小，所以难于存留药液。开放式的毛状体比密闭式的毛状体更易存留水分。

(3)角质层与药液的存留　角质层是一层很薄的、连续的、非细胞的脂类膜，是植物体与周

围环境的交界面。它可保护植物避免水分的无控制丢失，并且是外源物质，如致病微生物及喷布的化学物质进入的障碍。角质层由外角质蜡层、角质层蜡和果胶层3部分组成。3个部分在形态上和化学上没有明显的分界线，一个部分趋向延伸到另一部分内，其中外角质蜡层是影响存留的非常重要的因素。许多外角质蜡层为长链烷、醇(伯醇和仲醇)、酮、醛、缩醛、脂肪和脂肪酸、羟化脂肪酸和酯的复杂混合物。

外角质蜡层的细微结构与存留有关。富含晶体蜡的外角质蜡层，可形成微观上较粗糙的表面，喷布溶液易被反射掉。

外角质蜡层的化学性质也与存留有关，暴露于表面的化学基团，如果含烷类多则药液难以存留，如果含醇多则药液易于存留。幼嫩叶片存留的药液常较成熟叶片和老叶片显著多，是由于幼嫩叶片外角质蜡层的链烷少，药液液滴与叶表面形成的接触角大的缘故。

2. 药液的理化性质与存留　对药液的存留来说，和外角质蜡层同样重要的是喷布溶液的特性，如药滴的大小、表面张力、药剂的化学性质等，其中比较重要的是药滴的大小与表面张力。

小液滴容易在叶片表面附着。

除外角质蜡层的结构外，药液的表面张力也决定药滴和叶片接触角的大小。药液表面张力大时，液滴呈球形，与叶面的接触角小，易滚落。加入表面活性剂可降低表面张力，加大液滴与叶片的接触面，从而使叶片上能存留较多的药液。

(二)药剂进入植物体的途径　药剂可以通过叶片、茎、根系等途径进入植物体，其中叶片是主要途径。

1. 从叶片进入　存留于叶片表面的药剂一般不能被全部吸收，其中一部分可能因挥发而在空气中散失(如2,4-D和2,4,5-T)，另一部分则可能干燥成为晶态或浓缩为黏液状，不能进入植物体。实验证明，一般植物对药剂的吸收量不超过使用量的10%。

存留在叶片表面的药剂被植物体内的活细胞吸收可以通过表皮和气孔两个途径。药剂通过叶片表皮吸收需要穿过角质层和细胞壁，其中角质层是对植物生长调节剂吸收的主要障碍。细胞壁可以允许药液自由进入，药剂通过原生质膜进入细胞质中所需的能量来自呼吸作用的氧化磷酸化或光合作用的光合磷酸化。通过气孔途径的吸收，仅在吸收初期起重要作用。乳油型和挥发性的药剂很容易通过气孔进入气腔，再通过内角质层和细胞壁到达原生质膜。

(1)通过角质层　外源物质通过叶片进入植物体有3条可能的途径：①水相途径，亲水物质可通过水相途径进入，即从几丁质中的酸性组分→果胶→透水的原生质膜，水溶性物质多通过水相进入。②脂相途径，即从角质蜡层→几丁质中及原生质膜上的类脂层，亲脂物质如二硝基及苯氧酸类化合物即通过此途径进入。③同时具有亲水及亲脂基的化合物可通过以上两种组分的分界面进入，如生长素具有亲脂的环及亲水的酸性侧链，通过两种途径均可。

在角质层的3个主要组成部分中(外角质蜡层、角质层蜡、果胶层)，外角质蜡层是药液透过的主要障碍。去除番茄果实的外角质蜡层后，2,4-D的透入增加近8倍，但如同时去除外角质蜡层和角质层蜡时，药液的透入增加约9倍，这说明角质层蜡对药液进入的障碍不大。

表 4-1 用酶分离洋梨叶片和番茄果实角质层的不同部分对 NAA 和 2,4-D 透过的影响（Bukovac,1970）

植物材料	调节剂	处 理	透过率/%
洋梨叶片	NAA	对照（未去蜡）	100
		去除第一层*	—
		去除第一和第二层**	1 185
番茄果实	2,4-D	对照（未去蜡）	100
		去除第一层*	816
		去除第一和第二层**	951

* 第一层指外角质蜡层；* * 第二层指角质层蜡。

(2)影响叶片吸收植物生长调节剂的因素

①药液的理化性质

A. 药液的 pH 值　对于通过角质层的脂相途径进入植物的调节剂、特别是弱有机酸类的调节剂，药液的 pH 值对其进入植物体起重要作用，这主要是因为 H^+ 浓度影响药剂的解离程度。一般来说，未解离的分子脂溶性大，透入角质层比离子要容易。那些 pH 值对其解离没有影响或影响很小的调节剂（如酰胺类、青鲜素等），药液的 pH 值对其进入也没有影响或影响不大，它们可能主要通过水相途径进入。

B. 分子结构　改变药剂的分子结构，增强其脂溶性通常可使调节剂的进入增多，如萘乙酸甲酯比 NAA 透过角质层要快。脂溶性的 2,4-D 异丙酯透入细胞的效率最高，其次是 2,4-D 的原酸，再次是水溶性的盐类。

乙烯为气体，田间大规模施用不便，而乙烯利（乙烯释放剂）只有在 pH 值小于 3 的水溶液中表现稳定，便于使用。最近出现的以硅取代磷酸的乙烯释放剂则克服了乙烯利遇到碱或温度变化时不稳定的弱点。

C. 药剂的配方　在药液中加入辅助剂可促进调节剂的进入。辅助剂主要有 3 种类型，表面活性剂、吸湿剂和乳化剂。

表面活性剂包括聚乙二醇、去污剂及其他可增进叶表面湿润性的药剂，可降低液滴的表面张力，增加液滴与叶表面的接触面。

吸湿剂包括甘油、钙盐及其他吸水物质，它们可延长药液液滴的干燥时间。

乳化剂可使亲脂物质溶解性增强，或使药剂颗粒悬浮在水中。

这 3 种物质都增加了药液与植物表面的接触，促进了药液的进入与发挥效应。有些破坏角质层和表皮细胞的化合物也可增加药剂的进入，如硝酸铵、硫酸铵、枸橼酸铵、氯化铵和抗坏血酸等。

潘瑞炽等(1993)为提高水稻对 GA_3 的吸收，研制了“粤辅 1 号”，与 GA_3 混合施用于水稻，可降低 GA_3 溶液表面张力，增加吸附量；溶液蒸发慢，在叶面停留时间长；部分溶解叶表面的硅质、蜡质和角质，使药液更容易进入叶片；提高耐雨水冲刷程度。可使植株对 GA_3 的吸附量增加 2～4 倍，吸收量增加 1～3 倍，减少 GA_3 的用药量（表 4-2）。

表4-2 粤辅1号促进水稻植株吸收$^{3}H-GA_3$(潘瑞炽等,1993)

处理	0 h	12 h		24 h		72 h	
	地上部	地上部	根部	地上部	根部	地上部	根部
10 mg/L GA_3	36 276	8 826	704	8 499	3 460	6 365	10 263
	100%	100%	100%	100%	100%	100%	100%
10 mg/L GA_3+	173 407	252 000	3 720	26 035	14 421	25 853	37 884
300mg/L 粤辅1号	478%	286%	528%	306%	417%	406%	369%

②植物性状　叶片角质层的发育状况影响药液的进入。通常药液进入充分成熟的叶片比正在扩大的叶片困难(图4-2)。

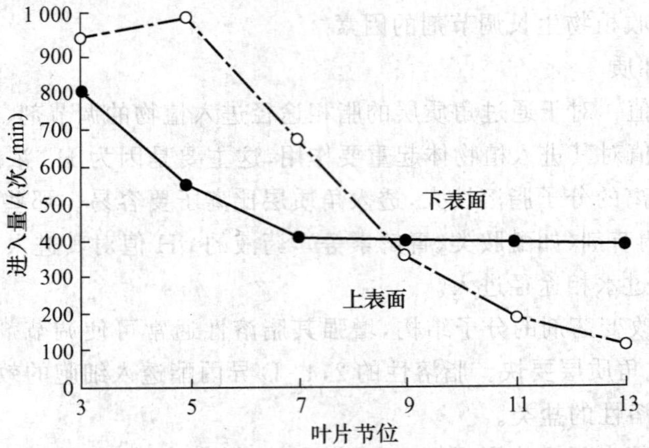

图4-2 年龄对NAAm进入梨树叶片上、下表面的影响
(DW Greene, 1971)

对于双子叶植物,一般药液从叶片的下表面比从上表面容易进入,因为下表面角质层薄、蜡的方向性差、气孔密度高。

对于单子叶植物,药液通过叶片基部进入比从叶片远轴端要多,这反映了这两个部位蜡的结构和数量的差别。

③环境因子

A. 光照　IAA在光下易分解,但一般光照可加强药液的进入。这主要是因为光照促进了光合作用,增加了促进药液进入能量物质ATP的供应。

B. 温度　高温利于药液的进入,一方面由于气孔开放、蒸腾作用加强;另外可促进光合作用,提供药液进入需要的能量。但高温也可使药液迅速干燥,从而减少进入量。所以应尽量避免在晴天的中午使用调节剂。用^{3}H-多效唑喷洒油菜秧苗,在15~25℃范围内,随温度升高单株吸收量增加,但30℃时吸收显著下降,与10℃下的吸收量相当。

C. 湿度　高湿有利于药剂的进入。因为高湿延长了喷布液的干燥时间,有利于气孔的开放,增加角质层的渗透性。如Smith等(1959)研究表明,湿度明显影响番茄叶片对马来酰肼(MH)的吸收,相对湿度在50%~100%范围内,随湿度增加,吸收药液施用量50%所需时间缩短。

2. 从茎进入　药液进入幼茎的途径和影响因素与叶片相似，随着在茎表面的调节剂，可以通过茎上的皮孔进入，也可直接渗透进入茎表皮细胞。药液从幼茎较易进入，但不同种之间存在显著差别。

草本植物的幼茎容易让调节剂药液通过，而木本植物的茎高度木栓化，药液不易进入，但可设法让生长调节剂通过切口、锯口或凿洞注射进入。除草剂“克无踪”等对森林、果树、橡胶、甘蔗等非常适合的原因就是它只对绿色部分起作用，而不能透过树皮。

3. 从根系进入　根系是植物从土壤中吸收物质的主要器官，施在土壤中或直接处理根系的调节剂，可通过根系吸收，随蒸腾流或有机物流运转到植物地上部分。

作为除草剂使用的生长调节剂，很多情况下需土壤施用。植物生长延缓剂 CCC 可以叶面喷施，也可土壤浇施，而土壤施用的效果要优于叶面喷洒。

(1)土壤施用调节剂的去向　土壤施用后有多少具有活性的调节剂能达到根的吸收表面，是影响生长调节剂效应的首要问题。土壤胶体对调节剂的吸附、调节剂的水溶性及其从土壤中的淋失、微生物及化学降解、挥发等都会影响植物生长调节剂的潜在活性。

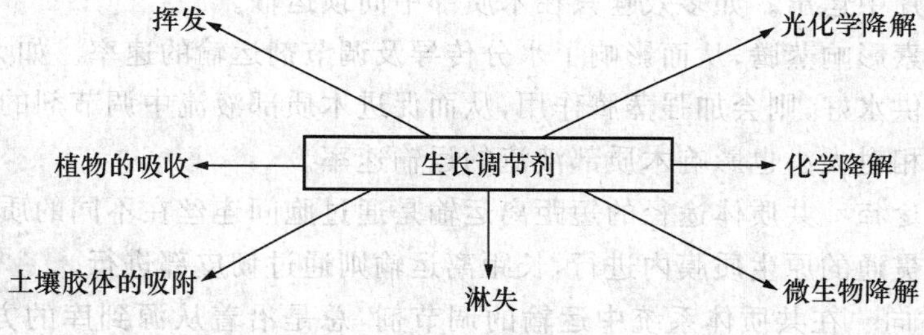

图 4-3　土壤施用调节剂的去向图解

(2)根系的吸收　调节剂首先要在水的带动下到达植物的吸收组织(根表面)才能被吸收，而到达根表面的调节剂主要是通过主动吸收的方式进入根的，其机理与水分不同。具体过程参见植物生理学中关于根系吸收的内容。

(3)影响根系吸收调节剂的因素

①温度：温度降低，吸收受到抑制，可能与低温抑制呼吸作用和降低根系中能量供应有关。

②pH 值：易解离的药剂分子的吸收易受 pH 值的影响。如 2,4-D 在低 pH 值下的吸收多于高 pH 值下。不易解离的分子，其吸收受 pH 值的影响小。

③氧：土壤的通气状况对根施物质的吸收很重要，因为根对调节剂的吸收是一个需能的过程，而通气良好有利于提高根的能量供应。

④药剂浓度：根对生长调节剂的吸收与调节剂的浓度在一定范围内存在正相关，但浓度过高，可能导致药害。

④光照、风：由于溶质吸收和水分吸收的关系密切，影响蒸腾的因子如温度、光照、风都会影响根系对溶质的吸收。

4. 经果实等其他器官进入　花、果实、叶鞘等器官也可吸收植物生长调节剂。在蘸花、浸果等处理，以及对结实期果树和蔬菜叶面喷施处理等情况下，调节剂可以通过果实或花等器官被吸收。叶鞘比较发达的植物，如玉米、小麦等，叶鞘也有吸收能力。双子叶植物的叶柄也可吸收调节剂。对于茎中空的小麦、水稻、蓖麻等植物，注入中空茎的调节剂也可被吸收。

二、植物生长调节剂的运输

药剂进入植物体后，必须运输到其作用位点才能发挥生理效应。运输速度对植物对调节剂的敏感性和选择性起决定性作用，如2,4-D对杂草的选择性即由于它在不同植物种间运输速度上存在差异。

调节剂在植物体内的运输途径和方向决定施用的部位和方法。了解影响运输速率的因子有助于提高药剂的运输效率、降低施用剂量和成本、避免环境条件对处理效果的不利作用。

调节剂在植物体内的运输基本上有3条途径，即质外体途径、共质体途径、质外体和共质体交替运输的途径。

(一)质外体途径　质外体途径的近距离运输是通过细胞壁微纤丝之间的孔隙及细胞壁外的细胞间隙所组成的运输通道进行的，长距离运输则通过木质部进行。

通过质外体运输的植物生长调节剂，如果施于根部，则可随蒸腾流转运至植物各部分，大树则多通过树干注射到木质部中；但如果施于叶片，则在正常情况下被保留于处理叶片中，只有在极干燥的土壤和极高的空气湿度条件下，蒸腾流发生逆向运输时，那些保留于叶片中的药剂才有可能从叶片中运出。如多效唑只在木质部中向顶运输。

许多环境因素影响蒸腾，从而影响了水分传导及调节剂运输的速率。如大气湿度低、温度高、光照强、土壤供水好，则会加强蒸腾作用，从而促进木质部液流中调节剂的运输。植物本身叶面积和根系的相对大小也影响木质部液流的运输速率。

(二)共质体途径　共质体途径的短距离运输是通过胞间连丝在不同的质膜和细胞质之间组成的互相连续贯通的原生质膜内进行，长距离运输则通过韧皮部进行。

1. 运输的方向　在共质体系统中运输的调节剂，总是沿着从源到库的方向运输，与光合产物的运输方向是一致的。

“源”是指制造养料、为其他器官提供营养的器官，对绿色植物而言主要指成长的叶片。“库”是指消耗或积累养分的器官，如幼叶、茎、根、花、果实、种子等。源和库只是相对的，随生育期的不同，源和库的地位发生变化，如幼嫩的叶片是库器官，而成熟后则为源器官。

如果将在共质体中运输的化合物施用于根系，它则积累于根系及附近的库组织中，很少运向茎部，此后被释放于土壤中。如果将它施用于叶片，则通过韧皮部运出叶片后，可能运向茎尖、也可能运向果实或其他部位，总之，库活性最强的中心库得到的调节剂最多。

由于植物体同时存在着不同的源库单位，且源库单位随生育时期而变化，因此同样施用于叶片的调节剂可被运向不同的方向和不同的库器官中，这也是调节剂在不同时期使用效应不同的原因之一。例如，对迅速生长的新梢，使用植物生长延缓剂有最大的抑制生长的效果，这和生长延缓剂在使用后可被迅速运向此时的中心库——茎尖并抑制那里的细胞伸长有关。

2. 影响因素

(1)水分　有的植物在水分缺乏时，从源叶输入韧皮部的同化物减少，筛管内的运输速度减慢。但缺水一般对许多植物的物质运输速度影响很小。

(2)温度　低温降低呼吸作用，减少推动运输的能量产生；另外提高筛管内含物的黏度降低运输速率，温度也可能通过影响光合作用间接起作用。

(3)光照　光照强度低，光合作用降低，同时物质外运也减少，一般白天同化物的运输快于夜晚。但光对光合作用的影响和对有机物运输的影响之间并非完全平行。

相对而言,温度对共质体途径运输的影响大于质外体途径;而水分对质外体途径运输的影响大于共质体途径。

(三)共质体、质外体途径的交替运输　有些植物生长调节剂,如青鲜素、赤霉素等,可在共质体和质外体之间迅速自由移动。可在两种运输途径间交替运输的调节剂,对施用部位的要求不严格。但为了减少调节剂在运输过程中的代谢降解,应以靠近靶器官施用为宜。

(四)影响调节剂运输的因素

1. 调节剂结构特点　植物生长调节剂进入植物体后多可以运转到特定部位起作用,也有的不可运转或很少运转,运输途径也有差异,这与其分子结构有关。生长素类如 2,4 - D 等倾向于留在木质部,2,4 - 二氯苯乙基硫酸盐主要在木质部运输,但将 2,4 - 二氯苯乙基硫酸盐氧化成酸则可在韧皮部中运输。而 MH 则能从一个途径快速转运到另一途径。

植物生长调节剂在运输速度上也有差异,主要受分子结构和带电性影响:(a)分子结构:许多报道证明各种芳香环,如生长素和苯基氨基甲酸酯在侧链上为乳酸所取代,则可显著加强其运输。(b)带电性:带正电荷的染料和抗生素在植物体内移动缓慢,可能是植物细胞壁上带负电的酸性残基使其运动变慢的缘故。

2. 调节剂在胞内的吸附、积累和代谢特性　已知 2,4 - 二氯苯腈(2,4 - dichlorobenzonitrile)移动极为缓慢,与植物对它的很强的吸附作用有关,甚至在木质部也是如此。化合物的分子构型、酸性、水溶性和极性都会对它的吸附特性产生影响。有些无机离子如磷,可被迅速生长的组织快速的同化,因而造成了该物质在不同的组织和植物种间运输的差别。

3. 环境因素

(1)水分　水分缺乏时,蒸腾流和韧皮部同化流都减少、减慢,可能会影响调节剂的运转效率和速度。

(2)温度　温度可能主要是通过影响光合、呼吸等生理生化过程,影响调节剂运输的。低温降低呼吸作用,减少驱动运输的能量供应,筛管内含物黏度降低,减缓调节剂运输。木质部运输受温度的影响较小。

(3)光照　光照影响光合作用、植物物质运转和能量供求。光照低,光合作用降低、物质外运减缓,调节剂运转减缓,一般白天同化物的运输快于晚上。

三、植物生长调节剂在植物体内的代谢

调节剂的代谢一般包括钝化、降解、转化、分泌等。植物中调节剂代谢,特别是钝化、降解的速度关系到调节剂的活性和效果。有的调节剂没有生理效应,是因为在植物体内被迅速代谢;有的代谢后的产物生理活性更强。在调节剂研制和应用过程中,常要考虑这些情况,设法改变或保护有效成分的结构,使其更为稳定,具有更高的活性。调节剂代谢物产生的生理效应和毒副效应对分析调节剂的积极和不利效应,并克服副作用很重要;另外调节剂降解产物关系到该调节剂在植物体、土壤和环境中的残留动态和安全,是决定调节剂能否在生产上应用的重要因素。

油菜素内酯类产品经人工合成后已在生产上有较为广泛的应用,但也暴露出一些有待继续探索的问题:早期人工合成的 BRs 在施到植物体上后,5 h 左右开始产生生理效应,而这种生理效应持续的时间却非常有限,短的仅有 24 h,长的也不过 96 h。由于 BRs 的生理效应持续时间有限,在使用中较难以准确地配合某些栽培作物的生理敏感期,难以达到预期的调节目

的,因而常常需要喷施两到三次才能表现明显效果,这不仅提高了成本,还增加了工作量,影响调节剂使用的效益。目前的研究结果表明,BRs的持效期可能与其化学结构中的关键基团的构型有关,还可能与其在植物体内形成的结合态和游离态的比例关系以及两种状态的代谢走向有关。

植物生长调节剂在植物体和环境中代谢的研究较少,下面仅从一般方式和几个实例加以说明。

(一)代谢的方式

1. 钝化　钝化是指调节剂的分子未受破坏,但失去了活性,一般有酶钝化和非酶性钝化两种方式。酶钝化最常发生的是通过结合反应形成衍生物,最普遍的是糖苷或糖酯,可通过羟基和羧基形成。非酶性钝化主要指化合物被吸附。

2. 降解　指调节剂的分子受到了分解和破坏,形成了一些分子较小的物质。化合物在植物体中的降解也可分为酶性降解和非酶性降解两种。

3. 转化　转化指同类植物生长调节剂分子之间的结构发生改变,从而造成调节剂生物活性改变。例如,不同赤霉素种类之间可以相互转化。

有些分子化学结构未变化,但进行顺、反异构、旋光异构等变化,生理活性也发生改变。如脱落酸、赤霉素、CTK等可以发生顺、反异构,影响其活性。

4. 分泌和挥发　进入植物体的调节剂或代谢产物有两种途径运出植物:一是简单扩散;二是根系和叶片等器官的活跃分泌作用。分泌需要较高的温度和氧,如2,4-D可从棉花根中分泌到周围的溶液中。调节剂还可在植物表面进行挥发,如各种生长素的酯。

(二)生长素在植物体中的代谢

1. IAA和NAA的代谢

(1)降解　IAA易降解,光氧化和酶氧化(如吲哚乙酸氧化酶氧化吲哚乙酸的侧链)常同时发生,最容易发生氧化降解的部位是末端羧基。NAA不被IAAO降解,在植物体内保留较长,因而外用时有较大生理活性。

(2)钝化　IAA和其他物质的结合可使生长素钝化,改变其运输和代谢。不同植物种对生长素的敏感性有很大差异,可能与其形成结合态生长素的能力不同有关。葡萄是公认的对生长素最敏感的树种,而柑橘则是最耐生长素的树种。Bukovac(1976)的研究表明,葡萄的叶圆片应用NAA后,在21 h之内仍有22%的NAA为游离态,而柑橘只有2%的NAA保持为游离态。

2. 2,4-D的代谢　曾有报道,2,4-D的降解速度随植物年龄而增加。因此,幼年植物较老年植物对2,4-D更为敏感,确定应用的剂量时,要考虑这个因素。

不同植物种对2,4-D的代谢有很大的不同,即使是同一个种的不同品种,对2,4-D的敏感性也可表现出很大的差别。例如,苹果品种橘苹(Orange)能耐高浓度的2,4-D,在浓度高达1 000 mg/L时不表现生长反应;相反,布雷姆利(Bramely)实生品种对5 mg/L的2,4-D即表现出了强烈的生长反应,500 mg/L可使其致死。这是因为橘苹含有一种酶,可脱去2,4-D脂肪酸侧链的羧基,而Bramely不存在这种酶的缘故。

(三)赤霉素在植物体内的代谢　赤霉素在植物体内的代谢特点是不同种类的赤霉素之间互相发生转化。活性高的赤霉素可能转变为活性低的赤霉素,相反,活性低的赤霉素也可能转变为活性高的赤霉素。

1. 活性低的赤霉素向活性高的赤霉素转变　在植物体内，20C 赤霉素可脱去 20 位上的 C 转变为活性较高的 19C 赤霉素。

A 环上没有双键的赤霉素可通过在 A 环形成双键而转化为活性较高的赤霉素，如 $GA_4 \rightarrow GA_7$。

3 位和 13 位发生 β-羟基化，可提高赤霉素的活性。GA_{12} 醛 $\rightarrow GA_4$ 发生 3β-羟基化，$GA_7 \rightarrow GA_3$ 和 $GA_4 \rightarrow GA_1$ 发生 13β-羟基化。

20 位上的烷基转变为醛基也可提高活性，如 $GA_{14} \rightarrow GA_{36}$。

2. 活性高的赤霉素向活性低的赤霉素转变　一个最重要的钝化过程是 2β-羟基化，这个过程在植物体内是不可逆的，可使赤霉素失去活性或使活性大大降低。在植物体内经常发生的有 $GA_1 \rightarrow GA_8$，$GA_{20} \rightarrow GA_{29}$，$GA_9 \rightarrow GA_{51}$。

20 位上的醛基氧化为羧基，如 $GA_{24} \rightarrow GA_{25}$，也可使赤霉素的活性降低。

由于植物体内不同种类赤霉素之间的转化，使得某一器官和组织在同一发育时期含有数种赤霉素。另外，植物不同发育时期的赤霉素种类和数量也不同。

某种外用赤霉素的活性在很大程度上决定于它代谢为活性赤霉素的情况。有报道一种黄杉属植物含有一种酶，可使 GA_4 发生 2β-羟基化转变为活性很低的 GA_{34}，从而使植物对 GA_4 表现没有反应。相反，有些植物吸收了某种活性低的赤霉素后，可在体内转变为活性高的赤霉素，因而表现出强烈的生长反应。

（四）甲哌鎓（DPC）在植物体内的代谢　甲哌鎓喷施到棉花叶片上 2 d 和 8 d 后，分别约有 87.8％和 91.9％被代谢，可能是与叶片内的某种物质相结合而形成了复合物，这种复合物的性质尚不清楚，但能被盐酸所溶解。同位素示踪实验表明，棉花成熟期铃壳、叶片和叶柄中的 DPC 残留量最大，而棉子中残留量很低，对人畜没有有害影响，而纤维中未发现残留。

第二节　植物生长调节剂的作用原理

植物生长调节剂是通过影响植物的内源激素系统来调节作物生长的，具体而言，调节剂可以影响植物激素的合成、运输、代谢、与受体的结合等环节。

调节剂除了直接作用于植物激素的合成、运输和代谢，可能还存在其他的作用方式和机制，如影响膜的性质、蛋白质和核酸的合成等等。马来酰肼（青鲜素，MH）抑制植物顶端分生组织分裂的原因和 IAA 运输的抑制剂整形素不同，它可能影响核酸的合成。由于青鲜素的结构与核酸组成成分尿嘧啶非常相似（图 4-4），它进入植物体后，可代替尿嘧啶的位置，但不能发挥尿嘧啶在代谢中的作用，从而阻止了核酸的合成，抑制了顶端分生组织细胞的分裂。

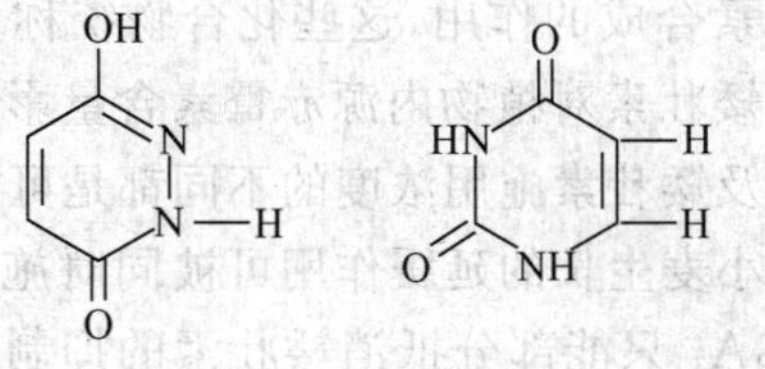

图 4-4　青鲜素和尿嘧啶的化学结构图

一、赤霉素（GA）生物合成的化学控制

赤霉素合成途径参见第一章第三节，有些化合物可以专一抑制其中某些位点，抑制赤霉素的合成（见图 4-5）。

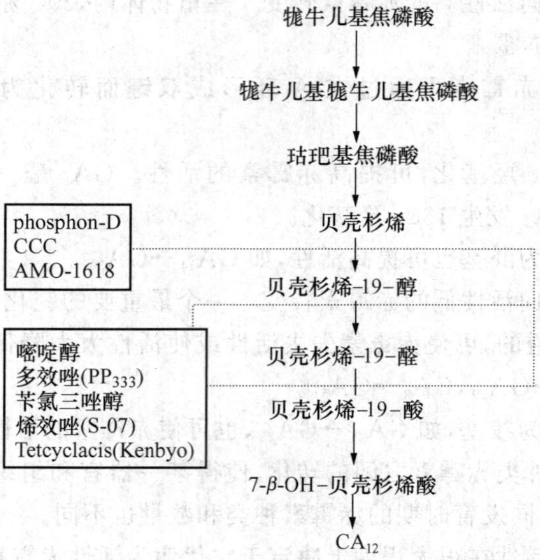

图 4-5　赤霉素合成抑制剂种类及在合成途径中抑制作用的专一性

多种植物生长延缓剂抑制赤霉素的生物合成,主要的根据是:①经延缓剂处理的植物,其赤霉素含量较低;②施用外源赤霉素能使延缓剂处理后的植株恢复正常的节间长度;③生长延缓剂对赤霉素合成途径不同阶段有专一性抑制作用。

1. 抑制环化　早在20世纪60年代已发现季铵盐(quaternary ammonium)类化合物是有效的生长延缓剂,其中最著名的是AMO-1618及矮壮素,它们抑制赤霉素合成途径中自GGPP(牻牛儿基牻牛儿基焦磷酸)开始的环化步骤。由GGPP到古巴基焦磷酸到内-贝壳杉烯必须经过两个环化过程,分别由贝壳杉烯合成酶A及B所控制。AMO-1618对合成酶A有较强的抑制作用。与矮壮素比较,AMO-1618抑制性较强,专一性较高。除AMO-1618及矮壮素外,其他季铵类化合物也具有相似的抑制作用,例如甲哌鎓及DMC(N-dimethylmorpholinium chloride),此外,含有以磷或硫原子为中心的类似季铵类的化合物也有延缓生长及抑制赤霉素合成的作用,这些化合物统称为鎓类(onium)化合物。

矮壮素对植物内源赤霉素含量影响的报道不尽一致,因不同的测定方法而引起的准确性差异以及矮壮素施用浓度的不同都是可能的影响因素。例如矮壮素的施用浓度为2.5 mmol/L时,其对小麦生长的延缓作用可被同时施用25 μmol/L的GA_3所逆转,但矮壮素的施用浓度很高时,GA_3只能部分抵消矮壮素的抑制作用,说明矮壮素确能抑制小麦内源赤霉素的合成,但可能尚有其他作用。据报道,高浓度矮壮素也可能通过抑制固醇合成而影响生长。

2. 抑制氧化　另有3类植物生长延缓剂能抑制赤霉素合成途径中由内-贝壳杉烯到异-贝壳杉烯酸逐步氧化的过程,它们对环化作用没有影响。嘧啶醇(ancymidol)是较早被发现的氧化抑制剂,属于嘧啶类(pyrimidines),它以非竞争方式抑制由贝壳杉烯开始的3个氧化步骤。随后又合成了具有与嘧啶醇作用相似的GA合成抑制剂,包括norbornenotiazetin类及三唑类(triazoles)。

高等植物中贝壳杉烯氧化酶的作用依赖细胞色素P450。赤霉素合成的这些氧化抑制剂在含氮原子的环上具有一对孤立的电子,存在于抑制剂分子的外缘,易与细胞色素P450分子中血红素铁原子作用而取代氧，因而阻止单加氧酶的催化作用，抑制贝壳杉烯的氧化。虽然这些氧化抑制剂对赤霉素生物合成途径早期的内-贝壳杉烯氧化步骤有专一性，但在高浓度或其他特殊情况下，也可能抑制细胞色素 P450 参与的其他氧化作用。

赤霉素合成氧化抑制剂能显著增加 ABA 含量，但其抑制程度与植物水分供应状况及取样分析时间有关。GA 和 ABA 有共同的前体甲羟戊酸，所以很可能由于植物生长延缓剂对 GA 合成的抑制，使得有更多的甲羟戊酸用于 ABA 的合成。

3. 抑制羟基化步骤　一种新的植物生长延缓剂 Prohexadione calcium（Calcium 3，5-dioxo-4-propionyl cyclohexane carboxylate，简称 BX-111）抑制水稻生长，其抑制作用能被 GA_3 逆转。它能抑制 GA_{19} 和 GA_{20} 所促进的生长，但对 GA_1 的促进生长作用无抑制效果。其作用可能是阻碍由 GA_{20} 到 GA_1 的 3β-羟基化步骤以及由 GA_1 到 GA_8 的 2β-羟基化步骤。

另一种抑制剂 BX-112 抑制 GA_{12} 醛以后的 3β-羟基化作用步骤，应用于水稻使 GA_1 含量减少，GA_{19} 及 GA_{20} 累积。BX-112 与 LAB198999、CGA163'935 等同属于一类较新的植物生长延缓剂 Acylcyclohexanediones（又名 Cyclohexanetriones），均能抑制 GA 氧化，阻碍 GA 合成途径中的 3β-羟基化步骤。施用于多种植物如小麦、大麦、油菜等可获得与其他赤霉素合成抑制剂相似的效果，阻碍节间伸长，但不影响植物其他方面的发育，且有效浓度低。

二、乙烯（ETH）生物合成的调控

乙烯生物合成途径及调控见图 4-6。

1. 磷酸吡哆醛抑制剂　ACC 合成酶需要磷酸吡哆醛。磷酸吡哆醛的抑制剂如 AVG（氨基乙氧基乙烯基甘氨酸乙烯基甘氨酸）及 AOA（氨基氧乙酸）对 ACC 合成酶有专一的抑制作用。例如 AVG 可抑制由 SAM（S-腺苷蛋氨酸）合成 ACC，但不能抑制由甲硫氨酸（Met）合成 SAM 以及由 ACC 合成乙烯。这些抑制剂对 ACC 合成酶的专一性抑制在乙烯合成调控研究方面已发挥很大的作用。

2. 钴及其他抑制剂　钴抑制 ACC 氧化酶的催化步骤，这是乙烯合成途径的最后一步。钴不仅能抑制 IAA、CTK 及钙等对乙烯合成的促进，而且提高 ACC 含量。二硝基苯酚（DNP）及 CCCP（Carbonylcyanide m-chlorophenyl-hydrozone）对 ACC 合成酶也有抑制作用，经处理的植物组织 ACC 含量增加，依赖外源 ACC 的乙烯合成亦受显著的抑制。DNP 及 CCCP 是氧化磷酸化作用的有效抑制剂，但这是否是抑制 ACC 氧化酶活性的基本原因，尚待探究。因为 ACC 氧化酶活性依赖于液泡膜的完整，并且 ACC 氧化作用包括连续的电子转移，所以膜的破坏或电子传递系统中断皆可抑制 ACC 氧化酶的作用。如影响膜结构功能的试剂、亲脂化合物（磷酸胆碱、Tween 20，Triton X-100 等）、温度或渗透压振动都能抑制 ACC 转化为乙烯。

3. 物理伤害及逆境促进乙烯的发生　物理伤害可诱导植物组织 ACC 合成酶的合成。刘愚（1982）等报道，绿豆下胚轴和小麦黄化苗受机械伤害后产生两个乙烯峰，其中之一在伤害后立即出现，不受 AVG 和钴离子的抑制；另一峰在伤害后 16～23 min 出现，56～59 min 达到最高，但能被 AVG 和钴离子所抑制。第一个乙烯峰可能由体内已有的 ACC 所产生，第二个乙烯峰则可能依赖伤害刺激的 ACC 合成酶的生成和活化。虫害及环境胁迫都可促进 ACC 合成酶的合成或活性的提高。

4. 光及二氧化碳与乙烯合成的关系　光能抑制绿色叶片组织中的 ACC 生成乙烯，但这

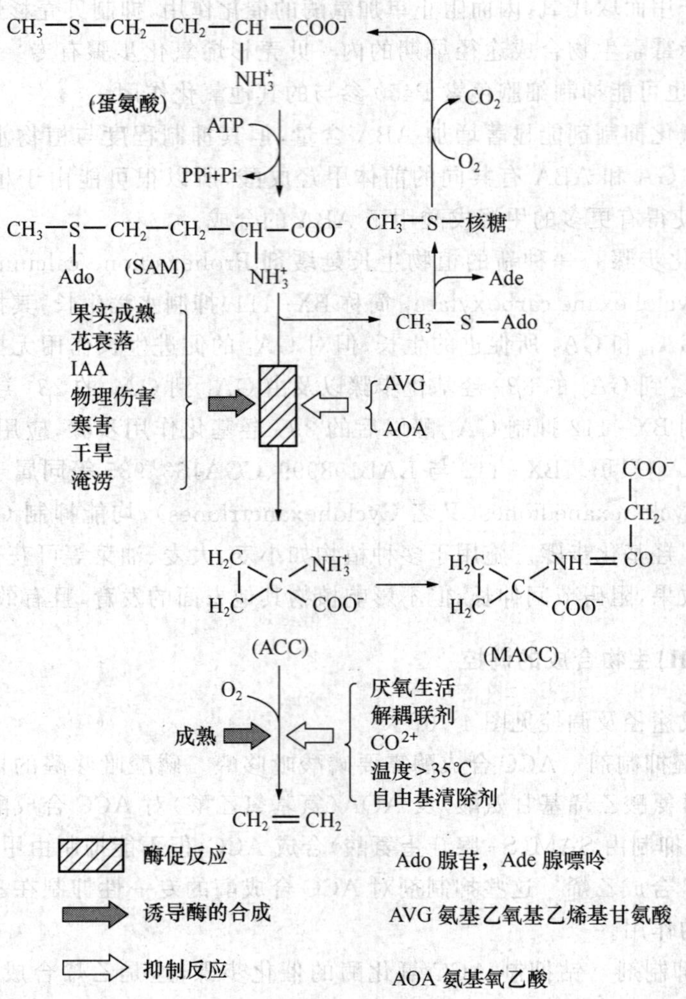

图4-6　乙烯生物合成途径及调控图(王忠,1999)

一作用是间接的,可能通过光合系统起作用。CO_2 促进以 ACC 为前体的乙烯合成作用,但对其他乙烯合成途径无影响。CO_2 是 ACC 合成乙烯的副产物,低浓度 CO_2 对 ACC 氧化有促进作用,但高浓度 CO_2 对乙烯有抑制作用。

三、生长素(IAA)运输的化学控制

几种 IAA 运输抑制剂的结构见图4-7。TIBA(三碘苯甲酸)及 NPA(N-萘基邻氨羰基苯甲酸)是最常用的 IAA 运输抑制剂,在研究方面应用最广。它们能抑制 IAA 从植物细胞输出、增加细胞内 IAA 净吸收量,使植物体的向光性和向地性及顶端优势现象削弱或消失。

TIBA 及 NPA 均为非竞争性的 IAA 输出抑制剂,表明这两种抑制剂及 IAA 在输出载体上占有不同的位置。TIBA 本身也能在载体的作用下通过质膜而输出,并受 IAA 或 NPA 的抑制,但 NPA 本身无极性运输现象。TIBA、NPA 及 IAA 在载体上特殊位置的结合不受彼此的干扰,但如果 TIBA 或 NPA 任何一种与载体发生结合,则载体分子可能因形态发生变化而抑制 IAA 的输出。

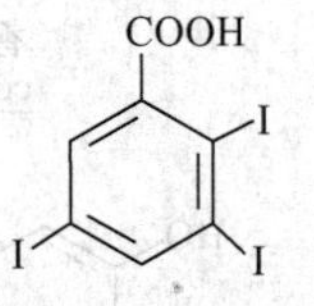

2，3，5-Triiodobenzoic acid(TIBA)
三碘苯甲酸

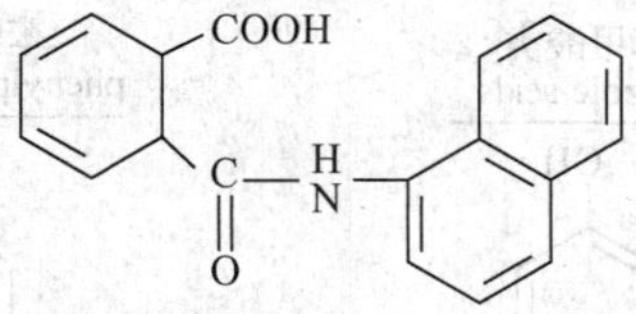

N-1-Naphthylphthalamic acid(NPA)
N-萘基邻氨羰基苯甲酸

图 4-7　IAA 运输抑制剂的化学结构

酚类化合物中的黄酮类可在西葫芦的下胚轴组织取代已结合的 NPA。fisetin、栎精(quercetin)、taxifolin、apigenin 及莰非醇(kaempferol)均具有取代 NPA 及增进 IAA 净吸收的功能。栎精等黄酮类对 IAA 净吸收量的促进并不是由于植物细胞内酸度的改变和 IAA 输入载体活动的促进，而是由于 IAA 输出载体活动的抑制所造成的。另外，黄酮类化合物与 NPA 在 IAA 输出载体上的结合位置相同，可见黄酮类可能是植物体内 IAA 极性运输及 IAA 自细胞内输出的天然调节剂。

植物体内的黄酮类物质及 TIBA 和 NPA 均抑制 IAAO(IAA 氧化酶)的活性，因此这些物质对 IAA 有双重影响，即抑制极性运输和抑制氧化，这两种作用都能提高细胞内 IAA 的浓度。TIBA 及 NPA 应用于植物组织所表现的生理效应，如抑制根生长与向地性以及促进胚芽鞘生长可能不仅仅是由于对 IAA 极性运输的抑制。黄酮类对离体植物组织生长的促进也可能不仅仅限于对 IAA 氧化的抑制，它们对 IAA 极性运输的影响应受到同等的重视。

其他的抑制 IAA 运输的物质还有，整形素(2-氯-9-羟基芴-9-羧酸甲酯)，DPX1840，比久(N-二甲胺基琥珀酰胺酸)等。

四、酚类物质对生长素(IAA)代谢的调节

酚类物质是天然的植物成分，种类繁多，其基本结构是一个六碳环和一个或一个以上的羟基(见图 4-8)。

酚类化合物对 IAA 代谢及运输的影响包括 3 方面：①抑制 IAA 与氨基酸结合；②促进或抑制 IAA 侧链氧化；③抑制 IAA 极性运输。第一方面的资料极少，第三方面已在上节论及，现主要讨论第二方面。

第二方面的试验多用从植物中提取的 IAA 氧化酶或过氧化物酶为材料，分析酚类化合物对 IAA 侧链氧化的抑制或促进作用(图 4-9)。李宗霆(1982)将酚类化合物与 IAA 侧链氧化的关系归纳如下：

(1)一元酚类促进 IAA 侧链氧化，其活性随羟基在环上的取代位置而异。如羟基苯甲酸，羟基在第 4 位活性最高，第 3 位次之，第 2 位最低。在具有强促进 IAA 氧化活性的酚类物质同时存在时，一元酚类表现不同的结果，或促进或抑制。

(2)二酚类的作用视羟基的相对位置而异。间二酚对 IAA 侧链氧化有促进效果，而邻二酚及对二酚大部分强烈抑制 IAA 的氧化作用。邻二酚的两个例外是 3,4-二羟苯乙酮和 3,4-二羟苯丙酮。

(3)酚类化合物对 IAA 侧链氧化有两种抑制类型，一种为暂时性，另一种为持久性。2,6-二羟苯乙酮表现持久性的抑制，儿茶酚、3,4-邻二羟苯甲酸及咖啡酸等的抑制作用均属于暂时性。

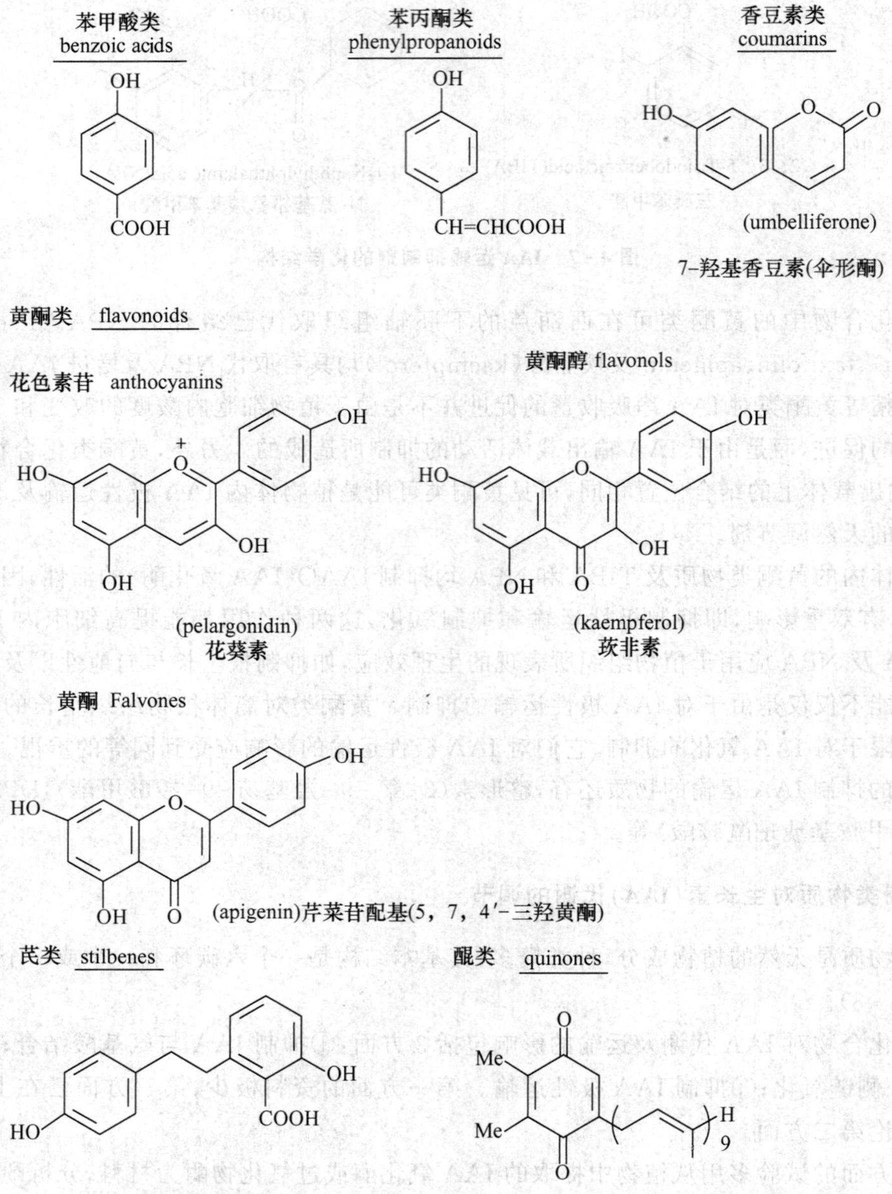

图 4-8　植物酚类化合物的主要种类及基本结构

(4)邻二酚的一个羟基与甲基结合后表现出低浓度促进 IAA 的氧化而高浓度抑制 IAA 氧化的特性，如香草酸、愈创木酚、阿魏酸等。

有些酚类化合物能抑制 IAA 氧化，主要是由于这些酚类能竞争性地与过氧化物酶结合，从而阻止该酶分子的活性中心血红素铁卟啉基团与 IAA 作用，防止氧化活性更强的酶底物中间形态的形成。

植物体内有多种天然存在的酚类化合物，其复杂关系提示酚类在自然环境中对植物生长的影响很难确定。李宗霆(1989)发现 2,6-二羟苯乙酮、阿魏酸及咖啡酸能在一定范围内保护

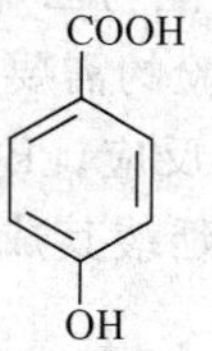

p-hydroxybenzoic acid
对-二羟苯甲酸

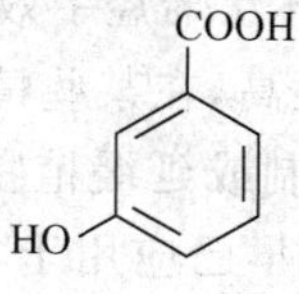

m-hydroxybenzoic acid
间-二羟苯甲酸

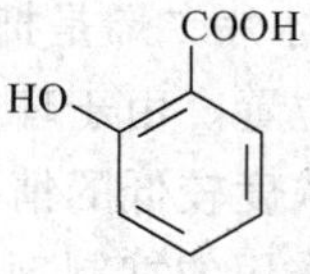

o-hydroxybenzoic acid
邻-二羟苯甲酸

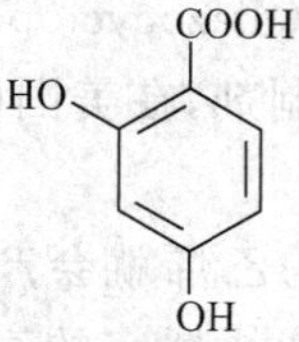

2，4-dihydroxybenzoic acid
2，4-二羟苯甲酸

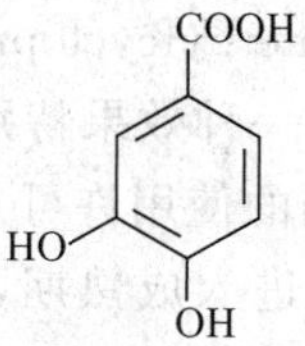

protocatechuic acid
原儿茶酸

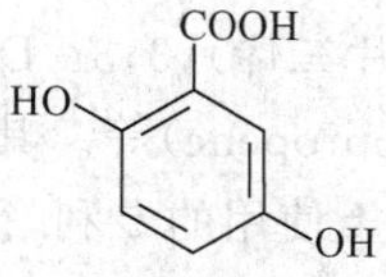

2，5-dihydroxybenzoic acid
2，5-二羟苯甲酸

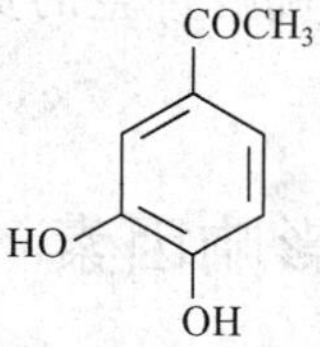

3，4-dihydroxy-acetophenone
3，4-二羟苯乙酮

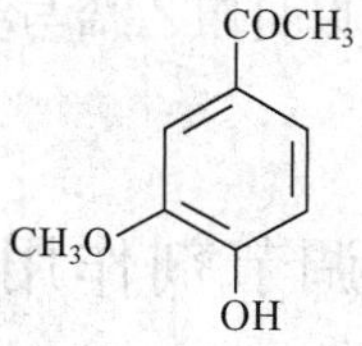

acetovanillone
乙酰香兰酮

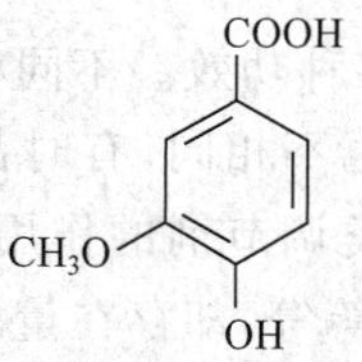

vanillie acid
香草酸

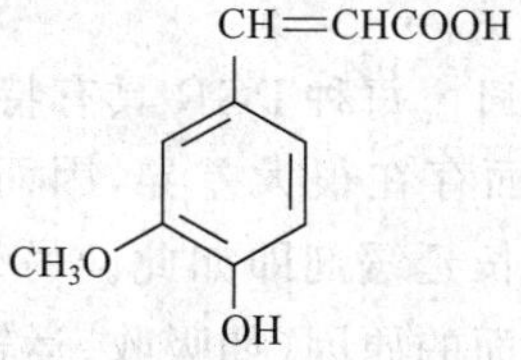

ferulic acid
阿魏酸

图 4-9　影响 IAA 侧链氧化的酚类基本结构的变化

大豆免受除草剂草甘膦的抑制作用，并认为这种效果与 IAA 有关。因为草甘膦阻止酚类化合物的合成，又可促进植物体内 IAA 代谢，降低 IAA 含量。这种双重作用提示草甘膦对 IAA 代谢的影响可能是由于内源酚类物质代谢的变化所致。2,6-二羟苯乙酮、阿魏酸及咖啡酸对整株植物生长的影响可能是通过补充因草甘膦所引起的某些酚类物质的不足，从而维持生长必需的内源 IAA 水平。

当将酚类物质施用于植物体时，常常缺乏明确的调节活性，这可能是由于一元酚和多元酚之间相互转化以及有些化合物难以进入植物体所造成的。

五、乙烯(ETH)与受体结合的化学控制

银离子以非竞争方式阻止乙烯与受体结合（如抑制玉米细胞质膜 ATPase 的活性），是乙烯作用的有效拮抗剂，能阻止因乙烯而引起的各种植物生理反应。由于银离子对乙烯拮抗作用的发现，硫代硫酸银不但成为研究乙烯生理作用的有效试剂，而且已发挥商业价值。

2,5-降冰片二烯是抑制乙烯作用的环状烯烃中效应最强的,它可能与乙烯直接竞争在受体上的结合位置。由于环状烯烃的挥发性高,在某些情况下更适合试验的需要。

在乙烯浓度较低的情况下,CO_2 可抑制或延缓植物对乙烯的生理反应。Burg(1967)认为 CO_2 是乙烯作用的抑制剂,高浓度的 CO_2 早已应用于水果的贮运,以延缓其成熟。但 CO_2 与乙烯的作用是否直接相关,尚待研究。

在20世纪90年代中期,美国科学家发现了一系列能够抑制植物内源和外源乙烯作用的化学物质,包括1-MCP(1-methylcyclopropene,1-甲基环丙烯),2,5-NBD(2,5-norbornadient,降冰片二烯),3,3-DMCP(3,3-dimethylcyclopropene),DACP(diazocyclopentadiene),CP (cyclopropene)等。其中,1-MCP是一种效果特别突出的乙烯抑制剂,在美国已经获得在花卉作物上使用的专利,得到美国环保局的使用许可。

1-MCP的作用机理是:当植物器官进入成熟期,作为成熟激素的乙烯就会产生,并与细胞内部的相关受体相结合,激活一系列与成熟有关的生理生化反应,加快器官的衰老和死亡,与乙烯分子结构相似,可以与乙烯的受体结合,但不会引起成熟的生化反应。因此,在植物内源乙烯释放出来之前,施用1-MCP,可以封阻乙烯与受体的结合和随后产生的负面影响,延迟了成熟过程,达到保鲜的效果。

第三节　植物生长调节剂作用的特点和影响因素

一、植物生长调节剂作用的几个特点

(一)不同PGR作用效果不同　每种PGR具有特定的一种或多种功效。不同种类的调节剂,其化学结构、作用原理等方面存在很大差异,因而其作用效果也不相同,有时甚至截然相反,如植物生长促进剂和植物生长延缓剂即如此。另外,虽然同一类调节剂的作用效果相似,一般没有质的区别,但由于各方面的原因(如吸收、运输、代谢、受体等等)却存在量的差异。

如植物生长延缓剂中,不同化合物在相同浓度对某一作物的效果不同,生产上要达到相同效果时,使用浓度不同。表4-3所示的是不同延缓剂降低小麦株高效果的差别。BAS 106W的控制力最强,只需 2.8×10^{-5} mol/L即可使小麦株高降低50%,而甲哌鎓(DPC,缩节安)的控制力最弱,使小麦株高降低50%的浓度高达 6.3×10^{-2} mol/L,较前者高出数千倍。

表4-3　用不同延缓剂使小麦株高降低50%所需的浓度　mol·L^{-1}

植物生长调节剂	浓度	植物生长调节剂	浓度
B_9	7.3×10^{-3}	氯化磷	4.5×10^{-4}
CCC	3.5×10^{-2}	LBB1176682	1.7×10^{-4}
DPC	6.3×10^{-2}	醇草呤	3.0×10^{-5}
Amo-1618	1.0×10^{-2}	BAS 106W	2.8×10^{-5}

(二)同一种PGR对不同作物或不同品种的效果不同　不同植物形态结构、生理和生长发育特点不同,对外用调节剂的反应不同,使用同样浓度的同种调节剂,会有不同效果,生产上应用时应根据植物特点和反应确定适宜的剂量。例如DPC在棉花上效果明显,一般每666.7 m^2 使用3～5 g,使用浓度不超过300 mg/kg,而小麦不敏感,使用到40 g/666.7 m^2,反应仍不明

显，使用成本较高，不经济。小麦玉米对多效唑反应敏感，可用做防倒，棉花对多效唑敏感，使用技术要求很严格，不宜推广。

同一种 PGR 甚至对同一作物不同品种效果也不同。例如苹果品种橘苹 orange 表现出能耐高浓度的 2，4 - D，在浓度高达 1 000 mg/L 的情况下，可以不表现出反应；相反布雷姆利 Bramely 实生品种对 5 mg/L 的 2，4 - D 即表现出强烈的生长反应，500 mg/L 可使其致死。这是因为橘苹含有一种酶，可脱去 2，4 - D 脂肪侧链的羧基，而后者体内没有这种酶的缘故。再如一例，乙烯利诱导瓠瓜产生雌花，早熟品种用 100 mg/L，中熟品种用 200 mg/L，晚熟品种用 300 mg/L。另外诱导柑橘类花果疏除的适宜 NAA 浓度是 300～500 mg/L，这个浓度比疏除苹果、桃、梨、橄榄和杏所用的浓度高 10～20 倍。这可能与柑橘类果树形成结合态生长素的迅速程度有关。

（三）PGR 作用期及“反跳”现象　调节剂进入植物体内，经运输和信号转导过程，发挥效能。随着时间推移，调节剂代谢、降解或向环境逸散，植物体内调节剂减少，作物随生育过程敏感性变化，作物不再表现反应。植物生长调节剂使用后，从效应表现到消失的时间，一般称为调节剂的作用期（或效应期）。

PGR 作用（抑制或促进作用）消失后，植物体有时反而表现出相反的生长效果，一般称之为“反跳”现象。这是调节剂的一种普遍现象，如植物生长延缓剂作用消失后，植物某些节间（其伸长生长已处于延缓剂有效期之后）反而长于对照。以小麦上应用多效唑为例，推测这一现象的原理是：多效唑在抑制赤霉素生物合成时，主要抑制从“甲瓦龙酸→贝壳杉烯→贝壳杉烯醇→贝壳杉烯醛→贝壳杉烯酸→→→GA_3”中“贝壳杉烯→贝壳杉烯醇→贝壳杉烯醛→贝壳杉烯酸”的 3 步氧化过程，不抑制贝壳杉烯合成，也不影响贝壳杉烯酸以后的过程。因而当赤霉素合成受到抑制时，使贝壳杉烯在植物体内有一定的积累。当多效唑抑制作用消失后，由于积累了较高水平的贝壳杉烯，赤霉素合成较多，从而加强了生长。棉花上等应用 DPC、果树上应用延缓剂也有类似现象。

（四）PGR 浓度效应　PGR 的有效浓度多为几到几百毫克/千克，每 666.6 m^2（亩）用量多为几克。如油菜素内酯生产使用浓度一般为 0.01～0.1 mg/kg，每公顷使用有效成分总量一般 0.2～2 g，属超低用量农药。这与一般化肥、杀虫剂、杀菌剂不同。

不同植物甚至不同品种、不同器官，对同一种植物生长物质敏感性不同。剂量合适，效果好，过低过高效果不佳，甚至还会有副作用。根、茎、叶对生长素的反应浓度显著不同，见图 4 - 10。在作物上应用时，浓度效应也很明显：2，4 - D 10～15 mg/kg 处理番茄花蕾，可防脱落、促坐果，浓度过高会造成空心、裂果和畸形果，降低产量和品质；比该浓度更低的 2，4 - D 都会引起棉花、大豆等阔叶敏感作物上发生“鸡爪叶”、茎扭曲等受害症状；100～500 mg/L 抑制生长与萌发；高浓度（1～2 g/L）可杀死许多双子叶杂草，可用做除草剂。所以在植物生长物质使用时要严格掌握浓度和剂量，不可随意增加。

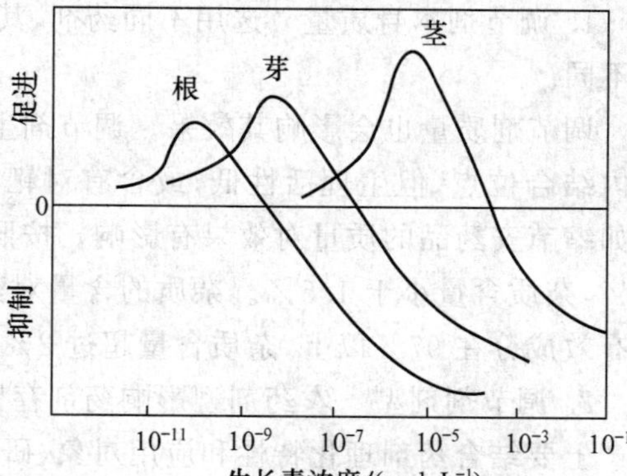

图 4 - 10　植物不同器官对生长素的反应
（K. V. Thimann，1937）

（五）PGR 的时间效应　植物生长物质一般

要在特定生育阶段使用才有效果。过早过晚用,不但不能达到理想效果,常会有副作用或伤害。如应用20%甲·多微乳剂防止冬小麦倒伏,最佳时间在小麦基部节间开始伸长的起身-拔节期。太早小麦刚返青吸收能力差,拔节后期基部节间已定长,使用效果都不佳。抽穗前后使用会影响抽穗或延缓穗下节伸长,影响产量。所以使用植物生长物质时要严格遵照产品说明和要求的时间或发育期,不可随意改变。

(六)调节剂的互作和配合使用 作物生长发育包含多种生理过程,调节剂一般影响某个或某些过程,有时对其他过程无效或有害。植物激素间存在各种互作,不同调节剂间的作用也是相对独立和有机联系。合理利用两种或更多调节剂复合使用,发挥增效作用。

混合使用:利用不同调节剂的效应,同时使用,效应加成、相乘的或取长补短、增效减副。对茶树穗枝发根,NAA促进生根但扦插后3～4个月对地上部分生长影响弱,而维生素B_1能促进插穗生命活动。用5 mg/kg维生素B_1溶液加100 mg/kg NAA溶液处理茶树短穗插枝,比两者单独处理,生根早、根多、长,地上部分生长好。乙烯利矮化玉米、抗倒伏,但果穗发育明显受抑制,BR等可促进玉米果穗发育,减少秃顶。二者混用配合密植,防倒增产兼得。

顺序使用:利用植物发育阶段性和激素作用的顺序,先后施用不同调节剂,加强对同一目标的控制效果或解决不同发育阶段的问题。要考虑作物发育程序、调节剂效能和作用先后。在生根不同时期是由不同浓度激素决定的,不定根诱导期需要激素IAA,起始早期细胞分裂需要较多IAA,高浓度GA_3会抑制这个过程。在促进生根时要考虑该顺序,潘瑞炽证明(1994)对绿茎下胚轴生根,先用IBA后用延缓剂最好,两者同时处理其次,先用延缓剂后用IBA效果最差。

二、植物生长调节剂效果的影响因素

植物生长调节剂的种类繁多,功效各异,被植物吸收、运输、钝化、降解与转化的方式也千变万化,对生长的效应亦相差很大,即使药剂种类相同、作物相同,而在不同地区、不同季节或采取不同的使用方法,也会产生不同的效果。

因此,在使用调节剂时,应根据使用目的,选择适当的药剂种类及剂型,确定使用的时期、浓度、部位和方法,从而达到预期的目的,取得更大的经济效益。

(一)药剂因素

1. 调节剂本身质量 选用不同药剂,其效应、强度、机理、理化性质等不同,药剂效果显然会不同。

调节剂质量也会影响其效果。调节剂生产过程中,如果存在与有效成分结构类似、竞争植物内结合位点,但生理活性低,或含有对靶标植物有害的杂质,都会降低药效甚至有副作用。例如缩节安药品的质量对效果有影响。按照目前国家标准,原药合格品为有效成分大于等于96%,杂质含量小于1.5%。杂质的含量对药效影响不容忽视,根据中国农业大学的实验,即使有效成分在97%以上,杂质含量超过2%就会影响药效。

2. 调节剂剂型 农药剂型影响药剂存留、吸收、运输、稳定性等,对调节剂效应影响很大。生产上要结合药剂理化特性和应用对象,研制适当剂型。例如三十烷醇在水中溶解度极低,难以被植物吸收,生产上应用效果不稳定,甚至多数研究者曾否认其效果。但后来成功开发了三十烷醇乳粉剂型,提高了吸收运转效率,在生产上应用逐步扩大。赤霉素、多效唑、油菜素内酯等的效应也有类似例子。

3. 其他化学品　渗透剂、增效剂、展着剂、黏着剂、抗蒸腾剂等辅剂能增加调节剂稳定性，提高吸收和利用效率。与其他调节剂品种、杀菌剂、杀虫剂、除草剂、肥料等农用化学品配合施用，也会影响效果。

（二）作物因素　植物生育期、生理状态、形态特征等，会影响植物对调节剂存留、吸收、敏感性等，前面在调节剂吸收过程中已作过讲述。

不同作物对同种或类似调节剂的敏感性不同，可能与受体数量、分布、特性和信号传导途径有关。就降低株高、防止倒伏而言，小麦、玉米、棉花各有其适用的调节剂。小麦为 MET，棉花为 DPC，玉米为乙烯利。棉花对 DPC 很敏感，小麦和玉米则不然。

即使同种植物，不同品种或生态类型，对调节剂的敏感性也不同。如陆地棉对 DPC 的反应较海岛棉敏感；苹果品种 Bramely 和 Orange 对 2,4-D 的反应不同；乙烯利诱导瓠瓜产生雌花，早熟、中熟和晚熟品种适宜浓度不同；大穗型小麦应用 20%甲・多微乳剂后穗子更大，多穗型小麦应用后则穗子更多。不同小麦品种对 CCC 的反应不同，据 3 年 411 个品种的试验，可将其分为 3 种类型，见表 4-4。

表 4-4　小麦不同品种对 CCC 的敏感性（徐绍颖等，1981）

品种分类	株高下降/cm	占试验品种的比例/%	举　例
不敏感型	0～5（不显著）	27.5	扬麦 5 号、金黄 7629、苏 3-161、11980-1 等
敏感型	6～10（显著）	33.5	福系 51,52、桂 32-3、扬麦 1 号、早日 1-6-1 等
极敏感型	＞10（极显著）	39.0	908、阿勃、阿夫、宁麦 3 号等

（三）使用技术因素

1. 施用部位　植物器官与部位的不同，对生长调节剂反映的敏感程度不同。同一植物的不同器官反应敏感性也不同（如根对 IAA 浓度的反应最敏感，芽次之，茎最迟钝）。2,4-D 防止番茄落花，促进子房生长，需要 10～20 mg/L，只能涂于花上，不能洒在叶片与幼芽上，否则会引起它们的畸变。

施用 IAA 或赤霉素防止落果，药剂的作用在于使果实成为代谢库，以促进植物营养物质向施用部位运输。故处理的部位以果柄，果实为宜。若只喷洒于叶片，则使叶片成为代谢库，将引起相反的作用。

用乙烯利促进橡胶树排胶，应将乙烯利油剂涂于树干割胶口下方宽 2 cm 处。刺激乳胶不断分泌出来，提高产胶量。否则就收不到预期效果。

用萘乙酸或乙烯利刺激凤梨开花，可将药液注入筒状心皮中，直接刺激花序分化，而不是全株喷洒或土壤浇灌。

2. 施用时期　植物生长发育阶段的不同，对调节剂反应敏感性不同。要根据使用目的、生育阶段，药剂特性等因素，从当地实际情况出发，经过试验确定最适宜的用药时期。

如乙烯利催熟棉花，在棉田大部分棉铃的铃期达到 45 d 以上时，有很好的催熟效果。若使用过早，会使棉铃催熟太快，铃重减轻，甚至幼铃脱落，使用过迟，则催熟的意义不大。

黄瓜使用乙烯利诱导雌花形成，必须在幼苗三叶期使用，过迟用药，则早期花的雌、雄性已定，达不到诱导早花的目的。

水稻和小麦的化学杀雄，以在单核期(花粉内容充实期)施药最佳，不育率在95%以上，杀雄率高。过早或过迟施药效果差一些甚至无效。

果树应用NAA作为疏果剂在花后使用，作为保果剂在采前使用。

防止小麦倒伏，应在起身至拔节前应用延缓剂处理。

3. 处理浓度、水量和水质　调节剂适宜的应用浓度是相对的、而不是固定不变的。地区不同、作物、长势、目的、方法不同，调节剂的使用浓度也不同。浓度过低，不能产生应有的效果；浓度过高，会破坏植物的正常生理活动，甚至产生药害。几种调节剂浓度对作用效果的影响见表4-5。

表4-5　调节剂浓度对作用效果的影响

调节剂	浓度/(mg/kg^{-1})	作用效果
乙烯利	80 000	促进橡胶树排胶
	1 000	催熟番茄、香蕉、棉花等
	100～200	诱导黄瓜产生雌花
2,4-D	10～20	防止落花落果
	100～500	抑制生长与萌发
	1 000～2 000	杀死许多双子叶植物
甲哌鎓	20	苗床培育棉花壮苗
	200～300	防止花铃期徒长

常见植物生长物质用量的表示方法有下面几种：①使用浓度：一般是按有效成分的质量浓度计算的，规范的应采用国际标准单位，质量用克(g)、千克(kg)等，体积用升(L)等。以往资料上使用的ppm和稀释倍数在正式出版物中不再使用，ppm相当于1 mg/kg或1 mg/L。②单位面积使用量，规范的是用每公顷使用的药剂有效成分量表示的，对产品多数换算成单位面积使用产品的量。在对用水稀释情况下，单位面积用量(g/hm^2)＝使用浓度(g/kg)×单位面积用水量(kg/hm^2)。

因为不同情况下处理时，用水量并不是完全一样的，在使用植物生长物质时，仅强调使用浓度或使用量是不够的，可能会对使用效果有影响。科学和准确地表示方法，应同时说明使用浓度、单位面积用药量、单位面积用水量中的两个。一般喷施处理时，应根据单位面积需要的有效成分量，结合处理作物特点和喷药器械的性能，计算合适的用水量，配制后处理。在浸蘸处理等情况下，药剂浓度的准确性较重要。

配制药液用水的质量有时也影响药剂效果。水的硬度不同，可能会影响药剂的分散、溶解、稳定性及吸收效率等。被污染的水不能用来配制药液。

4. 施用方式和次数　由于不同PGR进入植物体的途径不同，所以施用方式就有所不同。多效唑进入植物体主要通过根部吸收，所以土施效果明显；甲哌鎓主要从叶面进入植物体，所以叶施。使用次数也影响效果。

(四)环境因素

1. 温度　在一定温度范围内，植物使用PGR的效果一般随温度升高而增大。这是因为温度升高会加大叶面角质层的通透性，加快叶片对PGR的吸收；另外，叶片的蒸腾作用和光合作用增强，植物体内的水分和同化物质的运输也较快，这也有利于PGR在植物体内的传导。

乙烯利的作用直接受到温度的影响。温度高，分解速度加快，效果好；反之，进入植物体内后分解缓慢，应用效果就差。棉花生育后期应用乙烯利催熟时，必须保证有几天的日最高气温在 20℃以上。

2. 湿度　空气湿度高，PGR 在叶面上不易干燥，延长了吸收的时间，进入植物体内的量增多，提高应用效果。

3. 光照　阳光下，气孔开放，有利于 PGR 渗入；另一方面则加快了 PGR 在植物体内的传导阳光。过强起反作用（原因同温度），而且过强的阳光常也会引起某些调节剂活性变化。所以，不宜在中午阳光过强时喷施 PGR。一般在晴天上午 8～10 时，下午 4～6 时施用为宜。

4. 其他环境因素　风、雨等均会降低 PGR 的应用效果。

5. 栽培管理措施　植物生长发育不仅需要植物生长物质，还需要营养、水分、温度、光照等物质和环境条件，品种、种植方式、施肥、浇水、耕作措施等与植物生长物质应用配合，表现出的综合农艺效果（复合效应）。应用植物生长物质要达到理想效果，需要最佳的复合效应，必须重视改善环境与常规栽培措施的配合。例如，应用乙烯促进黄瓜多开雌花和多结瓜，必须配合补充肥水以供应足够营养，否则易出现瓜小、落瓜、早衰等，影响产量和品质。用玉米健壮素等防止玉米倒伏效果很好，可以降低株高，增加抗倒伏能力，但单株营养体积缩小，应配合适当增加密度，才能获得更高产量。棉花的矮密早栽培模式就是在应用 DPC 化学控制基础上，配合增加密度、调整施肥灌溉等措施形成的综合技术体系。

下面以冬小麦上应用 20％甲・多微乳剂拌种培育壮苗为例，来说明水分、温度、土壤质地及平整状况、种子质量、播期、播深、播量等因素和栽培措施对化学控制效果的影响。

（1）温度和湿度　20％甲・多微乳剂的有效作用期与温度和湿度呈负相关，即温度越高，湿度越大，有效作用期越短，而温度和湿度越低，有效作用期越长，且作用效果越强烈。因此，20％甲・多微乳剂的用量应根据当时的具体情况进行确定。若播种较早，气温较高，土壤湿度大，则宜加大用量（4～5 mL/10 kg 种子）；若播种较晚，气温下降，土壤比较干旱时，20％甲・多微乳剂用量宜减轻（1～2 mL/10 kg 种子），或者不做种子处理，待出苗后根据苗情再进行叶面喷施。

（2）播量　因为应用 20％甲・多微乳剂做种子处理后，发芽率和出苗率有所下降，因此生产上应适当增加播量（10％～15％），以保证适宜的基本苗数。

（3）播深　种子处理后由于麦苗的胚芽鞘缩短、地中茎不伸长，使幼苗顶土力减弱、出苗期推迟。因此在生产中应严格控制播种深度，绝不能超过 3～4 cm，否则易造成烂种、烂苗和黄芽苗，严重影响田间出苗率和出苗期。

（4）土壤质地和整地质量　土壤质地和整地质量与 20％甲・多微乳剂种子处理后的出苗有关。黏性土壤中幼苗出土阻力大，并且 20％甲・多微乳剂的降解速度较慢，因而宜减少药剂用量。由于种子处理后小麦幼苗顶土力减弱，因而更应注重整地质量，力求做到上虚下实，无坷垃，无缝隙。

第四节　植物生长调节剂两类效应划分

植物生长调节剂的应用效果受调节剂、作物、环境、人为因素等多种因素影响，要正确评价并科学使用,必须充分考虑这些因素,建立完善的技术体系和灵活的技术参数,以保证稳定的、理想的生产效果。从众多的研究报道和生产总结看,同样的药剂和使用技术表现各异,据个别的试验结果,片面评价和判断技术的可行性是不科学。

北京农业大学李丕明、何钟佩等(1984)首次提出"两类效应"区分,对植物生长调节剂作用的科学认识、评价以及化控技术的发展有重要的指导性意义。

一、基本效应

指调节剂施用后引起植物体形态、功能上的直接变化,在各种实验条件下,只有量(强度)的差异,而没有质(方向)的不同。也可称为简单效应也就是说只要使用合格的、适量的药剂,基本效应均能发生,即使由于土壤、气候、品种(最大多数情况)等差异,会使变化的强度有不同,但趋势和方向总是一致的。

棉花应用 PGR 的基本效应可以总结为以下几条:正在伸长的节间变短;主茎和果枝顶芽的生长优势减弱。冀棉 2 号于 4、5 果枝时(盛蕾期)喷洒 50 mg/L DPC,20 d 后观察发现:叶片数较对照减少 0.6 片,果枝数亦减少 0.6 个,总果节数减少 18 个;尚未定形的叶片叶面积减少,叶片加厚,叶绿素含量增加;腋芽和营养枝的生长势减弱;正出现的芽的生长势加强;促进根系发育,数量增加,活力加强;光合产物和矿质元素向根、叶、蕾、铃的输送和分配增强。

需要指出的是,PGR 基本效应不只是一种,生产上应充分发挥积极的效应,同时尽量避免负效应。一般可通过:①选择合适用量、施用方法、时间和部位,将副作用降至最低;②通过不同调节剂的配合使用,克服单一调节剂的局限性;③同时配合其他栽培管理措施的调整。例如水稻应用多效唑防止倒伏,但会影响穗分化,可以将晚施穗肥改为早施穗肥,促进其分化。

二、复合效应

指在基本效应的基础上,与环境条件、植物状况、水肥管理,株行配制等栽培措施因素共同作用后,植物的综合反应。例如脱落率、烂铃率、成铃率等一类变化不仅有量(强度)的差异,而且有质(方向)的不同。表现在生产效果上,既可能是正结果,也可能是负结果。

生产中要求的效果一般是复合效应,是调节剂、作物、环境、人为措施的综合反应。对复合效应人们早已有认识,但直到 20 世纪 80 年代,中国农业大学作物化控研究室才提出并系统分析了该概念,不仅使对植物生长调节剂应用评价更为科学,而且为了作物化学控制与植物生理学、作物栽培学之间的沟通和结合架起了桥梁,对农业生产实践有重大意义。

第五节 作物化学控制技术的完整内容和评价体系

一、完整目标

世界上每年人工合成和开发的化合物数以千万计,有植物生长调节剂活性的物质也很多,但是在生产上大面积推广应用,形成成熟技术的很是有限。总结这些调节剂及应用技术开发的经验和教训,成功开发要有系统的完整的目标。早期的研究重视应用后的基本效应,有的调节剂研究很多,但生产一直没能使用。农艺效果和经济效益受到重视并逐渐成为调节剂选择和评价的关键。随着人们对健康和环境保护的认识和重视，安全性也是必须和首先考虑的。

概括起来，化控技术的完整目标为：良好的生理效应，稳定的、理想的生产效果，显著的经济效益，安全的农产品和环境效应。

二、完善内容

一项成熟完善的作物化学控制技术，并不仅是简单的药剂处理，而是需要根据生产目标，综合考虑调节剂、作物、环境和人为措施，经过大量反复实验，提出切实可行的、适应于一定地区范围、不同年份的、效果稳定的技术体系，并包括对其效果的评价、目标偏离时的补救措施等。下面以应用20%甲·多微乳剂防止小麦倒伏为例，列出了一项成熟化学控制技术包括的主要内容，见表4-6。

表4-6　一项完善的作物化学控制技术的内容举例

项　目	举　例
控制目标	防止小麦倒伏
应用对象	小麦
适用地区和范围	全国小麦产区群体过大
使用药剂和剂型	20%甲·多微乳剂
使用时期	返青-起身期
使用剂量	30～40 mL/666.7 m^2
使用方法	对水30 kg，叶面喷施
影响因素	风、雨、群体大小等
配套措施	品种选择、肥水运筹等
技术失当的补救措施	过量浇水，喷GA_3缓解
农艺、经济评价	增产8%～13%，产投比30：1
安全性评价	毒性低毒，低残留等

三、评价体系

1. 生理效应评价　药剂施用后，在植物体内所产生的基本效应表现为完全的或主要的是有利于本生长发育阶段各器官的发育，并对以后的发育阶段产生积极的影响。即没有或很少产生不利的副作用。

需要指出的是，衡量PGR的基本生理效应对我们大田作物具有意义的在整株水平而非离体条件下进行。在很多情况下，PGR在整株水平和离体条件下的表现是不一致的。如DPC对纤维伸长的作用，IAA和GA对茎节伸长的作用。PGR一经使用，它所产生的效应是多方面的，这其中包含着有利的作用，也包含着不利的作用。对某一作物来说，应要求PGR的效应主要是有利的，采取有力措施（混用，栽培措施）尽量降低或克服PGR的副作用。

2. 生产效果评价　PGR只表现良好的生理效应对大田作物来说是远远不够的，还需要将基本效应在各种栽培措施和生产条件下转化为理想的生产效果（包括产量提高、品质改善），并要求这一结果具有年度间、地区间的重演性。这是一种 PGR 及其使用技术能否广泛应用的关键。

我国已制定了主要作物上植物生长调节剂的田间药效试验准则，在申请农药登记时，由农业部认证的药效试验单位按相应的试验准则进行。为了提高研发效率，一般在产品开发后期申请登记前，就需要严格按照药效准则进行试验评价。目前我国已制定的调节剂药效准则有：化学杂交剂诱导小麦雄性不育、马铃薯脱叶干燥剂、烟草抑芽剂、棉花生长调节剂、玉米生长调节剂、水稻生长调节剂、大豆生长调节剂、小麦生长调节剂、黄瓜生长调节剂、番茄生长调节剂、葡萄生长调节剂、生长调节剂促进果实着色、生长调节剂促进果树成花与坐果、生长调节剂提高果型指数等 16 项。

3. 经济效益评价　植物生长调节剂一般在特定时期通过喷施、拌种、浸蘸等方法处理作物，操作简便易行。由于植物生长物质直接改变植株和器官(包括产量器官)生长发育和产量品质形成等过程，效果和效益显著，一般直接产出投入比在 10：1 以上。

需要指出的是，同一种 PGR 或同一项化控技术在不同作物上的产投比是不同的。很多在大田作物上经济效益不显著的 PGR 在果树、蔬菜上的情况则不同，因为果、蔬产品的价格较大田作物高，产值和效益高。例如 BR 在大田作物上的应用受限(由于价格的原因)，但是在果树和蔬菜上应用就比较多。另外，如果树上应用着色剂、整形剂等，可以使果实的价格成倍增长，这与大田作物相差很大。

4. 毒理学评价(毒性)　一般从急性毒性、亚急性毒性、慢性毒性、特殊毒性等方面评价。中国和美国农药急性毒性分级标准见表 4-7。

表 4-7　中国、美国农药急性毒性分级标准　　$mg \cdot kg^{-1}$

国别	毒性指标	剧毒	高毒	中等毒	低毒
中国	经口 LD_{50}	<5	5～50	50～500	>500
	经皮 LD_{50}	<20	20～200	200～2 000	>2 000
	吸入 LD_{50}	<20	20～200	200～2 000	>2 000
美国	经口 LD_{50}	<50	50～500	500～5 000	>5 000
	经皮 LD_{50}	<200	200～2 000	2 000～20 000	>20 000
	吸入 LD_{50}	<200	200～2 000	2 000～20 000	>20 000

(1)急性毒性　急性毒性指化学物质 1 次或 24 h 内多次对生物体作用后所产生的毒性。一般用大白鼠或小鼠，经口灌胃、经皮涂敷和空气吸入染毒。

主要评价参数有：

半致死剂量(LD_{50})或浓度(LC_{50})：试验动物 50%死亡的剂量和浓度。

绝对致死剂量(LD_{100})或浓度(LC_{100})：试验动物全部死亡的剂量和浓度。

急性阈剂量或浓度：毒物减到一定程度时，只引起群体中少数个体出现急性中毒症状，如震颤、抽搐、流涎、稀便、嗜睡、昏迷、死亡。

农药排毒系数：$F=Q/LD_{50}\times10^6$，Q 为单位面积一次用量，或某地区年份用量。

排毒系数污染率指数：$A=F/TF$，某单一农药在某区某年各种农药总排毒系数的比例，表示在各农药间潜在危害性。

(2)亚急性毒性　亚急性毒性指化学物质对生物体多次重复作用后产生的毒性，给药期限

2～4 周，每周染毒 7 次，确定农药的累积性。美国和前苏联按农药危险性分级标准见表 4-8。

评价参数：累积系数 = $LD_{50}(n)/LD_{50}(1)$，分次与一次给药 LD_{50} 的比值。

评价分级：<1 高度累积，1～3 明显累积，3～5 中等累积，>5 轻度累积。

表 4-8　美国、前苏联按农药危险性分级标准

国家	部位	极危险	危险	有危险	弱危险
前苏联	眼睛	工作液有强刺激	工作液有弱刺激	高浓度液有刺激	无刺激
	皮肤	工作液有强刺激、皮炎	高浓度液有刺激、皮炎	有刺激	无刺激
国家	部位	重刺激	中刺激	轻刺激	无刺激
美国	眼睛	7 d 内不可逆，视力模糊	7 d 内可逆，视力模糊	7 d 内可恢复性刺激	无刺激
	皮肤	72 h 内有损伤	72 h 内有中等刺激	72 h 内有轻刺激	无刺激

(3)慢性毒性　慢性毒性指化学物质对生物体长期低剂量作用后产生的毒性。用大鼠染毒期限 1～2 年。

评价参数主要有：

慢性毒性阈剂量：只引起群体中少数个体出现慢性中毒效应的最小剂量或浓度，中毒作用包括神经、生理、生化、血液、免疫、病理等方面不利影响。

最大无作用剂量或浓度：用最敏感的实验动物，长期接触被试物，用最敏感的观察指标来检验，也不会产生任何损害作用的最大剂量或浓度。动物除鼠外，还有兔、狗、猴等用来检验。

每日允许摄入量(ADI)：人体长期每天摄入某种农药，对健康不引起可觉察有害作用的剂量。用动物慢性毒性实验得到的最大无作用剂量，除以一定系数(一般用 100)。一般用大鼠。

农药最大残留限量(MRL)：农畜产品、呼吸空气、饮用水中农药残留最大允许浓度。为 ADI 的 60 倍。

(4)特殊毒性　指致癌、致畸、致突变作用(三致效应)。

致癌：通过动物诱变癌(可疑或潜在)试验和接触人群流行病调查(肯定)来判定。

致畸：用实验动物实验，确定农药干扰胚胎或胎儿正常生长发育，形成畸胎或畸形儿的毒性，确定对人潜在的致畸作用。

致突变：农药损伤生物遗传物质，导致不可逆诱变的作用。一般用微生物诱变、哺乳动物细胞培养和整体动物实验。

在目前生产上应用的调节剂中，对三致效应有过很多怀疑和研究，但除 2,4,5-T 外基本上都没有可靠的证据。2,4,5-T 是苯氧乙酸类物质，原用做调节剂和除草剂，在其生产/降解过程中产生二噁英。对接触人群调查基本肯定其三致效应。

对 2,4-D 等其他苯氧乙酸类研究结果不统一。目前没有导致三致效应的充分证据。

乙烯利、矮壮素：因含有氯乙基，代谢中可能产生氯乙烯类致癌物，大剂量动物实验阳性，但正常使用在环境中基本不积累。

乙烯：也曾被怀疑致癌，但研究发现对人类无三致效应，甚至对环境致癌物有保护作用，可抑制小白鼠肺肿瘤。

西维因(甲奈威)：是氨基甲酸酯类物质，动物实验阳性，可能是与消化道内亚硝酸盐反应生成亚硝胺。

青鲜素:在20世纪五六十年代已有报告指出,MH的结构与尿嘧啶相似,而成为它的抗代谢物,掺入RNA中并抑制尿嘧啶的掺入。MH可使老鼠的染色体断裂,在马铃薯中的残留物可使老鼠生育能力下降。但20世纪70年代的研究证明,食物中MH的残留量远远不能影响老鼠肝脏微粒体的酶溶性;用许多哺乳动物细胞进行的实验也都得到了否定的结果。1977年美国环境质量研究所实验结果表明,MH对动植物有三致效应,致突变和癌变的作用,但对人类却没有一例致突变或癌变的效应。有研究表明MH代谢后形成的同化物肼有致癌作用。规定其残留限量(mg/kg):马铃薯50、洋葱15,烟叶50～100。

B_9:20世纪80年代怀疑有三致效应,有些国家禁用。1992年WHO进行第二阶段评估,认为其中偏二甲肼低于30 mg/kg,可使用。很多国家对进口花生控制B_9残留量,我国在花生上已禁用。

5. 环境安全评价(残留残效)　植物生长调节剂对环境的影响可能涉及很多方面,环境问题日益突出的今天,任何可能造成环境污染和破坏生态条件的栽培措施都会逐渐失去生命力。一般来看,植物生长物质不是杀灭有害生物,而是调控作物本身,所以一般毒性低,植物体内天然存在或易于代谢,在植物、产品和环境中残留低,对生物和环境安全性高。从目前国内外农药安全性评价标准看,多属于微毒、基本无残留的安全级产品。

(1)环境安全评价准则和方法　按照我国农药登记管理制度要求,在植物生长调节剂获准生产和应用前,必须进行环境生态学评价,并制定了农药环境安全评价准则。在进行环境安全评价时,一般包括3方面资料:

①必备资料　指由国家环境保护局规定的项目,它是评价环境安全性的核心资料。主要包括:

A. 基本理化性质与环境行为特征指标　水溶性、蒸气压、分配系数;挥发作用、土壤吸附作用、淋溶作用、土壤降解作用、水解作风、光降解作用、富集作用。

B. 非靶生物的毒性指标　鸟类、蜜蜂、家蚕、天敌(赤眼蜂、蛙类)、鱼类、水蚤、藻类、蚯蚓、土壤微生物。

②基础资料　基础资料可参照或引自化工部门、卫生部门或农业部门提供的实验数据,主要应包括:

A. 农药理化特性指标　农药通用名、化学名、结构式、有效成分含量及杂质成分、熔点、沸点、密度、外观、吸收光谱——紫外、可见光谱,乳化性、悬浮性、储藏稳定性。

B. 推荐农药使用模式与作物残留资料　剂型、施用方法、施用时间、施用数量、施用地区、施用范围、农药在作物上的最终残留量和MRL值。

C. 农药的毒理学指标　农药对温血动物急性毒性、亚急性毒性、慢性毒性与三致试验资料及ADI值。

③附加资料　指在审查必备资料时认为还须补充提供的一些试验项目。对溶解度大、吸附性弱、有可能污染水体的,必要时须做对地下水影响评价试验。在土壤中积累性强、可能产生危害环境的降解产物的,须增做有毒降解物的环境行为与生物效应试验。对一些脂溶性强、毒性大、生物体内难降解的农药,须进一步做富集性试验与慢性毒性试验。

(2)评价程序　对拟评价的农药品种,首先要测定其与环境行为密切相关的几个理化指标,包括水溶性、蒸气压、分配系数,然后同时进行对非靶生物的急性毒性试验与农药的环境行为特征试验。

在非靶生物的毒性试验中，在旱地上喷施、撒施的，须做陆生生物毒性试验，包括对鸟类、蜜蜂、家蚕、天敌、蚯蚓与土壤微生物的影响；用做土壤处理的，仅须做对蚯蚓、土壤生物的影响；种子包衣或用做毒饵的农药，只需做对鸟类的毒性；而对虽用于旱地，但其残留性与移动性都很强，有污染水体危害的农药，须做对水生物毒性试验。用于水田或直接用于水域的农药，须做对水生生物的毒性试验，包括鱼类、水蚤和藻类；对一些挥发性、飘移性强，用于水田的农药，应增加做对陆生生物的毒性试验。环境行为试验部分，分在水域施用与在农田施用（包括旱地和水田）两种不同情况：直接用于水域的农药，须做在水体中的降解性试验，对其中难降解的农药，还须做在鱼体内的富集试验与慢性毒性试验；用于农田的农药，首先要做土壤降解试验，对其中难降解的农药，既要求做对蚯蚓、鸟类的富集试验和慢性试验，又要求做在土壤中的移动性能的测定；对其中移动性强，又有可能污染水体的农药，还要进一步做农药在水体中的降解试验与在鱼体内的富集试验和慢性毒性试验，必要时还要做对地下水影响评价试验。对一些蒸气压高的农药，须做挥发性试验。

上述评价试验程序适用于杀虫剂、杀菌剂、除草剂与植物生长调节剂在农田或水域中施用时的情况。对一些可能进入环境的其他有毒化学品的评价试验，也可参照本试验程序试行。以上是新农药在申请登记时需要做的农药环境安全性预评价工作。

（3）评价指标和试验方法　由于各项指标测定方法内容较多，主要是由专业人员完成的，在此不详细叙述。有关人员可参考准则全文。这里仅就某些指标的分级标准简要介绍。

溶解度：据水溶性大小分为3类：溶解度<0.5 mg/L的，生物富集性较高，对生态系统有一定的危险性；溶解度在0.5～50.0 mg/L之间的，可能有一定危险性，使用时应注意安全；溶解度>50.0 mg/L的，不易在生物体内富集，但易引起急性危害。

淋溶作用：根据土壤层层析法 R_f 值，分为5个等级：极易移动0.90～1.00；可移动0.65～0.89；中等移动0.35～0.64；不易移动0.10～0.34；不移动0.00～0.09。

土壤降解作用：按照农药半衰期（$T_{1/2}$）值分为3个等级：<3个月为易降解农药，3～12个月的为中等残留性农药，>12个月为长残留农药。

鸟类毒性试验：国际常用鸽、鹌鹑、雉、野鸭、孟加拉雀等，鹌鹑较理想。根据急性 LD_{50} 分为3个等级：>150 mg/kg为低毒，15～150 mg/kg为中毒，<15 mg/kg为高毒。

蜜蜂毒性试验：在国外有的同时用蜜蜂和野蜂，我国目前建议用养殖普遍的意大利成年工蜂。根据急性 LD_{50}，将农药分为3个等级：高毒0.001～1.99 μg/蜂，中毒2.0～10.99 μg/蜂，低毒>11.0 μg/蜂。凡试验结果 LD_{50}<10 μg/峰的农药，须进一步考虑做田间毒性试验。

蚯蚓毒性试验：国外多用日本的赤子爱胜蚯蚓，我国也已普遍养殖。按照 LC_{50} 分为3个等级：<1 mg/L高毒，1～10 mg/L中毒，>10 mg/L低毒。

土壤微生物毒性试验：用土壤中 CO_2 释放量的变化，反映土壤微生物受抑制程度，分为3个等级：1 mg/L处理土壤，15 d内抑制值>50%的为高毒；10 mg/L处理土壤，抑制值>50%的为中毒；抑制值<50%的为低毒。

鱼类毒性试验：国际上常用试验鱼种有斑马鱼、鲤鱼、夏裨鱼、黑头软口鲦、翻车鱼、底鳉、虹鳟，我国多用鲤鱼。一般按 LC_{50} 分为3个等级：>10 mg/L为低毒，1.0～10 mg/L为中毒，<1.0 mg/L为农药。

蛙类、水蚤毒性试验：毒性划分可参照鱼类的等级标准。

（4）影响农药环境安全性的因素　农药对环境的安全性与农药性质、施用方法及施用区气候、土壤等条件密切相关：

①农药的理化性质　农药理化性质指标，从不同方面影响农药对环境的安全性，其中影响最大的有：

蒸气压：农药蒸气压影响农药进入环境后在气、水、土各介质间迁移、扩散与再分配特性，蒸气压愈大，愈容易从土壤或水域环境转向大气空间，就容易引起农药光降解作用。

水溶性：影响农药在环境中的移动性、吸附性、生物富集性和毒性。水溶性大的易从农田流向水体，或渗漏入地下水中，也易被生物吸收引起急性危害；水溶性弱，脂溶性强的农药，容易在生物体内积累，引起对生物的慢性危害。

分配系数：农药在互不相溶的两种极性与非极性溶剂中的分配能力，分配系数大的易在非生物质和生物体内富集；分配系数小的，容易在环境中扩散和扩大污染范围。

化学稳定性：指农药进入环境后，遭受物理、化学因子影响时，分解难易程度的指标，这是评价农药在环境中稳定性基础资料。

杂质成分：一般优质农药中杂质影响不大，但有些农药的杂质成分是影响环境安全的主要对象，农药纯度和不纯物成分必须在基础资料中提供。

②农药环境行为特征　农药环境行为是指农药进入环境后，在环境中迁移转化过程中的表现，其中包括物理行为、化学行为与生物效应等3个方面，它比农药理化特性指标更直观地反映对生态环境影响。主要指标有：

挥发作用：指自然条件下农药从植物表面、水面与土壤表面挥发逸入大气的现象，其大小与农药蒸气压、施药区土壤和气候有关。在高温、湿润、沙质的土壤中农药较易挥发。挥发性，也会影响农药在土壤中持留性及在环境中再分配情况，挥发性大的一般持留较短，环境影响范围较大。

土壤吸附作用：指农药被吸持在土壤中的能力，其强弱决定于农药水溶性、分配系数与离解特性和土壤性质等。水溶性小、分配系数大、离解作用强的农药易被土壤吸附。有机质含量高、代换量大、质地黏重的土壤，易吸附农药。吸附性能强弱，对农药的生物活性、残留性与移动性都有很大影响，被土壤强烈吸附后其生物活性与微生物降解性能都减弱。

淋溶作用：指农药在土壤中随水垂直向下移动的能力，是评价地下水污染危险的重要指标。影响淋溶作用的因子与吸附作用基本相同，恰好成反相关关系。一般吸附作用愈强，淋溶作用愈弱。另外与气候、土壤条件有关，多雨、砂性土区，农药容易被淋溶。

土壤降解作用：自然条件下包括微生物降解、化学降解与光降解3部分。影响因子有农药性质、气候、土壤条件等。高温湿润、有机质含量高、微生物活跃和偏碱地区，农药易降解。农药土壤降解是评价环境危害的重要指标，持留愈长，污染环境和对环境生物、人类潜在威胁愈大。

水环境中的降解与水解作用：是农药在水环境中遭受微生物降解、化学降解与光降解的总称，是评价在水体中残留特性的指标。一般农药在高温、偏碱性的水体中容易降解。

农药光降解：指挥发进入大气中、残留在作物、水体和土壤表面的农药在阳光下降解的能力。其难易与农药性质、施药季节光强、农药存在状态、光敏物质有关。溶液中含有丙酮或环境中有胡敏酸、富啡酸等时，促进一般农药光降解。

生物富集作用：指农药从环境中进入生物体内蓄积，进而在食物链中互相传递与富集的能力。其大小与农药水溶性、分配系数、生物种类、生物体脂肪含量、生物对农药代谢能力等因子有关。农药的生物富集能力愈强，对生物的污染与慢性危害愈大。

③农药施用方法　农药的不同施用方式对农药在环境中的行为与对非靶生物安全性影响关系极大，主要影响因子有：

剂型：不同剂型对农药在环境中的残留性、移动性和对非靶生物的危害性均有影响。残留性一般颗粒剂>粉剂>乳剂，而对非靶生物接触危害的程度刚好反相关。

施药方法：喷施、撒施，特别是用飞机喷洒的方式，影响范围广，对非靶生物的危害性大；条施、穴施和土壤处理，污染范围小，对非靶生物比较安全。

施药时间：与气候条件、非靶生物生长发育期有关。高温多雨地区，农药容易在环境中降解与消散，在非靶生物活动期与繁殖期喷洒农药，对非靶生物的杀伤率大。另外施药时间对农产品是否遭污染关系十分密切。

施药数量：农药对环境的危害性主要决定于农药毒性与用量 2 个因子。高毒农药，只要将其用量控制在允许值范围内，就不会造成对环境的实际危害。相反，低毒农药用量过大，同样会造成危害。

施药地区与施药范围：主要与当地气候和土壤有关，高温多雨区，农药在环境中消减速率较快；在稻田或碱性土中施用农药，一般比在旱地或酸性土中降解要快。施药范围愈广，影响面愈大，在水源保护区、风景旅游区与珍稀物种保护区施用农药，更应注意安全。

④农药对非靶生物的影响　在靶生物与非靶生物并存的环境中，使用农药难免对非靶生物会造成一定的危害。不同的农药品种，由于其施药对象、施药方式、毒性及其危及生物种类的不同，其影响程度也随之而异。环境生物种类很多，在评价时只能选择有代表性的，并具有一定经济价值的生物品种，其中包括陆生生物、水生生物和土壤生物作为评价指标。

(5)调节剂的残留和残效　植物生长物质应用后，落在植物、土壤或散布在空气中，都会不断分解直到完全消失。残存在生物体、农副产品和环境中的微量农药原体、有毒代谢物、降解物和杂质的总称为残留。植物生长物质的残留对药效的稳定和持久性有好处，但是在农副产品中残留过高，可能会对人畜等有害，在环境中残留过长过多，可能会污染环境，或引起下茬作物产生影响(即残效)。

残留的时间一般用半衰期表示，也就是农药在某种条件下，降解一半需要的时间。一般调节剂残留时间是几天或 20 d，乙烯利残留时间较短，B_9 残留时间较长，在果树上经过 4 个月才消失 20%，残留期可达 1 年以上，在花生上可通过种子连续 3 年还保持植物矮化形状。在果树上应用 1～2 年后种植豆科作物，仍表现出抑制作用。

残留量一般用每千克样本(如植物材料、土壤、农产品等)含有的残留物量(可用毫克、微克等)的表示。

经常可观察到植物生长物质应用后对后茬作物有影响，即残效。有些残效是积极的，多数是消极的。例如多效唑在土壤中代谢慢，在水稻田应用多效唑防止倒伏，后茬若种油菜，土壤中残留的多效唑延缓油菜生长，可降低结果节位、防止倒伏、提高产量。但是多效唑在旱地作物上使用，土壤残留时间长，使用多效唑的果园间作或后作花生、绿豆，会影响出苗、生长和产量，限制了其推广应用。

调节膦是一种适用于花生的调节剂，它不仅可以有效地调整株型、防止倒伏，并且能较好的提高产量。但是，深入研究发现，调节膦在花生种子中的残留量较高，并且会连续影响第二代，第三代植株的生长和产量。因此，它在花生上的应用只是昙花一现。

多效唑在农产品和土壤中的残留得到了广泛的关注。多效唑在土壤中的垂直移动缓慢,降解也慢,旱地施用残留期在一年以上,水田降解要快一些。常表现影响下茬作物。经过多种作物(水稻、花生、豆科、油菜、苹果)上进行的研究表明,参照FAO/WHO资助的《食物中农药残留》一书介绍,其在上述作物食用部分的残留是安全的,不至于对人畜造成危害。但它在土壤中的残留及对下茬作物的影响限制了多效唑的广泛推广和应用,在北方旱田尤其明显。

美国环保局限制MH在马铃薯和洋葱中的残留量的允许范围分别是50 mg/L和10 mg/L,在烟叶中为50～100 mg/L。前苏联政府卫生部也规定用MH处理马铃薯植株应在收获前12～15 d进行,喷洒量不能超过2.5 kg/km^2。我国有关部门仍未对MH拟出具体规定。但有人指出,不宜施用于食用的作物,特别是安全间隔短的时候。可以施用于烟草、非食用作物。

与目前生产上应用的化肥、杀虫剂、杀菌剂、除草剂等农化产品比,多数植物生长物质对环境、人类、其他生物是高度安全的,但也有个别是不安全的,应加强安全性评价和严格管理,并采用科学合理使用技术,避免和减轻残留和残效,提高安全性。主要可从以下各方面考虑:

调节剂种类选择。在具有同样效果的原则下,选用残留期短的,毒性低的种类,提倡推广生物源植物生长调节剂。

提高药效,降低用量。例如使用表面活性剂等增强展着性能和渗透力,通过调节剂配合使用,增效,间接减少用量和残留量。

采用合理应用技术。如合理施用浓度、次数、时期和方法。在不影响生理效应的前提下,尽量减少用量。利用种子处理、浸沾等在作物生育早期施用,以降低土壤中和植物体内的残留量,严禁在食用作物(粮食、蔬菜、水果等)临近收获时使用较高毒性或残留期较长的调节剂。

第六节 作物化学控制技术的发展策略和三种应用模式

一项技术从开始应用到成熟需要经历一个逐步完善的过程。作物化学控制技术的发展,也是如此。根据时间顺序化学控制技术的应用可划分为3种模式,即对症应用模式,系统化控(全程化控)模式,化控栽培工程模式。这3种模式的发展形成有一定时间顺序性,模式的内涵和实质也依次变得复杂,但是也更有利于产量的提高。

一、对症应用

针对作物遗传上的不足或环境条件的限制,应用植物生长物质的直接效应,应急或短期解决生产问题或难题。对症应用是化学控制技术的初级阶段,虽然它已经发挥了传统无法代替的作用,但是在提高产量方面尚有潜力可挖。

对症应用常作为一种附加措施解决传统措施无法解决的卡脖子难题,不改变原有的栽培格局。例如棉花的徒长,在7～8月份高温季节,水肥碰头造成的徒长,传统措施并没有有效的方法,只能采取深度伤根的方法和推迟施肥的时间,这两种方法不仅对棉花产量形成有不利的影响,并且抑制徒长的效果也不是经常如愿。DPC这种PGR出现后,在初花期喷洒一次或花铃期再补喷一次(南方多雨地区)就轻而易举地“手到病除”。

二、定向诱导和系统化学控制

(一)定量、定位地控制基本效应(定向诱导) 定向诱导:根据作物生长的需要,通过数次应用植物生长物质,持续地影响植物内源激素系统,在基因表达基础上,从种子萌发开始对植物的生长发育进行定向的诱导,使其向人们预期目标发展。

作物栽培历史悠久,但基本上都是着眼于改善作物生长环境,缺乏从植物本身生长发育的考虑和调控手段。植物激素信号系统的研究和生长调节剂开发应用为直接提供了可能,是作物栽培思想的重大革新。

应用植物生长调节剂,不仅可以诱导特定器官或部位的变化,而且可以通过改变使用时期、剂量,控制变化的强度和量,实现对作物生长定向定量的控制,主动操纵植物生长,使之向人类要求发展,生产更多更好的产品。

典型的例子使植物组织培养繁殖植物,外植体培养形成愈伤组织后,发根、长芽,还是继续维持愈伤组织,完全是通过改变培养基组分控制的,其中关键是IAA和CTK的含量和比例。

器官水平定向定量诱导的一个典型例子是DPC对棉花主茎生长的影响。棉花同时伸长的节间可达5个,一般情况下倒数第三节间伸长最快,个别时候倒数第二个节间生长最快。如果使用DPC时主茎出现的节间数为N,则控制部位为N－N＋3(N＋7);N－N－1(N－3)。用药时间决定控制部位,用药剂量决定控制强度用药量越大,控制的强度越高,即主茎的节间越短。

(二)系统化控(全程化控) 按照生产目标,根据作物生长发育程序,在作物整个生长季节期间,采用一系列必要的植物生长调节剂,在调节内源激素系统和基因表达基础上,从种子萌发开始对植物整个生长发育过程进行定向诱导,实现整株全态化控,从而实现丰产优质。

系统化控的特征是"定向诱导",极大地发挥了生产者调控植物生长发育的主动性。对于大多大田作物科学地、规范地运用系统化控技术是深入开发增产潜力的关键。定向诱导的目的如下:修饰植株外形与改善内部生理功能,达到同步协调地上部与地下部器官的发育。塑造理想株型并优化产品器官的建成。系统化控(全程化控)的概念从北农大化控室提出后已逐渐为广大科研工作者接受。

三、双重调控和化学控制栽培工程

化学控制栽培工程的含义:化控技术与常规栽培措施有机融合的新技术体系,通过对作物内部信息系统和外部环境的"双重调控",更有效地控制作物的生长发育过程,为农业高产高效和优质提供了极大可能,并使作物栽培过程接近于有目标设计、可控制生产流程的工业工程。

(一)作物双重调控理论 通过使用植物生长物质改变植物内源激素调节生长发育,同时配合传统的栽培管理措施以改善植物的外部环境,两者有机融合,使对作物的调控更加有效。

(二)作物化控栽培工程理论 从种子萌发开始,采用一系列植物生长调节剂,在调节内源激素系统及基因表达基础上,对植物生长发育过程进行定向诱导和系统化控。被调控的作物形态与生理功能的变化,无论从个体或是群体,对物质能量和环境需求均发生了变化。据此将常规栽培措施进行革新,使之更符合变化了的植株或群体的需要,更好发挥化控技术的增产作用。这种将系统化控与传统栽培措施互相融合的技术体系,就是化控栽培工程。实质和特征是对作物从外部环境和内部激素系统的双重调控。

(三)作物化控栽培工程构建策略 对某地区某个作物化控栽培工程的构建需要大量的研究和实践工作,反复验证,确定适宜的技术参数,并根据条件改变适当调整。概括如下:

1. 定目标 据预期的产量、品质目标,结合当地生态条件、土壤条件、品种特性、作物生长发育规律及需求,对株型,田间群体结构的形成过程有一个合理的设计,确定各生育阶段控制目标。如黄淮海地区冬小麦生产上,苗期要苗齐、匀、壮;越冬要稳、壮、少死蘖;春季早返青,防旺长加快灌浆强度和持续期;后期早熟不早衰等。

2.“选药定方”,定量、定位地控制基本效应 根据既定目标,选择合适的调节剂及使用方法,这是化控栽培工程的物化载体和主体构成。一个调节剂的筛选要考虑四效:生理效应、生产效果、经济效益、环境生态效应,缺一不可。例如油菜素内酯(BR)实验室内效应好,但大田效果不稳定;6-苄基腺嘌呤(6-BA)防衰效果好,但生产成本高,大田应用不经济;青鲜素(MH)效果好,但可能有致癌作用;多效唑(PP_{333})在土壤小的残留残效的问题日益突出;以上问题均限制了调节剂的应用。

药剂使用技术包括:使用时期,可以一次或多次;施用剂量;施用方法;外界条件和农艺措施对技术效果的影响;技术失误的补救措施。调节剂的作用机理决定了其效果对时期、浓度、方法和环境的要求相对严格,再好的产品,没有完善的使用方法,也难以奏效,甚至适得其反。

3. 提供完善技术参数,诱导最佳复合效应 大量的研究已经表明,随作物种类、品种、栽培措施生产条件的变化,同样浓度的PGR的效应不同。因此,在广泛推广、应用某一技术之前,应当在各种条件下开展研究,进一步因地制宜,因时制宜确定适宜的使用浓度、时间等。如研究不同小麦品种多效唑控制株高的效应;研究不同浓度IFA在各种环境条件和栽培措施下对地中茎、胚芽鞘伸长的影响。抗虫棉似乎对DPC较普通棉花敏感。

4. 配套技术改革 把化控技术作为常规手段引入栽培体系后,其他措施如品种、密度、种植方式、耕作措施、肥水运筹、收获方法等必然要发生变革,以适应新体系下作物的需求。

5. 化控栽培工程的建立和完善 化控技术和配套技术的改革是相辅相成的,要经多年研究,反复实践,才能确定最佳的配合方式,确定技术参数范围,并因地制宜地调整和完善。

6. 化控栽培工程和推广

参考文献

[1] 韩碧文,邵莉楣,陈虎保. 植物生长物质. 北京:科学出版社,1987.

[2] 韩德元. 植物生长调节剂原理与应用. 北京:北京科学技术出版社,1997.

[3] 何钟佩,田晓莉,段留生. 作物激素生理及化学控制. 北京:中国农业大学出版社,1997.

[4] 李曙轩. 植物生长调节剂与农业生产. 北京:科学出版社,1989.

[5] 中华人民共和国农业部农药检定所. 农药田间药效试验准则(二). 北京:中国标准出版社,2000.

[6] 潘瑞炽,李玲. 植物生长发育的化学控制. 2版. 广州:广东高等教育出版社,1999.

[7] 王熹,俞美玉,陶龙兴,等. 作物化控原理. 北京:中国农业科技出版社,1997.

[8] 徐绍颖. 植物生长调节剂与果树生产. 上海:上海科学技术出版社,1987.

[9] 张大弟,张晓红. 农药污染与防治. 北京:化学工业出版社,2001.

[10] 王沬. 农药管理学. 北京:化学工业出版社,2003.

[11] 中华人民共和国农业部农药检定所. 2004农药管理信息汇编. 北京:中国农业出版社,2004.

[12] Buchanan B B,Gruissem W,Jones R L. Biochemistry& Molecular Biology of Plants. The American Society of Plant Physiology,2003.

[13] Davies P J. Plant Hormones: Physiology,Biochemistry and Molecular Biology. Dordrecht/Boston/London:Kluwer Academic Publishers, 1995.

[14] McLaren J S. Chemical Manipulation of Crop Growth and Development. Mackays of Chatham Ltd.

(1982).

[15] Nicekll L G. Plant Growth Regulators: Agricultural Uses. New York: Spring - Verlag, 1982.

[16] Purohit S S. Hormonal Regulation of Plant Growth and Development. The Netherlands and Agro Botanical Publishers, 1985.

[17] Kefeli V I, Kalevitch M V, Borsari. B. Natural Growth Inhibitors and Phytohormones in Plants and Environment. Dordrecht/Boston/London: Kluwer Academic Publishers, 2003.

复习思考题

1. 名词解释：调节剂的钝化，调节剂的作用期，“反跳”效应，简单效应和复合效应，急性毒性，慢性毒性，特殊毒性，三致效应，半致死剂量(LD_{50})，绝对致死浓度(LC_{100})，每日允许摄入量(ADI)，农药最大参量限量(MRL)，调节剂残留，调节剂残效，系统化控，化学控制栽培工程
2. 哪些因素影响调节剂药液在植物表面的存留？
3. 植物生长调剂从哪些途径可以进入植物体？
4. 植物生长调节剂可以通过哪些可能途径在植物体内运输？
5. 调节剂进入植物体内可能会有哪些变化？举例说明。
6. 调节剂调节作物生长发育的一般原理是什么？
7. 说明植物生长延缓剂从哪些途径可以抑制赤霉素的作用。
8. 乙烯的抑制剂有哪些？各是从哪些位点起作用的？
9. 三碘苯甲酸为什么可以抑制植物生长？
10. 植物生长调节剂应用技术有哪些特点？
11. 哪些因素可能会影响植物生长调节剂的效果？
12. 举例说明调节剂的简单效应和复合效应。
13. 一项成熟的化学控制技术应该包括哪些内容？
14. 一般从哪些方面对调节剂和应用技术进行适用性评价？
15. 从哪些方面对调节剂的环境安全性进行评价？
16. 常见的毒理学评价内容和指标？
17. 你对化控技术发展的 3 种模式是怎样理解的？

讨 论 题

1. 从植物、环境、药剂、栽培措施等方面说明哪些因素影响调节剂施用效果。
2. 你承担某单位委托的调节剂试验，但结果与委托单位不同，请你从影响调节剂效果的因素分析可能的原因？
3. 某厂家要到该地推广他们的植物生长调节剂产品和应用技术，如果您是当地农业技术主管人员，您如何评价该技术是否值得推广？
4. 乙烯利可以用做果实的催熟剂，有人推论说，“人吃了催熟的水果、蔬菜会早熟”，根据你掌握的调节剂知识，查阅资料，就此讨论并为报纸写一篇科普短文。
5. 以 20%甲哌鎓·多效唑微乳剂控制小麦茎秆节间伸长为例，讨论“反跳”的生理机制。

第五章　主要农作物的化学控制技术

自从1928年Went发现生长素以来，70多年来植物激素的研究得到迅速的发展。在20世纪30年代，生长素在生产上的应用规模是很有限的。1932年，Redrizey使用乙烯和乙炔促进凤梨开花获得成功。40年代，随着苯酚类化合物的合成，大大推动了PGRs的应用范围，除了用于促进扦插生根外，还包括用于果树的年前落果，促进结实，形成无籽果实等。30—60年代，园艺作物应用PGRs的研究成果极为丰富，但关于大田作物的却很少。

20世纪60年代初期欧洲大面积应用CCC防止麦类倒伏，是大田作物应用植物生长物质成功为数不多的实例之一。由于大田条件更复杂，施用技术较困难，再加上经济效益的考虑，粮、棉、油等大田作物应用PGRs的研究进展缓慢。

自20世纪70年代以来，由于植物生理学家和农学家的密切而有效地合作，成功推广了赤霉素(GA)、乙烯利、缩节安(DPC)、多效唑等PGR，不仅创建了一批行之有效的应用技术，而且也将单一的"植物生长物质的农业应用"的技术概念，升华为"作物生长发育的化学控制"的学术概念。在我国，作物化学控制技术成功在大田作物生产中，发挥了克服环境限制、缓和遗传限制、改善品质、提高产量、改善收获与贮存条件等条件方面的积极作用，经济效益与社会效益斐然。

随着作物生长发育化学控制研究的广泛深入，作物生理学家与栽培学家更重视研究植物生长延缓剂的应用，以适应农业生产的发展。因为传统措施中促进作物生长的技术，如施肥、灌水等十分简便而有效，而控制作物生长的技术，如中耕、整枝、烤田等则常伴有消极的后果，且费时费工。目前，化学控制技术在各种作物上的应用十分广泛，形成了很多有特色的技术。

目前化学控制技术在各种作物上的应用已十分广泛，并有多部相关书籍出版。限于本教材篇幅和教学时间，本章在概括性介绍的基础上，对我国主要作物上典型、成熟和有特色的技术做重点介绍，勾画目前国内外作物化控技术应用的全貌。对各种作物化控技术的系统、详细了解，可以参阅本章所列参考书。

第一节　粮食作物化学控制技术

粮食作物主要包括小麦、水稻、玉米、大豆等，在国民经济的发展中具有重要的战略地位。为了提高粮食作物的产量和品质，满足人类的自身需求，从新品种的培育到配套栽培技术的改进，人们进行了不断的研究和探索。但有些问题，如育种上的杂交亲本花期相遇，栽培上的培育壮苗、分蘖成穗、防止倒伏、杂种优势利用等问题，采用传统的技术手段虽然有一定的效果，但成本较高。植物生长调节剂的成功问世，为降低生产成本、节省人力展示了广阔前景。

一、水稻化学控制技术

水稻是我国第一大粮食作物，栽培中常常遇到秧苗素质差、徒长倒伏、杂交制种花期不遇、制种产量低等问题，采用常规的栽培技术解决这些问题虽有一定的作用，但比较费工费时且收效不大。而采用生长调节剂调控，则可有效地解决这些难题。

目前，在水稻生产上应用的化控技术主要有培育壮秧、防止倒伏、提高三系法杂交稻制种的产量、化学杀雄等。其中，应用 GA 提高三系法杂交稻制种产量和化学杀雄这两项技术开展较早(始于 20 世纪 70 年代)，而应用多效唑(烯效唑)培育壮秧成熟的培育壮秧技术形成于 20 世纪 80 年代中后期。

(一)培育壮秧

1. 生产问题及传统解决方法　育秧是水稻生产上的第一个重要环节。但在育秧过程中，由于密度大，光照不足和肥水管理等原因，很容易造成徒长，形成细高弱苗。我国长江中下游双季稻种植区，连作晚稻正值盛夏，秧苗生长迅速。又因茬口限制，秧龄又偏长，使移栽时苗体常过大，栽后易败苗、迟发，这不仅延误季节，而且影响产量。特别是推广连作晚稻种植杂交稻以来，这一问题更为突出，有时不得不先割叶、后拔秧移栽，成为该稻区高产稳产的一大障碍。而东北地区春季寒冷，华南地区早春低温多雨，常常冻死早稻秧苗。因此，必须培育矮壮秧，增加分蘖数，使移栽后发根快而多。

传统栽培措施常用秧田稀播、肥水控制等或用“两段育秧”技术缓解上述矛盾。然而，往往因秧苗素质低、秧田杂草危害严重、或因秧田面积过大及农事辛劳而不如人意。特别是近年来，随着农村产业结构调整，农业劳动力增值，“两段育秧”面积逐年下降，连作晚稻单产也随之下降，迫切需要一种低成本、省力、有效的新技术，来克服因连作晚稻秧苗素质低劣所引起的连作晚稻减产，尤其是连作晚稻杂交组合产量日渐下降的趋势。

2. 调节剂在培育水稻壮秧上应用概况　水稻壮秧的标准是“矮壮带蘖、栽后早发”，这也是稻作高产工程的基础。利用 NAA、MH、乙烯利等控制连作晚稻秧苗徒长和促进壮秧的研究，陆陆续续进行了数十年，虽均有效果，但由于种种实际问题而难以大面积推广应用。目前比较成熟且在生产上得到应用推广的是多效唑和稀效唑壮秧技术。

(1)乙烯利　上海市农业科学院等曾经推荐使用 1 000 mg/L 乙烯利控制连作晚稻秧苗徒长。

①主要技术效果

A. 提高秧苗素质　乙烯利处理能显著提高水稻秧苗素质，秧苗基部宽度和单位长度干重明显增加，叶鞘内养分积累增多，“扁蒲”粗矮。秧苗出叶速度加快，叶色深绿，单叶光合效率明显高于对照。以双丰一号为例，处理后 20 d，秧苗叶数达 9.8 片，对照仅 9.2 片。秧苗移栽前和移栽后，根系吸收能力增强，单株发根力强，根量多，返青快。

B. 控制后季稻秧苗的高度　从喷药时期看，后期喷用较前期喷用效果好。喷药次数，则以喷 2 次较好，秧苗高度可以控制在 40 cm 左右，比对照矮约 10 cm，比对照下降 1/4 左右。乙烯利处理秧苗受控的叶位符合“$n+2$”的规律。即施药时的叶龄为 n 时，受控叶位为“$n+2$”。

C. 减轻拔秧力度　在拔秧前 15～20 d 用浓度为 1 000 mg/kg 的乙烯利喷洒水稻秧苗，拔秧容易、省力，拔秧速度比对照快 30～40 倍，不过移栽后新根发生也快。测定秧苗内源激素表明，处理的秧苗乙烯释放量和 ABA 含量都显著高于对照。在测定中还发现，GA 和 CTK 含量和对照差别不大。乙烯和 ABA 含量增加，可能是使秧苗变矮、根系受控的生理原因。

D. 促进移栽后早发　移栽后，返青快，发根快，单株发根力强，根量多，根系吸收能力增强。

E. 提早抽穗　幼穗分化进程亦加快，处理的比对照提早抽穗 2 d，有利于避开低温危害。

据研究,如果后季稻齐穗期相差2 d,即由9月23日推迟到9月25日,低温危害率从27%上升到45%。

F. 增加产量　在32块乙烯利处理秧苗移栽的水稻田实收产量中,除2块田块比对照略微减产外,30块田块平均每666.7 m^2比对照增产约25 kg,增产率达5%~10%。

②应用技术　乙烯利处理后季稻秧苗,主要是应用于秧龄较长的双季或三熟制连作晚稻的秧苗。用药量为每666.7 m^2用40%乙烯利原液125 g,不超过150 g,均匀喷在秧苗上。喷药时,可以根据具体情况加任何倍数的水,包括可用原液进行超低量喷雾,但喷洒要均匀。喷药时期以水稻秧苗长有5~6叶片时为最好,也就是在拔秧前15~20 d用药最为合适。喷药后2 h内无雨,即为有效。喷乙烯利的秧苗,必须是在落谷稀(666.7 m^2播种量50 kg左右)、培育壮秧基础上才能收到较好的效果。如果播种量太高,秧苗过密,苗较弱的田块,不宜喷用乙烯利。

③技术评价　乙烯利所释放的乙烯促进秧苗发育,常发生"早穗",只有掌握在拔秧前15 d左右使用才能免除这一副作用。可是早稻收获期不易掌握,如果早稻晚熟,则晚稻秧苗会发生早穗的危险。并且乙烯利只能控制粳稻、糯稻秧苗的生长,对籼稻无效。

(2)NAA　喷施NAA明显抑制秧苗叶片伸长生长,适宜的作用浓度为500~600 mg/L或用300 mg/kg喷洒2次。经不同浓度NAA处理的秧苗,其发根能力比对照强,单株新根数、新根重和新根总长度均明显高于对照。施药期在拔秧前15 d最为恰当。

但NAA抑制有效期只有5~6 d,因此在30~45 d的晚稻育秧期间,需要使用5或6次,手续繁杂,农户不乐意使用。

(3)二甲四氯　秧苗用二甲四氯喷洒后,不仅可以减轻拔秧时的劳动强度,工效平均可提高1~2倍;且伤秧少,栽后发根多,长得快。方法是在拔秧前5~7 d用20%的二甲四氯水溶液,均匀喷在秧苗上。用量视气温而定。温度低,用药量高;温度高,用药量低。气温20,21,22,23,24,25,26,27,28,29℃,每666.7 m^2用药量分别为20%的二甲四氯300,280,260,240,220,200,180,160,140,120 g。一般加水40~50 kg,拌匀即可喷洒。用二甲四氯喷洒,对5叶1心以上难拔的秧苗,不论籼稻、粳稻、糯稻均有作用,老壮秧效果更好。粳稻喷后5 d,籼稻喷后7 d,或当部分新根长达1.5 cm,大部分新根呈瘤状突起时,开始拔秧最好,要求2~4 d内拔完。

(4)MH　MH在连作晚稻秧苗上使用有明显控长效果。使用时期为3叶1心期到5叶1心,适宜浓度500~1 000 mg/kg,控长率可达30%~50%,并能促进秧苗分蘖,有提高产量的效果。

控秧效果受使用时期、浓度、播种量和气温等因素影响,以广陆矮4号为材料研究表明,浓度25~125 mg/kg不能达到控长效果;250~500 mg/kg时,虽有控长效果,但作用时间短,到移栽时,秧苗高度反而超过对照;浓度高于2 000 mg/kg时,易产生药害。使用时期以3叶1心和5叶1心时较好。秧苗播种量大时,控长效果也大;播种量较低(50 kg/666.7 m^2以下)时,促蘖效果较好。不同茬口秧苗上观察,以连作晚稻秧苗施用对促蘖效果最好,绿肥田早稻秧田次之。农虎6号为材料的产量试验结果为,MH浓度1 000 mg/kg在5叶1心时施用,增产可达10%以上;浓度为500 mg/kg增产甚小;1叶1心和5叶1心时施用浓度为2 000 mg/kg,均表现减产。

在高温条件下,MH易灼伤秧苗,造成群体景观不佳,而且MH影响新叶出生,延迟抽穗,未能推广。

3. 多效唑培育壮秧技术 美国在1982年开始在水稻上应用多效唑,增加分蘖数、植株矮化抗倒伏,提高产量。潘瑞炽(1985)报道,于水稻扎根后2～3 d撒施0.6%多效唑颗粒,可使秧苗矮壮,分蘖多,叶短而宽,尤其是在多肥和密播条件下,叶片生长快,秧苗素质仍较好。由于多效唑处理后可使秧苗带较多的分蘖,这个优势在移栽到大田后仍能保持,一直延续到生育后期,所以有效穗数增多,产量也略有提高。多效唑之所以使秧苗矮化,是因为多效唑使秧苗体内的GA和生长素含量下降,乙烯释放量增加。

中国农业科学院水稻所王熹等在此方面开展了大量研究工作,建立了多效唑培育水稻壮秧的生产应用技术。1988年起在全国稻区先后组织示范推广"多效唑控制连作晚稻秧苗徒长"和"多效唑培育水稻壮秧技术",结果表明多效唑在早稻、中稻、晚稻、单季稻、双季稻等生产上都能使用,培育壮秧、增产效果肯定,并从"控制秧苗徒长"的单一应急技术演升为"培育水稻壮秧"的普遍和常规技术。

(1)技术效果

①控制秧苗伸长 多效唑对水稻秧苗生长有十分显著的控制作用。据全国1989年1 000多个点的试验,涉及60余个水稻品种/组合,无论是籼稻、粳稻还是糯稻,无论常规品种还是杂交组合,多效唑都能有效控制秧苗伸长。品种/组合间受多效唑控制的程度不同,这主要取决于每个品种/组合秧苗自身的长势(生长速度),与所属亚种是籼稻还是粳稻关系不大,与供试材料是常规品种还是杂交组合关系也不大。如H129和香粳3号都是中国水稻研究所选育的晚粳稻新品种,多效唑用量同为有效成分450 g/hm^{2}时,对香粳3号控长率分别可达30%以上,对H129的控长率仅为18%～20%。

多效唑控长主要是降低了秧苗的生长速度,如籼优6号的日伸长量由1.4～1.6 cm降至1.0～1.2 cm。在一定浓度范围内,多效唑对秧苗日伸长量控制的有效期为35 d左右,此后赶上并渐渐超过对照秧苗,出现"反跳"现象。处理秧苗与对照的株高差异于移栽后10～15 d消失。

多效唑对第6叶的控长率最低,为5.3%,对第10叶(移栽时最上部的一片完全叶)的控长率最高,可达27.3%。多效唑对秧苗主茎的控长率高于分蘖。多效唑对根系发育有促进作用,根数、根量均比对照增加20%,而且根系分布与对照相比,较集中于土壤表层,不增加拔秧的难度。

②增加分蘖 多效唑促进秧苗分蘖的效应显著。播量10 kg/666.7 m^{2}的籼型杂交组合秧田,多效唑处理的分蘖可增加50%～100%。如籼优6号45 d龄秧苗一般单株带蘖3.0～3.5个,多效唑处理可增加到5～8个/株(表5-1)。

表5-1 多效唑对水稻秧苗分蘖组成的影响(王熹等,1993) %

处理	带1～3个蘖	带4～6个蘖	带7～9个蘖	带10个蘖	不带蘖
对照	75.0	18.5	0	0	7.5
多效唑	7.5	45.0	37.5	10.0	0

多效唑增加秧苗分蘖的原因,以籼优6秧苗为材料说明:一是提早分蘖,处理分蘖发生较对照早4～6 d;二是分蘖出生快,对照平均每百苗每天出生约10个分蘖,处理可提高到12～16个;三是分蘖死亡率低,对照分蘖死亡率为30%左右,处理的仅为18%～20%。

多效唑增加秧苗分蘖的效果与品种和播种量有关。如晚粳稻的播量为40～750 kg/hm²，杂交稻一般为10 kg/hm²，多效唑对杂交稻的促蘖效应远高于晚粳稻。

③抑制秧田杂草　多效唑对秧田杂草生长的抑制作用远比对秧苗大，除了完全杀死一些杂草外(如牛毛毡)，其他多属杂草的生长严重受抑，在苗草生长竞争中逐渐死亡。但这种对杂草的抑制作用仅在秧田有效，若将生长受到抑制的稗草移到大田，仍会加剧为害，可能是反跳现象。

表5-2　多效唑对连作晚稻秧田杂草生长的影响(王熹等，1993)

杂草种类	杂草茎数/m²	移栽时杂草茎数/m²		杂草死亡率/%	
		对照	多效唑	对照	多效唑
稗草	45	35	0	22.0	100.0
异型莎草	43	7	2	83.7	95.0
节节草	45	41	3	8.9	93.3
四叶萍	14	14	2	0.0	81.7
合计	147	97	7	30.4	94.5

④减轻移栽后败苗　移栽后败苗的形态表现为叶片黄萎和分蘖迟。总体来看，多效唑处理的秧苗移栽后老叶不卷不萎，新叶生长不停顿，栽插后分蘖早(俗称一路青)。大田调查，籼优6号移栽后5 d单株枯叶率为49.1%，多效唑处理的秧苗为5.1%。移入本田后，处理比对照早分蘖4～5 d。

多效唑减轻栽后败苗的原因可能在于秧苗发根力强，叶片蒸腾量低，有助于维持生理水分的平衡。

⑤增穗增产　多效唑培育壮苗技术的增产幅度为8%～15%。主要增产机理在于：因秧田分蘖多、本田分蘖早使单位面积穗数增加；由于大分蘖增加、穗部性状好，使穗粒数增加。

(2)技术要点　多效唑壮秧的技术要点概括起来是："一、二、三，水要干。"即在秧苗1叶1心期，每666.6 m²(亩)均匀喷施浓度为300 mg/L的多效唑溶液100 kg；同时放掉秧田水层，次日之后按生育需要供水。

①施用时期　早、晚季稻都是在秧苗1叶1心期(播后5～8 d)施用。实验表明，从浸种到7叶1心期使用多效唑都有"控长、增蘖"的效应，以1叶1心期为最佳，推迟会降低效果。因此，提倡在立芽期至2叶期使用，宁早勿迟。这可能与秧苗生长发育过程特点有关，另外，此时喷施实际上大部分药剂是施在土壤中，有利于秧苗对多效唑的吸收。

②施用浓度　在100～500 mg/L范围内，随多效唑浓度的提高，秧苗株高递减，单株分蘖数呈抛物线形增加，分蘖高峰点在300 mg/L。300 mg/L多效唑处理，秧苗高度下降、分蘖数增加、生长量(苗高×分蘖数)与对照相似。施用浓度超过700 mg/L，秧苗生长量下降过多，控制过头，恢复生长较慢。因此，多效唑培育壮秧的适宜浓度为300 mg/L。

③药液量　由于多效唑主要通过根系吸收，所以喷施时用水量要比喷施一般农药时多，以1 500 kg/hm²为宜。另外，还要根据秧龄长短来考虑药液量的多少，秧龄长要多喷，秧龄短要少喷，一般在50～100 kg之间变动。

④处理方式　试验证明，15%多效唑可湿性粉剂200 g(有效成分30 g)拌土15 kg撒施、300 mg/L多效唑药液浸种36 h、1叶1心期300 mg/L多效唑喷施。3种方式处理，喷施效果

最好。撒施不如喷施均匀度高,浸种的控长促蘖有效期仅 15 d 左右,相当于喷施的一半。

(3)影响技术效果的因素和配套技术

①播种期和播种量　多效唑不延迟晚粳稻的齐穗期,具有促进抽穗整齐、加快灌浆速度之效果。但多效唑延迟杂交稻始穗 3～4 d,齐穗期延迟 1～2 d。其原因主要是多效唑处理后的杂交稻,主茎叶片数增加了 0.5～1.0 片。因此,使用多效唑的杂交稻秧田应适当提早播种。

杂交晚稻秧田播种量低,一般为 120～150 kg/hm^2;晚粳、糯稻秧田播种量高,一般为 600～750 kg/hm^2。晚粳、糯稻秧田喷施多效唑的效应随播种量提高而下降,提倡晚粳稻、糯稻秧田的播种量不超过 450 kg/hm^2。

②施肥期与施肥量　植株含氮量较高时合成 GA 较多,氮素可拮抗多效唑的控长效应。300 mg/L 多效唑在低氮条件下(不施氮)控长率为 31.2%,高氮条件下(180 kg/hm^2)仅为 16.0%。

多效唑处理的秧田分蘖多,分蘖发生早而快,始蘖期较对照提早 3～5 d。最高分蘖数多,但后期分蘖消亡率也较高。因此,早施、重施分蘖肥,尤其是多施磷、钾肥对多效唑促蘖成穗有很大作用。

③秧板平整程度和灌水情况　如果秧板面不平,喷施多效唑后药液流向低处,造成移栽时秧苗高矮不一。另外,若处理时秧板上有水层,药液易流失。同一浓度多效唑对旱秧(不定期间歇供水)控长率为 40.7%,对水秧(秧田面一直保持 2～3 cm 水层)的控长率为 31.2%。

④翻耕插秧　经多效唑处理的连作作晚稻秧田不宜"拔秧留苗",应翻耕后插秧。多效唑处理的籼优 6 号秧田沟边留苗稻,平均每丛稻实粒数为 1 554.2 粒,畦中间留苗稻每丛实粒数为 1 004.5 粒,经处理的秧田翻耕后插秧的,每丛稻实粒数为 1 256.5 粒,比未经翻耕的畦中间留苗稻增加 252 粒。

⑤气温　日均温 20℃以下,多效唑的控长率低于 20℃以上;气温高至 30℃控长率也有所下降。

(4)技术评价　多效唑应用于水稻秧田,壮秧促蘖等效果是肯定的,但应注意以下问题:

残留和残效。由于多效唑残留,杂交稻拔秧留苗田的秧苗生长受抑制,产量下降,因此处理的连作晚稻秧田不宜"拔秧留田"。有些地区多效唑的残留影响后季稻或后茬秋大豆等作物的生长发育。

影响水稻生育期。多效唑对晚粳稻具有促进抽穗、齐穗、加速灌浆的效果;而对杂交稻有延迟抽穗、齐穗的作用。因此,使用多效唑的杂交稻秧田应适当早插。

4. 烯效唑培育壮秧技术　烯效唑(S3307)是多效唑的同系物,延缓生长活性较多效唑高 5～50 倍。烯效唑 60～100 mg/L 在 1 叶 1 心期喷施,可达到与多效唑同样的效果,目前在水稻培育壮秧上已逐渐取代多效唑。

另外,还可用烯效唑浸种达到同样的效果,而多效唑浸种则效果不佳。烯效唑浸种的适宜浓度为:一般水稻品种 50～150 mg/L,杂交稻早稻浓度 30～50 mg/L 杂交晚稻 50～100 mg/L。药液量与种子重量比为 1∶0.8,浸种 36 h,中间搅动 2～3 次,使浸种均匀,浸种完毕后稍加洗涤催芽,增产 8%左右。烯效唑浸种操作更方便、稳定和安全。

(二)防止倒伏　倒伏问题也是水稻高产的限制因子之一。虽随矮秆水稻品种的培育,倒伏问题有所缓解。但是,近年来一些优质水稻,株高在 1 m 以上,加之插植密度稍大,或者多施氮肥以求高产,也有倒伏之虞。如抽穗后遇大风,植株更易倒伏。随着节本高效栽培的发展,人工和机械抛秧逐渐取代插秧,但抛栽秧苗入土较浅,后期更易发生倒伏。近年来,直播稻和旱稻有所发展,倒伏严重的限制了产量与收获效率的提高。

1. 多效唑防止水稻倒伏

(1)施用时间　拔节期,即抽穗前30 d施用多效唑控制节间伸长、增加节间重量及控制株高、防止倒伏的效果最佳,在此前或此后使用的效果均不如抽穗前30 d施用明显。

(2)施用浓度　拔节期使用多效唑的浓度愈高,控制株高的效果愈明显,但穗型也随之减小,每穗总粒数下降,每666.7 m^2 穗数也有下降趋势。若多效唑浓度达到700～800 mg/L,则叶片畸形,叶色墨绿,严重包颈。因而多效唑浓度不宜超过500 mg/L,以每666.7 m^2 喷施300 mg/L的多效唑药液60 kg为宜,有效成分量20 g/666.7 m^2 左右。

(3)技术效果　试验结果表明,在水稻拔节前一个叶龄期,每666.7 m^2 大田施用20 g左右的多效唑,可使节间粗短,植株重心位置降低,下弯力矩小,抗弯性随之提高;基部节间纤维素和木质素含量增加,增加茎纤维木质化程度;茎壁机械组织增厚,机械组织发达,减少田间郁闭,增加通风透光度,能有效防止本田倒伏。

(4)技术评价　应用多效唑防止水稻徒长效果显著,但能否增产取决于对照是否倒伏(潘瑞炽等)。在不倒伏情况下,使用多效唑反而减产。原因是拔节前施多效唑在抑制节间伸长时,也抑制了幼穗发育,穗型小,穗粒数少,偏前偏后(拔节前和拔节后期)使用对穗的影响降低,但防倒效果不佳。所以只有在生长过旺的田块应用多效唑,才有既防倒伏,又增加产量的效果。

2. 矮壮素(CCC)防止水稻倒伏　从拔节期开始,将水稻培养在含有CCC的溶液中,表明不同浓度的CCC都能明显地抑制农垦58和老来青的株高。抑制程度随浓度(50～1 000 mg/kg)增加而增强。拔节期用CCC处理大田水稻,由于茎基部第1～3节间缩短,对防止后期倒伏有明显作用。在考虑应用时,可结合水稻搁田,施用CCC 15～30 kg/hm^2。

CCC抑制水稻生长的有效时间,不超过3周。在拔节初茎叶喷施500～1 000 mg/kg的CCC药液750 kg/hm^2,可抑制正在伸长的第1～3节间的生长,而对第4和第5节间的生长,不但没有抑制,反而明显地"补偿"。

3. 调环酸钙(Pro-Ca)防止水稻倒伏　在水稻拔节期前7～10 d,适宜浓度(30～50 mg/kg)的Pro-Ca进行叶面喷雾,能有效降低水稻株高,对不同品种的控制幅度在10%～20%。Pro-Ca对水稻各节间的缩短效果存在差异,对茎基部第1～3节间影响明显,对上部三个节间的作用效果减弱,没有明显的"补偿效应"。

Pro-Ca在水稻拔节前期处理,有一定的矮化植株和抗倒伏效果。但这些效果与水稻品种类型有关,表现在抗倒性差、生育期短的品种效果比抗倒性强、生育期长的品种较好。与其他三唑类生长延缓剂类似的是,处理时需要掌握在适量的剂量范围,高剂量使用时可能出现抽穗包茎等药害现象。

(三)提高三系法杂交稻制种产量

1. 生产问题及传统解决方法　杂交稻的成功是种植业的一项革命,传统的杂交稻三系育种法,主要存在的问题有:一是不育系包颈现象严重,严重地影响了异交结实率。包颈是籼型杂交水稻不育系固有的遗传特性,常使穗颈节缩短10 cm左右。二是父母本花期不遇、花时不遇、穗层分布不合理(母本高于父本)及柱头外露率低等都程度不同地影响着异交结实率,影响制种产量和效益。

在几十年的杂交稻制种实践中，人们逐渐地克服了这些缺陷，也使杂交稻制种的产量逐步提高。GA 可解决不育系的包颈、调节父母本的穗层、促进花期相遇和花时相遇、促进母本(不育系)柱头外露率，使用 GA_3 等 PGRs 可显著提高母本柱头外露率。GA 已成为杂交稻制种技术中一项必不可少的高产措施。

2. GA 打破不育系的包颈现象　由于母本包颈，只有部分穗粒外露。包颈的原因是内源 GA 水平偏低，穗颈下节间(倒一节间)居间分生组织细胞不能正常伸长，其长度小于剑叶叶鞘长度。

一般应用技术为：在花期相遇的条件下，施用 GA 最有效的时间是母本见穗 5%时，先喷父本，85% GA 原粉用量 30～45 g/hm^2，再父母本同时喷，用量 60～75 g/hm^2，第 3 天再喷 80～105 g，总用量为 12～14 g。为保证杂交稻种子产量和质量，GA 总量一般不宜超过 225 g/hm^2。根据近年资料和生产调查，GA 用量增加，在日均温 25℃、花期相遇良好的情况下，使用 180～240 g/hm^2，可能是 GA 产品含量差异所致。

(1)喷施 GA 的时期　不育系抽穗是依靠穗颈节间的伸长而实现的。当不育系由营养生长转入生殖生长时，随着幼穗的逐步分化发育，穗颈节间居间分生组织细胞不断分裂和伸长，使节间不断伸长，其中以幼穗分化Ⅷ期伸长最为显著。由于始穗期多数个体处于幼穗分化的Ⅶ期和Ⅷ期，因此，按照群体器官的同伸规律，选择群体见穗(包括破口穗)5%左右彻底进行去杂，然后喷施 GA 效果最佳。使用过早，会导致倒 2，3 节间过度伸长，植株过高，造成拔节不抽穗，即使抽穗，穗子变白，下部颖花大量退化，小分蘖难以抽出，易倒伏和诱导穗发芽；使用过迟，用量大、成本高，穗下节老化不易伸长，难以解除母本包颈现象，造成柱头外露率和异交结实率低，产量不高。

在生产实践中，还要根据不同亲本对 GA 的敏感性，掌握适当的应用时期。在花期相遇较好时，威优系列组合母本见穗 13%～18%，汕优系列组合母本见穗 8%～15%，金 23A、Ⅱ-32A、优 IA 等系列组合母本见穗 15%～25%时进行第一次喷施。

(2)喷施次数及各次用量的确定　GA 进入植株体内，一般不能长期保持其原有状态，会由于酶促作用或其他化学反应而分解，也可能因吸附作用或解毒作用而由活动状态变为不活动状态。据观察，GA 效应期只有 4～5 d，而最大效应期一般出现在喷施后 3～4 d。因此，喷施 GA 次数不宜过多，每次间隔的时间不宜过长，一般以 3 d 内连续喷施 3 次效果最佳。第一次用总用量的 20%，第 2 次占 30%，第 3 次为 50%，这样能充分发挥 GA 的累加效应。如遇阴雨天不能及时喷施，母本抽穗超过了第一次喷施 GA 的标准时，应在原用量的基础上，酌情增加 45～75 g/hm^2，并将第一次用量增加到总量的 30%。

(3)GA 总用量的确定　GA 的用量要根据亲本的自然卡颈程度、对 GA 的敏感性以及喷施时的天气情况而定。花期相遇正常田块用量掌握在 225～270 g/hm^2。随着制种技术的提高，行比加大，有效穗增加及使用时间推迟，应适当加大 GA 的用量。用量过大，杂交种子在催芽时可能只发芽不生根，并出现类似恶苗病的徒长苗；用量过低，不利于提高制种产量。对包颈率比较低的 80-4A 施用量为 90～120 g/hm^2、7001S 为 120～150 g/hm^2、协青早 A 为150～180 g/hm^2、珍汕 97A 为 180～210 g/hm^2(安徽省庐江县种子公司，刘平)。对 GA 敏感如 D 优 10 号的亲本，使用宜晚(一般幼穗分化后期至始穗期)，用量略减；对 GA 不敏感的品种，使用宜早，用量也应增加。另有报道认为对卡颈率低、柱头外露率和异交结实率较高的Ⅱ-32A、优ⅠA、金 23A 等亲本施用 270～300 g/hm^2，V20A、珍汕 97A 施用 375～450 g/hm^2，培矮 64S

等两系母本施用450～525 g/hm^2。

施用GA时，若配合使用GA增效剂，可以增强GA的吸附力，起到减少GA的用量、提高使用效率、节约成本、增加产量的作用。

(4)喷施GA的天气及时间选择　一定的光照能促进植株对GA的吸收，也能促进蒸腾作用和光合作用以及水分和光合产物的运转，从而有利于GA在植株体内加速运转；另外，在阳光照射下，植株叶片气孔张开，便于GA从气孔渗入。因此，应在晴天施用GA，并应在上午扬花授粉前喷施为宜，这一方面是因为在上午喷施后，随着气温由低到高，叶面角质层透性增加，对GA的吸收量加大；另一方面也可避免因暴晒造成药液很快干燥，影响GA的吸收。

(5)决定GA使用剂量、使用次数及间隔天数的因素　应根据大田穗层结构、组合类型、群体大小、禾苗的嫩绿程度及使用时间的早迟来确定GA的使用方法。以V20A为例，如第一次喷施时见穗15%，则第1次喷40%，第2天喷第2次，用量60%；若群体过大，叶色十分嫩绿，应间隔1 d，或分3 d 3次按30%、40%和30%的比例进行喷施。如V20A、珍汕97A第1次喷施时抽穗已达到或超过20%，金23A、Ⅱ-32A、优IA等抽穗已达25%时，第1次用60%，第2次40%，连续2 d分2次喷完。如遇雨天等特殊情况，不能按计划喷施，V20A、珍汕97A、培矮64S等不育系抽穗达30%以上，金23A、Ⅱ-32A、优IA等抽穗达40%以上的，应在原用量的基础上每公顷增加60～90 g GA一次性喷施。

3. 促进父母本花期相遇　在杂交稻制种中，父母本虽按预定的播种差期播种，但在生长发育过程中，因受气候、土肥、秧苗素质、栽培管理及病虫害等因素影响，常使父母本预定的花期有所变动，导致花期不遇，造成减产或失收。

应用GA和多效唑可以有效调节水稻开花，使母本、父本花期花时协调。基本方法是用赤霉酸(GA_3)等促进剂加快抽穗延迟一方的发育，用多效唑延缓抽穗较早一方的发育，并要考虑到母本抽穗和父母本穗层分布的问题。

(1)解决父母本花期相遇　稻穗破口期，每666.7 m^{2}用GA_3 0.5～0.8 g，加水25～40 kg，母本迟喷母本，父本迟喷父本，喷后提早抽穗3 d左右。但应注意，对母本不能过多施用，防止母本过高，不利于受粉。

也可将GA_3与多效唑有机配合，更好达到调节花期的目的。利用GA_3等促进剂加快抽穗，用多效唑延缓抽穗较晚一方的发育，并要考虑稻父母本穗层分布的问题。

(2)解决花时不遇　在父母本花期相遇时，仍然存在着花时不遇的问题，即父母本在同一天内的开花盛期不能很好相遇，如父本在9:00～1:00集中开花，而母本在12:00～16:00集中开花。使用GA等调节剂也能有效解决这一问题，最终提高异交结实率。

施用时期应掌握在全田不育系植株抽穗10%～20%时喷施为宜，如喷施过早或过晚都会影响制种产量。如喷施过早，会发生颈节拔高，分蘖穗过分伸长，穗子难以抽出，影响授粉，收不到解除包颈而达到增产的目的；若喷施过晚，穗颈细胞定型，细胞壁老化，就难以较好地解除包颈，也达不到增产的目的。

喷施时间以上午露水干后进行效果较好。喷施前后几天，清早下田击苞赶露水，可促使散苞，降低母本行湿度，提高母本温度，提早开花，有利授粉。

4. 调节穗层　对杂交稻制种较为有利的穗层分布是父高母矮。但常常由于品种特性或调节花期或花时的原因，造成母高父矮的不利局势。另外，母本的穗层厚度及穗层的穗密度等都影响制种产量。

对母高父矮的不合理穗层结构,可以在不影响花期相遇的情况下通过对父本喷施 GA 来解决。对母本过高的,也可以通过父本喷施 GA,同时母本喷施多效唑或 MH 配合解决。

母本穗颈节与剑叶叶枕平齐时,异交结实率较高。以后随着 GA 用量的增大,母本穗颈节逐渐伸长,异交结实率却不再提高,反而有下降的趋势。

5. 其他调节剂的应用

(1)BR　分蘖期用 0.01～0.05 mg/L BR 药液 50 kg 叶面喷洒,可使秧苗返青快,开花期用 0.01～0.05 mg/L 的 BR 药液重喷,可提早抽穗,提早开花 3～5 d。

(2)三十烷醇(TA)　TA 在水稻上可促进母本花时提前,并与恢复系花时相遇。不育系用 TA 处理后,午前开花数可提高 13%～22%,从而提高父母本授粉受精机会,结实率分别提高 27%和 28%。TA 主要是促进 ATP 能量物质的积累。TA 与 GA 混合使用,可在提前开花和促进穗颈伸长方面起协同作用。

一般使用浓度 0.5～1.0 mg/L,当父母本都处于始穗阶段时,在 16:00 后喷施母本叶片,7～10 d 后在盛花期再喷一次,一般可增产 10%以上。TA 不影响父本开花习性,不必对父本采取隔离措施。

(3)茉莉酸甲酯　茉莉酸甲酯对杂交水稻不育系开颖有诱导效应,可使其在一天中开花出现明显高峰,并能与父本开花高峰重叠,使制种产量大幅度提高,且比使用 GA 也显著增产。

一般用 JA - Me 240 g/hm^2,先用少量酒精溶解,加水配制成 30～50 kg 药液,在开花盛期对不育系喷雾。但目前 JA - Me 尚未工业化生产,价格昂贵,也未有可工业化生产的替代物,大面积推广应用尚不现实。

(四)水稻化学杀雄　水稻化学杀雄对利用杂交优势的好处:不受三系限制,亲本来源丰富,选配自由;二系杂交的某些组合,杂种二代仍有利用价值;可以在推广良种的基础上争取更高产量;制种程序简单,方法简便。

1. 水稻杀雄剂 1 号　水稻杀雄剂 1 号组成为:甲基胂酸锌($CH_3ASO_3Zn \cdot H_2O$)5%,盐酸 7.2%,展着剂 7.5%。在水稻孕穗期(叶枕距+1～+9 cm 时,最好是+5 cm 左右)进行适量叶面均匀喷雾处理,杀雄效果达 99%～100%。喷洒浓度为 0.015%～0.025%,药液量一般每株 10 mL 左右,药液量 3 000 kg/hm^2。喷药时,喷头离稻株的距离宜在 27～30 cm;喷药当天气温太高,易发生药害,喷完药的当晚,应给予回水;喷药后不久遇雨,应及时补喷,浓度适当降低。

其杀雄机理为:甲基胂酸锌被叶片吸收后,运转速度很快,喷后 0.5 h,已运转到穗部。水稻喷洒杀雄剂后,花药中巯基(—SH)化合物含量减少,琥珀酸脱氢酶和细胞色素氧化酶活性显著下降。所以花药的呼吸速率下降,仅为对照的 1/3～1/2,花粉内容物(淀粉、蛋白质)形成和积累减少,从而严重影响甚至破坏花粉的发育过程。当处理浓度稍高或药量稍大时,在某些品种当中容易引起闭颖率增高,当浓度稍低或药量较少则杀雄不彻底。

2. 水稻杀雄剂 2 号　水稻杀雄剂 2 号组成为:甲基胂酸钠($CH_3ASO_3Na_2 \cdot 5～6H_2O$)8%,展着剂平平加 12%。诱导水稻产生雄性不育的最佳处理时期,以在花粉母细胞减数分裂期至花粉内容物充实期之间选择较为适宜,在花粉内容物充实期以 0.02%浓度喷洒。

3. 水稻杀雄剂 73010　甲基胂酸锌溶解在磷酸中,配成高浓度的酸性母液,使用时按杀雄处理浓度所需的母液直接放在喷雾器内对水稀释,并加入适量的洗衣粉(0.1%)或平平加(0.05%)。在母本始花前 10 d 左右喷一次,浓度为 150～200 mg/kg,7 d 后再喷一次,浓度

80～100 mg/kg。第 3 次用 50～60 mg/kg 药液。

4. 其他水稻杀雄剂 赵章杏等(1980)应用国产新药均三嗪二酮对水稻进行化学杀雄,在孕穗期喷洒 4 000～8 000 mg/kg,诱导雄性不育率可达 88.9%～100%,不损伤雌蕊育性。处理后颖壳张开,柱头蓬松外露,持续日久,有利于异花授粉,进行杂交制种。

王熹等(1981)报道,在水稻花粉母细胞减数分裂期施用 1%～2%浓度的乙烯利可以诱导花粉高度不育。

王熹等(1991)报道,10% CRMS 乳剂(一种新的雄配子诱杀剂)在水稻雌雄蕊原基分化至花粉充实期喷施,自交败育率 95%～100%,自然结实率可达 30%左右。该药阻碍剑叶中的脯氨酸运向花药,导致花药营养匮乏而败育。

湖南农业大学(1991)研制出水稻无毒化学去雄剂“HAC-123”,处理籼、粳、糯许多品种,去雄效果可达 95%～100%,去雄后的稻株异交结实正常,无副作用。制种产量一般为 2 250～3 000 kg/hm^2,F_1 代种子纯度 95%,并已选育出一些杂交组合,开始应用于生产实践。

5. 水稻杀雄剂的局限性 水稻杀雄剂 1 号、2 号,使用效果良好。但由于是有机胂制剂,易污染环境。

杀雄效果受环境条件的影响。如在喷药后不到 6 h 下雨会降低杀雄效果,在适时喷药时间连续下雨,就会贻误最佳喷药时期,使制种产量降低,制种不纯。

稻株生育期影响杀雄效果,一般稻株主茎和分蘖所处生育期不同,若接受同样浓度药液,杀雄效果不一致,浓度过低杀雄效果差,浓度过高导致闭颖率提高或雄性败育,都会降低制种产量和纯度。

二、小麦化学控制技术

小麦是全世界种植面积最大的谷类作物,占谷类作物总面积的 32.4%。在我国小麦是第二大粮食作物,生产形势好坏,直接影响到我国(特别是北方地区)农业生产。目前小麦生产中存在倒伏威胁、冬前旺长和越冬不安全、逆境(干热风等)危害、分蘖成穗率低、杂种优势利用难、穗发芽和贮存损失等问题。

(一)防止倒伏

1. 生产问题及传统解决方法 小麦倒伏一直是世界性难题,世界各小麦主产国每年都不同程度地发生小麦倒伏现象,造成大幅度减产(20%～50%)。20 世纪五六十年代以来,由于使用优良品种、增施氮肥和适当密植,小麦的产量不断提高,但继之而来小麦倒伏的危险也越来越大。倒伏不仅影响产量,而且降低品质,同时还增加收获难度。随栽培技术和产量水平的不断提高,倒伏威胁有上升趋势。一是为追求高产,加大麦田水肥投入,尤其在不合理偏施 N 肥的情况下,一有风雨极易发生倒伏。二是中国北方一年两熟条件下的茬口限制(玉米、棉花),常造成小麦晚播和播量加大,造成的弱个体大群体对水肥措施极为敏感,易发生倒伏。南方随施肥水平和密植程度的提高,加上在小麦抽穗灌浆期常有暴风雨影响,历来小麦倒伏比较严重,已成为小麦高产的严重限制。另外,自 1999 年国家提出农业产业结构调整以来,小麦生产上着重推广优质品种,而当前优质品种的茎秆普遍较高,倒伏的危险也自然加大。

解决小麦倒伏问题,通过育种手段,需要花费多年精力;栽培措施除采取蹲苗、镇压等原始措施外,尚没有切实有效的解决办法。采用化学调控的技术措施将能弥补传统栽培措施上的不足,收到明显的控制旺长,防止倒伏的效果。

与冬小麦相同，春小麦随着产量水平的提高，倒伏也成为生产中的主要问题。20 世纪 90 年代初，应用多效唑进行种子处理，对防止春麦倒伏起到了较好的作用。90 年代中期 20%甲·多微乳剂推出后，在春小麦上拌种防倒伏的技术很快成熟。由于该项技术的作用效果不仅明显而且稳定，并具有较高的产投比，因此在我国东北春麦区迅速推广，目前年应用面积约为 30 万 hm^2。

从发生倒伏的部位可将小麦倒伏分为根倒和茎倒二类，根倒是由于根系发育不良(根量小、根系分布浅)造成的，茎倒则主要与植株高度和基部节间的长度、茎壁厚度、柔韧性等有关。生产中的倒伏大部分属于茎倒。

2. 矮壮素在小麦防止倒伏上的应用　英国人 Tolbert(1960)最早报道应用植物生长延缓剂矮壮素(又名氯化氯代胆碱，CCC，三西等)可以抑制小麦茎伸长，有效防止小麦倒伏，开创了大田作物(非果树和园艺作物)成功应用化控技术的先例。20 世纪 60 年代以来，CCC 广泛应用于欧洲大陆，英国、澳洲、美国等用来防止小麦、黑麦倒伏，取得了良好效果，目前在很多地区仍在应用。统计表明，欧洲小麦 20 世纪 60—90 年代 CCC 的应用面积、施氮肥水平与小麦产量水平平行上升，说明小麦高产已离不开化控技术的保驾护航。我国也自 20 世纪 60 年代开始在高产小麦栽培上应用 CCC 防止倒伏，增加产量。国内数家科研和教学单位广泛开展了 CCC 的施用方式、使用时期、使用剂量及品种敏感性等方面的研究，有力推动了 CCC 防止高产小麦倒伏的工作。

(1)技术效果　小麦不同生育期应用 CCC 均可降低株高，但抑制节间伸长的部位不同。其中分蘖末拔节初期处理，能有效抑制基部 1～3 节间伸长，有利于防止倒伏。同时处理的小麦节间短、茎秆粗、叶色深、叶片宽厚，矮壮但不影响穗的正常发育，可增产 17%。在拔节期以后处理，虽可抑制节间伸长，但影响穗的发育，易造成减产。

(2)技术要点　喷用 CCC 最适宜的时期，是在分蘖末期至拔节初期，第 1 节间长约0.1 cm 时。如果两次喷用，最好是在基部第 2 节间伸长 0.1 cm 时再喷施一次，两次相隔时间约 10 d，施用浓度以 0.15%～0.3%为宜，植株过旺时取高限，偏旺时取下限。每次用 50% CCC 水剂 7.5 kg/hm^2，每次喷药液量 750～1 125 kg/hm^2，要求喷雾均匀，否则会使植株高矮不齐，成熟早晚不一致，并要避免烈日中午喷药，以防烧叶。对总茎数不足，苗情较弱的麦田，不宜喷洒 CCC，而对点片旺苗，可局部喷洒。

(3)技术评价　CCC 应用是一项成熟的防止小麦倒伏技术。但我国国内 CCC 药源不足和使用成本较高，并未得到大面积推广。研究还发现，应用 CCC 有推迟幼穗发育和降低小麦出粉率等问题。

3. 多效唑在小麦防止倒伏上的应用　多效唑(氯丁唑，MET，PP333 等)是 20 世纪 80 年代引入我国的一种植物生长延缓剂，首先在果树控梢保果、水稻和油菜培育壮秧等方面应用取得了成功。应用多效唑防止小麦倒伏的试验也自 80 年代中后期全面展开，90 年代初中期小麦产区春季连续降雨，使得多效唑在生产上迅速推广。但此后的研究和生产实践表明，多效唑防止小麦倒伏在应用上存在一些不易克服的缺陷，如晚熟、残留、田间群体不整齐等。这项技术应用面积近年来已大幅度减少。

(1)技术效果　小麦起身—拔节期叶面喷施多效唑，可有效降低株高 7.6%～11.9%，增强抗倒伏能力，使倒伏面积减少 30%～50%，并且可以增加穗数和穗粒数。但推迟子粒灌浆，一般晚熟 1～2 d，正常时间收获，则粒重可能会降低。多效唑宜用在群体过大、有倒伏危险的麦田,或者植株过高、容易倒伏的品种上。

(2)技术要点　处理方法是在小麦单棱期(返青期)至雌雄蕊分化期(拔节期),叶面喷洒,施用浓度200 mg/kg左右,药液量450～750 kg/hm^2。在此期间,喷洒越早,抑制基部节间的效果越好,但考虑到用药效果,一般以二棱期(起身期)施用最好。如浓度低于100 mg/kg,效果不显著,如浓度大于250 mg/kg,则会抑制过甚。二棱期叶面喷药,可兼治白粉病。

喷雾一定要均匀,并严格掌握用药量,浓度过高或重喷会造成药害,如生长缓慢或停止,麦穗畸形等。

(3)技术评价　小麦起身—拔节期叶面喷施多效唑,防倒伏效果显著。但是,深入的研究和大量生产时间表明,该技术存在很多问题,目前在小麦上,特别是旱地小麦上,不提倡使用。主要问题如下:

①残留和残效　在北京的研究表明,小麦起身期(距收获的间隔天数为76 d)每666.7 m^2施用30 g、40 g、60 g 15%多效唑可湿性粉剂,籽粒中多效唑的最终残留量在0.018～0.012 3 mg/kg之间。我国化工部门建议的多效唑每日允许吸入量与国际通行规定相同,为0.1 mg/kg体重。据此判断,小麦采用多效唑防止倒伏的产品器官(籽粒)是安全的。但需要指出,小麦籽粒中残留的多效唑可以明显影响萌发时幼苗的胚芽鞘长度。

多效唑在土壤中的残留对下茬作物影响明显。有试验证明,小麦起身期每公顷喷施15%多效唑可湿性粉剂900 g,第7天麦田表层土壤多效唑的降解率只有15%,60 d后(临近收获时)为87.7%,说明多效唑在土壤中有残留。综合不同作物种类、不同土壤质地和不同气候条件下应用不同剂量多效唑的结果,初步明确多效唑在土壤中的半衰期为10～100 d。根据国家环保局1989年规定的化学农药环境安全评价准则,多效唑属中等残留品。

土壤中残留的多效唑对后茬作物的前期生长一般都有延缓作用,对产量的影响因作物种类和残留量而异。如直播春油菜使用多效唑,90 d之后种植春小麦、春大豆和甜菜,它们的产量与对照无显著差异;但下茬若种植蔬菜(叶菜类、茄子等),则产量下降明显。

从长期角度考虑,多效唑使用可能会造成环境中累积,但目前尚无相关研究报道。

②延迟抽穗和成熟,降低千粒重　选择黄淮海麦区冬性、半冬性、偏春性共20个小麦品种(系),在拔节期前后喷施不同剂量的多效唑。调查结果表明,拔节前和拔节后各剂量多效唑处理使抽穗期延迟0～6 d。多效唑的剂量越大、喷施的时间越晚,抽穗期延迟的时间越长。研究发现,幼穗分化进程减慢是抽穗期推迟的主要原因之一。穗下节伸长速率较低、长度缩短是影响抽穗的另外一个主要原因,如生产中曾发现,多效唑用量偏大时,麦穗抽出后立即开花,充分说明了穗下节缩短在延迟抽穗方面的副作用。更为严重的情况是,植株着药量如果过大,小麦甚至不能抽穗。

据各地历年大田应用的情况,多效唑推迟小麦成熟的副作用也比较普遍,一般晚熟2～3 d。农谚说,"春争日,夏争时",小麦晚熟2～3 d对下茬作物的播种和/或管理都造成了不小的影响。

起身—拔节期应用多效唑处理后,大部分小麦品种落黄欠佳,千粒重降低(降低的幅度为3～7 g)。比较不同喷施时期和剂量的效果发现,多效唑的剂量越大,喷施时间越晚,千粒重下降的幅度越大。多效唑处理后籽粒的灌浆速度减慢、叶片和茎秆中的储藏物质向籽粒中的转移滞后,而后期气候条件的变化往往不允许这样的麦田正常成熟,经常发生高温逼熟,因而实际上多效唑处理还使籽粒的灌浆期缩短。这就是多效唑造成小麦晚熟和千粒重下降的主要原因。

③影响群体整齐度　生产中应用的商品多效唑绝大部分为15%可湿性粉剂，难溶于水。因此，对水进行叶面喷施时，喷雾器中实际上是多效唑的悬浊液，稍加静置，部分多效唑有效成分就会沉下去，因而在喷施过程中需要不停地充气，以免悬浊液分层后多效唑的浓度不均一。但即使如此，仍不能完全保证达到均匀喷施的目的，往往造成小麦群体不整齐，使一片麦浪变为“丘陵”起伏，这不仅严重影响产量，而且影响后期熟相。已经发现各地生产实践中都不同程度存在这一问题，并且有的地方采用其他处理方式，如拌种、药土撒施、药水灌根等也很难做到均匀施用。

④技术安全性　小麦应用多效唑，必须严格掌握处理时间和剂量，过晚或剂量过大，甚至地头或人为疏忽造成重喷，副作用明显，影响抽穗。正常施用量，敏感品种也很容易发生药害。

4. 20%甲·多微乳剂在防止冬小麦倒伏上的应用　针对多效唑在小麦上应用的问题，20世纪90年代以来，研究人员一直致力于筛选和研制替代多效唑的新型植物生长调节剂，中国农业大学作物化学控制研究中心研制的20%甲·多微乳剂是其中最优秀的代表，1999年被列入国家级重点新产品计划，目前年应用面积约为300万hm^2，防倒增产效果稳定，并克服多效唑的缺陷和弊端。

(1)技术效果　小麦应用20%甲·多微乳剂后，主要农艺表现为：降低茎基部1～3节间长度，增加单位长度干物重，提高了茎秆的质量。植株重心降低，茎秆质量提高，增强了抗倒、弯的能力。第4、第5节间的“反跳”，有利于旗叶光合作用和利用茎秆干物质再分配。单位面积穗数、穗粒数、千粒重协调增加，增产8%～13%。

①抑制茎秆和基部节间伸长　起身期应用20%甲·多微乳剂防止小麦倒伏的根本原因是茎秆的发育得到改善。小麦抗倒能力与植株高度，特别是基部节间的长度直接相关，茎第1节间大于8 cm，第2节间大于13 cm，第3节间大于16 cm，就易发生倒伏。另外，基部节间的茎壁厚度和单位长度干重也对倒伏与否起重要作用。

小麦倒伏，与基部1、2、3节间长度密切有关，20%甲·多微乳对不同品种和在不同栽培或生态条件下小麦株高的控制有一个共同的特点，即孕穗期以前处理的株高明显低于对照，而孕穗期以后处理的株高逐渐赶上对照，至收获时与对照差异不大，目测一般看不出明显区别。

这个特点的形成原因与20%甲·多微乳剂处理对不同部位节间的调控作用不同有关。大量试验结果证明，处理小麦植株的基部第1～3节间一般较对照显著缩短，而第4节间一般与对照持平或稍长于对照，第5节间则往往出现“反跳”，较对照明显加长。20%甲·多微乳剂这种对株高和节间调控特征的优点在于它不仅可以提高植株的抗倒能力，而且第5节间的加长改善了群体冠层上部的通风透光状况，有利于群体光合能力的提高和产量的形成。

②增加节间壁厚和单位长度干重　节间壁厚和单位长度干重是两个反映节间物质积累的指标，节间壁越厚、单位长度干重越高，说明节间结构致密，比较健壮，抗倒伏能力较强。

20%甲·多微乳剂处理明显增加了小麦植株各节间的壁厚和单位长度干重(表5-3)，375 mL/hm^2 20%甲·多微乳剂处理的植株，第1，2，3，4，5节间壁厚分别增加13.70%，8.29%，14.85%，18.57%和6.79%，单位长度干重分别增加24.40%，11.35%，14.90%，4.48%和0.46%。随20%甲·多微乳剂用量加大，增厚和增重效果加强。

表5-3　20%甲·多微乳剂对小麦各节间壁厚和单位长度干重的调控作用
(何钟佩等,1997)

处理	各节间壁厚/mm					各节间单位长度干重/(mg/cm)				
	1	2	3	4	5	1	2	3	4	5
对照	0.263	0.217	0.195	0.210	0.206	11.90	8.46	7.78	7.36	6.47
20%甲·多微乳剂 300 mL/hm²	0.285	0.215	0.210	0.230	0.210	14.00	9.30	8.88	7.65	6.42
20%甲·多微乳剂 375 mL /hm²	0.299	0.235	0.219	0.249	0.210	14.80	9.42	8.94	7.69	6.50
20%甲·多微乳剂 450 mL /hm²	0.310	0.250	0.230	0.260	0.220	15.40	9.60	9.10	7.80	6.80

③改善叶片功能　农大95于拔节前(1996年4月4日)喷施20%甲·多微乳剂450 mL/ hm²,植株生长后定型考查叶片形态的变化,发现春生第4,5,6叶(即倒3,2叶和旗叶)的长度和宽度都小于对照(表5-4),其中叶片长度缩短1.5～3.2 cm,差异达显著水平,宽度略有下降,与对照差异不明显。20%甲·多微乳剂处理后上部3叶的叶长之所以明显短于对照,是因为上部3叶与基部节间属于同伸器官,它们的伸长生长期正处于20%甲·多微乳剂作用的有效期。拔节前喷施20%甲·多微乳剂对小麦植株上部叶片的缩短和对穗下(第5节间)及倒2节间(第4节间)伸长的促进,有利于改善植株株型和群体的受光态势。

表5-4　20%甲·多微乳剂对上部叶片长和宽度的影响(何钟佩等,1997)　　cm

处理	春生第4叶(倒3叶)		春生第5叶(倒2叶)		春生第6叶(旗叶)	
	长	宽	长	宽	长	宽
对照	20.17	1.26	19.25	1.40	16.81	1.59
20%甲·多微乳剂 375 mL /hm²	18.68	1.22	17.73	1.33	13.55	1.49

④增产和对产量构成因素的影响　多年多点试验和示范结果都表明,应用20%甲·多微乳剂改善小麦产量构成因素,增加产量。但变化幅度与品种特性有关。

A. 单位面积穗数　除极个别品种,经20%甲·多微乳剂处理后,各生态区绝大部分品种穗数高于对照。京冬6号在水肥条件好的高产田中种植,用25 mL 20%甲·多微乳剂可使穗数增加39万/hm²,增加率为7.0%。京选偃六在播期不同(9月26日、10月2日、10月9日)、基本苗不同(165万～375万/hm²)的情况下,一致表现出处理增加单位面积穗数的趋势,增加幅度为28.5万～42万/hm²,增加率为4.6%～6.8%。基本苗在210万～390万/hm²范围内,无论春后采取拔节期一次追肥还是起身期和拔节期二次追肥的管理方式,20%甲·多微乳剂处理都表现出对京411单位面积穗数有促进作用,增穗幅度为15.0万～49.5万/hm²,增加率为3.1%～3.4%。当用量由225 mL/hm² 增至450 mL/hm² 时,增穗作用随之加强。1992—1993年在山东济宁地区的试验和示范结果表明,二棱期喷施33.3 mL/666.7 m² 20%甲·多微乳剂喷施,864872,鲁麦15号,904055,91436,905077,893209和884048等7个小麦品种(系)的穗数都有增加,平均增加幅度为360万/hm²。变3是山东潍坊地区栽培面积较大的一个品种,分蘖力较强,起身期叶面喷施20%甲·多微乳剂25 mL/666.7 m²,穗数增加615

万/hm^2，增加率达 11.3%，与对照差异非常显著。

B. 穗粒数　20%甲·多微乳剂增加小麦穗粒数也是一个普遍现象，不同地区不同品种的增幅在 0.5～7.2 粒/穗之间。小麦穗粒数的形成决定于植株起身—抽穗期间的生育状况及抽穗后的开花受精情况。20%甲·多微乳剂处理后，在抑制营养器官(茎秆、叶片)伸长生长的同时，促进了幼穗的发育，具体表现为穗部干物质积累较多，小穗数稍有增加，不孕小穗数减少，因而穗粒数得到提高。小麦品种特性不同，穗数和穗粒数经 20%甲·多微乳剂处理后的变化特征也有很明显的区别。分蘖力强的品种处理后穗数增加较多，而大穗型品种处理后穗粒数增加较多。也就是说，20%甲·多微乳剂对不同类型品种可以发挥不同的调节作用，有利于挖掘各类型品种的增产潜力。

C. 粒重　灌浆速率和灌浆时间是决定粒重的 2 个主要因素。从大部分研究结果可以总结出，20%甲·多微乳剂一般减缓麦穗灌浆前期的灌浆速度，但显著提高中后期灌浆速度。品种、年份、地区间表现一致。京冬 6 号处理的穗粒干重在开花后18 d以前一直略低于对照，18 d后超过对照。计算穗粒的灌浆强度(表 5-5)，可见开花后 18 d 以前，20%甲·多微乳剂处理的灌浆强度低于对照，其中花后 0～10 d 为对照的 96.82%，11～18 d 为对照的 98.27%，开花 18 d 后，对照的穗粒灌浆强度下降较多，而处理在此期间明显高于对照，19～27 d 和 28～31 d 的灌浆强度分别为对照的 134.77%和 120.56%。单个籽粒的灌浆强度与穗粒相似，也以开花后 18 d 为分界线，之前处理低于对照，之后高于对照。但不同的是，处理籽粒灌浆强度与对照的差异较二者穗粒灌浆强度之间的差异大，如花后 18 d 以前，处理籽粒灌浆强度只相当于对照的 72.25%～89.15%，而穗粒灌浆强度为对照的 96.82%～98.27%。其原因可能是处理的穗粒数增加(增 4.9 粒/穗)，因而分配到单粒的干物质量减少。一般情况下，20%甲·多微乳剂处理提高千粒重的幅度为 0.5～2.0 g。

表 5-5　20%甲·多微乳剂对小麦京冬 6 号穗粒灌浆强度的影响

(何钟佩等，1997)

mg/(穗·d)

处理	开花后时间/d			
	0～10	11～18	19～27	28～31
对照	31.40	86.75	35.78	26.75
20%甲·多微乳剂	30.40	85.25	48.22	32.25
占对照百分比/%	96.82	98.27	134.77	120.56

通过上述对产量构成因素的分析，不难理解在不发生倒伏的情况下，应用 20%甲·多微乳剂处理照样能提高小麦产量。总结历年各地试验、示范、推广的结果，对照小麦不倒伏时 20%甲·多微乳剂的增产幅度为 8%～13%。而当对照发生倒伏时，植株的粒重严重下降，粒数也受到影响，产量损失较大，而 20%甲·多微乳剂由于改善了茎秆的发育，提高了植株的抗倒伏能力，在同样恶劣的气候条件下可以不倒伏或大大减轻倒伏程度，因而增产幅度明显上升。这就是应用 20%甲·多微乳剂防止小麦倒伏能达到“(对照)大倒伏、(处理)大增产，小倒伏、小增产，不倒伏、也增产”的原因。

(2)技术要点

①施用时期　应用时期决定 20%甲·多微乳剂的作用部位，所以 20%甲·多微乳剂应用时期的确定主要与茎基部节间开始伸长的时间有关。以小麦生长发育时期为标准，则 20%

甲·多微乳剂的最佳应用时期为起身期,此时第1节间的伸长生长开始启动,基部几个节间的伸长生长正好处于20%甲·多微乳剂有效作用期内。起身期幼穗分化又正处于决定小穗数的二棱期,总分蘖数则趋近最大值并开始两极分化,表现为大分蘖加速生长,追赶主茎,小分蘖停止生长并逐渐枯死。因此,起身期应用20%甲·多微乳剂不仅控制茎秆和节间的生长,而且影响了单位面积穗数和穗粒数的形成。北京地区二棱期处于3月下旬至4月上旬,越往南,这一时期越早,如河南麦区的二棱期为3月上、中旬。

②施用浓度　应用剂量是这项技术的关键之一,剂量偏小,抗倒效果不明显,剂量偏大,则会影响产量器官的发育。经过多年、多点、多品种的大量适应性试验,确定20%甲·多微乳剂用于防倒增产的用量为375～527 mL/hm^2,如果群体过大、长势过旺,可适当增加至600～675 mL/ hm^2,但一般不宜超过900 mL/ hm^2。对水可按常规量375～450 kg/ hm^2。

应用剂量的确定受许多因素的影响,如气候条件、品种的敏感性、播种时期、基本苗、施肥水平及追肥运筹等。因为这些因素归根结底从不同侧面决定着群体大小和植株的长势。一般来说,如果春季降雨量大、品种的敏感性低、播种期早、播种量大、施肥水平高、返青—起身期追肥,则20%甲·多微乳剂用量应适当增加,反之宜适当减少。如果是早播地群体不存在倒伏问题,建议在技术不成熟时不用,技术成熟的则一定要严格掌握用量,不宜超过300 mL/hm^2,此时20%甲·多微乳剂的作用主要是调节各项产量构成因素的形成,从而达到增产增收的目的。

③施用方法　20%甲·多微乳剂乳化性能好,在水中分散性好,与水混合后呈真溶液,非常适合叶面喷施。无论20%甲·多微乳剂用量多少,对水量一般为450 kg/ hm^2,以保证喷洒均匀。20%甲·多微乳剂可与一般中性杀菌剂、杀虫剂、叶面肥和除草剂等混用。生产上常与春季化学除草一并进行,可节省用工。

(3)技术评价　应用20%甲·多微乳剂有效防止冬小麦倒伏,促进灌浆,正常成熟,改善产量构成因素,不倒伏情况下也可增产8%～13%。技术安全性较高,一般不易发生药害。药剂性能好,很容易喷洒均匀。

但为了达到满意的技术效果,防止意外现象的发生和控制成本,必需遵守技术规程。

5. 应用20.8%甲·烯微乳剂防止冬小麦倒伏

针对多效唑在旱地的残留问题,在多年研究小麦化学调控技术的基础上,中国农业大学作物化学控制研究中心研制了20.8%甲·烯微乳剂,并建立了在冬小麦上的防倒增产技术。该产品和应用技术与以前的20%甲·多微乳剂相比,防倒增产效果较好,解决了多效唑存在的缺陷和弊端。

(1)技术效果　在小麦起身—拔节初期应用20.8%甲·烯微乳剂后,对茎秆基部1～3节间长度的降低,单位长度干物质增加以及茎秆质量改善等小麦农艺性状方面有突出的效果,对降低植株重心,增强抗倒伏和茎秆弯曲能力效果明显。处理后小麦上部节间长的“反跳”效果优于适宜剂量的20%甲·多微乳剂处理,能促进旗叶光合作用,协调增加产量构成因素,增产10%～15%。

①基部节间控制　与对照相比,起身期—拔节期应用20.8%甲·烯微乳剂能促进茎秆的发育,通过降低基部节间的长度,增加基部节间的茎壁厚度和单位长度干重,达到防止小麦倒伏的目的。经过20.8%甲·烯微乳剂处理后,小麦在孕穗期以前表现出明显的株高降低。多年的研究结果发现,处理后小麦植株的基部第1～3节间一般较对照显著缩短,而第4节间和

第5节间出现明显的"反跳",较对照明显加长。这种"反跳"现象优于适宜剂量的20%甲·多微乳剂处理(表5-6),改善了群体冠层上部的通风透光状况,有利于群体光合能力的提高和产量的形成。

表5-6 20.8%甲·烯微乳剂对小麦各节间长的调控作用(段留生等,2003)

处理	各节间长度/cm				
	1	2	3	4	5
对照	5.5	8.5	11.6	16.0	29.2
20%甲·多微乳剂 450 mL /hm^2	4.2	6.8	10.9	15.8	30.5
20.8%甲·烯微乳剂 450 mL /hm^2	3.5	6.2	10.0	16.9	31.5

注:表中1,2,3,4,5为从基部往上伸长节间的序号。

②增加节间壁厚和单位长度干重　与20%甲·多微乳剂处理结果类似的是,冬小麦经过20.8%甲·烯微乳剂处理后植株茎节壁厚和单位长度干重也有明显的提高,使得节间结构致密,提高了抗倒伏的能力。试验结果发现,450 mL/hm^2 20.8%甲·烯微乳剂处理后,小麦基部第1~3节间壁厚能增加10%~15%,单位长度干重也有15%~30%的增幅,而且这种增加表现出基部的节间增幅较大。

③改善叶片功能　在京冬8号和京411等品种上的试验发现,拔节期使用450 mL/hm^2 20.8%甲·烯微乳剂进行叶面喷雾处理后,植株春生叶片的叶面积存在一定的下降,春生第6叶(旗叶)的叶面积下降8%~15%,上部叶片的缩短和节间的伸长,改善了植株株型和群体的受光情况。经过20.8%甲·烯微乳剂处理后的植株,旗叶的叶绿素含量高于对照,提高了光合能力;同时也能延缓开花后旗叶SOD酶活性的下降,有利于清除体内的活性氧,对提高旗叶生理功能以及增强旗叶对逆境的忍耐能力有积极作用。

④增加产量　20.8%甲·烯微乳剂的应用技术经过了多年、多地、多品种的试验,并进行了示范推广,表现出稳定的增产效果。对照小麦不倒伏时,20.8%甲·烯微乳剂增产幅度为10%~15%。当对照小麦发生严重的倒伏时,植株的粒重和粒数都受到影响,产量损失较大;应用20.8%甲·烯微乳剂防倒技术后,改善了茎秆的发育,提高了植株的抗倒伏能力,在同样恶劣的气候条件下可以不倒伏或大大减轻倒伏程度,因而增产幅度更大。

(2)技术要点

①施用时期　20.8%甲·烯微乳剂的最佳应用时期为起身期—拔节初期,在此时期处理后能有效控制基部1~3个节间的伸长生长,同时能促进大分蘖生长,有效增加收获时单位面积穗数和穗粒数。北京地区通常在3月下旬至4月上旬进行处理,而在河南麦区处理的时间大致在3月上、中旬。

②施用浓度　经过多年、多点、多品种的大量适应性试验,确定20.8%甲·烯微乳剂用于防倒增产的用量为450~600 mL/hm^2,如果群体过大、长势过旺,可适当增加至600~750 mL/ hm^2,但一般不宜超过900 mL/hm^2。对水量可参考其他农药,按常规量375~450 kg/ hm^2。应用剂量的确定需要考虑影响群体大小和植株的长势的各种因素,包括田间气候条件、品种敏感性、播种时期、基本苗、肥水管理措施等。一般来说,如果春季降雨量大、品种的敏感性低、播种期早、播种量大、施肥水平高、返青—起身期追肥,则20.8%甲·烯微乳剂用

量应适当增加,反之宜适当减少。

③施用方法　使用20.8%甲·烯微乳剂时,在小麦起身—拔节期进行叶面喷施处理1次。一般情况下,使用剂量450～600 mL/hm²,对水450 kg。

(3)技术评价　小麦应用20.8%甲·烯微乳剂能有效防止冬小麦倒伏,促进灌浆,正常成熟,改善产量构成因素,不倒伏情况下可增产10%～15%。该产品环境相容性好,技术应用安全性较高,一般不易发生药害。

6. 应用20%甲·多微乳剂防止春小麦倒伏

随着水肥投入和产量水平的提高,加之本身播种量较大,春小麦的倒伏问题也越来越严重,逐渐引起人们的重视。

(1)技术效果

①对节间和株高的影响　辽春10号播种前每10 kg种子用3 mL或5 mL 20%甲·多微乳剂拌种,对节间和株高的影响与冬小麦类似(表5-7)。基部1,2节间长度较对照明显缩短,并且随拌种用量的增加,缩短的程度加大,如3 mL/10 kg拌种处理的第1,2节间的缩短率为45.45%和25.30%,5 mL/10 kg处理的为63.64%和31.33%。20%甲·多微乳剂处理对第3节间的抑制作用减弱,至第4节间开始出现“反跳”,第5节间长度较对照增加2.8～3.4 cm,总体株高与对照没有明显差。

表5-7　20%甲·多微乳剂拌种对春小麦节间长度及株高的调控

(何钟佩等,1997)

20%甲·多微乳剂用量/(mL/10 kg种子)	节间序号和长度/cm					株高/cm
	1	2	3	4	5	
0	2.2	8.3	11.9	18.5	33.4	81.9
3	1.2	6.2	11.6	18.7	36.2	81.4
5	0.8	5.7	11.4	18.6	36.8	98.1

②对叶片的影响　20%甲·多微乳剂拌种处理后,春小麦下部叶片长度缩短,宽度增加,而上部叶片像节间一样出现“反跳”,长度大于对照,宽度与对照差异不大。这样的调控效果一方面有利于群体冠层下部通风透光,另一方面上部的叶面积增大对穗子发育具有良好作用。

③对根系的影响　20%甲·多微乳剂拌种处理后春小麦根系总量稍有提高,变化不大,但对根系在土层中的分布有明显影响。如处理在0～10 cm表层土壤的根量少于对照,但深层土壤(10～50 cm)中的根量较对照增加10.8%～12.1%,说明20%甲·多微乳剂对春小麦根系下扎有明显促进作用,使之能充分利用土壤深层水分,增强了春小麦的抗旱能力,这对经常发生春旱的春麦种植区有重要意义。

④对生育进程的影响　以辽春10号为材料在辽宁省的试验结果表明,20%甲·多微乳剂拌种用量为3 mL/10 kg种子时,春小麦的生育进程与对照完全同步,不受影响,但当20%甲·多微乳剂用量提高到5 mL时,开花期和成熟期较对照分别推迟了3 d和4 d。

⑤对产量及产量构成因素的影响　从表5-8结果可见,20%甲·多微乳剂拌种促进了春小麦(辽春10号)分蘖成穗,3 mL和5 mL处理的单位面积穗数分别较对照增加了6.4%和7.8%。处理后小穗数变化不大,但不孕小穗数减少了20%以上,因而穗粒数增加8.0%～15.7%。20%甲·多微乳剂处理对春小麦灌浆过程的影响也与冬小麦相似,降低了开花后第

1～3 周的穗粒灌浆强度，提高了第 4～5 周的灌浆强度。3 mL 拌种的千粒重与对照持平，5 mL拌种由于推迟成熟，对前期灌浆强度的降低作用过大，因而千粒重明显低于对照。由于穗数和穗粒数增加，而千粒重基本不变，3 mL 处理的实收产量较对照增加 9.1%。

表 5-8　20%甲·多微乳剂处理对春小麦产量及构成因素的影响

(何钟佩等，1997)

项　目	处　理		
	对照	3 mL/10 kg 种子	5 mL/10 kg 种子
穗数/(万个/666.7 m^2)	43.8	46.6	47.2
小穗数/个	17.5	17.7	17.8
不孕小穗数/个	2.8	2.2	2.1
穗粒数/粒	30.0	32.4	34.7
千粒重/g	37.4	37.2	32.1
理论产量/(kg/666.7 m^2)	491.4	561.7	525.7
实际产量/(kg/666.7 m^2)	344.3	375.7	336.0

(2)技术要点

①应用时期　试验和示范证明，播种前应用 20%甲·多微乳剂拌种可以较好地起到防止春小麦倒伏和增产的作用。因为春小麦生育期短，出苗后 1 个月左右即开始拔节，基部节间的伸长正处于 20%甲·多微乳剂的作用期内，所以采用种子处理不像冬小麦那样对基部节间影响甚微。另外，与冬小麦相反，春小麦播种后气温逐渐升高，大大降低了 20%甲·多微乳剂种子处理影响出苗的风险性。

在个别情况下，由于 20%甲·多微乳剂拌种用量偏小或植株长势过旺，可在 3～4 叶期用与冬小麦相同剂量(375～450 mL/hm^2)的药液进行叶面喷施，可达到较好的调控效果。

②应用剂量　由于春小麦对 20%甲·多微乳剂的反应较冬性品种较为迟钝，加之播种后气温逐渐升高，幼苗生长量不断增加、生长势不断增强，因而原则上拌种用量较冬小麦为高。虽然上文提到辽春 10 号在辽宁省的拌种用量以 3 mL/10 kg 种子为佳，但综合各春麦区不同品种的结果，生产上推荐的 20%甲·多微乳剂用量为 4～6 mL/10 kg 种子。拌种方法同冬小麦。

③注意事项　提高整地质量，控制播种深度(3～4 cm)，保证出苗不受影响。因为 20%甲·多微乳剂同样抑制春小麦胚芽鞘和地中茎的伸长，减弱幼苗的顶土能力。

7. 其他

(1)烯效唑　烯效唑的活性较多效唑高 5 倍以上，且在土壤中的残留较少，因而也是一种较好的替代多效唑的调节剂。一般用 5%烯效唑可湿性粉剂 600～750 g，加水 50 kg，配成 40～50 mg/L 药液，在拔节初期叶面喷施，与多效唑效果类似，但残留量低，无残效，使用浓度低，对环境较多效唑安全。但要注意严格掌握用药时期和剂量。目前在长江流域地区有应用。

(2)缩节安　还需指出的是，因 20 世纪 80 年代成功用于控制棉花徒长，所以不少农户在小麦上也喷施缩节安，希望能降低株高，防止小麦倒伏。但小麦对缩节安的反应不敏感，即使加大剂量到 300 g/hm^2 以上，效果仍不理想，从效益角度考虑也不经济，不提倡使用。

(二)壮苗促蘖和安全越冬

1. 生产问题及解决方法　壮苗是高产的基础。冬小麦种植后越冬前若气温较高，或暖冬,造成小麦冬前或早春旺长,分蘖节离开地面一遇到寒流极易造成冻害,特别是近年来全球性气候变化,暖冬等异常气候给小麦安全越冬带来威胁。北方二熟冬麦区,晚播小麦弱苗促壮问题更为突出,如何使幼苗在冬前达到一定的生长量,使总茎数达到高产要求,并保证安全越冬,是种植制度改革后出现的又一新问题。应用CCC、多效唑、20%甲·多微乳剂、烯效唑等处理种子(拌种或浸种)或苗后处理(叶面喷施或土壤处理)等化控技术在冬小麦都有控旺长、促壮苗作用。

小麦分蘖多少与成穗率高低是小麦高产的重要因子,栽培上不少措施是以促蘖及成穗为目标的。小麦的分蘖成穗率一般只有30%～50%,常规栽培措施很难有效发挥作用。采用化学调控对小麦分蘖成穗进行合理的促控,可为小麦生育中后期的穗、粒、重协调发展创造出良好的群体结构条件。

2. 应用20%甲·多微乳剂壮苗

(1)技术效果　冬小麦播种前用适宜浓度的20%甲·多微乳剂(150 mg/kg)浸种4～6 h或用3 mL 20%甲·多微乳剂拌10 kg种子,可明显改善冬前幼苗根系和叶片的发育及功能,促进分蘖发生并提高麦苗的抗寒能力,但对种子萌发和出苗有一定影响。

①促进根系　根系虽然埋藏在地面以下,但对小麦生长发育至关重要,与壮苗的形成和安全越冬直接相关。20%甲·多微乳处理全方位提高了麦苗根系的生长发育和活力,对培育冬前壮苗、提高麦苗适应不良环境有益。

从表5-9可以看出,适宜浓度的20%甲·多微乳浸种或拌种对麦苗根系发育有良好的调节作用,具体表现在根系总长显著增加,如京冬8号和京411越冬前拌种处理的根系总长分别较对照提高18.37%和27.27%;拌种处理的次生根数目和根群长度明显多于或长于对照;浸种和拌种处理的麦苗根系干重均较对照增加13%～16%,根冠比稍有提高,幅度不大,这是因为麦苗地上部干重也同步增加的缘故。20%甲·多微乳剂处理的根系活力相当于对照的1.4～1.8倍。

表5-9　20%甲·多微乳剂对麦苗根系生长和活力的影响(何钟佩等,1997)

项　目	京冬6号		京冬8号		京411	
	对照	20%甲·多微乳剂浸种	对照	20%甲·多微乳剂拌种	对照	20%甲·多微乳剂拌种
20%甲·多微乳剂浓度或用量	0	150 mg/kg	0	3 mL/10 kg种子	0	3 mL/10 kg种子
单株总根条数	13.2	13.6	11.6	13.4	9.3	11.9
单株根系总长/cm	—	—	577	683	231	294
根群长度/cm	60.7	60.3	67.7	68.9	49.1	53.9
根系干重/(g·株$^{-1}$)	0.110	0.125	0.147	0.171	0.081	0.094
根冠比	0.162	0.174	0.190	0.193	0.153	0.157
根系活力/(mg甲腊/g FW·h^{-1})	18.63	34.50	20.47	29.72	—	—

②促进种子萌发和出苗　如表5-10所示,无论用20%甲·多微乳剂浸种还是拌种,小麦种子的发芽势和发芽率都有不同程度降低,出苗率则下降6%～7%,出苗期推迟2 d左右。究其原因,是因为处理后幼苗的伸长生长被延缓,胚芽鞘和地中茎的长度缩短,减弱了幼苗的顶

土能力。20%甲·多微乳剂对出苗率和出苗期的影响随用量的加大而加大,如浸种浓度增加到 200 mg/kg,拌种用量提高到 6 mL/10 kg 种子,出苗率的下降幅度达 13%～18%,出苗期推迟 3 d。

表 5-10　20%甲·多微乳剂对小麦种子萌发和出苗的影响(何钟佩等,1997)

项　目	京冬 6 号		京 411	
	对照	20%甲·多微乳剂浸种	对照	20%甲·多微乳剂拌种
20%甲·多微乳剂浓度或用量	0	150 mg/kg	0	3 mL/10 kg 种子
发芽势/%	58	45	65	49
发芽率/%	95	92	96	92
田间出苗率/%	89	82	91	85
出苗期差异/d	0	−2	0	−2
地中茎长度/cm	1.84	0	1.95	0

③叶片和分蘖　适量 20%甲·多微乳剂浸种、拌种明显改变了冬前麦苗的形态特征。叶片(包括胚芽鞘)长度缩短,如京冬 6 号经 150 mg/kg 水 20%甲·多微乳剂浸种处理后,越冬前主茎 1～5 叶的长度只相当于对照的 54%～65%,而叶片宽度有所增加,并且越是基部的叶片越宽。由于处理后叶片的叶绿素含量提高,所以叶色浓绿,有利于小麦冬前积累光合产物。值得重视的是,20%甲·多微乳剂种子处理显著加快了小麦叶片的分化和出叶速度,至越冬期主茎展开叶比对照增加 1.5～2.0 片。因此,虽然处理的单叶面积下降 22%～45%,但单株主茎叶面积比对照提高 8%～10%(表 5-11),不同品种的表现一致。

处理和对照叶片分化数量的差异开始于 3 叶期,即当对照的主茎叶片数为 3 时,20%甲·多微乳剂处理的麦苗已有 4 片叶。根据叶片和分蘖发生的关系可知,处理的分蘖数也应多于对照。事实上,20%甲·多微乳剂处理麦苗越冬前的平均单株分蘖比对照增加 1.2～1.6 个,增幅 25%以上,3 叶以上的大蘖也增加 0.5～0.9 个(表 5-11)。

表 5-11　20%甲·多微乳剂对麦苗叶片和分蘖发生的促进作用(何钟佩等,1997)

项　目	京冬 6 号		京 411	
	对照	20%甲·多微乳剂浸种	对照	20%甲·多微乳剂拌种
20%甲·多微乳剂浓度或用量	0	150 mg/kg	0	3 mL/10 kg 种子
主茎叶片数	6.0	7.1	4.9	6.7
单株分蘖数	4.8	6.0	2.9	4.7
主茎叶面积/cm^2	50.4	54.5	20.7	26.2
越冬前单株 3 叶以上的分蘖数	1.6	2.5	1.1	1.6
单株地上部干重/g	0.678	0.721	0.530	0.598

20%甲·多微乳剂处理后麦苗叶片长度缩短、单叶面积下降、叶色加深、更符合壮苗标准。因而在暖冬年份预计麦苗会发生旺长时,用适宜浓度的 20%甲·多微乳剂及时处理,可以有效克服这一问题。另外,处理后叶片分化、出生速度加快,单株主茎叶面积和分蘖数增加,这对晚播麦的意义十分重大,大大提高了培育晚播麦冬前壮苗的可操作性。

④抵抗低温逆境的能力　小麦虽然是冷季作物,但过低的温度以及异常的气温变化对小麦生产也很不利。在小麦生育前期,低温冻害的发生常常造成叶片和分蘖的死亡,严重时甚至

死苗。已有研究表明,京冬8号3叶1心时在控制条件下给予持续48 h 0℃低温胁迫,20%甲·多微乳剂拌种处理(3 mL/10 kg种子)可以显著降低胁迫后的死苗率、死叶率和死蘖率,并显著提高麦苗的根系活力。1996年,由于试验需要,在北京地区种植河南省偏春性品种百农64,对照越冬死苗较为严重,而经20%甲·多微乳剂拌种处理的越冬死苗率较对照下降20%~30%。

(2)培育壮苗的技术规程

①拌种 一般品种和气候条件下适宜的20%甲·多微乳剂拌种用量为3 mL/10 kg种子。具体操作如下:量取3 mL 20%甲·多微乳剂浓乳剂,加入0.5 kg清水中,混匀后倒在称好的10 kg种子上,快速反复搅拌,使药液与种子混合均匀,在阴凉处堆闷2~3 h,然后摊开晾晒至种子互相之间不粘连即可播种。实际生产中,若拌种后不能马上播种,可将种子晾干保存,20 d之内不影响出苗和药效。拌种操作宜在塑料布上或塑料袋中进行。

②注意事项 冬小麦应用20%甲·多微乳剂培育壮苗这项技术的效果和成败与许多因素有关,下面逐一进行讨论。

A. 严格掌握用量 上文已指出,20%甲·多微乳剂用量加大,出苗率下降幅度越大、出苗期推迟时间越长。因此。这项技术的关键之一在于严格掌握20%甲·多微乳剂用量。拌种时10 kg种子的用药量一般不宜超过3 mL,若遇播种出苗后持续阴雨,20%甲·多微乳剂种子处理的有效作用期缩短,可酌情再进行叶面喷雾控制麦苗生长。

B. 品种的敏感性 作物不同品种对同一种调节剂的反应强度不同。已有研究表明,不同小麦品种对矮壮和多效唑的敏感性存在极显著差异。不同类型的小麦品种对20%甲·多微乳剂的反应也有差别,如冬性较弱的品种或春性较强的品种对20%甲·多微乳剂的反应相对比较迟钝,在应用上应适当加大剂量。

C. 温度和湿度 20%甲·多微乳剂的有效作用期与温度和湿度呈负相关,即温度越高,湿度越大,有效作用期越短,而温度和湿度越低,有效作用期越长,且作用效果越强烈。因此,20%甲·多微乳剂的用量应根据当时的具体情况进行确定。若播种较早,气温较高,土壤湿度大,则宜加大用量(4~5 mL/10 kg种子);若播种较晚,气温下降,土壤比较干旱时,20%甲·多微乳剂用量宜减轻(1~2 mL/10 kg种子),或者不做种子处理,待出苗后根据苗情再进行叶面喷施。

D. 播量 因为应用20%甲·多微乳剂做种子处理后,发芽率和出苗率有所下降,因此生产上应适当增加播量(10%~15%),以保证适宜的基本苗数。

E. 播深 种子处理后由于麦苗的胚芽鞘缩短、地中茎不伸长,使幼苗顶土力减弱、出苗期推迟。因此,在生产中应严格控制播种深度,绝不能超过3~4 cm,否则造成烂种、烂苗和黄芽苗,严重影响田间出苗率和出苗期。

F. 土壤质地和整地质量 土壤质地和整地质量与20%甲·多微乳剂种子处理后的出苗有关。黏性土壤中幼苗出土阻力大,并且20%甲·多微乳剂的降解速度较慢,因而宜减少药剂用量;由于种子处理后小麦幼苗顶土力减弱,因而更应注重整地质量,力求做到上虚下实,无坷垃,无缝隙。

3. 其他调节剂应用

(1)GA 在小麦返青早期,喷洒10~20 mg/kg的GA溶液,有促进前期分蘖生长和提前起身,抑制后期分蘖的双重作用,其效果可维持1个多月,直到拔节后才消失。另有研究表明,低浓度的 GA(5～15 mg/kg),能使小麦增加分蘖成穗。2 月下旬到 3 月初喷洒 GA,能有效地促进小麦直立生长。

(2)油菜素内酯　播种前用 0.01 mg/kg 的油菜素内酯浸种 24 h,或者在幼苗每公顷喷洒 750 kg 药液,可使幼苗代谢活动增强,叶片生长加快,根系吸收养分增多,分蘖提早且生长快,成穗率高。

(3)多效唑　据试验研究,在小麦拔节期叶面喷施 100～150 mg/kg 的多效唑,穗数增加 5～7%。另有研究表明,在麦苗 1 叶 1 心期,用药剂 10 g/666.7 m^2 左右,加水 75 kg 喷洒,喷后灌水一次,同样可以提高小麦的分蘖成穗数。

(4)丁二酸　用 0.01%～0.02%的丁二酸或 0.1%～0.2%的丁二酸铵叶面喷洒,可以促进植株生长,培育壮苗,增加分蘖。

(5) 三十烷醇　在小麦分蘖初期—越冬期喷洒 0.1～1 mg/kg 的三十烷醇,可提高单株分蘖数和分蘖成穗率,株高和次生根数也相应增加。

(三)提高抗逆性　冬小麦抗性包括对环境逆境(如干旱、干热风等)和生物逆境(如病害等)的抵抗能力。20%甲·多微乳剂提高小麦的抗性,是因为处理后植株根系发达、茎秆粗壮、叶片素质全面改善,对环境逆境和生物逆境的免疫能力大大提高。

1. 干热风　干热风是小麦生育后期的主要灾害,尤其是在北方冬麦区,每年为害面积达 74%,一般年份减产 10%左右,严重时减产 30%以上。大于 30℃的高温条件是诱发干热风的主要因素,因此干热风实质上主要是高温胁迫。小麦成熟前发生雨后青枯猝死的主要原因也与高温胁迫有关。据研究(梁金城等,1993),受干热风危害的小麦,由于植株体内水分散失加快,破坏了正常的生理代谢进程,过多的含氮化合物不能正常代谢,产生大量的游离氨,致使植株因氨中毒而死亡,或导致叶片、子粒含水量下降,蒸腾强度加剧,叶绿素含量和净光合强度显著降低,"逼死"植株,同时,根系吸收能力减弱,因灌浆时间缩短,干物质积累提早结束,千粒重下降,致使产量锐减。因此,积极采取有效措施防御小麦干热风,是保证小麦高产稳产的重要方面。

(1)20%甲·多微乳剂　用 20%甲·多微乳剂处理能增加植株的根量,促进根系下扎,因而可以显著提高小麦植株抵抗拔节后干热风的能力,有效减缓穗粒数和粒重的下降,增产效果明显。中国农业大学 1997—1998 年采用京冬 8 号和百农 64 两个品种在田间进行高温试验,见表 5-11。在小麦灌浆期(开花后 17～24 d)在田间搭建高效增温棚增温,棚内日最高温度为 49℃,适时揭膜控温,此高温胁迫条件下,小麦穗部产量性状的变化和 20%甲·多微乳剂处理的调控作用如表 5-12 所示。正常气温下,两品种经 20%甲·多微乳剂拌种(3 mL/10 kg 种子)加返青期喷施(30 mL/666.7 m^2)处理后,千粒重、穗粒数增加,不孕小穗数降低。在高温胁迫条件下,两个品种对照和处理的千粒重、穗粒数都有较大幅度下降,不孕小穗数提高。但处理的千粒重下降比对照要小得多。如京冬 8 号和百农 64 对照的千粒重分别下降了 38.86%和 43.29%,而处理分别下降了 22.71%和 20.02%,此时处理比对照千粒重增加 29.22%(京冬 8 号)和 48.12%(百农 64)。穗粒数的变化也基本如此。这一研究结果展示了 20%甲·多微乳剂在提高小麦植株抵抗高强胁迫能力方面的潜力,是目前生产上解决高温胁迫问题、实现小麦安全高产可以选用的一项有效措施。

表5-12 20%甲·多微乳剂对高温胁迫条件下冬小麦穗部产量性状的影响(何钟佩等,1997)

品种	处理	温度条件	千粒重/g	穗粒数	不孕小穗数
京冬8号	对照	正常	48.25	36.85	0.65
	20%甲·多微乳剂	正常	49.32	38.50	0.58
	对照	高温	29.50	30.25	1.10
	20%甲·多微乳剂	高温	38.12	34.70	0.95
百农64	对照	正常	36.61	47.05	0.90
	20%甲·多微乳剂	正常	38.45	57.60	0.65
	对照	高温	20.76	45.65	1.70
	20%甲·多微乳剂	高温	30.75	50.00	1.00

(2)黄腐酸(FA) FA是从风化煤中提取出来的一种能防治小麦干热风的生长调节剂。李绪行等(1992)研究表明,黄腐酸能降低小麦叶蒸腾速率,增大气孔阻力,提高脯氨酸含量。据河南省科学院生物所测定,在小麦孕穗期喷洒黄腐酸,喷药后9 d累计蒸腾量比对照减少13.7%,由于蒸腾量减少,土壤含水量会相对提高,喷药后第2天到第9天土壤含水量均显著高于对照。在小麦孕穗期及灌浆初期叶面喷洒黄腐酸均有明显的增产效果,尤以孕穗期喷洒后的增产效果最为显著。在孕穗期喷洒以旗叶伸出叶鞘1/3~1/2时为宜,对河南大部分地区来说,大约在4月5日前后。灌浆初期喷药应在5月5日左右进行。如果在孕穗期和灌浆初期各喷一次,效果更好。用药量一般为50~150 g/666.7 m^2,先用热水将药品溶解,然后再加水至40 kg进行喷洒。在小麦孕穗期喷洒黄腐酸,一般可增产9.46%~17.95%,产量水平越低,增产效果越显著。

(3)多效唑和烯效唑 用1 mg/kg烯效唑或5~40 mg/kg多效唑浸种,使小麦叶片气孔阻力加大,从而使蒸腾速率、质膜相对透性和失水速率降低,使幼苗的水分状况得到改善,有利于壮苗早发,增强抗干热性能。烯效唑和ABA混合处理,对气孔扩散阻力的增加有增效作用。王保民等(1981)指出,CCC能提高小麦的耐旱性,其作用在于促进根系发育,增加根系吸水能力,改善体内水分状况。盆栽试验表明,在出苗后3周和抽穗之前控制水分2~18 d,使土壤接近干旱。水分处理前先对植株喷洒CCC 500、1 000和2 000 mg/kg和B_9 1 000、2 000和4 000 mg/kg,不仅抗旱能力增强,还明显增加干重和谷粒产量。这是由于经处理后较大地增加了萎蔫植物在重新给水条件下再生新枝的能力。产量增加是由于后期分蘖成穗增加的效果。

(4)ABA 脱落酸可有效提高小麦抗干热风能力,茉莉酸甲酯有类似效果。但这两种物质多年来未能产业化,成本过高。最近随着中国科学院成都生物所等单位科研人员,利用微生物发酵生产S-ABA的成功,ABA提高小麦抗逆性的研究正在普遍展开,但目前尚未形成成熟的生产应用技术。有报道用MH可防止穗发芽,但对其安全性有争议。

2. 干旱 北方地区的春旱对小麦生产影响很大,加之灌溉水资源日趋紧张,因而生产上正大力研究和推广抗旱节水栽培。当然,采用各种节水灌溉方式(喷灌、渗灌、滴灌等)和兴修防止跑冒滴漏的水利工程在节水栽培中发挥着重要作用,但它们的投入高,产投比在短时间内相对较低。已有研究证明,植物生长调节剂在提高作物的抗旱能力方面大有用武之地。近几年开始的试验结果表明，由于20%甲·多微乳剂处理增加植株的根量，促进根系下扎，因而可以显著提高小麦植株抵抗拔节后干旱的能力，有效减缓穗粒数和粒重的下降，增产效果明显。

（四）化学杀雄与杂优利用　小麦杂交优势利用一直未能普遍推广，主要原因是没有好的不育系，三系难以配套。用化学杀雄方法可以突破技术限制，不受三系限制，亲本来源丰富，选配自由；二系杂交的某些组合，杂种二代仍有利用价值；可以在推广良种的基础上争取更高的产量；制种程序简便。目前生产上应用的主要有：乙烯利4 000～8 000 mg/L，但有难抽穗的副作用。目前中国农业大学陈万义等已研制出新的小麦杀雄剂。

1. MH（青鲜素）　MH是最早研究的杀雄剂之一。在小麦旗叶抽出前，用MH 100～1 000 mg/L进行叶面喷洒3次，可诱导花粉完全败育。但有引起部分雌性不育的副作用。

2. 乙烯利　乙烯利在小麦杀雄剂中最具实际应用价值。小麦使用乙烯利，能使大部分花粉败育，花粉皱缩、畸形，花粉粒没有或很少，无生活力，花丝变短，花药瘦小，不开裂，相对不育率达85%～100%。雌蕊抗性比雄蕊强，适当浓度的乙烯利可达到抑杀雄蕊和保存雌蕊的效果。乙烯利被小麦吸收后，通过输导组织逐渐向穗部运转，使穗部乙烯利量不断增加。乙烯利对小麦杀雄是由其释放乙烯而起作用。^{32}P示踪也证实，乙烯利处理对小麦植株各部分正常磷代谢有一定影响，雄蕊的核酸和蛋白质合成受到严重抑制，从而导致败育，但乙烯利对雌蕊的影响较小。

于小麦孕穗期（花粉母细胞形成到减数分裂期），叶面喷洒750 kg/hm^2浓度为4 000～8 000 mg/kg的乙烯利稀释液。浓度越高作用越大，但产生植株变矮及抽穗不良等副作用也重。由于乙烯利抑制了茎的伸长，特别穗颈明显缩短，造成旗叶叶鞘"包穗"，影响制种产量。为此，可用20～40 mg/kg的GA与乙烯利混喷，或喷乙烯利后再喷GA，能有效地克服小麦"包穗"现象。

乙烯利在不同品种间存在着很大差异。不同品种对药剂的反应，大致分成3类：敏感型，在3 000 mg/kg乙烯利作用下，已达较好的杀雄效果，不育率94.7%～99.2%，穗颈长度缩短11.6～16.2 cm。中间型，在3 000 mg/kg乙烯利作用下，杀雄效果较差，而在6 000 mg/kg乙烯利作用下，杀雄效果显著增加，不育率92.3%～99.3%，穗颈缩短9.0～16.0 cm。迟钝型：在3 000 mg/kg乙烯利作用下，不育率仅56.0%～62.7%。因此，选择一些受药后去雄效果好，副作用小的小麦品种，作为化学去雄制杂交种的母本是十分重要的。

由于使用乙烯利进行杀雄可能引起叶片发黄、株高降低、抽穗困难、小穗退化及青穗增多等问题，因而在使用时应认真做好试验。

3. 均三嗪二酮（KMS-1）　均三嗪二酮（KMS-1）化学名称为3-对氯苯基-6-甲氧基-均三嗪-2,4(1H,3H)二酮的三乙醇铵盐，是中国科学院广州化学研究所合成的小麦化学杀雄剂。从小麦花粉母细胞形成到花粉成熟喷洒，均有一定的杀雄效果，有效时间长达12～15 d。而乙烯利杀雄最适时期仅仅局限在花粉母细胞减数分裂前后的5～7 d时间。

应用均三嗪二酮在小麦花粉母细胞形成期、减数分裂期、二分体、四分体、穗已破口4个时期喷洒，均有良好的杀雄效果。不同小麦品种对药剂浓度的反应不一，早白和908小麦品种，均三嗪二酮杀雄的适宜浓度为4 000～6 000 mg/kg。

均三嗪二酮对小麦DNA代谢有一定影响。温室生长的扬麦1号，在孕穗早期和孕穗中期喷洒3 000 mg/kg均三嗪二酮，5 d后雄蕊中DNA的含量明显下降。不同时期用药对雄蕊抑制作用大致相同，比乙烯利的药效略强。经均三嗪二酮处理后的小麦花药瘦小，花丝缩短，花药常常不能吐出或残留在颖壳内,花药不开裂或仅部分开裂,花粉不能正常散出,出现大量畸形或圆形的败育花粉,而且生殖核和营养核表现异常。对小麦雄蕊的呼吸强度亦有影响。在扬麦1号孕穗中期喷洒3 000 mg/kg均三嗪二酮后,雄蕊的呼吸强度为3 098 mg CO_2/(h·mg)花药,而乙烯利为2 956 mg CO_2/(h·mg)花药,对照为3 424 mg CO_2/(h·mg)花药。呼吸强度因喷药降低。

应用均三嗪二酮杀雄,同时会发生药害作用。使植株变矮,穗颈缩短,但药害程度一般比乙烯利轻。对穗长和小穗数均无影响。为克服因均三嗪二酮喷洒造成抽穗不良的缺点,亦可喷洒20～30 mg/kg的GA,达到良好的杀雄效果和抽穗正常。

4. 氨基磺酸、甲基胂酸钠　于花粉母细胞形成期和单核期喷用氨基磺酸,在0.6%～1%浓度范围内,杀雄效果均达100%;甲基胂酸钠也达95.6%～100%。人工授粉结实率分别为56.5%和58.8%,这说明对雌蕊生活力没有显著影响。同一药剂的杀雄效果因喷药时期而有较大差别。氨基磺酸0.8%处理小麦,以花粉母细胞形成期处理效果最高,减数分裂期处理其次,单核期更次。其他浓度也表现类似现象。一般以花粉母细胞形成期杀雄效果最佳。

三、玉米化学控制技术

玉米是我国第三大粮食作物,常年种植约2 400万 hm^2。随着畜牧业和综合利用新技术的发展,玉米已成为全世界重要的粮食、饲料、经济兼用作物,在国民经济和人民生活中占有愈来愈重要的地位。我国东北地区的玉米面积占全国玉米总面积的36%,总产占40%;华北地区的玉米面积和总产分别占全国总量的32%和35%。因而这两个地区是我国最主要的玉米产区。

玉米生产中的主要问题是:①抽雄后植株过高容易出现倒伏,特别是7,8月份雨季,从而影响产量的进一步提高。②存在营养生产与生殖生长的矛盾,尤其抽穗前,若雄穗茎秆伸长过长而耗费过多营养,则雌穗就会因养料不足而产生"秃尖现象"。③密植情况下,空秆率增加。④北方的干旱、南方的涝渍等逆境。为此,要夺取玉米高产,早播、培育壮苗、防止倒伏、防止空秆和秃尖、提高杂种优势的利用是重要的栽培管理内容。植物生长调节剂的应用,为玉米高产提供了简便易行的技术保障。

(一)防止倒伏　根据发生的位置,玉米倒伏可分为两类,即根倒和茎倒。根倒一般发生在前期(苗期),对产量影响不大,自身恢复能力强;茎倒对产量的影响较大,因为此时玉米植株的自身恢复能力已很弱。研究表明,茎倒的倒伏率每增加1%,每公顷产量减少100 kg,如果吐丝时发生大面积倒伏,会造成绝产绝收。另外,倒伏不仅影响产量,还会给机械收获带来很大困难。

根倒与根的直径、气生根数量和基部节间长度有关。茎倒则与植株的重心位置、节间单位干重、茎秆的长粗比、穗位系数(穗位高/株高)、茎粗系数(基部茎粗/株高)、内部物质含量(茎节中钾和粗纤维的含量)、形态解剖(茎表皮厚度和维管束数量)等因素有关。

1. 乙烯利应用及其缺陷　国外较早用乙烯利防止玉米倒伏,国内最早用在新疆地区。乙烯利可降低株高,促进玉米根系的发育,第8～9层气生根数增加,中秆品种的穗位高降低25 cm左右,显著增强玉米植株的抗倒伏能力。

玉米上单用乙烯利有很多副作用,主要表现为影响雌穗发育,使穗变小,易秃尖,穗粒数减少,败育率提高,千粒重下降。在生产上不推荐单独使用乙烯利。

玉米雌穗分化期始于小喇叭口期，至大喇叭口期时雌穗处于小花分化期。因此，有人建议，在保证株高降低、抗倒伏能力有效增强的前提下，把应用乙烯利的时期推迟至开始抽雄时(1%植株抽雄)，以便使对雌穗发育的影响降至最低。但是玉米子粒的败育主要发生在吐丝后的 14～20 d 的一周时间内。抽雄时玉米株高已超过人体高度，此时用乙烯利，不仅增加了技术操作的难度，而且仍无法完全避免乙烯利对雌穗发育的负影响。

2. 乙烯利与其他调节剂混剂的应用　为了降低乙烯利的这种副作用，国内外探索乙烯利与其他调节剂如缩节安、油菜素内酯、羟烯腺嘌呤、三十烷醇、胺鲜酯等配合施用，来抵消乙烯利对雌穗发育的负影响。20 世纪八九十年代开发的甲哌鎓·乙烯利水剂(Terpel)、40%羟烯腺·乙烯利水剂(玉米健壮素，江苏淮阴电化学院研制)、30%油菜素内酯·乙烯利水剂(壮丰灵，吉林市农业科学院研制)、30%三十烷醇·乙烯利水剂等混剂产品，都克服了单用乙烯利的缺陷，生产都有较稳定的防倒效果。只要掌握适时喷施，并与增加密度相结合，一般都会获得 10%左右的增产效果，其中玉米健壮素应用面积最大。

但这些产品的喷施时间都在大喇叭口及以后时期，玉米冠层已经较高，秆脆易折短，喷施不方便，难以机械化施药，限制了这些植物生长调节剂的应用。2004 年中国农业大学与福建浩伦生物工程公司登记的 30%乙烯利·己酸二乙氨基乙醇酯水剂(玉黄金)，可以把使用时间提前到小口期(6～9 叶)，对雌穗分化没有任何副作用，而且还使穗长和穗粒数增加，减少秃尖，从效果上看是目前含乙烯利有效成分的混剂中最优者。大口期使用同样有效。

(1)40%羟烯腺·乙烯利水剂的应用　一般是 600 mg/kg 在大喇叭口期叶片喷施应用，主要作用有：

①抑制茎生长　主要缩短果穗以上节位(9～14 节间)增加茎粗，降低株高，株高/茎粗减少，穗下节间长度缩短，穗位下降，植株矮健，抗倒力提高。茎部节间激素含量变化，可溶性糖含量增加。

②促进根系发生和提高根系活力　促进根系生长，单株气生根条数增加 11～23 条。增加处理时正在生长的第 6～7 层根，根直径增粗，根系伤流量及流液中的氨基酸、CTK 及无机磷含量也增加。

③叶片功能期延长　单株叶面积增加，棒三叶面积增加，叶绿素含量提高。上部叶倾角变小，有利于光线透过冠层，改善下部叶片受光状况。

④影响穗粒和产量　空株率下降，穗长增加，秃尖长降低，穗粒数、穗粒重、千粒重增加，提高子粒脱水强度，加快子粒发育，产量增加。

一般应适当增加种植密度，更大挖掘增产潜力。如密度由 4 000 株/666.7 m^2 增加到 5 400株/666.7 m^2，产量可提高 12%。

(2)30%乙烯利·芸薹素内酯水剂应用　30%乙烯利·芸薹素内酯水剂在北方玉米产区应用较多，喷施时间与乙烯利和玉米健壮素相同，都在抽雄前 3～5 d(大喇叭口期)。要求在肥地使用，并要施足底肥，在拔节时缺肥应施拔节肥。另外，种植密度应增加 1 000 株/666.7 m^2。玉米壮丰灵不能与其他农药混用。

(3)胺鲜酯·乙烯利水剂　一般是用制剂 300～375 mL/hm^2，(有效成分 6.0～7.5 g/hm^2)对水 30～50 kg，在玉米 6～9 真叶期(小喇叭口期)—大喇叭口期叶面喷施。2002—2004 年在全国 10 地以上 40 多个品种的实验表明，30%胺鲜酯·乙烯利水剂效果稳定，2002 年部分试验点结果见表 5-13。为挖掘增产潜力，可适当增加种植密度。产量可再增产 10%以上。

表5-13　胺鲜酯·乙烯利水剂对玉米主要性状影响

(2002年,根据农药田间药效报告整理)

地点	品种	株高降低	1～3节间	穗位下降	根系	产量增加	品质	倒伏减少率
天津	唐玉10号	1.2%～3.5%	缩短,增重	2.2%～6.3%	未测	9.6%～13.0%	NS	未倒
沈阳	东单57	NS	NS	NS	增加	7.4%～16.3%	淀粉提高	未倒
盐城	登海9号	9.2%～17.9%	缩短,增重	11.7%～24.3%	增加	19.1%～25.7%	NS	−43.1%～72.8%
厦门		4.6%～5.6%	缩短3.0～8.3%	8.2%～10.3%	未测	4.6%～7.5%	粗蛋白、粗脂肪提高	未倒
哈尔滨	四单19号	NS	缩短,增重	−3.8%	增加	4.0%～8.0%	NS	未倒

注:品质测定项目为淀粉含量、粗蛋白含量、粗脂肪含量。

30%胺鲜酯·乙烯利水剂主要作用有:

①抑制基部节间伸长,降低穗位,总体株高不降低。主要缩短基部节间伸长,降低穗下各节间长度,对穗上节间作用不明显或因“反跳”而略有促进。最终株高不显著降低。但穗位降低,中心降低。茎节间增粗,抗折力增强。

②促进根系发生和提高根系活力。促进根系生长,增加1或2层气生根。根系量和活力都增强,根系伤流中氨基酸、无机元素、CTK等含量增加。

③叶片功能期延长。促进叶片光合作用,同化物合成和输出能力加强。效应期叶片浓绿,加宽,中上部叶倾角变小。

④影响穗粒和产量。空秆率下降,穗长增加,显著减少秃尖,穗粒数、穗粒重和千粒重增加,加快子粒灌浆,有的地方可早熟1周左右,产量增加。

⑤有效防止倒伏,田间防倒伏效果显著。如2002年在江苏盐城的试验中,对照倒伏率56.6%,225,300,375 mL/hm^2 30%胺鲜酯·乙烯利水剂处理的倒伏率分别为32.2%,20.6%,15.4%。

(二)在杂交制种中的应用

1. 增强杂种优势　调节剂不仅对玉米当代可直接产生化学调节作用,而且对配制的单交种(F_1)的杂种优势,也发生明显影响。使用乙烯利(ETH,1 000 mg/kg),MH(500 mg/kg),GA_3(300 mg/kg),NAA(30 mg/kg),2,4-D(30 mg/kg),CCC(2 000 mg/kg),TIBA(300 mg/kg),KT(30 mg/kg),B_9(40 mg/kg)等9种植物生长调节剂,在自交系7叶和11叶期分别进行喷洒处理,然后配制杂交种。525和C103两个自交系,共配制19个化学杂交种,比525×C103杂交的群单105更具有优势。

(1)植株优势　如525(ETH)×C103(NAA),植株高度和穗位高度均表现更强的优势,茎秆也表现略粗。株高较亲本高29.2%,较群单105高15%。穗位高度较亲本高68.5%,较群单105高23.2%。茎粗较亲本粗11.1%,较群单105粗3.7%。525(MH)×C103(GA_3),绿叶面积和茎粗表现较强优势,单株绿叶面积较亲本多62.2%,较群单105多6.8%。茎粗较亲本粗14.8%，较群单105粗7.4%。穗重和穗粒重也均有提高。

(2)产量优势　525(TIBA)×C103(ETH)，是一个典型的株型紧凑、穗大穗重类型，但穗重和穗粒重，表现较强的优势。株高较亲本高5.7%，但比群单105矮8.5%。穗位高较亲本高30.4%，但比群单105矮14.9%。茎粗较亲本增粗7.4%，而和群单105相同。单株绿叶面积较亲本多43.8%，而比群单105少11.6%。穗重较亲本多129.2%，较群单105高21.2%。穗粒重较亲本重124.2%，较群单105多18.1%。

(3)适应类型　525(TIBA)×C103(ETH)化学杂交种，既表现穗大穗重，而且在两年不同条件下都表现较强的优势，是一个典型的适应性类型。第1年种植在地肥、施肥量多，生育期间雨水适中的条件下，穗重比亲本增129.2%，较群单105增21.2%。穗粒重较亲本增124.2%，比群单105增18.1%。第2年种植在沙地、施肥量少，而雨水偏多的条件下，穗重比亲本增141.4%，较群单105增30.6%；穗粒重较亲本增157%，较群单105增51.2%。

2. 克服花期不遇　玉米杂交制种时，父母本花期不遇时，喷洒20 mg/kg GA_3 液，可以调节花期相遇。

3. 化学去雄　用MH作为去雄剂，以1 000～2 000 mg/kg MH在雄蕊形成前进行处理，可诱导玉米雄性不育，从而获得雄性完全不育的植株。此外，500～1 000 mg/kg的 GA_3 溶液处理玉米叶片，也能诱导雄性不育。

(三)其他应用

1. 防止秃尖　缩节安、油菜素内酯、羟烯腺嘌呤、三十烷醇、胺鲜酯等都可以减少秃尖，如在吐丝前或吐丝后全株喷施0.01 mg/kg的油菜素内酯(药液量为50 kg/666.7 m^2)，可使雌穗的败育率减少65.4%～78.2%。

2. 促进种子萌发和壮苗　杂交玉米种子往往由于成熟晚或成熟期间光温条件差而成熟不良，发芽率低下。使用多效唑、石油助长剂等可提高其发芽率，培育壮苗。

播前用CTK浸种24 h也可促进壮苗。液体法生产的CTK，配成1%的浓度，即每千克粉剂加水100 kg，可浸种200 kg。如用固体法生产的"菌种粉"，每千克加水20 kg，可浸种子50 kg。浸后晾至半干时即可播种，出苗早，苗齐苗壮。

采用多效唑浸种或叶面喷洒，都显示出明显的增产效果，主要表现在控高防倒、壮苗、缩短玉米穗的秃尖、增粒增重等方面。采用浸种方法可解决麦垄套种玉米共生期长的壮苗问题，但浸种后晚出土4～5 d，晚拔节2～3 d，抽雄、成熟一致；控高效应明显，倒伏株率显著减少。使用方法为200 mg/kg药液浸种2 h，或于玉米5或6叶期用150 mg/kg药液每666.7 m^2 喷50 kg。两种施药方法一般增产10%～15%。

3. 提早成熟　在东北地区，由于后期降温迅速，玉米往往不能正常成熟或成熟后水分含量高，对商品粮而言不易贮藏、影响收购，对杂交种繁育的影响更大，如果处理不当严重影响种子活力和发芽率。

东北农业大学研制的DA脱水剂，有效解决了该问题。DA脱水剂一般用量为900 mL/hm^2，对水50 kg/hm^2，均匀喷洒在果穗苞叶上。可以显著降低玉米水分含量，提早成熟5 d左右(表5-14)。

表 5-14 DA 脱水剂在玉米上的应用效果

处理时间	脱水剂用量/(mL/666.7 m^2)	籽粒水分/%	产量/(kg/hm^2)
对照	0	31.40	9 317.7
收获前 30 d	60	16.42	10 498.0
收获前 20 d	60	20.10	—
收获前 10 d	60	23.80	—

4. 提高抗性 应用有 6-BA、20%甲·多微乳剂、黄腐酸、旱地龙等调节剂,可有效提高玉米的抗干旱能力。ABA、烯效唑等可提高耐盐胁迫能力。油菜素内酯类调节剂可增强玉米抗低温能力。

四、大豆化学控制技术

大豆是我国重要的粮食和油料作物之一。长期以来,大豆产量低而不稳,除脂肪和蛋白质含量高等内因外,营养生长和生殖生长并进时间长、群体不易控制以及花荚脱落严重等是主要原因。

(一)控制旺长,防止倒伏 许多大豆品种具有无限生长习性。茎蔓易徒长,造成群体郁闭,倒伏,使蕾、花、荚少而成熟晚。使用 TIBA 或多效唑对大豆有抑制营养生长、减少顶端优势、增加分枝、枝秆矮化并增花增粒,增产促熟。

1. TIBA

(1)使用方法 适宜用药量为 3～5 g/666.7 m^2,低于 3 g 或高于 6 g 效果均不好。药液配制必须溶解后加水稀释。稀释水量为 15～30 kg。药液配法如下:

①酒精做溶剂。1 g TIBA 溶于 40～50 mL 酒精中,当溶液呈黄白色时,表明已全部溶解,再按规定加水稀释。

②小苏打做溶剂。将称好的药剂加少量温水搅拌呈糊状后,按比例将小苏打放入调匀,待泡沫反应消失后,成 TIBA-钠盐,加水搅动即可溶解[药剂与小苏打的比例为 1∶(1.5～2)]。然后在配好的溶液中加少量洗衣粉做附着剂(附着剂的用量为每 50 kg 溶液加洗衣粉 30 g 左右即可)。

喷洒时期。于大豆初花期或盛花期用喷雾器喷洒,喷洒时间最好在晴天的上午,喷洒后 4 h内下大雨时需重新补喷。

(2)应用效果 施用 TIBA,株高喷的比对照降低 33%,主茎节数减少 21.6%。可防止倒伏,加速生殖生长。

喷后初期,叶面积减少。开花后期,叶面积反而高于对照。这使植株积累更多的光合产物。在大豆整个生长时期,茎皮内还原糖和蛋白质的含量一般在盛花期处于低峰。经 TIBA 处理后,植株的顶端生长明显抑制,使体内各种营养物质被迫趋向合成,加速光合产物的贮藏。

(3)注意事项

①适宜在中熟和中晚熟品种上应用。用于肥水充足条件下枝叶繁茂的品种,增产效果更好,早熟品种反应不明显,对极早熟品种则反而减产。

②掌握好药量和喷洒时期。药液必须先溶解,再按比例加水稀释。

2. 多效唑 多效唑具有减轻植株顶端生长优势,促进侧枝生长,控制株型的生物效应,对无限和亚有限结荚习性大豆品种和长势过旺的有限结荚型大豆品种的田块，于春大豆始花期、夏大豆盛花期，每公顷喷洒 150～200 mg/kg 药液 750 kg，可使株高降低，株型紧凑，推迟封行 10～15 d，群体通风透光好，促进同化能力和同化产物向荚运输，使大豆的地上部与地下部、营养生长与生殖生长、个体与群体协调发展，增加有效分枝数、荚数、粒数和粒重，一般可增产 10%～20%。但使用多效唑时应注意，多效唑适用于长势较旺的田块；施药浓度应严格，以 200 mg/kg 为宜，过高会造成减产。

在大豆分枝期至初花期叶面喷施多效唑 250 mg/kg(药液量 40～50 kg)，可使大豆节间明显缩短、主茎矮化、增强抗倒伏能力。同时可增加主茎有效分枝数和单株粒数。

(二)提高产量和品质

1. TIBA　在大豆初花期喷 TIBA 100 mg/kg 或盛花期喷 200 mg/kg，喷洒药液 50～60 kg/666.7 m^2，对中晚熟品种均可增产，早熟品种有减产趋势。据黄家驿等研究，喷施 TIBA 使黄叶减少，延长叶片寿命，增加叶绿素含量，提高光合效率，促进干物质积累，并能抑制细胞分裂，消除顶端优势，加速糖类和蛋白质合成，增产 14.9%～16.2%。

2. 三十烷醇

(1)应用效果　经三十烷醇处理后，叶片浓绿，叶绿素含量比对照增加 1.5 mg/dm^2。叶片功能时间延长，如在鼓粒后期(喷后 40 d)，叶面积系数仍达 1.673，比对照增加 19.4%。据测定，喷洒后 10 d 内的光合势比对照提高 16.9%。单位面积干物重比对照高 17.6%，单株实粒数比对照多 4 粒。花期喷洒三十烷醇增加荚数，荚期喷洒则增加粒数。喷施后，千粒重无明显变化。一般增产 7%以上。

(2)应用技术　使用 0.2～2.0 mg/kg 于花期喷洒，间隔 7～10 d 再喷洒一次，增产显著。若与氮、磷、钼肥等配合施用，增产效果更佳。据试验，单喷三十烷醇(1 mg/kg)仅增产 5.3%，单喷氮、磷(尿素、过磷酸钙各 0.75 kg/666.7 m^2)和钼酸铵，仅增产 1.8%和 1.5%。如果三者混合喷施，增产可达 15.4%。

3. 亚硫酸氢钠　大豆属 C_3 植物，具有明显的光呼吸作用。抑制光呼吸强度，可明显提高光合效率、增加产量。亚硫酸氢钠又称重亚硫酸钠，进入大豆体内能抑制乙醇酸的氧化，从而降低大豆的光呼吸强度，提高净光合作用强度。一般增产幅度为 5%～15%。

(1)喷洒时期和次数。适宜时期是在大豆初花期开始喷施，连续喷两次，两次间隔为 7～10 d。

(2)亚硫酸氢钠的适宜用量。豆田用亚硫酸氢钠 4～6 g/666.7 m^2，加水 30～60 kg。根据喷施面积和用药量，称好亚硫酸氢钠后，加入少量清水，不断搅拌使之全部溶解，然后加足需要的水量。

第二节　经济作物化学控制技术

经济作物是我国种植业的重要组成部分，是农民经济收入的重要来源，同时也影响着纺织、食品、烟草、医药、化工等相关工业的发展。面向新的世纪，特别是我国加入 WTO 以后，我国农业从产量型向效益型发展势在必行，种植结构正在调整，经济作物将有更大的发展前景和空间。作物化学控制技术在解决经济作物生产难题中发挥了重要作用，已经成为作物高产优质高效生产的重要保障技术，并发挥越来越重要的作用。本节重点介绍了纤维作物(棉花、麻类、芦苇)、油料作物(花生、油菜、大豆、芝麻、向日葵等)、糖料作物(甘蔗、甜菜)、嗜好作物(烟草、茶树)、橡胶植物(橡胶、杜仲)、香料作物(薄荷、留兰香等)、饲料作物(桑叶、苜蓿等)等经济作物上化学控制技术的应用。

一、棉花化学控制技术

(一)棉花化学控制技术发展历史和概况

1. 生产问题和调节剂的应用　徒长、蕾铃脱落、晚熟是棉花生产中的三大难题。由于棉花具有无限生长习性和蕾、铃脱落的特点,生产上常因水肥管理不当或不良气候(如多雨),造成棉花徒长而结铃不多,或弱苗迟发、贪青晚熟,难获稳产、高产和优质。同时由于棉花开花结铃持续时间长,棉铃不能同时成熟,即使气候适宜的年份也有少量棉铃在霜前不能正常成熟。所以,协调好棉花的营养生长和生殖生长是获得高产优质的关键。

传统栽培技术中,人们多采用深中耕断根、整枝打杈等措施防止棉花徒长和大量蕾铃脱落,采取细整枝、打老叶、推株并垄、提兜断根等方法促进早熟。这些措施虽然起到了一定的作用,但费时费工,而且效果不明显、不稳定。

从20世纪50年代开始,人们尝试应用调节剂来防止或减轻棉花的蕾铃脱落,但始终未能在生产上大面积应用。最初给棉株喷施生长素类物质,如NAA、2,4-D等。极低浓度(0.000 1%～0.000 3%)2,4-D可以显著减少蕾铃脱落,脱落率比对照降低30%以上,单株结铃数也增加。但棉花对2,4-D特别敏感,对用量、施用时期及部位要求非常严格,稍不注意就对棉株造成伤害和减产,如"鸡爪叶"等,因而难以大面积推广。NAA减轻蕾铃脱落的效果不稳定,可能与应用时间、部位和用量有关,也受环境因素的影响,如长期干旱、阴雨或缺肥,都会抵消NAA的作用。

20世纪60年代,研究发现GA处理棉花蕾铃可极显著防止脱落,但在大田生产中应用GA减轻蕾铃脱落仍行不通。原因有两方面:一方面是实验与大田效果不一致,GA涂抹蕾铃可极显著减少脱落,成铃率高达85%以上,比对照高60%左右,不同研究者在不同地点不同时期的试验结论一致。但是如果喷洒整株或叶片,则没有明显效果。如果田间只处理棉铃,费时费工,即使有人发明了"点喷枪",要对棉田的数万个不同时期形成的幼铃处理,绝非易事。另一方面是GA虽然降低了脱落率,增加了单株结铃数,但是产量并没有明显的提高。这是棉株制造光合产物的能力没有显著提高,结铃过多造成有机养分供应不足,致使单铃重减轻造成的。

20世纪60年代中期,使用矮壮素(CCC)防止棉花徒长取得了成功。CCC可以降低株高、缩短果枝,增加田间通风透光,并减少中下部蕾铃的脱落,铃重也得到提高。但易有药害、铃壳加厚、吐絮不畅等副作用,限制了其应用。80年代初,缩节安(DPC)开始逐渐取代了矮壮素。与矮壮素相比,DPC的效果更好,药效又比较缓和,安全幅度较大,所以迅速得到大面积应用。目前,全国每年80%的棉田都要使用DPC。多效唑也曾经用于控制棉花徒长,但棉花对多效唑过于敏感,容易产生药害。

在生产条件下,一些后期的棉铃由于气候条件和种植制度影响,往往不能正常开裂吐絮,导致北方棉区的霜后花增加,影响南方棉区下茬作物的适时播种或移栽。20世纪70年代应用植物生长调节剂乙烯利成功地解决了这一问题,直到现在,棉花的乙烯利催熟技术仍有一定面积的应用。

在多年的科研和实践的活动中，科学家在研究应用化学药剂调控棉花的生长发育时，逐渐形成了在棉花生育期间以应用DPC以及在成熟期应用“乙烯利”为主的系统化学控制技术。

2. 棉花化学控制技术发展的3个阶段和3种应用模式　棉花化学控制技术研究和应用的历史只有30余年，但从技术和理论方面都发展迅速，主要经历了3个阶段，形成了3种技术模式。

(1)“对症”应用　“对症”应用是指应用植物生长调节剂解决棉花生产中某些常规措施不能有效克服的难题(如徒长、保苗、晚熟)。具体的技术内容包括20世纪70年代末形成的乙烯利催熟技术和60—80年代初形成的植物生长延缓剂(DPC等)防徒长技术。“对症”应用模式的特点是基本不改变棉花整体栽培措施的格局，只是一种附加的、“对症”的手段。比如乙烯利催熟技术针对的问题是“晚熟”，那么在棉花吐絮成熟期，只要选择合适的用药时期和用药剂量、掌握正确的使用方法，一般都能收到明显的催熟效果。防徒长技术是在初花期一次叶面喷施DPC 22.5～45.0 g/hm^2，可以有效防止徒长，提高棉花高产优质的保险系数。由于“对症”应用模式效果显著、技术简单、安全程度高，棉农容易掌握，因而推广速度快，收效大，目前仍是国内外许多植棉地区采用的有效措施。

(2)系统化控　系统化控技术模式形成于20世纪80年代末期。“系统化控”是指从棉花播种到成熟收获期间，根据棉株发育的进程，分次(不限于一次或二次)应用一种或一种以上的调节剂，实现对棉株各器官发育的定向和定量诱导，形成合理的株型和群体结构，符合高产棉花的标准，最终达到早熟、优质，高产的目标。

棉花系统化控的主要技术内容和作用效果包括：①种子处理促根壮苗、提高棉苗的抗逆能力，缩短移栽棉苗的缓苗期；②苗蕾期处理促进根系发育、壮苗稳长、定向整形、壮蕾早花、增强抗旱涝能力、协调水肥管理、简化前期整技；③初花期处理塑造株型、优化冠层结构、提早结铃、促进棉铃发育、推迟封垄、增强根系活力、简化中期整枝；④盛花期处理增结伏桃和早秋桃、增铃重、防贪青晚熟、简化后期整枝；⑤成熟吐絮期处理促早熟、提高棉花的产量和品质。

(3)化控栽培工程　20世纪90年代初期由中国农业大学作物化学控制研究中心(原北京农业大学作物化学控制研究室)的李丕明、何钟佩、奚惠达等提出。核心内容是把“系统化控”技术有机地融入常规栽培技术体系中，二者相互配合和适应形成的栽培技术体系——“化控栽培工程”。具体而言，是指在实施“系统化控”的条件下，主动变革种植密度、水肥管理等措施，实现“系统化控”对棉株自身和栽培措施对棉株生育环境的双重调控，最大限度地提高产量和品质。从理论上讲，这样做的原因有两点：①在未引入化控技术之前，缺乏有效而简便的主动调控棉花生长的手段，常常在种植密度上、水肥运筹上留有余地，以防棉花群体与个体、营养生长与生殖生长的矛盾在不利的气候条件下激化。在棉花上应用了“系统化控”技术后，可以对棉株个体和群体的发育进行定向诱导，消除了先前的顾虑，因而为常规栽培措施变革提供了可能性。②应用了“系统化控”技术的棉花个体和群体，形态和功能已经发生了很多变化。变化了的植物体，必然对环境条件的要求有所改变，所以常规栽培措施的变革也有其必要性。

(二)防止和减少棉花蕾铃脱落　棉花的蕾铃脱落是生产中的大问题，严重的可到90%多，可能有营养失调等生理原因、温度、光照、水分等环境原因、整枝、施肥、病虫害等管理原因。

据报道,20 mg/kg GA,点滴当天开的黄花或 3 d 内幼铃,可减少脱落。但是 GA 只有点滴棉铃才有防落作用,全株喷洒效果不佳,而且铃壳加厚,衣分降低,生产上还无法大面积应用。4 - 碘苯氧乙酸(增产灵,保棉铃)有减少棉花蕾铃脱落的作用,可在棉花现蕾或始花期用 5～10 mg/kg 4 - 碘苯氧乙酸溶液喷施全株,或者在盛花期用 20 mg/kg 4 - 碘苯氧乙酸溶液喷洒。在棉花开花当天,用毛笔等把 20～30 mg/kg 4 - 碘苯氧乙酸溶液涂抹花冠内子房周围或摘除花冠后的幼铃上,保铃效果更好。

应用 GA、生长素类物质虽可有效减少脱落,但由于需要点涂棉铃,费时费工,难以大面积推广应用。目前,生产上比较成功的是应用 DPC 等延缓剂减少蕾铃脱落,具体内容参见后面关于 DPC 系统化学控制的内容。

(三)乙烯利催熟棉铃技术

1. 乙烯利催熟原理　乙烯利(2 - 氯乙基膦酸)是一种乙烯释放剂,商品乙烯利为 2 - 氯乙基膦酸的酸溶液。乙烯利被植物吸收后,可以在体内分解,释放出乙烯。乙烯促进果实成熟,对棉花也有效。棉花铃为典型呼吸跃变型果实,正常情况下棉铃一直产生乙烯,到成熟阶段开裂前,出现乙烯释放高峰,促进棉铃中与开裂吐絮有关的一系列复杂的生理反应。由于气温限制,晚期形成的棉铃发育迟缓或停滞,自己不能释放足够的乙烯达到生理成熟。人工使用乙烯利,可以补充棉铃内乙烯的不足,促进成熟和吐絮。

2. 应用技术范围　因为棉花的无限生长习性和气候条件的限制,特别是随着夏播棉的发展,部分晚期棉铃不能自然成熟,甚至不能开裂吐絮。以往拔棉柴后摘棉桃或在棉株上后熟,费事费工,棉花品质差。这种情况下,可以用乙烯利催熟。使用得当,可提前吐絮高峰,霜前花产量增加 25%～50%,纤维品质改善,并可及早腾地和复种小春作物。

经常使用乙烯利催熟的棉田类型有:北方特早熟棉区单产较高的棉田,由于间作、套种、复种、晚播、迟发等原因造成晚熟棉田;单产高、秋桃比重较大的棉田;需要早腾茬,赶种小春作物的棉田。

3. 施用技术

(1)用药时间　用乙烯利催熟棉花,用药时期选择很重要,一般依据下面 3 点:

①大多数需要催熟的棉铃达到铃期的 70%～80%(铃龄 45 d 以上)。不能过早,否则影响棉花品质。

②喷药后要有 3～5 d 最高温度在 20℃以上。因为乙烯利在棉花体内需要 20℃以上的温度才能迅速释放乙烯,同时考虑到乙烯利的吸收和发挥作用需要几天的时间,不能过晚,否则会影响催熟效果。

③一般可掌握在枯霜期(北方棉区)或拔棉柴(复种棉区)15～20 d。因为在上述条件满足时,一般用乙烯利后 7 d 可见催熟效果,10～15 d 出现集中吐絮高峰。具体施药日期各地有差别。

(2)适宜剂量　用乙烯利催熟棉花,药液浓度一般在 500～800 mg/kg。目前我国使用较多的是 40%乙烯利水剂,用 1 500～2 250 mL/ hm^2,对水量可根据使用的喷雾方法调整,手动喷雾时用水 20～30 kg,机动喷雾时可用水 15～20 kg,超低量喷雾时加水相当于原液的 2 倍左右就可以。

用药量可根据下述情况调整:

①考虑使用时期和气温高低。用药时间较早、秋季气温高时,浓度可以低些。

②考虑茬口安排。想在收花后再种一季的，为减少拔秆桃和提前拔棉秆，要求在15～20 d内有80%～90%棉铃吐絮，浓度可高达2 500 mg/kg。

③看棉花长势。棉花发育早，浓度可低些；棉花发育晚，浓度应大些。长势好，可争取晚秋桃的，可以把中下部、中上部棉铃分层分期处理，浓度分别为800～1 200 mg/kg、1 200～1 600 mg/kg。

(3)喷施技术　乙烯利喷到棉花上以后，以乙烯利的形式吸收运输，一般从下到上的输出量较低。所以喷药时强调喷头由下向上，全株均匀喷施，使棉铃能着药。

拔棉柴后的青铃，也可用乙烯利催熟，减少晒摘时间，提高棉花品级。一般每100 kg青铃，用40%的乙烯利水剂200～300 g，对水10 kg，均匀喷洒棉铃后，堆积一起，围盖塑料薄膜，5～7 d开始开裂，10～15 d可全部吐絮。

4. 注意事项

(1)乙烯利是一种酸性物质，常见的商品是强酸溶液，pH值3.8以上就释放乙烯，原液保质期2年，长时间存放的乙烯利最好不要使用。

(2)水的pH值一般在6～8，所以乙烯利加水稀释后，很快失效，要现配现用，不要存放。

(3)不要与碱性农药混用，保存和使用过程中，可以使用塑料、陶瓷或玻璃容器，不能使用金属容器。

(4)乙烯利属毒性农药，强酸性水剂对皮肤、眼睛、黏膜有刺激作用，应尽量避免接触，洒到皮肤上，要立即用大量清水或肥皂水冲洗。

(5)喷施乙烯利要在晴天无风天气进行，喷药后6 h内下雨时最好根据情况，减量补喷。

(6)由于乙烯利能使棉铃内铃壳叶绿素蛋白质的降解，铃壳脱水过程加速，因此能促进棉铃的开裂，使棉铃在籽粒还没有充分发育成熟的情况下吐絮的，因此用乙烯利催熟的棉花籽，最好不做种子用。

(四)棉花脱叶和辅助收获　棉花叶片降低机械化收获的效率，碎叶片易混到棉花中影响纤维纯度和质量，降低棉花品级。收获前脱去叶片，可大幅度提高收获效率，提高棉花的商品品质，应用调节剂进行化学脱叶是较好的方法。目前，美国75%以上的棉田使用脱叶剂辅助收获，我国新疆等规模化植棉区也逐渐推行。

1. 噻苯隆脱叶技术　噻苯隆具细胞分裂素活性，在棉花种植上可作落叶剂使用。其原理是促进乙烯的产生，抑制生长素的运输，降低生长素与乙烯的比例能，促进叶柄与茎之间的分离组织形成。既可有效脱除成熟叶片，也可有效脱除幼嫩叶片，是较好的抑制二次生长和脱除幼叶的收获辅助剂。当棉铃开裂70%左右时，配制为300～350 mg/L有效成分的药液，进行全株喷雾，药液量450～600 kg/hm^2。10 d开始落叶，吐絮增加，15 d达到高峰，20 d有所下降。棉叶可脱落90%左右，对植株无伤害，吐絮正常。气候条件(温度、日照时数和湿度)对棉花脱叶率和吐絮率有一定影响，用药前后高温和充足光照能促进对药剂的吸收，提高脱叶率及吐絮率。噻苯隆较磷酸盐类脱叶剂起效慢，使用时要求日均温不低于21℃。在受到干旱胁迫的棉花上的吸收较慢，需要增加用量。噻苯隆也可以与磺酰脲类除草剂敌草隆等混用，促进叶片脱落。

2. 噻节因脱叶技术　噻节因可用于棉花、玉米、苗木、橡胶树和葡萄树脱叶，通过抑制负责气孔开关蛋白的合成，使气孔失去控制后导致叶片失水、刺激乙烯生成而促进叶片脱落。噻节因对棉花成熟叶片脱落效果较好，但对嫩叶的脱除作用很小，无催熟和控制二次生长的作用。噻节因对低温最不敏感,在低温下的活性较高,常与噻苯隆、唑草酯或乙烯利配合使用。应用噻节因进行棉花脱叶时,通常在收获前7～14 d,棉铃开裂70%～80%时处理。处理时使用45～75 mg/L噻节因,用药液量450～600 kg/hm^2,进行全株喷雾。处理后棉花叶面脱落迅速,处理15～20 d后叶片脱落率达90%以上。

乙烯利是一种常用的脱叶剂。一般在棉花采收前2～3周或50%～60%棉铃开裂时,使用浓度为1 600～4 000 mg/kg,用乙烯利3.13～7.25 kg/hm^2,对水750 kg。每666.6 m^2(1亩)用40%乙烯利水剂210 g～480 g,对水50 kg,全株均匀喷洒。5～7 d脱叶率在90%以上。要使下部叶片脱落,浓度可降低到1 000～2 000 mg/kg。

棉花脱叶还可用氯酸钙5～14 kg/hm^{2}或氯酸镁8～14 kg/hm^2,在棉铃50%～60%开裂时施用。百草枯、草甘膦等除草剂也有脱叶效果。这些不属于生长调节剂,使用时可参考产品说明,严格掌握时间和用量。

(五)缩节安在棉花上的对症防止徒长技术　应用DPC对棉花的根、茎、叶、蕾花和棉铃等器官的发育和功能都有良好的调节作用,可以协调营养生长和生殖生长、协调根系和茎枝生长,塑造株型和改善棉田生态条件,减少蕾铃脱落,增加纤维产量和改善品质,提高棉花种植效益。还可一定程度上减轻枯黄萎病、棉铃虫等病虫害的发生或危害。

1. 对棉花主要器官形态和功能的影响

(1)叶片　应用DPC 5～7 d后,在田间可明显观察到叶色形态变化:①变绿,由于叶绿素含量增加;②单叶叶片扩展受到抑制,尚未成熟的叶片面积减少;③叶片增厚,是栅栏组织变长的原因;④叶片寿命延长、衰老延迟1周左右;⑤光合速率提高,叶片光合作用和合成的营养物质向棉桃种运输和分配增加。这些变化对改善棉花群体结构和增产有重要意义。

(2)茎　缩节安的典型作用是“缩节”,就是延缓棉花主茎和果枝伸长,使它们的节间缩短,可以防止徒长。DPC处理过的棉株各果枝与主茎的夹角减少,基本上呈筒状株型,处理比对照推迟封垄13 d以上。

①对主茎生长速度的控制　DPC处理后3～5 d,主茎的日生长量开始下降,使旺长的棉株逐渐恢复到平稳状态,处理后10～15 d是药效发挥的最大作用期,20～25 d,DPC控制主茎生长的效果明显减弱。把DPC处理时的倒数第一节间记做n,n节以下的节间依次为$n-1$、$n-2$、$n-3$、…,n节以上依次为$n+1$、$n+2$、$n+3$、…。DPC对已出现节间的控制范围一般为$n-1$～$n-3$,对于新生节间的控制范围则与用药浓度、水肥、气候条件及打顶与否等关系密切。如1981年为干旱年,蕾期时喷施100 mg/kg DPC,对新生节间可一直影响到$n+13$;1982年蕾花期降水较多,对肥地旺长的棉株在盛蕾期喷施50 mg/kg DPC,可以调控到$n+6$～$n+7$节间。DPC这种控制作用在不同棉花品种上表现无明显差异。

DPC对茎枝控制表现“用药时间决定控制部位,用药剂量决定控制强度的规律”。最大作用期一般在处理后10～15 d,有效期30 d左右,控制2～4个新生节间,若将应用DPC时的主茎倒数第一节间记做n,则控制的部位依用药剂量和环境条件、品种特性等因素在$n-3$～$n+7$之间变动,一般情况下控制部位为$n-1$～$n+3$。

如以处理时的果枝数为n,从n节以下的节间依次为$n-1$、$n-2$、$n-3$,n节向上依次为$n+1$、$n+2$、$n+3$。对已出现节间的控制范围一般为$n-1$～$n-3$(2～3个节间),对于新生节间的控制范围受用药浓度、水肥、气候及打顶与否等条件的影响较大,一般为$n+7$左右。

在控制范围内,受控强度最大的节间是 $n+1 \sim n+4$,其长度缩短最多(表 5-15)。这是因为这几个节间的整个伸长期正好处于 DPC 的最大药效发挥期内。

表 5-15　DPC 处理对主茎不同部位节间的控制强度(何钟佩等,1984)

品种	年份	生育时期	处理时果枝数	DPC 浓度/(mg/kg)	不同部位节间控制强度/%			
					$n-1 \sim n-3$	$n+1 \sim n+4$	$n+5 \sim n+7$	$n+8 \sim n+10$
冀棉 2 号	1982	蕾期	4～5	50	−12.3	−21.7	−16.9	+9.4
			8～9	100	−11.4	−17.2		
岱 16	1981	蕾期	5～6	100	−34.4	−47.6	−23.9	−40.4
		初花期	13～14	100	−18.3	−55.7		
		盛花期	15～16	100	−25.7	−47.2		

* DPC 处理节间长度较对照相同部位节间减少或增加的百分数。

②对果枝节间的控制　调控果枝伸长的速度和程度是调控株型和群体结构及棉田小气候的重要手段,也是塑造理想的棉铃时空结构的重要环节。不同的处理时间,可以控制不同部位的果枝。如图 5-1 所示,蕾期、盛花期二次处理,可以影响上、中、下全部果枝的伸长;始花期前后处理,可以影响中部以上的所有果枝;盛花期处理则只能影响上部果枝的伸长。

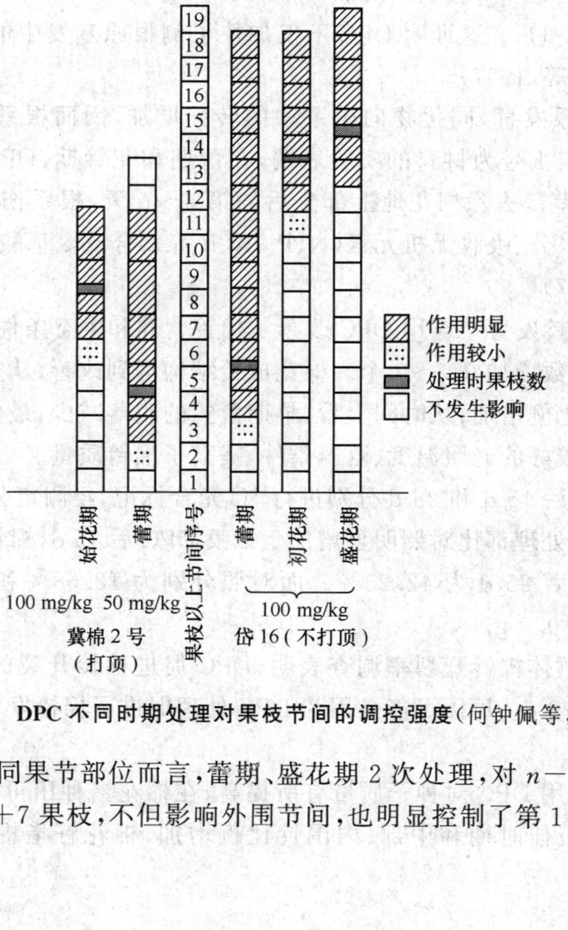

图 5-1　DPC 不同时期处理对果枝节间的调控强度(何钟佩等,1984)

至于对各果枝的不同果节部位而言,蕾期、盛花期 2 次处理,对 $n-1 \sim n-3$ 果枝,主要影响外围的节间,对 $n \sim n+7$ 果枝,不但影响外围节间,也明显控制了第 1 个节间的伸长,且控制的强度也最强。可见,两次处理可以影响大部分果枝节间(占节间数的87%左右)的长度。始花前后处理对 n 节以下果枝主要是影响外围节间,对 n 节以上的果枝几乎可以控制内、外围的绝大部分节间。盛花期处理只能影响上部果枝的外围节间,对调控株型和田间结构影响不大,但可以防止顶部果枝的过旺生长。

综上可见,DPC对不同部位果枝的控制趋势,基本上与对主茎节间的控制规律一致,在最大药效期间伸长的节间,其缩短的程度也最大。但因为果枝的每个节间从伸长到固定的时间长于主茎节间,所以DPC对果枝节间的影响范围比主茎宽。

③对株型的影响　既然主茎和果枝的伸长生长都受到了DPC的明显调控,所以棉株株型必然也发生变化。应用DPC系统化控,可以很容易地根据需要塑造“筒形”和“塔形”株型,而防止形成不利于棉株下部通风透光的“伞形”株型。1985年(北京地区)于盛蕾期、初花期、盛花期分别给冀棉2号喷施50,100,150 mg/kg DPC,主茎和果枝生长定型后测量所有节间长度,结果表明,处理株高(子叶节至12果枝)比对照低15.43 cm,相应部位的主茎节间和果枝节间长度分别为对照的92.2%～80.3%,基本形成近似“塔形”的株型,行间封垄不重,而对照则封垄较早(何钟佩等,1991)。

(3)根系　DPC浸种促进棉花侧根原基的早发,并且增大了侧根原基发生区的范围,幼苗发根能力显著提高。如中棉所16号在萌发后5～6 d,处理的侧根原基数较对照增加25%～35%。将萌发7 d后幼苗主根侧根发生区的所有可见侧根去掉,继续培养3～4 d,结果发现去侧根当天,400 mg/kg DPC浸种处理和对照侧根原基的发生数差异很小,但去侧根后1～6 d,处理的侧根原基和侧根之和一直高于对照,第4天时(萌发后11 d),处理的(4.6条/株)比对照(2.3条/株)增加99.6%。这证明DPC不仅加快了侧根原基发生的进程,还增加了侧根原基的可发生量(何钟佩等,1997)。

DPC处理促进根系发育,同化物向根系中的转移增加,因而根系干重增加,根系活力增强。以冀棉2号和北农1号为材料的实验表明,在蕾期和花铃期,DPC处理的伤流量比对照增加8%～60%,在从茎部去除棉花地上部分后的第5～6天,根系伤流量也显著增加。DPC处理的棉株根系吸收水分、吸收无机元素(N、P 、K、B等)、合成氨基酸、合成CTK的能力都显著提高(田晓莉等,1997)。

(4)成铃结构和棉铃发育　应用DPC改善了棉铃营养和生态条件,减少脱落,增加了棉花结铃数,一般单株结铃数增加0.5～2个。棉花成铃结构得到改善,从空间上看,最佳结铃部位——中下部和内围铃比例增加;从时间上看,早期蕾铃的脱落减少,最佳结铃期结铃比例增加,从而使多数棉铃处于较好的光照温度、营养条件,提高了棉铃质量。

初花期喷施DPC后15 d和25 d分别进行^{14}C光合标记,经测定分配到棉铃中的^{14}C放射性强度占全株的比率,处理都比对照明显增加。如喷DPC后15 d,棉铃中^{14}C放射性强度占全株分配的16.46%;喷后25 d为42.25%。而对照分别为12.68%和31.77%。棉铃发育加快,单铃重提高0.21～0.9 g。

对于同期开花的群体棉铃开裂率调查表明,DPC促进棉铃开裂的效应也是十分明显的,可使铃期平均缩短1～2 d。原因可能是因为DPC处理促进了棉铃发育后期乙烯的释放(何钟佩等,1991)。

(5)种子质量　应用DPC对种子质量有所提高,在棉花繁种田可以放心使用。DPC化控的棉田,结铃集中在最佳时期和中部、内围铃比例增加,棉花籽指提高,棉仁重比对照提高

1.3%～5%，棉仁中脂肪、氨基酸、蛋白质等物质含量提高，使用后对后代种子活力无不良影响。中30等转*Bt*基因抗虫棉，一般籽指低、发芽和成苗较差，DPC系统化控可以显著改善种子质量(丁双阳等，2002)。

(6)纤维品质 根据中国农业大学化控中心多年来在各地区应用多个品种的试验结果，DPC对棉花纤维长度、单强、细度、断裂长度等品质指标没有显著影响。从田间群体来看，由于DPC系统化控优化了整体的成铃结构，棉花结铃吐絮集中，僵烂霉桃减少，霜前花率提高，棉花整体品质和商品品质提高。

(7)幼苗抗性 DPC浸种降低了种子中可溶性糖的渗漏，如200 mg/kg DPC浸泡中棉所10号的种子，渗出液中可溶性糖含量仅为对照的34.8%。说明DPC处理种子可以提高种子活力，加强了棉籽的吸水能力和保水能力，提高棉花抗逆能力。

用400 mg/kg DPC对中棉所16号浸种后，显著提高了棉花幼苗抵抗低温逆境的能力。种子萌发3 d后进行12℃低温处理，次日DPC浸种的侧根原基和侧根数之和比对照增加85.2%。随萌发时间的延长，对照幼苗忍耐低温的能力有所提高，但处理的侧根发生仍比对照多30%(田晓莉等，1997)。

DPC浸种提高棉籽吸水能力的效应在0.2 mol/L NaCl溶液中表现更为明显，吸水10 h后，对照种子吸水率为76.0%，而DPC处理的为83.0%。DPC浸种提高种子吸水能力，在黄淮海地区春棉播种遇到干旱危害时有着重要的意义(段留生等，1997)。

2. 对冠层结构和棉田生态条件的影响 应用DPC可以主动控制棉花茎枝和叶片生长，显著改善棉田生态条件。一般从蕾期开始使用，可推迟封垄7～10 d。研究表明，DPC处理后冠层叶面积系数(LAI)垂直分布比较均匀，中下部棉铃上方冠层(叶层深度0～20～40 cm)的LAI最大值不超过1.2，而且果枝也较对照短，所以群体光照条件较好，有利于棉铃发育。而CK的主要棉铃部位的上方冠层(20～40 cm)LAI则在1.5左右，因而使棉铃的发育处于比较荫蔽的条件下。

冠层叶倾角分布分析表明，DPC处理各层叶片(包括主茎和果枝叶)中，减少了叶倾角0°～30°的叶片比重，增加30°～60°叶片的比重。叶片变得较直立，有利于接受光照，棉田光照透射率提高15%～30%，光反射减少2%左右，使行间通风透光条件改善，这是使棉花稳定增产和改善品质的重要原因之一。

3. 应用技术 一般在棉花始花到盛花容易徒长时期，或发现明显徒长时，根据长势和天气情况，用DPC 150～300 mg/kg，对水15～25 kg，进行叶片喷施，做到株株着药。间隔15～20 d，若仍旺长，可以按上述浓度重喷。

(六)棉花系统化学控制技术

1. 应用技术规程和缩节安用量的变化原则 明确应用DPC的正确原则，就是要结合当地的气候、土壤条件和品种特性，确定预期的产量目标，合理设计株型和田间群体结构的形成过程，然后在具体应用上要做到定量、定位地控制基本效应，进而定向地诱导出预期的复合效应，以获得最佳的生产效果(图5-2)。

一项化控技术的成败与调节剂应用的剂量关系很大。用量过低时，起不到应有的作用，用量过高时，则会适得其反。就DPC的应用而言，应掌握“分次应用，前轻后重”的原则，严禁在前期重控。

无论选用什么棉花品种类型和种植方式，也无论在什么栽培环境(水、肥、密)下应用，DPC

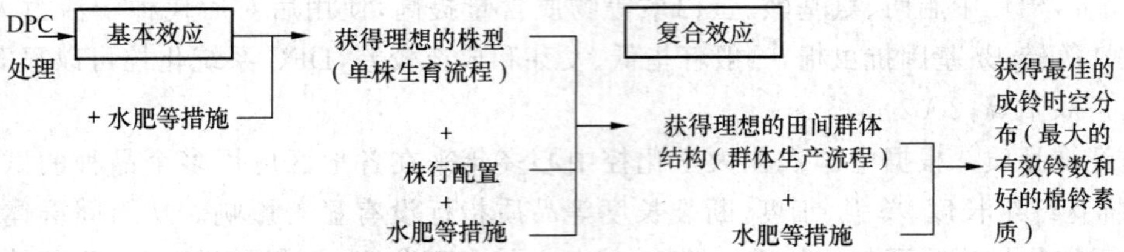

图5-2　DPC处理棉花的基本效应和复合效应(何钟佩等,1984)

应用剂量的选择以株高和群体大小的变化为准。株高包含两层意思,一层是指总株高,反映了棉株的累积生长量;另一层是指株高日增量,反映的是在某一阶段棉株的生长速度。群体大小则是由株型和种植密度共同决定的。在不同的棉区,要根据当地的具体情况确定棉株在各生育阶段的理想生长量和生长速度以及理想的田间群体结构,然后据此判断多大的DPC用量可将株高和群体的变化控制在理想的范围内。如果棉株长势特别旺,超出理想范围较远,那么DPC的用量要高于长势一般的棉田。

(1)品种类型　一般情况下,转*Bt*基因抗虫棉、酚类物质含量低的品种(无毒棉)、早熟品种、夏播品种的长势弱于常规品种、酚类物质含量高的品种、晚熟品种和春播品种,因而DPC的用量偏低。例如,正常年份下,夏播品种(短季棉)一个生长季的DPC总用量为45～75 g/hm^2,而春播品种可用到75～120 g/hm^2。棉花不同栽培种对DPC的敏感程度也不一样,如现在生产中栽培的海岛棉(长绒棉)对DPC的敏感程度较陆地棉低,反应小,所以用量要大于陆地棉(大多数栽培品种)。

(2)种植方式　各棉区由于当地气候条件、种植习惯和粮棉生产压力存在差异,因而实际生产中棉花的种植方式也有差异。新疆棉区多为一熟棉,采用地膜覆盖;黄淮海棉区粮棉两熟的种植制度已经形成,多采用麦套春棉或麦套夏棉的种植方式,个别棉区为麦后直播或麦后移栽;长江流域棉区是传统的粮棉两熟区,营养钵育苗移栽应用很广泛,也有一部分为麦后或油菜后直播棉。由于各种植方式下的环境条件不同、棉株发育的起始速度和进程也相去甚远,因而应用缩节安系统化控的具体技术(主要是应用时间和剂量)也不相同。地膜棉由于覆盖后土温升高、墒情改善,棉株前期生长速度快,长势偏旺,DPC的用量较露地直播棉为高,移栽棉、套种棉的总用量一般情况下多于直播棉。

(3)生产条件

①土壤水分　降雨量、降雨频率和灌溉共同决定了土壤水分的含量(即土壤湿度)。土壤湿度大时,DPC的用量多;土壤湿度小时,DPC用量宜少。这是因为DPC是通过阻断促进型植物激素——GA的合成而发挥作用的,水分含量高时,棉株长势旺,合成GA的能力强,在一定程度上削弱了DPC的作用,外观上表现为DPC的有效期缩短。所以,在这种情况下要加大DPC的用量,应用次数也增多。如在干旱年份,DPC一个生长季的总用量可能只需要30～45 g/hm^2,而在多雨年份,DPC用量可达90～225 g/hm^2。

②土壤肥力　土壤肥力高的棉田,DPC用量应大于肥力低的棉田,原因与上述水分含量的情况相似。

在实际生产中,干旱棉区和肥力低的棉田是否能应用DPC?人们最初立足于防止棉花徒长时,主张不宜在旱地和薄地棉田应用DPC。但随着对DPC作用的深入研究和“系统化控”技术的建立,这种看法也得到修正。许多试验和生产实践表明,在旱地和薄地棉田应用低剂量的DPC,同样可以起到明显的促进根系发育、加快棉株成铃进程、改善成铃时空分布及促早熟的作用。如果旱、薄地DPC的应用与增加密度结合起来,同样可达到增产的目的。

③种植密度　棉花种植密度在很大程度上影响着株型和群体结构的形成。密度大时,株型相对缩小,群体增大,个体与群体的矛盾出现早,营养生长和生殖生长的矛盾不易缓解。另外,同样用量的DPC,高密度下棉株的受控程度低于低密度下的棉株。所以,种植密度大时一定要加大DPC用量,使用时期也可较低密度下相应提前。中国农业大学作物化控中心经多年研究建立的以DPC应用为主的棉花系统化控技术,已在全国主要棉区推广,并成为棉花高产优质高效生产的保障技术体系。其主要的技术规程见表5-16。

表5-16　棉花系统化学控制技术规程(何钟佩等,1991)

生育期	形态指标	调节剂	用药量	处理方法	主要作用	注意事项
播种前		缩节安	脱绒种子100～200 mg/kg,不脱绒种子200～300 mg/kg	浸种6～8 h	促进萌发;促根壮苗;增加抗性	适当晾干再播种
苗蕾期	春棉8～10叶4～5个果枝;短季棉3～4叶至现蕾	缩节安	春棉:4.5～22.5 g/hm^2 两熟棉:7.5～30 g/hm^2	对水150 kg/hm^2,叶面喷施	促根、壮苗稳长;定向整形;壮蕾早花;增加抗性;协调肥水;简化前期整枝	喷施均匀,株株着药
初花期	棉田见花	缩节安	22.5～45 g/hm^2	对水225～300 kg,叶面喷施	塑造株型;促早结铃和棉铃发育;推迟封垄;增强根系活力;简化中期整枝	
盛花期	大量开花,已有成铃	缩节安	45～75 g/hm^2	对水225～300 kg,叶面喷施	增结伏桃和早秋桃;增加铃重;防止贪青晚熟;简化后期整枝	
吐絮期	60%左右棉铃吐絮,或在枯霜期或拔棉柴前15～20 d	乙烯利	药液浓度500～800 mg/kg,用40%乙烯利水剂1.5～2.25 kg/hm^2	对水225～450 kg	促进晚熟棉铃吐絮;增加霜前花产量;改善纤维品质	晚熟棉铃较多时使用

调节剂应用不是次数越多越好,用的调节剂越多越好,技术越复杂越好,而是要根据控制目标需要,结合调节剂作用特点,进行合理设计,以最简单的技术实现最佳生产效果和经济效

益,同时保障生物和环境安全。该技术规程不一定要一字不漏地照搬,而是要根据品种、土壤、天气等情况,灵活掌握,在不同地区和不同年份适当调整。一般在生长前期一次施用量不要过大,以免产生药害。

系统化控技术体系的建立需要经科学、系统的实验建立,经试验示范后推广。其本身也不是一成不变的,根据生产目标变化、品种更新、调节剂品种更新等情况,做及时和必要的完善和补充。并配合传统栽培技术措施的改革,才可发挥最大效益。

在推广过程中,新推广地区推荐在初花期1或2次用药,每次每公顷15～30 g。在已经获得经验的地区,推广系统化控,会获得更好的效果。

2. 系统化控的技术内容和效应

(1)种子处理　DPC浸种适用于任何种植方式下的棉花,可以促进棉籽发芽,使出苗整齐,提早和增加侧根发生,增强根系活力,实现壮苗稳长,增加棉花幼苗对干旱、低温等不良环境的抵抗能力,促进壮苗,减少死苗,增加育苗移栽成活率。

处理方法是:经硫酸脱绒的种子(光籽),按10 kg水加1～2 g DPC原药的比例,配成100～200 mg/kg的药液,把种子倒入药液中,搅匀,浸6～8 h。未经脱绒的种子(毛籽),处理药液的浓度为200～300 mg/kg(10 kg水加2～3 g DPC原药)。其他同脱绒种子。药液与种子重量比不要低于1∶1,使浸种结束时种子都在液面下,这样才能保证种子吸收药液均匀。浸种时间掌握在8～10 h即可,浸种期间可翻搅2或3次,以使浸种均匀。如果用温水浸种,时间可短些。浸种完毕要及时把种子捞出,控干浮水,稍微晾干再播种。如果还要对种子进行其他处理,可以在种子晾干后进行。种子包衣可在浸种晾干后进行,也可以经实验加工成含有DPC的种衣剂。

虽然有研究报道脱绒种子的DPC浸种浓度可达400 mg/kg,但建议生产中以不超过300 mg/kg为宜。未脱绒的种子,由于吸收能力差,浸种浓度可提高到200～300 mg/kg,浸种时间也可适当延长。需要注意的是,浸完种的种子捞出后,一定要把水分沥干,等到种子表面无明水时再播种。否则种子太湿,一接触土壤便会滚成泥球,造成珠孔和合点端堵塞,种子不能与外界正常交换空气与水分,严重影响萌发和出苗。

(2)苗期喷施　由于DPC浸种有效作用期长,一般经过种子处理的棉花,无需再在苗期用药。对没有做过种子处理的,则可在苗期喷施低浓度DPC,同样可达到壮苗、抵抗逆境的效果。苗期用药多见于移栽育苗的苗床上,可显著防止“高脚苗”和“线苗”的出现,缩短移栽后的缓苗期。DPC的浓度一般掌握在40 mg/kg以下,于2片真叶展开时喷施。

(3)蕾期喷施　在苗蕾期使用DPC能促进根系发育,实现壮苗稳长,定向塑造合理株型,促进早开花,增强棉花对干旱、涝害等抵抗能力,协调水肥管理,避免早施肥浇水引起徒长等功效,前期可不整枝。

根据种植方式和气候条件,蕾期用药的时间在刚开始现蕾到盛蕾或初花前变动。地膜棉或者是蕾期处于梅雨季节的长江流域棉区棉花,生长速度比较迅速,生长势较强,常常在刚现蕾时就需要应用DPC。其他长势正常的棉花多在盛蕾(出现4～5个果枝)后首次喷施DPC。其作用主要是促进根系发育、壮蕾早花、定向整形、增强抗旱、涝能力,为水肥合理运筹消除后顾之忧等。蕾期用药的浓度很重要,要注意一定不能过量,一般情况下应用50～80 mg/kg即可。根据对水量10～15 kg/666.7 m^2计算,折合成DPC原粉即为0.5～1.2 g/666.7 m^2。如果蕾期降雨较多、地力较高,棉株长势特别旺时,DPC用量可增加到1.5 g/666.7 m^2(约为

100 mg/kg)。蕾期喷施 DPC 时,药液量(对水量)宜少,要做到株株着药,均匀喷洒,个别长势较旺的棉株可适当多着药,长势弱的棉株则适当少着药。

(4)初花期喷施　在 20 世纪 80 年代我国在棉花上推广 DPC 的初期,主要是在初花期一次使用,目前美国等也主要是这种应用模式。初花期用药是"DPC 系统化控"技术的重要一环,因为此时喷施 DPC 可以塑造理想株型,优化冠层结构,推迟封垄,改善棉铃时空分布,增强根系活力。初花期的用药量较蕾期要多,可用 DPC 原粉 2～3 g/666.7 m^2。因为群体较大,对水量也需增加,一般为 20 kg/666.7 m^2。这样 DPC 的浓度为 100～150 mg/kg。对初花期有徒长趋势的棉田,喷施 DPC 时不仅要做到株株着药,而且要让主茎和果枝的顶端都要着药。

这时使用 DPC 的主要作用有:①塑造株型,使棉花冠层结构优化;②促进早结铃和棉铃发育;③推迟封垄时间,为棉花结铃提供良好的环境条件;④增强根系活力、增加营养吸收和供应;⑤简化中期整枝。

(5)花铃期喷施　花铃期是棉花产量形成的关键时期,此期应用 DPC 的主要目的是增加同化产物向产量器官中的输送,提高铃重,终止后期无效花蕾的发育,防止贪青晚熟和早衰,简化后期整枝等。如果花铃期只应用一次 DPC,一般在打顶前后喷施,如果多雨,密度大,可增加应用次数。用量也较初花期更大,一般每 666.7 m^2 可用 3～5 g DPC 或更多,对水量也增加到 25～30 kg/666.7 m^2。

应用的效果有:①促进棉铃发育和增加铃重;②促进物质运输和向棉铃中分配,防止贪青晚熟;③增加早秋桃,提高产量;④简化后期整枝。

(6)注意事项　不同情况下喷药时要求不同。DPC 为内吸性植物生长调节剂,喷洒到棉花上后,可以向上、向下运输到各个部位,但输出量较少,主要停留在接受药液的叶片上。因此,在不徒长的棉花喷施时,要做到均匀喷施、株株着药,不需要整株喷淋,可使全田整齐,节约用工,还可以防止用药过量控制过头。但是对已经徒长的棉田,为了尽快控制生长,可以增加药液量,做到全株上下着药。

DPC 为中性,性能稳定,一般可与中性的杀虫剂、杀菌剂和叶面肥混用,特别是与杀虫剂同时用,结合治虫进行化控,以节约劳动。但是要注意使用的一定是在棉花上应用成熟、剂量合适的,使用时分别用水溶解,喷前在喷雾器中现混现用。

DPC 喷施后可以很快被棉株吸收,根据实验,喷药后 1 h 吸收量达 30%,6 h 吸收量可达到 44%,24 h 为 60%,以后 3 d 中才吸收 10%。在喷药后 6 h 以后下雨,基本可达到施药效果;喷药后 6 h 内下雨,应该根据下雨离喷药的时间和雨量等情况补喷,一般可按正常量的 1/3～1/2 补喷。

喷施 DPC 时,如果不小心用药过量,应据情况和长势及时采取补救措施。DPC 药效期一般 20 d 左右,而且受水分影响较大,一般不会造成毁灭性药害。用药过量不太严重的地块,浇一次水会很快缓解。生长受抑制特别严重的地块,可以喷施 GA。很快解除 DPC 的药效。

(7)效益和安全性评价

①高度安全　根据毒理学实验,DPC 对大白鼠的半致死剂量为6 919 mg/kg,为微毒品,对人和生物安全;在土壤和植物中代谢快、残留低,对环境和后茬作物安全。增加产量的同时对棉花纤维品质、种子质量和营养成分无不良影响;DPC 在种子中残留仅有 1.8 mg/kg,在纤维中未检测到残留。

②效益显著　生产上采用系统化控(3 或 4 次),一般每公顷使用 DPC 原药 120～150 g,

成本15～22.5元。可增产棉花10%以上,品质改善。产出投入比在(30～40):1。若把防止徒长脱落、减少损失,简化整枝、节约用工等计算在内,效益更大。

(七)抗虫棉的化学调控

DPC能有效抑制棉株主茎和果枝的纵向和横向生长,增强根系活力,延缓叶片衰老,塑造紧凑的株型,以运用缩节安为主要技术的化学调控栽培技术体系已成为棉花高产优质栽培中一项不可缺少的关键性技术措施。随着转基因抗虫棉在我国的快速发展,在黄河流域棉区已基本普及。由于外源基因、受体材料和转化、选育等方面的影响,早期获得的抗虫棉大都具有前期生长势弱后期易早衰的特点。虽然近几年育成的一些抗虫棉品种的长势已明显加强,但与其亲本相比抗虫棉植株还表现出容易早衰等生理特征。

中国农业大学作物化学控制研究中心在长期研究转基因抗虫棉的生理特征的基础上,研制了针对转基因抗虫棉的植物生长调节剂27.5%胺·甲水剂。

1. 技术效果

(1)促进早发,防止旺长,减弱缩节安对地上部生长的延缓作用　27.5%胺·甲水剂系统化控后,降低转基因抗虫棉株高10%～15%,与缩节安相比其控制强度相比有减弱的趋势。

(2)合理株型,优化成铃与产量构成因素,提高纤维产量

①增加单株成铃率　与缩节安调控效应相同的是,27.5%胺·甲水剂处理对棉株茎枝生长具有延缓作用,减少棉株的果枝数和单株总果节数。27.5%胺·甲水剂可以提高棉株的成铃率5%以上,效果优于缩节安单独使用,能增加转基因抗虫棉单株成铃。

②优化成铃结构,增加中下部果枝形成的内围铃　27.5%胺·甲水剂处理增加下部果枝(第1～5果枝)和中部果枝(第6～10果枝)的铃数,减少上部果枝(≥11果枝)的铃数。2004—2005年使用27.5%胺·甲水剂处理后,新杂2号品种中下部果枝的铃数平均增加1.4个,国抗12品种中下部果枝的铃数平均增加2.1个。

③减少烂铃,增加正常吐絮铃数　27.5%胺·甲水剂处理减少烂铃和吐絮不畅棉铃,吐絮不畅铃数减少1.2个;还可以增加正常吐絮的铃数,效果优于缩节安单独使用。

④优化产量构成因素,增加棉花产量　27.5%胺·甲水剂处理后能提高子棉和皮棉产量,增幅约15%左右。产量的增加是通过增加成铃数,同时提高铃重来提高子棉和皮棉产量,对衣分的影响不大。

(3)提高棉花种子质量　27.5%胺·甲水剂可增加抗虫棉种子的子指,同时还可增加抗虫棉种子中的饱子数,减少秕子数,通过对种子质量的改善,可以提高抗虫棉的制种效益。

(4)改善棉花纤维品质　27.5%胺·甲水剂使转基因抗虫棉棉花纤维品质在一定程度上有所改善,能提高内围铃的纤维强度和麦克隆值,伸长率和整齐度也有不同程度的提高;外部成铃也有相同的改善效果。

(5)减弱缩节安对棉花光合叶面积的大幅减小,提高功能叶光合能力　针对缩节安大幅度降低抗虫棉苗齐的光合叶面积,严重影响其制造光合产物,抑制其营养器官的快发。单独使用缩节安处理,使得不同品种抗虫棉单株叶面积减少15%～25%;27.5%胺·甲水剂处理后单株叶面积略有降低,在很大程度上弥补了单独使用缩节安对抗虫棉叶面积的减少作用。缩节安单独应用对不同的抗虫棉品种影响不一致,对光合能力的提高不显著;27.5%胺·甲水剂处理后能提高功能叶的光合速率,对加快抗虫棉的物质积累、促进抗虫棉苗期生长具有重要意义。

(6)促进根系吸收与还原功能，延长根系生理功能时期，延缓植株早衰　主要表现在提高根系活力，提高根系伤流量及伤流液中多种物质的流量，促进地上部同化物向根系的运输，有利于防止后期早衰。

2. 技术要点　27.5%胺·甲水剂是在缩节安的系统化控技术基础上针对抗虫棉的生理特征建立起来的化学调控技术，其使用技术可以参考缩节安系统化控进行，使用剂量和药液量根据不同生育时期进行调整。

3. 技术评价　27.5%胺·甲水剂在抗虫棉上主要突出效果是促进早发、延缓早衰、增产15%左右；同时该产品毒性低，环境相容性好，应用操作简单。

(八)棉花传统技术的革新和化控栽培工程探索

1. 简化整枝和化学打顶　用DPC系统化控，可以抑制主茎和侧枝的生长，特别是营养枝(疯杈)、赘芽生长延缓，一般可以简化整枝用工1/3～1/2，高密度配合系统化控应用得当的话，可以全季节不整枝。在棉花正常需打顶时，喷施较高浓度(300 mg/kg以上，75～80 g/hm^2)的DPC，可以有效抑制主茎生长，起到类似打顶的作用。但是受环境、长势等因素影响，这种"化学打顶"的效果不太稳定，另据研究人工打顶对棉花根系和地上—地下部分关系的影响，比化学打顶有利，目前在我国还是以人工打顶为主。

2. 增加密度　使用DPC化控，更好地协调了群体与个体的关系，有效防止徒长和蕾铃脱落，株型变得紧凑，从而可使种植密度适当提高，提高单产。在黄淮海地区，春棉密度可提高到4 000～5 000株/666.7 m^2，短季棉可提高到6 000～7 000株，在新疆地区，棉花种植密度达到10 000株左右。密度增加后，单株产量减少，但单位面积产量增加，并且晚铃比重减少，棉花纤维品种得到改善，从而大幅度提高经济效益。

3. 提早施肥　试验表明，棉花蕾期对肥料敏感，蕾期施肥增产效果和利用率最高，但在传统棉花栽培技术体系中，由于担心徒长脱落，提倡"重施花铃肥"。使用DPC化控有效防止徒长和蕾铃脱落，重施肥时间可提早到蕾期，可提高肥效，也更便于操作。

4. 化控栽培工程探索

(1)增加密度，提高单位面积上最佳部位成铃的比重，达到早熟、优质、高产的目标　合理密植历来都被认为是一项经济有效的增产措施，在DPC未被应用前，棉花实现高产的主要威胁是在雨季徒长而造成棉田荫蔽，蕾铃脱落多。所以在高水肥条件下，高产棉田或种植晚熟品种时多采用相对稀植，充分发挥单株潜力的技术路线。同时由于相对稀植在栽培管理上回旋余地较大，因而不仅是高产棉田，一般棉田的种植密度也都普遍偏低，限制了产量的提高和纤维品质的改善。20世纪80年代中期以来，黄淮海地区为了缓解粮棉争地的矛盾，各种形式的两熟棉(短季棉)面积迅速扩大，而短季棉因为受到生育季节的限制，相对稀植大棵的种植方式使高产和优质更难于统一，晚熟问题更为突出，同时还造成棉茬小麦迟播，对棉麦双高产十分不利。

棉花DPC系统化控与合理密植相结合，形成了一种新的栽培方式，即"矮密早"栽培方式，该方式通过限制棉株无限生长特性、调节棉铃时空分布、适当调整单株生产力，以群体优质成铃构成产量主体，较好地协调了早熟、优质、丰产的关系。目前，这种栽培方式在生长季较短的新疆棉区、黄淮海短季棉区和长江流域丘陵棉区广泛应用。但需要强调的是，应当正确理解系统化控与合理密植的关系。不能因为导入系统化控后可以适当增加种植密度、达到早熟、优质、丰产的效果，就不考虑地区和品种特性，把这种栽培方式随意地推广应用。

应该认识到,系统化控技术的主要作用是提高了生产者解决群体与个体矛盾的主观能动性,扩大了生产者选择种植密度的范围,降低了客观因素(气候田间、品种和地区特性等)对制订栽培措施的限制性,使生产者能更合理有效地根据具体情况安排适宜的种植密度。例如,在热量条件比较充足的长江中下游江苏棉区,最新研究表明,相对稀植(2 500 株/666.7 m^2)和较高的施肥水平与系统化控相结合,不仅增加了总铃数,而且提高了平均铃重(增幅最大的是中部外围和上部棉铃的铃重),产量水平达 127.15 kg/666.7 m^2,较种植3 000～4 000 株/666.7 m^2 显著提高。

(2)提前重施氮肥,加快棉株发育进程,早熟增产　施肥是调节土壤养分供应和改善棉株营养状况的主要手段之一,我国植棉界总结了棉农长期生产实践经验和各地多年肥料试验结果,科学地提出棉花高产的施肥原则和技术是:足施底肥、轻施苗肥、重施花铃肥、补施盖顶肥。显然在追肥的施用上,花铃肥是一次关键性的肥料。应该指出,这是在缺少有效调控棉株生育的手段时,采取的比较稳妥的做法。实际上,已有研究指出,在单株盆栽条件下,棉株群体与个体、营养生长与生殖生长的矛盾不突出时,按照棉花自身生长发育的需要,在蕾期追施足量氮肥,更有利于获得高产。另外,应用 DPC 进行"系统化控"后,由于根系发育和功能受到促进,棉株对氮、磷、钾等营养元素的吸收能力增强,这在客观上也要求施肥措施的改变。而"系统化控"技术又恰恰因为它对棉株株型和群体结构强有力的调节作用,为重施氮肥时期提前和施肥量的增加,消除了"徒长"的后顾之忧。

重施氮肥时期提前,加快了棉花的发育进程 就夏播品种而言,苗期追施氮肥提高了果枝发生速率,花铃期打顶时的单株果枝数为 9.8 个,而蕾期追施氮肥的为 8.5 个,相差达 1.3 个,这无疑有利于增加单株铃数和提早成铃。实际情况也确实如此,如表 5-17 所示,苗期追施氮肥较蕾期追施氮肥不仅加快了棉株的成铃进程,而且缩短了集中成铃期,极有利于早熟。春播品种的结果与夏播品种相似,1986 年种植农大7631,8 月 14 日调查成铃状况,初花肥的单株成铃为 7.3 个,比盛花肥多 1.1 个。初花肥的单株总铃数和伏前桃与伏桃所占比例也高于盛花肥,例如,前者的两项指标分别为 11.27 个/株和 86.9%,而后者的为 10.17 个/株和 77.5%。

表 5-17　施氮时期对夏播棉中棉所 20 号成铃进程的影响(何钟佩等,1997)

处理	调查时间和成铃(个/株)					
	7 月 26 日	8 月 2 日	8 月 9 日	8 月 16 日	8 月 23 日	8 月 31 日
苗期追氮	1.1	1.8	3.5	5.5	6.6	6.3
蕾期追氮	0.5	1.0	—	3.0	5.3	6.2

(3)施肥时间前移,改善了成铃的时空分布　夏播品种中棉所 20 号,苗肥处理 8 月 18 日前 1～8 果枝第 1 节位有效铃为 2.91 个/株,蕾肥处理的仅为 1.47 个/株。8 月 18 日以后,蕾肥处理的第 1 节位有效铃虽然多于苗肥处理,但试验条件并不利于后期成铃的发育。如果只计算第 1、2 果节的成铃,苗肥处理多于蕾肥处理,并且前者第 1 果节有效铃占 1,2 果节总铃数的 72.1%,而蕾肥为 69.95%。

(4)施肥时间前移,提高了产量和霜前花率,改善了纤维品质　中棉所 12 号蕾肥、初花肥比盛花肥增产 7.9%～6.7%,三者的霜前花率分别为 89.9%、88.9%和 86.9%。中棉所 20 号苗肥处理较蕾肥处理的产量提高了 16.3%,霜前花产量增加更多,达 25.5%。霜前花率也存在较大差别,苗肥处理的为95.1%,蕾肥处理只有88.2%。试验结果表明,施氮时期对同期或同位成铃的纤维品质没有明显影响,但由于施肥时期提前后,提高了优势部位成铃的比例,因而使纤维品质从总体上得以改善。

需要指出的是,现在长江流域的一些高产棉田,在肥料运筹上仍然实施“重施花铃肥”,这与当地的土壤肥力和生态条件有关,因为高的土壤肥力可以保证棉株前期的良好发育,充足的光温条件也为中后期成铃的铃重和纤维品质的形成提供了基础。但在受热量条件限制的不完全两熟棉区和地力一般的棉田,将重施氮肥时间前移具有重要的现实意义。

短季棉化控栽培工程探索:在河北省河间县试验,DPC系统化控配合增密、早施肥、免整枝,取得良好效果。新疆等地的“矮密早”栽培模式是另一成功例证,在黄淮海棉区、长江丘陵棉区也适宜。该体系建在立棉花DPC系统化控基础上。该模式重要目标为早熟。棉花产量器官不同期成熟,越早出现的熟期越短,要达到早熟,需要内围铃和中下位铃成为构成产量主体,减少或放弃晚熟的外围铃和上部位铃。但这样势必减少铃数和单株产量。要达到一定产量,只能密植,以群体增加来弥补个体产量的降低。以往密度增加意味徒长、郁闭和大量脱落等副作用,DPC系统化控有效控制株高,塑造紧凑株型,防止徒长并增加内围铃和中下位铃的比率。因此“矮密早”栽培模式是DPC系统化控与增加种植密度结合形成的。

(九)化学杀雄　棉花生产中种植杂种一代,利用杂种优势,是提高棉花产量的一个重要途径。目前,在利用棉花杂种优势制种一代杂种时,常常采用人工杂交的方法,费工费时极多。利用生长调节剂杀雄,然后依靠昆虫授粉,可获杂种一代种子。同时可大量节约劳力,提高工效达30~40倍。在国外,据Eaton(1957)研究,证明用1.2%的FW-450(2,3-二氯异丁酸钠)溶液喷洒棉株后,使棉花不能形成花粉。有些品种只需用0.25%FW-450喷洒棉株,便能雄性不育,但雌蕊正常。喷洒时间,一般在第1个果枝可见前约1周整株喷洒。现蕾后或结铃期使用,则必须每3周重复喷洒一次,才能达到杀雄目的。国内,中国农业科学院江苏分院,也曾经用顺丁烯二酸联氨(MH40)进行了化学杀雄的研究,取得了杂交率40%的好结果。

根据上海市农业科学院的研究,应用二氯丙酸和二氯丙酸钠溶液对棉株进行喷洒,同样能达到杀雄效果。棉花经二氯丙酸和二氯丙酸钠处理后,在去雄效果上,首先表现花药不能裂开。花药不能裂开的持续时间,前者可达到20~22 d;后者则达15~22 d。喷洒二氯丙酸和二氯丙酸钠后,各处理均有杀死花粉的作用。用二氯丙酸2.5%、二氯丙酸钠0.75%,可达100%的杀雄率。根据杀雄效果,及对植株生长的影响,合适的使用浓度为:若分2次喷洒,二氯丙酸的浓度用0.1%~0.2%,二氯丙酸钠浓度不能超过0.3%;若蕾铃期连续3次喷洒,二氯丙酸则用0.1%,二氯丙酸钠则不能超过0.2%。二氯丙酸和二氯丙酸钠对雌配子没有杀伤作用,仍能授粉受精结铃,可达90%~95%。

二、麻类、芦苇化学控制技术

(一)苎麻　苎麻用GA处理可促进生长和增产,有效浓度20~100 mg/kg,在株高1 m左右喷施,隔10 d再喷一次。可以促进苎麻生长,群体生长一致,株高、茎粗、鲜皮重、出麻率、干纤维长、单株纤维产量都增加,增产幅度44.7%~72.1%,100 mg/kg GA增产最高。

GA处理后,纤维品质长度和含胶量提高,但纤维细度下降,纤维变粗。应用GA应注意增产与纤维细度下降的矛盾,目前生产上多把GA浓度降低到20 mg/kg左右,同时注意增施氮肥和钾肥。注意种麻田不要使用GA。

(二)大麻　用50～200 mg/kg GA,在大麻出苗后30～50 d,进行叶面喷施,都可以增加大麻株高,提高大麻产量、出麻率。纤维质量指标也有所改善。

大麻生长期用10～100 mg/kg NAA溶液灌根,可促进纤维伸长,增加产量和改善纤维品质。整形素能诱导大麻雄花雌化,用100～500 mg/kg整形素处理,除抑制主茎顶端生长,促进侧茎旺盛生长外,可增加雌花比例。

(三)黄麻　黄麻为雌雄异株植物,雄株产量高,纤维品质好,正常雌雄比例为1∶1,用GA处理可以调控黄麻的性别比例。在株高50 cm左右,花序刚开始发育时,每周喷施50 mg/kg GA一次,共3次,可增加雄株比例,减少结籽株,促进茎秆伸长和增粗,增加纤维产量和品质。

乙烯能促进麻类的脱叶,从而促进麻类的后期成熟,加快纤维的发育。处理方法为:使用100 mL/kg乙烯利在25～30℃条件下,于收获前25～3 d,喷施植株中下部,用量为1 125 kg/hm^2。

(四)红麻　使用900 mL/L的乙烯利在收割前7 d喷洒,4 d后脱叶率达到60%,7 d达到100%。代替了人工抹叶。

(五)芦苇　芦苇有用的是茎秆中的纤维。用10 mg/kg GA和12 mg/kg硼酸混合,从芽苗开始,每周处理一次,共8次。芦苇株高增加9%,茎直径和壁厚增加,鲜重产量增加15%。同时纤维品质改善,纤维长度增加51%,长宽比增加48%。

芦苇作为造纸原料,在造纸工艺中容易把芦苇花上的护颖带入纸浆,严重影响纸的质量。用MH可有效防止芦苇开花。一般在芦苇幼穗分化期,用3 000 mg/kg MH喷洒2次,间隔2周,可抑制开花或使小花不育,增加植株纤维含量。

使用MH影响芦苇的顶端生长,用量较大时生长慢,在第一次处理时,加入100 mg/kg的GA,可以避免MH的副作用,达到既增加产量、又抑制开花改善质量的效果。

三、烟草化学控制技术

烟草生产不仅要求有稳定和适宜的产量,更要求烟叶品质优良。从烟叶产量和质量形成过程来看,要实现优质稳产,就须正确解决烟叶的产量与质量的矛盾,在从品种、栽培技术和调制方法3个方面着手的同时,适时合理的运用植物生长调节物质。目前,在烟草上应用的生长调节物质主要有石油助长剂、多效唑、芸薹素内酯、抑芽丹、乙烯利、增效醚等品种,在培育壮苗、抑制腋芽生长、改良品质,提高优质烟叶产量等方面显示出巨大的作用。

(一)促进生长,培育壮苗　烟草是一种育苗移栽作物,在最适宜移栽的季节培育出足够数量整齐一致的壮苗是获得烟叶优质稳产的首要环节。烟草种子体积小,表皮硬而皱缩,易形成水膜;且蛋白质、脂肪含量高,需氧多,后熟期长。这些特点导致种子不易萌发,即使能发芽,幼苗生命力也弱,于烟草播种前用石油助长剂拌种或苗期喷施多效唑、芸薹素内酯和石油助长剂,都可促进烟苗生长,根多苗壮,从而为高产优质奠定基础。

1. 多效唑和烯效唑　于幼苗3叶1心期,使用多效唑150～200 mg/kg溶液,或烯效唑20 mg/kg溶液,60～80 kg/666.7 m^2,喷洒幼苗。均有抑制烟苗高度,促进茎的加粗生长;增加叶片叶绿素含量,提高光合效率和烟苗抗逆性,培育壮苗。应用时要严格控制用药浓度,若浓度过大会导致烟苗叶片皱折,且烟苗太矮,不利于移栽。

2. 芸薹素内酯　芸薹素内酯是一种活性极高的生长调节物质。使用0.01～0.05 mg/kg溶液浸种,可提高种子的发芽率和发芽势,一般可提高种子发芽率10%以上,发芽势15%以上,并可提高种子在发芽过程中的抗寒性。于移栽后20～50 d,使用0.01 mg/kg溶液,每

666.7 m^2 幼苗喷洒 40 kg 药液，可显著促进烟苗生长。

（二）抑制腋芽生长　在烟株现蕾后，大量营养物质流向生殖器官，影响烟叶品质，造成叶片小，叶色淡，品质下降，因此，烟株现蕾后需要及时打顶。打顶后虽然摘除了烟株的顶端优势，却促使了腋芽的萌发，尤其是烟株上部腋芽，每个腋芽都可开花结实，影响烟叶品质。所以，抑制腋芽生长也是烟草栽培过程中的一个重要环节。

烟草摘心后，用抑芽丹、抑芽敏或葵醇乳剂处理，可抑制腋芽生长（效果可达 98%以上）。既省工，又可提高烟叶品质，一般增产 6.8%～9.0%。抑芽丹的作用只是抑制侧芽生长，但不杀死侧芽，在施后 6 h 便进入植株体内，而且多积累在腋芽发生部位。摘心后即可喷药，过晚时应摘去长出的腋芽。但抑芽丹、抑芽敏对烟叶品质有一定的副作用，所以，应用时要严格控制用药浓度。葵醇乳剂是一种触杀剂，除芽速度快，无残毒，但有时也会杀死部分嫩叶。它能破坏烟草腋芽中正在发育的细胞核膜，使细胞致死。本剂在打顶后沿茎喷施，使药液与腋芽细胞接触。本剂对成熟的细胞无影响，对长至 3 cm 的腋芽便无效。

在生产上，抑芽丹一般在打顶后 24 h 内，使用 500 mg/kg 浓度，沿茎喷施，以湿为度；或在摘心后 10 d，使用 80～100 倍液或 2 000～2 500 mg/kg 浓度，每株 20 mL，喷上部茎叶；抑芽敏在打顶后 24 h，以 25% 药剂每 666.7 m^2 用 80～100 mL 稀释 300～400 倍液，每株 25～30 mL，涂抹叶腋或浇茎，喷雾集中于烟株上部 1/3 部位；葵醇乳剂使用 30 倍液，每株 30 mL，沿茎喷施。注意不要喷到叶片上。

（三）催黄　由于气候或栽培等因素造成烟叶晚熟，有的称为绿烟、“黑暴烟”、“老憨烟”等，烤制后品质低劣，优质烟产量降低，同时影响下茬作物种植。在生育后期用乙烯利处理，可促进叶片呼吸与叶绿素的分解、提高叶片内糖与蛋白质比例，从而促进烟叶落黄。使用适当，会提高产量，烟叶质量、单价和产值都有增长，产值一般比对照增加 11.8%。

乙烯利催熟烟叶可以在生长后期茎叶处理或采后处理烟片。

茎叶处理：一般采用全株喷洒的方法。早、中烟，在夏季晴天喷施 500～700 mg/kg 乙烯利，每 666.7 m^2 用 40%乙烯利水剂 62.5～87.5 mL，加水 50～100 kg。3～4 d 后烟株自下向上 2～4 台叶（每台 2 片）即能由绿转黄，和自然成熟一样。对晚烟，浓度要增加到 1 000～2 000 mg/kg，5～6 d 后浅绿色的叶片转黄。也可以用 15%乙烯利溶液涂于叶基部茎的周围，或者把茎表皮纵向剥开约 1.5 cm 宽、4 cm 长，然后抹上乙烯利原液，3～5 d，抹药部位以上的烟叶即可褪色促黄。乙烯利在烟草上药效持续期 8～12 d，也可以在烟草生长季节，针对下部叶片和上部叶片使用 2 次。

采后处理：将刚采下的烟叶用 500～1 000 mg/kg 浓度的乙烯利溶液浸渍烟片，然后进行烘烤，烤烟颜色较黄。该方法对不能正常褪色的大绿烟催熟最有意义。

注意事项：①乙烯利催熟效果与喷施浓度、季节和叶色等有关。未熟嫩叶比成熟烟促黄慢、效果差，但对在烘烤过程中不易变黄的浓绿烟叶，采收前最好喷施乙烯利来提高烤后质量。②乙烯利处理对烟叶产量的影响，主要决定于施药时间和药液浓度。施用过早、浓度过高都会造成减产。③经乙烯利理的烟片，烘烤时间短，有些已经转黄的叶片，可直接进入小二火或中火期烘烤。④土壤施入氮肥多，达到成熟期时仍不落黄，可再加喷 1 或 2 次，烟叶即可落黄。⑤喷洒部位以叶背面效果最好。

（四）提高烟叶品质

1. 油菜素内酯　烟草中上部叶质量最好，下部叶质量最差。油菜素内酯处理，可促进烟株生长发育,扩大单株叶面积;促进光合作用和物质运输分配。改善烟叶化学成分,烟碱含量可增加39.4%~76.7%;提高上等烟比例。烟草团棵期以后,下午高温过后又有一定光照时,用0.01 mg/kg的油菜素内酯,每666.7 m^2 喷洒50~75 kg药液,喷洒叶背面效果较好。可先喷下部叶,随收获依次向上喷洒。喷药时,若加入浓度为0.1%的硫酸锌,效果更好。

2. GA 烟草使用GA,烟叶面积增大,产量增加15%~20%,中上等烟比例、烟叶品质和色度无明显变化,烟碱含量减少,但糖/蛋白质的比例增加。经济效益增加15%左右。使用方法:在烟草大苗期培土后,用15 mg/kg GA叶面喷施,相隔5 d在喷一次。

四、油料作物化学控制技术

(一)花生化学调控技术 花生是我国主要的经济作物和油料作物。自20世纪70年代以来,植物生长调节剂愈来愈多地应用于花生栽培,并取得了相当明显的增产效果。植物生长调节剂已成为花生增产的一项重要技术措施。

花生生产上普遍存在营养生长和生殖生长不协调的问题,特别是气候湿润、肥水条件好的情况下,极易出现徒长和倒伏,导致饱果率和果重降低,影响产量的提高和品质的改善。

生产上曾经用丁酰肼(比久,B_9)控制花生的徒长,效果不错,但该调节剂由于三致效应其使用已受到严格限制。多效唑也被用来解决花生徒长和倒伏的问题,但多效唑会加快花生叶片病害发生,使植株早衰,并存在土壤残留问题。2003年4月30日,中国农业部发布公告,撤销丁酰肼在花生上的登记,规定不得在花生上使用含有丁酰肼的农药产品。此前已限制丁酰肼在出口花生上的使用。

针对此种情况,莱阳农学院研制了多效唑和缩节安的混剂"LN壮饱安",在花生下针后期至结荚初期叶面喷施,药剂使用量300 g/hm^2,药液量为600 kg/hm^2。LN壮饱安在矮化株高的同时,明显促进荚果发育,百果重显著增加,稳定增产荚果10%以上,投入产出比为1∶40以上。

1. 调控植株生长 应用生长调节剂抑制茎枝生长,控制徒长,防止倒伏,使更多的光合产物分配到生殖器官,提高产量;或用生长调节剂促进茎枝生长,提高产量,都具有重要意义。

(1)促进生长

①油菜素内酯 始花期开始下针时喷施,生长稳健,单株总果数多,百果重和百仁重都增加,比对照增产22%。可以促进生长,增加产量。用0.01~0.1 mg/kg油菜素内酯浸种24 h,促进发芽出苗,提高氨基酸、可溶性糖和叶绿素含量。在4℃±1℃低温胁迫5 d,油菜素内酯溶液处理能减缓叶绿素降解,减少膜脂氧化产物丙二醛的积累。

②三十烷醇 4~5叶喷施三十烷醇1 mg/kg,增加前期花、饱果数和百仁重。下针后18 d喷施,提高叶绿素含量和光合作用,加快脂肪和蛋白质的积累速度,早熟5~7 d,并能提高饱果率、双仁率和百仁重,增产5%~10%。

③丰啶醇 秋植花生播后40 d,喷施250 mg/kg丰啶醇,增加结荚期和收获前的固氮活性,分别增加单株荚果数和饱果数。还可促进花生同化物和磷、氮营养物向荚果运转和积累,提高对氮和磷的吸收利用率;增加开花数、结实率和饱果率,增产较显著。

(2)防止地上部徒长,促进地下部发育 目前,花生生产普遍存在旺长、徒长、冠层郁闭,花位高,果针入土率低,以及由此而引起的花多不齐、针多不实、果多不饱等问题,花生上迅速发展应用的化学调控技术,取得了比较明显的应用效果。

①DPC　DPC用于浸种和苗期叶面喷施，可以调节根系生理活性，促进根系生长，增加根重，促进地上生长，增加分枝数；能使叶片增厚、增绿，有利于增强同化能力和营养物质的积累与利用。花针期和结荚初期叶面喷施，可促进根系对有机磷的吸收和调节糖类物质的转化利用，延迟根系衰老。可明显抑制主茎生长，增加结果数，提高饱果率。施用得当，一般可增产10%左右。一般生产田，用于浸种和初花期叶面喷施，以0.008%浓度的水溶液为宜。结荚期喷施以0.01%为宜；高产栽培中，用于控制花生徒长，可于结荚期用0.01%浓度叶面喷施两次，相隔10～15 d。这种方法在土壤肥力较高、土质较黏重的土壤使用效果较好，旱薄地、花生生长较弱的田块不宜喷施，同时，施用后要注意水肥管理。

②B_9　应用B_9已成为花生高产栽培中不可缺少的一项重要措施。它主要能防止花生茎枝徒长，使植株矮化，防止倒伏；提高叶片的光合性能，促进光合产物向果实中转移；根和荚果重量增加，子仁增大，确保高产田稳产、高产，荚果产量提高5.5%～22.5%。在20世纪90年代，研究发现B_9的水解产物非对称二甲基联氨具有致癌作用。日本要求花生不得检出B_9，韩国要求花生B_9限量为1 mg/kg，比利时规定花生果和花生仁的限量分别是5 mg/kg和1 mg/kg。我国商检部门也严禁出口的花生使用B_9。

③多效唑　可有效地提高花生体内IAA氧化酶的活性，降低GA含量，促进体内脱落酸和乙烯浓度增加。处理后，控制茎枝生长，增强抗倒能力和光合能力，协调营养生长和生殖生长的关系，促进同化产物向荚果运输，增加结果数，提高饱果率，是花生生产中控制倒伏徒长、防病、防旱的一项有效增产措施，一般花生荚果可增产15%～24.5%。一般在花生始花后40～50 d，植株高度超过45 cm，第1对侧枝8～10节，平均节长大于或等于5 cm时喷施25～100 mg/kg的多效唑水溶液，均可取得理想的增产效果。生产上为增产效果同时节省成本，可施用25 mg/kg多效唑溶液。一般每666.7 m^2叶面喷施50～75 kg药液。

多效唑只能在中等以上地力、植株生长旺盛的地块上施用，才有明显的增产效果；在地力差，植株长势弱的地块施用，则不表现增产作用。所以，在植株生长弱的地块，不能喷施多效唑。而且要严格用药浓度和施用时期。浓度过大，植株生长抑制过头，反而造成减产；施用过早或过晚，都达不到预期目的。值得注意的是，多效唑在花生盛花期、盛花末期处理会加重花生后期叶斑病病害和落叶，与70%代森锰锌400倍液配合使用，收获时主茎绿叶数、产量比单独喷施多效唑增加4%，比对照增产13.3%。

2. 调控开花下针　花生是地上开花，地下结果作物。花生单株开花量变异幅度很大，一般为40～200朵，所开的花中有相当大的部分不能形成果针，占总花数的30%～60%，能形成荚果的则更为有限。因而，调控开花成针对提高花生产量有着重要意义。

(1)促进开花成针

①GA　一般来说，花生早开的低位花都是有效花，能结荚；迟开的高节位花都是无效花，不能结荚。潘瑞炽等(1987)针对这个问题，研究得知，在始花后20 d喷施10^{-4} mol/L GA溶液，使果针延长，能入土结荚，提高高节位荚果数、荚果级数和荚果重，提高产量。

②三氯苯甲酸(TCBA)　花生始花期喷洒三氯苯甲酸，可使开花高峰提前，有效花量和总花量增加，提高产量5.6%～18.7%。盛花期或盛花末期喷施，可减少后期无效花，促进荚果发育，增加果重，提高产量9.5%～19.6%。施用浓度以150～300 mg/kg较好，每666.7 m^2用药液量75 kg，以盛花期喷洒为佳。因为该期前所开的花多为有效花，是构成产量的主体部分，而且这时主茎生长已趋缓慢，果针正伸长入土、幼果膨大，生长中心将由茎叶转至荚果。此

时喷洒既能控制茎叶生长又能抑制后期无效花,使光合产物能较多地运向荚果。若喷得过早或浓度低时,则抑制开花,推迟开花高峰,减少有效花,影响产量。一般中晚熟大果花生品种,因花期长、花量大,使用增产效果好,对早熟品种应用效果则较差。

(2)抑制花芽形成

①调节膦 调节膦不但对花生地上部生长的抑制作用极强,抑制主茎高度和侧枝长度,促进光合产物向地下部和向生殖器官转移,而且能抑制花芽的形成。潘瑞炽和许旭旦(1984)报道,在花生盛花期喷施调节膦1 500 mg/kg,喷后12 d花数急剧减少。花朵明显变小,花药中没有花粉,所以饱果数多,饱果率增加。大面积示范表明,调节膦应用于花生生产一般平均增产14.87%。但使用调节膦影响后代的出苗率,降低植株生长势和主茎高度,影响结实,故不宜再做种用。

②苯磺钙素 苯磺钙素(日本的一种调节剂)是一种新型花生疏蕾剂,对无效花显示接触枯死作用。可疏去无效蕾,提高结荚率和上等果实率,增加产量和改进品质。一般使用300倍液,每666.7 m^2 茎叶喷施130 kg。在花生始花后25 d、35~40 d各一次。应用时要注意必喷第2次,才能达到应有效果。

(二)油菜化控技术 油菜是我国的重要油料作物之一。目前,油菜生产存在三大问题:一是单产水平偏低,未能充分发挥油菜的增产潜力。二是稳产性差,易受冻害危害造成大的产量波动。越冬期冻害死苗是油菜生产上的一个突出问题。河南省一般年份油菜冻害死苗率为15%~20%,严重年份为30%~50%,1988年油菜死苗率高达80%以上,全省油菜平均单产仅270 kg/hm^2。三是品质差。其中,冬油菜越冬期冻害死苗是油菜生产上的一个突出问题。

1. 培育壮苗 多效唑在培育油菜壮苗方面显示出良好作用。应用多效唑于油菜秧苗,能显著矮化苗高,根颈短而粗,叶柄变短,根系发达,叶色深绿,叶片增厚,总叶数增多,提高秧苗素质。因此,用多效唑处理过的油菜秧苗抗寒和抗旱能力提高,移栽后活棵多,死苗少。同时,叶片光合速率增强,干物质积累多,增加有效分枝和单株角果数。据试验,在油菜幼苗期用多效唑处理后,苗高可降低3.1~4.8 cm,高脚苗减少46.7%~58.9%,壮苗增加55.4%~77.6%,一般增产14%左右。特别是对于播量偏大,苗数较多,间定苗偏迟的油菜使用多效唑效果更好。

施用技术,以2叶1心期到3叶1心期为适期。使用过早,秧苗太小,会造成抑制过度而影响植株生长量;使用过晚,会影响培育壮秧的效果。使用浓度以100~150 mg/kg为好(每666.7 m^2 喷施药液量50~60 kg),50 mg/kg浓度太低,壮秧效果不明显;400 mg/kg浓度太高,会抑制过度而影响植株生长量。因而,在应用时应严格用药浓度、时间,并喷施均匀;同时,在同一地块勿连年使用,以防止控制过度或对下茬作物造成伤害。

2. 控制株高,防倒增产

(1)多效唑 目前推广的甘蓝型优质油菜品种(尤其是杂交油菜)植株偏高,后期易倒伏,造成阴角多,降低产量。在现蕾期用150 mg/kg的多效唑喷施,可降低成熟期的株高17.2 cm和一次分枝的高度13.9 cm,增加单株有效分枝数和角果数,有效防止倒伏,提高产量14.3%。

(2)吡啶醇 在盛花期,用90%乳油50 mL加水45 L(900倍),喷施叶面。可控制营养生长,促进生殖生长,提高结实率,增加种子重量,提高固氮作用和根瘤数,并有一定的抗病和抗倒伏作用。

(3)烯效唑 油菜3叶期,叶面喷施100 mg/kg烯效唑,明显降低苗高、增加幼茎粗度和叶绿素含量，同时增加单株绿叶数和叶片厚度，叶柄变短。降低有效分枝节位，增加单株一次和二次分枝数以及角果数，增产7.9%左右。

(4)DPC　在油菜抽薹期喷40～80 mg/kg DPC，能使油菜结果枝紧凑，封行期推迟，延长中下部叶片的光合时间，提高群体光合速率，使产量提高17.2%～30.4%。

3. 促进生长、提高产量

(1)GA　在油菜移栽前，用20 mg/kg GA蘸秧根，促使植株早发，增加产量。也可以在盛花期叶面喷施25 mg/kg GA溶液，可提高油菜结实率。

(2)三十烷醇　用0.05 mg/kg三十烷醇浸种，可提高种子萌发率，培育早苗和壮苗。盛花始期，用0.5 mg/kg三十烷醇喷洒叶片，有利于提高结实率和千粒重。对生长一般的植株，可在抽薹期增喷一次同样浓度的三十烷醇，可增加主花序长度，一般可增产10%～15%。若选用三十烷醇乳粉的效果则更好。

(3)石油助长剂　在春发期和初花期喷施，用40%石油助长剂水剂加水800倍处理，促进根系发育，提高结实率和种子产量。

4. 抑制三系制种中微粉产生　南方油菜三系制种中有微粉产生干扰而致生产不能使用。虽然多效唑对微粉并不产生直接作用，但是能通过延缓生长发育、推迟生育期，使小孢子发育处于温敏发育后无微粉。油菜雄性不育系陕2A，抽薹盛期用300 mg/kg多效唑喷施一次能降低株高和一次有效分枝高度，增加一次分枝个数。用多效唑可提早10～15 d播种，植株健壮又无微粉，提高制种产量和质量。

5. 缩短油菜移栽后返青期　在油菜移栽前，用20 mg/kg GA蘸秧根，可以促使植株早发，缩短返青期，增加产量。也可以用含有GA的肥泥浆粘根，来缩短返青期。具体做法如下：用GA 1 g对水100 kg，加入过磷酸钙2.5～3 kg，再加适量塘泥或肥土调成糨糊状，边将菜苗根部黏上肥泥浆、一边栽种，栽后培土并浇好定根水。处理后的菜苗多发新根、新叶，返青期可缩短3～4 d.

(三)芝麻、向日葵

1. 芝麻　芝麻是我国古老重要的优质油料作物之一。芝麻生产季节旱涝灾害频繁，常导致芝麻单产不高、不稳。目前，植物生长调节物质已在芝麻生产上应用，并取得初步成果。

(1)DPC　DPC处理能使芝麻株高降低单株塑果数增加，成果率提高，塑果粒数增加，产量平均增加7.71%。处理方法：在早芝麻5层塑果时，喷施70 mg/kg DPC溶液。

(2)4-碘苯氧乙酸　在始花期喷2次(间隔7 d)或者现蕾期和开花期各喷1次增产灵药液，药液浓度10～20 mg/kg，促进植株营养物质运向生殖器官，促进生殖器官的发育，防止落花，提高结蒴率，一般增产8.4%～13%。

(3)GA　于始花期喷10 mg/kg GA溶液1次，可增产17%。但是，喷施后植株生长加快，出现叶色变淡(脱肥现象)。这时，要追施氮肥和加强管理。

(4)CCC　3对真叶期连喷2次(间隔7 d)CCC药液，每次浓度为30 mg/kg，可降低开花前的株高，降低始蒴部位，脚矮茎粗，抗倒伏，节密蒴密，增加蒴节数和粒重，一般增产15%左右。终花前处理浓度为60 mg/kg。

(5)丰啶醇　250 mg/kg溶液浸种，降低始蒴部位，增加有效蒴和粒重，增产19%以上。在芝麻初花期喷洒500 mg/kg丰啶醇，能抑制营养生长，促进生殖生长，也可增产20%左右。

2. 向日葵　用0.1～0.5 mg/kg 6-BA溶液浸种，可以打破休眠，提早萌发，刺激种苗生长,增加干物重。在向日葵花期喷洒 50 mg/kg 吡效隆溶液,能使向日葵子粒饱满,增加千粒重,提高产量。播前用 300 mg/kg 的丰啶醇溶液浸种子 2 h,晾干后播种。促进幼苗生长,增加产量。

五、甘蔗、甜菜化学控制技术

(一)甘蔗

1. 三十烷醇乳粉　在甘蔗伸长期和生长后期,分别喷施 0.5～1 mg/kg 浓度的三十烷醇乳粉,可以提高叶片叶绿素含量和光合速率,增加茎粗和长度,增产 5%～25%,并可提高甘蔗糖分含量。

2. GA　在甘蔗茎收获后 7 d 内,用 20～80 mg/kg GA 和 100～400 mg/kg IBA 喷施开垄后的蔗头,然后立即盖上土,可以提高发株率,促进幼苗生长,提高宿根蔗产量。

3. 增甘膦　增甘膦可以降低酸性转化酶活性,阻止蔗糖水解,从而提高甘蔗产量和含糖量,而且还提早甘蔗成熟,使糖厂开榨提前。该技术在美国、菲律宾、印度、墨西哥等国家甘蔗生产上大面积应用。一般在收获前 30～35 d,喷施 0.3%～0.5%增甘膦,每 666.7 m^2 喷 65～70 kg 药液,可增加糖含量 0.6%～1.0%(绝对量),对产量无明显影响。在广东,增糖效果秋植蔗最好,宿根蔗次之,春植蔗较差。

4. 乙烯利　使用乙烯处理,能使甘蔗提早成熟 20 d 左右,并且增加甘蔗的含糖量约 1%。处理方法为:在 9 月下旬,用 0.1%浓度的乙烯利溶液喷洒干燥植株。

(二)甜菜

1. 减少贮存损失　甜菜收获后,如果温度和雨水较多,往往已萌芽;在窖中低温贮藏时,也容易萌芽,消耗水分和营养物质,降低含糖量,造成干瘪甚至腐烂,作为制糖原料的价值降低。

(1)MH　用 25%的 MH 水剂 0.1%和 0.3%药液,在收获前 1 个月喷洒甜菜 1 或 2 次,以完全抑制萌芽,对根产量、大小和含糖量没有不良影响。根据实验贮藏 35 d 后,没有处理的甜菜糖量损失 13%,处理的只降低 1%。收获后将甜菜块根切成几块,喷洒 2～4 g/kg 的 MH 药液。保存 30～40 d,对照 90%发芽,处理不超过 10%。

(2)CCC　每 100 kg 甜菜块根,均匀喷洒 0.1%～0.3%CCC 溶液,在 5～8℃和 90%相对湿度下贮存,块根呼吸可降低 25%～30%,含糖量损失降低 30%～40%。

2. 增加产量和糖含量　甜菜使用增甘膦,可促进叶片蔗糖运转到根部,促进甜菜根部生长和提高蔗糖含量。据东北农学院研究,在甜菜收获前 30～35 d,喷施 0.2%～0.3%的增甘膦,含糖量可提高 0.4%～1.6%,块根产量增加 3%～9%。三十烷醇处理甜菜,有增产和增加根部含糖量的效果,生产使用浓度为 0.5～1 mg/kg。据苏永信等实验,用 0.5 mg/kg 的三十烷醇处理,666.7 m^2 块根产量和产糖量分别增加 5.7%和 9.6%。

3. 调节抽薹　赤霉酸处理与短日照相结合能有效地调节甜菜留种田的开花抽薹,使有效留种植株百分率大幅度提高。其方法是以 100 mg/kg 的 GA 叶面喷施,并配以短期补充光照或配合使用短期光照中断暗期,可大大提高留种植株百分率。

六、茶树化学控制技术

茶树生产不但要有较高的产量,而且亦需有较高的质量。植物生长调节物质,对茶树生长发育发生着巨大作用，控制着发芽、生长、休眠、细胞分裂、休止、花果发育等生物学现象。植物生长调节物质于茶树上使用已有30多年的历史，在茶树繁殖，促进茶树新梢生长，促进插枝生根，控制生殖生长等方面进行了广泛应用并取得了显著的效果。

（一）扦插生根　茶树短穗扦插是茶树无性繁殖中常用的方法之一，不仅可以保持优良品质，而且大大缩短育苗时间。为提高插条的发根率和成活率，常用低浓度的2,4-D、NAA等生长调节剂处理。

1. 2,4-D　2,4-D处理后，生根快、根系生长加速，成活率高。一般2个月后发根18.3～34.2条，长31 mm以上，成活率达96%以上。同时发芽早，插枝的根系干重和新梢干重增加。不同处理时间，利用2,4-D处理技术不同。插前处理：使用40～80 mg/kg浓度，于插条基部1～2 cm浸12 h；剪穗前5～9 d处理：使用20～40 mg/kg浓度药液，喷洒母株，以湿为度；剪穗前7～9 d处理：可使用浓度50 mg/kg的2,4-D+30 mg/kg的增产灵，于剪穗前7～9 d，每666.7 m^2 用200～250 kg药液喷施母株。由于2,4-D作用强烈，应用时应严格用药浓度和时间，防止药液漂移，使用2,4-D喷雾器械要特别洗净后才能做他用，最好专一使用。

2. NAA　NAA处理后，不但能快速促进生根，提高成活率，而且还可促进茶苗生长。在插前使用60～100 mg/kg浓度，浸泡插条基部3～4 h。为了提高效果，还可使用NAA 50 mg/kg+IBA 50 mg/kg浓度的混合液，或NAA 100 mg/kg+维生素 B_1 5 mg/kg混合液。由于NAA有抑制地上茎、枝生长的副作用，故它与其他生根剂混用为好。同时，应用中要严格浸泡时间，时间过长则引起脱叶。

3. ABT1号生根粉　选择生长健壮的茶叶树当年生枝条作为插条，8月下旬采条扦插，插条长7～15 cm，带顶芽，保留顶部2或3片叶，基部在侧芽下方平切。然后放在浓度为50 mg/kg溶液中浸泡0.5 h。处理后放入塑料小拱棚内，同时设有遮荫设备。成活率一般达98%左右。

（二）促进茶籽萌发和幼苗营养生长　种子繁殖是茶树繁育茶苗的重要方法之一。如何才能提高出苗率，加速成苗，提前出圃一直是困扰常规栽培的难题，而应用植物生长调节物质处理，对促进种子萌发与幼苗生长则有简便高效的作用。

1. 促进种子萌发　NAA、GA、乙烯利处理种子，有促进萌发的效果。用500 mg/kg浓度的NAA溶液，浸种处理茶籽48 h，而后将处理的种子用清水冲洗后播种，茶籽始苗期可提早12～19 d，齐苗期提早19～25 d。

用GA和乙烯利浸渍茶籽，可以有效地增强茶籽呼吸强度，显著地提高出苗率，提早出苗时间，促进幼苗生长。使用浓度都为100 mg/kg，浸种处理茶籽24 h。

2. 促进茶苗生长　Kathirvetpillal等(1981)研究，将6-BA以50～250 mg/kg浓度溶液涂于叶片和腋芽，可促进新枝长度；喷洒浓度为75 mg/kg的6-BA溶液能增加侧枝长度和侧枝数。喷洒浓度200 mg/kg的 GA_3 溶液，能增加节间长度、株高，单株叶面积增大。

（三）加速新梢伸长发育，改良品性、提高鲜产　茶树的新梢伸长发育是一种渐进的、分阶段的、同步向异步发展的生长程序。新梢伸长发育过程中，一直存在着顶端和侧芽此消彼长的关系；在一年的茶季中，存在着新梢伸长发育的多次休止。对此过程的有效调节，可以获得较高的茶叶产量。应用激素和调节剂有大量的研究和探索，其中有些已在生产上应用。

1. GA　据中国农业科学院茶叶研究所试验，采叶茶园喷施 GA_3，头茶增产15%左右，二茶增产20%，三、四茶增产30%左右。使用浓度以50～100 mg/kg为度，每666.7 m^2 药液

50 kg全株喷施。浓度过大,会导致茎梗细长质轻,且每茶季只宜喷施一次,若混入0.5%尿素或1%硫酸铵,则效果更好。GA在茶体内作用时间为2周左右,采摘茶叶以1芽3叶为度,所以,使用时间以茶树1芽1叶初展为宜。

2. 三十烷醇 据中国农业科学院茶叶研究所测定,使用0.5~1 mg/kg浓度,于1芽1叶初展前及其后15 d共2次,每666.7 m^2 用50 kg左右药液,全株喷施。可增加茶叶氨基酸3.22%,茶多酚8.48%,咖啡碱5.28%。杭州大学分析,有提高茶树光合作用效果,主要是调节茶树体内营养物质转运和吸收,促进腋芽萌发,扩展叶面积,伸长节间的作用。但应用时要严格用药浓度;同时若混入浓度为3%的尿素,效果则更好。

(四)促进落蕾落花 栽培茶树主要是为了获得它的嫩梢及量多质优的鲜叶,茶树一旦形成蕾、花、种子,不但影响鲜叶产量,还降低其品质。从20世纪60年代开始,我国茶区于茶树上使用乙烯利,促使落花落果,取得较佳效果。

乙烯利促进落花落果效果是显著的。中国农业科学院茶叶研究所和浙江衢县的实践证明,800 mg/kg的乙烯利在10~11月使用于茶树,效果良好,可达到落花落果和减少落叶的目标。为防止茶树幼叶脱落和嫩梢的生长受到抑制,可用1 000 mg/kg乙烯利和30 mg/kg GA混合液喷施茶树,叶片的脱落率可下降到3%~4%,花蕾的脱落率仍然保持在90%以上,两种药剂相辅相成,互补长短。

(五)植物生长调节剂在茶树其他方面的应用

1. 调节茶叶采摘期 茶树的新梢伸长发育在春茶期同步反应较强,造成春茶洪峰期集中,采制矛盾突出。人们利用GA和一些生长调节剂作为阻滞剂而延缓洪峰期。从而调节茶叶采期,缓和手工采茶劳力使用矛盾。

日本中山仰用100 mg/kg浓度GA,使春茶提前开采2~4 d,夏茶2~4 d;用2-甲-4-氯苯氧乙酸100、500、1 000 mg/kg浓度,使春茶分别推迟3~5 d、12~14 d、16~20 d;用2-甲-4-氯苯氧丙酸500、1 000、2 000 mg/kg浓度,使春茶分别推迟4~6 d、6~10 d、12~14 d。童启庆和曹念慈用20 mg/kg的NAA、25 mg/kg乙烯利,可使春茶提前3 d萌发;用30 mg/kg增产灵、3 000 mg/kg B_9、50 mg/kg CCC,使春茶推迟开采3~6 d。

2. 增强茶树抵御不良气候能力 茶树的寒害是高山茶区和纬度偏北的茶区影响茶叶生产的重要问题之一,常造成减产,甚至死亡。使用植物生长调节物质可以减少叶面蒸腾,或促进新梢老熟,提高木质化程度,在一定程度上增强茶树抗寒或抵御能力。

(1)增强茶树越冬抗寒力 浙江农业大学(1957—1960)在茶树越冬前喷洒200 mg/kg的2,4-D溶液,或10月下旬喷洒800 mg/kg浓度的乙烯利,可抑制茶树深秋的再生长,抗寒力增强。9月下旬喷洒 B_9 1 000~3 000 mg/kg溶液或250 mg/kg的CCC溶液,亦可促进茶树提前停滞生长,有利越冬,第二年春梢生长良好。

(2)对早春霜冻的抵御 春茶前用2-甲-4-氯200 mg/kg;或2-甲-4-氯苯氧丙酸500 mg/kg;或MDBA(2-甲氧基-3,6-三氯苯甲酸)100 mg/kg,每周喷一次,可防止茶芽早春冻害。用OED(日本研制的抑制剂)10~30倍液;或MCP(2-甲-4-氯苯氧乙酸)400 mg/kg浓度液;或MCPP(2-甲-4-氯苯氧丙酸)1 000 mg/kg浓度溶液喷施茶树,可使茶芽在-4℃时不受冻害。

七、桑树化学控制技术

栽植桑树的目的是为了获得量多质优的桑叶。桑叶的产量影响蚕的饲养量,桑叶的质量则是保证蚕体健康的重要因素。

(一)促进插条生根　桑树扦插育苗具有取材方便、方法简单、培育期短、能保持母体优良性状等优点。目前，在这方面应用的植物生长调节物质主要有 ABT 生根粉(NAA＋IBA)与 IBA。

老梢于插前，使用 IBA 40～80 倍液；新梢于插前，使用 800 倍液。基部浸 24 h，或用 IBA 2～4倍溶液，基部浸 3 s。均能促进插条生根，提高插条成活率。

桑树利用 ABT1 号生根粉插条生根一般分为硬枝与嫩枝扦插两种方法。春季硬枝扦插：一般 2 月下旬采条，将插条剪好后按 30～50 株一捆捆好，然后将基部浸入 50～100 mg/kg 的溶液中，浸泡 2 h 以上，浸泡深度 2～6 cm。能有效促进愈伤组织和根原基的形成，缩短生根时间。当年扦插，当年成苗，当年采叶养蚕，生根率可达 97%。这种方法要做到当天剪取的枝条当天进行处理、扦插，并要加强插后管理。嫩枝扦插：一般 5 月中下旬到 10 月中旬采条，于插前按 20～50 株一捆，浸于 100 mg/kg 浓度溶液中，浸泡 1～2 h，浸泡深度 2～6 cm。一般 15 d 左右开始生根，生根后 35～40 d 腋芽萌发，成活率达 90%以上，当年成苗出圃。嫩枝扦插要选择当年生新枝或当年萌发的新梢作为插条，并且亦要加强插后管理。

(二)促进生长、增加桑叶产量

桑树喷施 GA 后，不但可以促进茎叶生长，扩大光合面积，并能提高同化能力。用 GA 处理后的桑叶，其鲜重、干重均有提高，含糖量略有下降，但蛋白质含量却有所提高，因此，很适于做桑蚕饲料。应用时可在每次桑叶采后 7～10 d 喷施一次，同时相应增施一次速效氮肥。应用浓度为 30～100 mg/kg，每 50 kg/666.7 m^2 叶面喷施。

第三节　果树化学控制技术

果树的生长与分化、细胞分裂、花芽形成、休眠与萌发等都直接或间接地受植物激素的调节与控制。在果树生产实际中，尤其是现代集约化栽培管理中，植物生长调节剂已经得到广泛应用。如促进扦插生根；加快幼树生长成型，实现早果丰产；控制成树过旺的营养生长，维持树体营养生长和生殖生长平衡；打破或延长休眠，诱导或抑制花芽分化；调控花芽形成数量，克服大小年现象；提高坐果率，防止采前落果或疏花疏果，调节果树负载量；辅助果实的机械采收；控制果实成熟、延长果实供应期和实现鲜果周年供应；促进果实着色，提高果实品质；增加抗逆性等。概括起来应用方向主要有 3 个：一是代替人工作业、节省劳力；二提高产量和改善品质；三是克服环境限制。特别是对一些传统措施难以解决的问题，如扦插生根、化学修剪以及塑造理想树型、控制开花、促进着色等，利用生长调节剂既方便又有效，已经取得巨大经济效益。

一、仁果类果树的化学控制技术

(一)苹果

1. 苗木繁殖

(1)打破种子休眠，促进发芽　现代化的果树生产大多数是利用嫁接方法进行繁殖，而播种种子可获得生长旺盛、抗性好的砧木实生苗。

苹果砧木的种子一般要经过层积处理，开始层积的时间要因砧木而异，不同地区，砧木层积时间也不一样。来不及层积的种子，也可将种子放到 50℃水中，不断搅拌，直到冷凉为止，然后再浸泡 2～3 d(每天换一次水),捞出,混以湿沙,置于稍高的室温下催芽,并经常搅拌,补水防干,至部分种尖露白时,即可播种。生长调节剂处理种子,打破休眠,促其萌发。用 100～300 mg/kg 的乙烯利溶液浸泡,可打破苹果种子休眠。有报道用 100～500 mg/kg NAA-Na、0.3%碳酸钠、0.3%溴化钾分别浸泡苹果砧木种子 2 h,均有促进发芽的作用。

(2)嫁接伤口的愈合　嫁接愈合的过程包括愈合组织的生长和输导组织的分化两个生理过程。应用植物生长调节剂,可促进嫁接愈合。生长素类可以诱导愈伤组织形成,有利于砧穗间愈合,提高嫁接成活率。可用 IAA、IBA 或 NAA 50～100 mg/kg 浸蘸接穗削面或用药液涂抹砧木和接穗接合部切口表面。

(3)促进扦插生根　在扦插过程中,大多数果树插条用生长素(IAA、NAA、2,4-D 等)处理后,可诱发不定根形成,提高扦插成活率,具体方法有以下 3 种。

①浸泡法　先配制原液,然后稀释到所需浓度。该方法使用浓度低,处理时间长,适于小规模生产。一般使用浓度为 10～200 mg/kg。根据生根的难易,浸泡时间 12～24 h,深约 3 cm,保存在遮荫和空气湿度高的条件下,以保证慢而稳定的吸收。用过的药液药效降低,再用时需延长浸泡时间。

②速蘸法　将插穗基部在高浓度的药液中(500～1 000 mg/kg)快速浸蘸约 5 s,深约 1.5 cm,取出后即扦插。此法不需长时间浸泡,处理时间短,吸收药量较均匀,适用于大规模生产。

③粉剂法　将生长调节剂(绿枝扦插 200～1 000 mg/kg,硬枝扦插1 000～5 000 mg/kg)与滑石粉、黏土等配成粉剂,插穗蘸粉前要先将基部用水浸泡,蘸粉后要甩掉多余的粉。这种方法难以得到一致的处理药量,但药粉蘸在插条基部,药效长。扦插时尽量避免蘸着的粉剂被土壤擦去。

2. 调控新梢生长,塑造理想树型　控制新梢生长对于果树的发育有重要意义。生长过旺的营养枝会争夺养分,影响花芽的分化和果实的生长,还会造成树冠荫蔽,不利于病虫害防治和果实上色,并降低了对不利环境条件的抵抗力。

(1)调控新梢生长　崔怀玉等(1996)在红星、红富士苹果幼树施用多效唑后,明显抑制了新梢生长,使中短枝数量和比例增加,减少了长枝和发育枝的数量和比例,效果随施用浓度和剂量的增加而增强,控制了树冠增长。土施以 3 月份或 9 月份效果最好,剂量 0.5～1.5 g/m^2,而叶喷以 5 月份上旬为宜,浓度以1 500～2 000 mg/kg 效果最好。多数研究结果表明,叶面喷洒多效唑,高浓度一次喷施不如低浓度多次喷施效果好,而且一次喷施后秋梢易出现补偿生长现象。因此,少量多次、喷施与土施结合,是见效快又能维持稳定效果的好办法。

(2)塑造理想树型　生长调节剂还可用来开张枝条角度,塑造理想树型。紧凑型或短枝型的元帅系苹果,如新红星,枝条直立。当新梢生长 5～10 cm 时,喷 TIBA 400 mg/kg 或 IBA 800 mg/kg 可使枝条角度开张。在新梢开始生长时,在夹角内侧涂以 NAA,也有开张枝条角度的效应。用整形素处理,对梢端生长旺盛部位作用也明显,使新梢生长受到抑制,基部发生副梢。幼树生长旺盛、顶端优势明显,发枝量少,如何增加枝量是幼树早期丰产的前提。顶端优势的原因是梢尖含有高浓度的生长素以及侧芽缺少 CTK,因此用化学方法减少梢尖内生长素含量或阻碍其向下传导,以及增加侧芽 CTK 含量,即可削弱顶端优势,促进侧芽萌发,增加发枝。常用的化学药剂有2 000 mg/kg 的乙烯利,150～600 mg/kg CTK(BA),2 000 mg/kg B_9,1 000 mg/kg 的调节膦等。

3. 控制开花

(1)抑制花芽分化,减少开花数　GA 在生产上可作为抑花调节剂。300 mg/kg GA_{4+7} 可有效抑制大年过多花芽形成,减少第 2 年的开花数。一般要在花芽开始分化前较早期(2～6 周)施用,才能取得较好的效果。

(2)促进花芽分化,增加开花数　对生长旺盛的苹果树花后喷施 200～900 mg/kg 乙烯利或 25～50 mg/kg TIBA,可有效促进花芽形成。对生长势中等或旺盛的苹果幼树应用1 000～2 000 mg/kg B_9 可促进花芽形成。最有效的是 B_9 与乙烯利混合处理。薛进军等于盛花后3周喷2 000 mg/kg B_9＋250 mg/kg 乙烯利显著促进红富士的花芽分化,效果好于单独施用。土壤撒施 0.5～1.0 g/m^2 和叶面喷施 1 500～2 000 mg/kg 的多效唑也可显著促进苹果幼树花芽形成。为达到促进花芽分化的效果,应用生长调节剂的时间很重要。盛花后 2 d 处理无明显效果,盛花后 11～53 d 处理最有效,盛花后 64 d 以后花芽分化促进效果就逐渐减弱。

4. 调控花果脱落

(1)保花保果

①保花(早期脱落)　果树从萌芽开花到着果,主要依赖于贮藏营养,贮藏营养水平低,营养不良是造成落花落果的重要原因。保花保果应从改善果树生长环境,提高栽培管理水平入手,为果实发育创造良好的营养条件,同时适当运用化学物质即可取得令人满意的结果。

A. B_9　花后不久喷1 000 mg/kg 的 B_9,可减弱 6 月落果。红星苹果树在铃铛花期的终花期喷施 2 次 100 mg/kg 或 150 mg/kg 粉锈宁(三唑酮)药液,可显著提高花朵坐果率和单果重。

B. AVG　AVG(氨基氧基乙烯基甘氨酸)是一种乙烯生物合成的抑制剂,它可有效减少芽果脱落,增加坐果。在元帅、红星盛花期喷 150 mg/kg 的 AVG 可增加坐果 50%。

C. 多效唑　多效唑能显著提高苹果坐果率。根据 K. M. Jones 试验,于苹果幼树时,分别喷施 50 mg/kg、100 mg/kg 和 200 mg/kg 的多效唑,并以酒精水溶液为对照,结果平均百朵花坐果率分别为 84.9%,84.8%和 78.3%,而对照为 28.5%。于秋季土施多效唑,能明显增加翌年的坐果率。具体使用浓度及方法,可参照前面章节。

D. GA　在果树的小年,花期对国光、元帅等品种喷洒 50 mg/kg 的 GA,平均提高坐果率 33%。由于 GA 抑制花芽的形成,大年时不宜使用。

E. 三十烷醇　用 0.1～0.5 mg/kg 的三十烷醇加尿素在盛花期和幼果期各喷 2 次,坐果率可增加 6.3%～11.3%。

②保果(采前落果)　苹果的采前落果可使产量损失达 10%～20%,如遇大风更会加重采前落果而造成重大损失。对苹果早熟品种,可在采前落果前几天喷施 10 mg/kg NAA 或 2,4,5-T,晚熟品种则为 20 mg/kg ,10～14 d 后再喷一次,效果更好。

在采收前 45～60 d 喷施 500～1 000 mg/kg 的 B_9,可抑制乙烯产生,防止采前落果,效果和 NAA＋2,4,5-T 的组合相近。喷施 B_9 后,可再用 NAA＋2,4,5-T 以增强对采前落果的控制作用。

(2)疏花疏果　为了取得果树生产上的总体经济效益,得到优质果品,稳定产量,克服大小年,维持健壮树势必须进行合理的疏花疏果,特别是在大量开花结果的年份。化学疏除花果已成为许多国家果园中的常规措施。

①二硝基化合物　常用 4,6-二硝基邻甲酚钠和二硝基邻环己基苯酚钠作为疏除剂,使用

浓度苹果上为500～800 mg/kg。它抑制花粉管的生长，并对花粉及柱头有烧伤作用，使花不能授粉受精而脱落。由于其对喷药时已完成受精的花朵无效，因此应用的时间十分重要，应在盛花后1～3 d内施用。如果花瓣脱落后使用，此时大部分花朵已受精，疏除作用很小。

②生长素类 用于花后疏除苹果的有NAA和萘乙酰胺。早熟品种宜在落瓣期使用，中、晚熟品种在盛花后10～20 d使用。NAA适宜浓度为5～10 mg/kg，疏果效果随浓度增大而增加。萘乙酰胺则较温和，适宜浓度25～50 mg/kg，浓度对药效的影响不显著，使用比较安全，持续时间较长。萘乙酰胺不能用于元帅或金冠，否则会抑制果实生长而形成畸形小果。

③西维因 西维因会堵塞幼果导管，使幼果缺乏发育所需物质而造成脱落，对比较弱的果实影响大。它对多数品种有稳定的疏除效果，不易发生药害，疏除效果受浓度的影响小，因此，使用范围较广。但要注意使用时只有喷到果实和果柄附近才有较好的效果。苹果一般在盛花后15～20 d喷施，不同品种的适宜浓度不同，红星500～1 000倍，金冠150～300倍，国光100～150倍。

化学疏花疏果的效应，因药剂种类、使用时间、品种、树势、气候条件等不同而差异很大(表5-18)，使用时应慎重。应用时，留果量应适当大些，然后进行人工定果，以免对生产造成不必要的损失。

5. 改良品质

(1)改变果型，增加单果重 赵淑芳等(1986)试验，广增素对富士有增大果实的作用，100 mg/kg喷施效果最明显，果实纵横径分别增大15.29%和17.47%，单果重增加16.1%。陆秋农等(1983)经3年试验和生产示范，认为在盛花前期喷施30～36 mg/kg的普洛马林溶液(内含$BA+GA_{4+7}$)，即可改善果型。在苹果花期及幼果期喷施木质素酸钠50～100 mg/kg和GA 50 mg/kg的复配剂可有效地提高元帅系苹果的果形指数，使LD>0.95的果实百分率达到85%以上。

表5-18 影响化学疏除的树体和环境(Williama等，1981)

在以下条件易于疏除	在以下条件难以疏除
1. 大量开花，特别在大量结实后	1. 异花授粉品种的果园中昆虫活跃
2. 低氮或水分不足	2. 树势健壮，矿质营养不缺乏
3. 由于伤害或病害，根系发育不良	3. 在充分照光部位(顶部或外围)短枝上生长的果实
4. 生长旺盛枝条的幼树	4. 隔年结果树
5. 自花授粉或授粉不良的树	5. 有长结果枝的树
6. 发生大量6月落果的品种	6. 疏果前后果实生长良好
7. 每短枝坐住许多果实	7. 每短枝只坐住1个果
8. 花期短	8. 花量少，叶果比高(幼树除外)
9. 喷施前后高温及高湿	9. 喷药前后湿度低，药液干燥快，吸收少
10. 喷施前后连续阴天	10. 内源乙烯产生量低

(2)改善果实外观品质

①增进着色 盛花后3～4周和采收前45～60 d，各喷1次1 000～2 000 mg/kg的B_9，对富士、红星、红玉等品种有明显的增色效果。在采收前20 d对富士苹果喷施增果灵1号，能明

显增加果实含糖量，提高糖酸比，促进果实着色，浓度以 300 mg/kg 较理想。旺树喷低于 1 000 mg/kg浓度的乙烯利，能显著增色。采前喷 1 或 2 次 30～40 mg/kg NAA，可使双红果和全红果率达 80％以上，还可减轻采前落果。

②改善风味　果实风味是果实的内在品质，它包括糖酸含量、糖酸比、香味等。前面已讲过，增果灵 1 号可提高富士的糖酸比，增加含糖量。据黄卫东等试验，多效唑处理富士苹果可溶性固形物、总糖、蔗糖等明显高于对照，而且果实着色明显增强。胡小松等(1992)对 6 年生富士苹果在秋季土施 20 g/666.7 $m^2$15％的多效唑，其果皮、果肉、果心各部中 N，P，K，Ca，Mg，B 和 Zn 含量比对照增加 5.8％～57.8％，果肉中脯氨酸、蛋氨酸、丙氨酸和天门冬氨酸含量也显著增加。

③增加果实硬度　苹果果实硬度是果实品质的一个重要指标，它随果实的成熟、衰老呈下降趋势。对元帅短枝型品种施用丰产素，能使果实硬度由对照 7.8 kg/cm^2 提高到 8.2 kg/cm^2。在采前 45～60 d 对元帅苹果喷 B_9 500～2 000 mg/kg，可使果肉硬度从 8.2 kg/cm^2提高到 8.7 kg/cm^2。

④减轻果锈　果锈是一种生理病害，主要发生在金冠、金矮生、红玉等品种上，严重影响果实的外观和商品价值。果树栽培于潮湿条件下时，果锈发生尤为严重。

吴邦良认为以 100 mg/kg GA_3 ＋0.5％ SiO_2 制剂，防锈效果最好，可增加无锈果 10％～15％。国外用 10 mg/kg GA_{4+7}在花后 1 个月连续喷施 4 次，显著减轻果锈，但它抑制花芽的分化，若只用 GA_4 可取得良好效果。施用抑制 GA 生成的生长调节剂多效唑，可促进果锈的生成，因此对易生果锈的品种要慎用多效唑。生产上应用套袋技术，可有效防止果锈。此外，氮、磷、钾肥配合施用对果锈的形成有一定的延缓作用，并可提高无锈果率，加用硅肥则效果更好。

⑤减轻裂果　苹果中以国光、富士和大国光裂果现象较普通，特别是国光更加严重，一般年份裂果率为 10％～20％，个别年份可达 80％以上。生产上通过套袋及防止土壤过干、过湿可起到很好的防治效果。早疏果，适量留果，分期疏果，也可减轻和避免裂果的发生。吴邦良在 6 月下旬喷施 B_9，在采前 1～3 周喷施 $CaCl_2$ 溶液 1 或 2 次，对延缓果实生长的不均衡性和防止国光苹果的裂果有明显的效果，可使裂果率减轻到 0.6％以下。

(3)增强抗病性　B_9 可减轻苹果贮藏期间的病虫害，在采前 45～60 d，喷施 500～2 000 mg/kg的 B_9 可减轻苹果苦痘病和虎皮病。在盛花期喷 0.3％～0.4％的硼砂一次，花后及其后 20 d 再喷 1 或 2 次，或晚秋每株土施 120～150 g 硼砂，均可有效防治苹果缩果病。在盛花后 3 周喷施 500 mg/kg B_9，可显著减轻元帅系苹果的水心病(蜜病)。休眠前喷 20 mg/kg 的脱落酸，可增加抗寒性。秋季喷3 000 mg/kg B_9，可延迟开花，躲过霜害。

(二)梨

1. 调控新梢生长　梨树多采用叶面喷施多效唑，可有效控制新梢生长。一般在花后 20～30 d 进行，浓度 500～1 000 mg/kg，根据树势强弱，连喷 2～4 次，间隔时间 20～30 d。也可在开花前喷施，浓度 250 mg/kg，然后在开花后（花瓣落后 2 周）再次喷施，浓度 125～250 mg/kg，以后视生长势强弱，间隔 10～14 d 继续喷施。

CCC 对梨树新梢生长有较强的抑制作用。何华云在 7 年生苹果梨上的试验表明，每年喷施 2 次5 000 mg/kg CCC(第 1 次在萌芽前，第 2 次在新梢和幼叶长出时)，明显减少枝条生长量，枝条在 5 月份、6 月份和 7 月份的生长量仅为对照的 38.9％、45.5％和 47.3％，发芽期比对照推迟 7～10 d，开花推迟 3～4 d。

2. 促进花芽分化,增加开花数　在 3 年库尔勒香梨新梢长度为 10～20 cm 时,每株土施多效唑原粉 5 g 或在土施 5 g 的同时加喷 500 mg/kg 多效唑溶液,可使每株平均形成花芽 91～141 个。秋白梨幼树盛花后 30 d 喷洒1 000～1 500 mg/kg 乙烯利 1 次,或用 500 mg/kg 乙烯利,间隔 17 d 喷洒 2 次,平均单株形成花芽 45～61 个。如果在乙烯利(500 mg/kg)溶液中加入 B_9(1 000 mg/kg),效果会更好(林庆杨等,1986)。对大多数日本梨或沙梨系品种应用 B_9 也可得到良好效果,罗来水等在"二宫百"梨幼树上进行的试验表明,于 5 月上旬间隔 10～15 d 喷施1 500 mg/kg B_9 2 次,对花芽形成有显著效果,使 2～4 年生幼树花芽量增加 0.25～11.4 倍,5～6 年生幼树增加 28%～35%。喷施1 500 mg/kg B_9 和 250 mg/kg 乙烯利的混合液,促花效果更好。

3. 疏花疏果

(1)西维因　鸭梨盛花后 14 d 喷施1 500～3 000 mg/kg 西维因即可达到疏果目的。在秋白梨上,盛花后 7 d 喷施1 500 mg/kg 西维因,疏除幼果达 30%。

(2)石硫合剂　该药剂能灼伤雌蕊柱头,抑制花粉发芽和花粉管生长,从而阻止受精而使花朵脱落。鸭梨初花期喷施波美 0.3 度石硫合剂,或盛花期喷施波美 0.5 度石硫合剂,均有较好的效果。于登杰等认为,在盛花期喷施波美 1 度石硫合剂效果更好。石硫合剂成本低,药效稳定,还可以结合疏花防病虫,但使用时期要求严格,盛花期 3～4 d 后施用,疏除效果即很差。

4. 果实催熟、贮藏保鲜　研究表明,于采收前 18～25 d,果实横径达 55～60 mm 时,喷 150 mg/kg 乙烯利,可使早酥梨提早成熟 7～10 d。焉锦生(1980)在鸭广梨采收前 30 d,果实横径达 60 mm 时,喷洒 600 mg/kg 乙烯利,提早成熟 15～20 d。李三玉等(1980)在杭州地区,于菊水和八云果实横径 4～5 cm 时,分别喷施 100～250 mg/kg 和 100 mg/kg 乙烯利,分别使采收期提早 17～19 d 和 7～10 d,对品质无不良影响;但须在果实大小已达该品种固有大小或稍后施用,否则会导致裂果。

洋梨与中国梨的成熟机制不同,采收后需经一段时间后熟,使果实变软,果肉变为溶质,才可食用。用 250～500 mg/kg 乙烯利提前 25 d 前后喷施巴梨,可提早 15～20 d 成熟。高浓度虽可缩短后熟期,但会造成采前落果。所以,可在适熟期前采收,然后在 250～500 mg/kg 的乙烯利溶液中浸蘸 2～3 min,可使成熟整齐,缩短后熟期,提高商品价值。

黄皮槎梨是山东省的传统名果,但不耐储藏,采后只能存 1～2 周。可用 2 000 mg/kg 的 B_9 在盛花期后 3 周和 5 周各细喷一次,到 9 月下旬时的落果率仅为 14.3%,而对照的落果率为 41.18%。在常温下可储至 11 月下旬,即在采收后 35 d 出现烂果,而对照 9 d 就出现烂果。

5. 改善品质

(1)改善果型　鸭梨的变形果多为缺少鸭突;库尔勒香梨、在梨等变形果多为果顶突出并呈纺锤形。傅玉湖等(1992)用 300 mg/kg GA 和 CTK 于鸭梨蕾期、开花期和幼果期各涂一次,使第 6 序位的花朵所结果的鸭突率由 32.6%提高到 86.8%。徐庆岫等(1991)用 600 mg/kg 多效唑在库尔勒香梨花蕾露白期喷施,使突顶果由 83.8%降到 8.7%,果形指数由 1.25 降到 1.05,多数果实呈宽卵形。

(2)改善风味　平田在日本梨上用 GA_4 浓度为3 000 mg/kg,IAA 为 50 mg/kg,BA 为 500 mg/kg,三者均做成羊毛脂在盛花后 25 d 涂抹果梗;CEPA 浓度为 25 mg/kg,在盛花后 65 d喷施全树冠。使果实提前成熟 1～3 周,提高了单果重和糖度,取得了良好效果。

(3)减轻果锈　日本梨中的长十郎、晚三吉、新水、幸水、丰水、新高等品种容易生锈,生产

上用 GA_4 喷施，并且加施硅肥，可以有效防治或减轻果锈病的危害。

(三)山楂

1. 提高坐果率　山楂是多花树种，落花落果现象严重，生产上应用较多的调节剂为 GA。山楂使用浓度一般为 20～70 mg/kg，最佳浓度为 50 mg/kg。山楂开花时间较短，只有 4～5 d，使用时间从初花到终花均有效，而以盛花期喷施效果最好。必须注意连续使用 GA，会影响花芽分化，同时由于大量结果导致树体衰弱，因此，使用时要加强肥水管理，最好间隔 1 或 2 年使用一次。特别是在大年，应采用相反措施进行疏花、疏果。

2. 果实催落　催落果实，过去采收用竿打落，采收时劳动强度大，并对枝叶造成损伤。为解决这一问题，可用乙烯利药剂催落。

据王以莲等试验，山楂在采前 7～10 d 喷施乙烯利，可促使山楂提前成熟，加速脱落，便于采收。使用浓度宜控制在 400～600 mg/kg，并在正常采收前 1 周喷施。因为山楂采前 10～15 d的生长发育迅速，因而不能过早喷施乙烯利进行催熟。

(四)枇杷的化学调控

1. 防止落花落果　从已有的研究结果来看，喷洒 GA 或 CPPU 等，都能有效提高枇杷着果率。在枇杷幼果期用浓度为 10 mg/kg GA 喷洒叶面和果实，可提高着果率 40%。且喷施 GA 后还能形成一些无核果，提高果实品质。

2. 果实催熟　喷洒乙烯利有促进枇杷果实成熟的作用。在自然成熟前半个月喷洒浓度为 500～1 000 mg/kg 乙烯利，可提早成熟 5～8 d。在成熟前 20～30 d 的果实退绿期喷洒浓度为1 500 mg/kg 的乙烯利，则可使成熟期提早 10～15 d。

3. 防止裂果　枇杷裂果总是在我国各产区普遍存在。据福建省果树研究所试验，在成熟前 3～4 周(果面由青绿转为淡绿时)喷洒乙烯利浓度为1 500 mg/kg+3 000 倍的骨胶，能显著减少裂果，裂果率由对照的 19%～36%下降到 1.5%～10%。缺点是成熟期明显提前，单果重下降 2%左右。

二、浆果类果树的化学控制技术

(一)葡萄

1. 苗木繁育

(1)打破种子休眠，促进发芽　葡萄种子解除休眠，经常采用的手段是在低温条件下(1～5℃)进行沙藏层积，时间为 90～140 d。这对于杂交育种来说是一项费事的工作。采用 GA 浸种可以解除葡萄种子的休眠，促进种子发芽，简化育种程序，提早播种。室温下种子在 2 000～8 000 mg/kg GA 溶液中浸泡 24 h，即可催芽播种。经处理的种子早期生长正常，但下胚轴和第 1 节间的长度增加。

(2)促进扦插生根

①硬枝扦插　生产上用于促进葡萄扦插生根的调节剂有 IAA(100～200 mg/kg)、IBA(100～200 mg/kg)、NAA(100～200 mg/kg)、2,4-D(5～10 mg/kg)等。先把插条按需要剪成小段，基部平齐，绑扎成小捆，将插条基部 3～4 cm 浸在上述药剂中 12～24 h，或用1 000～2 000 mg/kg 的上述药剂溶液浸 3～5 s，取出后扦插，都可有效促进发根，但要注意切勿使药剂溶液接触上端芽。

②绿枝扦插　绿枝扦插可以缩短葡萄育苗周期，加速苗木繁殖。在绿枝扦插时，应用植物

生长调节剂,可明显提高扦插成活率。在北方雨季(约7月份)前,绿枝插条剪成2～3节,上面一节以副芽刚萌动为好。在上边2 cm处平剪,节下方近节处斜剪下。上边一节的叶片剪去1/3～1/2,下边的叶片连同叶柄去掉,剪好后立即将其基部浸于清水中,遮荫待用。扦插之前,枝段基部用100 mg/kg NAA或IBA或1 mg/kg三十烷醇浸泡8 h,或用1 000 mg/kg IBA蘸5 s,取出后用清水冲洗附在表面的药剂后,立即直立插于苗床。插好后,立即浇透水,并遮荫。

2. 控制营养生长

(1)打破休眠,促进萌芽　温室大棚等设施栽培在葡萄上的应用,改变了葡萄的生长期,大大提前了葡萄上市,取得了极高的社会经济效益。但由于设施栽培中,常常达不到葡萄的需冷量,使得花芽发育不良,萌芽、开花不整齐,展叶延迟,而石灰氮对打破葡萄休眠有显著效果。它可完全代替低温用于打破芽的休眠。应用的方法是把石灰氮和水按1∶4的比例混合搅拌,在调制2 h后,把上面的澄清液涂布在芽或树梢上即可。用1 000～4 000 mg/kg GA或100～200 mg/kg KT喷施葡萄枝条,都可打破芽的休眠,促进萌芽。

(2)新梢生长的调控　在葡萄旺盛生长前,用CCC或B_9做全树喷施,可使主蔓新梢生长缓慢,正在生长的枝蔓节间变短,节数减少,叶片小而厚,叶绿素有所增加,副梢萌发量减少。不同的品种所需的浓度不同,对栽培面积最广的巨峰葡萄来说,CCC以500～1 000 mg/kg,B_9以2 000～3 000 mg/kg喷施为好。用多效唑也可取得相同效果,李传礼等(1996)对4年生巨峰葡萄于花后喷施1 000 mg/kg,花前土施10 g/株多效唑,明显抑制新梢过度生长。土施多效唑的抑制效果要优于喷施,且作用时间久,但土施见效较慢,需10～15 d,喷施5 d左右即可见效。

3. 花果脱落

(1)疏花疏果　某些葡萄品种坐果过多时,往往出现果穗极度紧密、浆果成熟时被挤破、引起果粒腐烂的现象。必须在坐果后进行人工蔬果,以保持适宜的留果量,特别是大粒鲜食葡萄,如藤稔葡萄,栽培中对果穗进行疏果整形是保证穗形美观、果大质优的关键技术。坐果后用5 mg/kg NAA喷施果穗,可稀疏果粒,或1～10 mg/kg GA于花前3周喷施植株及花序,促使花序轴伸长,从而达到稀疏果穗的目的。

(2)促花保果　葡萄开花后形成果粒的只占整个花穗的20%～60%,而巨峰、玫瑰香等品种坐果率更低,仅占11.7%,管理不当可下降至7%～8%,严重影响产量。其他花在开花后两周内落完,其后几乎没有生理落果。

①B_9　B_9对易落花落果品种巨峰及巨峰系葡萄,在树势强旺的情况下,用3 000 mg/kg B_9或2 000 mg/kg CCC在开花前10～20 d喷施枝叶和花序,能显著提高坐果率。在开花前1周至20 d,喷施3 000 mg/kg B_9+1 000 mg/kg硼砂,促进坐果效果比单用B_9好。

②多效唑　多效唑可有效地防止巨峰落花落果,具体方法是:第1次在花前,新梢叶片8～12片时,全树喷500 mg/kg多效唑;第2次在盛花期,用1 000 mg/kg药液喷施;第3次在谢花后,子房开始膨大时,用2 000 mg/kg喷施,也可在前一年秋季或萌芽期土施1.5 g/m^2多效唑。

③PBO　PBO是一种新型果树促控剂,它可以协调和平衡葡萄花器中的生长素、GA和CTK水平,从而可以部分解决落花落果问题,赵庆华等指出,用PBO处理的巨峰葡萄坐果率为28.5%,而用B_9处理的对照为7.1%,尤其在各种不利气象条件下均能坐果,效果显著。

④CPPU　CPPU是一种具有CTK活性的植物生长调节物质。在巨峰盛花后10～20 d，喷施10～20 mg/kg的CPPU，可提高坐果4.9%～9.1%，与30～50 mg/kg GA混合使用效果更好，可提高坐果15.8%～16.7%。利用生长调节剂提高葡萄坐果率，要与其他农业措施相配合，才能取得较好的效果。其他措施包括应用无病毒苗木，新梢摘心，花期喷硼，利用副梢及改善栽培环境，而最根本的措施是调整好树势，强壮的树势和良好的肥水条件是进行调控的基础。

4. 改良品质　提高果实品质的途径包括调整适宜的产量负荷、调节花果负载量、合理施肥、环剥、套袋等措施，而调节剂通过调控营养生长、改善坐果、促进细胞分裂、调整植株内源激素的平衡，达到改善品质增加产量的目的。

(1)形成无籽果实　目前，在葡萄生产上常利用GA诱导单性结实，获得的无核果与有核果同样大小，甚至更大，果实成熟期提早，糖酸比增加，着色较深。

①GA　葡萄种子中含有GA_4、GA_7、GA_3，它们外用都有诱导单性结实的效应。生产上应用较多的是GA_3，其处理浓度和时间因品种、气候、条件等不同而异。一般二倍体品种为100 mg/kg，大粒品种和有单性结实倾向的品种为25 mg/kg，花后处理均为25 mg/kg。处理时期，第1次使之无核，一般品种在盛花前10～15 d，处理方法可用配制好的GA液浸蘸果穗，在葡萄品种中以玫瑰露用GA处理最为成功，无籽率可达94%～95%。而在康拜尔早生和新玫瑰品种上处理，无核果率只有50%～60%，而且还会引起康拜尔早生和巨峰等品种穗轴膨大，并显著硬化及穗轴拉长、弯曲等异常情形。因此，使用GA时要根据品种特性，慎重选用浓度和恰当的时期。

为了克服单用GA引起的异常情形，近年来采用了GA和其他药剂混用的新技术。

②GA_3＋链霉素(SM)　据尚华平报道，两种药剂混用可使巨峰葡萄无核率达95%以上，且明显减轻穗轴木质化程度。第1次处理在花前8～11 d，用GA_3 100 mg/kg＋SM(200～400)mg/kg浸蘸15 s，为获得稳定的效果，最好在花前处理2次，即盛花前9～10 d一次，3 d后再进行一次；第2次处理在花后单用100 mg/kg GA_3处理。王志杰报道，GA与青霉素、卡那霉素混用也可使巨峰葡萄无核率提高，但效果不如与链霉素混用。

③GA_3＋对氯苯氧乙酸(PCPA)　在巨峰葡萄盛花前10～15 d用对氯苯氧乙酸15 mg/kg和GA 20 mg/kg混合处理花序，对诱导单性结实效果显著，无核率达92.9%～95.5%。盛花后10 d再用GA 25 mg/kg处理，无籽果果粒重显著高于GA单独处理的。处理时将花序在药液中浸蘸15 s即可。

GA处理过程中温度对形成无籽果影响很大。一般在高温下应用GA不能形成无籽果，如玫瑰露品种在日温30℃，夜温25℃下不能形成无籽果，而在日温15℃，夜温10℃下应用GA效果就很好。还可能与高温下GA代谢加快有关。因此在花期或花后用第2次GA情况会有改善。

④KT-30　KT-30是一种具有CTK活性的生长调节剂，它可以促使葡萄产生无籽果，据徐正茂报道，用自配的K_{9A}增大剂(以KT-30为主，配以木酚钠类的生长素)对藤稔葡萄进行两次浸果处理，无核率达100%。第1次浸果穗在盛花前12 d(结果枝新梢叶片在7片叶全展时)；第2次浸果穗在盛花后9～10 d。

(2)增大果粒，增加单粒重

①无核葡萄大粒化处理　所有的无核品种都可进行大粒化处理。邵则夏在无核白鸡心葡

萄幼果膨大初期，用25 mg/kg的GA浸蘸果穗，使平均单粒重由4.2 g增加到11 g，增长161.9%。徐海英等在喜乐无核、布朗无核上也得到了相似结果，用100 mg/kg GA在盛花后14～15 d处理果穗，使喜乐无核平均单粒重增大了53.7%，布郎无核增大了52.3%，果粒增大效果显著。他们认为盛花后14～15 d是GA处理的敏感时期，在无核葡萄品种中具有普通性。在生产上于盛花后4～5 d至盛花后2周处理均可增大果粒，但以盛花后14～15 d处理最佳。

四川农业科学院生产的"葡萄膨大剂"有效成分为KT_{30}，具有促进果实膨大作用。沈阳农业大学(1996)在金星无核葡萄上应用，取得了良好效果，经膨大剂处理后单粒重增大1倍，在无核白鸡心等品种上单粒重可增加0.5～1倍。

②有核品种增大果粒　在大粒鲜食葡萄栽培上，生长调节剂的应用是很普通的，目前研究最多的是GA和KT_{30}在巨峰及藤稔葡萄上应用。一般认为，GA和KT_{30}均能使葡萄果粒增大，而且二者混合使用效果更好，在巨峰葡萄盛花后10 d左右用5～20 mg/kg的KT_{30}和20～50 mg/kg的GA浸果穗，可以使单粒重明显增加。而藤稔葡萄在盛花后10 d，一次使用5～10 mg/kg KT_{30}和25 mg/kg GA，单粒平均重可保持在15 g以上。在正常年份增大果粒用5 mg/kg KT-30，而花期多雨或气温较低年份用10 mg/kg。

5. 果实催熟与贮藏保鲜　葡萄在贮藏运输过程中，常发生落粒和浆果破裂，这是影响鲜食葡萄品种和储藏寿命的重要因素。除改进贮藏设备和技术外，可应用化学药剂作为解决措施。

一些生长调节剂可以延迟浆果与果梗间离层的形成或使穗轴分枝及果梗增粗变韧，从而减少了落粒。河北省宣化葡萄研究所(1982)实验表明，牛奶葡萄用1 000 mg/kg B_9于采收前1个月喷果穗，隔20 d再喷一次，可明显增加浆果和果柄间的耐拉力，其耐拉力比对照增加267 g，从而减少了采收前后的落粒现象。吕昌文等(1990)用硝酸钙溶液在采收前喷施粉红太妃和龙眼葡萄的果穗，采收后在3～5℃下用聚乙烯薄膜包装贮藏123～133 d后，观察发现所有硝酸钙处理的浆果均提高了耐藏性，以晚期喷1.5%浓度的效果最好，粉红太妃和龙眼葡萄果梗拉力分别提高130 g和79 g，损耗率分别减少72.6%和64.3%。同时表明，在浆果成熟期内，喷施硝酸钙时期越早越易吸收，使用浓度也可降低。

(二)柿

1. 防止落果，促进果实发育　据李三玉等试验，柿谢花后至幼果期树冠喷洒浓度500 mg/kg或100 mg/kg的GA+15 mg/kg防落素，不仅能提高坐果率，且能促进果实膨大。幼果期1 000 mg/kg IBA涂果顶或涂萼片、盛花期5～10 mg/kg的2,4-D喷洒、开花前3 d对雌花蕾喷洒一次，2周后再补喷一次浓度为0.1 mg/kg的油菜素内酯、盛花期10 d喷洒浓度为10 mg/kg的CPPU，均具有防止生理落果的作用。

2. 脱涩催熟，改善品质　涩柿脱涩催熟方法有：①当果实达到可以采收成熟度时，用乙烯利500 mg/kg的浓度喷洒柿果，10 d内果实可以全部转为黄色，15 d即软化脱涩；②将达到可采成熟度的果实采下，浸入300～800 mg/kg乙烯利溶液中，几秒钟后即取出，晾干后常规存放，经3～5 d即可食用上市。但浸液法存在严重的缺点，即柿盖与果实接触处易流水，贮藏性极差，导致果实货架期短。郑国华等(1991)试验，当"富有"甜柿果实横径平均日增长量超过0.3 mm时，树上喷洒25 mg/kg乙烯利溶液，促熟效果也较明显。

三、核果类果树的化学控制技术

(一)桃化学调控技术

1. 苗木繁育

(1)打破种子休眠,促进发芽　桃种子在播种前需进行沙藏层积以满足后熟条件。对于冬季没有及时层积或层积未达萌动条件的种子,春季播种前可用赤霉进行快速催种处理。方法是:先去掉核壳,用清水冲洗干净,放入100 mg/kg GA溶液中浸种12 h,并适当搅动。处理后将种子与湿沙混合,平堆于阴凉处,10～12 cm,上面再覆盖5 cm湿沙,经10 d左右即出芽。

(2)促进扦插生根

①硬枝杆插　桃插条采集结合冬剪,采当年生、充分成熟的枝条,低温沙藏2个月,插前剪成25～30 cm。河北农业大学用500 mg/kg NAA蘸5～10 s,扦插生根率为37%;郑开文等(1984)用桃不同品种作硬枝扦插,用IBA 750～4 500 mg/kg速蘸,发根率34%～68%,NAA 700～1 500 mg/kg速蘸发根率42%～58%;绿枝插用IBA 1 000～3 000 mg/kg速蘸,发根率为27%～76%。

②绿枝扦插　于5月份,取10～15年生五月鲜、大久保等桃品种的当年新梢做绿枝插条,长15～20 cm,中上部叶片保留,用750～4 500 mg/kg IBA或NAA速蘸5～10 s,插于沙床中,床上盖塑料棚,并经常喷雾,保持温度20～30℃,空气相对湿度90%以上,扦插生根率可达80%～90%,生根苗移植露地苗床后成活率达90%以上。

2. 新梢生长的调控　桃树土施多效唑以头年秋季或春季新梢旺盛生长开始前1.5～2个月以前施入为好。施用剂量与树体大小密切相关,最好按树冠投影面积(树冠东西、南北径的乘积)计算。在我国中部黄河流域,土施15%多效唑粉剂以第1年1.68 g/m^{2}为宜,第2年减半为好,结合中耕锄草,均匀撒施行间,覆土即可。

叶面喷洒多效唑产生效果较快,可根据情况灵活掌握,一般在新梢旺长前施用,浓度1 000～2 000 mg/kg,使用的时期和次数以使用浓度不同而异。1 000 mg/kg需喷2次,分别于5月上中旬和6月中旬使用;2 000 mg/kg只需在5月中下旬喷一次。由于多效唑抑制植株生长,需在体内维持一定水平的多效唑,因此低浓度少量多次使用的效果要好于高浓度一次使用。

树势不旺一般不能使用,对幼树和弱树也不能使用。使用多效唑后需采用相应的栽培修剪措施,增加施肥量,进行严格的疏花疏果,并要注意严格掌握施用剂量,防止抑制过头现象发生,如出现生长抑制现象,应及时喷20～50 mg/kg GA,即可减轻或解除多效唑对生长的抑制作用。

3. 疏花疏果　桃树一般在花后30～40 d,施用GA浓度为100 mg/kg与乙烯利50～100 mg/kg混合喷施,可减少50%～80%人工疏果量,桃树无伤害症状。

4. 改良品质

(1)减轻果肉褐变　桃在加工过程中,由于多酚氧化酶的活性,将酚氧化为醌,使果肉褐变,影响了加工产品的品质。在果实生长的第一期喷施B_9、GA或乙烯利,可使成熟果实中多酚氧化酶的活性降低90%,从而显著减轻果肉褐变。

(2)防止桃果实青斑病　桃果实青斑病(green spot)是桃果实成熟后在缝线处产生绿色斑块,致全果成熟不均匀的一种症状,在缝线周围果肉失水干缩,发生褐变。王汉良研究认为是果实缺钙引起的生理病害。防止措施除在雨季排水,降低地下水位外,还可喷 B_9 和施肥。在桃硬核期前喷 B_9 溶液2或3次,有助于提高缝线处果肉硬度;或在采收前施 $CaCl_2$ 溶液或采摘后进行浸钙处理均有利于防止青斑病的发生。

5. 果实催熟与贮藏保鲜　乙烯利可有效促进桃果提前成熟,并使着色良好,但浓度过高(>100 mg/kg)或使用剂量过大会引起落果和叶片脱落。生长延缓剂 B_9 可促进桃果中乙烯的释放,故可使果实提前成熟2~10 d,且成熟一致,增加着色,可在硬核初期喷施1 000~4 000 mg/kg的 B_9。刘以仁等(1990)提出,5月上旬单施 B_9(1 500~3 000 mg/kg)或乙烯利(30~60 mg/kg),使果实提前2~3 d成熟,若两种药剂混施效果更好,可提早5~6 d。对早熟品种喷一次,晚熟品种需喷2次。

桃果乙烯含量较高,常温下储放每小时每千克可释放50~100 μL乙烯。因此,控制乙烯的生物合成是延长桃果贮藏的关键。胡小松等(1993)在秋季对"绿化九号桃"土施多效唑(纯药1.33 g/株),降低了果实采后的呼吸速率和乙烯释放率,推迟了呼吸高峰的出现,从而提高了储放性。

(二)枣的化学调控

1. 提高坐果率　枣树也是多花树种,落花落果现象严重,生产上应用较多的调节剂为GA。枣树盛花期喷10~15 mg/kg的GA一次,坐果率可提高70%~300%,而且GA对多数枣品种都适用,这一技术在生产上广泛应用。

2. 果实催落　枣树一般在果实正常采收前5~8 d,全树喷施200~300 mg/kg乙烯利药液,喷后5~6 d进入落果高峰。由于乙烯利催落果实浓度接近于催落叶片的浓度,如果超过350~400 mg/kg,枣叶就被大量催落,因此使用时务须谨慎。喷药要均匀周到,不宜过重,防止叶片受害脱落,喷后遇雨,应当补喷。经乙烯利催落的红枣枣果,成熟度高,果皮紫红,有光泽,含糖量比对照提高3%~5%,提高了枣果品质。而对皮薄而成熟早的鲜食枣不能采用乙烯利催落采收。

对不同成熟阶段的果实,催落效果不同。还未开始成熟的青熟果,对乙烯利反应小而慢,进入白熟期后,反应加快,越接近正常采收期,催落速度越快,效果越好。所以在使用乙烯利催落枣果时,要准确掌握使用浓度,并针对不同品种,不同成熟度来使用,先做好试验,然后再全面推广,避免造成较大损失。

(三)李的化学调控

1. 增强抗冷性　李树开花较早而易遭受晚霜危害。在李树芽膨大期,用浓度为500~2 500 mg/kg的MH药液喷洒,可推迟开花4~5 d。

2. 提早成熟,改善品质　对一些李树品种在谢花50%时喷洒浓度为50~100 mg/kg的乙烯利药液,既增大果实体积,又提高果实可溶性固形物。在李树果实成熟前1个月左右,喷洒浓度为500 mg/kg的乙烯利药液对很多李树品种果实具有明显的催熟作用。

(四)梅的化学调控

1. 防治过早落叶　在广东果梅7月下旬之前大量落叶称为过早落叶。从春梢开始,通过合理施肥和根外追肥,喷洒浓度为300 mg/kg的多效唑+30 mg/kg的核苷酸+0.2%的高效叶面肥溶液,每次抽梢期喷洒一次,可提高叶片的质量和抗逆性。结果树进入9月上旬仍然青枝绿叶,使得树体不能及时进入休眠。同时,为了促进叶片按时自然脱落,于9月中旬喷洒浓度为500 mg/kg的多效唑+100 mg/kg的乙烯利药液,或者在9月下旬喷洒浓度为3%~5%

的氯化钾＋100～150 mg/kg 的乙烯利药液。

2. 调控花芽分化　为了促进果梅的花芽分化，广东封开、连南、普宁等地，对 7 月上旬生长过旺的梅树，喷洒浓度为 300～500 mg/kg 的多效唑溶液，效果比较显著。

3. 防止落果，促进果实发育　利用植物生长剂可以提高果梅的坐果率，在盛花末期喷洒浓度为 30 mg/kg 的 GA 或 30 mg/kg 的防落素药液。在第 1 次生理落果后到第 2 次生理落果开始前，喷洒浓度为 30 mg/kg 的防落素＋70 mg/kg 的复合核苷酸的药液一次，保果效果良好。

在连续阴雨条件下，花期喷洒 20 mg/kg 的 GA、幼果期喷洒 50 mg/kg 的 GA，均可减少落花落果。另外，对旺长的幼树在新梢旺长期喷洒多效唑1 000～2 000 mg/kg 的药液，可以抑制新梢生长和减少落花落果。

4. 提早成熟，改善品质　在梅果实自然成熟前两周喷洒浓度为 250～350 mg/kg 的乙烯利药液，可提早成熟 5～6 d，而喷洒 40～80 mg/kg 的 GA 药液，可延迟成熟 4～5 d。两种处理都能保持果梅原有品质，调节果梅供应期的效果。

(五)樱桃的化学调控

1. 增强抗冷性　对樱桃树在秋季喷洒浓度为 500～3 000 mg/kg MH＋300 mg/kg 乙烯利的混合药液，可以抑制樱桃新梢生长，提高新梢成熟度和木质化程度，并提高花芽的抗寒性。

2. 调控花芽分化　在肥沃土地上栽培的樱桃等核果类果树，定植第 2 年就会开花结果，但会影响枝条伸长和树冠形成，且易感染由花芽传播的衰退病和黄化病。在花芽分化前 2～3 周喷洒浓度为 50～100 mg/kg GA 一次，可明显促进枝条的伸长生长，还能减少上述两种病害的传染。

3. 防止落果，促进果实发育　为了提高大樱桃的坐果率，可在盛花期喷洒 GA 20～40 mg/kg浓度的药液，或者花后 10 d 喷洒 GA 10 mg/kg 的药液。促进樱桃果实生长方法有：①在收获前 20～22 d 对果实喷洒 GA 10 mg/kg 的药液，可以提高樱桃果实重量。②在 3 月份每株土施 0.8～1.6 g(有效成分)的多效唑可以增加甜樱桃的单果重。③开花后 8 d 按每公顷 1.5 kg 的 B_9 喷洒于酸樱桃品种上，可以促进果实增大。

4. 提早成熟，改善品质　在盛花后 2 周，用浓度为2 000 mg/kg 的 B_9 药液喷洒那翁等甜樱桃品种的果实，可以催熟，并提高整齐度。在收获前 2 周，对深色甜樱桃、浅色甜樱桃和酸樱桃分别用 300、200 mg/kg 浓度乙烯利药液浸蘸，均可促进果实集中成熟。

据试验，为了提高樱桃果实硬度，一般在收获前 23 d，用 20 mg/kg 浓度的 GA 药液浸蘸甜樱桃果实，可以提高果实硬度。在甜樱桃收获前，用 20 mg/kg 浓度的 GA＋3.8％的氯化钙浸蘸果实，果实硬度有较大提高。

在收获前 20 d 喷洒一次 5～10 mg/kg 浓度的 GA 药液，可以明显地降低甜樱桃果实腐烂和果皮破裂，提高果实商品质量。在收获前 25～30 d，在那翁、滨库等甜樱桃品种上，果实浸蘸 1 mg/kg 的 NAA 药液，可减少裂果 25％～30％。用浓度为 12 mg/kg 的 GA＋0.34％的氯化钙水溶液，从收获前 3 周开始，间隔 3～6 d，连续喷洒于滨库等甜樱桃品种上，显著减少裂果。

(六)杏的化学调控

1. 增强抗逆性

杏树喷洒 AVG 后，能安全度过早春寒流、低温，延迟花期，提高坐果率，确保杏子的丰产丰收和优质。一般在发芽前喷洒，中花期品种用 0.5％浓度的溶液；早花品种用 1％；晚花品种用 0.1％。据报道，在杏花芽膨大期喷洒 MH 500～2 000 mg/kg、香豆素 80～360 mg/kg、柚配苷 20～320 mg/kg、GA 150～300 mg/kg，春季开花期分别延迟 5～11 d、5～13 d 及 11～13 d。其中 GA 500 mg/kg 还明显提高了坐果率。

在上年 9 月中旬至 10 月上旬，喷洒浓度为 50～100 mg/kg 的 GA 药液，每隔 10 d 喷一次，连续喷洒 3 次，可延迟次年开花 5～15 d，从而避免早春低温危害。

2. 调控花芽分化　对于大红杏、圆个红杏、荷包杏等坐果率低的品种，在秋季(10 月中下旬)喷洒 GA 50 mg/kg 的药液可提高花芽质量。在杏新梢长到 15 cm 时(5 月下旬至 6 月上旬)喷洒浓度为3 000 mg/kg 的 CCC 药液，抑制新梢生长和增加花芽数量与质量都比较明显。

3. 防止落果，促进果实发育　为了提高杏坐果率，花后 5～10 d 喷洒 GA 10～50 mg/kg 的药液或者 15～25 mg/kg 的 GA＋1％蔗糖加 0.2％磷酸二氢钾药液，效果良好。

4. 提早成熟，改善品质　在果实开始硬核期喷洒浓度为 0.1％～0.2％ B_9＋0.1％中性洗衣粉溶液可提早杏的果实成熟 3 d，且成熟度比较整齐，果实品质大有提高。

(七)芒果的化学调控

1. 控梢促花　适龄芒果树不开花是芒果栽培上所遇到的重要问题。要使芒果开花就必须采用物理和化学的方法促使枝梢停止生长，枝梢及时老熟，积累足够的碳水化合物以有利花芽分化。在 12 月份至次年 2 月份是芒果花芽生理分化时期，此时芒果末级梢必须停止营养生长，枝梢老熟。如果此时植株仍在萌芽抽梢，就必须将嫩梢摘去或用药剂将嫩梢杀除。如用浓度为 400～800 mg/kg 乙烯利在嫩梢长 8 cm 以下喷洒，4 d 后可杀死嫩梢，并促进芒果花芽分化。要特别注意的是乙烯利药性较烈，使用时不能加大浓度，否则会造成芒果脱叶。对于 12 月份至次年 2 月份虽然未长冬梢，但树势较旺的树可用以下几种药剂促花：①乙烯利：用浓度为 100～200 mg/kg 的乙烯利在 12 月份至次年 2 月份，每隔 15 d 喷一次，连续喷 3 或 4 次，可明显促进芒果开花；②B_9 用浓度为 800～1 000 mg/kg 的 B_9 在 12 月份至翌年 2 月份，每隔 15 d喷 1 次，连续喷 3 或 4 次也可促进芒果成花；③多效唑：11 月份至次年 1 月份在树冠滴水线下挖 10 cm 深的浅沟，均匀撒下 15％的多效唑可湿性粉剂 2 g(视树体大小而定，一般 6 年生树 10 g 即可)，并保持土壤湿润，能有效使芒果成花。但是，多效唑在土壤中的残留时间长，不能连年使用。

2. 促进坐果与果实发育　芒果幼果脱落的原因很多，对于生理落果可应用：①用 50～100 mg/kg NAA 在谢花后和果实似豌豆大小时各喷一次，可减少生理落果；②在谢花后 7～10 d 用 5～10 mg/kg 2,4-D 喷施树冠也可减轻落果，提高坐果率 3％～15％，但应严格使用浓度；③用 50～100 mg/kg GA，在谢花后和幼果似橄榄大小时各喷施一次，可明显提高坐果率，增产 10％～15％。

四、荔果类果树的化学控制技术

(一)龙眼的化学调控

1. 控梢促花　冬季的低温有利龙眼的花芽分化，但近年来，全球气温升高，我国华南地区出现暖冬气候，龙眼易萌发冬梢，不利于龙眼获得高产稳产，利用植物生长调节剂进行控梢促花处理有使用简便、容易掌握等优点，常用的药剂有多效唑、乙烯利及 B_9 等。

多效唑是通过抑制 GA 的生物合成而起作用。龙眼叶片喷施多效唑，使节间变短、叶片增厚，提高叶绿素含量、使叶片光合速率加快。在秋末冬初花芽生理分化期处理明显促进花穗形成，500～2 000 mg/kg 范围内随着使用浓度的提高，龙眼的抽穗率及成穗率均较高。

苏明华等(1997)在龙眼生理分化期(11～12 月份)选用 6-BA 200 mg/kg+ B_9 2 000 mg/kg 浓度处理两次,减少了冬梢抽生,明显提高了花穗抽生率以及花穗质量。药剂处理后抽生的花序,其"冲梢"比率也明显下降。乙烯利处理能抑制龙眼的营养生长,但使用浓度要慎重。据刘国强(1994)的观察,乙烯利 800 mg/kg 浓度处理后,叶片扭曲,甚至出现脱落现象,对龙眼树体有明显的伤害作用。利用乙烯利控梢的浓度为 300 mg/kg 左右,以刚好喷温叶背、叶面为度。一般是在冬梢将要抽出时喷施,其抑制效果可以维持 20～30 d,如果仍抑制不住,可以再喷浓度为 250～300 mg/kg 的乙烯利。

2. 促进坐果与果实发育　植物生长调节剂可以减少龙眼生理落果,提高坐果率,并有促进龙眼果实发育,起到增大果实的作用。在雌花谢花后 1 周喷洒浓度为 5～40 mg/kg 的 6-BA,或者在雌花谢花后 25～30 d 喷洒浓度为 GA 50 mg/kg+2,4-D 5 mg/kg 混合液;在雌花谢花后 50～70 d,即第 2 次生理落果期喷洒浓度为 10 mg/kg GA+ 2,4-D 5 mg/kg,或者 10～50 mg/kg GA,能起到保果壮果的作用。

(二)荔枝　在自然条件下,荔枝花多果少是普遍现象,一般从雌花开放到果实成熟采收时的坐果率只有 1%左右。试验证明,在荔枝谢花后 7 d 左右用浓度为 10～20 mg/kg CTK 或 5 mg/kg的 2,4-D 药液喷洒,可明显提高坐果率。在 30 d 后用浓度为 GA 20 mg/kg 或 NAA 40～100 mg/kg 溶液喷洒亦能使落果减少,果实增大,提高产量。

五、聚复果类果树的化学控制技术

(一)菠萝

1. 调节开花结果期　正常情况下,菠萝大部分果实在夏季成熟,此时正是高温高湿的季节,果实不耐贮藏和运输,此时也正是其他种类水果大量上市的季节,因而价格低下。利用生长调节剂进行人工催花,可以缩短生长周期,分期分批供应市场,减少高温季节采收所造成的损失,提高经济效益。人工催花的药剂主要有碳化石(电石)、乙烯利和 NAA。

利用电石促进花芽分化。使用方法有两种:①将电石粉粒 0.5～1 g 投入到菠萝的株心中,然后加入 30～50 mL 水;②把电石溶解于水后直接向菠萝灌心,但溶液要现配现用,每株灌心 50 mL。使用电石催花以晚上进行效果好,溶解电石的水温越低越好,其原理是水温越低乙炔溶解越多、挥发越少,并且电石浓度不能超过 2%。

由于乙烯利使用比电石方便,我国已逐步代替电石催花。乙烯利在 pH 值 4.0 以上的水溶液中分解放出乙烯,利用乙烯诱导花芽分化。一般用 250～500 mg/kg 浓度的乙烯利,每株灌入 30～50 mL,如使用时加入 2%的尿素,效果更好,但乙烯利浓度要适当降低,一般可用浓度为 250 mg/kg 的乙烯利+2%的尿素灌心 50 mL 能使菠萝抽蕾。乙烯利的使用浓度要根据具体条件灵活掌握,温度高时乙烯利释放快,使用浓度要低,相反,在低温季节用高浓度。

此外,用 NAA 也能促进菠萝开花,一般是用 15～20 mg/kg 浓度的 NAA,每株灌 50 mL。NAA 有药性稳定,用量少,使用简便,但其使用后的抽蕾率比乙烯利低。

2. 促进坐果与果实发育　菠萝果实增大:GA 使用浓度一般为 50～70 mg/kg,一般喷果 2 次,第 1 次是在小花开放一半时,浓度为 50 mg/kg;第 2 次是在谢花后喷,浓度为 70 mg/kg。如在喷洒 GA 的同时加入 1%尿素,可以提高药效。使用时,GA 喷果要均匀,使雾滴均匀分布全果表面,喷施不匀会引起畸形果。用 GA 处理可以获得明显的增产,但成熟期推迟7～10 d。NAA 或 NAA 钠的使用浓度为 100～200 mg/kg,喷施 2 次,喷施时间与 GA 相同。第 1 次浓度用100 mg/kg,第2次浓度为200 mg/kg。如在每次喷洒时同时加入0.5%尿素,也可以提高药效。如果冠芽摘除后用NAA或NAA钠处理,会使药液渗透到果心上,使果心变粗,降低果实的品质。同时用NAA或NAA钠处理还要掌握好浓度,浓度过高,除果心变粗、果肉酸而粗糙,果实也不耐贮藏。由于NAA或NAA钠对芽有明显的抑制作用,喷洒时如果药液滴到叶腋上或小吸芽上,会导致提早抽蕾,使果实变小。因此,施用时要特别小心。

3. 果实催熟　菠萝可以用乙烯利催熟,提前供应市场,催熟的果实成熟一致,着色均匀,肉色良好,便于田间管理和采收,降低生产成本。乙烯利的使用浓度一般为500～1 500 mg/kg,其浓度高低及处理时间应根据天气及果实的成熟度而定。夏季采收的果实,气温高,果实成熟快,要提早10～15 d催熟,浓度宜低,以500～800 mg/kg为宜;冬天采收的果实,气温低,果实成熟慢,应提早15～20 d催熟。如果实已接近成熟,乙烯利浓度宜低;如果成熟度较低,则可适当加大浓度。

利用乙烯利很容易使菠萝成熟,但为了保证产量和果实的品质,果实成熟度应在7成以上才能催熟。当果皮由青绿变成绿豆青时为最适宜的用药时间。

应用方法是直接均匀喷施果面,以喷湿果面为度。喷果要均匀,着色才能一致,不要把药液喷到吸芽上,否则诱导吸芽提早开花。经催熟的果实风味比自然成熟的果实差,催熟后果实不耐贮藏和运输,宜尽早销售或加工。

(二)香蕉　香蕉果实完全成熟后会变软,很难贮藏和运输,果实贮运时的成熟度是7～9成,此时果实青硬,便于贮藏和运输,故在食用前才能催熟。

催熟香蕉时,可用浓度500～1 000 mg/kg的乙烯利,也可在催熟房中直接通入乙烯气体。乙烯气体用量为催熟房体积的1/1 000,处理24 h后应通风换气。乙烯气体的制备方法是用乙烯利加碱后产生乙烯气体。不论采用何种催熟方法,催熟时都要控制好催熟房的温度和湿度。催熟温度一般在15～25℃之间,过高香蕉不能黄熟。空气相对湿度要求达到95%以上,这样催熟后的香蕉果皮颜色鲜黄。

六、柑果类果树的化学控制技术

(一)柑橘

1. 促进花芽分化与形成　植物生长调节物质诱导柑橘实生苗开花,只有通过幼年性阶段发育以后才有可能;成年树要在花芽生理分化期施用,效果才显著;在生理分化期以后施用,虽有一定影响,但作用不大。

(1)宽皮柑橘类　为提早鉴定9年生实生温州蜜柑珠心苗,可在9月中旬喷洒CCC 2 000 mg/kg或B_9 2 000～4 000 mg/kg,翌年花量分别增加118%～242%;始果期温州蜜柑在9月15日至11月25日,每隔10 d喷一次50 mg/kg浓度的核苷酸,能增加次年的花芽分化数,其中以11月中旬喷洒的效果最好,花芽分化量增加将近1倍。童昌华等(1989)试验证明,在花芽生理分化前喷洒多效唑,能极显著地促进成花,其中温州蜜柑类的适宜浓度为700 mg/kg。

(2)金柑　金柑1年多次开花,多次结果。其中第一次的“早伏花”占全年结果的80%左右,且果大质优,经济效益显著。若在第1次梢刚萌发时喷洒浓度为1 000 mg/kg多效唑,“早伏花”增加了10倍,也明显地减少了第2次的“晚伏花”,总花量虽有减少,但经济效益极其显著。

2. 控制夏梢生长　据李三玉等试验,在初果期温州蜜柑的夏梢发生前3～7 d,树冠喷洒浓度为500 mg/kg的调节膦,抑梢率可达45%,长度缩短,节间密,抑梢期1个月左右,坐果率提高

1～2倍,产量提高20%,对果实品质无不良影响。据李学柱等试验,使用调节膦抑制新梢生长,品种间反应不一样,温州蜜柑、本地早以500 mg/kg的浓度为宜、五月红甜橙、暗柳橙及雪柑等以750 mg/kg为宜。调节膦连用2年后,应停止使用,避免引起抑制过度,影响翌春抽梢与开花。同时,在柑橘夏梢发生期叶面喷洒多效唑250～1 000 mg/kg,可使夏梢短缩50%～57%,节间缩短,夏叶增大,着果率提高2%～4%,产量提高6%～8%,果皮变薄,可食率增加。在生产上应用时,温州蜜柑以浓度为750 mg/kg、本地早500 mg/kg为宜。童昌华等(1987)将喷药期提早到春梢伸长未期,抑制夏梢发生和伸长、提高着果率和产量的作用更加显著。

3. 防止落花落果　橘树萌芽、春梢生长、开花及幼果的早期发育所需要的养分主要为橘树上年的贮藏养分,而每一品种橘树年贮藏养分的多少是相对固定的。因此,如果橘树萌芽展叶后春梢生长过旺,贮藏养分消耗就多,那么开花着果得到的养分就少,开花结果由于得不到充足的养分而造成大量落花落果。据浙江大学园艺系试验结果,于温州蜜柑的花蕾期,选择阴天或晴天的傍晚,使用15%多效唑可湿性粉剂5 000 mg/kg对树冠进行均匀喷洒。喷洒时应重点喷洒春梢幼嫩部分,能控制春梢生长过旺,减少贮藏养分的消耗,同时叶片变绿增厚,光合能力增强,保证花果得到充足的养分,坐果率显著提高。同时也可在树谢花2/3和谢花后10 d左右,树冠一次喷洒浓度为30～50 mg/kg的GA,着果率显著提高,而花量较少的橘树,谢花后幼果涂布100～200 mg/kg浓度的GA一次,保果效果十分显著。

4. 疏花疏果　据浙江大学园艺系试验,温州蜜柑、本地早等品种,在大年橘树的盛花后30～40 d,树冠喷洒100～200 mg/kg的吲熟酯,能将树冠内较小幼果疏除,以免当年结果过多,其效果基本与人工疏果相当。而于小年树的花蕾期,喷洒50 mg/kg浓度的GA药液,可明显提高小年橘树的着果率,同时在小年橘树花芽分化期11月间(甜橙)或次年1月中旬(温州蜜柑)喷洒100 mg/kg浓度的GA,可减少花芽数量,避免翌年大年结果过多。

(二)橙

1. 防止落花落果　对如伏令夏橙等品种,需要在树上过冬至翌年3～6月份采收,而在春节前后由于低温会引起大量脱落,经济损失惨重。黄定贵(1984)应用20～40 mg/kg浓度的2,4-D,于11月间低温来临前喷洒,能明显降低因低温引起的落果。若在2,4-D中加入0.1%～0.3%硫酸锰,则效果更佳。

2. 防止裂果　脐橙裂果比较严重。据李明潘(1991)试验,分别于第2次生理落果前后的6月上旬和7月下旬,应用浓度为150～250 mg/kg的GA药液点涂幼果脐部,防裂效果比较明显;对已经轻度初裂的果实,脐部涂一次浓度为200 mg/kg的GA+硫菌灵(托布津)杀菌剂,可使开裂伤口愈合,很少复裂。

(三)柠檬　秦煊南等(1994)于尤力柠檬花芽分化前的10月下旬至11月上旬,树冠喷洒300～400 mg/kg浓度的多效唑2次,可极显著地促进花和正常花的比例,对提高翌年着果率、抗寒力及降低不正常落叶率,均有一定的效果。

第四节　蔬菜化学控制技术

随着人民生活水平的提高,消费者要求周年供应高品质、高鲜度、多样化蔬菜、瓜果。生长调节剂的应用在这一方面已做出巨大贡献,而且依然有很大潜力。目前已在数十种蔬菜、瓜果上推广应用,是植物生长调节剂应用最广泛的领域之一。

一、瓜类化学控制技术

瓜类蔬菜种类多,在蔬菜供应上占有极为重要的位置,主要种类有黄瓜、西瓜、甜瓜、南瓜等。这类蔬菜是雌雄同株异花的植物,性别多具有可塑性,因此可以人为地控制其性别分化,不少瓜类蔬菜亦可单性结果。瓜类蔬菜的营养生长和生殖生长是互相影响、互相制约的,因此,处理好开花结果和蔓叶生长的关系以达到高产优质的收成,在瓜类栽培上是一个具有普遍意义的重要问题。

(一)育苗

1. 培育壮苗　黄瓜常在冬季低温日照少的设施条件下栽培,苗易徒长,生长软弱。同时,黄瓜茎的过度伸长,在高节位结瓜,将增加采收的劳动强度。用生长调节剂处理,可提高苗质,促进雌花分化,提高早期产量。

生长调节剂处理黄瓜,常用的有 B_9、CCC 等。B_9 用1 000～2 000 mg/kg 最适,采用叶面喷洒,平均每株用药量 40 mL,在真叶 3～5 片时叶面喷洒 10 mL,隔 15～20 d 后叶面再喷洒 30 mL;CCC 在真叶 3～4 片展开时用 5×10^{-3} mol/L,采取浇灌法或加入培养液使用,药液量每株 200 mL 左右。

经 CCC、B_9 处理后,株高明显降低,但叶数和叶片大小几乎和对照相同,茎叶鲜重增加,根系发达,成为 T/R 比小的壮苗。定植后的生长也表现为矮化,雌花着生率高,开花和收获早。产量因品种和浓度有异,但处理适当的均表现增产,主要是前期的产量增加。

2. 扦插繁殖　瓜类蔬菜的蔓,可在节上生出许多不定根。生产上要大量利用茎蔓繁殖,可采用扦插方法,把瓜蔓剪下来用生长素处理,并在适宜的环境条件下培养,促进发根抽芽,成为独立的新株。扦插繁殖的季节,以春季及初夏较好,以后由于温度高、湿度大,易腐烂而不易插活。

(1)黄瓜

A. 温室扦插　每一插蔓有 2～3 节长,在扦插前用2 000 mg/kg NAA 快速蘸浸处理,并立即插到培养基中,经 10 d 后,开始发根,成活率达 95%～100%,最长的根可达 10 cm。

B. 露地扦插　从露地栽培的黄瓜植株上,剪取侧蔓,每段 2～3 节,分别用2 000 mg/kg NAA 或 IBA 快速浸蘸法处理。扦插后 11 d,成活率分别为 85%(NAA 处理)及 100%(IBA 处理),平均每株扦插苗的生根数为 19～20 条,而对照的也可以发根,但成活率低,发根数亦较少,每株仅为 11.7 条。

(2)甜瓜　甜瓜用 4 mg/kg 的 IBA,在营养液中培养 200 h,可以得到正常的植株。IAA、防落素和 NAA 等虽可促进甜瓜生根,但都没有 IBA 好。

(二)促进发育

1. 籽用西瓜　籽用西瓜生长期短,费工少,经济收入高。但单产不高,仅 35～40 kg。在始花期、幼瓜迅速生长期和瓜实大小定型期,使用三十烷醇 0.1 mg/kg,整株喷施 3 次。处理后,鲜瓜产量可比对照增产 17.62%;鲜瓜产籽量比对照增产 20.27%,籽产量比对照增加 41.2%。三十烷醇处理后,瓜子千粒重、出仁率也均高于对照。瓜子千粒重比对照增加 8.3%;出仁率比对照增加 5.05%。从外观上看,用三十烷醇处理的瓜子,色泽鲜红油亮,种子饱满,且带有香甜味。

2. 黄瓜、冬瓜　黄瓜和冬瓜以 20～100 mg/kg 的 GA 溶液分次喷施,或将药液涂于幼果上，可增加瓜重。用GA和6-BA同时处理黄瓜，则促进果实生长的效应更佳。方法是：在黄瓜开花后2～3 d，用500～1 000 mg/kg的6-BA喷洒小瓜，可加速黄瓜果实的生长；用100～500 mg/kg的GA在黄瓜开花后1～2 d喷洒，可使小瓜长得快，不易化瓜。如果用6-BA与GA同时处理，在刺激果实生长时，具有连续作用。通常是6-BA先发挥作用，GA随后起作用，效果非常显著，特别是在冬季温室或塑料大棚栽培时，由于光照不足而导致花粉败育的情况下，则更为有效。

（三）性别调控

1. 黄瓜性别的控制

（1）诱导雌花　黄瓜是雌雄同株异花植物，茎各节着生雄花或雌花。性别表现除了遗传和环境控制外，尚可用生长调节剂加以控制。

①乙烯利　当乙烯利问世不久，便发现施用乙烯利能增加黄瓜雌花，明显提高黄瓜的早期产量。乙烯利诱导黄瓜雌花的作用，即使在外界环境条件最差的长日高温条件下，也有相当效果。但效果因处理时期、温度和品种有很大不同。试验表明在2～3叶期处理最好，浓度以有效成分100～200 mg/kg喷洒叶面，稍有淌水为度。处理后每株雌花数增多，雄花数减少，浓度越高，这个变化趋向越明显。黄瓜结果性，有主茎型、主茎-侧枝型和侧枝型等多种。主茎型品种喷乙烯利后，雌花数增加，结果增多，总产量提高。主茎-侧枝型品种喷乙烯利后，明显提高主茎的雌花数，主茎产量亦有增加，但明显抑制侧枝的发育，减少结果，总产量不减或减产。侧枝型品种喷洒乙烯利后，因严重抑制侧枝的发育，导致减产。

留种黄瓜喷洒乙烯利，发现在黄瓜主茎第10节前后连续开雌花，开花授粉受精好，种子发育好，可增收种子。同时，春黄瓜在高温长日条件下留种，一般较为困难。此时按照节位要求，适时喷洒乙烯利，可以大大提高留种产量。

用乙烯利处理的黄瓜必须加强水肥管理及其他植保措施。由于乙烯利处理植株，几乎只有雌花，没有雄花，不利于结果。因此，通常是两畦喷施乙烯，一畦不喷，并进行人工辅助受粉，以保证增产。

②NAA　于黄瓜1～3叶期，叶面喷洒NAA 10 mg/kg，明显诱导多开雌花数。NAA喷洒次数多，开的雌花数也多，尤其是在低节位可以连续开雌花。

③CCC、IAA　于黄瓜3～4叶期，叶面喷洒CCC、IAA，具有同样多开雌花的作用。CCC使用浓度为10^{-5}～2×10^{-3} mol/L，随浓度的增加，雌花数增加，雄花数减少。IAA使用浓度为500 mg/kg。

（2）诱导雄花　与乙烯利等调节剂的作用相反，GA能诱导增加雄花的数目。通常用100 mg/kg的GA，喷洒于短日条件下生长两周的黄瓜幼苗。因为黄瓜的植株在短日条件下，雌花比雄花形成早。

GA诱导雄花对全开雌花的黄瓜来说，更为重要。因为全开雌花的黄瓜，无法结实留种，所以保持和育成全雌植株常常成为问题。目前生产上诱导全雌黄瓜产生雄花，并杂交结实，保持全雌黄瓜的方法是：种植3行全雌黄瓜，将其中一行在第1张真叶展开时开始，每周连续喷洒3次1 000 mg/kg的GA，即可诱导产生雄花。诱导黄瓜的雄花，用以授粉未经GA处理的雌花。结实的种子，便是杂交一代种，为黄瓜品种保存和培育杂种一代提供了有效的措施。

2. 瓠瓜性别的控制　瓠瓜的开花习性，是在主蔓的每一叶腋上开一朵雄花，侧蔓开雌花而结果，因而雌花出现晚，结果迟，产量低，这是瓠瓜生产上普遍存在的问题。研究表明，用乙烯利与GA、硝酸银、硫代硫酸银及氯化钴等处理瓠瓜,在改变雌雄性别上有更显著的效果。

(1)诱导雌花　用乙烯利处理瓠瓜苗,能促进主蔓上形成雌花,提早结果,增加产量。在瓠瓜苗期或生长前期,用150 mg/kg乙烯利喷洒幼苗,每666.7 m^2喷药量40～50 kg,主蔓从第10或第11节开始着生雌花,一直可连续到20～22节。乙烯利诱导瓠瓜产生雌花的"临界浓度"为20～50 mg/kg,因此喷药量在15 kg以下,或浓度低于25 mg/kg,则效果就没有这样明显。在第一次喷药后,如果瓠瓜苗长势好,施肥水平高,田间管理精细,可间隔7～10 d,再喷洒一次同样浓度的乙烯利。这样处理后,早期产量比对照增加34%～64.2%,提早7～10 d采收,总产量也比对照增加17%～26%。

一些城市郊区的蔬菜基地,瓠瓜栽培采用大苗移栽,可于定植前2～3 d,在苗床内喷洒一次150 mg/kg乙烯利,到定植缓苗后再喷洒一次,早期增产效果明显。值得注意的是,喷洒乙烯利的次数不宜太多,因多次喷洒,雌花数虽然大量增加,但不是所有的雌花都能结成果实,结果率会下降。同时由于结果数量过多,单果重也会降低,商品果减少。

乙烯利处理瓠瓜后,在主蔓上出现雌花的迟早与延缓的节位,与喷洒的时期及瓠瓜苗的生长状态有密切关系。品种不同,乙烯利处理的浓度亦不同。早熟品种喷洒乙烯利的浓度要低些,约100 mg/kg;而中晚熟品种,乙烯利浓度要高些,在200～300 mg/kg才能促进雌花的形成。

用乙烯利处理的瓠瓜必须加强水肥管理及其他植保措施。由于乙烯利处理植株,开雌花多,雄花少,不利于结果。因此通常是两畦喷施乙烯,一畦不喷,并进行人工辅助受粉,以保证增产。

(2)诱导雄花　乙烯利是一种乙烯释放剂,与硝酸银、氯化钴等有拮抗作用。因此,在瓠瓜苗期喷洒乙烯利后的一定时期内,再喷洒250 mg/kg硝酸银,可以抵消乙烯利对性别表现的促进作用,间隔的时间越短,抵消的作用也越大。

GA对瓠瓜性别的影响,与乙烯利相反,抑制雌花的发育,而促进雄花的发生。因此,用1 500 mg/kg赤霉处理后植株的性别表现,每节只生雄花。

在瓠瓜生产上,同时用150 mg/kg乙烯利与200 mg/kg硫代硫酸银溶液喷洒幼苗,可以使瓠瓜主蔓上既提早出现雌花,又间隔出现雄花,这样有利于授粉受精,增加产量。

3. 甜瓜的性别控制　甜瓜的花朵在主茎叶腋中长出的短枝上。低节位的花,一般是雄花,以后才形成雄花或两性花,且两性花的比例逐步增加。若在幼苗期用B_9或乙烯利处理,则可使雄花转变为两性花,促进两性花出现,有利于提高产量。

(1)B_9　用0.5%的B_9,对幼苗一次叶面喷洒或重复3次叶面喷洒,或将种子在上述浓度的溶液中浸种24 h。经处理以后,植株的生长类型可由攀缘型转变为丛生型,而且有效地使性别转变成两性花。处理效果最好的是先种子处理,再连续3次叶面喷洒,它使两性花和雄花的比例由对照的1∶6.2变成1∶1.4。

(2)乙烯利　合适的乙烯利浓度为200 mg/kg。但是在9月播种秋季栽培的秋甜瓜,200 mg/kg抑制甜瓜的生育过于严重,不利于提高产量,因此宜用100 mg/kg。喷洒方法是用喷雾器叶面喷洒,以稍有滴水为度。处理时间,在真叶2～3叶期处理最适,可使主茎第10节前后的2或3节均能着生两性花。

4. 南瓜的性别控制

(1)诱导雌花　在南瓜3～5叶期用150～300 mg/kg的乙烯利叶面喷施,使南瓜雌花和果实产量增加，但每一个果实的重量有所减轻。

(2)诱导雄花　有些南瓜品种常常产生13～16个雄花节之后，主茎的雄花期结束。幼苗期用1 000或5 000 mg/kg的 B_9 喷洒，可以推迟雄花期达6周。

5. 西葫芦的性别控制　使用生长素、尤其是用NAA，可增加雌雄同株葫芦的雌花数。在3叶期用500 mg/kg的乙烯利处理，结果在西葫芦最初的3周中完全抑制了雄花的形成，并增加了雌花数。喷用GA，雄花增多，节间伸长，坐果推迟。

(四)防止脱落，增加坐果，促进果实发育

1. 黄瓜　在自然条件下，黄瓜单性结实较强，这对于收获幼果为目的的黄瓜来说，较为有利。但黄瓜的单性结实特性，因品种、长势、开花时的环境有异。尤其在设施栽培条件下，用生长调节剂处理，可明显收到增加坐果，促进果实发育，提高产量的效果。

(1)提高黄瓜的坐果率，促进果实的发育　处理浓度：NAA常用浓度0.2%～1.0%，2,4-D常用浓度0.01%～0.1%，GA 50 mg/kg浓度，2,4,5-T用100～200 mg/kg浓度，6-BA用200 mg/kg，防落素用20～30 mg/kg，缩节安用50～100 mg/kg，BR用0.01%～0.05%，石油助长剂0.05%～0.1%。处理方法：NAA钾盐、2,4-D钠盐、GA、BA和防落素常用单花处理法。用毛笔蘸药液后涂抹雌花子房柱头，或用手压式喷雾器对准雌花子房的柱头喷雾。缩节安、BR和石油助长剂则用叶面喷施。处理时期：NAA钾盐、2,4-D钠盐、GA以当天开花前后约3 d内处理均有效果。但开花当天处理效果最好。如果矫正黄瓜幼果弯曲，使它直而不弯，可在收获前3～5 d用毛笔蘸取药液后涂于弯曲的内侧，处理1 d后即可见效。BA于花后1～2 d；防落素于开花至花后1～2 d，药液量30 kg/666.7 m^2；缩节安于开花结瓜期，药液量40 kg/666.7 m^2；BR于定植后每7～10 d喷洒一次，共2或3次，药液量每次25～50 kg；石油助长剂于开花期，药液量50 kg/666.7 m^2。

(2)提高产量　黄瓜在幼苗期第1、第3和第4片真叶展开后，用200 mg/kg乙烯利喷洒叶片，以形成滴流为度，可增加早期产量。200 mg/kg乙烯利对中熟品种(如“津研二号”)作用时间长，能显著提高早期产量和总产量；而对中晚熟品种(如“贡背”)，则提高早期和中期产量。增产的主要原因是增加了果实数，而不是增加了单果重。乙烯利对采收频率高、小型果的品种，增加总产量显著。大棚秋黄瓜4片真叶期，叶面喷洒50～100 mg/kg多效唑，7 d后重复喷一次，产量比对照增加12%～19.4%。

2. 西瓜

(1)增加坐果防落果，提高产量　为争取早上市，西瓜多采用盖膜播种。这样，结瓜期间温度较低，影响坐果率。在天然或在人工辅助授粉条件下，喷用植物生长调节剂，坐果率可比对照提高60%～70%，尤其在恶劣的气候条件下，效果更为明显。使用的药剂有CTK、BR、BA坐果剂(日本)、6-BA、缩节安、PCPA、2,4-D等，可明显提高坐瓜率，防止落花落果。其中，BA坐果剂是日本常用的调节剂，具有使有机养分集中于果实内的功效，因而可增加坐果，增大果个和提高产量。CTK：于花蕾始期叶面喷施，浓度600倍液，药液用量50 kg/666.7 m^2。BR：于苗期或开花期叶面喷施，浓度0.01 mg/kg，药液用量40 kg/666.7 m^2。BA坐果剂：于开花当天使用原液涂布果梗部，每果0.01 mL，勿涂在茎顶或子房上；6-BA：于花前1 d至花后2 d涂花梗，药液浓度200～500 mg/kg；缩节安：于开花期喷施，药液浓度50～100 mg/kg，药液用量每666.7 m^2 40 kg；PCPA：于开花至花后1～2 d喷花，药液浓度20～30 mg/kg，药液用量30 kg/666.7 m^2；2,4-D于开花当天人工辅助授粉后，用0.2 mg/kg液喷雾整个花器。

(2)增糖增产,促早成熟 采收前用乙烯利喷果,浓度100～500 mg/kg,可提早成熟5～7 d,并增加果汁中可溶性固形物的含量

3. 南瓜 南瓜结实,必须依靠虫媒或人工辅助授粉。有的南瓜品种只开雌花而不开雄花;有的则在低温短日条件下,雄花开花很迟。因此,即使开了雌花,但由于没有雄花而不能授粉结果。在这种情况下,可以用生长调节剂处理,促进坐果。促进南瓜坐果的生长调节剂主要是NAA钠盐和2,4-D。处理浓度,NAA钠盐用3 000～4 000倍液;2,4-D用10～20 mg/kg。处理方法,常用小型喷雾器对准雌花喷雾,亦可用毛笔蘸药后涂抹柱头。但最好的方法是在柱头已经授粉的同时,再用生长调节剂处理。处理时期,在开花前一天,开花当天或开花后一天处理,均有效果。处理时间宜在下午傍晚进行。

据报道,在开花当天,使用6-BA原液,每果0.01 mL涂抹果梗部,或防落素于开花至花后1～2 d,使用20～30 mg/kg浓度,每666.7 m^2 用30 kg药液喷花,都具有促进坐果,提高坐瓜率效果。

4. 甜瓜和瓠瓜 促进甜瓜和瓠瓜坐果和肥大的调节剂主要有防落素、6-BA和麦角醇乳剂。防落素于开花到花后1～2 d应用,使用浓度20～30 mg/kg,使用方法甜瓜喷花,瓠瓜用30 kg/666.7 m^2 药液叶面喷施。6-BA于甜瓜开花当天至次日,使用原液,每果0.01 mL涂抹果梗部。麦角醇乳剂可于甜瓜苗期及瓜肥大期,使用1 000～1 300倍液,每株50 mL,在坐果部以上叶片喷施,勿喷在果实上。

(五)形成无籽果实 无籽果实是指胚珠没有发育成为种子,或者是虽然经过授粉与受精,由于其他原因而只形成退化的种子。用植物激素处理,来代替植物内源的生长素,果实也能长大,并产生无籽果实。

1. 黄瓜 黄瓜果实一般都呈长圆筒形,果腔内均布满种子,但中部缩小的细腰果和顶部缩小的尖嘴果,其缩小部位的种子没有发育。在生产上可用1%、2.5%、5% NAA羊毛脂和500 mg/kg NAA水剂处理黄瓜雌花,均能获得无籽果实。

2. 西瓜 无籽西瓜深受市场欢迎,一般采用秋水仙碱处理,使西瓜后代变为四倍体,再与二倍体西瓜杂交,即可产生三倍体的无籽西瓜。用植物激素处理的方法,是用1%、2% NAA羊毛脂或1% NAA加1% IAA羊毛脂涂雌花,也能获得无籽果实。如果在开花期,西瓜雌花已有少量受粉,但产生的激素量少,仍不能使子房膨大,可补充供给植物激素,同样能促进果实的膨大生长,产生少籽的西瓜。

(六)促进果实的成熟

在生产上西瓜等蔬菜不仅要促进果实的生长,增加体积和重量,而且为了提早上市,还要促进果实的成熟或进行人工催熟,这样可以提早成熟,提前采收,增加早期产量和总产量,同时改善果实的风味,提高食用品质量和商品价值。

1. 西瓜 西瓜催熟,一般是在早生西瓜的生长前期进行。这时,由于气温还不高,西瓜外形已基本长足,但成熟慢。为了提早上市,可进行少量催熟处理;或者在晚季西瓜的生长后期,随着气温下降,西瓜虽已长足,但不易成熟,处理的方法是用小喷雾器,在上午9时前,下午4时后,用乙烯利的稀溶液喷洒西瓜表面。不能喷洒到茎叶上,以防药害。喷洒时以西瓜表面喷湿为度,一般1个西瓜只需喷洒1～2 mL。乙烯利喷洒的浓度应根据西瓜不同品种的瓜表皮结构而定,如品种种皮薄,表皮结构疏松,以100～300 mg/kg为好;品种瓜皮较硬,表皮结构紧密,以300～500 mg/kg为宜。此外,也可在西瓜采收后处理,将开始进入成熟期的西瓜采

收后，瓜面喷洒 50～100 mg/kg 乙烯利，到第 2 天西瓜红度变好，品质佳。

在夏季西瓜能正常成熟，又是采收旺季，就不要再用乙烯利催熟。因为经乙烯利催熟处理过的西瓜，不耐贮藏运输，在处理后的 2～3 d，瓜皮就开始发软，品质下降，随后瓜内倒瓤，不能食用。

2. 甜瓜　在甜瓜基本长足而未成熟时，用 500～1 000 mg/kg 乙烯利喷果，具有明显的催熟作用，但也要注意不要喷洒茎叶，需及时采收，否则会过熟而影响品质。在甜瓜采收后，用 1 000 mg/kg 乙烯利浸果 2～3 min，也可促进催熟。

二、茄果类化学控制技术

茄果类蔬菜主要包括番茄、茄子、辣椒等。这类蔬菜幼苗长到 2～4 片真叶时，苗端开始分化花芽。与此同时，从花芽邻近的一个或数个副生长点抽生侧枝代替主茎生长，形成“合轴分枝”，如此继续不断分化花芽及发生侧枝。在培育大苗条件下，几乎构成早期产量或全部产量的果实，都在育苗期完成花芽的发育。因此，幼苗质量对早熟及丰产影响很大，必须培育出健壮秧苗，才能为早熟、丰产打好基础。同时，这类蔬菜的营养生长与果实生长齐头并进，并且是陆续开花，连续结果。因此，在同一个时期就存在着营养生长与果实生长、花芽分化及发育与果实生长之间的矛盾，合理调节它们之间，特别是营养生长与生殖生长之间的矛盾，使之达到适宜的动态平衡状态是获得丰产的关键。

（一）育苗

1. 扦插育苗

（1）番茄水插育苗　在我国北方的高温多雨季节，利用春番茄的侧枝，扦插育苗作为夏番茄栽培，病毒病较轻，植株生长较正常，产量较高。番茄水插育苗，在配合使用植物激素的情况下，不同类型和品种如插枝，发根率都可达到 100%，特别是当前在番茄生产上推广的杂种一代，水插苗的发根数多，根生长快，栽植后植株生长健壮，开花结果正常，产量也高。

①插枝的选取　用枝条顶端或中段作为插条均可发根，但发根数以顶端为多，而根长则以中段为长。田间种植，顶端插条生长快，开花结果早，而中段插条先抽生腋芽，再开花结果。因此，为生产番茄需要，宜用顶端做插条进行育苗。

插条长度 8～12 cm，发芽率均 100%，每条的发根数分别为 95.4 条和 99.5 条，根长度分别为 4.3 cm 和 3.7 cm。插条长度在 5～6 cm 时，发根率、发根数均不理想。因此，插条长度宜剪8～12 cm。

②插条整修和伤口愈合　插条伤口不平，须用刀片削光，同时把下部 3～4 cm 处的叶片切除。尔后，放在室内让伤口自然干燥愈合，这样可减少水插过程中的腐烂，并增加发根数和根的长度。

③生长素处理　插条用生长素处理，可明显促进发根。处理方法有两种：一种是用 100 mg/kg的 IAA 浸插枝基部 10 min；或用 NAA 5 mg/kg 处理 1 h 或 50 mg/kg 处理 10 min；或用 IAA 100 mg/kg 和 NAA 50 mg/kg 混合液处理 10 min。取出后用清水冲洗后，再插入水中，都有明显促进发根的作用，发根数比对照增加近 1 倍。另一种是直接插入 0.1 mg/kg IAA 水溶液中，发根数和根长度，比对照分别增加 154.5%和 118.1%。插条的发根，以白天 22～28℃，夜间 10～18℃最好。

（2）茄子和辣椒　茄子和辣椒在生产上通常采用种苗移栽，但有时为了加速开花结实，也采用插枝繁殖。用NAA处理可促进扎根，提高成活率和缩短缓秧时间。方法是在茄子及辣椒上剪取侧枝或主枝后，用NAA 2 000 mg/kg浓度，快速浸蘸处理(一般3～5 s)后，即插入培养基质中。扦插后20 d，茄子的成活率为70%，根长达40 cm；辣椒的成活率为94%，根长达3.8 cm。而对照发根很少，还有许多不发根，不能成活。

2. 培育壮苗　果类蔬菜，育苗好坏，苗质如何，对移栽后生长和产量均有很大影响。尤其是番茄，目前常在冬季低温，日照不足的环境中育苗，极易徒长，成为徒长苗。

在番茄育苗期间，为防止徒长和改善苗质，可用CCC 250～500 mg/kg溶液，每平方米苗床面积浇洒药液1 kg左右，若加入培养液无土栽培，则用20 mg/kg。或用1 000～4 000 mg/kg B_9喷洒秧苗植株。此外，在播种前用500 mg/kg CCC浸泡种子，可以提高在低温条件下种子萌发的百分率。

CCC最宜土壤浇灌和加入培养液一次使用。使用时，必须防止药液接触被处理的植株。土壤浇灌适宜的时期，是在真叶3～4片时，第1次蹲苗成活后。B_9一般用于叶面喷洒，处理适期是在3～5片真叶时。药效的持续时间，CCC为1个月，B_9为2～3周。

当番茄从苗床移植到露地栽培时，用10～50 mg/kg GA喷洒植株，或用浓度为10 mg/kg的ABT 4号增产灵溶液浸根0.5 h(辣椒、甜椒与此处理方法一样)，可消除移栽后生长停滞的现象，根系发达，侧根多。

(二)调节开花

1. 促进开花　用50 mg/kg的PPA(N-偏-甲苯基氨酸)，1 mg/kg的2,3,5-TIBA溶液，在番茄子叶展开后，每隔5 d喷洒一次，连续喷洒8次，幼苗生长点的生长受到抑制，促进花芽的形成和发育，着花数增加，开花期提早。CCC、三甲基溴化铵和2,3-正丙烯等化合物，用10^{-3}～10^{-7} mol/L的浓度，对根基部进行处理，亦可提早开花。

2. 诱导雄性不育　目前蔬菜栽培，将越来越多种植杂种一代。采用生长调节剂处理培育成雄性不育株，然后杂交，已是利用杂种一代的重要途径之一。

(1)番茄　用FW-450诱导番茄雄性不育，浓度是用0.1%～0.5%，在开花前2周喷洒第1次，接着自第1次喷后20 d起，每隔15 d连续喷洒3次0.05%的FW-450。在开花时，人工授粉，并在开花后第3天用200倍液的4-CPA处理，有利结实，获得杂种一代。

实际应用时，对早熟品种可采用在第1花序开花前14～18 d，而晚熟品种则在开花前8～12 d，全株喷洒0.05%溶液，以后一直到最后一个花序的前一个花序开花结束时为止，每隔10 d反复处理。

促进番茄花柱伸长有利杂交：在番茄杂交育种中，或利用番茄杂种优势人工制种杂种一代时，使花柱异常伸长，便能无需去雄而便于杂交。花柱的伸长是在花粉成熟之前，雌蕊长度大大超出雄蕊。用GA处理，便能达到目的。在开花前4～6 d，用10^{-3}或5×10^{-3} mol/L浓度的GA喷洒，即可引起雌蕊花柱的伸长，一次处理即有效果，而对子房没有影响。

(2)甜椒　茅草枯(主要成分是2,2-二氯丙酸)是用做除草剂的化合物。后来研究证明，对西瓜、甜椒有除雄效果。茅草枯对甜椒的作用，不是使花粉不育，而是抑制花药开裂。如对甜椒整株喷洒200～300 mg/kg茅草枯，对处理时仍未达到减数分裂期的幼小花蕾发生作用，2周以后，花药呈黄白色而不能开裂，至处理后3周，仍有效果。

(三)防止落花落果，促进坐果和增产

1. 番茄　番茄性喜温暖，常常落花，产量降低。自从发现植物生长调节剂可以防止番茄落花，形成无籽果实以来，不论是在露地生产还是在温室、大棚生产上，都普遍应用，成为番茄早熟丰产不可缺少的一项措施。较早应用防止落花的调节剂是2,4-D，后来发现PCPA对番茄嫩芽及嫩叶的药害较轻，又没有残毒，目前在国内外应用，并替代了2,4-D。

PCPA对于防止番茄落花，刺激子房膨大均有良好的作用。并能提高平均单果重，同时促进番茄提早成熟。从品质上看，用PCPA处理过的番茄果实含糖量及维生素C含量和对照基本相似。处理的番茄果实，心室增多，果肉增厚，中轴胎座发育良好，因此，心室小，心室内酸味较大的胶体物质较少，种子不发育，提高了生食的风味。

用PCPA喷洒时，是对同一花序上的所有开放的及未开放的花一起喷洒的。当一个花序中有3,4朵花已经开放时，便可以喷洒。一般每一花序喷一次。浓度以30～50 mg/kg为宜。喷洒时，尽可能喷到嫩叶，并力求喷施均匀。此外，为增强防止番茄落花效果，减少空心果的发生，可以100 mg/kg的GA和PCPA混合使用。

此外，塑料大棚等设施栽培番茄，应用生长调节剂增加坐果和提高产量，几乎是必不可少的技术环节。增加坐果，提高产量，15 mg/kg的PCPA，60 mg/kg的BNOA和40 mg/kg的2-正氯丙酸均十分有效。处理时间是在最早的一个花序上有3或4朵花开放，以后第1次喷洒，以后每隔7～10 d喷洒花果一次。亦可用30 mg/kg的BNOA和40 mg/kg的PCPA混合使用。

早春栽培在大田的番茄，当夜间温度低于13℃时，便不能坐果。尽管如此，应用生长调节剂处理，仍能促使其坐果。50 mg/kg的PCPA效果极为有效。处理的部位，应局限于花序。

2. 茄子　茄子的结实和果实的发育，一般来说不成问题。但塑料大棚栽培茄子，临近开花时遇有低温或高温，均可使花粉丧失活力。使花粉芽率降低，因不完全受精而落花落果。有时即使结果，果实发育很差，丧失商品价值。用生长调节剂处理，可有效地防止落花，提高结实率，增大果实。同时尚可使茄子正常发育，收获天数缩短。尤其是开花后遇到低温，促进果实发育的效果更佳。

于花期使用30～50 mg/kg 2,4-D浸花或喷花，可有效地防止温度过高或过低引起的落花，显著提高早期产量。使用10～50 mg/kg防落素或GA喷花，或用0.05%～0.1%的石油助长剂叶面喷雾；或于花蕾期，使用6 000倍液爱多收喷雾。也能抑制茄子落花，结实率提高20%以上。喷花时尽量避免喷到叶片和生长点上，浸花要求一花一次，不可重复，浸后立即取出。

3. 辣椒　辣椒的落花、落果及落叶(通称“三落”)是辣椒生产上的一个重要问题，对产量影响很大。研究表明，使用2,4-D、防落素和NAA都能防止辣椒落花落果，提高坐果率。其中NAA的效果最好。此外从定植后到开花结实期，使用三十烷醇、爱多收等药剂，都能减少辣椒落花落果，增加辣椒的产量。尤其是对早期产量提高显著。

于开花前或开花时，使用20～25 mg/kg的2,4-D药液蘸花，每隔7～10 d处理一次，共处理4或5次，早期、中期和晚期产量分别比对照增加12.3%、14%和13.8%，总产量提高13.8%。于开花期，使用50 mg/kg的NAA溶液喷花，喷洒40 kg/666.7 m^2，早期、中期和总产量分别比对照增加22.6%、15.3%和20.4%，且未有副作用。防落素使用时期也在开花期，药液浓度为40～50 mg/kg，喷药液40 kg/666.7 m^2。爱多收：于花蕾期，使用6 000倍液叶面喷雾1～2次，每666.7 m^2每次喷洒40 kg药液。三十烷醇：于始花期开始，使用0.5 mg/kg药液，每10 d叶面喷雾一次，共3或4次，每666.7 m^2每次喷洒50 kg药液，一般增产20%～

60%。此外,以180 mg/kg的亚硫酸钠溶液喷施,每7 d一次,共喷2或3次,每666.7 m^2用药6 g,一般可增产20%~30%。

(四)防止徒长 在蔬菜生产上,蔬菜植株的顶芽生长旺盛,侧芽往往受到抑制,这是蔬菜作物维持顶端优势,抑制自身生长的一种表现。如果切去顶芽,破坏了顶端优势,侧芽就很快生长,但在切口上涂以植物激素,仍能继续抑制侧芽的生长,而维持原来的顶端优势。因此,植物生长激素不仅能促进生长,而且还能抑制生长。

1. 番茄 番茄生长过程中,茎叶徒长易造成田间过早郁闭和蕾花脱落,结实晚而少。使用CCC和多效唑等可抑制番茄徒长,改善通风透光条件,提高结实率和和促进果实肥大,提早成熟。

苗床喷雾可于2~4片真叶期,使用300 mg/kg的CCC溶液,每平方米喷洒60~100 mL;大田喷施可在苗高30~50 cm时,使用250 mg/kg CCC药液,每株用200 mL。于5~8片真叶期,使用10~20 mg/kg多效唑药液,每666.7 m^2叶面喷洒35~40 kg。多效唑的应用要严格用药浓度,不能土施。在育苗期间,在苗床内结合浇水进行药剂处理,使用3 000 mg/kg的B_9药液叶面喷施,每666.7 m^2用药量不少于25 kg。

2. 茄子和辣椒 苗期使用CCC或多效唑可有效抑制茄苗徒长,节间短,促进根系发育,增强抗逆性能。

茄子于苗期可使用CCC 300 mg/kg药液,每666.7 m^2叶面喷施50 kg;也可使用500 mg/kg的CCC土壤浇灌,每666.7 m^2药液用量60~70 kg。多效唑的应用在5~6片真叶期,使用10~20 mg/kg药液,每666.7 m^2叶面喷施20~30 kg。

辣椒于苗高6~7 cm时,使用多效唑10~20 mg/kg药液,每666.7 m^2叶面喷雾20~30 kg。应用时应注意严格用药浓度、时间,喷洒均匀,施用一次即可。

(五)促进果实的成熟 在生产上可通过对乙烯的调节来控制果实的成熟,尤其是乙烯利的发现,为生产上利用乙烯促进果实成熟提供了有效的方法。

1. 番茄 在早春、晚秋气温低时,番茄转红成熟缓慢,应用乙烯利促进番茄果实着色成熟,在生产上已普遍使用,效果显著,既可提早采收,增加早期产量,也可增加后期红熟番茄的产量。特别是罐藏加工番茄品种,为便于集中加工,都可以用乙烯利处理。

应用乙烯利催熟处理的方法有以下3种:

(1)浸果法 当番茄进入转色期的青熟果实,采下后用乙烯利进行催熟处理。乙烯利浓度为1 000~4 000 mg/kg,浸果处理时间约1 min,即可取出,沥干后放在竹筐、温床或温室中,控制温度22~25℃。经2~3 d后,大部分果实即可转变为红色,红果率比对照可增加1倍以上。如果用乙烯利催熟时温度低于15℃以下,则催红效果较差;温度高于35℃,则果实略带黄色,红度低。

(2)涂果法 在番茄进入转色期后,于采收前半个月,将2 000~4 000 mg/kg乙烯利用棉花、毛笔涂果或用纱布、纱手套抹果。可促进番茄提早6~8 d成熟,增加早期红果产量,其红熟度及品质较好。在涂果时只要果面大部分或萼片涂到即可。

(3)喷株法 喷株法比涂果法简便、省工,但要严格掌握喷洒时期和浓度。喷株法用于一次采收的加工番茄较合适,如用做加工的无支架番茄,在生长后期,大部分果实已转红,但尚有一部分不能做加工用,为了加速这些果实的成熟,可以对全株喷洒500~2 000 mg/kg乙烯利。这样番茄叶片很快转黄,青果成熟快,采收时显著增加红熟果的比例,但对产量影响不大。

在番茄生长的正常季节，不能用乙烯利喷洒植株。因为较高浓度的乙烯利喷洒后，不仅会抑制植株的生长发育，而且会使番茄枝叶迅速转黄，严重影响产量。

2. 辣椒　在生产上，辣椒是分次采收的，而且都以青熟果食用，因此一般都不进行催熟处理。但有些作调味品用的晒干辣椒，需要采收成熟的红辣椒，如果在辣椒植株上自然成熟，挂果量大，时间长，消耗营养多而影响产量。解决这个问题可在辣椒生长后期，植株上已有1/3的辣椒果实转红时，用200～1 000 mg/kg乙烯利喷洒植株，经4～6 d后果实全部转红。处理时温度愈高，转红成熟的效果愈好，若温度低于15℃，就不易转红。也可用800～1 000 mg/kg乙烯利浸果1 min，果实在5～7 d后转红。

在辣椒生长期间，不能用较高浓度的乙烯利喷洒植株，否则会引起叶片大量黄落，影响产量。

三、根菜类化学控制技术

凡是以肥大的肉质直根为产品的蔬菜，都属于根菜类。其中的萝卜、胡萝卜等栽培面积大，分布也较广。能否控制这类蔬菜地上部和地下部的平衡生长，是影响产量与质量的重要因素之一。因此，在田间管理上须注意协调茎叶与肉质根的生长。此外，贮藏期间抑制萌芽亦是保证质量、延长供应期的重要问题之一。

（一）抑制萌芽　萝卜、胡萝卜等根菜类，在贮藏期中由于肉质根的水分和养分不断消耗，会出现干瘪和萌芽空心现象。在秋冬季收获后，利用地窖贮藏过冬，只要维持较低的温度，一般问题不大。但到第二年春暖后，多会出现萌芽，而失去食用价值。

应用NAA甲酯喷洒到碎纸或干土上，然后均匀分布与根菜一起贮藏，就可以抑制萌发，延长休眠期。也可以在胡萝卜采收前4 d，用1 000～5 000 mg/kg NAA叶面喷洒，于较低温度下贮藏，可有效地抑制贮藏期间萌芽。在胡萝卜及芜菁等采收前4～14 d，用2 500～5 000 mg/kg的MH喷洒叶面，可延长贮藏期和供应期达3个月。在萝卜、胡萝卜采收前3周，用100 mg/kg的2,4,5-T喷洒植株，亦可以防止萌芽，延长供应。

（二）调节生育

1. 促进生育　胡萝卜和萝卜苗期和肉质根肥大期喷施三十烷醇、整形素、多效唑和石油助长剂，均能促进生长和肉质根肥大，品质细嫩，一般可增产10%～24%。

(1)三十烷醇　于肉根肥大期喷雾，使用浓度0.5 mg/kg，药液用量50 kg/666.7 m^2，8～10 d喷洒一次，共喷2或3次。喷洒时要喷足喷匀，可与其他农药、微肥混用。

(2)整形素　于4～5叶期叶面喷施，使用浓度10 mg/kg，药液用量每666.7 m^2 40 kg，可提高萝卜品质。

(3)多效唑　于肉质根形成期叶面喷施，使用浓度100～150 mg/kg，药液用量每666.7 m^2 30～40 kg。使用时要严格用药浓度，喷匀。

(4)石油助长剂　于出苗后2周叶面喷施，使用浓度0.05%，药液用量50 kg/666.7 m^2。

2. 抑制生育　抑制根菜类生育主要是抑制抽薹。所谓抽薹，是指分化的花芽开始发育，从叶或根抽出花茎的现象。抽薹以后，将严重丧失商品或食用价值。因此，在栽培上，必须充分考虑品种、播种期、定植期，严防抽薹。在栽培中是不能使花芽分化的。那么一旦已经引起花芽分化，如何来抑制和延迟呢？方法是喷洒MH和抑芽丹。

(1)胡萝卜　于11月下旬至12月上旬，使用0.2%～0.3% MH药液每666.7 m^2 40～

50 kg处理,即可抑制抽薹,可在4～5月份上市。

(2)萝卜 抑制春萝卜抽薹,用0.1%～0.3%的MH溶液,于6月下旬喷洒2次。秋季栽培的萝卜,越冬后想在早春上市,同样可用0.1%～0.3%的MH溶液在抽薹前,或抽薹初期喷洒,可明显抑制抽薹。

(三)贮藏保鲜 根菜类蔬菜在贮藏期间有萌芽及萎缩以及随之而引起的空心、木质化等问题,肉质根中的贮藏物质如淀粉及双糖水解成为单糖,用于萌芽的需要。从而影响食用品质和商品价值,常常造成严重的损失。植物生长调节剂能有效地抑制蔬菜呼吸作用,维持核酸合成的水平,减少核糖核酸的降解,从而防止延缓了蔬菜的衰老变色和腐烂变质,保持蔬菜采收后的新鲜状态。

收获前14 d喷施30～80 mg/kg的2,4-D,或对去叶带顶萝卜贮藏前喷洒,明显地抑制发芽生根,防止糠心并增进萝卜品质。处理时浓度不能过高,否则会降低质量,贮藏后期易造成腐烂。此外,用5～10 mg/kg的6-BA处理,也能有效地保鲜,提高商品价值和食用品质。

四、绿叶菜类化学控制技术

绿叶菜类是指主要以鲜嫩的绿叶、叶柄或嫩茎为产品的速生性蔬菜。这类蔬菜在蔬菜的周年均衡供应等方面占有不可代替的重要地位。绿叶菜类的食用部分——叶、叶柄、嫩茎是营养器官,特别是作为同化器官的叶片充分发育,是栽培技术的关键。促进营养器官的充分发育,防止未熟抽薹、保持柔嫩多汁是绿叶菜类的共性问题。

(一)促进生育,提高产量

1. 芹菜

(1)GA 种植芹菜,主要食用叶柄。通常在收获前用纸将叶柄包住,使芹菜生长直立,同时能促进叶柄色白质软。亦有采用培土的方法。用GA处理,同样能促进叶柄伸长、色白、质软,直径增大。尤其是秋天大田栽培,11～12月份收获,以及室内冬季栽培芹菜,通过GA处理,均能提高品质,单株鲜重和干重,增加商品价值。GA常用浓度30～100 mg/kg,一般用50 mg/kg。适宜的用量应根据外界条件和芹菜的生育状况有所增减。秋天大田栽培,用100 mg/kg。12月上旬到3月中旬收获的冬季栽培芹菜,用40～50 mg/kg。高温期种植收获的芹菜,宜用30 mg/kg。

处理时期以平均气温12～17℃,喷洒GA作用最好。实际喷用时期,如秋天大田栽培,通常掌握在收获前25～30 d喷洒。12月中旬到3月中旬收获的室内春季栽培,宜在收获前20～25 d处理。收获期在3月的,因气温逐渐升高,可在收获前20 d喷用。从3月下旬到6月收获的芹菜,由于高温季节,不宜用GA处理。

为使心叶直立生长,喷洒时宜自上而下对准心叶喷洒。为了使整个植株伸长,那么应全株喷洒。如用浓度50 mg/kg,每株药液量为7 mL。

在用GA处理芹菜时,必须严格掌握浓度,避免使用过多的药液。喷洒GA后,根系明显发育不良,故必须增施肥料,尤要注意灌水。同时,喷用GA后不能延误收获,一定要适期收获。

(2)三十烷醇与BR 定植后,使用0.5 mg/kg的三十烷醇药液每666.7 m^2 50 kg,每10 d一次,共3或4次进行叶面喷施,可促进生长,提高产量,改进品质。BR的应用可在立心期或收前 10 d 进行叶面喷施，使用浓度为 0.01 mg/kg，药液量每 666.7 m^2 40～50 kg，同样具有促生长、改进品质、增强抗逆性的效果。

2. 菠菜　促进菠菜生育，GA 浓度宜用 10～20 mg/kg，在收获前 2～3 周叶面喷洒，或者从菠菜已有 4，5 片叶子起，每 7～10 d 喷洒一次，连续喷 3 次。经 GA 处理后，菠菜的收获期提早 1 周，并能增产 20%左右。菠菜不同栽培型，均因喷 GA 后提早收获出售。如地膜栽培，可提早 20 d 收获；塑料薄膜栽培，提早 10 d 收获。菠菜应用 GA 栽培，早春或晚秋在短日低温条件下，更能提高产量，提早收获。GA 处理后，5 d 便能显著伸长。因此，肥水条件必须相应跟上。如果施用叶面肥料，效果更加倍增。

3. 莴笋　以食用嫩茎为主的莴笋，当植株长有 10～15 片叶时，用 10～40 mg/kg GA 喷洒，处理后心叶分化加速，叶数增加，嫩茎加速伸长，可提早 10 d 采收，产量增加 12%～44.8%；叶用莴笋在收获前 10～15 d 用 10 mg/kg GA 处理，植株生长快，可增产 10%～50%。在莴笋上应用 GA 要注意使用浓度，以避免喷洒浓度过高，导致茎细长，鲜重降低，后期木质化，品质下降。还要避免苗太小时喷洒，否则茎细长，提高抽薹，失去经济价值。

4. 苋菜　苋菜在收获前 5～7 d 用 20～100 mg/kg GA 叶面喷洒，增产效果极为显著，一般可增产 20%～50%。叶面喷洒 0.1 mg/kg 浓度的三十烷醇，亦可明显提高产量，一般增产 27%以上。但使用浓度过大或过小均增产不多或减产。

5. 芫荽和茼蒿　芫荽、茼蒿均可在收获前 5～7 d，或在植株具有 10 片叶子前后，进行 GA 喷洒处理（芫荽应用浓度为 10 mg/kg，茼蒿 20～50 mg/kg），一般增产 20%～30%。

（二）贮藏保鲜

1. 芹菜、菠菜　刚采收的芹菜，用 10 mg/kg 6-BA 浸蘸或喷洒处理，待稍沥干后贮藏，能抑制它的呼吸作用，有效地延迟芹菜的衰老，提高食用品质。使用 5～10 mg/kg 的 6-BA 处理菠菜，也具有同样的效果。

2. 莴苣　和大多数蔬菜一样，莴苣衰老是收获后叶子逐渐变黄，接着组织逐渐解体，变黏腐烂。收获前用 5～10 mg/kg 的 6-BA 进行田间喷洒，可使莴苣包装后保持鲜绿的时间延长 3～5 d。收获后用 6-BA 处理，同样能延迟衰老。于收获后 1 d 用 2.5～10 mg/kg 的 6-BA 喷洒莴苣，效果最佳。若先将莴苣在 4℃下保存 2～8 d，然后用 5 mg/kg 的 6-BA 喷洒叶面，并在 21℃下保存。结果处理后 5 d，对照仅有 12.1%可供上市，处理的却有 70%可上市。

植物生长延缓剂也具有延缓衰老的效果。用 5～1 000 mg/kg 的 B_9 或 CCC，浸渍叶和莴苣茎，发现浸渍叶比浸渍茎基部更有效，其中 60 mg/kg 的 CCC 和 120 mg/kg 的 B_9，处理效果最佳。使用 CCC 和 B_9 处理，在温度高的条件下贮藏，浸渍的用药浓度低，相反则高。

五、白菜类化学控制技术

白菜类蔬菜分布广阔，栽培面积很大，消费量也最多。栽培白菜类蔬菜，防止发生未熟抽薹现象，是关系到栽培成败的重要问题。

（一）调节生育

（1）大白菜　于大白菜生育期间喷施 CTK、三十烷醇，均能促进生长，增产10.8%～33.0%。

①CTK　使用 600 倍液，于莲座期至包心期每 666.7 m^2 叶面喷施 50～70 kg 药液，具有促进生长，减轻病害的作用。使用时可与尿素、磷肥混用，不能与碱性药混用。

②三十烷醇 使用0.5～1.0 mg/kg,每666.7 m^2 叶面喷施50 kg药液,于莲座期、包心期各一次,具有促进生长,提早成熟的作用。小白菜于栽苗后叶面喷施2或3次,每次间隔7～10 d,使用浓度0.5 mg/kg,每次喷洒药液50 kg,可促进生长,增产10%～20%。

③GA 在不结球白菜长到4片真叶时,用20～75 mg/kg GA处理2次,20 d后,叶片的长、宽均较对照增大,可增产40%左右。

(2)甘蓝与花椰菜 在甘蓝与花椰菜生长期间用三十烷醇、石油助长剂处理,叶球干重增加8.9%,维生素C增加7.1%,可溶性糖增加13.2%,纤维素降低18.6%。用ABT5号增产灵于移栽时浸根可缩短缓苗期,根茎粗壮,叶片数增多,一般增产20%～30%。

①三十烷醇 使用浓度0.5 mg/kg,于莲座期至包心期共喷洒3次,每次间隔5～7 d,每次叶面喷施50 kg药液,具有促进生长,提高产量,促进早熟、优质的作用。

②石油助长剂 于包心始期,使用0.05%浓度,每666.7 m^2 叶面喷施40 kg药液,具有增产的作用。

③GA 在花椰菜长到6～8片叶,茎的直径达到0.5～1 cm时,用100 mg/kg GA喷洒植株,可提早花球形成,促进产品器官生长,提前10～25 d采收。特别是晚熟品种,效果更显著。

(二)抑制抽薹

1. 抑制甘蓝、花椰菜的裂球和抽薹 甘蓝是低温敏感型蔬菜。通常栽培甘蓝不发生抽薹。但中熟甘蓝由于越冬时茎粗已达10 mm以上,进入春天就有可能抽薹。同时,夏甘蓝想越冬在早春上市,一旦越冬后进入春天也有发生抽薹的危险。抽薹前用CCC、MH处理,可以明显抑制抽薹,保持较好的品质。

(1)CCC 于抽薹前10 d,使用4 000～5 000 mg/kg的浓度,叶面喷施药液50 kg/666.7 m^2,具有延缓抽薹的作用。

(2)MH 使用浓度2 000～3 000 mg/kg。每666.7 m^2 叶面喷施药液50 kg左右。处理时期是在花芽分化后,花芽尚未伸长时。MH处理后,可抑制薹的伸长,裂球减少,使健全完整无损的甘蓝数增加。

2. 抑制白菜的裂球和抽薹 大白菜是种子低温敏感型蔬菜,在发芽当时因低温而促进花芽分化,分化后在温暖长日条件下抽薹。因此,常需温床育苗,直到9月中、下旬一直让其在保温条件下栽培,不使它发生抽薹。喷洒MH,同样具有抑制抽薹的作用。

使用浓度以1 000～3 000 mg/kg,每666.7 m^2 喷洒50 kg左右,喷洒时期于包心或成球期、花芽亦也形成,但尚未伸长前的11月下旬至12月上旬。喷洒MH后,抽薹抑制,裂球减少,健全完整无损的大白菜数增加。但喷洒后,对心叶发育生长有些影响,使包的球有不紧之感,又不影响外观。

(三)防止脱帮、贮藏保鲜 大白菜、甘蓝等在采收以后长期贮藏中,外部叶子都有不同程度的脱落尤其是遇到高温、干燥条件,叶柄的离层易于形成,造成较大的损失。同时,在贮藏过程中,叶绿素逐渐减少,呼吸作用加强等,常导致衰老变色和腐烂变质,丧失食用价值。

1. 防止脱帮或脱叶

(1)大白菜 应用植物生长调节剂防止大白菜脱帮的处理方法,以田间喷洒植株最方便,即在大白菜采收前3～7 d,用25～50 mg/kg的2,4-D喷洒植株外叶。喷洒时,不必喷到所有的叶子,因为2,4-D能在大白菜植株体内运转,分散到各处去发挥作用。喷洒量掌握大白菜外部叶片喷湿为止,每株喷洒量为30～50 mL。这样处理后,提高了叶片中激素含量的水平,因而能抑制叶柄处离层的形成，有效地防止贮藏大白菜脱帮，减少重量损失。

(2)甘蓝　甘蓝在贮藏期间和运输过程中，也有脱帮现象，但没有结球白菜那样严重，同样可用2,4-D来防止。

在甘蓝采收前3～5 d，用100～250 mg/kg的2,4-D喷洒植株。贮藏4～5个月后，未经处理的甘蓝叶球，平均每个有21～22片叶子脱落，而经过处理的叶球，平均每个仅脱落1或2片叶，效果十分显著。

(3)花椰菜　花椰菜的食用器官是花球，而不是叶子，但花球四周的叶片，是保护花椰菜新鲜状态及贮藏运输上所不可缺少的。防止花椰菜脱叶，可以用2,4-D或NAA甲酯处理，处理方法有2种：①采前处理：采获前3～5 d，用100～500 mg/kg的2,4-D，叶面喷施(避免喷到花球上)，可以延长贮藏期而不脱叶。②采后处理：在采收后，把甘蓝叶球与喷有NAA甲酯溶液的碎纸条混合贮藏，每只花球用NAA甲酯50～200 mg即可。也可用2,4-D甲酯处理，每只花球用50～100 mg。可延长贮藏期2～3个月。采前处理操作方便，而且比采后处理效果还好些。但经过处理的花椰菜叶片，常出现弯曲现象，2,4-D的浓度愈大，弯曲就愈明显。

2. 贮藏保鲜

(1)甘蓝　在甘蓝收获后，立即用30 mg/kg的6-BA溶液喷洒或浸蘸，然后贮藏在5℃的环境中，贮存45 d后，甘蓝叶绿素含量比对照增加4倍。如果在采收前喷洒植株，则同样表现出处理的比对照的产品新鲜。

(2)孢子甘蓝　在孢子甘蓝收获后，尽快用10 mg/kg的6-BA溶液浸蘸叶球，贮藏寿命比未处理的长。在21℃下贮藏，在相同时间下，未处理的孢子甘蓝完全丧失商品价值。可用6-BA处理的孢子甘蓝，可出售的达90%。若用10 mg/kg的6-BA加25 mg/kg的NAA组成的混合溶液处理，保鲜效果更好。

(3)花椰菜　用10 mg/kg的6-BA加50 mg/kg的2,4-D混合液处理花椰菜，然后在9℃及相对湿度90%之下贮藏。结果可延缓衰老，使花椰菜外叶不变黄，也不脱落，花球紧密洁白，延长贮藏期18 d。

另外，也可用2,4-D、NAA或以两者等量混合液进行处理，其方法是在采收前后喷洒，浓度为50 mg/kg，或者在包装后用酯的形态作挥发处理，保鲜的效果也很好。

六、葱蒜类化学控制技术

葱蒜类蔬菜在我国城乡广泛栽培，种类繁多，主要有洋葱、大蒜、韭菜、大葱等。这类蔬菜的种子较小，种皮坚硬，表面皱缩并角质化，水分不易渗入，发芽较为缓慢。植株经过低温和长日照条件，而抽薹开花结籽。在栽培中，除大蒜应促进抽薹之外，对于洋葱、韭菜等应人为控制发育条件，才能获得肥嫩的产品。如果在产品器官形成之前，过早抽薹开花，必将降低产量和品质。

(一)延长与打破休眠

1. 延迟发芽　洋葱和大蒜都是比较耐贮藏的鳞茎类蔬菜，一季收获供应全年。通常洋葱或大蒜在采收后30～60 d，鳞茎组织内部开始活动，再经1个月后，则开始萌芽。萌芽后鳞茎中的营养物质逐渐消耗，以至不能食用。因此，抑制洋葱和大蒜的鳞茎在贮藏期间萌芽，是保证食用品质，延长供应的关键。

应用MH抑制洋葱、大蒜鳞茎萌芽,效果显著且稳定,但必须在采收前喷洒。在采收前15 d左右,即洋葱头直径有5～7 cm,蒜头3～5 cm,外边2～3片叶已枯萎,而中间的叶子尚青绿时,茎叶喷洒MH 2 500 mg/kg溶液,每666.7 m^2药液60～75 kg,叶面吸收后,运转到鳞茎生长点和细胞分裂的旺盛部位,阻碍DNA与RNA的合成,抑制细胞分裂和萌芽。如果施药过晚叶片干枯便失去吸收和运转药的能力,无抑制效果;施药过早会抑制鳞茎膨大生长,影响产量,且抑制萌芽的效果反而较差。如果处理的浓度愈高,虽然抑制萌芽的效果愈明显,但腐烂率提高;如果浓度在1 000 mg/kg以下,也有一定的效果,但发芽率较高。为提高效果,喷雾时药液内加0.2%的洗衣粉作黏着剂,使药液充分附着在洋葱和大蒜叶片上,喷雾要均匀周到。经过处理的洋葱和大蒜采收后,适当晒干,但不能淋雨,不要在烈日下暴晒,以免鳞衣、鳞片和叶片干燥。有的葱头或蒜头,顶芽可能会被MH杀伤,以后就不能萌芽生长,因此留种用的洋葱和大蒜,不得喷洒MH。

2. 促进发芽　洋葱种子于播种前,用0.005%～0.05%的石油助长剂药液,浸种12 h,可提高发芽率。

(二)调节生育　洋葱形成鳞茎,是由光周期诱导的。正常气温下,形成鳞茎至少每天需要12～16 h的光照。试验证明,乙烯利处理能改变洋葱细胞壁成分及纤维素微纤丝的排列方向,延迟细胞分裂并直接刺激叶鞘细胞的侧向肥大;改变植体内其他激素水平;抑制叶片生长,促进有机营养向鳞茎内运转,可以在非诱导形成洋葱鳞茎的短日条件下有助于鳞茎形成和膨大。处理时期于洋葱幼苗有4或5片真叶时,用5 000或10 000 mg/kg浓度处理1～3次。处理后鳞茎较早地形成,成熟加速,并且鳞茎增大,但不同品种有所差异。

大蒜苗期使用丰产素可促进生长,葱头形成期喷施可促进葱头肥大,增产25%左右。使用浓度为5 000～6 000倍,每666.7 m^2叶面喷施50～75 kg,应用时要严格浓度,且不能与碱性农药混用。此外,以5 mg/kg的2,4-D溶液浸泡大蒜种瓣12 h后播种,株高和单株重都比对照增加,蒜头增产37%。

韭菜于芽出土及苗6～7 cm时喷施三十烷醇,可促进生长,改进品质,增产20%左右。使用浓度为0.5 mg/kg,芽出土时每666.7 m^2用100 kg药液土壤浇灌;苗6～7 cm时,每666.7 m^2用50 kg叶面喷施。

七、薯芋类化学控制技术

薯芋类蔬菜包括马铃薯、山药、生姜等。这类蔬菜耐贮藏、耐运输,可以周年供应和调节淡旺季节。其中,马铃薯在我国北方居薯芋类蔬菜首位,分布广,面积大。马铃薯块茎具有休眠特性,休眠期的长短关系到块茎的贮藏性,关系到播种后能否及时出苗,并因而关系到产量高低。这个问题在二季作区尤为突出,往往成为影响产量的重要因素。

(一)延长与打破休眠

1. 延长休眠　贮藏期间马铃薯发芽十分普遍。发芽的马铃薯重量损失,皱缩,以致便使养分消耗而品质变劣,营养价值降低。尤其在芽和芽眼周围产生一种叫龙葵素的有毒物质,颜色转绿,对人、畜都有毒害,误食均会中毒。

防止马铃薯薯块在贮藏期中的发芽,可以在收获前2～3周,在田间茎叶喷施2 000～3 000 mg/kg MH,每666.7 m^2 50 kg药液。可以防止马铃薯块茎在贮藏期间发芽,呼吸下降,淀粉水解也少。也可在采收前1周,用500～1 000 mg/kg的2,4,5-T喷洒植株,可明显延长休眠期和贮藏期。在收获前2～3周，用3 000 mg/kg MH与300 mg/kg的2,4,5-T混合使用，防止抽芽的效果更好。MH在使用时勿与其他药剂混用，且要严格时间和浓度。同时，MH需通过绿叶吸收并运转到块茎起作用，故应在绿叶期喷施。

马铃薯薯块收获后贮藏期中，也可利用NAA甲酯以抑制其发芽。由于这个方法是马铃薯采收后在贮藏的仓库中处理，方法简便，容易控制，因此，大批量的马铃薯都用这个方法来处理和保存。具体做法是将萘乙酸甲酯喷在干土上或纸屑上，然后与马铃薯混合。5 000 kg马铃薯用NAA甲酯100～150 g。延长休眠期长短与NAA甲酯用量多少呈正相关，即用量少一点，休眠期就短一点，贮藏期就不能过长；用量多一点，休眠时间就会长些，可以贮藏到翌年也不会萌芽。因此，马铃薯的贮藏期大大延长，有利于调节市场供应。

2. 打破休眠　收获后的马铃薯，经3个月贮藏后，芽即可萌发。但不同的栽培型，尤其是秋季栽培必须用春季栽培的马铃薯作种，种植前必须打破休眠。处于休眠的马铃薯块茎用GA处理方法有多种：马铃薯块用0.5～1 mg/kg浓度液浸10～15 min，捞出阴干，在湿砂中催芽。或用10～20 mg/kg浓度药液喷施马铃薯块茎，至表面湿润为止，8 h后再喷一次，共喷3次。也可用0.5 mg/kg浓度药液浸泡种薯1～2 h。或在马铃薯采收前10～30 d用100 mg/kg GA喷施植株。均能促进薯块发芽，出芽多且整齐，腐烂率少，在对萌发不利的寒冷和潮湿气候下，效果更为明显。应用浓度不可过高，否则会产生抑制作用，或使幼苗过于细长；浸种时间不宜过长，也不能在高温下催芽，否则会引起植株徒长。

此外，于播种前，使用0.001%浓度的石油助长剂溶液，浸种2 h，或用1.2%氯乙醇溶液浸薯块5～20 min，亦同样具有促进种薯萌芽的效果。但对新收马铃薯块茎的催芽效果不如GA。

（二）调控生育，提高产量

1. 控制茎叶生长，培育壮苗　马铃薯栽种过密，土壤过于沃或施用氮肥过多，茎叶生长过于旺盛而出现徒长现象，影响块茎形成和膨大生长。可以在现蕾—始花期，使用2 000～4 000 mg/kg的B_9溶液，每666.7 m^2叶面喷施50 kg。可抑制茎节伸长，促进块茎膨大，提高单产7.8%～21%。该药剂适于旺长田块，应用时要严格浓度，喷匀。或于马铃薯株高25～30 cm时，使用250～300 mg/kg多效唑溶液，每666.7 m^2叶面喷施50 kg。可抑制茎秆伸长，促进光合作用，改善光合产物在植株器官的分配比例，起到“控上促下”的作用，促进块茎膨大，增加产量。但该药剂用于旺长田块。

CCC在马铃薯上应用，增产显著。于现蕾—初花，使用2 000～2 500 mg/kg溶液，每666.7 m^2叶面喷施50 kg，以叶面全部湿润为止。使块茎形成的时期提早1周，且使块茎的生长速度加快。单株产量提高30%～50%，同时使50 g以上的大薯增加7%～10%。马铃薯植株外形表现为节间短缩，株型紧凑，叶色浓绿，叶片变厚。虽然叶子和根茎的产量有所减少，但块茎的重量比对照增高。

2. 促进薯块肥大

（1）CCC与GA　吕忠恕等（1981）在花期喷施0.2%CCC，可使块茎形成提早7 d，块茎产量增加30%～50%。中、晚熟品种在秋季应用GA增产效果达到16.9%～23.5%，浓度基本上以0.5 mg/kg为宜。

（2）缩节安等　于蕾期—花期，使用50 mg/kg缩节安药液叶面喷施；或于发棵末—结薯期，使用100 mg/kg浓度多效唑叶面喷施；或于开花期，使用0.005%～0.05%浓度石油助长剂叶面喷施。均能促进有机养分向地下部转移,促进块茎肥大,提高产量。

第五节 林草花卉化学控制技术

随着人民生活质量的提高,林草花卉发展尤为迅速。植物生长调节剂在该领域的应用亦显示出巨大潜力和前景。

一、林木化学控制技术

林业上树木均为多年生植物。运用植物生长调节剂调控林木的生长,已成为林业速生丰产的重要手段。另外,根据林木的不同用途,使用不同的生长调节剂,可以改善用材林中林木的质量,提高经济林中林产品的产量和质量,从而提高林木的经济效益和社会效益。

(一)提高造林成活率 采用生长类生长调节剂处理苗木能显著提高造林成活率,是解决干瘠立地造林成活问题的一条有效途径。

1. 侧柏 将2年生侧柏苗按100株一捆扎好,用浓度为100 mg/kg的IBA药液浸泡根部2 h,可提高干瘠立地条件下侧柏造林成活率近1.5倍。

2. 马尾松 用马尾松营养袋苗造森存在投资高、操作难度大等问题,而马尾松裸根苗一般技术造林成活率不高。用浓度为50～100 mg/kg的IBA混拌黄泥浆对马尾松1年生实生Ⅰ级裸根苗蘸根,造林成活率显著提高,最高可达97%,同时可提高幼树生长量,降低造林费用。

3. 银杏 城市的园林绿化对大型(胸径8 cm以上)的银杏需求较多,但移植后的成活率低。在栽前将根部伤口截成光滑平整的截面,取等量的IBA和NAA混合液[浓度为0.1%～0.5%(质量体积比)],内加少量克菌丹药液,将所有截面涂抹后晾干,然后用稀泥浆涂抹或浸粘根系,再配合有关栽培管理措施,可有效提高其成活率。

(二)调控林木生长

1. 槭、橡树、桦树、椴树 对一二年生的槭、橡树、桦树、椴树等,用浓度为200～400 mg/kg的GA药液喷洒全株,可促进幼树生长,高度显著增加。

2. 松树、杜松 松柏类植物对MH耐药性较大,用浓度为1 000～2 500 mg/kg的MH处理常绿松树和杜松等,可控制新芽的过度生长,有效期达4个月。

3. 杨柳 为消灭杨柳根桩萌条,可在萌条发生后用0.1%的2,4-D丁酯喷洒处理,喷洒过程中一定要注意防止药液飘移。另外,也可用浓度为0.1%的草甘膦药液进行叶面喷洒。

4. 橡胶 对1～2年旺盛生长的橡胶树,用浓度为1 000～1 500 mg/kg的调节膦药液叶面喷洒,可使幼树矮壮,侧枝适当生长。

5. 白蜡树、白杨树、榆树 用浓度为1 500～3 000 mg/kg MH药液叶面喷洒,可控制行道树疯杈和杜绝条生长。一般在2～3月份天气晴朗,树身干燥时喷洒,以利吸收。

(三)促进林木木质化

1. 樟子松 樟子松苗期生长较快,苗木木质化程度低,是影响樟子松造林成活率的一个重要因素。用浓度为1 000 mg/kg以上的多效唑药液对高生长期的樟子松进行喷洒处理,可有效地促进樟子松苗木木质化,并使造林成活率提高30%以上。

2. 杨树、黄菠萝 为防止杨树、黄菠萝树干过早分叉,可使用调节膦或者百草枯喷洒来杀死侧芽,进行人工修剪。具体做法是:用百草枯(20%水剂)按 2.25 L/hm² 加 450 L 水的用量喷洒侧芽,或用调节膦(40%水剂)按 1.5 L/hm² 加 450 L 水的用量喷洒。另外,在杨树苗木硬化期(8 月下旬至 9 月中、下旬),用 5%烯效唑可湿性粉剂按每公顷 600～900 g 加 450 L 水的用量进行叶面喷洒,可加速苗木木质化进程。

(四)增强林木抗逆性

1. 湿地松　早春用浓度为 0.5～1.0 mg/kg 的 BR 水溶液淋灌处理湿地松一年生苗,在 5、6 月份促进高生长,在 9～10 月份促进茎的加粗生长。还可提高湿地松的耐热性和抗寒性。

2. 红松、落叶松　在培育红松苗木时易发生二次生长现象,致使苗木枝梢幼嫩,木质化不良,抗寒能力差。用 5%烯效唑可湿性粉剂按 750～900 g/hm²,加水 450 L 的用量对红松喷洒就可以防止其二次生长。另外,同样处理可使落叶松苗在 1 个月内进入休眠状态,完成木质化进程。

3. 赤桉　于初冬期间用浓度为 300～1 000 mg/kg 的多效唑叶面喷洒或者浓度为 1 000 mg/kg的多效唑土施,均能显著抑制赤桉的冬梢生长和腋芽萌发,使之在严冬来临之前停止生长,从而提高其抗寒力。

4. 橡胶　在天然橡胶产区,橡胶树高大易被大风吹断,使用调节膦等延缓剂可以使橡胶树矮化生长。在早春橡胶树第 1 蓬叶展开后,用1 200～1 500 mg/kg 的调节膦,对丛生叶从上向下喷洒,直到滴水为止。处理后可以抑制顶芽生长,诱发 3～6 个侧芽,侧芽第 1 蓬叶展开后,再用上面的方法喷一次。

越冬前喷洒乙烯利以防止橡胶白粉病,这是通过脱叶避病的成功例子。越冬前用乙烯利 2 000～3 000 mg/kg 溶液喷洒一次,可以使橡胶树提前落叶,第 2 年新叶长出也提早,可以躲避开白粉病的发病期。

(五)提高次生物质产量

1. 促进橡胶产胶

(1)乙烯利　15 年以上的实生橡胶树,乳胶黏稠,出胶量逐年减少,用乙烯利处理可以降低胶乳黏性,防止乳管堵塞,加快出胶速度,提高产量。处理方法:先将割线下 2 cm 宽的老树皮刮去,露出青皮。用棕榈油等配制 10%的乙烯利液,均匀涂抹在青皮上,处理后 1 d 旧能增加排胶量。经处理的橡胶树,适宜每 2 d 割胶一次,可节省人工,提高效率和产量。乙烯利对低产老龄橡胶树增产效果显著,但本身对胶乳合成没有直接作用。使用时应注意只用于 15 年以上的实生树,严格掌握剂量,配套适宜的割胶制度,并加强橡胶林管理。如果滥用或不按规程操作,可能会使树皮溃烂,缩短产胶寿命,甚至死亡。

(2)高效复方乙烯利乳剂　中国热带农业科学院针对不同品系和割龄的橡胶树,使用不同浓度和配方的高效复方乙烯利乳剂,并配合割制改革,避免了乙烯利使用的副作用,提高割胶效率和效益。特点:①每月只需涂药 1 次、割 7 或 8 刀,全年涂药 3 次、割 53～63 刀。比常规割制减少割胶用工 40%～50%,减少耗皮量 1/3,增产干胶 5%～20%。适于高效低频的割胶制度使用。②副作用小,由于添加的微量营养元素,能调节胶树生理平衡,施药后产胶量与干胶含量平稳,长流胶少,死皮发生率低,对胶树生长抑制不明显。③使用方便。产品摇匀后直接涂施在割线及上方的再生皮,不必刮皮和拔胶线。④促进再生皮生长。剖面再生皮厚度比常规大 25%,再生皮乳管列数多 20%。

使用方法和割胶制度:①5%浓度的复方乙烯利乳剂适用于无性系 PR107、PB86 的成龄芽接树(5割龄以上)及实生树使用。每次用2 g/株,涂药后3 d割一刀、割7刀后休息5 d,再开始下一周期涂药割胶。②3.5%浓度的复方乙烯利乳剂适用于无性系RRIM 600的成龄芽接树(5割龄以上)使用。每次用药约1.8 g/株,涂药后4 d割1刀,割7刀后继续下一周期涂药和割胶;全年施药8次。③2.5%浓度的复方乙烯利乳剂适用于幼龄RRIM 600(第3～6割龄)及PR107幼树使用,每次施药1.5 g/株,用药后4 d割1刀,割7刀后继续下一周期涂药和割胶;全年施药7或8次。使用时把药液摇匀,用毛刷蘸药液,涂在割线及上方的再生皮上,宽度1.5 cm。

注意事项:①应配合加强管理,挖深沟盖草培肥,每株开割树施用1～1.2 kg橡胶高产专用复合肥,以满足橡胶高 产的营养需求。②严格遵守高效低频割胶制度的技术规程,不要擅自加刀(白无也不补刀)、加药、深割。控制割胶深度在0.2～0.22 cm为宜;刀耗皮量为0.2 cm;保持干胶含量PR107不低于26%,RRIM 600不低于25%。当干胶含量低于警戒指标时,采取降低割胶频率或短期休割措施,促使干胶含量回升,保持胶树健康高产。

(3)乙烯灵　中国热带农业科学院把乙烯利与稀土钼、营养元素、微量元素等复配,用化学糊剂做载体,加入成膜剂制成的。黏着力强,涂药均匀,药剂容易渗透树皮,涂药后形成薄膜,避免药剂挥发和暴雨冲刷,见效快,药效期长。一般施药后24 h有明显效果,产量和干胶产量提高,药效高峰期增产100%～200%。处理后树皮好割,少长流胶和橡胶树死皮病减少,再生皮生长快,冬天割面寒力增强。该产品已在我国橡胶垦区广为开发应用,在马来西亚、西非、南美、柬埔寨等橡胶国家也有应用。

使用方法:①与常规方法相同,每250株用量0.5 kg,每15～30 d涂一次;②本品可长期贮放(一般可达5年以上),若有沉淀不影响药效,但用前必须搅匀。注意本品不能用金属容器盛装。

(4)增产素和增胶宝:中国热带农业科学院研制的,能增加橡胶产量。增产素由乙烯利、黏着剂、植物营养元素、产量调节剂等配制而成。不但具有刺激增产的效应,而且能克服或减少单独使用乙烯利所产生的不影响。增产幅度大,比同浓度乙烯利增产15%～20%;增产持续时间长且平稳,每涂药一次药效期可持续1个月;有效地减少胶乳长流,减少死皮;黏着性好,不易被雨水冲刷,不发霉。使用时每株次用药约2 g,年涂药6～12次。

增胶宝含有多种微量元素、稀土、乙烯利和黏着剂等。比同浓度乙烯利水剂增产10%～20%,每公顷增收1 350元左右,投入产出比为1∶15以上。长流胶少,利于集中收胶和保树养树,减少死皮。涂药后形成干性薄膜,不易被雨水冲掉;树皮松软好割,有利于提高割胶效率,减轻劳动强度。制剂浓度0.5%～3.5%,根据树龄和品系不同,选择合适浓度的增胶宝直接涂在割线和割面上,宽度2～3 cm,每株每次2 g左右,每月涂2次,年涂10～12次。

2. 乙烯利促进漆树的产漆能力　处理时间:一般在产漆能力将进入高峰期后(入伏后7月上中旬,3～7刀次时流漆量最高,质量最好)处理效果最好,每年用乙烯利处理1或2次为宜。第一次在6月底到7月上旬,第2次在8月上旬,如干旱第2次可推迟或不处理。

处理浓度根据土地条件、树体、长势等具体情况定,土地差、树体小、长势弱的,用药浓度1%;土地中等、树体小、生长差、已开割漆林,用药浓度2%;土地、树体、长势中等的,用药浓度4%左右;土地好、树体大、生长旺的,浓度可提高到4%～6%。不得超过6%,否则容易出现异常落叶,生漆中水分含量提高。

二、花卉化学控制技术

植物生长调节剂在观赏植物上的应用几乎遍及生产的所有环节。其原因：一是由于花卉栽培品种多，应用前景广阔；二是切花、盆花常常与节日需求有关，为达到周年定时供应，对反季节供应的花卉，可控制花期或贮藏保鲜；三是为了提高观赏价值，可通过化学促控来调节花的色泽，叶片的多少，茎秆的长度和硬度、植株的形状和丰满的程度等；四是切花、盆花往往寿命较短，尤其是蕾期收获的切花，可用生长调节剂控制开花，延长寿命。

（一）控制萌发与休眠　郁金香、唐菖蒲、秋海棠、大丽花的块根、兰花等靠球根或球茎繁殖，但多有采后休眠特性，影响生产周期。外施植物生长调节剂可以打破休眠或延长休眠，调控球根花卉的花期。用于打破休眠的植物生长调节剂有 GA、乙烯（或乙烯利）、NAA、6-BA等，其中 GA 最有效。用于延长休眠和推迟开花的植物生长调节剂主要有 MH 等。

1. 仙客来　将休眠的仙客来种球先浸入 0.1%高锰酸钾溶液中消毒 10 min，再放入 5～10 mg/kg GA 溶液中浸泡 15 min，取出晾干后重新栽入盆中，可解除休眠。

2. 唐菖蒲　用 10～50 mg/kg 6-BA 于定植前浸球根可提早发芽，使用1 000 mg/kg 喷洒唐菖蒲鳞茎也可打破种球的休眠，并促其提早发芽。另外，用乙烯利处理除了促进休眠的唐菖蒲球茎发芽之外，还能改善唐菖蒲开花质量。

3. 麝香百合　麝香百合收获时鳞茎尚未成熟，贮存在 21℃温度下 6 周后，再经 66 d后才能发芽。用2 500 mg/kg GA 处理，随后在 21℃贮存 6 周，发芽时间可提前 10 d 左右。用1 000 mg/kg GA 溶液于定植前浸球根 30 min，也可提早发芽。另外，使用 1 000 mg/kg 的 GA 喷洒麝香百合的鳞茎也可打破种球休眠、促其提早发芽。GA 等代替低温，打破种子休眠，促进萌发。

4. 春兰和寒兰　春兰和寒兰等中国兰的种子细小，种皮细胞壁加厚，表面覆盖一层不透水不透气的膜状物质。种胚为发育不完全的球胚，仅含脂类作为储存营养物质，常规播种难以萌发。只有在无菌条件下，借助适宜的培养基才能萌芽。在播种培养基中加入 0.1 mg/kg 的 NAA 和 0.01 mg/kg 的 KT 对春兰和寒兰的种子快速萌发有促进作用。

5. 牡丹　牡丹种子有上胚轴休眠现象，层积（5℃）可以打破休眠。用 100～300 mg/kg GA 浸种 12～24 h 能代替低温层积处理促进种子萌发。

6. 结缕草　用 7%～10% NaOH 溶液浸种 15 min 后再加入 40～160 mg/kg 的 GA 或1 000 mg/kg乙烯利浸种 24 h 的综合处理，能有效解除结缕草种子的休眠，并显著提高发芽率。

（二）促进扦插生根　扦插是观赏植物常用的繁殖方法，利用生根剂提高扦插生根和繁殖成活率在生产上有很多成功例子。生产上常用 IBA、NAA、2，4-D、IAA 等，IBA 诱导产生的不定根细而长，是纤维质的；而 NAA 诱导产生的根往往少而粗，呈刷状。IBA 和 NAA 混用，有显著增效作用。GA 抑制插穗生，B_9 等植物生长延缓剂抑制 GA 作用也可促进生根。6-BA、三十烷醇等，对某些植物生根也有效。

1. 菊花　在 9～10 月份待菊花花蕾形成后，剪取带蕾的嫩绿健壮枝梢约 10 cm 作为插穗，基部速蘸 500 mg/kg NAA 和 250 mg/kg IBA 混合液后扦插，可显著促进生根。在扦插前将插穗基部置于5 000 mg/kg B_9 溶液中浸泡 15～20 s，也可加快生根。另外，将插穗在1 000～1 500 mg/kg IBA 溶液中速蘸 5 s，结合营养雾喷施处理对促进“小黄”菊花生根和根的生长特别有效。

2. 杜鹃　在9～10月份，取杜鹃健壮枝条约10 cm作为插穗，用150 mg/kg的IBA溶液浸泡插穗18～20 h，也可用2 000 mg/kg溶液快蘸5～10 s。有人用西洋杜鹃嫩枝或半木质化枝做插穗，用1 000 mg/kg IBA溶液或500 mg/kg IBA+500 mg/kg NAA的混合液速蘸处理后扦插，可促进生根和根的生长。红花夏鹃的扦插可于5～6月份进行，取健壮枝条顶梢做插穗，插前用100 mg/kg IBA+20 mg/kg NAA溶液浸泡处理后扦插，可促进插穗生根。另外，基毛杜鹃当年生枝做插穗，用300 mg/kg IBA浸泡处理1～3 min，也可显著提高生根率。

3. 紫叶小檗　又名红叶小檗，是园林绿化的重要色相树种，也是叶、果俱佳的盆景材料。北方易结实，而长江以南常花而不孕，只能用扦插繁殖获得小苗。秋末冬初时取紫叶小檗健壮枝条剪成7～10 cm的枝段作为插穗，基部速蘸1 000 mg/kg NAA溶液后沙藏。次年早春将插穗取出，速蘸400 mg/kg NAA后扦插，可提高扦插成活率。

4. 山茶　大多数名贵的山茶品种多采用扦插繁殖。在5～6月份，取半木质化的健壮枝条，剪1芽1叶、长3～5 cm作为插穗。插前用50～200 mg/kg NAA浸泡8～12 h。也可用200～500 mg/kg IBA溶液浸插穗基部5～15 min或1 000 mg/kg NAA溶液浸3～5 s。另外，还可将插穗基部放在5 000 mg/kg B_9溶液中浸泡15～20 s后再扦插。以上处理都可促进插穗生根。

(三)调控生长，塑造株型　美化的株型是观赏植物突出的特征之一，生长延缓剂的应用，使我们在控制观赏植物株型方面又多了一条高效的途径。这项技术已经在盆栽花卉、观叶植物、绿篱、草坪草及盆景上得到很广泛的应用。

1. 促进花卉苗木生长　开花前用GA类物质促进花卉苗木和花梗伸长，特别是一些矮生性或蔓生性花卉，对切花剪取、品质提高，提高观赏价值是有利的。对香石竹等切花植物，为打破顶端优势、促进腋芽发生和伸长、多分支或多开花，可以用CTK类、TIBA、CCC、B_9、MH、乙烯利等。

(1)菊花　矮秆品种，可在生长期间用500～1 000 mg/kg GA溶液喷洒2次，促其花枝增长，达到商品切花的要求。在菊花栽植后1～3 d及3周后各喷一次1.5～6 mg/kg赤霉酸溶液，也能增加菊花的茎长。另外，在菊花短日照开始后4周时喷20 mg/kg GA溶液，也可显著促进花梗伸长，在强光下效果更好。但处理过迟，花会显得弱小。

(2)郁金香　在郁金香株高7～20 cm时，从叶鞘滴入1滴400 mg/kg GA溶液，可促进花柄伸长，提高品质。在萌芽后用20～800 mg/kg GA溶液滴生长点，也可显著促进花梗伸长和开花。另外，开花前叶面喷施以6-BA和磷酸二氢钾为主要成分的复合化学制剂可以明显提高花朵鲜重，增加植株高和花茎长。

(3)鸢尾　在11～12月份用100 mg/kg GA溶液多次喷洒鸢尾叶面，可促进叶的伸长生长。在冷藏前后用100～500 mg/kg GA溶液浸蘸生长点可促进鸢尾植株伸长。

(4)仙客来　在9～10月份用1～50 mg/kg GA溶液喷洒仙客来生长点，可促进花梗伸长和植株开花。另外，在仙客来花梗约2 cm长时用10 mg/kg GA溶液均匀涂抹花梗，15 d后再处理一次，也可使花梗显著伸长。

(5)矮牵牛　在秋季花芽分化前，用25～50 mg/kg GA溶液喷施全株，可促进株高伸增加和开花。

(6)香石竹　生育期间，用500 mg/kg乙烯利溶液喷洒叶面4次，可显著增加分枝。

(7)紫罗兰　在盆栽紫罗兰长至4个节间时，用5 mg/kg二烷氨基乙醇羧酸酯喷施叶面，能促使花茎伸长，花艳叶绿，花期提前，提高观赏价值和作为切花的应用价值。

(8)紫菀　为使紫菀茎秆伸长达到商品切花的要求，用 500～1 000 mg/kg GA 溶液叶面喷洒 2 或 3 次，可使花茎显著增长。

2. 矮化和抑制生长　不少花卉特别是温室栽培时，生长过旺，枝叶过分繁茂，开花迟、结果少，影响观赏价值。应用生长抑制剂和延缓剂等，如多效唑、烯效唑、B_9、CCC、乙烯利、MH、嘧啶醇、氯化膦等，可矮化株型，促进分枝及花芽分化，提高观赏价值。

(1)菊花　盆栽菊花常以“高不盈尺”为美。在独本菊生长初期，用 15%多效唑可湿性粉剂稀释1 000倍喷施全株，每 10～15 d 喷施 1 次。在 5、7、9 朵多头菊摘心后植株侧枝萌发时，及时喷施上述溶液，可保持株型齐整，以后视植株长势，每 15 d 左右喷施 1 次，至绽蕾透色为止。案头菊扦插成活后，用上述多效唑溶液喷施 1 次，上盆定植后每 10 d 喷施 1 次，至绽蕾透色为止。用 B_9 抑制菊花生长的具体操作是：从种植后第 10 天起，每隔 10 d 喷施 1 次，共喷 4 次，喷施浓度为 1.5 g B_9 对热水（约 50℃）10 kg，摇匀，让溶液冷却后可直接喷洒菊花植株。经处理，可促进节间缩短，使茎秆矮壮、坚实，使高瘦的植株变得紧凑，整株姿态良好。

(2)水仙　养植水仙虽容易，但在室内往往徒长，花茎过度伸长，花朵相对较小，很不匀称。用多效唑溶液处理，可使水仙矮化、匀称，叶片宽而短，叶色浓厚，花大，花期明显延长。在水仙水养初期（下水约 3 d），将水仙球浸泡在 30 mg/kg 多效唑溶液中，能有效延缓叶片和花莛的生长，达到较为理想的观赏效果。不过，如用 50 mg/kg 以上浓度多效唑溶液处理则会使水仙叶片出现卷曲、畸形等药害现象。乙烯利溶液也可用于抑制水仙花茎的伸长，在水仙花茎长 15 cm 时，用 240 mg/kg 乙烯利溶液土壤处理，可以降低茎与叶的长度，使株型匀称，花期延长。

(3)一品红　用 500 mg/kg 左右多效唑溶液叶面喷施或盆土浇施 10～20 mg/kg，可使一品红植株显著矮化，有效提高其观赏价值。若用 500 mg/kg CCC 溶液喷洒植株，可使分枝增多，效果和摘心一样。此外，还可把 0.5%～2% CCC 混入土壤或直接土施 1.0 g/盆（直径 30 cm），使株高显著缩短。

(4)八仙花　在八仙花株高 3～5 cm 时，用 0.6%左右的 B_9 溶液喷洒叶面，2～3 周后做第 2 次处理，可使植株显著矮化。在八仙花休眠前用 0.1%～0.3%乙烯利溶液喷叶，也可使植株矮化。另外，按每盆 20 mg 多效唑的用量土壤处理斑叶八仙，能获得株型矮化紧凑、叶片密集、叶色悦目的质量上乘的商品苗。

(5)马蹄莲　具不同色泽大花的马蹄莲杂种一般是做切花，也有做盆栽的。做盆栽的马蹄莲如不使用生长调节剂，植株高达 40～50 cm，基本上失去观赏价值。在栽植盆栽马蹄莲球茎时，大致按每个球茎 0.5 g 多效唑的用量与少量细土混匀后撒在球茎周围，然后将土充填压实，可促使株高明显降低，且使开花提前，花多而壮，花期也延长。

(6)竹　矮化盆栽竹，可用 100～1 000 mg/kg 的 CCC、多效唑、整形素、MH 等溶液处理。当竹笋出土约 20 cm 高时，将这些溶液中的一种注入竹腔，每次注 1～2 节，每节 3～5 滴，视生长情况隔 1～2 d 再注一次。处理竹的株高往往可缩至未处理的 1/5 左右。

(7)杜鹃　在杜鹃上盆后，用 2%～4%氯化膦处理土壤，或在打顶后 4～6 周，用 0.3%左右的 B_9 溶液叶面喷洒处理，都可使株型紧凑，开花提早，花芽数增多。

3. 化学打顶和整枝　有的花卉，需要打顶或整枝来改善观赏性，工作繁杂。利用植物生长抑制剂 MH、脂肪族醇类、辛酸、二凯古拉酸钠等可减少修剪或代替人工打顶。

（1）杜鹃　用4 000～5 000 mg/kg二凯古拉酸钠叶面喷洒常绿杜鹃和矮生杜鹃，可使它们在整个生长季节，茎的伸长缓慢。一般在春季修剪后2～5 d处理，需将药液喷湿全株。可促使侧枝多发，株型紧凑。

（2）女贞、火棘绿篱植物　春季腋芽开始生长时，或在第一次人工修剪后，用1 000～2 500 mg/kg MH溶液叶面喷洒整株植物，可以控制新梢生长，促进植株下部的侧芽生长，并可减少以后夏季的修剪，使株形密集。

（四）调控盆景生长和促进坐果　在盆景制作过程中，可使用NAA、IBA、GA、CTK类等生长促进剂加速盆景培育，应用生长抑制剂和生长延缓剂来控制树冠生长。观花观果的盆景，运用多效唑、B_9、乙烯利、整形素等植物生长调节剂可以显著调控这类盆景的开花与结果。

1. 朴树盆景　朴树又名相思树，是岭南派盆景常用树种。在朴树盆景造型过程中，为了使主干显出苍劲、古朴、雄伟挺拔的自然姿态，在树桩刚发芽时用针刺主干适当部位至木质部，然后在刺伤处涂抹50 mg/kg的NAA溶液，经2个月左右，伤口愈合时，起隆的瘤，更增加苍老的效果。

2. 紫薇盆景　对紫薇树桩盆景，多效唑能起到培养小老树的作用。在3月中旬新梢萌发5 cm左右时，用2 000倍多效唑溶液灌洒处理，到4月中旬再处理一次（两次用量0.5～1 g），即能起到明显的抑制生长、促进开花的作用，表现出枝短而粗壮、叶片厚、开花早、花朵多、花期长的性状。

3. 石榴盆景　作为花果类的石榴盆景，在制作过程中，多开花、多结果是最重要的目标。在花期喷施500 mg/kg GA或1 000～2 000 mg/kg B_9溶液，可明显促进开花和提高坐果率。

4. 枸杞桩景　枸杞是一种优良的桩景材料，枝蔓柔软，便于造型，可制成垂枝式或其他式样，枸杞的根、干还可倒栽。枸杞老桩采掘回来后，在上盆前用0.05%高锰酸钾溶液泡30 min，然后取出晾干，再放入100 mg/kg IAA溶液中浸泡3 h，可促进生根和提高成活率。

5. 盆栽金橘　目前盆橘的观赏期只有一个春节，节后即开始落叶落果甚至死亡。即使存活，翌年也不开花或只结少量零星果，失去观赏价值。若要观果的盆栽金橘观赏期过后，立即摘果，并用200 mg/kg GA喷施植物进行控花，然后再辅以修剪、肥水管理等促花措施，可使盆栽金橘翌年再结果、多结果。另外，在果实将要成熟变色时，利用10 mg/kg的2,4-D喷洒果实，可以减少落果，增加结实量。

6. 盆栽温州蜜橘　温州蜜橘盆往往郁郁葱葱，枝繁叶茂，而坐果率却很低。用GA处理对提高盆温州蜜橘的坐果率很有效。在花谢4/5时用毛笔蘸50 mg/kg GA溶液涂果柄与枝条相连处，半个月后用相同溶液涂蒂帽处。量大的也可采用逐盆喷施。这样可以减轻两次生理落果造成的损失。

7. 盆栽樱桃番茄　在樱桃番茄盛花期用10 mg/kg IAA溶液浸蘸花簇，可诱导单性结实，增加坐果。也可以用2,4-D在开花前1 d或开花后1～2 d，喷洒花簇（或浸泡）增加坐果，促进果实发育。勿喷到幼叶及花芽，以免造成伤害。还可以利用防落素在花簇有3～4朵花开放时浸蘸花簇，有效地促进坐果。使用时温度较低时，浓度高些，温度高时浓度低些。如15～20℃时用30～40 mg/kg，20～30℃时用10～15 mg/kg。另外，花蕾期用10～20 mg/kg GA溶液喷洒花簇，可增加坐果。

8. 盆栽无花果　无花果开花后，用80 mg/kg防落素溶液喷洒，可促进坐果增加结实。也可以在盛花期或坐果期用20～50 mg/kg GA溶液喷洒果穗，可促进坐果。

（五）观赏植物花期调控 植物多在固定的季节开花，而商品化花卉生产要求的花期，是由市场来决定的。因此，利用各种手段调控观赏植物的花期，一直是一个备受重视的问题。

1. 小苍兰 小苍兰是重要的切花品种，利用植物生长调节剂及低温处理，可以使其花期大幅度提前，以满足市场需求。用 5 mg/kg 的乙烯利浸泡小苍兰种球 24 h，打破休眠，室温贮存 1 个月后，再用 10～30 mg/kg 的 GA 浸泡 24 h，在 10～12℃下贮存 45 d 后播种。这种处理方法可以使小苍兰提前 3 个月开花。也可以在种球低温处理前，用 10～40 mg/kg 的 GA 浸泡 24 h，能提前 40 d 左右开花。

2. 唐菖蒲 在唐菖蒲球茎播种后，用 800 mg/kg 的 CCC 溶液，淋洒球茎周围的土壤，第一次在种植后立即使用，第 2 次在 4 周后，第 3 次在 7 周后使用，可以使唐菖蒲的株型矮壮，提早开花，并能够增加每穗的开花数。

3. 仙客来 用 100 mg/kg 6 - BA 于 9 月中、下旬喷仙客来花蕾部分，可使其在年末同时开花，效果很好。也可以用 10 mg/kg 的 GA，在预计开花前 50～60 d，按 3～4 mL/株的用量喷洒花蕾，切记不可喷到叶片，以免造成叶片徒长。如果用 GA 与 NAA 混合处理，能够更明显地缩短开花期约 40 d，但处理前后要特别注意水肥管理，否则会引起花质量下降。

4. 牡丹 在牡丹早春或冬初催花时，将一个脱脂棉球安放在充实肥壮的花芽上，每天用 500～1 000 mg/kg GA 将棉球滴湿，约 7 d 后花芽开始萌动。之后，在较低温度下培养，开花前 35～45 d，再移到 25℃左右的温暖环境中催花。为了促进牡丹春节开花，可在花芽萌动至立蕾期，用 100～300 mg/kg GA 点抹花蕾，2～3 d 一次，共 4～6 次。用 500 mg/kg 乙烯利喷洒植株一次，也可促使开花提前。

5. 蟹爪兰 蟹爪兰需在短日照条件下诱导开花，当短日照开始时若先端茎节不成熟，则难以形成花蕾。为此，可在短日照处理开始前 40 d，先用1 000 mg/kg GA 喷施处理使新茎节同时长出，再用 50～100 mg/kg 6 - BA 喷洒处理，可以促进花芽分化，增加花的数量。

6. 盆栽玫瑰 在盆栽玫瑰修剪后待新枝条长到 5～10 cm 时，以 300 mg/kg 多效唑进行土壤浇灌，浇灌时以盆底刚有溶液流出为宜，可比未经处理的提前 2 周左右开花。由于多效唑在土壤中的残留时间长，还能在较长的时间内起到防止枝条徒长的作用。另外，也可以在玫瑰展叶期，用 100 mg/kg GA 溶液喷洒全株，可提前 6 d 左右开花，但花期可能会缩短。

7. 凤梨 观赏凤梨的开花往往参差不齐，不能满足商品化生产的要求，为此可用一些植物生长调节剂进行。乙烯利用于促进观赏凤梨的开花应用最为广泛，其成本低、效果好。具体方法是：当观赏凤梨的营养生长达到一定程度，满足商品的大小、叶数要求后，利用 6～60 mg/kg 乙烯利溶液灌心叶，每株用量 30～50 mL，也可以喷洒心叶或整株喷洒，但效果相对较差。一般处理后 25～45 d 后即可开花。生长素类的 NAA 和 2,4 - D 也可以用于促进观赏凤梨开花，通常用 15～20 mg/kg NAA 或 10 mg/kg2,4 - D 溶液灌入株心即可。

8. 杜鹃 在杜鹃开花前 1～2 个月，用1 000 mg/kg B_9 喷洒蕾部，整个花期可延迟 10 d，但喷药时期越接近自然开花期，抑制开花的效果越差，提早用药的效果较好。另外，多效唑也能够延迟杜鹃开花，具体方法是在杜鹃摘心 4～5 周后，用 15 mg/kg 多效唑土壤灌施，不仅能够降低植株的高度，还能推迟花期。

9. 菊花 用 2,4 - D、NAA 等喷洒菊花，可以延迟花芽的分化。5 mg/kg 2,4 - D 可以使菊花延迟 30 d 开花，用 50 mg/kg NAA 和 50 mg/kg GA 混合处理，可以增强抑制花芽的作用。用 200 mg/kg 乙烯利喷洒，也能抑制菊花花芽的形成。此外，用 300～400 mg/kg 的 6 -

BA叶面喷施处理,能够抑制菊花茎的伸长,并延迟开花。对于不同的菊花品种,处理的效果会有较大的差异。

(六)切花保鲜　植物生长调节剂(如乙烯抑制剂和拮抗剂等),被广泛用于切花采前、采后、贮运和瓶插等切花生产环节,在减少切花采后损耗、扩大切花供应范围、延长切花采后寿命、提高切花品质和出口竞争力方面,效果显著。

1. 切花保鲜　生产上最常用的乙烯的抑制剂和拮抗剂:氨氧乙基乙烯基甘氨酸、甲氧基乙烯基甘氨酸、氨氧乙酸、硝酸银、醋酸银、硫代硫酸银、二氧化碳、1-甲基环丙烯等。用0.07～0.13 mmol/L的氨氧乙基乙烯基甘氨酸和甲氧基乙烯基甘氨酸作为瓶插液可延长香石竹、金鱼草、鸢尾、水仙和菊花等切花的寿命。以1.2～2.0 mmol/L氨氧乙酸作为瓶插液,或以100 mmol/L氨氧乙酸处理花茎10 min,也可使香石竹寿命延长。用极低浓度(1～10 nL/L)的1-甲基环丙烯预处理数小时就能有效延缓切花和盆栽花卉的观赏寿命。

切花保鲜剂的成分,常因切花种类不同而差异很大,但大部分商业性保鲜剂都是由水、糖、杀菌剂、乙烯抑制剂和拮抗剂、无机盐、有机酸、植物生长调节剂等成分所组成的。在切花保鲜剂中人为地添加一些植物生长调节剂,能有效延缓切花的衰老,并改善切花的品质。根据保鲜剂的使用方法、时期和作用目的,可分为以下3类:①预处液:在切花采切分级以后,贮藏运输或瓶插以前,进行预处理所用的保鲜液。主要成分有糖、杀菌剂(如8-羟基喹啉、8-羟基喹啉柠檬酸盐和8-羟基喹啉硫酸盐等)和乙烯抑制剂或拮抗剂等。主要目的是促进花枝吸水、提供营养物质、灭菌以及降低贮藏运输过程中乙烯对切花的伤害作用。②开花液:又称催花液,是促使蕾期采收的切花开放所用的保鲜液,其成分与预处液相似,也是以糖和杀菌剂为主要成分。糖的配合很重要,它既可促进开花,又能使花大、寿命长。但由于催花所需的时间较长(一般需数天),故所用的蔗糖浓度要低些。不同种类的花卉,其开花液配方略有差异。③瓶插液:又称保持液,这是切花在瓶插观赏期所用的保鲜液。其配方成分、浓度随切花种类而异,种类繁多复杂。

(1)菊花　花型和花色丰富多彩,品质清雅高洁,个别品种还具有香气,为中国传统名花和最大众化的切花,也是世界四大切花之一。蕾期采切的菊花可用2%～5%的糖+200 mg/kg的8-羟基喹啉柠檬酸盐或25 mg/kg的硝酸银+75 mg/kg的柠檬酸组成的开花液催花。菊花本身抗凋萎性强,采后寿命较长。但采取一些保鲜措施能进一步改善菊花的品质,延长瓶插寿命。如瓶插前用5%蔗糖+0.3 mmol/L硫代硫酸银或5%蔗糖+50 mg/kg硝酸银+150 mg/kg柠檬酸等预处液处理20 h,或在1 mg/kg 6-BA溶液中浸基部24 h,或1 000 mg/kg硝酸银处理10 min。也可直接插入2%～5%蔗糖+30 mg/kg硝酸银+75 mg/kg柠檬酸、1～5 mg/kg 6-BA等保鲜液中。

(2)月季　切花月季多为重瓣,花色丰富多有芳香,为世界四大切花之一,并被称为"花中皇后"。月季切花水分丧失快,常出现"弯颈"现象。瓶插月季切花的保鲜液,最著名的是康乃尔配方液:5%蔗糖+200 mg/kg 8-羟基喹啉柠檬酸盐+50 mg/kg醋酸银。另外,4%蔗糖+200 mg/kg 8-羟基喹啉柠檬酸盐+10～50 mg/kg 6-BA、60 mg/kg KT和100 mg/kg多氯苯甲酸等溶液对月季切花的瓶插保鲜也很有效。另外,用1-甲基环丙烯(1～10 nL/L)气熏法预处理数小时对延缓月季切花的衰老也很有效。

(3)香石竹　又名康乃馨,茎叶清秀,品格高雅,绚丽馨香,保存时间长,是花卉装饰中最基础的花材。为世界四大切花之一,也是著名的"母亲节"之花。蕾期采切的香石竹可通过催花处理，使花蕾快速绽开，以便能适时出售。催花液以 70 g/L 蔗糖＋200 mg/kg 8-羟基喹啉柠檬酸盐＋25 mg/kg 硝酸银或 5%蔗糖＋200 mg/kg 8-羟基喹啉柠檬酸盐＋20～50 mg/kg 6-BA 效果较好，也有用 500 mg/kg B_9 作为催花液的。由于香石竹切花对乙烯敏感，故用含有抑制乙烯抑制剂等成分的保鲜剂处理可显著延长香石竹的瓶插寿命。例如，用 1 mmol/L 硫代硫酸银浸茎 10 min 后再瓶插，能使瓶插寿命从 5 d 增至 10 d 以上。另外，也可直接插入 5%蔗糖＋200 mg/kg 8-羟基喹啉柠檬酸盐＋50 mg/kg 醋酸银、2%蔗糖＋200 mg/kg 8-羟基喹啉柠檬酸盐＋0.5 mmol/L 氨氧乙酸、100～500 mg/kg B_9 等瓶插液中。

(4)唐菖蒲　又名菖兰、剑兰，世界四大切花之一，花形美观，色彩鲜艳，瓣如薄绢，加上水养性好，花期长，是一种大众化的切花。采收后的唐菖蒲切花在贮运前用以糖为主的化学溶液进行预处理，可大大提高其贮后开花质量。瓶插唐菖蒲切花的保鲜可用1 000 mg/kg 硝酸银预处理 10 min 后再瓶插，也可直接插入 4%蔗糖＋300 mg/kg 8-羟基喹啉柠檬酸盐、4%蔗糖＋150 mg/kg 硼酸＋100 mg/kg 氯化钴或 5%蔗糖＋50 mg/kg 硝酸银＋300 mg/kg 8-羟基喹啉柠檬酸盐＋适量酸化剂、2%蔗糖＋250 mg/kg 8-羟基喹啉＋50 mg/kg 硝酸银＋500 mg/kg柠檬酸＋0.1 mmol/L 亚精胺、10 mg/kg CCC 溶液等瓶插液中。

(5)非洲菊　非洲菊别名扶郎花、菖白枝、灯盏花，为菊科扶郎花属宿根草本植物。非洲菊切花花径较大(8～10 cm)，花色丰富艳丽，花枝挺拔，装饰性强，切花供养期也长，是理想的切花材料。非洲菊切花保鲜的主要问题是花茎容易折断，并且产生腐烂。为此，可于瓶插前用1 000 mg/kg 硝酸银预处理 10 min；另外，也可用 7%蔗糖＋200 mg/kg 8-羟基喹啉柠檬酸盐＋25 mg/kg 硝酸银溶液作预处液。非洲菊切花一般瓶插水养较持久，但若将其插入 20 mg/kg硝酸银＋150 mg/kg 柠檬酸＋50 mg/kg 磷酸氢二钠中，可进一步延长瓶插寿命。

(6)鹤望兰　又名极乐鸟花、天堂鸟花，花姿优美，花形奇特，宛如仙鹤翘首远望，花色艳丽夺目，观赏价值极高，而且瓶插水养持久，是珍贵的切花种类。处于紧实花蕾阶段的鹤望兰切花可在 250 mg/kg 8-羟基喹啉柠檬酸盐＋100 g/L 糖＋150 mg/kg 柠檬酸的混合液中正常开放。瓶插保鲜可用 10%蔗糖＋25 mg/kg 8-羟基喹啉柠檬酸盐＋150 mg/kg 柠檬酸做预处液或瓶插液。

(7)金鱼草　金鱼草又名洋彩雀、龙头花，因花似金鱼得名。其花朵大而多，花色丰富且艳丽，是切花的好材料。金鱼草对乙烯敏感，小花易脱落而影响观赏价值，可用 0.2 mmol/L 的硫代硫酸银溶液浸基部 12～20 h，若添加 7%的蔗糖，效果更好。金鱼草切花的瓶插保鲜可用 1 mmol/L 硫代硫酸银预处理 20 min 后瓶插或直接插于 4%蔗糖＋50 mg/kg 8-羟基喹啉柠檬酸盐＋1 000 mg/kg 异抗坏血酸或 1.5%蔗糖＋300 mg/kg 8-羟基喹啉柠檬酸盐＋10 mg/kg B_9 等瓶插液中。

(8)肾蕨　别名蜈蚣草、篦子草，为骨碎补科肾蕨属草本蕨类植物。肾蕨的叶片翠绿光润，四季常青，经久不蔫，加上叶柄细长，挺拔清秀，远远望去柔中有刚，是较理想的切花陪衬材料。肾蕨待叶片充分成熟后自叶柄基部采切。采后用 300 mg/kg 8-羟基喹啉柠檬酸盐＋20 g 蔗糖的混合液或 20 g/L 蔗糖＋50 mg/kg 硝酸银＋150 mg/kg 抗坏血酸＋50 mg/kg GA 等溶液处理，能提高切叶体内水分和可溶性糖含量，从而延长瓶插寿命。

2. 防止切花贮运中的品质变劣　切花的贮藏和运输是切花生产的重要环节，期间易发生花瓣脱落、叶片变黄和向地性弯曲等现象，应用植物生长调节剂能有效防止上述现象发生。

(1)花芽、花瓣脱落的防止　贮运过程中，摇动、创伤、高温、气体都会诱发花芽、花瓣的脱落。高温促进花瓣脱落已在月季、天竺葵上有明显表现,乙烯促进月季花瓣脱落也有报道。采用硫代硫酸银预处理金鱼草、香豌豆、飞燕草花茎基部,可阻止天然的或乙烯导致的落花。用30～50 mg/kg NAA喷施或浸花枝基部,对石斛兰、香豌豆、三角花、牡丹等都有效;50～100 mg/kg 6-BA能较好地抑制月季花芽和花瓣脱落。

(2)叶片变黄现象的防止　CTK能推迟叶片衰老,贮运前用6-BA喷施补血草、菊花的叶片,可明显阻止叶片变黄;用低浓度6-BA浸润叶片比喷施更为有效。高浓度(250 mg/kg)CTK可用来控制微型唐菖蒲、仙丹花的叶变黄,用50 mg/kg的6-BA浸15 min也有效。6-BA还可抑制花的发育和开放,故用6-BA处理叶时勿触及花芽。

(3)向地性弯曲现象的防止　在贮运时,唐菖蒲、金鱼草、飞燕草、羽扇豆、非洲菊、郁金香等一些重要切花品种在水平放置时发生的向地性弯曲对其品质有很大影响。为避免这一现象发生,需将切花垂直贮放,以垂直状态运输。另外,还可运用一些植物生长调节剂进行预处理。例如,非洲菊切花在运输前用0.5% CCC溶液浸渍基部16 h,可完全控制向地性弯曲。

(七)延长盆栽花卉观赏期　盆栽花卉的生长环境一般在室内,如家庭、厅堂、温室,通常是光照强度低,空气干燥,人为地浇水不当,时干时涝,很容易缩短花卉的观赏寿命。为此,除改善花卉的生长环境、合理协调花卉营养生长与生殖生长的关系外,还可配合使用植物生长调节剂处理,以有效防止室内盆栽花卉落叶、落花和落果,从而延长盆栽花卉的寿命。常用于延长盆栽花卉观赏期的植物生长调节剂有NAA、2,4-D、6-BA、GA等。

1. 秋海棠　当秋海棠花芽在叶腋中出现时,用12.5 mg/kg NAA溶液喷洒,可以减少花的脱落,延长观花时间。另外,用30～60 mg/kg 2,4,5-三氯苯氧丙酸在蕾期喷洒植株也可防止落花。

2. 月季　用500 mg/kg CCC溶液浇灌盆栽月季根部,可减少花的败育。用10 mg/kg 6-BA或IAA溶液喷洒处理则可防止月季落花。在月季发育早期(小绿芽期),用75 mg/kg多效唑溶液喷施,可延长赏花期。另外,用1～10 nL/L 1-甲基环丙烯熏气处理数小时也能有效延缓盆栽月季的观赏寿命。

3. 一品红　在10月中旬用40 mg/kg GA溶液或40 mg/kg GA+50 mg/kg 6-BA的混合液处理,可以延缓和防止在温室与家庭种养条件下生长的一品红叶片、苞片和花序的脱落。另外,用8～10 mg/kg GA+50～100 mg/kg 2,4-D溶液涂叶柄处理或用10 mg/kg GA+1～2 mg/kg 2,4-D溶液喷洒花苞部,也可抑制或减缓一品红的红叶和苞片脱落,延长观赏期1～2个月。

4. 菊花　分别于短日照开始后3周叶面喷洒一次2 500 mg/kg B_9溶液,可延长菊花观花期。另外,在菊花花芽分化早期,用50 mg/kg多效唑或5 mg/kg烯效唑喷施植株2或3次,能够控长增绿,延长赏花时间。

5. 金橘　在盆栽金橘蕾期或幼果期用10 mg/kg 2,4-D或10 mg/kg 2,4-D+10 mg/kg GA喷叶和果,可防止落果,并延长挂果期。

6. 天竺葵　用10 mg/kg GA在天竺葵幼小植株时喷洒,可延长开花时间达2周。

7. 百子莲　用5 mg/kg 2,4-D溶液或10 mg/kg 6-BA溶液在百子莲蕾期喷洒植株可延长开花时间。

8. 叶子花　用50 mg/kg NAA溶液在叶子花蕾期喷离层部,可延长盆栽叶子花的花期达20 d。

9. 香豌豆　用 50 mg/kg NAA 溶液或 0.02～2 mg/kg 2,4-D 溶液在香豌豆蕾期喷离层部位，可防止落花，延长观花期。

10. 朱砂根　用 10 mg/kg 2,4-D+10 mg/kg GA 的混合液在朱砂根挂果期喷洒果实表面，可延长挂果期。

11. 彩叶草　在彩叶草定植摘心后用1 000 mg/kg B_9 溶液喷洒叶面，可增强叶色，并大大延长观赏期。

三、草坪化学控制技术

在草坪建植和管理过程中，除选择适合种植地区的草坪草和不断改进建坪及水肥管理措施之外，使用植物生长调节剂也是提高草坪质量、改善品质和增加草坪抗逆性的有效途径之一。植物生长调节剂在促进或抑制草坪生长、抑制抽穗开花、延长绿色期、促进根系生长等方面均取得了一定的成功，有些方面已能够实际应用到商业化的程度。另外，草坪修剪是草坪管理中的重要工作之一，而采用植物生长调节剂来控制草坪草生长，可减少草坪草的修剪次数。总之，应用植物生长调节剂调控草坪的生长，除了使草坪更具有观赏性之外，还可降低生产成本。

1. 草地早熟禾　在草地早熟禾菲尔金(Fylking)和优异(Merit)两个品种的幼苗出土后 20 d 左右，先用浓度为 150 mg/kg 的多效唑药液叶面喷洒一次，然后每隔 5 d 左右再用浓度为 200 mg/kg 的多效唑药液连续喷洒 3 次，可起到控长矮化的效果，使草坪保持良好的外观。在草地早熟禾原始高度 3.8 cm 时，喷洒浓度为 0.1～10 $\mu g/cm^2$ 多效唑或烯效唑药液也能抑制生长，2 $\mu g/cm^2$ 烯效唑药液处理 5 个月后仍有 50%的控制能力，从而减少修剪次数。另外，用浓度为 30～50 mg/kg 的 GA 叶面喷洒草地早熟禾，并配合水肥管理，可加快草坪生长，提早完成返青过程。

2. 黑麦草　通常由于大量施用化肥及有些地区低温多雨，致使禾本科特别是黑麦草草坪严重倒伏，CCC 的使用可有效地避免该现象发生。用浓度为 600 mg/kg 的 CCC 药液喷洒黑麦草，能强烈抑制生长、叶片变短增厚，节间缩短，并有促进分蘖的作用。另外，有人以浓度为 100～250 mg/kg 的多效唑为主要成分的植物生长抑制剂药液叶面喷洒(用量为 1 L/m^2，分 3 次喷完)地毯式多年生黑麦草品种大教堂，能有效减缓植株地上部分生长，提高根冠比，延续肥力衰竭，减少草坪修剪频率，促进分蘖形成，并使叶片变短、增厚、加宽，使草坪更具有观赏性。

3. 高羊茅(苇状羊茅)　该草许多品种由于具有分蘖能力强、抗逆性强、耐修剪和绿期长等特点，在华东地区广泛作为草坪草种。在高羊茅剪草前 5～7 d，叶面喷洒 200～400 mg/kg 的烯效唑药液能明显抑制生长，且叶色浓绿，通常喷药一次，药效约维持 3 个月。用浓度为 600 mg/kg 的多效唑药液喷洒高羊茅也能强烈抑制生长，使叶片变短增厚，节间缩短，并减少草坪修剪次数。另外，在高羊茅返青初期，用 30～50 mg/kg 浓度的 GA 药液叶面喷洒，可加快草坪生长，提早完成返青过程。

4. 天堂草、马尼拉草　天堂草和马尼拉草是我国南方运动场草坪建植中常选用的暖地型草坪草。在分蘖期用浓度为 25～50 mg/kg 的 GA 药液或 1～5 mg/kg 的 6-BA 药液喷洒植株，10 d 后再喷洒一次，可明显促进匍匐茎的伸长生长和分蘖，缩短成坪天数。用浓度为 50 mg/kg的 GA 处理，可使天堂草、马尼拉草分别提早 12 d、13.6 d 成坪，在草坪品质方面可使草丛增高、盖度增大、叶色变浅。相对而言，GA 药液在促进匍匐茎伸长的效应要大于 6-

BA药液,而6-BA药液处理促进分蘖的效应要大于GA药液。另外,用浓度为1 000 mg/kg的CCC药液喷洒处理,对天堂草茎长、叶长、草层高度有明显的抑制作用,并能使草色加深。

5. 结缕草　结缕草又名老虎皮、锥子草,是我国草坪草栽培最早、应用最多的一种草种。高尔夫球场结缕草喷洒多效唑药液(用量约为50 mg/m²),能有效减缓地上部生长,抑制率达到37%,且提高植株要冠比,增强草坪草的抗菌素逆性,从而节约管理费用,经济效益显著。

6. 狗牙根　狗牙根别名绊根草、爬根草。狗牙根由于覆盖性好,蔓延速度快,耐践踏,再生力强,已成为我国栽培应用较广泛的优良草种之一。用氯磺酰草胺喷洒(用量约为110 mg/m²)狗牙根草,可显著抑制其生长速度,且狗牙根的受抑制效果相当持久。另外,在狗牙根拔节前后,用浓度为3 000 mg/kg的CCC或400 mg/kg的多效唑药液进行叶面喷洒,能明显抑制主茎和分蘖茎伸长,矮化作用明显,可代替人工修剪。还可促进分蘖的大量发生,使叶片变短增宽,因而可提高草坪观赏价值。

7. 野牛草　野牛草是一种细叶型草坪草,抗盐碱和抗污染气体的能力强,很适合建植管理粗放的开放性绿地草坪,也可用作工矿企业和盐碱地区的绿化材料。用浓度为25～200 mg/kg的GA药液喷洒处理野牛草,能使其绿色期延长10～15 d。

8. 匍茎翦股颖　匍茎翦股颖是多年生匍匐型冷地型草坪草,耐寒、耐刈剪,再生能力强,青绿期长。但建坪时间长,草皮层过厚,密度过大,根茎和匍匐茎稠密,地下根系生长不良,易感染病害。用浓度为1 000～5 000 mg/kg的CCC药液进行叶面喷洒处理后,能有效减缓匍茎翦股颖地上部生长,提高根冠比,增强抗逆性,并使叶片变短增厚,降低草坪管理成本,提高草坪观赏价值。

9. 白三叶　白三叶又名白花苜蓿,是一种优良草种,四季常绿,向光性强,繁殖快,成坪竞争力强,抗性好,适于用做阳地花卉苗木。用浓度为20 mg/kg的IAA和2 mg/kg的NAA药液浸种处理,不仅可加快白三叶种子萌发、提高发芽率,而且可促进白三叶的种子早期萌发及胚根、胚芽生长,提高根芽比。

第六节　中药材植物化学控制技术

(一)促进发芽

1. 黄连　黄连种子要发芽,需要90 d左右的低温条件。用100 mg/kg的GA溶液浸泡种子,同时用5℃低温处理48 h,就可以打破休眠发芽,发芽率达到60%～67%。

2. 百合鳞茎　99%的GA配成浓度为500 mg/mg的溶液,在栽培前将百合鳞茎浸泡20～30 s,然后定植。这样有助于鳞茎萌芽更齐,从而缩短整个生育期。

3. 杜仲　正常条件下杜仲种子发芽困难,生产上常用低温层积处理,但时间较长。用GA处理可代替低温处理,有效促进种子萌发,缩短育苗周期。具体方法:把干藏的杜仲种子用30℃热水浸15～20 min,捞出用200 mg/kg的GA溶液浸泡24 h,捞出立即播种。用该方法处理杜仲种子,发芽率可达到80%以上,而且出苗整齐,一般在播种后12 d内,出苗率可到70%左右。

4. 人参和西洋参　人参和西洋参的种子萌发都需要低温处理和胚后熟阶段,用GA处理、6BA,KT等调节剂处理都有促进发芽效果,以GA最好。一般在催芽前处理,用50 mg/kg GA溶液浸种36 h,或100 mg/kg浸种20 h,可增加发芽率,提前出苗。处理后在同等条件下催芽,40 d时对照还没见发芽,两种浓度GA处理的发芽率都在70%以上。一般在无霜期短的地方,采用50～100 mg/kg GA浸种18～24 h,然后拌土催芽,70 d左右,种胚就可通过后熟，不耽误当年播种。对参根用 10～100 mg/kg GA 浸泡 12 h，可以打破冬季休眠，提早出苗，并正常开花结实。

（二）提高产量

1. 元胡　元胡上使用 GA，可以促进元胡生长，增加块茎产量，还可减轻霜霉病。一般用法是，在苗期用 40 mg/kg GA_3，全株喷施，用 2 次，间隔 1 周。

2. 大黄　对温室栽培的大黄，用 250 mg/kg 的 GA 溶液喷施幼苗，可降低大黄对低温的需要，并可增加产量。

3. 人参　多效唑能控制人参的营养消耗，加快生殖生长；增加叶绿素含量；减轻病害，抑制杂草和提高产量和优质率。试用措施为：用 200～336 mg/kg 喷施或用 0.03～0.05 g/m^2 的有效药量施入土壤。每年喷施或土施两次，一般在出苗末期 5 月下旬进行二次土施，间隔 15 d。

（三）辅助繁殖　木麻黄水插育苗　NAA 能大大提高木麻黄水插育苗的成活率。其方法为：取枝长 8～10 cm 去掉基部 3 cm，以上的枝条作扦插使用，用 20～40 mg/kg NAA 浸基部 24 h，然后用网格固定在容器内，插枝基部入水 2 cm，每天光照 5～6 h，水温白天 25～30℃，夜间 16～22℃。8～10 d 即可生根。

（四）促进开花　白芷，白芷为宿根药用和观赏植物，一般在分根繁殖，用 20～50 mg/kg GA 浸泡种苗 30 min，然后定植，能提前 8～10 d 开花。

（五）控制生长　枸杞，枸杞适当使用多效唑能控制徒长促进生殖生长，达到早期丰产、稳产和产品优质的目的。技术措施：①使用量：1～4 年幼枸杞树每株树 0.15 g，5 年以上成龄树 0.3 g。②使用方法：先在树冠外缘挖开对称环壮沟，沟深 15 cm、长 30～50 cm，将定量的多效唑与清水按 1∶10 000比例稀释后，均匀撒入沟内后覆土。

（六）辅助收获　银杏，用钩落、摇晃等方法采收银杏果实，效率低且易伤害枝叶，对高树采收困难。用乙烯利等进行化学采收，可以提高银杏收获效率。根据邳洲市的实验，在银杏成熟期，用 500～700 mL/kg 的乙烯利均匀喷洒在树冠上，15 d 后果实脱落率可达 90%以上。高大的树体，可以用高压喷雾器或喷枪喷射。该方法的缺点是有约 40%的叶片变黄并可能轻度落叶，使用时应慎重掌握使用时期和浓度。

（七）增加次生物质含量　乙烯利能促进安息香树脂的增产而不影响安息香树脂的质量。使用方法为：用橄榄油或花生油作载体，配制浓度为 10%的乙烯利溶液，在 5～6 月份，在安息香树上做纵行 3 个宽 2～2.5 cm、长 4 cm 的刮面，在刮面上涂一薄层乙烯利油剂。刷后 10～12 d开割。应注意的问题为：①最好不要在幼龄树上开割；②最好在管理好、树势好的条件下开割。否则会损伤树体甚至死亡。

第七节　藻类、食用菌化学控制技术

一、藻类化学控制技术

三十烷醇（TA）对多种植物有效，在海带、紫菜、裙带菜等藻类上应用效果突出。

（一）海带　TA 乳粉可促进海带假根生长，增加固着力，减少脱苗；提高光合速率，增加干物质积累；提高无机元素的吸收和转化能力；促进叶片生长发育；增加抗病性。一般产量提高

30%左右。海带长宽厚和制干率增加,商品等级提高;海带中蛋白质、糖、维生素C、褐藻胶、甘露醇、碘等含量提高,外观和营养品质均明显改善。

一般在苗期处理,在海带苗帘出库前后(1～3 cm)、暂养期(3～20 cm)、分苗夹苗期(15～20 cm)和夹苗放养期(20 cm以上)等时期的幼苗,用TA乳粉溶液浸泡一定时间后放养,都有增产效果,一般浓度0.5～2.0 mg/kg,浸苗时间6～12 h。方法可以灵活,总的原则是让海带幼苗吸收一定量的TA。一次处理以2.0 mg/kg浸苗2 h效果最好,也是目前最常用的方法。可在夹苗时边浸苗边夹苗或在夹好苗连绳子一起浸泡。也可以浸泡暂养期结束后的苗帘或苗绳。如果降低浓度,需要延长处理时间,用TA 1.0 mg/kg,需要浸苗10 h;用TA 0.50 mg/kg,需要浸苗12 h。也可以分2或3次使用。如苗帘出库前1 d用TA 1 mg/kg浸6 h,然后在暂养期用同样浓度和时间浸苗帘一次。也可以在苗帘暂养期采用0.5～2.0 mg/kg TA浸泡苗帘1～3次,每次时间2～12 h。

(二)紫菜　坛紫菜和条斑紫菜等用TA乳粉处理,可以明显促进紫菜假根和叶状体生长,延长生长期,增加干物质积累和无机元素吸收,一般增产20%左右。同时紫菜品质明显提高,紫菜色泽鲜艳,叶片细长柔软,叶绿素、氨基酸含量,特别是人体必需氨基酸含量提高。还可以减少紫菜病烂。

主要处理方法可采用下属的一种:①出苗期结合晒网浸泡或喷施,选晴天把网解下运上岸,摊放晒网,然后用2 mg/kg TA浸泡0.5～1 h,或者用水泵喷洒,略干后下海继续放养。②在出苗期,结合潮间密挂出苗法浸泡或喷洒,用1～2 mg/kg在移网时浸泡苗帘0.5～1 h或用水泵喷洒。③潮间带半浮动养殖法,在退潮干露(3～7 h)时,让网略干,用2 mg/kg TA喷施或浇施。④在养成期结合晒网处理,用TA 2 mg/kg浸泡0.5～1 h,略干后继续放养。⑤紫菜一般为多次采收,每采收一次,施药一次。对采收后的网帘可结合晒网或退潮干露进行处理。浓度2 mg/kg。

(三)裙带菜　裙带菜使用三十烷醇乳粉,可以促进其生长,使叶片大而厚,可增产20%以上。同时提早15 d成熟,提高盐渍品的出成品率,提高养殖的经济效益。处理方法:在裙带菜育苗疏散养殖时,用2 mg/kg TA乳粉浸苗绳2 h。如果用1 mg/kg浓度,应浸苗绳4 h;如果用0.25 mg/kg浓度浸苗绳,时间为12 h。

二、食用菌化学控制技术

食用菌不仅营养丰富,而且还具有多种药用价值。食用菌生产是现代生态农业的重要组成部分,发展食用菌生产,对于振兴和繁荣农村经济,改变山区落后面貌,有着重要意义。目前,在食用菌上应用的植物生长调节剂主要有B_9、三十烷醇、生长素类等,在促进菌丝体与子实体生长等方面显示出巨大作用,为多出菇、出好菇提供了有力的技术保障。

(一)蘑菇　蘑菇在出菇旺盛期需肥量很大,若供应不上,容易出现脚长柄细、薄皮开伞菇,生产后期因养分消耗较多,显著地影响出菇的产量和质量。适当地分次追肥,是一项增产措施,特别是在培养料质量差,粪少草多,草料过薄的情况下,追肥时混入植物生长物质对提高产量尤为显著。目前,在蘑菇上应用的调节物质主要有蘑菇健壮素、三十烷醇等。

1. 蘑菇健壮素　蘑菇健壮素是浙江农业大学园艺系首先配制成功的一种化学药剂,分1号健壮素和2号健壮素两种。1号健壮素的成分配比是:B_9 0.5 g,维生素B_1 40 mg,硫酸镁40 g,硫酸锌20 g,硼酸10 g,尿素100 g。2号健壮素的成分配比是:B_9 1 g,维生素B_1 100 mg,硫酸镁50 g,磷酸二氢钾100 g。

1号健壮素主要喷洒在料面和出菇前的土层中，促进菌丝体生长旺盛，色泽洁白，增强抗寒和耐热的特性，并有复壮菌丝的作用；2号健壮素多在出菇以后使用，有促进子实体的形成和加速蘑菇粗壮肥大、出菇多的效果。一般增产10%～20%，有的增产36%。

使用时，先将1包健壮素倒入桶中加水0.5 kg水，用棒搅拌使之全部溶解至无颗粒，再倒入100 kg水中备用。如果1包一次用不完，可将健壮素倒入500 mL盐水中，摇匀作为原液，此后，每取50 mL原液冲水10 kg使用。

一般情况下，100 kg 1号健壮素溶液可喷用100 m^2的栽培面积，发菌期间共喷用2或3次；料面喷洒每次250 mL/m^2左右，每隔2～3 d喷一次，共喷3次；出菇前期、中期，每次喷500 mL/m^2左右，每隔1～2 d喷洒一次，共喷3次。均可使细弱菌丝逐渐旺盛，粗壮变白。为了达到最佳的效果，应用时应注意：

(1)冬季管理中发菌前喷用1号健壮素，发菌后喷用2号健壮素。春菇出菇前和出菇期间先喷1号健壮素，然后再2号健壮素。小菇蕾形成后一般喷用2号健壮素。

(2)高温或低温时、或菇床上发生棉絮状杂菌或胡桃肉状杂菌时，不能使用蘑菇健壮素，且不可与石灰、硫酸钙(石膏)等混用。

(3)用量要适当，不能忽多忽少，喷施健壮素后最好能喷一次清水冲洗。若土层偏酸应先喷5%～10%的石灰清水，

2. 三十烷醇　菌丝体受三十烷醇作用范围较广，浓度在0.1～20 mg/kg都能刺激菌丝生长。其中以1 mg/kg最好，超过25 mg/kg则对菌丝生长有抑制作用。对子实体生长的促进作用以0.5 mg/kg时较好。一个喷施的过程，最好分3次完成，每3 d喷一次。如果于喷洒溶液中再加入0.1%浓度的磷酸二氢钾，效果更佳。三十烷醇在料厚菇稀的菇床上使用增产很明显，但使用次数过多、浓度过大，会出现细脚菇和硬开伞现象。

(二)香菇　生长调节剂在香菇上应用的种类较多，作用主要是提高产量，尤其在春季香菇盛产期，菌筒经过秋冬两个干燥季节，已出了数批菇，筒内水分损失很多，为了使菌丝体尽快恢复生长，积累养分，出好春菇，结合补水，施用生长调节物质，则可出菇多、朵型大。

1. 三十烷醇　三十烷醇不仅对香菇的菌丝生长和出菇具有促进作用，而且对能量代谢与氮代谢均有一定的促进效应，一般增产25%左右。其应用方法一般有浸块和喷洒两种。浸块即浸泡栽培块或菌棒，在出菇前或采菇后浸泡，时间一般12～23 h；喷洒法即喷洒菌块、段木或菌棒，一般每隔7～10 d喷洒一次，连续2或3次，喷洒时间宜在下午3～6时进行，喷洒后6 h内遇雨，需补喷。使用时浓度都一定控制在0.5 mg/kg左右，过高有抑制作用，过低没有效果，且用药要均匀，配药用洁净水，喷后应加强水、温和营养管理，才能起更大作用。

2. IAA等　将香菇锯木屑培养块或菌棒进行浸水处理，浸水48 h后进行催蕾出菇。NAA 5 mg/kg、IAA 5 mg/kg、GA 1.0～1.5 mg/kg浓度，均可促进菌丝体生长，提高产量。NAA、IAA一般增产130%左右；GA一般增产25%以上。

此外，于香菇在刚破蕾时，每天喷洒追施浓度为0.1%“2号健壮素”，每次每平方米喷450 mL，连续喷3～5 d。亦有明显的增产效果。

(三)平菇　在平菇应用的生长调节剂主要有乙烯利、三十烷醇、GA等，主要作用是提高产量，促进早熟。

1. 三十烷醇＋GA　三十烷醇或GA单独使用时，增产效果较小，分别只有12.2%和25.4%。单独使用三十烷醇时，适宜浓度有明显的刺激生长的作用，浓度过高，则有一定的抑

制作用。使用时,要预先试验出有效使用浓度,方可大面积使用。三十烷醇的适宜浓度一般为0.1～1.5 mg/kg,且以0.1～0.4 mg/kg最为合适,超过1.5 mg/kg,菌丝生长反而受到抑制。用三十烷醇0.25～0.5 mg/kg+GA 10～15 mg/kg的混合液,在凤尾菇拌料时加入。可使生长期缩短,菇体抗温能力显著提高,一般增产45%左右。处理后,要注意后期补充氮源,否则会影响第3,4潮菇的产量。

2. 三十烷醇+NAA+速效肥液　用0.5 mg/kg三十烷醇+5 mg/kg NAA+0.05%的尿素、磷酸二氢钾混合液,在幼菇进入菌盖分化期后,交叉喷洒。能显示出植物激素与速效肥之间的交互作用,提早成熟,且肥大、柄短,增产明显。

3. 2,4-D等　用20 mg/kg浓度的2,4-D溶液,于菇蕾期喷雾处理,可刺激生长,增产30%～40%。用乙烯利500 mg/kg浓度,在凤尾菇的菌蕾期、幼菇期和菌盖伸展期喷3次,有促进现蕾和早熟作用,一般增产20%左右。

用浓度为20～40 mg/kg ABT生根粉溶液,在菌丝期均匀喷雾,每克可喷洒133.3 m^2;第2次在平菇大量形成子实体后结合喷水。高温时期,可在生根粉溶液中加入30 g硼酸,增加菇体耐热能力。平菇生长旺盛,洁白粗壮,抗寒耐热,喷施子实体出菇快、多,菇体肥硕,商品率高,一般增产60%以上。

(四)草菇和金针菇

1. 草菇　在草菇播种前,喷0.6～0.8 mg/kg的三十烷醇于培养料中。可提高草菇产量,其增产作用与菇蕾数量增加有关,即它能有效地提高原基的成活率,减少死菇,一般增产幅度为19%～43%。

2. 金针菇　金针菇在头潮菇采后,可于现蕾、齐蕾和菇柄伸长期,对金针菇喷施0.5 mg/kg三十烷醇、500 mg/kg乙烯利、0.5 mg/kg三十烷醇和10 mg/kg GA混合液等植物生长调节剂,均可促进早出菇、出齐菇。

(五)化学保鲜　采收后的食用菌,尤其在夏季,经几小时后就会逐渐变为褐色,导致品质下降,甚至丧失食用价值。因而化学保鲜是食用菌生产中的重要环节之一。目前,主要是采用食盐、焦亚硫酸钠、盐酸、激素等药品,按不同品种调配成不同浓度的溶液,浸泡或漂洗菇体,增强其耐贮能力。其原理是,改变了菇体内部溶液浓度或pH值,达到降低其生命活动的作用。其方法简便、易行、费用小、设备简单,是大宗加工原料常用的保鲜方法。

用100 mg/kg的6-BA溶液浸泡鲜菇10～15 min,捞出沥干后,再装在塑料袋内贮藏。能延缓衰老,保持新鲜。

使用10～1 000 mg/kg B_9水溶液浸泡鲜菇10 min,然后沥干,经过2 h,贮存于塑料袋内。在室温5～22℃条件下,可保存8 d,能有效防止变褐,延缓衰老,保持新鲜。

参考文献

[1] 段留生,潘瑞炽. 植物生长调节剂在经济作物上的应用. 北京:化学工业出版社,2002.

[2] 何生根,刘伟,许恩光,等. 植物生长调节剂在观赏植物和林木上的应用. 北京:化学工业出版社,2002.

[3] 杨文钰,樊高琼. 植物生长调节剂在粮食作物上的应用. 北京:化学工业出版社,2002.

[4] 喻景权. 植物生长调节剂在蔬菜的应用. 北京:化学工业出版社,2002.

[5] 李三玉,季作樑. 植物生长调节剂在果树上的应用. 北京:化学工业出版社,2002.

[6] 何钟佩,田晓莉,段留生. 作物激素生理及化学控制. 北京：中国农业大学出版社,1997.
[7] 李丕明,何钟佩,奚惠达. 作物生长发育化学控制研究论文集. 北京农业大学学报,1991,17(增刊).
[8] 李曙轩. 植物生长调节剂与农业生产. 北京：科学出版社,1989.
[9] 李卓杰. 植物激素及其应用. 广州：中山大学出版社,1993.
[10] 潘瑞炽,李玲. 植物生长发育的化学控制. 2版. 广州：广东高等教育出版社,1999.
[11] 邵莉楣,孟小雄. 植物生长调节剂应用手册. 北京：金盾出版社,1999.
[12] 王熹. 多效唑的生物学效应及农业应用. 北京：中国农业科技出版社,1993.
[13] 王熹,俞美玉,陶龙兴,等. 作物化控原理. 北京：中国农业科技出版社,1997.
[14] 徐绍颖. 植物生长调节剂与果树生产. 上海：上海科学技术出版社,1987.
[15] 徐映明. 植物生长调节剂多效唑应用技术. 北京：中国农业科技出版社,1992.
[16] 郗荣庭. 果树栽培学总论. 3版. 北京：中国农业栽培学. 1995.
[17] McLaren J. S. Chemical Manipulation of Crop Growth and Development. Mackays of Chatham Ltd. (1982).
[18] Nicekll L. G. Plant Growth Regulators: Agricultural Uses. New York: Spring-Verlag, 1982.
[19] Purohit S. S. Hormonal Regulation of Plant Growth and Development. ,The Netherlands and Agro Botanical Publishers, 1985.
[20] Kefeli V. I. ,Kalevitch M. V. ,Borsari. B. Natural Growth Inhibitors and Phytohormones in Plants and Environment. Dordrecht/Boston/London: Kluwer Academic Publishers, 2003.

复习思考题

1. 阐述水稻应用多效唑培育连作晚稻壮秧的技术要点、技术效果和评价。
2. 赤霉素等调节剂在杂交水稻制种上有哪些成功应用？
3. 世界上用于防止小麦倒伏的主要有哪些调节剂和化控技术？对它们的应用效果、效益、安全性等进行简要评价。
4. 如何应用作物化学控制技术培育小麦壮苗、防止苗期旺长,保障安全越冬？
5. 以乙烯利为有效成分的调节剂用于玉米防倒有何缺点？举例说明如何通过调节剂复合应用解决该问题？
6. 针对大豆生产中的问题,说明有哪些有应用价值的化学控制技术？
7. 以棉花为例说明目前作物化控技术应用的3种模式,并简要评价。
8. 阐述缩节安系统化控的技术内容和主要技术效果。
9. 作物化学控制技术的应用引起了棉花生产上的哪些技术变革？
10. 阐述乙烯利催熟棉铃的技术机理和应用效果。
11. 烟草如何应用化学控制技术抑制腋芽？
12. 调节剂在花生上有何应用？
13. 如何利用化学控制技术实现桃的矮化密植、早果丰产？
14. 苹果如何应用化学控制技术改变果型？
15. 葡萄如何应用调节剂增加产量？
16. 哪些调节剂可以用于果实的保鲜？
17. 如何应用乙烯利和赤霉素等调节剂控制瓠瓜、黄瓜等瓜类的雌雄花比例,提高产量？
18. 如何应用调节剂提高绿叶菜的产量？
19. 如何应用调节剂防止马铃薯贮存期间的发芽？
20. 促进扦插生根和苗木繁殖方面有哪些成熟技术？
21. 化学控制在花卉上有何应用？

22. 化学控制在草坪建植和管理上有何应用?

23. 三十烷醇在海带、紫菜等藻类植物上有何用途?

24. 列举我国大面积推广的3项作物化控技术,说明其技术内容并简要评价。

讨论题

1. 以一种作物为例,说明目前化控技术研究和应用的进展、存在问题和发展方向。
2. 查阅资料,列举植物生长调节剂在饲料作物苜蓿或黑麦草上的应用。
3. 选择一种新近引进和发展的作物,根据其生产中存在的问题和作物化控技术的应用进展,分析调节剂应用的潜力。
4. 以一种作物为例,如小麦、玉米或苹果等,说明由目前单项成熟化控技术进一步发展为系统化学控制和化控栽培工程,需要进行的工作。

第六章　作物化学控制技术的潜力和发展趋势

第一节　作物化学控制技术的应用潜力

面向新世纪我国农业发展的战略目标，针对传统作物栽培技术体系的弱点、全球性气候和环境变化的影响，我们不仅要使改善环境的常规栽培措施更符合作物潜力最大发挥的需要，更要寻找高产与低风险的最低结合点，建立安全、高产、优质、高效的新技术体系。新农业科技革命以生物技术和信息技术为先导已拉开了序幕，生物技术与传统育种有机融合，在作物遗传改良和品种培育方面不断取得重大突破，如 *Bt* 棉等转基因作物已进入大面积示范推广阶段；信息技术在我国宏观农业、栽培信息管理等方面也取得了重要进展，植物微观信息系统也开始引起人们的重视。化学控制技术的实质是通过外加植物生长调节剂调整植物内部的信号系统，诱导和控制基因表达，使植物按人类要求的模式生长(即定向定量诱导)，所以也被称为作物生长发育的信息调控技术，是生物技术、信息技术与作物学交叉融合的产物。这种信息调控技术与常规栽培技术革新融合，对作物内部信息控制和外界环境改善进行“双重调控”，并组装为作物化学控制栽培工程，是作物生产管理观念上的更新和技术上的重大突破，在作物生产中已显示出强大的功能和广阔的应用前景。

近年来，作物化学控制在国内外都是非常活跃的热点研究领域，我国在建立作物化学控制原理和研究技术路线方面已经创造和积累了丰富的经验，完成了许多国际领先的重大研究成果。据 20 世纪 90 年代不完全统计，我国每年化学控制技术的应用面积约1 300万 hm^2。其中缩节安系统化学控制技术成功解决了棉花徒长和株型控制难题，稳定增产 10%以上，每年应用面积约 250 万 hm^2，占年植棉总面积的 70%以上；应用多效唑培育水稻连作晚稻壮秧技术，增产 10%以上，年推广面积达 530 万 hm^2，占年种植水稻总面积的 20%以上；用多效唑培育冬油菜壮苗，增产 10%～20%，年推广面积在 100 万 hm^2 左右；赤霉素用于水稻杂交稻制种，年推广面积 100 hm^2；小麦上应用 20%甲・多微乳剂等延缓剂防止倒伏每年推广面积约 300 万 hm^2。这些成果在调节剂生产和作物应用上取得的经济效益和社会效益都是巨大的。

但是以上作物化学控制技术成果在各地应用水平高低不齐，其增产潜力远未得到充分发挥。下面从几个方面讨论作物化学控制技术在农业发展中的应用潜力：

(一)作物化学控制与多熟种植　多熟种植和速生高产是我国国情的必然选择，但随着产出压力加大和投入水平的提高，也面临着许多难题。20 世纪 80 年代，作物化学控制技术在解决多熟高产中的“卡脖子”问题上，显示了常规技术难以替代的作用。

例如，针对粮棉争地的北方棉区短季棉栽培中，化学控制技术增强了对热量不足的补偿，突破了原有种植密度的极限，以密植和优势成铃争取早熟高产，推动了黄淮海地区麦棉两熟的发展，对稳定植棉面积和产量起到很大作用。

再如，华北地区为发展亩产吨粮田，夏玉米改种生育期较长的品种，冬小麦播种晚、播量大，春季肥水运筹就面临难题，过量与不足都有减产的危险，倒伏威胁已成为关键难题。植物生长延缓剂能很好地解决该问题,应用20%甲·多微乳剂等可以有效控制旺长、防止倒伏,保障晚播小麦的高产。

连作晚稻秧龄长、秧苗素质差,移栽到本田后易倒伏和败苗严重等问题曾经是限制我国南方双季稻发展的难题,多效唑的应用有效解决了上述问题,为连作稻中晚稻丰产创造了条件。用多效唑培育冬油菜壮苗,不仅解决长江中下游地区“水稻-冬油菜”复种中油菜“高脚苗”问题,提高油菜籽产量,而且增强了油菜抗寒性,使这一复种模式的适用区域北移。在我国东北和西北地区种植冬小麦试验中,调节剂在增加小麦抗寒性和越冬安全方面也显示了良好效果,一旦成功将会引起这些地区种植制度的重大改革。

不同的复种方式存在的问题可能是多种多样的,但是作物化学控制技术在突破限制多熟复种高产稳产性的关键因素,如密植、速生、资源限制、高投入、抗逆等方面,都有不可替代的重要功能和应用潜力。

(二)作物化学控制与育种

1. 化学控制诱导与基因作用相似的效应　良种是高产高效农业的基础。但是培育一个优良品种需要较长的时间,同时任何良种的性状也不可能是完美无缺的,在种植上也常会受到一定生态条件的限制。对一个品种的一个缺陷性状的改良有时要耗费多年的时间,甚至因此被舍弃和淘汰。化学控制技术可以对品种表现型的某些性状进行修饰,合理应用可以在当季有效弥补良种的部分缺陷。例如,高产优质但株型松散的棉花品种,在缩节安的调控下变得紧凑,有利于集中成铃和增加密度;小麦、玉米、水稻等优良品种中有的综合性状优异,但株型较高,易倒伏,可以应用适当的植物生长延缓剂防止倒伏和增产;对于果树和花卉,育种时间长,株型又受诸多因素影响,用植物生长调节剂塑造株型比育种更为简单有效。高秆变为矮秆、松散株型变为紧凑株型、晚熟变为早熟等用普通育种方法要数年才能实现的目标,目前的调节剂和化学控制技术都可以有效解决。由于作物化学控制技术所产生的效应是短期的、不可遗传的,对良种中调节剂“靶标”以外的性状影响不大。例如,应用延缓剂可使小麦矮化和防倒伏,与矮化品种类似,但合理应用对产量、品质性状影响不大;由于基因型没有改变,后代所有性状都不改变,仍是高秆的,这一点与矮化品种不同。若能把化学控制技术与育种技术有机结合,则可缩短育种周期,提高良种培育和利用的效率。

2. 化学控制修饰品种缺陷,诱导良种性状充分表达　应用化学控制技术可以修饰品种的性状缺陷,诱导良种性状充分表达,提高生产力。除上述调节剂防止优质高产小麦倒伏、塑造棉花株型外,还有很多范例。在果树栽培中,由于矮化砧和短枝型品种的不足,多数用乔砧密植,因为长势旺、结果晚,造成适龄果树不结果或低产。应用多效唑使乔砧矮化密植,早结果和增产与矮化砧木密植效果类似,使品种丰产的遗传潜力得以充分发挥。

植物每个细胞都含有本物种的全部遗传物质,具有全能性,但性状表达与否或强弱与某些基因的钝化、沉默有关,而基因的表达受内部信号物质的调控,植物激素诱导基因表达已为大量研究结果证实。在植物组织培养和快速繁殖中,根、芽等器官的分化方向完全可以通过改变培养基中植物生长物质的种类和比例进行控制。在作物生产中,有些性状,如抗逆性、光周期或温周期特点明显的植物的开花等性状也主要与诱导因素有关,作物化学控制可以有效代替诱导环境因子诱发相应的性状。

在转 *Bt* 杀虫晶体蛋白基因的抗虫棉花中,多数品种存在生长势弱、源库关系不协调、对缺钾敏感、种子发育不佳等缺陷,有报道认为是 *Bt* 毒蛋白本身的不良影响或 *Bt* 基因的随即插入影响了其他相关基因的表达。中国农业大学的研究表明,应用缩节安化学控制可促进转 *Bt* 基因抗虫棉根系发育、协调源库关系等,实现抗虫性与丰产性的协调。

3. 提高品种适应性,增加稳产性和扩大种植范围 受温度、光照等因素影响,多数作物的分布和种植有一定地域性,作物化学控制技术可以克服异域环境的影响,扩大种植范围,提高产量。例如,弱冬性的小麦品种冀麦 20,从北纬 36°地区移到北京(北纬 40°),越冬成活率仅为 15%,而应用 20%甲・多微乳剂拌种处理可使越冬成活率提高到 50%以上。近年来,东北春麦区、宁夏等地区为改善小麦品质和充分利用生长季节,探索发展冬小麦,发现化学控制技术对增加小麦抗低温能力,提高越冬成活率有良好效果。高产双低油菜品种秦油 2 号,抗寒性差,但多效唑的应用扩大了其种植范围。在黄淮海麦棉两熟区,由于乙烯利催熟技术的应用,可选用生长期适当长的品种以提高产量和纤维品质。

4. 解决育种和繁种难题,提高种子生产效率 作物化学控制技术在解决育种和繁种过程中的难题方面也有很多成功的例子,有效提高了制种产量和效益。

(1)提高制种产量 作物化学控制技术与育种结合最成功的实例是在杂交水稻制种中,应用赤霉素、三十烷醇和多效唑等调节剂解决母本包颈、保证父母本花期、花时相遇,使制种产量和效益增加 200%以上,有力保障和促进了杂交稻技术体系的推广应用。其在生产中应用的普遍程度和极大成功堪称作物化学控制技术与育种技术结合的典范,被国外科学家誉为技术奇迹。

(2)化学杀雄 在小麦、水稻、棉花等作物杂种优势利用中,雄性不育系资源少、生长不良、繁殖需保持系配套、制种产量低等限制,化学杀雄可以使任何品系当季变为雄性不育系,有可选配杂交组合的范围大、不需要保持系、易大量繁殖、制种简便、用工少、成本低、产量高等优点。目前化学杀雄剂的开发在国内外都被广泛重视,并有一些产品成功应用于生产。如水稻上应用的稻脚青、三嗪二酮、乙烯利等,小麦上应用乙烯利等。

(3)诱导作物开花和调整花期 化学控制可以代替环境因素诱导作物开花,方便育种或制种,提高作物产量。如应用乙烯利和生长素类调节剂,可在任何季节诱导凤梨开花,结果集中,便于采收;GA_3 可代替光周期和春化条件,诱导甘薯和白菜等植物开花,便于育种中进行有性杂交和制种;在杂交稻制种中,对父母本开花期,甚至一天中开花时间都可以准确有效的调节。

(4)增加自交亲和率和远缘杂交结实率 由于自交不亲和或亲和率低,造成不结实或结实率低,给育种上自交系的培育和繁殖带来困难,而远缘杂交的不亲和限制了杂种优势的利用。植物调节剂的应用可以有效提高自交和远缘杂交的亲和率,促进胚发育和结实,给育种带来极大的方便。在对自交和远缘杂交胚进行的"胚拯救(embryo rescue)"中,最关键的是调整培养基中生长素、细胞分裂素等植物生长物质配比。

(5)控制性别分化和比例 对雌雄异花植物,性别比例在作物生产和制种中都是高产高效的关键。雄花比例过高不仅产量不高,还浪费物质和能量;雌花比例过高可能会因花粉不足受粉不良,或因结实过多而果小、品质差、植株易早衰。常规栽培技术对性别分化的控制多无能为力,而应用化学控制技术对性别分化控制非常有效。如在黄瓜 3～4 叶期用 150～200 mg/L 乙烯利,促进雌花先开、多开;而用 500～1 500 mg/L GA 则促进雄花,减少或无雌,两者的配合完全可以按照设计的产量目标控制雌雄花的比例。在育种中,可以通过化学控制,让某些品系或某些阶段全开雌花,而另一些品系或阶段全开雄花,可以在一季栽培中很方便地获得全雌性系纯种,或正反交的杂交种。

(6)麻类作物生产田和制种田两用　麻类收获营养器官的茎皮,开花结实严重影响纤维产量和品质,一般生产田与制种田需单独种植。应用化学控制技术则可解决这种矛盾,一般先用调节剂抑制开花和促进茎生长,等植株接近要求的高度(保证纤维产量)后,再用赤霉素等诱导开花,从而实现生产和制种两不误,不仅显著提高了种植效益,也节约了用地。

(7)代替制种,诱导无籽果实　应用化学控制,诱导葡萄、猕猴桃、辣椒、西瓜等普通品种单性结实,产生无籽果实,而避免繁杂的无籽品种制种过程。如普通的三倍体无籽西瓜制种中,一般第一年普通2倍体西瓜在苗期用秋水仙素处理进行染色体加倍,结实收获后产生4倍体种子;第二年用4倍体与2倍体西瓜杂交,产生3倍体种子;第三年种植3倍体西瓜,由于染色体配对紊乱,产生无籽果实(实际上只是种子少或滞育,并不是绝对无籽)。而应用作物化学控制技术,只需在种植普通西瓜品种的当年,用1%～2%NAA涂雌花,不需授粉,就可当年结出无籽果实。因为没有经过授粉和受精,所以果实中是绝对无籽。

(三)作物化学控制与传统技术措施　传统的作物栽培措施中,除了像整枝、镇压、中耕、修剪等个体修整措施是直接作用于植物体外,其他如耕作、株行配置、施肥、灌溉、除草、植保等措施基本上都是侧重于对植物外部条件的改善,几乎没有从植物内部改变生育进程的普遍手段。化学控制技术的导入,并不排斥这些措施的重要地位,而且只有在相应的株行配置和肥水管理等栽培措施保证下,才能充分实现化学控制的增产作用。重要的是,作物化学控制技术使这些技术充分活化,通过对作物内部信息系统和外部环境条件的双重调控,对作物生长发育更有效地调控,发挥更大的作用。例如,用缩节安调控株型和成铃分布,短季棉密度可增加到15万～25万株/hm^2甚至更高,传统的重施花铃肥可以提前为重施盛蕾肥,增产效果显著。西北内陆棉区(新疆)“矮密早”为代表的棉花栽培体系大面积成功就是作物化学控制技术诱导常规技术革新的范例。另外,高产小麦栽培中,对小麦上返青肥一向是慎之又慎,化学控制措施解除了引起旺长倒伏的后顾之忧,就可提早施肥和加大用量,以充分满足生长发育的需要。实质上,作物化学控制栽培工程正是利用化控与这些常规技术相互融合的新技术体系。

(四)作物化学控制与抗逆增产　常规作物栽培技术体系中的防灾抗逆,基本上是从环境上调整、弥补和加快灾后的恢复,常是迫不得已的,常无增产效果。化学控制技术直接改善了植株的生理机能,提高了作物的免疫力和适应性,可应急使用,也可主动预防,这种双重抗逆效果显然是常规技术所不具备的。例如,中国农业大学多年研究表明,小麦应用20%甲·多微乳剂浸种、拌种和年前喷施可以促进分蘖和壮苗,增加抗寒性和越冬安全性。起身—拔节期喷施不仅可定向控制小麦节间生长,有效防止倒伏,而且改善了根、叶、子粒的发育和功能活性;增加对干旱的适应,补偿干旱造成的生理效应,提高水分利用效率;减缓后期干热风造成的结构受损和功能下降,降低产量和品质损失;正常不倒伏、无逆境的年份,可全面改善产量构成因素,可稳定增产8%～13%。

(五)作物化学控制与模式化栽培　近年来,我国在作物管理上重视高产模式栽培的研究,化学控制工程发展也要靠数学方法和计算机模拟使经验升华到模型设计和控制的水平。随着化学控制技术的导入和普遍应用,作物的形态、组织结构、生理功能,甚至生长发育进程和指标都发生了重大变化,许多传统的丰产模式的形态指标、密度、肥水等技术参数也会相应改变和革新。另外,模式化研究的目标是为了更好指导生产管理,而面对多变环境,如果缺乏有效控制手段。再好的栽培模式也是价值不高的,化学控制技术正是提供了实现栽培模式的最有效控制手段。近年来,作物高产模式栽培研究和生产系统中,已逐渐把化学控制作为其重要因素和内容考虑。

(六)作物化学控制与病虫害防治 化学控制技术使植株健壮,增加了综合抗性,对病虫害侵染的免疫力提高;群体的改变使农田小气候变化,可以创造不利于病虫害发生的环境,减少危害;化学控制技术还可有目的地诱导作物某些性状和次生代谢物以减少病虫侵染,如缩节安处理的棉花叶片加厚、变小、韧性增强、单宁类物质含量增加,棉铃虫在上面产卵减少,虫害减轻;有些植物生长调节剂兼有杀虫、杀菌效果,如多效唑等三唑类调节剂有高效杀菌作用,可防止或减轻纹枯病、白粉病等病害的发生。特别是近期关于与伤害和刺激相关的水杨酸、系统素、乙烯等植物生长物质及其信号转导的研究进展迅速,为利用这些"伤害激素"增强作物抗病虫能力展示了广阔的前景。未来的化学控制栽培工程可能从作物自身和改善环境方面,达到综合防治病虫的效果,减少农药用量和环境污染,降低防治成本。

(七)作物化学控制与作物品质改良 农产品的营养品质、贮藏品质、加工品质和观赏品质,也是人们日益重视的问题。从遗传育种上改良品质是不容易的,因为作物品质多属数量性状,且受环境、栽培技术等因素影响较大。例如,大量品种和栽培条件下的分析结果表明,冬小麦高产与高蛋白多是负相关的,改善环境的常规技术在品质改良上的研究很多,但进展缓慢。植物生长调节剂具有调节同化物运输和分配、协调营养生长和生殖生长的作用,可有效调控营养物质向产品器官运转,达到改良品质的效果。例如,应用 6 - BA 和乙烯利配合在小麦灌浆期使用,可有效延长叶片功能期,改善叶片和根系功能,促进碳、氮、矿质元素等营养物质向子粒中分配,提高产量同时改善品质。苹果等果树上应用果形剂和着色剂可使果实美观、着色好,提高产品的商品价值。

(八)化学控制减少作物收获前和贮存期间损失 在世界范围内,作物收获前和贮存期间发芽、脱落、霉烂、变质等每年都有发生,不仅产品损失巨大,而且严重影响农产品品质,甚至失去应用价值。作物化学控制技术在防止这种损失,延长保鲜和贮存期方面有良好效果。

马铃薯贮存期间易霉烂、发芽,而发芽薯块中形成对人、畜剧毒的龙葵素,失去食用和加工价值,因此每年都有大量马铃薯被抛弃。应用萘乙酸甲酯等调节剂喷布干土或纸屑,然后与马铃薯共存,就能有效防止马铃薯发芽。在洋葱、大蒜等鳞茎类蔬菜的贮存中也存在发芽影响品质的问题,在收获前用萘乙酸、青鲜素等调节剂也可有效解决。"糠心萝卜"也可通过类似的方法防止。

柑橘贮存期间,容易形成"浮皮果",失去食用价值,在采收前用 10～20 mg/L GA 或 1 000 mg/L B_9 喷射,或采果后用 GA 或 B_9 浸果,就可有效防止,延长贮存期和货架期。目前包括美国在内的发达国家普遍采用化学控制技术进行果品和蔬菜保鲜。

另一个例子是水稻、小麦、玉米等禾本科作物,收获前若遇到阴雨天气,容易发生"穗发芽(胎萌)",用脱落酸、茉莉酸等防止穗发芽效果显著,但目前因为成本过高,尚未有大面积应用。随着这些调节剂工业化生产的技术进步和新调节剂的开发,化学控制是最有前景的防止禾本科穗发芽的技术措施。

(九)化学控制提高商品价值 农产品特别是水果和蔬菜的商品价值常与外形、着色、上市季节等有关,应用化学控制技术在改善产品商品品质,提高价值方面,已经有大量成功的例子,并得到越来越广泛的应用。

例如,番茄、香蕉、辣椒、柑橘、柿子等果实为了提前上市或贮存和运输方便,一般在完全成熟前采收,但在上市时存在外观品质不佳的问题。一般用乙烯利催熟和促进着色。例如番茄用2 000～4 000 mg/L乙烯利药液浸1 min,室温下2～3 d可变红;香蕉用1 000 mg/L乙烯利药液浸1～2 min,暗处室温下放置4～5 d即黄熟;辣椒采后800～1 000 mg/L用乙烯利药液浸泡1 min,5～7 d变红;柑橘采前15 d青皮转色时,用200 mg/L乙烯利药液或100～200 mg/L吲熟酯药液喷射,可提早1～2周着色;西瓜在瓜个长足后,用100～500 mg/L乙烯利药液涂抹,可提早5～7 d成熟。

柿子未完全成熟前涩味极重,正常要1～2个月脱涩。若采收前用500 mg/L乙烯利药液喷射柿果,10 d左右可全变黄,15 d左右软化;若采收后用300～1 000 mg/L乙烯利药液浸果几秒钟,3～5 d就可食用。

(十)作物化学控制与经济效益提高　化学控制技术直接参与植物内物质的吸收、运转和调配,调整营养生长和生殖生长的比例,因而不仅能提高单位面积物质的投入容量(如增加施肥等),而且提高肥水等投入的产出效率,其应用的经济效益显著。在棉花系统化学控制条件下,把施花铃肥提早到蕾期和初花期,施肥量不变,就可增产5%～8%。单以化学控制措施计算,在作物上应用的产出投入比如下:棉花应用缩节安为30～40;水稻应用多效唑壮秧为15;油菜应用多效唑壮苗为40～60;小麦应用20%甲·多微乳剂增产为20,对照倒伏情况下更高。在水果、蔬菜等作物上应用化学控制技术调节熟期和进行反季节栽培时,效益可提高数十倍到数百倍。

(十一)作物化学控制与劳动生产率的提高　化学控制技术可把常规作物栽培技术体系中的许多烦琐劳动简化或免除,以简单的药剂处理来取代。例如,果树为保证果实质量和调节大小年,需维持适当的负载量,通常保证通过摘、剪或击打进行疏花疏果,不仅费时费工,而且易伤害树体,应用喷射调节剂可达到更好的效果,如苹果在盛花后15 d喷射15～20 mg/L NAA、1 000～2 000 mg/L西维因、300 mg/L乙烯利或25～150 mg/L 6-BA都可达到理想的疏花疏果的效果。

在棉花上,应用缩节安系统化学控制,可简化整枝或免去整枝;应用乙烯利催熟棉铃和应用脱叶剂脱叶,可以促进集中吐絮,减少纤维混杂,便于机械化收获,大大提高了劳动生产率。在小麦生产中,传统的镇压、深耕断根等措施也随着植物生长延缓剂的应用逐渐被农民所摒弃。

(十二)作物化学控制提高资源利用效率和减少污染　作物化学控制技术不仅可补偿或修复干旱造成的伤害,减少干旱造成的损失,提高水分利用效率。如在我国西北地区钙-赤霉素合剂在小麦抗旱上的应用,黄腐酸等抗旱剂的应用都是较成功的例子。

作物化学控制技术可显著提高土壤肥料利用率,不仅促进植物对土壤中养分的吸收,而且促进向地上部分的运输和分配,特别是协调营养生长和生殖生长关系、源库关系,使营养物质更多向产品器官中分配和积累,从而提高肥料利用率,进而减少了肥料向地下水、大气等环境中的流失。应用DPC、DA6等植物生长调节剂还可以促进大豆、花生、苜蓿、豌豆等豆科作物根瘤形成,提高生物固氮活性,充分利用环境氮源。

作物化学控制在农业发展中的应用潜力远非这些,可以说涉及农业生产的方方面面,并将成为作物生产的主导技术。面临耕地减少和产出压力增加、资源短缺、环境污染,以及全球性气候变化引起的频繁灾害,高效、安全、优质、高产正逐渐成为农业生产的主要目标。化学控制技术的导入为传统作物栽培技术体系增添了新的活力,不仅为夺取作物高效、安全、优质、高产提供了有希望的技术途径,为实现作物生产持续发展提供了有力的技术保障,也为作物生产工程化提供了美好前景，正在使作物栽培过程越来越接近于有目标设计和可控制流程的工业工程。

世界上很多国家都把植物的化学控制列为21世纪重点发展的农业和生物技术之一。印度科学家 Mishra S D 指出：传统技术已处于它们的瓶颈关头，通过化学处理和基因工程揭示激素调节对植物的控制，很可能成为改善产量、诱导对病害抗性和对生物/非生物逆境忍耐性的一把钥匙，因此植物化学控制研究应被称为下一个10年生物技术进步的关键组成部分。美国棉花专家 Cathey G W 指出，当利润率变低和对产量制约因素的管理变得更熟练时，生产者正充满希望地寻求提高生产效率的另外手段，化学生长调节剂为此展现了一个美好前景，这就增加了人们对这种产品的兴趣。作物化学调节在美国发展21世纪早期农业技术白皮书中也被列为10项高新技术之一。

第二节 作物化学控制技术发展方向与趋势

在我国作物化学控制技术已被视为提高作物生产力和实现农业现代化的一项重要资源，其功能潜力的开发将集中在挖掘作物遗传潜能、突破环境因素限制、活化常规栽培措施、获得更高效益效率等方面。其未来发展的方向和趋势总的来说是以下几个方面：

(一)加强新植物生长调节剂的创制工作 植物生长调节物质是作物化学控制技术的关键工具和物质载体，随着研究、应用的深入和对产出要求的提高，作物生产对管理技术不断提出新的要求，需要植物生长调节剂的不断创新和改良。我国是植物生长调节剂应用最广泛的农业大国，而目前应用的调节剂，多数是国外引进或借鉴国外成果仿制的。面对21世纪知识产权保护制度日益国际化的局势，中国要在作物化学控制这一高新技术领域中占一席之地，必须加强新植物生长调节物质的创制和开发，满足生产需要。除不断创造和筛选新化合物，扩大调节剂资源外，还要通过新用途开拓、结构改造、剂型改进、科学复混等充分利用现有的化合物和生物资源，经济高效地开发符合我国国情的新产品、新技术，形成一批在该领域的独立知识产权。

从来源上，生物源或仿生调节剂将逐渐取代化学合成物成为主体；筛选标准和作用靶标将从形态、生理转向分子水平的代谢和基因表达；调节剂型趋于多样化，纳米调节剂、基因调节剂等新剂型将发挥重要作用等。

(二)加强对植物生长调节剂的管理和评价 综合效果优异的调节剂和科学合理地使用技术是实施作物化学控制的关键。随着对环境保护和人类健康的日益重视，对植物生长调节剂生产、应用的安全性提出了更高要求，安全和环保将成为首要标准和主体方向。农药研制、农药管理、应用研究和生产应用部门需有机联合，加强对调节剂的管理和评价，特别要重视在应用中的残留与残效问题，建立和推荐安全、高效的作物化学控制技术，限制和禁止有害产品和技术的应用。同时研究和采用准确、高效、便于普及的检测技术，有效监控环境、农产品中的残留和残效。

有研究者提出安全农药的筛选目标为：①高效 达到低用量($\leqslant$163.5 g/hm^2)或极低用量($\leqslant$49.5 g/hm^2)；②低毒：达到微毒安全级，无三致(致癌、致畸和致突变)效应；③生物安全：对鱼和蜜蜂毒性分级达到安全级；④环境安全：农产品和土壤中残留和残效低，降解速度分别达“较短残留”。植物生长调节剂由于效应和作用机理有别于杀虫、杀菌、除草和灭鼠剂，其安全性指标尚待研究确定。

(三)基础研究的深化将引起作物化学控制技术的新发展　尽管作物化学控制技术已得到广泛的应用,但其调控生长发育的确切机制尚不清楚。随生物科学,特别是分子生物学、分子遗传学、生物信息学等新学科、新技术的迅速发展,使从分子和基因表达水平更深入揭示植物生长发育的激素调控和作物化学控制机理成为可能,无疑会对作物化学控制研究提供新思路、新方法,对提升化学控制研究和应用的水平有重大意义,而且可能导致化学控制技术本身的革新。

植物生长调节剂和化学控制技术可以实现分子和基因水平的“靶标”设计,目的性、有效性、稳定性更强。如基于抑制乙烯的保鲜剂,已经开始针对乙烯生物合成、乙烯受体和信号转导等关键位点的关键蛋白或基因进行分子设计和筛选。以基因表达产物为标的物、应用生物芯片的高通量筛选技术将使调节剂开发的效率大幅度提高。

突破传统农药施用的概念,作物化学控制技术将趋于多样化。如利用基因工程,把激素合成、代谢的控制基因转入植物,可以控制内源激素系统,诱导植物自己根据需要产生激素,代替原来的常规调节剂处理方法,节约用工,减少外界环境的影响,大幅度提高使用效益。如利用基因工程技术,将细胞分裂素合成途径中关键酶——异戊烯基转移酶的控制基因 *ipt*,与衰老特异性启动子 *SAG12* 等构建嵌合基因并转入棉花、烟草、水稻、草坪草等植物中,表达后植株内 CTK 水平提高了几十倍,衰老延缓。而且这种 CTK 的增加只在衰老引起 CTK 下降到一定水平后表达。这不但从另一个角度证实了细胞分裂素对衰老等生理过程的作用,实质上这可视为化学控制技术的新形式,即通过基因转移代替传统的喷施等处理方式。另一个成功的例证有:把 ACC 合成酶的反义 RNA 转入番茄,可以代替乙烯抑制剂有效推迟番茄软化。

另外,植物生长调节剂可与其他农用品结合,实现一剂多能、一用多效,减少田间操作,增加应用效果。如与种衣剂的结合,复合杀虫、杀菌、保水、提供营养、驱离有害动物等多种功能,配合缓施等技术,实现多种技术的高度集约化,在播种时一次使用,满足作物生育过程中多阶段的多种需要。

作物化学控制技术的应用范围将进一步扩大,改善产品品质、诱导抗逆性、提高效益、保障工业化栽培等将成为重要目标。

(四)作物化学控制技术与传统栽培技术的革新和融合　作物化学控制作为一项新技术,其潜力远未得到充分发挥,这涉及化学控制技术与中国多年来形成的作物栽培技术体系的关系,这将成为今后相当长的一段时间内的研究内容。作物化学控制技术对多熟种植、品质改良、模式化栽培、抗逆减灾、劳动效率和经济效益的提高等有积极作用,在与良种、肥水管理、株行配置、病虫害防治等措施互补结合上有很大潜力。

(五)作物化学控制栽培工程是化学控制技术应用的方向　要充分挖掘作物化学控制技术提高生产力的潜力,重要途径是建立和实施作物化学控制栽培工程。作物化学控制栽培工程是化学控制技术与常规栽培措施革新有机融合而产生的新技术体系,一般模式是从种子萌发开始,采用一系列必要的植物生长调节剂,在调节内源激素系统及基因表达的基础上,对植物各生长发育过程进行定向诱导。由于被诱导的植株无论从个体形态或是群体结构都发生了改变,因此对物质、能量和环境需求均产生了新的变化,原有的栽培技术也要相应变革。以化学控制技术为主导的新栽培技术体系,通过外部环境加内部激素系统的双重调控,有效地控制作物的生长发育过程,从而为农业夺取高产提供了极大可能,并使作物栽培过程接近于有目标设计和可控制生产流程的工业工程。

作物化学控制栽培工程的构建原理主要有两方面：一是定向诱导。其目标是：外形修饰与改善内部生理功能同步；协调地上部和地下部生长达到壮根健株；协调营养生长和生殖生长，促进产量形成。二是双重调控。经化学控制技术形态修饰的植株，发育过程中对环境的需求发生了变化，必须配合原有技术措施的革新。可见作物化学控制栽培工程是对作物进行内部激素系统和外部环境的双重调控，其最大特点是"双向抗逆"，既可以在不良环境和管理措施失当造成不正常发育时对症应用；又往往使植株整体机能改变，提高作物综合抗性，起到预防作用。因为同时考虑了内部和外部的因素，形成的技术稳定、安全系数高，对环境变化和栽培技术失当的应变弹性大。

化学控制栽培工程的理论体系和技术体系是我国科学家的首创，是作物生产管理观念上的革新和技术上的重大突破，在作物生产中已显示出强大的功能和广阔的应用前景。如虽然我国缩节安应用为主的对症应用和系统化控技术已经成为棉花生产普遍应用的保障措施，但其增产潜力远未得到充分发挥，若全部实施棉花化学控制栽培工程，就可再稳定增产10%～15%。

作物化学控制栽培工程是多学科交叉和相互渗透的结果，又是理论与实践结合的产物，其潜力的进一步开发必然要综合多学科的研究成果、技术和方法，从基础和应用技术两个方面，向宏观和微观两个方向发展。为使我国作物化学控制栽培工程规范化地推广应用，在高产优质高效生产中发挥更大作用，应重视如下的实施策略：

从作物整个生育期着眼，在整株和大田条件下，系统地而不是局部地或零星地研究作物生长发育过程中的激素调节及化学控制效应，以及化学控制条件下作物对物质能量需求的变化，为化学控制技术和化学控制工程研究提供科学的依据和理论指导。

要重视在不同生态地区，从群体水平上，研究化学控制技术与其他措施在不同条件下的复合效应，确定并完善棉花化学控制栽培工程的技术组成及各种技术参数，建立高产模式的人工智能管理系统，实现群体结构动态发展的科学决策和保证按设计目标进程的有效控制。

参考文献

[1] 陈万义. 新农药研究与开发. 北京：化学工业出版社，1996.

[2] 何钟佩，李丕明，奚惠达，等. 中国棉花化控栽培工程的建立和发展. 植物学通报，1995，12(增刊)：873-875.

[3] 何钟佩，田晓莉，段留生. 作物激素生理及化学控制. 北京：中国农业大学出版社，1997.

[4] 李丕明，奚惠达，何钟佩，等. 农作物化控栽培工程技术的发展与中国农业现代化前景. 北京农业大学学报，1991，17(增刊)：1-5.

[5] 李丕明，奚惠达，何钟佩，等. 作物生长发育的激素调节和化学控制. 见：全国生命科学前沿学术研讨会论文集. 北京：中国科学技术出版社，1988，187-1893.

[6] 潘瑞炽. 潘瑞炽植物生理论文选集. 广州：广东高等教育出版社，2002.

[7] Buchanan B B，Gruissem W，Jones R L. Biochemistry& Molecular Biology of Plants. The American Society of Plant Physiology，2003.

[8] Kefeli V I，Kalevitch M V，Borsari. B. Natural Growth inhibitors and phytohormones in plants and Environment. Dordrecht/Boston/London：Kluwer Academic Publishers，2003.

复习思考题

1. 简要分析作物化学控制技术与育种和生物技术的关系。
2. 作物化学与常规作物栽培技术有哪些方面可以结合?
3. 面向 21 世纪植物生长调剂新产品和作物化学控制新技术筛选的目标是什么?
4. 为什么说作物化学控制栽培工程是作物化学控制技术的发展方向?
5. 从基础研究、应用等方面,说明建立作物化学控制栽培工程需要进行的工作方向。

讨 论 题

1. 重新讨论本书"绪论"后的"讨论题 1",对所讨论的技术你有何重新认识,对列出的疑问解决了多少?
2. 结合新学科新技术的发展,讨论作物化学控制作为新学科进一步完善发展的潜力和方向。
3. 以您熟悉的一种作物为例,说明化学控制技术在开发该作物遗传、生理潜力,提高生产力方面的作用。

英中文名词对照
（按英文字母顺序排列）

A

ABA　脱落酸
ABP，auxin binding-protein　IAA 结合蛋白
abscisic aicd（ABA）　脱落酸
abscisin Ⅱ　脱落素Ⅱ
abscission　脱落
abscission layer　离层
absolute growth rate　绝对生长速率
absorption　吸附作用
absorption spectrum　吸收光谱
ACC　1-氨基环丙烷-1-羧酸
acetylcholine　乙酰胆碱
acid growth theory　酸生长理论
acidification　酸化作用
aconitase　顺乌头酸酶
acropetally transport　向顶运输
actinomycin D　放线菌素 D
action potential（AP）　动作电位
activase　激活酶
activators　激活物
active absorption　主动吸收
active oxygen　活性氧
active transport　主动运输
additive effect　相加效应
adenosine triphosphatase（ATPase）
腺苷三磷酸酶
adenosine triphosphate（ATP）　腺苷三磷酸
adenylate kinase　腺苷酸激酶
adhesion　黏附力
adhesion，plasticity　粘连
ADI　每日允许摄入量
ADP-glucose pyrophosphorylase
ADP-葡萄糖焦磷酸化酶
adventitious root　不定根
aerobic respiration　有氧呼吸
affinity　亲和力
after ripening　后熟作用
after-effects　残效
aggregation　聚集
aging　老化
alcohol fermentation　酒精发酵
alkaline soil　碱土
allantoin　尿囊素
allelochemical　他感化合物
allelopathy　相生相克
allelospoly　相互竞争
allergens　应变素
allogamy　异花授粉
alternative oxidase　交替氧化酶
alternative pathway　交替途径
1-amino-cyclopropane-1-carboxylic acid
（ACC）　1-氨基环丙烷-1-羧酸
amino-ethoxyvinyl glycine（AVG）
氨基乙氧基乙烯基甘氨酸
amino-levulinic acid　氨基酮戊酸
5-amino-naphthalene-1-acetic acid
5-氨基萘乙酸
amino-oxyacetic acid（AOA）　氨基氧乙酸
aminotransferase　转氨酶
ammonification　氨化作用
amylase　淀粉酶
amylopectin　支链淀粉
amyloplast　淀粉体
amylose　直链淀粉
anaerobic protein　厌氧蛋白
anchor membrane protein　膜锚蛋白
ancymidol　嘧啶醇
antagonism　拮抗作用
anthesin　开花素
antibiotic resistance gene　抗生素抗性基因
antifreeze protein　抗冻蛋白
antiport　反向传递
antisense RNA　反义 RNA

antitranspirant 抗蒸腾剂
AOA 氨基氧乙酸
apical dominance 顶端优势
apoplasmic phloem loading 质外体装载
apoplast 质外体
apoplast pathway 质外体途径
apoplastic transport 质外体运输
apoprotein 脱辅基蛋白
apoptosis 凋亡
apparent free space 表观自由空间
apportion 分配
aquaporins 水孔蛋白
arabinogalactan protein 阿拉伯半乳糖蛋白
ascorbate oxidase 抗坏血酸氧化酶
ascorbic acid 抗坏血酸
asparagines synthase 天冬酰胺合酶
aspartate amino transferase
天冬氨酸转氨酶
aspartate(Asp) 天冬氨酸
aspirin 阿司匹林
assimilate transportation 同化物运输
assimilate 同化物
assimilation 同化作用
assimilatory power 同化力
atonik 复硝盐
ATP 腺苷三磷酸
ATPase 腺苷三磷酸酶
autocatalysis 自动催化作用
autointoxication 自毒作用
autolysis 自溶作用
autotropism 自养性
auxin efflux carrier IAA 流出载体
auxin gradient theory 生长素梯度学说
auxin(IAA) 生长素
AuxRD,auxin response domain IAA 响应域
AuxRE,anxin responsive element
IAA 响应元件
avena curvature test
燕表胚芽鞘弯曲实验法
avena test 燕麦试法
AVG 氨基乙氧基乙烯基甘氨酸
azide 叠氮化物
5-azidonaphthalen-1-acetic acid
5-叠氮氨基萘乙酸

B

6-BA 6-苄氨基嘌呤,6-苄基腺嘌呤
breakdown 降解
B_9 比久,二甲胺基琥珀酰胺酸
balance solution 平衡溶液
base pairs(bp) 碱基对
basipetally transport 向基运输
beneficial elements 有益元素
6 - benzyl adenine(6 - BA)
6 - 苄氨基嘌呤,6 - 苄基腺嘌呤
betaines 甜菜碱
bi-directional transport 双向运输
binary vectors 双载体
binding protein 结合蛋白
bioassay 生物测定
biological clock 生物钟
biological nitrogen fixation 生物固氮
biological oxidation 生物氧化
biomacromolecule 生物大分子
biomembrane 生物膜
biomolecule 生物分子
bleeding sap 伤流液
blot 印迹
bound auxin 束缚型生长素
bound water 束缚水
branching enzyme 分支酶
brassin 油菜素
brassinolide 芸薹素内酯
brassinolide(BR) 芸薹素内酯,油菜素内酯
brassinosteroids(BRs) 油菜素甾醇类物质
BSC,bundle sheath cell 维管束鞘细胞
bud dormancy 芽休眠
bulk flow 集流

C

cadaverine 尸胺
callose 胼胝质
callus 愈伤组织
Calvin cycle 卡尔文循环
CaM,calmodulin 钙调素
CaM · PK 依赖 Ca^{2+} · CaM 的蛋白激酶

cAMP,cyclic adenosine monophosphate 环腺苷酸
CaMV,cauliflower mosaic virus 花椰菜花叶病毒
capillarity 毛细作用
carbaryl 疏果安
carbon assimilation 碳素同化作用
carbon dioxide assimilation 碳同化
carbonic anhydrase 碳酸酐酶
2-carboxy-D-arabinitol-1-phosphate 2-羧基-D-阿拉伯糖醇-1-磷酸
2-carboxy-3-ketoarabinitol-1, 5-bisphosphate 2-羧基-3-酮基阿拉伯糖醇-1,5-二磷酸
carboxylation efficiency 羧化效率
carboxylation phase 羧化阶段
carotene 胡萝卜素
carotenoid 类胡萝卜素
carotenoid pathway 类胡萝卜素途径
carrier protein 载体蛋白
carrier 载体
CAT,catalase 过氧化氢酶
catechol oxidase 儿茶酚氧化酶
cation exchange capacity 离阳子交换能力
causal organism 病原物
cavitation 气穴现象
CC 氯化胆碱
CCC 矮壮素
cDNA library cDNA 文库
CDPK 依赖 Ca^{2+} 的蛋白激酶
cell clone 细胞克隆
cell cycle 细胞周期
cell differentiation 细胞分化
cell division 细胞分裂
cell fusion 细胞融合
cell membrane 细胞膜
cell organelle 细胞器
cell plate 细胞板
cell recognition 细胞识别
cell reproduction 细胞繁殖
cell sap 细胞液
cell wall 细胞壁
cellular aging 细胞衰老
cellulase 纤维素酶
cellulose 纤维素
central vacuole 中央液泡
cGMP 环鸟苷酸
channel protein 通道蛋白
channel 通道
chemical potential 化学势
chemical signal 化学信号
chemiosmotic hypothesis 化学渗透学说
chemotropism 向化性
chilling injury 冷害
chilling resistance 抗冷性
chitin 几丁质
chitinase 几丁质酶
chitosan 甲壳胺
chlorocholine chloride(CCC) 矮壮素
2-chloroethyl phosphonic acid 2-氯乙基磷酸
chlorofluorocarbous 氯氟代烃
4-chloroIAA,4-chloroindole-3-acetic acid 4-氯吲哚-3-乙酸,4-氯吲哚乙酸
chlorophyll(Chl) 叶绿素
chloroplast envelope 叶绿体被膜
chloroplast 叶绿体
chlorosis 缺绿症
choline chloride(CC) 氯化胆碱
chromatid 染色单体
chromatin 染色质
chromosome 染色体
circadian rhythm 昼夜节律
cis-ferulic acid 顺式阿魏酸
cis-p-coumaric acid 顺式-p-香豆酸
citrate synthase 柠檬酸合成酶
citric acid cycle 柠檬酸循环
clone 克隆
CO_2 compensation point 二氧化碳补偿点
CO_2 saturation point 二氧化碳饱和点
CoA,coenzyme A 辅酶 A
coactivators 辅激活物
cohesion 内聚力
colchicine 秋水仙素
cold hardening 抗寒锻炼
cold regulated protein 冷调节蛋白
cold responsive protein 冷响应蛋白

cold shock protein 冷击蛋白
coleoptile 胚芽鞘
colloid 胶体
compartmentation 区域化
compatibility 亲和性
complementation 互补
complex lipids 复合脂类
condensation 凝聚
conjugated gibberellin 束缚型赤霉素
consensus sequence 共同序列
constitutive enzyme 结构酶
conversion 转换
coronatine 冠菌素
correlation 相关性
cotransport 共转运
cotransport 共运转
coupled site 耦联部位
coupling factor 耦联因子
covalent bond 共价键
critical dark period 临界暗期
critical daylength 临界日长
critical period of water 水分临界期
critical water potential 临界水势
crop chemical control/regulation/manipulation
作物化学控制技术
cross adaptation 交叉适应现象
cross tolerances 交叉忍耐
CTK,cytokinin 细胞分裂素
cuticular transpiration 角质蒸腾
cyanide 氰化物
cyanide-resistant oxidase 抗氰氧化酶
cyanide-resistant respiration 抗氰呼吸
cyclic electron transport 环式电子传递
cyclic fatty acid 环脂肪酸
cyclic photophosphorylation
环式光合磷酸化
cyclin-dependent protein kinase(CDK)
周期素依赖蛋白激酶
cycloheximide 亚胺环己酮
cyclopropene 环丙烯
cyclosis 细胞质环流
cytochalasin B 细胞松弛素 B
cytochrome b(Cytb) 细胞色素
cytochrome oxidase 细胞色素氧化酶
cytokinin oxidase 细胞分裂素氧化酶
cytoplasm 细胞质
cytoplasmic matrix 胞基质
cytoplasmic matrix 细胞质基质
cytosis 膜动转运
cytoskeleton 细胞骨架
cytosol 细胞浆

D

2,4-D 2,4-二氯苯氧乙酸
DA6 胺鲜酯,已酸二乙氨基乙醇酯
DACP 重氮基环戊二烯
daily periodicity 昼夜周期性
daminozide 比久,B_9,二甲胺基琥珀酰胺酸
dark respiration 暗呼吸
dark seed 需暗种子
day-neutral plant 日中性植物
de novo biosynthesis 从头生物合成
death hormone 死亡激素
debranching enzyme 脱支酶
decarboxylation 脱羧作用
dedifferentiation 脱分化
deficiency mutants 缺失型突变体
dehydrozaluzanin 倍半萜烯
denitrification 反硝化作用
density 密度
deplasmolysis 质壁分离复原
depolarization 去极化
depressant 抑制剂
determinate growth 有限生长
development 发育
devernalization 去春化作用
devernalization 脱春化
DG 甘油二酯,二酰甘油
diacylglycerol(DG, DAG)
二酰甘油,甘油二酯
diaminopropane 二氨丙烷
diazocyclopentadiene(DACP)
重氮基环戊二烯
2,4-dichlorobenzonitrile 2,4-二氯苯腈
2,4-dichlorophenoxyacetic acid(2,4-D)
2,4-二氯苯氧乙酸

2-2,4-dichlorophenoxytrialkylamine
2-2,4-二氯苯氧基-乙基-二乙胺
dichlorprop　防落灵
diethyl aminoethyl hexanoate(DA6)
胺鲜酯,己酸二乙氨基乙醇酯
differentiation　分化
diffusion　扩散作用
dihydrophaseic acid　二氢红花菜豆酸
dihydroxyacetone phosphate(DH-AP)
二羟丙酮磷酸
dihydrozeatin (DHZ)　二氢玉米素
dimethyl aminosuccinamic acid
比久,B_9,二甲胺基琥珀酰胺酸
3,3-dimethyl-cyclopropene(3,3-DMCP)
3,3-二甲基环丙烯
dimorphism　二型性
dinitrophenol(DNP)　二硝基酚
dioecious plant　雌雄异株植物
dioxindole-3-acetylaspartate
二氧吲哚-3-乙酰天冬氨酸
diphenylurea　二苯脲
disassimilation　异化作用
disease　病害
disease resistance　抗病性
disease producing germ　病原菌
diuron　敌草隆
DNA ligase　DNA连接酶
DNA polymerase Ⅰ　DNA聚合酶Ⅰ
DNP　二硝基酚
dominant sink　主导库
donor-receiver agar block method
供体-受体琼脂块法
dormancy　休眠
dormin　休眠素
double fertilization　双受精
double sigmoid growth curve
双"S"形生长曲线
down-regulation　下调作用
DPC　调节啶,甲哌鎓,缩节安
drought injury　旱害
drought resistance　抗旱性
drought stress　干旱胁迫

E

reaction center pigment　反应中心色素分子
early gene　早期基因
ecological physiology　生态生理学
economic coefficient　经济系数
efficiency for solar energy utilization
光能利用率
electrochemical potential
电化学势
electrochemical potential gradient
电化学势梯度
electrogenic pump　致电泵
electron transfer　电子传递
electron transport chain　电子传递链
electronegative　电负性
electroneutrality　电中性
elicitor　激发子
embryo　种胚
embryogenesis　胚胎发生
embryoid　胚状体
empty seed coat technique　空种皮技术
endocytosis　内吞
endomembrane system　内膜系统
endoplasmic reticulum(ER)　内质网
energy charge　能荷
energy gradient　能量梯度
enhancer　增强子
enolase　烯醇化酶
environmental pollution　环境污染
environmental stress　逆境
enzyme complex　酶复合体
enzyme linked immunosorbent assay
酶联免疫吸附检测法
epinasty　偏上性
epistotic dormancy　强迫休眠
essential element　必需元素
ETH　乙烯
ethephon　乙烯利
ethrel　乙烯利
ethylene(ETH)　乙烯
etiolation　黄化现象
etychlozate　吲熟酯

eukaryote 真核生物

eukaryotic cell 真核细胞

exchange absorption 交换吸附

excited state 激发态

exocytosis 外排

exons 外显子

expansin 扩张蛋白

explant 外植体

expression vector 表达载体

extensin 伸展素,伸展蛋白

extrinsic protein 外在蛋白

F

facilitated diffusion 协助扩散

FAD 嘌呤二核苷酸

farnesyl pyrophosphate 法呢基焦磷酸

far-red light 远红光

fatty acid 脂肪酸

FBP,fructose-1,6-bisphosphate 果糖-1,6-二磷酸

FC,fusicoccin 壳梭孢菌素

Fd 铁氧还蛋白

feedback inhibition 反馈抑制

feedback regulation 反馈调节

feedforward activation 前馈活化

Fermentation 发酵

ferredoxin(Fd) 铁氧还蛋白

ferredoxin-$NADP^+$ reductase(FNR) 铁氧还蛋白-$NADP^+$还原酶

fertility change 育性转化

fertilization 受精作用

field capacity 田间持水量

first messenger 第一信使

flavin adenine dinucleotide(FAD) 腺嘌呤二核苷酸

flavin mononucleotide (FMN) 黄素单核苷酸

flood injury 涝害

flood resistance 抗涝性

floral determinated state 成花决定态

floral evocation 成花启动

floral induction 成花诱导

florigen 成花素

flower bud differentiation 花芽分化

flower initiation 花发端

fluid mosaic model 流动镶嵌模型

fluidity 流动性

flumetralin 抑芽敏

fluorescence 荧光

fluorescence quencher 荧光猝灭剂

foliar nutrition 叶面营养

forchlorfenuron 吡效隆

fosamine ammonium 调节膦

free auxin 游离型生长素

free radical 自由基

free space 自由空间

free water 自由水

freezing injury 冻害

freezing resistance 抗冻性

fructokinase 果糖激酶

fructose-1,6-bisphosphate phosphatase 果糖-1,6-二磷酸酯酶

fructose-6-phosphate 果糖-6-磷酸

G

growth curve 生长曲线

G6P,glucose-6-phosphate 葡萄糖-6-磷酸

GA 赤霉素

GA_3 赤霉素3,赤霉酸

GAP,glycerol-3-phosphate 甘油醛-3-磷酸

gas chromatography 气相色谱

GDH,glutamate dehydrogenase 谷氨脱氢酶

gel 凝胶

gene family 基因家族

gene library 基因文库

gene tagging 基因标记

generatine apospory 生殖细胞无孢子生殖

genetic engineering 基因工程

genome DNA library 基因组DNA文库

genomes 基因组

germination 萌发

gibberellane 赤霉烷

gibberellin 4(GA_4) 赤霉素4

gibberellin(GA) 赤霉素

gibberellins 7(GA_7) 赤霉素7

gibberellins acid(GA_3) 赤霉素3,赤霉酸

girdling experiment　环割试验
glucose-6-phosphate dehydrogenase
葡萄糖-6-磷酸脱氢酶
glutamate-glyoxylate aminotransferase
谷氨酸-乙醛酸转氨酶
glutathione　谷胱甘肽
glycerate kinase　甘油酸激酶
glycerol-3-phosphate　甘油-3-磷酸
glycerol-3-phosphate dehydrogenase
甘油-3-磷酸脱氢酶
glycerol-3-phosphate dehydrogenase
甘油醛-3-磷酸脱氢酶
glycine betaine　甘氨酸甜菜碱
glycocalyx　糖被
glycolipid　糖脂
glycolysis　糖酵解
glyphosate　草甘膦
glyphosine　增甘膦
GOGAT,glutamate synthase　谷氨酸合酶
Golgi body　高尔基体
GPX,glutathion-peroxidase
谷胱基肽过氧化物酶
GR, glutathione reductase　谷胱甘肽还原酶
grana lamella　基粒片层
grand period of growth　生长大周期
granule-bound starch synthase
结合态淀粉合成酶
gravitational potential　重力势
gravitropism　向重性
green fluorescent protein　绿色荧光蛋白
green-sulfur bacteria　绿色硫细菌
ground state　基态
group effect　集体效应
growth　生长
growth and development　生长发育
growth efficiency　生长效率
growth inhibitor　生长抑制剂
growth periodicity　生长的周期性
growth regulator　生长调节剂
growth respiration　生长呼吸
growth retardant　生长延缓剂
GS,glutamine synthetase　谷氨酰胺合成酶
GSI,gametophytic self-incompatibility
配子体型不亲和
GTP binding proteinG-protein　G蛋白
guard cell　保卫细胞
guttation　吐水

H

halphyte　盐生植物
haploid androgenesis　单倍体孤雄生殖
haploid apogamr　单倍体无配子生殖
haploid parthenogenesis　单倍体孤雌生殖
hardening　锻炼
hardiness　抗性
heat injury　热害
heat resistance　抗热性
heat shock protein(HSP)　热激蛋白
heliangint　菊芋素
hemicellulose　半纤维素
hexokinase　己糖激酶
high performance liquid chromatography
高效液相层析
high temperature stress　高温胁迫
Hill oxidant　希尔氧化剂
HMP,hexose monophosphate pathway
己糖磷酸途径
homeotic gene　同源异型基因
homeotic mutant　同源异型突变体
homeotic mutation　同源异型突变
homodimer　同型二聚体
hormone receptor　激素受体
host　寄主
housekeeping genes　管家基因
HRGP,hydroxy proline-rich glycoprotein
羟脯氨酸糖蛋白
HSP　热激蛋白
humic acid　黄腐酸
hydration compensation point　水合补偿点
hydrogenase　氢化酶
hydrophytes　水生植物
hydrotropism　向水性
hydroxyproline, Hyp　羟脯氨酸
hydroxypyruvate reductase
羟基丙酮酸还原酶
hyperpolarization　超极化

hyperpolarization 过极化
hypersensitive reaction 过敏反应
hyponasty 偏下性

I

IAA 吲哚乙酸，生长素
IAA oxidase 吲哚乙酸氧化酶
IAA-lysinesynthetase 生长素 - 赖氨酸合成酶
IAA-N-aspartate
IAA - 天冬氨酸氨基结合物
IAM pathway 吲哚 - 3 - 乙酰胺途径
IAN pathway 吲哚乙腈途径
IBA 吲哚丁酸
imbibition 吸胀作用
immobilized cells 固定化细胞
indeterminate growth 无限生长
indole acetaldehyde 吲哚乙醛
indole acetonitrile 吲哚乙腈
indole acetyl aspartic acid
吲哚乙酰天冬氨酸
indole acetyl glucose 吲哚乙酰葡萄糖
indole acetyl inositol 吲哚乙酰肌醇
indole propionic acid 吲哚丙酸
indole pyruvic acid 吲哚丙酮酸
indole-3-acetic acid(IAA) 吲哚乙酸
indole-3-butyric acid(IBA) 吲哚丁酸
Indoleacetic acid(IAA) 吲哚乙酸
induced enzyme 诱导酶
induced parthenocarpy 诱导性单性结实
information 信息
inhentance resistance 遗传抗性
inner membrane 内膜
integral protein 插入蛋白
integration 整合
intercellular layer 胞间层
intermembrane space 膜间空间
intrinsic protein 内在蛋白
introns 内含子
invertase 转化酶
inward K^+ channel 内向 K^+ 通道
4-iodo-phenoxy acetic acid 4 - 碘苯氧乙酸
4-iodophenoxyacetic acid(IPA) 增产灵
ion antagonism 离子拮抗
ion channel 离子通道
ion exchange 离子交换
ionophore depressant 离子载体抑制剂
iP 异戊烯基腺嘌呤
IP_3，inositol-1，4，5-triphophate 三磷酸
IPA pathway 吲哚 - 3 - 丙酮酸途径
iPA 异戊烯基腺苷
IPGSA，International Plant Growth Substance Association 国际植物生长物质学会
iron-sulfur flavoprotein 铁硫黄素蛋白
iron-sulfur protein 铁硫蛋白
isocitratelyase 异柠檬酸裂解酶
isocitric acid dehydrogenase
异柠檬酸脱氢酶
isolated system 孤立体系
isomerase 异构酶
isopentenyl adenosine(iPA) 异戊烯基腺苷
isopentenyl pyrophosphate 异戊烯焦磷酸
isopentenyl transferase 异戊烯转移酶
isopentenyladenine(ip) 异戊烯基腺嘌呤

J

JA 茉莉酸
JA-Me 茉莉酸甲酯
jasmonates 茉莉酸类
jasmonic acid(JA) 茉莉酸
juvenile phase 幼年期

K

Kanamycin 卡那霉素
kaurene 贝壳杉烯
α-ketoglutaric acid dehydrogenase complex
α - 酮戊二酸脱氢酶复合体
kinesin 驱动蛋白
KT，kinetin 激动素

L

logarithmic phase 指数期
lactate fermentation 乳酸发酵
lactic acid dehydrogenase 乳酸脱氢酶
lactonase 内酯酶
lag phase of photosynthesis 光合滞后期
LAI 叶面积系数

lamellae 片层
late embryogenesis abundant protein (LEA) 胚胎发育晚期丰富蛋白
late gene 晚期基因
lateral root 侧根
LC_{50} 半致死剂量浓度
LD_{100} 绝对致死剂量
LD_{50} 半致死剂量
leaf area index(LAI) 叶面积系数
lectins 凝集素
lenticular transpiration 皮孔蒸腾
leucine zipper 亮氨酸拉链
life cycle 生命周期
light compensation point 光补偿点
light reaction 光反应
light regulated element 光调节因子
light saturation point 光饱和点
light seed 需光种子
light-harvesting pigment 集光色素
lignification 木质化作用
lignin 木质素
linear phase 线性期
linoleic acid 亚油酸
linolenic acid 亚麻酸
lipid hydroperoxide 脂质氢过氧化物
lipid peroxy radical 脂质过氧化自由基
lipid radical 脂质自由基
lipoic acid 硫辛酸
lipositol 磷脂
lipoxygenase 脂氧合酶
liquid crystalline state 液晶态
long lived mRNA 长命 mRNA
long-day plant 长日植物
low-temperature-induced protein 低温诱导蛋白
lumen 囊腔
lunlaric acid 半月苔酸
lysosome 溶酶体

M

molecular biology 分子生物学
macroelement 大量元素
maintenance respiration 维持呼吸
malate synthetase 苹果酸合成酶
malate 苹果酸
maleic hydrazide(MH) 马来酰肼
maleic hydrazide(MH) 青鲜素
malic acid dehydrogenase 苹果酸脱氢酶
malic enzyme 苹果酸酶
malomdiadehyde(MDA) 丙二醛
maltase 麦芽糖酶
MAPK 有丝分裂原蛋白激酶
MAPKmitogen-activated protein kinase 分裂素原激活蛋白激酶
mass flow 集流
matrix 基质
matrix potential 衬质势
maturation 成熟
MC 调节啶,甲哌鎓,缩节安
1-MCP 1-甲基环丙烯
MDA 丙二醛
medium 培养基
membrane lipid peroxidation 膜脂过氧化
mepiquate choloride(MC,DPC) 调节啶,甲哌鎓,缩节安,N,N-二甲基哌啶鎓氯化
meristm 分生组织
mesophyll cell 叶肉细胞
message transportation 信息传递
metabolic sink 代谢库
metabolic source 代谢源
metabolism 代谢
methionine 甲硫氨酸
methyl jasminate(JA-Me) 茉莉酸甲酯
1-methylcyclopropene(1-MCP) 1-甲基环丙烯
5′-methyl-thioribose 5′-甲硫基核苷
MH 青鲜素,马来酰肼
microbody 微体
microelement 微量元素
icroinjection technique 微注射法
microtubule 微管
midday depression of photosynthesis 光合午睡现象
middle lamella 中层
mineral element 矿质元素
mineral nutrition 矿质营养

mitochondria 线粒体
mixture formulation 混剂
molecular recognition 分子识别
monoclonal antibody 单克隆抗体
monoecious plant 雌雄同株异花植物
monophenol oxidase 单酚氧化酶
morphactin 整形素
morphogenesis 形态建成
motor response 运动反应
MRI 农药最大残留限量
multiple crop index 复种指数
MVA,mevalonic acid 甲瓦龙酸,甲羟戊酸
2M-4X 二甲四氯
mycorrhiza 菌根
myricylalcohol 蜂蜡醇

N

N^6-furfurylaminopurine 6-呋喃氨基腺嘌呤
NAA 萘乙酸
NAAm 萘乙酰胺
naphthalene acetamide(NAAm) 萘乙酰胺
naphthalene acetic acid(NAA) 萘乙酸
naphthoxyacetic acid 萘氧乙酸
naphthyphthalamic acid
萘基邻氨甲酰苯甲酸
naphthyphthalamic acid(NPA)
萘基邻氨甲酰苯甲酸
NAR,net assimilation rate 净同化率
nastic movement 感性运动
natural parthenocarpy 天然单性结实
necrosis death 坏死性死亡
necrotic spot 枯斑
negative chemical signal 负化学信号
negative effector 负效应物
negative gravitropism 负向重性
neighbouring cell 邻近细胞
neoxanthin 新黄质
net photosynthetic rate 净光合速率
NiR 亚硝酸还原酶
nitrate reductase(NR) 硝酸还原酶
nitrification 硝化作用
nitrilase 腈水解酶
nitrite reductase (NiR) 亚硝酸还原酶
nitrocellulose 硝化纤维素
nitrogenase 固氮酶
noncyclic electron transport
非环式电子传递
noncyclic photophosphorylation
非环式光合磷酸化
NPA 萘基邻氨甲酰苯甲酸
NR 硝酸还原酶
nuclear matrix 核基质
nucleic acid 核酸
nudeotide 核苷酸
nutrient deficiency symptom 营养缺乏症
nutrient diversion 营养转移
nyctinasty 感夜性

O

OAA 草酰乙酸
ocoumaric acid 邻香豆酸
oleic acid 油酸
oligomycin 寡霉素
oligosacharin 寡糖素
onium 鎓类
open system 开放体系
operon 操纵子
opine 冠瘿碱
organ-forming substances 器官形成素
orthodox seed 正常性种子
osmosis 渗透作用
osmotic absorption of water 渗透吸水
osmotic adjustmont 渗透调节
osmotic potential 渗透势
osmotic stress 渗透胁迫
osmotin 渗调蛋白渗调素
outer membrane 外膜
outward K^+ channel 外向 K^+ 通道
oxaloacetic acid(OAA) 草酰乙酸
Ox-IAA,oxindole-3-acetic acid
羟吲哚-3-乙酸
oxidative burst 氧化激发
oxidative phosphorylation 氧化磷酸化
oxygen free radical 氧自由基
oxygen saturation point 氧饱和点
oxygen-evolving complex 放氧复合体

P

plant growth regulator 植物生长调节剂
PAA 苯乙酸
paclobutrazol(PP_{333}) 多效唑,氯丁唑
PAL 苯丙氨酸
parachloro-mercuribenzene sulfonate
对氯汞苯磺酸
paraquat 百草枯
parthenocarpy 单性结实
passive absorption 被动吸收
passive transport 被动运输
patch clamp(PC) 膜片钳
pathogenesis related proteins(PR) 病原相关蛋白
P-chlorophenoxyaceticacid 防落素
PCLB α(β-氯苯氧)异丁酸
pectic acid 果胶酸
pectic substances 果胶物质
pectin 果胶
pectinaes 果胶酶
PEP carboxykinase
磷酸烯醇式丙酮酸羧激酶
PEP,phosphenolpyruvate
磷酸烯醇式丙酮酸
PEPC,phosphoenolpyruvate carboxylase
磷酸烯醇式丙酮酸羧化酶
perception 感受
permanent wilting 永久萎蔫
permease 氨基酸透性酶
permease 透过酶
Peroxisome 过氧化物体
pest resistance 抗虫性
petroleum growth substance 石油助长剂
PGA,phosphoglycerate 磷酸甘油酸
PGK,phosphoglyceric kinase
磷酸甘油酸激酶
phaseic acid 红花菜豆酸
phenol oxidase 酚氧化酶
phenylactic acid(PAA) 苯乙酸
phenylalanin(PAL) 苯丙氨酸
phenylalanine ammonia lyase
苯丙氨酸解氨酶
phloem loading 韧皮部装载
phloem protein 韧皮蛋白 P-蛋白
phloem unloading 韧皮部卸出
phonological period 物候期
phosphatase 磷酸酯酶
phosphatidyl ethanolamine(PE)
磷脂酰乙醇胺
phosphatidyl inositol(PI) 磷脂酰肌醇
phosphatidylcholine(PC) 磷脂酰胆碱
phosphatidylglycerol 磷脂酰甘油
phosphatidylserine 磷脂酰丝氨酸
phosphoglucomutase 磷酸葡萄糖变位酶
phosphogluconate 磷酸葡萄糖酸
6-phosphogluconate dehydrogenase
6-磷酸葡萄糖酸脱氢酶
6-phosphogluconolactone
6-磷酸葡萄糖酸内酯
phosphoglyceromutase 磷酸甘油酸变位酶
3-phosphoglyceraldehyde dehydrogenase
3-磷酸甘油醛脱氢酶
phosphoglycolate phosphatase
磷酸乙醇酸磷酸酯酶
Phosphohexoseisomerase 磷酸己糖异构酶
phospholipase 磷脂酶
phospholipase(PLC) 磷脂酶 C
phospholipid 磷脂
phosphorescence 磷光
phosphorhydrolase 磷酸水解酶
phosphorylation 磷酸化作用
phosphotrioseisomerase 磷酸丙糖异构酶
photoaffinity labling 光敏亲和标记
photoinhibition 光抑制
photomorphogenesis 光形态建成
photoperiod 光周期
photoperiodic induction 光周期诱导
photophosphorylation 光合磷酸化
photoprotection 光保护作用
photoreceptor 光受体
photorespiration 光呼吸
photorespiration carbon oxidation cycle
光呼吸碳氧化循环
photostationary equilibrium 光稳定平衡
photosynthesis 光合作用
photosynthetic bacteria 光合细菌

photosynthetic carbon reduction cycle 光合碳还原循环
photosynthetic chain 光合链
photosynthetic membrane 光合膜
photosynthetic pigment 光合色素
photosynthetic rate 光合速率
photosynthetic rate repressors 阻抑物总光合速率
photosynthetic unit 光合单位
photosynthetic yield 光合产物
photosynthetically active radiation(PAR) 光合有效辐射
phototropism 向光性
p-hydroxybenzoic acid *p*-羟基苯甲酸
physical signal 物理信号
physiological active substance 生理活性物质
physiological dormancy 生理休眠
physiologically acid salt 生理酸性盐
physiologically alkaline salt 生理碱性盐
physiologically neutral salt 生理中性盐
phytoalexin 植保素
phytochrome(Phy) 光敏色素
phytohormone 植物激素
phytol 叶绿醇,植醇
PI 磷脂酰肌醇
pigment 色素
pigment-protein complex 色素蛋白复合体
pinocytosis 胞饮作用
pi-translocator(PT) 磷酸运转器
PKA 依赖 cAMP 的蛋白激酶
PKC 依赖 Ca^{2+} 与磷脂的蛋白激酶
plant allelopathy 他感作用
plant cell 植物细胞
plant growth 植物生长
plant growth inhibitor 植物生长抑制剂
plant growth retardant 植物生长延缓剂
plant growth substance 植物生长物质
plant hormone 植物激素
plant molecular biology 植物分子生物学
plant movement 植物运动
plant physiology 植物生理学
plant signal system 植物信号系统
plant tissue culture 植物组织培养
plasma membrane 细胞质膜
plasmalemma 质膜
plasmid 质粒
plasmolysis 质壁分离
plastid 质体
PLC 磷脂酶 C
ployglucosan 葡聚糖
POD,peroxidase 过氧化物酶
podolactone 罗汉松内酯
polado 增甜剂
polar molecule 极性分子
polar transport 极性运输
polarity 极性
pollen 花粉
pollen grain 花粉粒
pollination 授粉
polyamine(PA) 多胺
polyclonal antibody 多克隆抗体
polygalacturonase 多聚半乳糖醛酸酶
polyphenol oxidase 多酚氧化酶
polyphenol oxidase 多元酚氧化酶
polyribosome 多聚核糖体
positive chemical signal 正化学信号
positive effector 正效应物
positive gravitropism 正向重性
postharvest physiology 采后生理
posttranslational regulation 翻译后调控
potential sink strength 潜在库强
potulai 半支莲醛
PP_{333} 多效唑,氯丁唑
PPP,pentose phosphate pathway 戊糖磷酸途径
precocious germination 早熟发芽
pressure flow hypothesis 压力流学说
pressure potential 压力势
primary reaction 原初反应
primary response gene 初始反应基因
primigenic dominance 原发优势
prokaryote 原核生物
prokaryotic cell 原核细胞
prokaryotic microorganism 原核微生物
proline betaine 脯氨酸甜菜碱
proline(Pro) 脯氨酸

promoter 启动子
proplastid 前质体
protein kinase 蛋白激酶
protein phosphatase 蛋白磷酸酯酶
proteinase inhibitors 蛋白酶抑制剂
proton motive force(pmf) 质子动力
proton pump 质子泵
protopectin 原果胶
protoplasm 原生质
protoplast 原生质体
pseudocyclic electron transport 假环式电子传递
pseudocyclic photophosphorylation 假环式光合磷酸化
PSI(photosystem Ⅰ) 光系统Ⅰ
PSII(photosystem Ⅱ) 光系统Ⅱ
putrescine 腐胺
pyridyl propanol 丰啶醇
pyrimidines 嘧啶类
pyrophosphate-phospho-fructokinase 焦磷酸-磷酸果糖激酶
pyrroline 二氢吡咯
pyruvate kinase 丙酮酸激酶
pyruvatephosphate dikinase(PPDK) 丙酮酸磷酸二激酶
pyruvate 丙酮酸
pyruvic acid decarboxylase 丙酮酸脱羧酶
pyruvic acid dehydrogenase complex 丙酮酸脱氢酶复合体

Q

quantum efficiency 量子效率
quantum requirememt 量子需要量
quantum yield 量子产额
quaternary ammonium 季铵盐

R

R/T,root top ratio 根冠比
R5*P*,ibose-5-phosphate 核糖-5-磷酸
radioimmunoassay 放射免疫检测法
raphanusamide 萝卜酰胺
raphanusanin 萝卜宁
rare earth element 稀土元素
rate 使用量
rate of growth 生长速率
reaction center 反应中心
rebound 反跳
recalcitrant seed 顽拗性种子
receptor 受体
recognition 识别
red light 红光
redifferentiation 再分化
redistribution 再分配
reduction mitosis 有丝分裂
reduction phase 还原阶段
regeneration 再生
regulatory elements 调节元件
relative free space 相对自由空间
relative growth rate 相对生长速率
repetitive DNA 重复DNA
replenishing mechanism 机制
repoter genes 报道基因
reproductive growth 生殖生长
residue 残留
resistance 抗性
resonance transfer 共振传递
respiration 呼吸作用
respiratory chain 呼吸链
respiratory climacteric 呼吸跃变
respiratory coefficient 呼吸系数
respiratory electron transport chain 呼吸电子传递链
respiratory intensity 呼吸强度
respiratory rate 呼吸速率
respiratory ratio 呼吸效率
respiratory substrate 呼吸底物
response capacity 植物反应能力
restorer genes 基因
restriction endonuclease 限制性核酸内切酶
revernalization 再春化现象
reverse transcriptase 反转录酶
ribonuclease 核糖核酸酶
ribose-5-phosphate isomerase 核糖-5-磷酸异构酶
ribosome 核糖体
ribulose-5-phosphate epimerase

核酮糖-5-磷酸表异构酶
ripeness to flower state 花熟状态
ripening 完熟
RNA polymerase RNA聚合酶
rockwool culture 岩棉栽培
root pressure 根压
rotenone 鱼藤酮
rough endoplasmic reticulum(RER)
粗糙型内质网
Ru5P,ribulose-5-phosphate 核酮糖-5-磷酸
Ru5PK,ribulose-5-phosphate kinase
核酮糖-5-磷酸激酶
Rubisco,Ribulose-1,5-bisphosphate carboxylase/oxygenase
核酮糖-1,5-二磷酸羧化酶/加氧酶
RuBP,ribulose-1,5-bisphosphate
核酮糖-1,5-二磷酸
ruthenium red 钌红

S

SA 水杨酸
S-ABA 诱抗素
S-abscisic aicd(S-ABA) 诱抗素
S-adenosyl-methionine(SAM)
S-腺苷蛋氨酸
salicylhydroxamate(SHAM) 水杨基氧肟酸
salicylic acid(SA) 水杨酸
saline and alkaline soil 盐碱土
salt injury 盐害
salt resistance 抗盐性
salt tolerance 耐盐性
salt-stress protein 盐逆境蛋白
SAM S-腺苷蛋氨酸
saturation effect 饱和效应
seasonal periodicity of growth
生长的季节周期性
second messenger 第二信使
secondary response gene 次级反应基因
secondary wall 次生壁
secretory vesicles 分泌囊泡
seed deterioration 种子劣变
seed dormancy 种子休眠
seed germination 种子萌发
seed longevity 种子的寿命
seed viability 种子生活力
seed vigor 种子活力
seedless fruit 无籽果实
seismonasty 感震性
selection marker 选择标记
selective absorption 选择吸收
selective permeability 选择透性
self-incompatibility 自交不亲和性
self-infertility 自交不育
self-pollination 自花授粉
senescence phase 衰减期
senescence 衰老
senescence-associated gene 衰老相关基因
senescence-specific gene 衰老特定基因
sensitivity 敏感性
sensor protein 感受蛋白
serine 丝氨酸
serine-glyoxylate aminotransferase
丝氨酸羟甲基转移酶
sex expression 性别表达
shade plant 阴生植物
short-day plant 短日植物
shuttle streaming 穿梭运动
side-effect 副作用
sieve element 筛管分子
sieve element-companion cell
筛管分子-伴胞复合体
sieve loading 筛管装载
sieve tube 筛管
signal transduction 信号转导
signal transportation 信号传递
signal 信号
silencer 沉默子,抑制子
simple diffusion 单纯扩散
single oxygen 单线态氧
single sigmoid growth curve 单"S"形生长曲线
sink 库
sink strength 库强
SMTR 比集运转速率
SOD 超氧化物歧化酶
sol 溶胶
soluble oxidase 可溶性氧化酶

soluble starch synthase　可溶性淀粉合成酶
solute potential　溶质势
solution culture method　溶液培养法
somatic apospory　体细胞无孢子生殖
somatic embryo　体细胞胚
source strength　源强
source　源
source-sink unit　源-库单位
spermidine　亚精胺
spermine　精胺
Spindle　纺锤体
splicing　拼接
sporophyric self-incompatibility(SSI)
孢子体型不亲和
spray culture　雾培
SPS　磷酸蔗糖合成酶
SS　蔗糖合成酶
starch grain　淀粉粒
starch phosphorylase　淀粉磷酸化酶
starch synthase　淀粉合成酶
statocyles　平衡细胞
statolith　平衡石
sterol　甾醇,固醇
sticky ends　黏性末端
stimulative parthenocarpy　刺激性单性结实
stimulus perception　刺激感受
stomata　气孔
stomatal aperture　气孔开度
stomatal conductance　气孔导度
stomatal frequency　气孔频度
stomatal movement　气孔运动
stomatal transpiration　气孔蒸腾
strain　胁变
stratification　层积处理
stress　胁迫
stress avoidance　逆境逃避
stress ethylene　逆境乙烯
stress hormone　胁迫激素
stress protein　逆境蛋白
stress tolerance　耐逆性
stress tolerance　逆境忍耐
stroma　间质
stroma lamella　基质片层
stroma thylakoid　基质类囊体
subculture　继代培养
subordinate sinks　次级库
substomatal cavities　气孔下腔
substrate-level phosphorylation
底物水平磷酸化
sucrose phosphate phosphatase
蔗糖磷酸磷酸酯酶
sucrose phosphate synthase(SPS)
蔗糖磷酸合成酶
sucrose phosphate synthetase(SPS)
磷酸蔗糖合成酶
sucrose synthase(SS)　蔗糖合成酶
Sucrose(Suc)　蔗糖
sucrose-H^+ symporter
蔗糖-质子共运输蛋白
sulpholipid　硫脂
sun plant　阳生植物
supermolecular units　超分子结构
superoxide dismutase(SOD)　超氧化物歧化酶
surface tension　表面张力
suspension culture　悬浮培养
symbiont　共生体
symplast　共质体
symplast pathway　共质体途径
symplastic phloem loading　共质体装载
symplastic transport　共质体运输
symport　共向传递体
symporter　同向传递体
synergism　增效作用
synergistic effect　相乘效应
syringic acid　丁香酸
systemic acquired resistance
系统获得性抗性
systemin　系统肽,系统素

T

2,4,5-T　2,4,5-三氯苯氧乙酸
TAG,triacylglycerols　甘油三酯
TAM pathway　色胺途径
tank-mixture　桶混
tannin　单宁
target tissue　靶组织

TATA box　TATA框
TCA,tricarboxylic acid cycle　三羧酸循环
TDZ　噻唑隆
temperature compensation point 温度补偿点
template strand　模板链
temporary wilting　暂时萎蔫
tensile strength　抗张强度
tension　张力
terminal oxidase　末端氧化酶
tetrahydropyranyl benzyladenine 四氢吡喃苄基腺嘌呤
TF　转录因子
thermodynamics　热力学
thermogenic respiration　放热呼吸
thermonasty　感热性
thermonasty　感温性
thermoperiodicity of growth 生长的温周期性
thiamine pyrophosphate　硫胺素焦磷酸
thidiazuron(TDZ)　噻唑隆
thigmomorphogenesis　接触形态建成
thigmotropism　向触性
thioredoxin(Td)　硫氧还蛋白
thiourea　硫脲
thylakoid　类囊体
thyphophan monooxygenase 色氨酸单加氧酶
TIBA　三碘苯甲酸
tissue culture　组织培养
TMV　烟草花叶病毒
tonoplast　液泡膜
totipotency　细胞全能性
toxiciy of single salt　单盐毒害
transaldolase　转醛醇酶
transamination　转氨作用
transcription factors(TF)　转录因子
transfer cell(TC)　转移细胞
trans-ferulic acid　反式阿魏酸
transgenic plant　转基因植物
transit peptide　转运肽
transketolase　转酮酶
translational regulation　翻译调控
translocator　转运蛋白
translocator　运转器
transmembrane protein　跨膜蛋白
trans-p-coumaric acid　反式-p-香豆酸
transpiration　蒸腾作用
transpiration coefficient　蒸腾系数
transpiration pull　蒸腾拉力
transpiration rate　蒸腾速率
transpiration ratio　蒸腾比率
transpiration ratio　蒸腾效率
transpiration-cohesiontension theory 蒸腾流-内聚力-张力学说
transport protein　传递蛋白
transporter　传递体
transposons　转座子
triacontanol　三十烷醇
2,4,5-trichlorophenoxyacetic acid(2,4,5-T) 2,4,5-三氯苯氧乙酸
2,3,5-triiodobenzoic acid(TIBA) 三碘苯甲酸
triose phosphate translocator 磷酸丙糖运转器
triose-phosphate isomerase　丙糖磷酸异构酶
triple response　三重反应
tropic movement　向性运动
Try　色氨酸
tryptamine　色胺
tryptophan(Try)　色氨酸
tryptophan-depend-ent pathway Try依赖途径
tryptophan-inde-pendent pathway 非Try依赖途径
tubulin　微管蛋白
turgor movement　紧张性运动
turgor movement　膨压运动
turgor pressure　膨压
turgorin　膨压素
two photosystem　双光系统
tyrosinase　酪氨酸酶
tyrosine protein kinase　酪氨酸蛋白激酶

U

ubiquitination　泛素化

uncoupler 解偶联剂
uniconazole 烯效唑
uniport 单向转运
unsaturated fatty acid index 膜不饱和脂肪酸指数
UV-induced protein 紫外线诱导蛋白

V

vacuole 液泡
valinomycin 缬氨霉素
vanillic acid 香草酸
vapor pressure gradient 蒸气压梯度
variable constitutlve element 组成型元件
vector 载体
vegetative growth 营养生长
vernalin 春化素
vernalization 春化作用
violaxanthin 紫黄质
viviparous germination 胎萌

W

water balance 水分平衡
water channel protein 水通道蛋白
water culture 水培
water deficit 水分亏缺
water metabolism 水分代谢
water photolysis 水的光解
water potential 水势
water requirement 需水量
water stress protein 水分胁迫蛋白
waterlogging 湿害
wilting 萎蔫
wound respiration 伤呼吸

X

xanthophyll 叶黄素
Xanthoxin 醛
xerophytes 旱生植物

Z

Z 玉米素
ZA 玉米赤霉烯酮
zealenone(ZA) 玉米赤霉烯酮
zeatin cis-trans-isomerase 玉米素顺反异构酶
zeatin riboside(ZR) 玉米素核苷
zeatin(Z) 玉米素
zeaxanthin 玉米黄质
zinc finger 锌指
ZR 玉米素核苷
zygote 合子